# 结晶学及矿物学

## （第四版）

# Crystallography and Mineralogy
## （Fourth Edition）

赵珊茸　编著

中国教育出版传媒集团

高等教育出版社·北京

内容提要

本书含结晶学和矿物学两部分内容。结晶学部分,以晶体对称—晶体定向—单形与聚形为线索,直观地介绍了晶体宏观对称、群论基础、晶体结构微观对称理论;同时还介绍了晶体生长、晶体规则连生及晶体化学的基础知识。矿物学部分,先介绍了矿物的成分、形态、物理性质及矿物成因等基础知识,然后对各大类、类、族、种等不同晶体化学分类级别的矿物进行了归纳、对比,重点阐述各大类、类、族矿物共同的晶体化学原理基础知识。

本书的特点是既注重形象直观又兼顾理性推导,既注重基础理论又兼顾实用性,既注重体系的完整性又兼顾内容的精简性。

本书适于高等学校地质学类、珠宝类、材料学类专业的学生及科研人员使用,也可作为凝聚态物理、地理、生命科学等专业科研人员的参考书。

**图书在版编目(CIP)数据**

结晶学及矿物学 / 赵珊茸编著. -- 4 版. -- 北京 : 高等教育出版社,2024.11(2025.8重印)

ISBN 978-7-04-062199-0

Ⅰ. ①结⋯  Ⅱ. ①赵⋯  Ⅲ. ①晶体学-高等学校-教材②矿物学-高等学校-教材  Ⅳ. ①O7②P57

中国国家版本馆 CIP 数据核字(2024)第 095415 号

Jiejingxue ji Kuangwuxue

| 策划编辑 | 杨俊杰 | 责任编辑 | 杨俊杰 | 封面设计 | 张雨微 | 版式设计 | 马 云 |
| 责任绘图 | 黄云燕 | 责任校对 | 吕红颖 | 责任印制 | 张益豪 | | |

| 出版发行 | 高等教育出版社 | | 网 址 | http://www.hep.edu.cn |
| 社 址 | 北京市西城区德外大街 4 号 | | | http://www.hep.com.cn |
| 邮政编码 | 100120 | | 网上订购 | http://www.hepmall.com.cn |
| 印 刷 | 唐山嘉德印刷有限公司 | | | http://www.hepmall.com |
| 开 本 | 787mm×1092mm 1/16 | | | http://www.hepmall.cn |
| 印 张 | 28 | | 版 次 | 2004 年 6 月第 1 版 |
| 字 数 | 670 千字 | | | 2024 年 11 月第 4 版 |
| 购书热线 | 010-58581118 | | 印 次 | 2025 年 8 月第 2 次印刷 |
| 咨询电话 | 400-810-0598 | | 定 价 | 62.00 元 |

**教材各版次作者：**

第三版：赵珊茸　主编；

　　　　赵珊茸、王勤燕、钟玉芳、佘淳梅、边秋娟　编著

第二版：赵珊茸　主编；

　　　　赵珊茸、边秋娟、王勤燕　编著

第一版：赵珊茸　主编；

　　　　赵珊茸、边秋娟、凌其聪　编著

# 第四版前言

　　《结晶学及矿物学》第一版、第二版、第三版分别是"十五""十一五""十二五"普通高等教育本科国家级规划教材。第三版于2021年被评为首届全国教材建设奖全国优秀教材(高等教育类)二等奖。

　　本教材走过了20多年的建设历程。在教学实践中,在全国广大师生的认同与支持下,其教学思想、教学内容也在不断完善与进步。同时,在荣誉下我们感到责任重大,希望将教材进一步提升,以不负广大师生的厚望。因此,我们启动了第四版的修编工作。因为教材的内容已经较为完善与成熟,所以,修订主要是对教材内容的细节进一步精修。有些问题需进一步科学化与精确化;有些概念、知识点的阐述也需进一步准确化及精练化;全书插图需要整理并统一格式,我们将结晶学部分的晶体形态图全部统一为3D图,而将矿物学部分的矿物晶体形态图保留为原线条图(更易表达歪晶形态),晶体结构图是3D图还是线条图则以表达结构信息清楚为准。此外,我们将近年来线上线下混合式教学实践中给学生思考并分析的讨论题列入每章的"习题与思考题"中,供师生参考。具体修编内容如下。

　　第一章:补充了我国古代先民对矿物晶体形态的认识。

　　第二章:更新了测角仪及其测角过程介绍;修订了锆石形态测量的心射极平投影及晶体形态图;更新了部分插图。

　　第三章:增加了模型上关于对称要素分布、对称要素组合等的插图。

　　第四章:删除了对称要素空间分布图;补充了对称型国际符号的简化说明;更新了部分插图。

　　第五章:更新了47个几何单形图、32个一般单形图;补充了单形相聚条件的说明;将原来第六节"各晶系晶体定向、单形及聚形分析举例"改为"各晶系单形推导及单形演变规律举例",突出单形的演变规律,如由全面像导出两个半面像:左形-右形、正形-负形等。

　　第七章:更新了部分插图。

　　第八章:补充了枝晶生长模型和固-固相变晶体生长模型。

　　第九章:提出了一个全新的更科学的双晶分类方案:简单双晶(宏观双晶)与显微双晶;修订了双晶要素与对称要素组合、转变双晶中假对称的形成机理等。

　　第十章:修订了压力对类质同象、出溶的影响机理、类质同象的研究意义等。

　　第十一章:修订了矿物的概念、矿物学分支学科介绍等。

　　第十二章:增加了矿物中"缺陷结构水"(即名义上无水矿物中的水)的内容。

　　第十三章:更新了部分插图。

第十四章:修订了矿物呈色机理、解理产生的原因、莫氏硬度与维氏硬度的关系、压电性和热释电性与晶体对称的关系、磁性分类等内容,补充了矿物的折射率。

第十五章:基本上全面改写,删除了"形成矿物的地质作用"一节,改为"地球中矿物晶体的生长",以加强该章与第八章内容的联系;删除了"矿物的变化"一节,改为"假象与副象",以突出假象与副象的形成机理;修订了关于矿物标型性的内容;删除了"本章拓展延伸知识"。

第十六章:全面改写,只介绍了几种最常用的矿物成分与结构测试现代技术与方法,且着重理论与原理的介绍。

第十九章:修订了闪锌矿、黄铁矿的标型性。

第二十章:修订了石英同质多象转变、晶质铀矿成分、假蓝宝石晶体结构等内容;补充了金红石、石英、磁铁矿的标型性。

第二十一章:补充了 Al 的配位数在地球圈层结构中的变化规律;更新了锆石形态;修订了绿柱石形态;修订了橄榄石高压相变、辉石族矿物的同质多象变体、辉石的出溶片晶、云母双晶等内容;修订了黏土矿物的概念及其研究意义,补充了层状硅酸盐分类图,补充了水云母族;梳理了长石族矿物各种名称的含义及其相互关系;修订了石榴子石、董青石、辉石、角闪石、黑云母等矿物的标型性;删除了"本章拓展延伸知识"。

第二十二章:补充了球文石的资料,修订了磷灰石的标型性。

第二十三章:更新了部分插图。

第二十四章:这一章是关于我国发现的新矿物的介绍,因为新矿物的资料在不断增加,且在其他媒体上可以查到,所以全部删除。

第二十五章:改为第二十四章,修订了一些晶体结构的数据,删除了一些插图。

后附的"汉英对照结晶学与矿物学名词索引"和"元素周期表"被删除,因为在其他媒体上容易查到。

以上修编内容由赵珊茸完成,新增插图也由赵珊茸绘制。在教材修编过程中编者得到了中国地质大学(武汉)地球科学学院和地球物质科学系老师们的关心和支持,南京大学蔡元峰教授对书稿提出了详细的修改意见。编者在此表示衷心感谢!

随着科学的发展、对教学内容理解的深化,教材的修编永无止境,我们将不懈努力。

由于编者水平有限,不当之处敬请批评指正!

赵珊茸

2023 年 7 月 18 日

# 第三版前言

《结晶学及矿物学》第一版、第二版分别是普通高等教育"十五""十一五"国家级规划教材,分别于 2004 年、2011 年由高等教育出版社出版。第三版于 2014 年被教育部列入"十二五"普通高等教育本科国家级规划教材。

自第二版教材出版以来,经过 5 年多的教学实践,我们对教材中的一些基本概念、基本内容又有了新的认识。结合矿物学在地球科学研究中的新成果,对教材中的内容进行了全面修订,具体做法如下:

第一章:补充了结晶学知识特点介绍。

第二章:添加了"本章拓展、延伸知识",介绍了吴氏网在空间测量、空间变换中的应用;介绍了心射极平投影在测定晶面符号的应用;介绍了吴氏网(等角度网格)与施密特网(等面积网格)的不同特点与功能及施密特网在矿物晶体择优取向研究中的应用。

第三章:对晶体对称定律的证明做了补充,修订了部分图件。

第四章:更新了部分图件;补充了晶带定律的数学定义;调整了部分内容:将"一般形"的内容移至第五章介绍。

第五章:更新了部分图件;修订了关于"一般形"的内容。

第十章:修订了等大球最紧密堆积与非等大球最紧密堆积关系的内容;修订了多型的部分内容。

第十一章:修订了矿物概念的解释、矿物学发展历史等内容;补充了矿物学知识特点介绍。

第十二章:修订并重新归纳了矿物化学成分变化的内容;简化了晶体化学式计算的"阳离子"法。

第十三章:修订了矿物隐晶及胶态集合体形态的内容。

第十四章:修订了透明矿物的颜色与不透明矿物颜色区别、矿物自色与他色的概念、压电性与热释电性等方面的内容。

第十五章:重新归纳了矿物成因信息的内容,删除了"朗道理论"等内容;补充了矿物包裹体的地质应用介绍;添加了"本章拓展、延伸知识",简要介绍了成因矿物学研究的基本思路、工作步骤和主要研究进展。

第十六章:进行了全面改编,突出了矿物学研究中常用的现代先进测试技术介绍,如:观察矿物内部微形貌的阴极发光技术、测试结晶学取向的背散射电子衍射技术、分析矿物微区的痕量元素含量和同位素比值的激光探针、离子探针等测试技术。

第十八章：修订了合金、类质同象混晶、金属互化物三个概念的关系。

第十九章：更新了部分矿物资料，补充了硫盐类矿物介绍。

第二十章：更新了部分矿物资料，补充了 $SiO_2$ 矿物各同质多象转变的相图等内容，补充了金绿宝石、假蓝宝石矿物介绍。

第二十一章：更新和添加了部分矿物资料，如橄榄石、锆石、石榴子石、绿帘石、辉石、角闪石在地学研究中的应用等资料，锆石、石榴子石、榍石、绿帘石等矿物的成因及产状部分的内容；修订了各矿物的颜色、条痕、解理等描述不太确切的资料；添加了"本章拓展、延伸知识"，介绍了辉石族矿物的同质多象变体及其转变关系、名义上无水硅酸盐矿物的"含水性"、辉石族和角闪石族矿物分类命名等。

第二十四章：更新了至 2014 年底在我国发现的新矿物种数等数据，添加了在我国发现的新矿物总目录表。

第二十五章：该章为新添加的内容，介绍了目前收集的宇宙矿物样品类型，重点介绍陨石特有的矿物种类、特点。

书后添加了附录Ⅱ（原第二版的附录Ⅱ改为附录Ⅲ）：相似晶体结构对比表。在此表中，将书中矿物晶体的结构特点以"堆积形式"和"配位多面体及其联结形式"列出其主要结构特点，便于不同矿物晶体结构之间的对比。

此外，对全书各章后的习题与思考题进行了全面的修订，有些章节将习题与思考题分为基础题与综合分析题两类。基础题只涉及书中的基本概念与基本内容，以帮助学生复习与巩固所学内容为目的；综合分析题则涉及更广泛的内容，要求学生综合运用所学基本概念与基本内容对某些知识进行综合分析，以使他们对知识的理解更深入。

教材修订工作分工如下：

赵珊茸：第一章~第十章（结晶学部分）（其中第二章的"本章拓展、延伸知识"的第三节由徐海军编写）；第十一章~第十四章（矿物成分、形态、物理性质）；第十七章（矿物分类命名）；第十八章（自然元素及其类似化合物）；第二十一章（硅酸盐晶体化学概述；习题与思考题）；附录Ⅱ（相似晶体结构对比）；附录Ⅲ（汉英对照结晶学与矿物学名词索引）。

王勤燕：第十九章（硫化物及其类似化合物）；第二十章（氧化物与氢氧化物）；第二十五章（宇宙矿物）。

钟玉芳：第十五章（矿物的成因）；第十六章（矿物现代测试技术）；第二十一章（岛状与链状硅酸盐；"本章拓展、延伸知识"的第三节）；第二十四章（我国发现的新矿物）。

余淳梅：第二十一章（层状与架状硅酸盐；"本章拓展、延伸知识"的第一、二节）；第二十二章（其他含氧盐）。

全书最后由赵珊茸统一整理并定稿。

在教材的编写过程中，我们得到了中国地质大学（武汉）地球科学学院、岩矿系各位领导与老师的关心与支持，编者在此表示衷心的感谢！

由于编者水平有限，不当之处敬请批评指正！

赵珊茸

2016 年 3 月 28 日

# 第二版前言

《结晶学及矿物学》(普通高等教育"十五"国家级规划教材)自 2004 年出版以来,受到了全国广大师生读者的普遍欢迎。

经过 6 年多的教学实践,我们认为本教材的教学内容、教学思路与方法在当前的结晶学与矿物学课程的教学中是非常适用的,其区别于同类教材最主要的特色是:内容丰富、系统,突出实用性,理论阐述深刻,篇幅却很精练。但在这 6 年多的教学实践与教学研究中,我们也发现其中一些章节的内容有待进一步充实,有些教学内容中的理论问题需进一步深化。因此,有必要进行修订。2008 年,《结晶学及矿物学(第二版)》被列入教育部普通高等教育"十一五"国家级教材规划。

《结晶学及矿物学(第二版)》教材在第一版教材的基础上,部分章节的教学内容进行了充实与更新,具体内容主要包括:

第一章:补充了晶体结构周期性表述的不同方法及其对比;X 射线衍射基本原理的高度概括性阐述。

第三章:补充了对称要素组合(对称操作复合)各种不同情况的区别;并充实了关于五次对称及准晶所蕴含的哲学思想。

第四章:补充了三、六方晶系四轴定向坐标系下的晶面符号、晶棱符号的四指数与三指数转换关系。

第五章:补充了从结晶单形的角度阐述左-右形、正-负形的意义;并介绍了单形多个相关体(左正、左负、右正、右负等)的结晶学含义。

第七章:补充了用群论语言简述空间群与点群、布拉维格子的关系;阐述了空间格子对称与晶体结构对称的区别。

第九章:补充了从空间格子的角度研究双晶中两单体的结构匹配的理论[马拉德定律(Marllard law)]。

第十三章:加强了"晶体习性"与"晶体形态"两个概念的区别;补充了蚀像在判断左-右形、正-负形方面的作用。

第十八章:补充了"合金"与"金属互化物"两个概念的区别。

第二十四章:对香花石形态进行了修正,提出了一个全新的香花石双晶律。

这些具体内容的修订,是我们在长期的教学实践与教学研究中对经典的"结晶学及矿物学"教学内容在理论上的深化,它们澄清了以前教材中一些模糊的概念,深化了对一些基本概念的理论认识,这些内容是其他同类教材中所没有的,是我们对该课程理论建设的重要

贡献。

上述补充与更新的部分内容是超出基本教学要求范围的,我们在部分章节的最后补充了一个栏目:"本章拓展、延伸知识"。在这个栏目中,将与本章有关的一些较深较广的内容,以深入浅出、高度概括的语言阐述出来,给学生以启示,引导学生开拓思路。这部分不属于教学基本内容,教师可以不讲授,是留给学生自己拓展与想象的空间。这样的安排是探索启发式教学理念的尝试。另外,在教材最后补充了"汉英对照结晶学与矿物学名词索引"和"元素周期表",以方便学生查阅。

修编工作分工如下:结晶学部分(第一章~第十章)、矿物学部分的"矿物单体的形态"(第十三章第一节)、自然元素(第十八章)、硅酸盐、碳酸盐、硫酸盐、磷酸盐、钨酸盐、硼酸盐、卤化物、新矿物概述(第二十一章~第二十四章)由赵珊茸修编;矿物学通论部分(第十一章~第十七章,除第十三章第一节外)由边秋娟修编;矿物学部分的硫化物(第十九章)、氧化物(第二十章)由王勤燕修编;后附的"汉英对照结晶学与矿物学名词索引"由肖平编写。最后由赵珊茸统一整理并定稿。

教材编写过程中我们得到了中国地质大学(武汉)"结晶学及矿物学"教学组各位老师的关心和支持,以及中国地质大学(武汉)教务处、地球科学学院领导的关心和支持,编者在此表示衷心的感谢!

由于编者水平有限,不当之处敬请批评指正。

赵珊茸

2009 年 12 月于武昌

# 第一版前言

　　《结晶学及矿物学》是结晶学与矿物学两门课程的综合教材。本版新编《结晶学及矿物学》教材,在继承和发扬原潘兆橹主编的《结晶学及矿物学》(第一、二、三版)中形象直观与实用性强的优良传统的基础上,结合新形势下对教学的新要求,加强了基础理论的阐述,吸收了国内外最新资料,进行了全面的修订,其中有不少内容是新编的。该新版教材于2002年被教育部评为"普通高等教育'十五'国家级规划教材"。

　　结晶学(也称晶体学)是一门空间概念多、抽象思维强的专业基础课,是地质、材料、物理、化学、分子生物学等学科的重要基础,应用面十分广。各学科对结晶学中的空间概念的阐述方法不尽相同,有的注重形象直观,有的注重数学(群论)形式的逻辑推导。地质类院校的结晶学教材多以形象直观为特征;其他综合性大学中的材料学、凝聚态物理等专业的结晶学教材以群论方法为主。这两种教学方法各有优缺点,形象直观的教学方法对建立晶体对称理论中的空间概念是非常有帮助的,且对于初学者来说也是比较容易接受的;但它缺乏对空间转换的理性认识;群论教学方法可以对空间操作进行运算,提高对空间转换的理性认识,但如果空间概念还没有建立起来,即使运算技巧很熟练,也很难理解运算过程中的真正空间含义。因此,怎样发挥这两种教学方式的优点,怎样找到这两种教学方式的最佳结合点,应是结晶学教学研究的重要方向。本版新编教材的结晶学部分,在发扬原潘兆橹主编的教材(第一、二、三版)形象直观的传统的基础上,增加了一些群论知识,在对空间概念进行较详细的形象直观的说明后,辅以数学的推证过程,使学生们既了解空间过程所蕴含的数理意义,又了解数学公式所代表的具体空间过程。以形象直观的教学方法为主、为先,以群论教学方法为辅、为后,是本版新编《结晶学及矿物学》教材区别于其他同类教材最主要的特色。此外,本版新编教材还加强了极轴及其对晶体物理性能影响的内容,这是晶体材料领域里的重要内容;强调了"几何单形"与"结晶单形"的区别,这是历届学生容易混淆的概念。

　　矿物学则是一门对种类繁多的矿物种进行分类、归纳、对比、分析的地质类专业基础课,它要将结晶学中有关晶体对称的基本原理直接应用到某个具体矿物晶体的分析中。本版新编教材的矿物学部分基本上保持了原潘兆橹主编的教材(第一、二、三版)的分类体系和风格,但加强了某大类、类(亚类)或族的矿物共性规律及晶体化学原理基础知识的阐述,精简了矿物种数以及对矿物种的具体描述资料,对某些矿物中的现象尽量用结晶学知识阐述其内在的原因。

　　为了充分尊重前人的工作成果,本教材中的图、表尽量给出了资料来源。其图、表的引注形式有三种:① 凡注明"据××(作者)"的图、表,表明是该作者的原创成果;② 凡注明"引

自××(作者)"的图、表,表明不是该作者的原创成果,是从该作者编著的著作中引来的;③ 凡未有任何注明的图、表,表明是本版教材编者的成果,或是已经被公认的基础知识。

编写工作分工如下:上篇结晶学部分(第一章至第十章)由赵珊茸编写;下篇矿物学通论部分(第十一章至第十七章)由边秋娟编写;矿物学各论部分的自然元素、硫化物、氧化物部分(第十八章至第二十章)由凌其聪编写,其中"富勒烯及纳米碳管"一节、关于金刚石形态、石墨结构、石英形态及双晶等内容由赵珊茸补充编写;矿物学各论部分的硅酸盐、碳酸盐、硫酸盐、磷酸盐、钨酸盐、硼酸盐、卤化物等(第二十一章至第二十四章)由赵珊茸编写。最后由赵珊茸统一整理。图件清绘主要由魏国鹏完成。许娅玲、李军虹、郭颖、王卫锋、黄琼等负责了部分文字校对与图件清理工作。

教材的编写工作历时六年,在这六年中我们得到了来自各方面的关心与支持,特别是中国地质大学(武汉)矿物教研室的老前辈们。原《结晶学及矿物学》主编潘兆橹教授自始至终都非常关心教材的编写工作,提出了非常宝贵的意见,并给予我们极大的鼓励;王文魁教授、薛君治教授、赵爱醒教授、葛瑛雅教授认真审阅了全稿,提出了详细的修改意见。北京大学地质系曹正民教授、秦善副教授也提出了宝贵的意见。中国地质大学(武汉)岩矿教研室的年轻教师王勤燕副教授、钟玉芳讲师、肖平讲师也提出了修改意见,刘嵘副教授对锆石测龄方面的内容提供了宝贵资料。中国地质大学(武汉)测试中心的陆琦教授与侯书恩教授对有关矿物测试方法的内容提供了宝贵资料。此外,中国地质大学(武汉)教务处与地球科学学院的各级领导在本教材的编写过程中,特别是在我们遇到困难的时候,给予了大力支持。总之,该教材凝聚了太多人的心血,编者在此表示衷心的感谢!

由于编者水平有限,不当之处,敬请批评指导。

赵珊茸

2003 年 10 月于武汉

# 目录

## 上篇　结　晶　学

I

## 下篇 矿 物 学

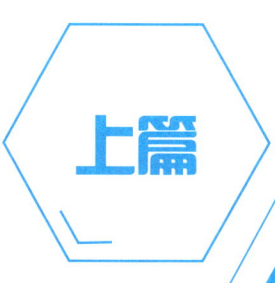

上篇

结 晶 学

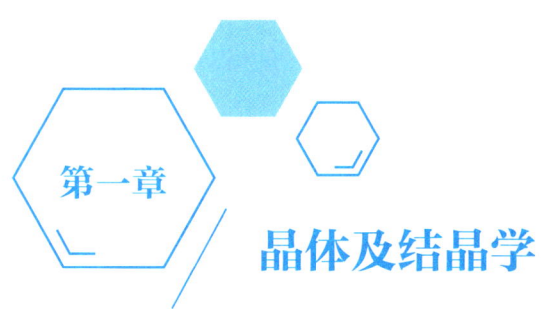

第一章

# 晶体及结晶学

在人们的想象中,晶体是那些晶莹透明、表面光洁、绚丽多彩的固体。有些晶体是从混浊的溶液中生长出来的,真可谓是"出淤泥而不染",质地纯洁。那么,晶体的定义是什么?晶体的内部本质特征是什么?晶体的基本性质又是什么?本章将介绍这些内容,这些内容所涉及的一些基本概念是整个结晶学中最基本、最重要的概念。

## 一、晶体的概念

远古年代,人们在生产活动中发现了山洞中无色透明的、具有规则几何多面体形态的水晶(即石英,见图1-1),于是就把水晶称为晶体。后来人们陆续发现其他不少矿物也能表现为天然的(不是人为磨削而成的)规则几何多面体形态,如赤铁矿、方解石等,于是就把这种能自发生长成规则几何多面体外形的固体称为晶体。然而,这种定义显然是不够严谨的,有些晶体并不发育成几何多面体外形,例如岩石中的石英小颗粒。晶体能够发育成几何多面体外形仅仅是晶体内部本质的一种外在表现形式,那么,晶体的内部本质又是什么呢?

图1-1　天然石英晶体

电子教案1
晶体及结晶学

很早以前,人们就推测过晶体内部结构可能是其内部的"分子"像用砖块砌房子一样堆积而成,但直到1895年德国物理学家伦琴(W. K. Röntgen,1845—1923)发现X射线后,人们才对晶体的内部结构有了进一步的认识。1912年德国物理学家劳厄(M. von Laue,1879—1960)第一次用X射线在实验上证明了晶体的根本特性——晶体内部质点在三维空间周期性的排列。所以,现代对晶体的定义是:晶体(crystal)是内部质点(原子、离子或分子)在三维空间周期性的重复排列构成的固体。这种质点在三维空间周期性的重复排列也称格子构造,所以晶体是具有格子构造的固体。

与此相反,不具有格子构造的固体称为非晶体或非晶态(amorphous substance,non-crystal)。

图1-2是晶体与玻璃(非晶体)的平面结构示意图,由图可见,晶体的内部结构中原子、离子是有规律排列的,具有格子构造;非晶体的内部结构是不规律的,不具有格子构造。但是,非晶体的内部结构在很小的范围内也具有某些有序性(如1个小黑点周围分布着3个小圆圈),这种有序性与晶体结构中的一样。我们将这种局部的有序现象称为近程规律,而在整个结构范围的有序现象称为远程规律。显然,晶体既有近程规律也有远程规律,非晶体则只有近程规律。

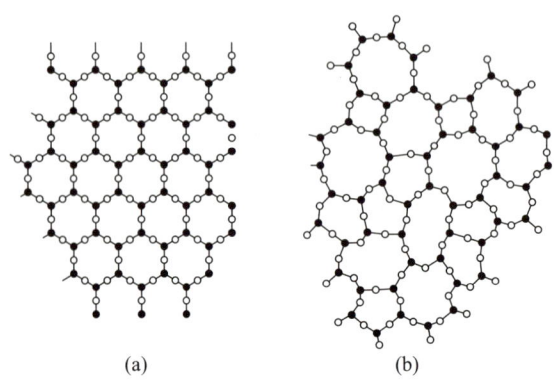

图1-2 物质的平面结构示意图

(引自潘兆橹等,1993)

(a)晶体;(b)玻璃

液体的结构与非晶体结构相似,也只具有近程规律;气体既无远程规律,也无近程规律。

晶体与非晶体在一定条件下是可以互相转化的。例如,岩浆迅速冷凝而成的火山玻璃,在漫长的地质年代中,其内部质点进行着很缓慢的扩散、调整,趋于规则排列,即由非晶体转化为晶体,这一过程称为晶化(crystallizing)或脱玻化(devitrification)。晶化过程可以自发进行,因为非晶体内能高、不稳定,而晶体内能小、稳定。相反,晶体也可因内部质点的规则排列遭到破坏而转化为非晶体,这个过程称为非晶化(amorphousizing)。非晶化一般需要外能,例如,一些含放射性元素的矿物晶体,由于受放射性蜕变所发出的α射线的作用,晶体遭到破坏而转化为非晶体。

因为晶体比非晶体稳定,所以晶体的分布十分广泛,自然界的固体中,绝大多数是晶体。我们日常生活中接触到的石头、沙子、金属、水泥制品、食盐、糖,甚至土壤等,大多数是由晶体组成的。在这些固体中,晶体颗粒大小悬殊,有的晶体粒度可达几米或几十米,但有的晶体(例如土壤中的晶体)则只有微米级大小。

1984年在电子显微镜研究中,研究者发现了一种新的结构现象,其内部质点排列具有近程和远程规律,但没有平移周期,即不具有格子构造。这种结构的固体不符合晶体的定义,因此不是晶体;但它有远程规律,因此也不是非晶体。人们称之为准晶体(quasicrystal)。图1-3为一种具有近程和远程规律但不具有周期重复

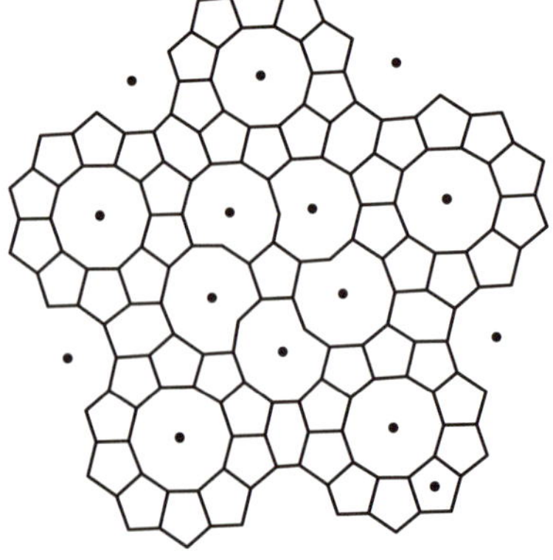

图1-3 具有近程和远程规律但不具有周期重复性的几何图形

(引自彭志忠,1985)

性的几何图形。

# 二、空间格子

　　晶体内部结构最基本的特征是质点(原子、离子或分子)在三维空间有规律地周期性重复排列,也即格子构造,意指可用格子形状来表示。空间格子(lattice)就是表示晶体内部结构中质点周期性重复排列规律的几何图形。因为具体的晶体结构是很复杂的,往往含有许多原子、离子,我们一时很难看清楚这些原子、离子的重复规律,但如果我们避开具体的原子、离子,从具体的晶体结构中找出周期性重复规律,画出空间格子这一几何图形,具体、复杂的晶体结构的周期性重复规律就会变得一目了然。

　　要从晶体结构中画出空间格子这一几何图形,必须找出晶体结构中的相当点。所谓相当点(equivalent point),就是满足以下两个条件的点:① 点的内容(或种类)相同;② 点的周围环境相同。然后将相当点按照一定的规则连接起来,就形成了空间格子。

　　下面我们举例说明空间格子的导出,为了简化,我们以平面结构为例。图 1-4(a)为一晶体的平面结构图,从图中可以看出晶体结构中的质点分布是有某种重复规律的。为了更好地表达这种规律,就需要画出其空间格子。我们在结构中任意选择一个点,例如,选在黑点所代表的离子中心,然后在结构中找出此点的全部相当点。在这一晶体结构中所有的黑点都彼此为相当点,因为它们满足相当点的两个条件:① 内容(即种类)相同,都为同一种离子;② 周围环境也一样,都分布着种类和取向相同的 3 个其他离子。将这套相当点抽取出来,避开具体的原子、离子,如图 1-4(b)所示[①]。再将相当点按一定规则相连,就形成了空间格子,如图 1-4(c)所示。

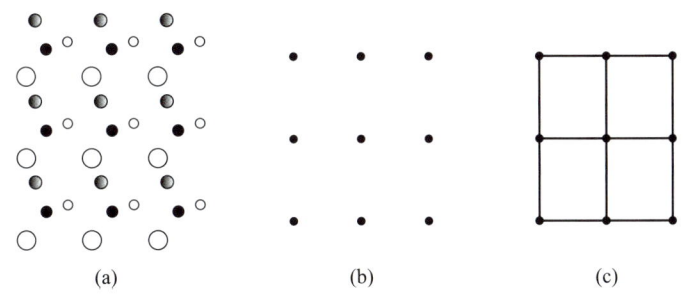

(a)　　　　　　　　　(b)　　　　　　　　　(c)

**图 1-4　某一晶体的平面结构图示及其空间格子**

　　开始时的那个点也可以选在其他离子中心,甚至可以选在结构中的任一点上(例如,某两个离子的连线上)。对于结构中的任一点,都可以找到与该点相当的其他点,这些点一起组成一套相当点;而另一些点又可组成另一套相当点。不同套的相当点在空间的分布,肯定都是一样的,所以由相当点组成的空间格子也是一样的(见图 1-5)。

　　我们再举一个导出空间格子的例子。图 1-6 是金红石($TiO_2$)的平面结构示意图,其

----

　　① 在有些书籍中,将晶体结构中的相当点抽取出来所形成的一系列点的分布图案,称为点阵。

中 $Ti^{4+}$ 周围的 $O^{2-}$ 分布有两种取向,它们的周围环境不同,因而属于两套相当点,图中用实线表示一套 $Ti^{4+}$ 的相当点的连线,虚线表示另一套 $Ti^{4+}$ 的相当点的连线。从这个例子可以看出,晶体结构中的同种质点并不一定是相当点,还要考虑它们的周围环境。那么,图 1-6 中的 $O^{2-}$ 分属几套相当点呢? 请读者自己找出 $O^{2-}$ 的相当点并画出空间格子。

动画 1-1
从晶体结构找相当点画出空间格子

动画 1-2
晶体结构中不同方向上的平移周期

动画 1-3
在金红石结构中找相当点

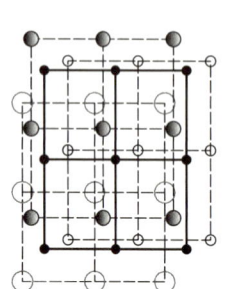

图 1-5　图 1-4 中晶体平面结构中的多套相当点及空间格子

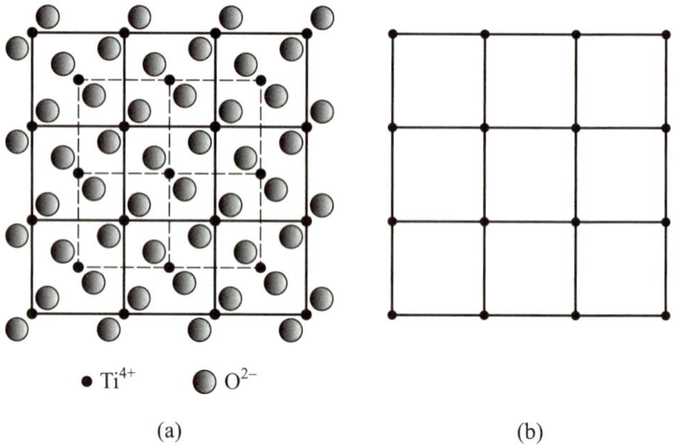

图 1-6　金红石($TiO_2$)结构

• $Ti^{4+}$　　$O^{2-}$

(a)　　　　　　　　(b)

(a) 平面结构图示;(b) 空间格子

以上讨论的是从平面结构中导出空间格子的过程。从三维空间结构中导出空间格子的过程可以类推,在此不详述。

任何复杂的晶体结构,只要找出相当点,抽象出空间格子(点阵),复杂晶体结构的重复规律就变得一目了然了。

在几何结晶学中,研究晶体内部结构,主要是研究空间格子及其对称规律,并不涉及具体晶体结构中的离子、原子等。空间格子这一简单的几何图形包含了晶体结构中最重要、最本质的规律,它在研究晶体宏观与微观对称、晶体生长等方面起着非常重要的作用。

下面讨论空间格子的特点。空间格子有如下几种要素:

### 1. 结点

结点(node),又称格点(lattice point),是空间格子中的点,它们代表晶体结构中的相当点。在实际晶体结构中,结点的位置一定是由同种质点所占据的,但实际晶体中的同种质点却并不一定只占据在同一套结点上,例如图 1-6 中的 $Ti^{4+}$ 就占据两套结点。在空间格子中,结点只有几何意义,为几何点,它不一定要代表某种质点,它也可以代表质点连线上的某个位置。

### 2. 行列

结点在直线上的排列即构成行列(row)(图 1-7)。空间格子中任意两个结点联结起来就是一条行列的方向。行列中相邻结点间的距离称为该行列的结点间距(如图 1-7 中的 $a$)。在同一行列中结点间距是相等的,在平行的行列上结点间距也是相等的;不同方向的行列,其结点间距一般是不等的(有对称关系的除外),某些方向的行列上结点分布较密,而另一些则较稀。

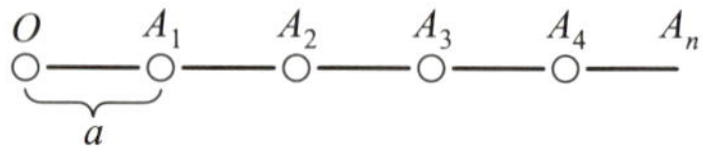

$O$　$A_1$　$A_2$　$A_3$　$A_4$　$A_n$

$a$

图 1-7　空间格子的行列

### 3. 面网

结点在平面上的分布即构成面网(net)(图1-8)。空间格子中任意两个相交的行列就可决定一个面网,一个面网上的结点分布肯定可以连接成一个一个的平行四边形。面网上单位面积内结点数称为面网密度(reticular density)。相互平行的面网,面网密度必相同,且任意两相邻面网间的垂直距离——面网间距(interplanar spacing)也必定相等;互不平行的面网,面网密度及面网间距一般不同。面网密度大的面网其面网间距亦大,反之,密度小,间距亦小。图1-9是空间格子的投影图,其中每个点代表一个垂直于纸面的行列,$AA'$则代表垂直纸面的面网。其中$AA'$,$BB'$,$CC'$,$DD'$的面网密度依次减小,它们的面网间距$d_1$,$d_2$,$d_3$,$d_4$也依次减小。即:面网密度与面网间距成正比。

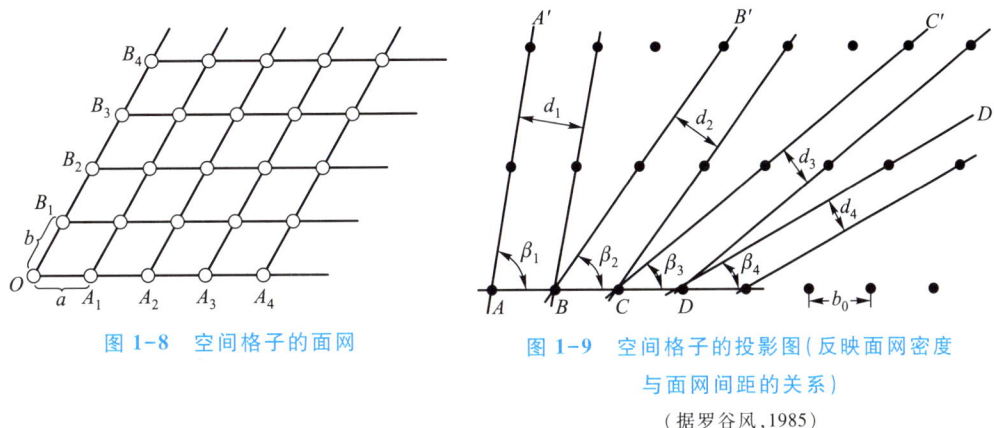

图1-8 空间格子的面网

图1-9 空间格子的投影图(反映面网密度
与面网间距的关系)

(据罗谷风,1985)

### 4. 平行六面体

从三维空间来看,空间格子可以画出一个最小重复单位,那就是平行六面体(parallel hexahedron)(图1-10)。它由6个两两平行而且相等的面网组成。实际晶体结构中所画出的这样的相应的单位,称为晶胞(unit cell)。整个晶体结构可视为晶胞在三维空间平行地、毫无间隙地重复累叠而成。晶胞的形状与大小则取决于它的3条彼此相交的棱的长度[图1-10(a)中的$a,b,c$]和它们之间的夹角。我们以后将会知道,平行六面体(晶胞)的形状有7种,对应7个晶系(这一点将在第七章中详细讨论)。

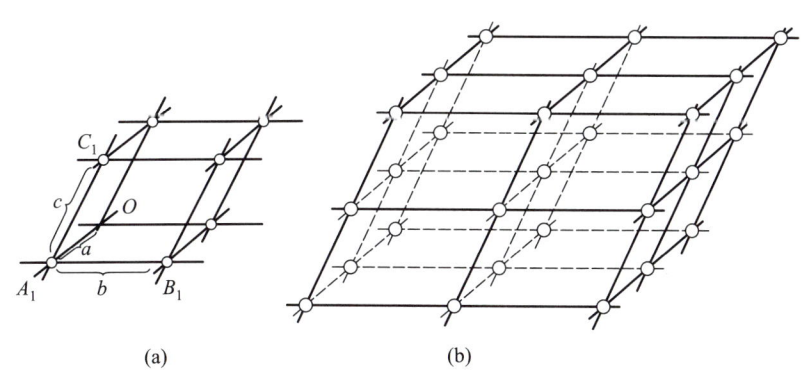

(a)                (b)

图1-10 空间格子

(a)平行六面体;(b)空间格子

# 三、晶体的基本性质

由于晶体是具有格子构造的固体,因此,也就具备着晶体所共有的、由格子构造所决定的基本性质。现简述如下。

### 1. 自限性

自限性(selfconfinement)是指晶体在适当条件下可以自发地形成几何多面体外形的性质。由图 1-11 可以看出,晶体为平的晶面所包围,晶面相交成直的晶棱,晶棱会聚成尖的顶角。

晶体的多面体形态是其格子构造在外形上的直接反映。晶面、晶棱与顶角分别与空间格子中的面网、行列及结点相对应,它们之间的关系如图 1-11 所示。

晶体多面体形态受格子构造制约,服从一定的结晶学规律。

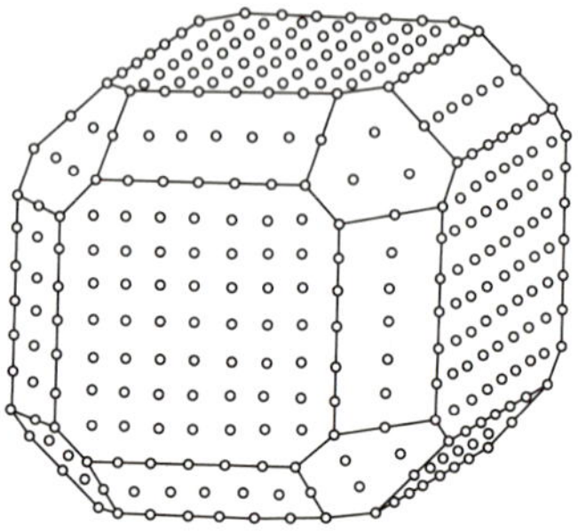

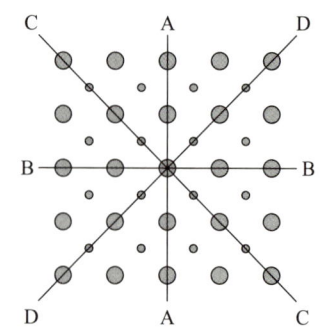

图 1-11　晶面、晶棱、顶角与空间格子中的面网、行列、结点的关系示意图

(引自潘兆橹等,1993)

### 2. 均一性

因为晶体是具有格子构造的固体,在同一晶体的各个不同部分,质点的分布是一样的,所以晶体的各个部分的物理性质与化学性质也是相同的,这就是晶体的均一性(homogeneity)。

但必须指出的是,非晶体也具有其均一性。如玻璃的不同部分折射率、膨胀系数、热导率等都是相同的。但是如前所述,由于非晶体的质点排列不具有远程规律,即不具有格子构造,所以其均一性是统计的、平均近似的均一,称为统计均一性;而晶体的均一性是取决于其格子构造的,称为结晶均一性。两者有本质的差别,不能混为一谈。液体和气体也具有统计均一性。

### 3. 异向性(各向异性)

同一格子构造中,在不同方向上质点排列一般是不一样的,因此,晶体的性质也随方向的不同而有所差异,这就是晶体的异向性(anisotropy)。异向性是由于格子构造中不同方向的行列,结点间距不等或结点所代表的原子、离子之间的化学键强度不等而造成的。如图 1-12 中,AA 方向与 CC 方向质点排布不同,这两个方向上的性质就不同。我们经常看到,云母、方解石等矿物晶体,具有完好的解理,受力后可沿晶体的一定方向裂开成光滑的平面,而沿其他方向则不能裂开为光滑平面。这就是晶体异向性的表现。在矿物晶体的力学、光学、热学、电学等性质中,都有明显的异向性的体现,这些将在矿物的物理性质一章中叙述。此外,晶体的多面体形态也是其异向性的一种表现,无异向性的外形应该是球形。

图 1-12　晶体结构中的异向性及对称性示意

非晶体一般是具有各向同性的,其性质不因方向而有所差别。

### 4. 对称性

晶体具有异性性,但这并不排斥晶体在某些特定的方向上具有相同的性质。如图 1-12 中,AA 方向与 CC 方向质点排布不同,但 AA 方向与 BB 方向质点排布相同。在晶体的外形上,也常有相等的晶面、晶棱和角顶重复出现。这种相同的性质在不同的方向上有规律地重复,就是对称性(symmetry)。对称性是晶体极其重要的性质,并由此建立了晶体对称理论,这是结晶学最重要的研究内容。

### 5. 最小内能性

在相同的热力学条件下,晶体与同种物质的非晶质体、液体、气体相比较,其内能最小,这就是晶体的最小内能性(minimum internal energy)。所谓内能,包括质点的动能与势能(位能)。动能与物体所处的热力学条件有关,温度越高,质点的热运动越强,动能也就越大,因此它不能直接用来比较物体间内能的大小。可用来比较内能大小的只有势能,势能取决于质点间的距离与排列。

晶体是具有格子构造的固体,其内部质点是有规律排列的,这种规律的排列是质点间的引力与斥力达到平衡的结果。在这种情况下,无论是质点间的距离增大还是缩小,都将导致质点的相对势能的增加。非晶体、液体、气体由于内部质点的排列是不规律的,质点间的距离不可能是平衡距离,因此它们的势能也较晶体为大。也就是说在相同的热力学条件下,它们的内能都较晶体为大。实验证明,当物体由气态、液态、非晶态过渡到结晶状态时,都有热能的析出;相反,晶格的破坏也必然伴随着吸热效应。

我们把晶体的加热曲线(图 1-13)和非晶体的加热曲线(图 1-14)对比如下。

当晶体加热时,起初温度是随着时间推移逐渐上升的。当达到某一温度,晶体开始熔解,同时温度的上升停顿了,此时所加的热量,用于破坏晶体的格子构造。直到晶体完全熔解,温度才开始继续上升。在温度停止上升的时间内,晶体吸收了一定的热量而使自己转变为液体,这些热量称为熔解潜热。由于晶体的格子构造中各个部分的质点是按同一方式排列的,破坏晶体各个部分需要同样的温度。因此,晶体具有一定的熔点。

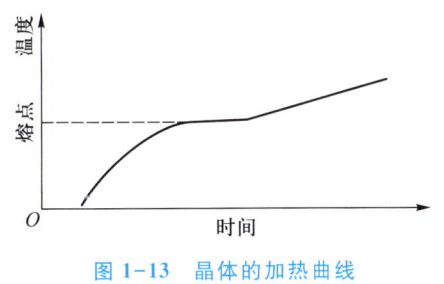

图 1-13  晶体的加热曲线

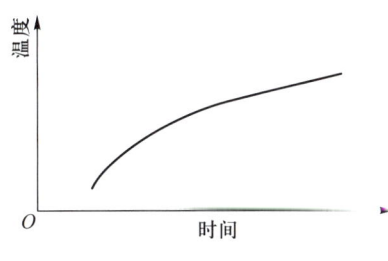

图 1-14  非晶体的加热曲线

非晶体则与之不同,由于它们不具有格子构造,所以没有一定的熔点。例如,将玻璃加热时,它首先变软,然后逐渐变为黏稠的熔体。在这一过程中温度上升趋势一刻也不停顿,其加热曲线为一条平滑的曲线,说明从固相到液相的变化所对应的物质结构变化是连续的、统计意义上的变化。

### 6. 稳定性

在相同的热力学条件下,晶体比具有相同化学成分的非晶体稳定,非晶体有自发转变为晶体的必然趋势,而晶体决不会自发地转变为非晶体。这就是晶体的稳定性(stability)。

晶体的稳定性是晶体具有最小内能性的必然结果。

# 四、结晶学及其发展历史

结晶学(crystallography),也称为晶体学,是以晶体为研究对象,以晶体的对称规律为主要研究内容的一门自然科学。

大自然的鬼斧神工,造就了形态奇妙的天然晶体。这些天然晶体的存在远早于人类的出现。在远古年代人们知道用天然晶体作饰物、作工具等,同时也在思考这些几何多面体形态有些什么规律。

直到 1669 年,丹麦学者斯丹诺(N. Steno,1638—1686)提出"面角守恒定律",人类才开始了对晶体形态科学规律的探讨。斯丹诺通过观察、对比各种各样的石英、赤铁矿等矿物晶体的几何形态,总结出:同种矿物晶体其对应晶面夹角守恒。这就是著名的"面角守恒定律",它是结晶学发展的奠基石。

除了对晶面夹角、晶面截距等进行研究外,人们也开始了对晶面在三维空间中分布规律的对称性研究。1809 年德国矿物学家魏斯(C. S. Weiss,1780—1856)提出了"晶体的对称定律",即:晶体上只可能有一、二、三、四、六次对称轴,不可能有五次及高于六次的对称轴。

1830 年德国矿物学家赫塞尔(J. F. C. Hessel,1796—1872)用几何的方法推导出晶体形态可能有的对称要素的组合形式,即:32 种对称型(点群)。1867 年俄国物理学家加多林(A. Gadolin,1828—1892)用严密的数学方法推导出同样的 32 种对称型(点群)。

从晶体形态的对称规律得到启发,人们尝试着进入晶体的内部结构。1784 年法国科学家阿羽伊(R. J. Haüy,1743—1822)提出了对晶体结构的见解:晶体是由无数像砖块一样的"分子"平行堆砌而成的,这个见解可以解释晶体形态为什么会有平的面、直的棱。之后,他还发表了著名的"整数定律"。

1848 年法国晶体学家布拉维(A. Bravais,1811—1863)运用严格的数学方法推导出晶体的空间格子(即晶体结构中的平移重复规律)只有 14 种,这就是著名的 14 种布拉维格子,它描述了晶体结构中的平移对称。1889 年俄国结晶矿物学家费德洛夫(E. S. Féderov,1853—1919)在 14 种布拉维格子的基础上,同时考虑平移与旋转、反映的对称变换的复合,推导出晶体结构一切可能的对称形式,即 230 种空间群。之后,德国学者圣夫利斯(A. M. Schönflies)也推导出同样的 230 种空间群。所以人们将空间群也称为费德洛夫群或圣夫利斯群(陈敬中,2001)。

14 种布拉维格子、230 种空间群,全面、严谨地描述了晶体结构质点排布的对称规律性,这是在人类没有能力测试晶体结构的条件下,从数学的角度对晶体结构的规律建立的数学模型,这些数学模型在 X 射线被发现并用来测试晶体结构后,被证实全部是正确的!由此可见,数学模型在人们认识未知世界的前期可以起到开路先锋的作用(赵珊茸等,2005)。

1895 年德国物理学家伦琴发现了 X 射线,1912 年德国物理学家劳厄与他的学生第一次用 X 射线实验证实了晶体结构的周期重复性,从此,晶体结构的研究从理论推导进入实际测量,X 射线的发现为物质结构研究提供了威力空前的武器。

此后,英国学者布拉格父子(W. H. Bragg,1862—1942;W. L. Bragg,1890—1971)测定了 NaCl 晶体结构,这是人类测定的第一个晶体结构。自此之后,大量的晶体结构被陆续测定出,从而开拓了晶体结构研究的新领域。

X 射线是对晶体结构的周期性进行"平均的""间接的"测量,它不能使我们直接看到晶体结构里面的原子、离子。1932 年德国科学家鲁斯卡(E. Ruska,1906—1988)等试制出第一台电子显微镜,再通过 20 多年的改进,到 1956—1960 年,人们已经可以利用安装在电子显微镜上的衍射装置,观察晶体结构的晶格像,在比较严格的条件下甚至可以看到晶体结构的原子像,这又使晶体结构的研究进入一个新的阶段。图 1-15 就是金红石的高分辨电子晶格像。

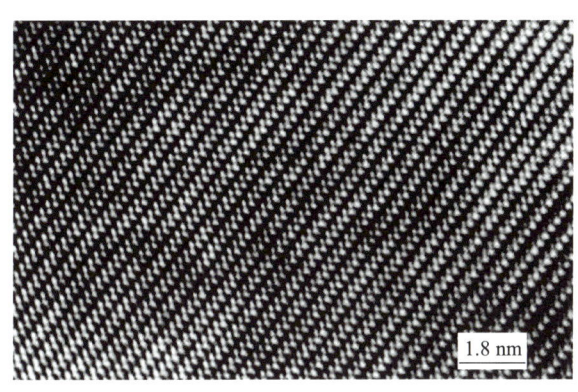

1.8 nm

图 1-15 金红石[101]晶带的高分辨电子晶格像
(据吴秀玲提供)

在经典的结晶学理论已经相当完善的近 100 年后,1984 年 10 月,肖特曼(D. Shechtman)等报道了具有五次对称旋转轴的金属相。这一金属相的结构不具有周期重复性但有近程和远程有序规律,它不能用 14 种布拉维格子、32 种对称型(点群)、230 种空间群来描述。它不是晶体。那它是什么呢? 人们只好给它一个类似晶体的名字,叫作准晶体。准晶体的发现,给传统的经典的晶体对称理论带来了猛烈冲击,因此迅速发展起一门结晶学的分支学科——准晶体学。准晶体的发现者获 2011 年诺贝尔化学奖。

综上所述,结晶学的发展历程可以由后往前概括为:

1984 年,肖特曼等:发现准晶体,由此"准晶体学"分支学科形成

1956—1960 年:在电子显微镜下观察到晶体结构的晶格像

1913 年之后,布拉格父子:测定了大量晶体结构

1912 年,劳厄:X 射线对晶体的衍射及结构规律研究

1895 年,伦琴:X 射线的发现

1890 年,费德洛夫和圣夫利斯:230 种空间群

1867 年,加多林:32 种对称型(点群)的数学推导

1848 年,布拉维:14 种布拉维格子

1830 年,赫塞尔:32 种对称型(点群)

1809 年,魏斯:晶体的对称定律

1784 年,阿羽伊:整数定律

1669 年,斯丹诺:面角守恒定律

经典的结晶学是以几何或数学的理论研究晶体宏观和微观对称规律的科学。随着经典结晶学与其他学科交叉渗透,形成了一些分支学科:

① 晶体化学(crystal chemistry):研究晶体的化学成分与晶体结构相互制约规律及其与物理性质、形成条件的关系。

② 晶体物理学(crystal physics):研究晶体的光学、电学、力学等物理性质受晶体对称性的影响导致的物理性质各向异性规律。

③ 晶体结构学(crystallology):研究晶体内部质点排布规律及结构缺陷。

④ 晶体生长学(crystal growth,crystallogeny):研究晶体生长机理及控制和影响生长的因素。

本书以经典的结晶学为主要内容,对"晶体化学"与"晶体生长"也做了简单介绍,"晶体物理"在结晶学部分没有介绍,但在矿物学部分的"矿物的物理性质"一章中有一些初步介绍。

结晶学是一套逻辑严密、空间思维突出的数学理论体系,所以结晶学首先以数学为基础,与物理学、化学之间也有着相互渗透的密切关系。结晶学是矿物学、材料学、生命科学等许多科学的基础,而矿物学是整个地球科学的基础;材料学是人类赖以进步的基石,也是社会文明程度的标志;生命科学是人类认识自我、认识生命体及其演化的重要科学。由此可见,结晶学是一门对科学的发展、技术的进步,以及社会的文明起着基础作用的重要学科。

结晶学的知识特点是:空间性强、理论性强、逻辑性强。结晶学研究的是空间图形的对称规律,这种对称规律要用到空间几何理论、数学理论。它的知识体系是一个逻辑关系严密的整体。它研究的是属于晶体这类物质的共同规律,不涉及具体晶体种类。所以,学习结晶学,主要用理性的、逻辑推理的思维方式。

## 本章拓展、延伸知识

### 1. 晶体结构的周期重复性规律表达的两种方式及对比

在前面的叙述中,我们将晶体结构的周期重复性规律表达为:晶体结构是由不同原子、离子分别占据不同套的相当点相互位移后套在一起形成的,不同套的相当点之间可以占据不同的质点,也可以占据同种质点。此外,晶体结构的周期重复性规律也可以表达为:

晶体结构 = 点阵(或空间格子) + 结构基元

许多教科书中都是这样描述晶体结构周期性的。

图 1-16 和图 1-17 显示出了这两种描述晶体结构的不同方式。

这两种方式所表达的本质含义是一样的,只是表达方式不同而已。

然而,第二种方式中的"结构基元"是人为画出来的,这个"结构基元"容易误认为"结构基团",大部分晶体结构中并不存在明显的"结构基团"(除非典型的分子型晶体),如图 1-17 中虚线画出的"结构基元"是人为划定的,实际晶体结构中并不存在这样的"结构基团"。另外,同一个晶体结构的"结构基元"存在多种画法,如图 1-17 中的"结构基元"也可以是灰色阴影的部分;并且,对于复杂的晶体结构(例如白云母、角闪石等),"结构基元"可

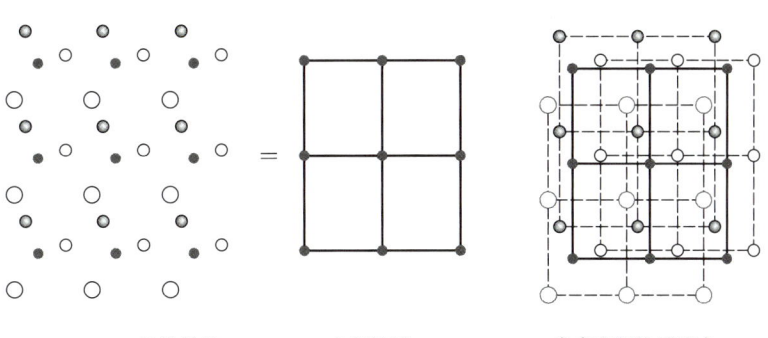

晶体结构　＝　　空间格子　　多套空间格子组合

图 1-16　第一种晶体结构周期性描述方式

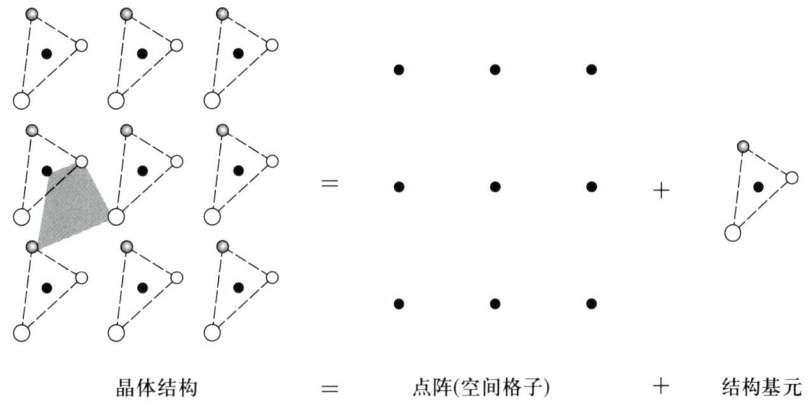

晶体结构　＝　点阵(空间格子)　＋　结构基元

图 1-17　第二种晶体结构周期性描述方式

能非常难以划出。再次,"结构基元"的定义为:不能通过晶体结构中的平移周期使之重合的所有点的集合,所谓"点的集合"不太好理解,如果"点的集合"不包括空点集,则图 1-17 中的"结构基元"就是由黑、大白、小白、灰四个点组成的三角状,如果要考虑空点集,图 1-17 中的"结构基元"就不是这种形状和范围了,而一定是一个平行四边形。

　　以第一种方式表达晶体结构的周期性,相对来说更容易理解一些,它所表达的含义是:在晶体结构中的任一点都可以找到其相当点,所有的点都是以同样的方式重复出现的,位置不同的点就形成了多套完全相同、仅仅是位置不同的空间格子(点阵),如果考虑空点集,空间格子的套数就有无穷多个。

### 2. 晶体结构对 X 射线衍射现象及结构测试原理简介

　　晶体结构对 X 射线的衍射现象帮助人们认识到晶体的本质特征。那么,晶体结构怎么对 X 射线进行衍射呢? 有关这方面的内容有专门的教科书,本书在这里只是以高度概括的、形象比喻的方式,介绍一点晶体结构对 X 射线衍射的知识。

　　晶体结构对 X 射线的衍射,可以形象地理解为:晶体结构中的面网对 X 射线的"反射"。对于一般光线的反射,大家都很熟悉,一个平面对入射光的反射是没有"入射角"的要求的,任意角度入射的光线都可以被反射,并且入射角等于反射角。但是,晶体结构中的面网对 X 射线的"反射"要求入射角一定要满足衍射条件,即布拉格方程:$2d\sin\theta = n\lambda$, $n = 1, 2, \cdots$。在这个方程中,$d$ 为面网间距,$\theta$ 为掠射角(是指入射线与面网的夹角,也即图 1-18 中所示"入射角"的余角)，λ 为 X 射线的波长。当 X 射线以某个入射角入射晶体结构时，如果它不满足布拉格方程，它就得不到"反射"(即得不到衍射)，如果满足布拉格方程，就可以得到"反射"，这时可以得到一个衍射光斑，其"反射"角也等于入射角，如图 1-18 所示。

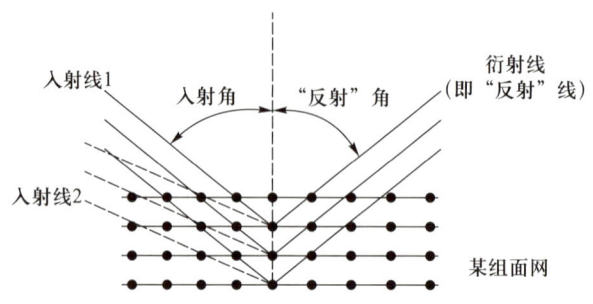

**图 1-18　晶体结构对 X 射线衍射示意图**

(入射线 1 满足衍射条件，产生了衍射，入射线 2 不满足衍射条件，没有产生衍射)

这样我们就可以利用 X 射线来研究晶体结构了。如果发生了衍射现象，就表明 X 射线的入射条件满足布拉格方程，在这个方程中，波长 λ、掠射角 θ 都是已知的，所以通过布拉格方程就可得到面网间距 d；如果晶体结构中各种面网间距都测出来了，就可推测得到晶体结构特点。这就是 X 射线测晶体结构最基本的原理。具体涉及的测试方法有许多，如粉末法 X 射线物相分析、单晶法 X 射线晶体结构测定等，在此不详述。具体测试晶体结构的过程是一个非常复杂的、涉及许多理论知识(包括数学、量子物理学等)和测试技术的过程。目前 X 射线测试结构的方法已经相当成熟，而且都已经自动化，有许多软件被开发出来。

### 3. 我国古代先民对矿物晶体及晶体形态的认识

如前所述，经典结晶学是从 1669 年丹麦学者斯丹诺发现"面角守恒定律"而发展起来的。以这个定律为基础，人们开始研究矿物晶体形态上的几何规律、数学规律，从而发展起来一套完整的晶体对称理论体系，这套理论就是经典结晶学的内容。在经典结晶学发展的历史进程中，西方学者发现和创立了一系列定律、定理。那么，我国古代先民们有没有对自然界矿物晶体美妙的形态做过研究呢？

我国古代将水晶称为"冰精"，且有"此乃千年老冰"之说([宋]孙宗鉴《东皋杂录》，据罗谷风，2014)。在王炳章①的《中国古代结晶学史略》(见王根元等著的《中国古代矿物知识》)中，我们发现了一些远古年代我国先贤对矿物晶体形态认识的记录，现摘录点滴如下：

公元前 2 世纪，韩婴(西汉文景时期人)在《韩诗外传》中写道："凡草木花多五出，雪花独六出"。这是我国最早对晶体形态的认识。很多书籍都记载着 1615 年德国人开普勒(Kepler)首先发现雪花的枝干之间是 60°，呈六方对称。虽然韩婴没有指出具体角度，但他的"六出"也肯定是六方对称的意思。要知道，韩婴的认识足足比开普勒早了近 1800 年！

公元 4 世纪中，杨佺期(晋代)在《雒阳记》中写道：食盐晶体有"四面刻如印齿、文章、字，妙不可述"。这里描述的是食盐(矿物学里称石盐)的平行连晶形态，意思是：在状如官印的大立方体晶体上有许多平行连生的小晶体，形成直角的凸出和凹入，像是雕刻了文字。

公元 5—6 世纪，陶弘景(公元 452—536)在《名医别录》中写道："石英……六面如

———————

① 王炳章教授(1899—1970)，著名矿物学家，曾任北京地质学院(中国地质大学前身)矿物教研室主任。

削……",这是他认识到石英的六方柱形态。

……

王炳章的文章中还有许多记录,以上只是粗略举例。我国古代先民们对矿物晶体形态的认识还有许多,有待我们去挖掘。但是,遗憾的是,我国古代对矿物晶体形态的认识只停留在外形描述上,没有上升到更理论性的几何或者代数规律。

# ？ 习题与思考题

## 基础题:

1. 什么是晶体?晶莹剔透的物质都是晶体吗?具有几何多面体形状的物体就是晶体吗?晶体一定能够自发地形成几何多面体形状吗?

2. 晶体与非晶体的本质区别是什么?晶体与非晶体的转化是怎么实现的?

3. 什么是格子构造?什么是空间格子?这两个概念有什么区别?

4. 相当点的两个条件是什么?晶体结构中同种质点都是相当点吗?

5. 空间格子中,相互平行的行列上结点间距相等吗?相互平行的面网,其面网密度相等吗?

6. 面网密度与面网上的结点间距是什么关系?面网密度与面网间距是什么关系?面网上的结点分布有什么特点?

7. 空间格子中的最小重复单位是什么?晶胞是什么?晶胞参数是什么?

8. 什么是晶体的自限性?晶体的自限性与晶体的异向性有什么联系?晶体的对称性与异向性有什么联系?晶体的异向性与晶体的均一性矛盾吗?

9. 从晶体的格子构造观点出发,解释晶体的基本性质。

## 综合分析与讨论题:

10. 找出图 1-2(a) 中晶体平面结构的相当点并画出平面空间格子(即面网)。

11. 找出图 1-6(a) 中金红石晶体平面结构中 $O^{2-}$ 的相当点并画出平面空间格子(即面网)。

12. 从以上第 10 题、第 11 题中画出的空间格子进行总结:晶体结构与空间格子是什么关系,空间格子表达的是晶体结构的什么本质特征。

13. 准晶体是一种什么结构?它有近程与远程规律,但是没有像晶体一样的重复周期,它能画出空间格子吗?

14. 图 1-19 是晶体结构中同种离子排列形成的一条直线,请问它是行列吗?如果不是,为什么?怎么做才能把这个晶体结构的行列画出来?

15. 为什么结点在面网上分布一定是平行四边形的?此外,正六边形、正三角形可以形成面网吗?正五边形可以吗?请画图说明。

16. 怎么理解"自限性、对称性都是由异向性产生的"?

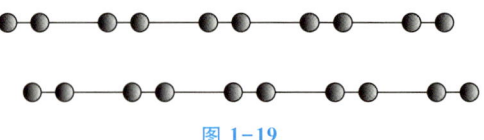

图 1-19

17. 在结晶学中,非晶体(无序态)可以自发地转化为晶体(有序态),这一点与热力学"熵增过程是自发的"矛盾吗?

18. 图 1-20 是一个简单的格子构造平面示意图,请在图上解释(可以在图上画一些辅助图标):异向性、对称性、自限性、均一性。

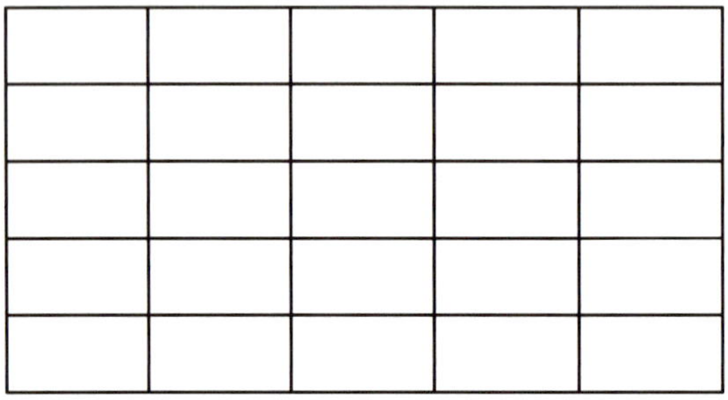

图 1-20

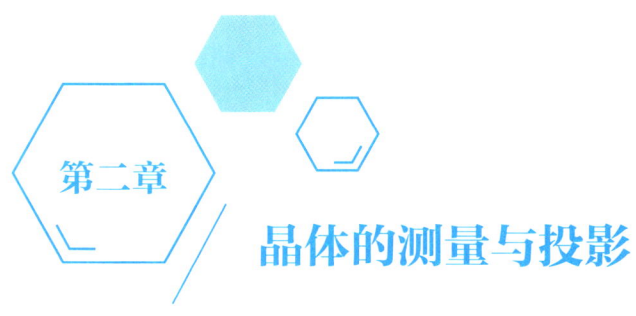

第二章

# 晶体的测量与投影

从上一章中我们知道，晶体能够自发地形成规则的几何多面体外形。研究晶体外形最基本、最重要的方法就是晶体测量与投影。借助这种方法，我们可以找到晶体形态上晶面分布的规律性及对称性，而晶体形态规律性的研究是整个结晶学发展的奠基石。

## 一、面角守恒定律

实际晶体的几何多面体外形常常受到复杂的外界条件的影响，致使同种晶面发育的形状和大小却不一定相同，从而形成"歪晶"（distorted crystal）。图 2-1 为两个石英晶体，它们都是由 $m$、$r$ 和 $z$ 3 种晶面所组成，但形态却不相同。6 个 $m$ 面原应组成一个六方柱［图 2-1(a)］，但在歪晶中却面目全非了［图 2-1(b)］。

正是由于这种原因，人们在长远的历史年代里未能掌握晶体形态的规律。

直至 1669 年，丹麦学者斯丹诺在对石英（$SiO_2$）和赤铁矿（$Fe_2O_3$）晶体的研究中发现，同种矿物的各个晶体大小和形态虽然不同，但它们对应晶面间的夹角是守恒的。如图 2-1 中不同形态的石英晶体，其对应晶面间的面角（角度）守恒，$r \wedge m = 141°47'$，$r \wedge z = 133°44'$，$m \wedge m = 120°$，从而提出了面角守恒定律（law of constancy of angle），即："同种矿物的晶体，其对应晶面间的面角守恒。"[1]

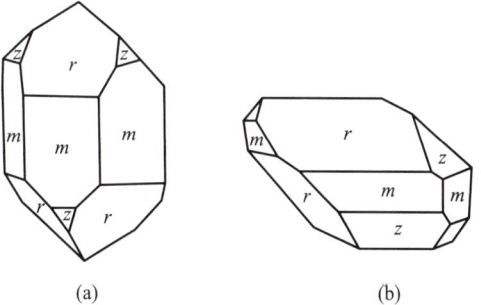

**图 2-1　石英的晶体形态**

（引自潘兆橹等，1993）

（a）理想晶形；（b）歪晶

这一定律的发现，对结晶学的发展起了颇为深远的作用。它为研究复杂纷纭的晶体形态开辟了一条途径。以此定律为依据，通过对晶面间角度的测量和投影，避开具体的晶面大

---

① 虽然人工晶体也遵循面角守恒定律，但这一定律是在矿物晶体形态上发现的。

小,只根据晶面夹角的规律性,就可以揭示晶体固有的对称性,绘制出理想的晶体形态图,从而为几何结晶学一系列规律的研究打下了基础,并给晶体内部结构的探索以有益的启发。由此也可以看出,对晶体的研究最初是以测量晶面夹角(即晶体测量)开始的。下面将详细介绍晶体测量及投影方法。

# 二、晶 体 测 量

晶体测量(goniometry)又称为测角法。根据测角的数据,通过投影,可以研究晶体形态的对称,绘制出晶体的理想形态图。在这一过程中还可以计算晶体常数,确定晶面符号(见第四章),同时,还可以观察和研究晶面的细节(微形貌)。

为了便于投影和运算,一般所测的角度不是晶面的夹角,而是晶面的法线(normal)夹角(晶面夹角的补角),称为面角(interfacial angle)(图2-2)。

晶体测量使用的仪器有接触测角仪(contact goniometer)和反射测角仪(reflecting goniometer)两类。

### 1. 接触测角仪及其测量方法

接触测角仪(图2-3)的结构颇为简单,它包括两个部分:

(1) 半圆仪:上面有分成180°的刻度。

(2) 直臂:固定于半圆仪的圆心,并可以自由旋转。

测量晶体时,把半圆仪的底边和直臂与欲测的两个晶面靠紧,并使此二晶面所交的晶棱与测角仪的平面垂直,此时即可在半圆仪上读得二晶面的面角数据(图2-3)。这种仪器使用方法很简单,但精度较低(误差为0.5°~1°),且不适于测量小晶体。

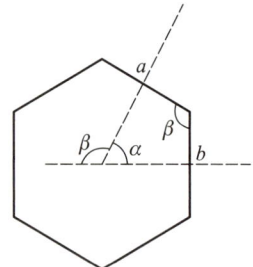

图 2-2　晶面 *a*、*b* 的面角 α 与夹角 β

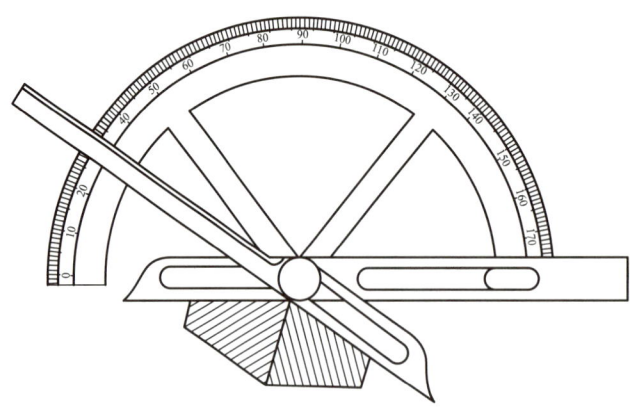

图 2-3　接触测角仪

### 2. 反射测角仪及其测量方法

此类仪器系根据晶面对光线反射的原理制成。早期有单圈反射测角仪,但它只能测量交棱与单圈旋转轴平行的那一组晶面的面角,应用局限性很大,现已淘汰。现在用的都是双圈反射测角仪。

双圈反射测角仪由一个直立圈和水平圈组成,同时设置了一个入射线光管和一个观测镜筒,如图2-4所示。其中直立圈旋转轴、水平圈旋转轴、入射线光管轴和观测镜筒轴这四个轴交于一点。并且水平圈旋转轴、入射线光管和观测镜筒在一个平面内,此平面与直立圈平行。晶体安装在直立圈上,并使晶体的z轴与直立圈旋转轴重合,晶体中心与四轴交点重合。当晶面A的法线恰好位于光管与观测镜筒的夹角平分线上时,入射线射到晶面A上产生的反射线恰好进入观测镜筒,观测者在镜筒里可以看到一个反射信号,此时记录下直立圈和水平圈的读数;然后旋转直立圈和水平圈,使另一个晶面处于原来晶面A所处的位置,又可以得到另外一个晶面的反射信号,记录下两个圈的读数;依次类推,就可以得到所有晶面的直立圈和水平圈的读数。最后,将直立圈读数以某个晶面的直立圈读数为0°来换算出所有晶面的方位角,将水平圈读数以晶体柱面的极距角为90°来换算出所有晶面的极距角。方位角和极距角相当于地球上的经度和纬度,是晶面的球面坐标(详见本章下一小节)。根据晶体上所有晶面的方位角和极距角就可以对晶体进行投影了。

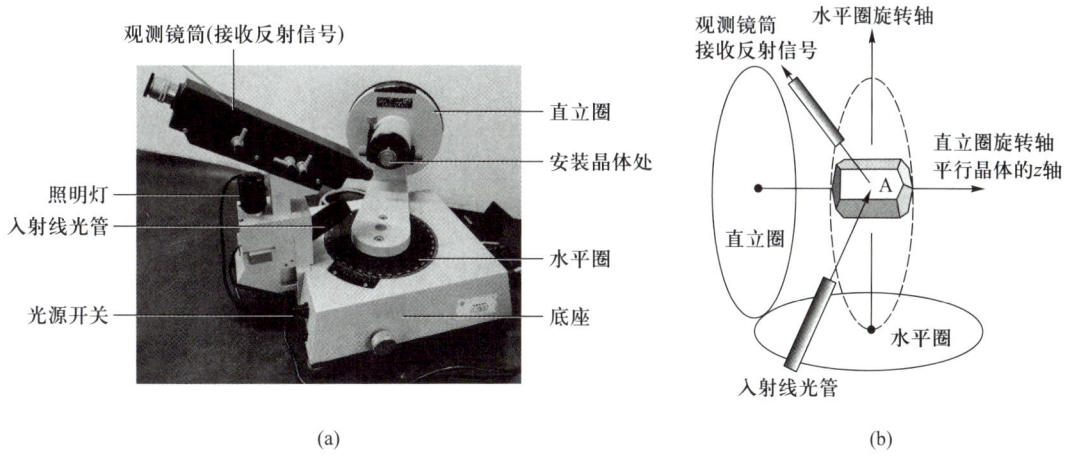

(a)　　　　　　　　　　　　　　　　　　(b)

图2-4　双圈反射测角仪的构成

(据赵珊茸,2022)

(a) STOE型双圈反射测角仪;(b) 测角仪上四个轴的分布

# 三、晶体的投影

投影是研究物体在空间的方位、取向的常用方法。

晶体投影的方法很多,在结晶学中最常用的是极射赤平投影。此外还有一种投影方法,即心射极平投影。

### (一)极射赤平投影

极射赤平投影原理如图2-5所示:取一点 $O$ 为投影中心,以一定的半径作一个球,称为投影球;通过球心作一个水平面 $Q$,称之为投影面;投影面与投影球相交为一大圆(所谓大圆即其直径等于球的直径的圆),它相当于地球的赤道,称为基圆;垂直投影面的直径 $NS$,称为投影轴;投影轴与投影球面的两个交点 $N$ 和 $S$,即投影球的北极和南极,它们分别称为上目测点和下目测点。极射赤平投影(stereographic projection)就是以赤道平面为投影面,以南极(或北极)为目测点,将球面上的点、线进行投影。具体地说,就是将上半球面上的某个点与南极连线(或将下半球上的某个点与北极连线),如图 2-5 中球面上的一点 $a'$ 与南极 $S$ 连线,这条连线与赤道投影平面相交于一点,如图 2-5 中的点 $a$,这个交点就是球面上该点的极射赤平投影点。由于目测点为南北极,投影落在赤道平面上,故称为极射赤平投影。

下面介绍晶体的极射赤平投影,可分为以下两个步骤:首先进行晶体的球面投影;然后进行极射赤平投影。

### 1. 晶体的球面投影

(1)晶体上各晶面的球面投影:习惯上,我们对晶面投影,并不是将晶面本身进行投影,而是将各晶面的法线在球面上投影。

设想将晶体置于投影球中心处,然后从球心出发,引每一晶面的法线,延长后各自交球面于一点,这些点便是相应晶面的球面投影点,如图 2-5 中晶面 $A$ 的球面投影点为 $a'$,图 2-6(a)中展示了一个晶体上一些晶面的球面投影(灰色的点)。

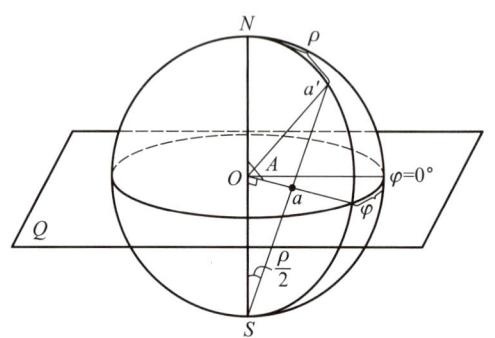

**图 2-5 极射赤平投影原理示意图**

图中示出了晶面 $A$ 的球面投影点 $a'$,以及球面投影点 $a'$ 的极射赤平投影点 $a$,并且还标明了晶面 $A$ 的方位角 $\varphi$ 与极距角 $\rho$

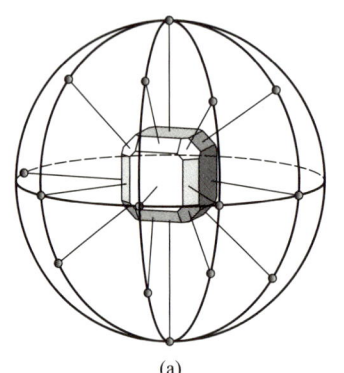

(a)

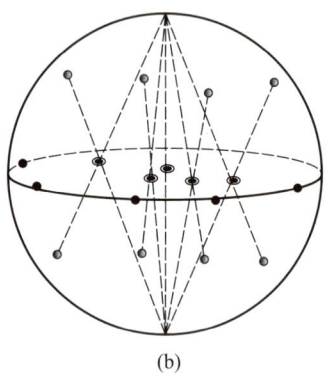

(b)

**图 2-6 晶体的投影**

(a)晶面的球面投影;(b)极射赤平投影

(2)晶体上各种直线的球面投影:晶面的投影是各个晶面法线的投影,它实质上是直线方向投影,而不是晶面本身的投影,因此晶体上的各种直线(如晶棱、晶轴、对称轴、晶带轴、双晶轴等①)方向的投影基本情况与其完全相同,只不过在进行投影时,首先应将直线平

---

① 这些概念将在后述章节中介绍。

移,使之通过投影球球心。

（3）晶体上平面本身的球面投影:习惯上,晶体上的对称面、双晶面、双晶结合面[①]的投影,是将这些平面直接投影的,首先将平面平移至通过投影球球心,然后延长,使其与球面相交,交线形成一个所谓的大圆,该大圆就是平面本身的球面投影。

### 2. 晶面的球面坐标

将晶面进行球面投影后,晶体上各晶面就转换成球面上的投影点。该点在球面上的方位可以用球面坐标来确定。投影球上的球面坐标,其性质与地球上的经纬线相当。在球面坐标中,与纬度相当的是极距角 $\rho$ ( pole distance angle ),与经度相当的是方位角 $\varphi$ ( orientation angle )。极距角是指该球面投影点与北极 $N$ 之间的弧角,也即投影轴与晶面法线之间的夹角,这个角度应为 $0° \sim 90°$ ,如果它为 $90° \sim 180°$ ,就表明该晶面位于下半球。方位角是指包含该球面投影点的子午面与 $0°$ 子午面的夹角, $0°$ 子午面是事先选定的,所谓子午面是指包含投影轴的圆切面,它可以绕投影轴旋转 $360°$ ,所以方位角应为 $0° \sim 360°$ 。极距角 $\rho$ 和方位角 $\varphi$ 就构成了球面坐标( spherical coordinate ),通常也称为极坐标。图 2-7 表示了球面坐标的含义。图 2-5 展示了晶面 $A$ 的方位角与极距角。

### 3. 晶体的极射赤平投影

经过球面投影后,晶面便转变成球面上的点,晶面大小、形状、距中心的远近等因素可以完全消除,而晶面的空间方位及相互之间的关系则被突出地显示出来;此外,晶体上各种直线和平面(如对称轴、对称面)也都可转换成由球面上的点或大圆弧线来表示其方位。但是,球面投影的结果仍然是一个立体图形,实际应用时很不方便,因而还需要转换成平面上的投影。这时就需要用前述的极射赤平投影(简称赤平投影),即将各晶面的球面投影点与南极点 $S$ 或北极点 $N$ 连线,每条连线将与投影面相交于一点,这些点也就是相应晶面的极射赤平投

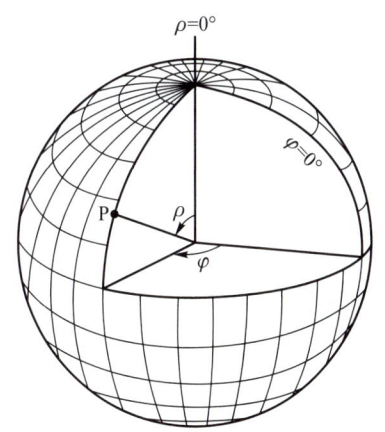

**图 2-7　方位角 $\varphi$ 与极距角 $\rho$ 的含义**

影点。图 2-6( b )中展示了一个晶体上一些晶面的极射赤平投影点,其中上半球投影点为黑色的点,下半球投影点为小圆圈。当上、下半球投影点重合时,用黑色小圆圈含黑点来表示。那么,球面上的大圆弧线的赤平投影,就是将弧线上一系列的点都进行如上的赤平投影,结果会在赤平面上得到一系列的投影点,这一系列点连起来就形成一条弧线(称为大圆弧,见后文)。

在进行了极射赤平投影后,方位角与极距角也可以在投影平面内测量出来,方位角可在基圆上量得,而极距角就表现为投影点距圆心的距离(设 $h$ 为距圆心的距离,与极距角的关系为 $h = r\tan(\rho/2)$ ,其中 $r$ 为基圆半径。请读者根据图 2-5 中所示的空间关系自行验证上述关系式,见习题)。

### 4. 吴氏网

以上我们从原理上讨论了晶体投影的问题。但是,在实际工作中,并不是先作球面投影,然后再转换成赤平投影的;而是利用投影网,根据要投影的晶面的球面坐标值直接画到

---

[①]　这些概念将在后述章节中介绍。

极射赤平投影图上的。

为此,可以先将球面上的坐标网线投影到赤平投影面上,得到平面投影网,从而可以按投影点的球面坐标值直接在投影网上标定投影点的位置。

最常用的投影网就是吴氏网(Wulff net)。

为了便于理解吴氏网的构成,我们先讨论一下球面上各种圆的极射赤平投影。球面上小圆(即不经过球心的圆切面)的投影如图2-8(a),(b),(c)所示。我们看到与投影面平行的水平小圆投影为基圆的同心圆[图2-8(a)];与投影面垂直的小圆投影为小圆弧[图2-8(b)];任意倾斜的小圆投影后仍然是小圆[图2-8(c)]。

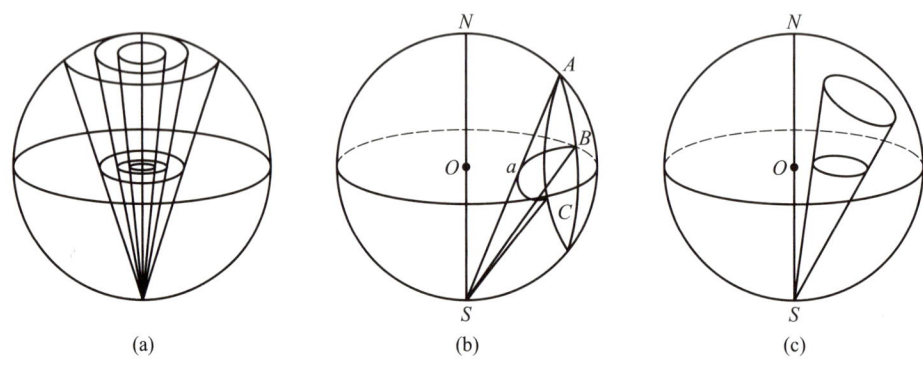

图 2-8　球面上小圆的投影

(a)与投影面平行的水平小圆;(b)与投影面垂直的小圆;(c)任意倾斜的小圆

球面上大圆(即经过球心的圆切面)的投影如图2-9(a),(b)所示。水平大圆为基圆;与投影面垂直的大圆投影为直径[图2-9(a)];倾斜大圆投影为以基圆直径为弦的大圆弧[图2-9(b)]。

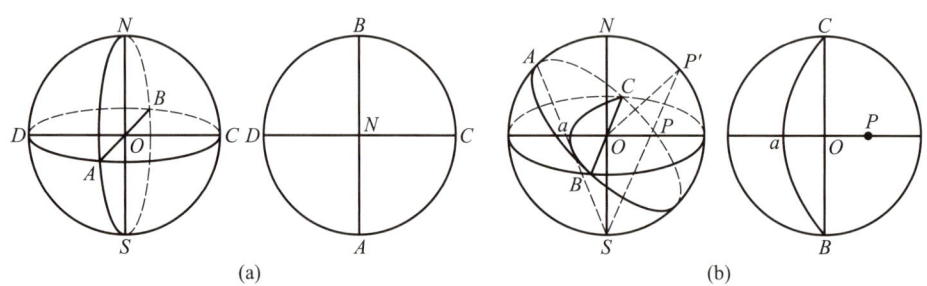

图 2-9　球面上大圆的投影

(a)水平大圆和与投影面垂直的大圆;

(b)倾斜大圆($P'$ 为大圆法线的球面投影点,$P$ 为其极射赤平投影点)

吴氏网如图2-10所示。网面相当于极射赤平投影面,南、北极投影于网的中心,圆周为投影球上的水平大圆,即基圆,两条直径相当于两个相互垂直且垂直于投影面的直立大圆的投影[图2-9(a)],大圆弧相当于球面上倾斜大圆的投影[图2-9(b)],小圆弧相当于球面上垂直投影面的直立小圆的投影[图2-8(b)]。这样构成的吴氏网可以作为球面坐标的量角规,它的基圆上的刻度可以度量方位角 $\varphi$,它的直径上的刻度可以度量极距角 $\rho$;同时应用大圆弧上的刻度可以度量晶面的面角(即晶面法线的夹角)。

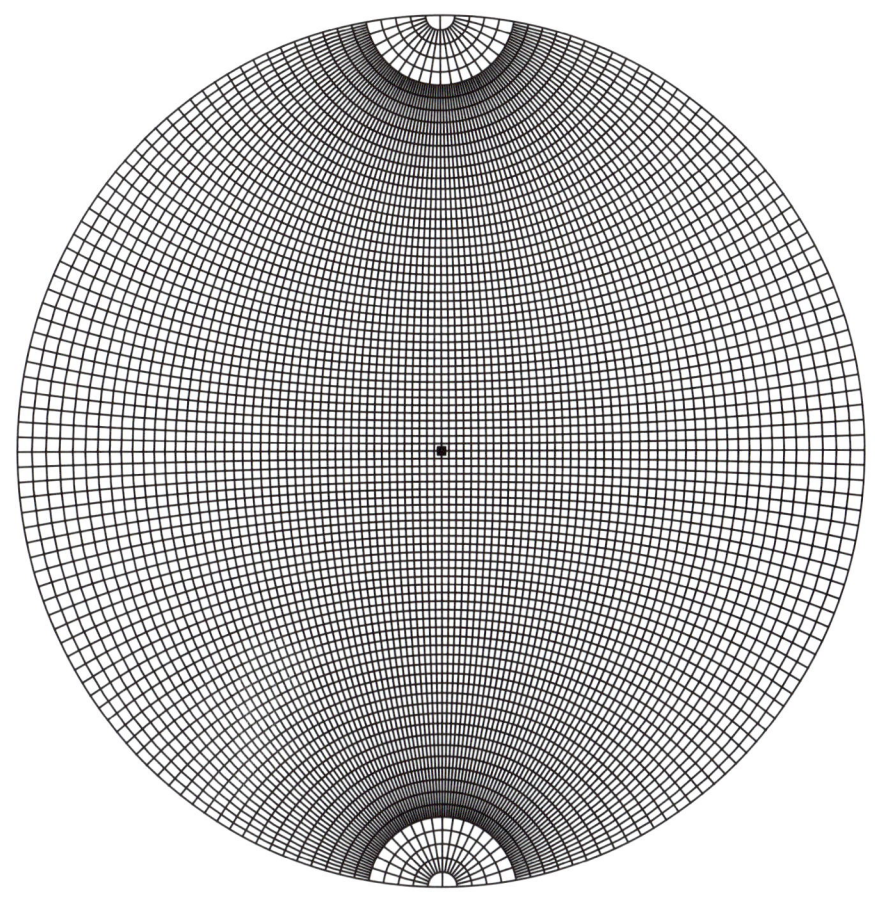

图 2-10 吴氏网

现将吴氏网在晶体的极射赤平投影上的具体应用方法，举例简述如下：

选择一张半透明纸覆盖于网上，描出基圆，并用符号"×"标出网的中心（即南、北极的投影点）。在右边横径和基圆的交点处注明"$\varphi=0°$"（图 2-11）。这样就可以在网面上进行投影了。下面举出两个操作的例子。

（1）根据晶体测量，已知一晶面 $M$ 的球面坐标（极距角 $\rho_1$ 和方位角 $\varphi_1$），作该晶面的极射赤平投影。

如图 2-11 所示，首先在基圆上从 $\varphi=0°$ 点开始顺时针数一角度 $\varphi_1$，得到一点，将此点与网的中心点作连线，此线即为方位角为 $\varphi_1$ 的子午面的投影。显然，欲求之点必在

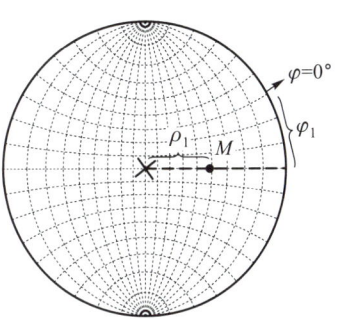

图 2-11 根据晶面 $M$ 的球面坐标利用吴氏网作它的极射赤平投影

此直线上，并且与网中心（北极的投影点）的距离为 $\rho_1$。但是，吴氏网在这一方向上并未绘有直径；因此必须使中心点不动，旋转半透明纸，使纸上的直线与网上某一直径重合，利用网的直径上的刻度，从网的中心，量得一个角度 $\rho_1$；这样就可以绘出该晶面的极射赤平投影点 $M$。

（2）已知两晶面的球面坐标 $M(\rho_1,\varphi_1)$ 和 $P(\rho_2,\varphi_2)$，求此二晶面的面角。

首先考虑该晶面的球面投影［图 2-12（a）］，$M$ 和 $P$ 分别为该两晶面的球面投影点；$MO$、

$PO$ 分别为两晶面的法线;两晶面的面角为其法线夹角,亦即 $M$、$P$ 点所在的大圆弧上 $MP$ 间的弧角。

根据 $M$ 和 $P$ 的球面坐标,利用吴氏网求得它们的极射赤平投影点 $M$ 和 $P$[图 2-12(b)](操作方法同步骤(1));中心不动,旋转半透明纸,使 $M$ 点和 $P$ 点落于吴氏网的一条大圆弧上,在大圆弧上读得 $M$ 点和 $P$ 点间的刻度,即为该两晶面的面角。

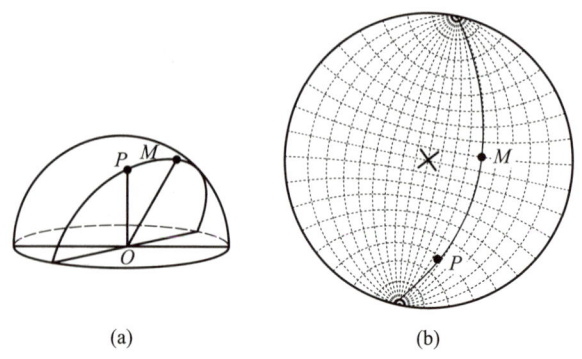

(a) (b)

图 2-12 求晶面 $M$ 和 $P$ 的面角

(引自潘兆橹等,1993)

(a)$M$ 和 $P$ 的球面投影;(b)$M$ 和 $P$ 的极射赤平投影

除上述两例外,利用吴氏网还可以进行多种图解计算和空间转换,见"本章拓展、延伸知识"。此外,吴氏网还被应用于晶体光学、岩石学和构造地质学的某些研究工作中。

## (二)心射极平投影

心射极平投影(gnomonic projection)的方法不及极射赤平投影常用,但它对于晶体测量过程中确定晶面符号,以及解释 X 射线衍射图像却非常有用。

这种投影方法与极射赤平投影的区别在于将目测点置于投影球中心,垂直投影轴过北极点 $N$ 作一切面作为投影面,晶体也是置于球心的。投影时,各晶面法线外延将在投影球上形成球面投影点,再外延将在投影面上形成投影点(图 2-13)。

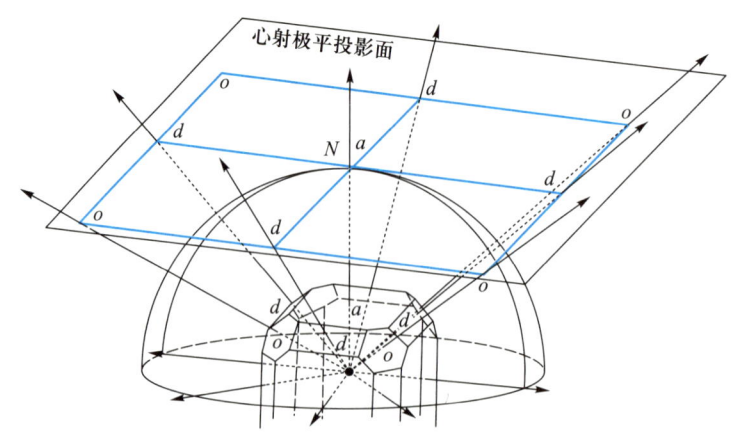

图 2-13 心射极平投影示意图

这种投影方法的优点是：晶体上属于同一晶带的晶面投影点落在同一直线上，晶体上所有投影点的分布可按晶体上的主要晶带连接形成格子状图形，该图形称为极格子（如图 2-13 中的蓝色格子），利用极格子可以很方便地确定各投影点所代表的晶面的晶面符号（见第四章）。这种方法的缺点是：当晶面的极距角较大时（例如大于 70°时），投影点将落在距球心投影点很远的地方，当极距角等于 90°时，投影点则落在无穷远处，所以这些极距角很大的晶面将不能投影。

## 本章拓展、延伸知识

### 1. 吴氏网的应用举例

目前，利用电子背散射衍射（EBSD）技术来研究矿物的显微双晶、出溶、交生等结构中的结晶学取向问题越来越普遍，用吴氏网来处理和分析晶体之间的空间关系也越来越多。因此，我们在此介绍一些吴氏网的应用实例，希望能为读者提供一些思路。吴氏网是一个设计巧妙、在分析空间取向问题方面特别适用的工具。

以下所有作图工作都在覆盖于吴氏网上的透明纸上完成。

（1）已知两个平面的球面坐标$(\varphi_1, \rho_1)$、$(\varphi_2, \rho_2)$，请画出这两个平面的位置。

具体过程见图 2-14。

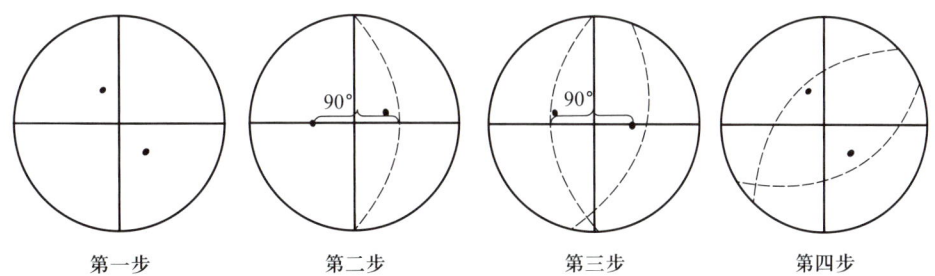

第一步                第二步                第三步                第四步

图 2-14　在吴氏网上画出两个已知坐标位置的平面

第一步：平面的坐标即是平面法线的坐标，将这两个平面法线坐标按照坐标值投影到赤道平面上。

第二步：将其中一个法线的投影点旋转到吴氏网的横径上，从该点沿横径数 90°确定一个点（因法线与平面成 90°角），将该点下对应到吴氏网的大圆弧画下，得到一个平面的位置［原理见图 2-9（b）］。

第三步：将另一个法线的投影点旋转到吴氏网的横径上，重复第二步的工作，得到另一个平面的位置。

第四步：旋转至原始位置。

（2）已知两平面，求垂直这两个平面的第三个平面。

具体过程见图 2-15。

第一步：将这两个平面的投影画在赤道平面上。

第二步：将这两个平面的投影线交点旋转到吴氏网的横径上，从该点沿横径数 90°确定一个点，将该点下的大圆弧画下，就得到垂直这两个平面的第三个平面的投影。

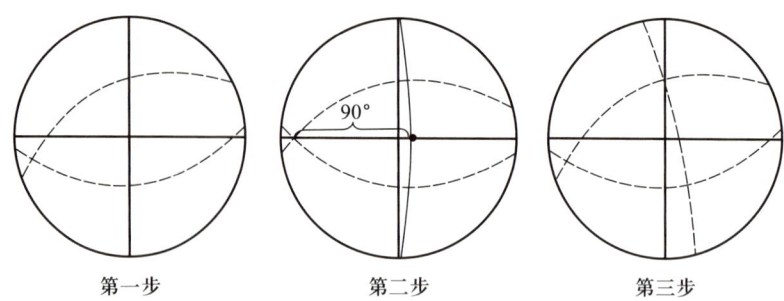

图 2-15 在吴氏网上画出垂直两个平面的第三个平面

第三步:旋转至原始位置。

(3)已知两平面,求这两个平面的夹角平分面。

具体过程见图 2-16。

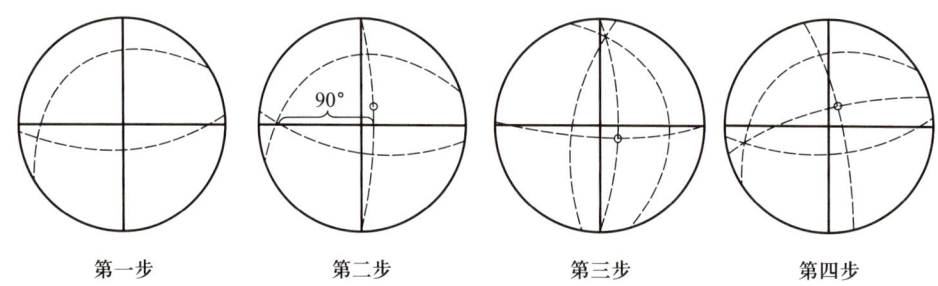

图 2-16 在吴氏网上求出两个平面的夹角平分面

第一步:将这两个平面的投影画在赤道平面上。

第二步:将垂直这两个平面的第三个平面画出[方法同前文(2)],并在第三个平面的大圆弧上找到与原来两个平面间的等角度点(如图 2-16 中的圆圈所示)。

第三步:将原来两个平面的大圆弧交点与等角度点旋转至吴氏网的同一条大圆弧上,画出这个大圆弧,就是原来两个平面的夹角平分面的投影。

第四步:旋转至原始位置。

(4)已知某两个晶体是双晶关系,并已知其 $x,y,z$ 轴的投影点,求这两个晶体的双晶轴。

具体过程见图 2-17。

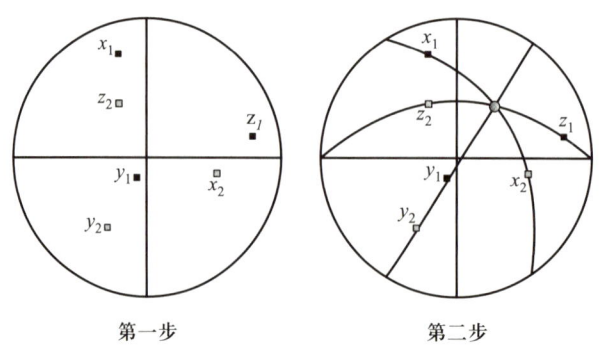

图 2-17 在吴氏网上求两个晶体的双晶轴

第一步：将这两个晶体的 $x,y,z$ 轴投影到赤道平面上；

第二步：将这两个晶体的同名轴(即 $x_1$ 与 $x_2$，$y_1$ 与 $y_2$，$z_1$ 与 $z_2$)分别旋转到同一大圆弧上,画下这三个大圆弧,它们有一个交点,该交点就是这两个晶体之间的双晶轴。

(5) 已知某晶体的 $x,y,z$ 轴的投影点,并且已知这个晶体上的一系列晶面投影点(这些晶面组成的一个晶带),但晶体的坐标系方位不正,求：将坐标系摆正后,这一系列晶面投影点的位置。

具体过程见图 2-18。

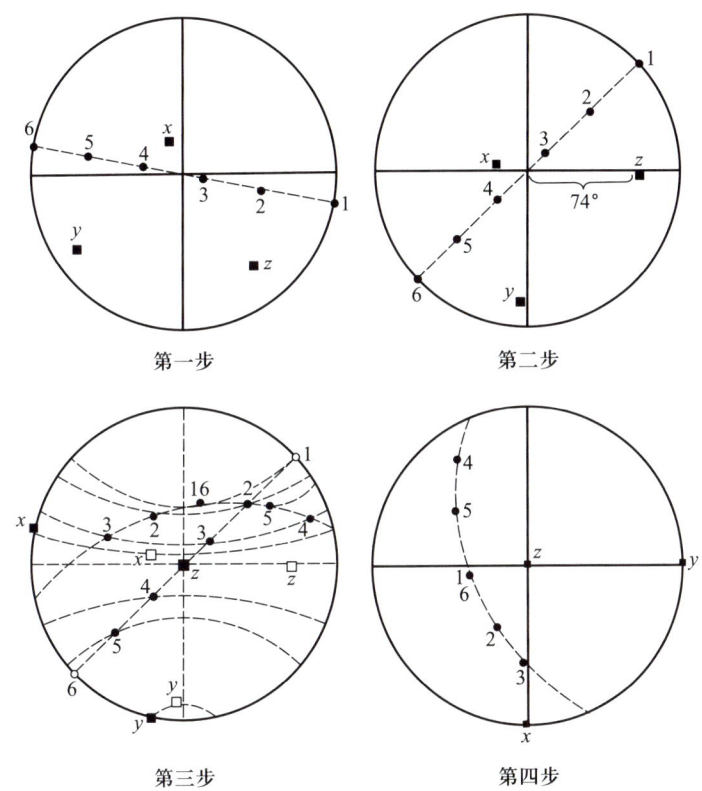

第一步　　　　　　　　　　　第二步

第三步　　　　　　　　　　　第四步

**图 2-18　在吴氏网上旋转坐标系及其他晶面投影点**

第一步：将晶体的 $x,y,z$ 轴及一系列晶面投影到赤道平面上,因为这一系列晶面组成一个晶带,所以用一条虚线连接这些晶面投影点。

第二步：旋转所有的投影点,直至 $z$ 轴投影点落在横径上,并求出 $z$ 轴与圆心的角度为 74°；

第三步：旋转吴氏网的纵径 74°,将 $z$ 轴旋转至圆心,其他所有的点都要绕纵径同时旋转 74°,旋转的轨迹是沿着吴氏网的小圆弧进行的。若旋转至基圆后不够 74°,则沿着中心对称的相反方向的小圆弧继续旋转。图 2-18 的第三步中,用空心小方块表示旋转前的 $x,y,z$ 轴投影点,实心小方块表示旋转后的 $x,y,z$ 轴投影点；空心小圆圈表示旋转前的晶面投影点,实心小圆点表示旋转后的晶面投影点。从中可以看出各点旋转的轨迹。晶面投影点中的第 1 点和第 6 点在旋转后重合了。

第四步：旋转所有的点,直至 $x$ 轴在正前方,$y$ 轴在右方,这时,坐标系被摆正。

### 2. 心射极平投影及其在投影图中确定晶面符号(晶面符号将在第四章学习)

图 2-19 是锆石晶体形态图。对其进行晶体测量后,得到各晶面的方位角和极距角,然后根据各晶面的方位角和极距角,将晶面投影在心射极平投影网上。方法为:方位角在基圆上读数(基圆是投影球的投影),极距角转化为从圆心到投影点的距离: $H = R\tan\rho$ ,其中 $R$ 是基圆的半径,这个值是有表格查到的,不需要计算。如果极距角为 $90°$ ,晶面投影点就将处在无穷远处,无法画出,所以在心射极平投影图中以箭头表示。图 2-20 是该锆石晶体的心射极平投影图。

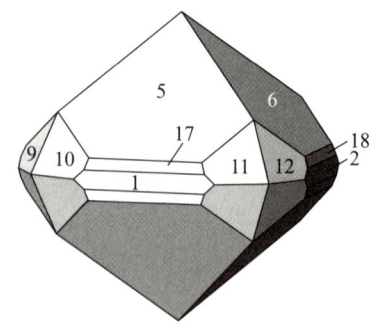

**图 2-19 锆石晶体形态**

晶面上的数字为晶面编号,与图 2-20 中的晶面编号相对应。但是,处于晶体形态背面与下面的晶面编号没有写出来。

投影完后就在投影图上画出极格子(见图 2-20)。极格子的 $p$ 轴是晶面(100)的法线, $q$ 轴是晶面(010)的法线,轴单位分别是: $p_0 = 1/a$ , $q_0 = 1/b$ ,而 $a$ 和 $b$ 分别是当晶胞参数 $c_0$ 规定为投影球的半径值 $R$ 时晶胞参数 $a_0$ 与 $b_0$ 的相对值。锆石晶体的晶胞参数为: $a_0 = 0.662$ nm, $b_0 = 0.662$ nm, $c_0 = 0.602$ nm。若投影球半径为 1,则: $p_0 = 0.909$ , $q_0 = 0.909$ 。从极格子可以很容易地确定某晶面的晶面符号。例如:第 5 晶面投影点在极格子中的坐标为(1,0),所以它的晶面符号就为(101);第 11 号晶面投影点在极格子中的坐标为(2,1),所以它的晶面符号就为(211)。即:晶面符号 $(hkl)$ 的前两位对应为晶面投影点在极格子中的坐标值,第三位为 1。柱面的投影为一个箭头,其晶面符号为:箭头方向所经过的极格子点的坐标(最小的)为该柱面晶面符号的前两位,第三位为 0。例如:第 2 号晶面的箭头方向经过极格子的(0,1)、(0,2)、(0,3)、···点,所以第 2 号柱面的晶面符号为(010)。

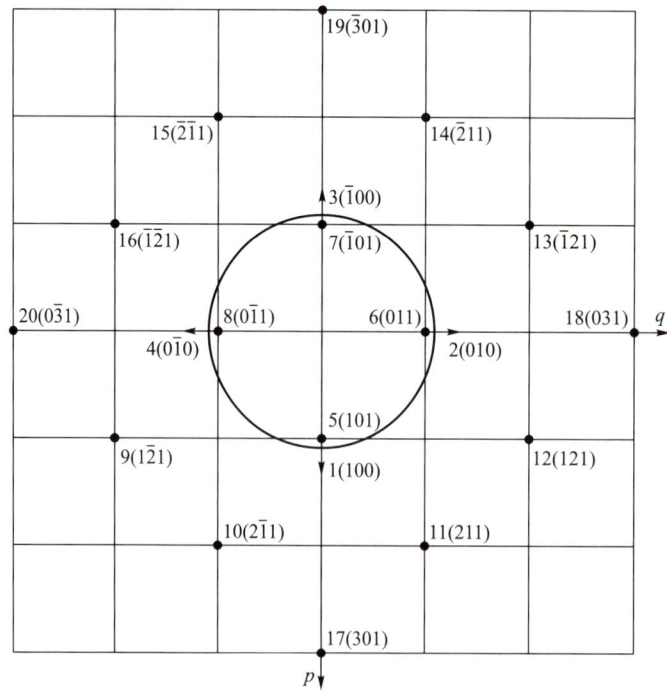

**图 2-20 锆石晶体的极格子及各晶面的晶面符号**

极格子的性质与倒易格子相似,利用倒易格子可以确定晶体结构中某面网对 X 射线衍射时的面网符号,利用极格子可以确定某晶面对光线的反射(相当于法线)时的晶面符号。

### 3. 吴氏网与施密特网的区别

极射赤平投影的使用可以追溯到公元前 200 多年的古希腊,甚至更早的古埃及。古希腊天文学家希帕克(Hipparchus)和托勒密(Ptolemy)首先将极射赤平投影用于天文学观测,称之为星座投影(planisphere projection)。这种方法作图简单、直观、形象,可以进行综合定量图解,已经被广泛应用于航海学和地质学。1930 年,桑德尔(Sander)把极射赤平投影方法应用于岩组学。我国地质学家何作霖教授 1965 年著有《赤平投影在地质科学中应用》,书中较为全面系统地介绍了赤平投影的原理及其在地质学中的应用。

人们根据研究需要,使用多种方法进行方位投影。投影网是绘制在投影图上的网格,常见的有吴氏网(Wulff net)、施密特网(Schmidt net)、极等面积网(polar equal-area net)、正投影网(orthographic net)和卡尔斯比克计数网(Kalsbeek counting net)。其中,最常用是吴氏网和施密特网。吴氏网实际上是球网坐标的极射赤平投影,由苏联矿物学家吴尔夫(Wulff)于 1902 年首先提出。吴氏网能较为准确地表示线、面之间的角距关系。但需要注意的是,在吴氏网的不同部位,单位面积所代表的角度范围是不同的。以直径为 20 cm 的吴氏网标准网来说,网中央每 10° 约相当于 8.5 mm 长度,而边部每 10° 约相当于 16 mm 长度,大致比例为 1:1.88,相差近一倍。施密特网又称施氏网、等积网,由兰伯特(Lambert)首先设计,施密特(Schmidt)最先将此网应用于构造地质学中。在施密特网的不同部位,单位面积所代表的角度范围是近乎相等的。以直径为 20 cm 的标准网来说,网中央部位每 10° 相当于 12.5 mm,边部每 10° 相当于 9.5 mm,大致比例为 1.3:1.01。但实际上,施密特网并不完全是等面积网,在投影圆的边缘保留有一定的弯曲。

图 2-21 是吴氏网和施密特网,注意对比二者投影网格的形态特征和面积大小的变化。需要指出的是,极射赤平投影是一种方位投影。吴氏网是绘制在极射赤平投影上的网格。等面积投影是另一种方位投影,等面积投影不是极射赤平投影。施密特网指的是绘制在等面积投影上的网格。等面积图只能用来描述绘制在等面积投影上的点或曲线。实际上,地质学家对于立体投影概念的使用有些泛化,兼指吴氏网和施密特网。问题在于,在绘制数据

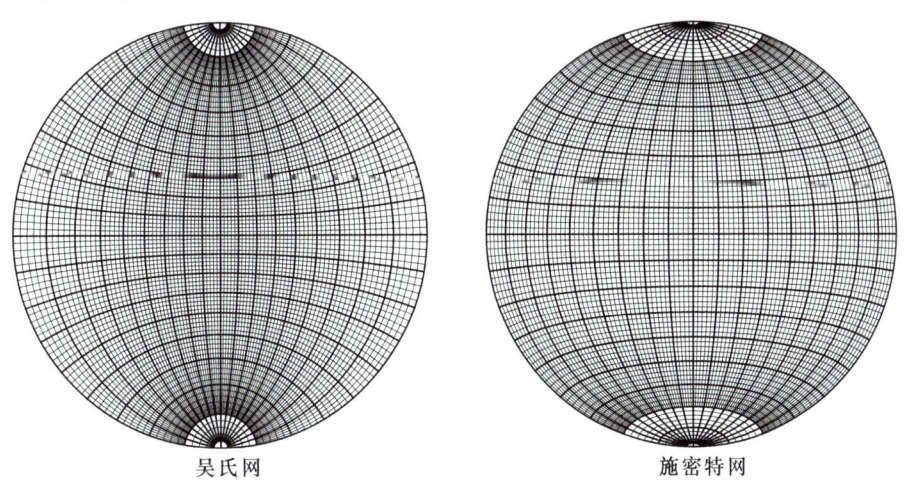

吴氏网　　　　　　　　　　　　施密特网

图 2-21　吴氏网(等角度)与施密特网(等面积)

过程中,如何选择合适的投影网。在一般情况下,吴氏网主要用于标识和测量面、线之间的角度关系,不宜用来统计对比单位面积内投影点的数量。施密特网主要用于投影图上的数据统计分析。一般做岩组图投影均采用施密特网作底网。吴氏网能够较好反映各种线、面之间的角距大小及其组合关系,在结晶学研究中不仅可以用来研究同种晶体各种双晶律,而且能够研究不同晶体(交生、浮生或出溶成因)之间的结晶学取向关系。

矿物晶体在特定环境条件(温度、压力、差异应力、水逸度等)下的结晶学取向通常不是随机排列的,一般会在特定方向形成优选取向,形成极密分布特征。这种取向分布特征(组构)不仅与晶体对称性、生长习性和变形机制有关,而且受环境条件的影响。因此,可以通过测量岩石中一些矿物的结晶学取向分布特征,来研究其所经历的环境条件、变形机制及其过程等。此外,由于晶体具有各向异性,导致其光性、电性、弹性、导热性等均具有各向异性,其结晶学优选取向必然导致矿物集合体产生宏观物理性质各向异性。因此,我们可以借助矿物晶体的结晶学取向数据,模拟计算岩石地震波速、热导率和磁化率等的各向异性。图 2-22 是施密特网(等面积下半球投影)在地幔橄榄岩变形组构研究中的一个应用实例。通过电子背散射衍射(EBSD)测量橄榄石结晶学优选方位(以散点图或等高线极密图表示),不仅可以研究橄榄石变形机制及其形成条件,而且可以用来模拟计算橄榄岩的宏观电性、磁性和地震波速等岩石物理性质,从而为地球物理探测资料的合理解释提供重要的约束条件。

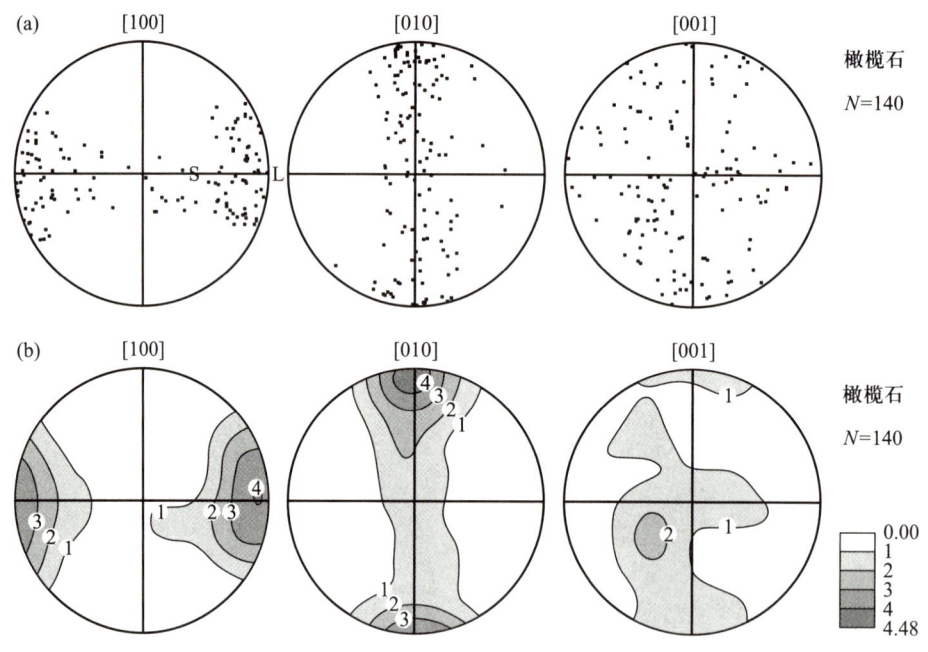

**图 2-22 地幔橄榄岩中橄榄石的岩石组构图**

N 指所统计的晶体个数

(施密特网,等面积下半球投影)(徐海军提供)

# ? 习题与思考题

**基础题:**

1. 面角守恒定律及其意义是什么?

2. 面角与晶面夹角是什么关系? 在晶体测量中主要用什么角度?

3. 极射赤平投影的方法是什么? 投影球、投影面、投影轴、目测点的空间关系是什么?

4. 描述晶体的极射赤平投影过程。

5. 什么是方位角与极距角? 它们各自的含义是什么?

6. 吴氏网的组成中,有基圆、直径、大圆弧、小圆弧,它们各是什么空间切面的投影?

7. 方位角在吴氏网的什么地方度量? 极距角在吴氏网的什么地方度量?

8. 讨论一个晶面在与赤道平面平行、斜交、垂直时,其投影点与基圆之间的距离关系。

**综合分析与讨论题:**

9. 已知石英晶体上(见图 2-23),$m \wedge m = 60°$,$m \wedge r = 38°$,$m \wedge z = 38°$,利用吴氏网做所有晶面的投影(选定某个 $m$ 面的方位角 = 30°,极距角 = 90°来进行定向),并在投影图上求 $r \wedge r$,$r \wedge z$。

10. 请证明:在极射赤平投影图中,某晶面的投影点与圆心的距离 $h$ 与该晶面极距角 $\rho$ 的关系为: $h = r\tan(\rho/2)$,其中 $r$ 为基圆的半径。

11. 请讨论:吴氏网所在的平面与一般的地图所在的平面是什么关系? 把地图上的经度线与纬度线画到吴氏网所在的平面(赤平面)上会形成怎样的网格图案? 将武汉的地理位置(东经 114°,北纬 30°)投影到这个图案中,同时也将武汉的位置用方位角与极距角的坐标值投影到吴氏网上。(注意北纬的度数与极距角的关系。)

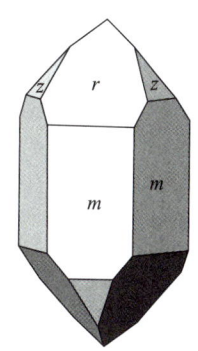

图 2-23

12. 在图 2-1 中的石英歪晶形态上,如果在晶面上没有标明 $m$、$r$、$z$,你怎么确定哪个是 $m$ 面? 哪个是 $r$ 面? 哪个是 $z$ 面?

13. 为什么吴氏网的大圆弧可以测量两个晶面的面角? 为什么小圆弧不能测量面角? 画图说明。

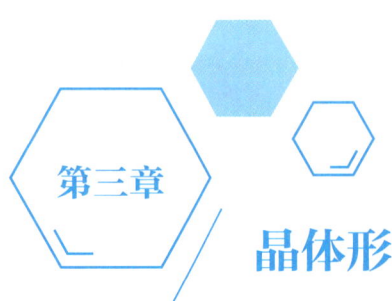

第三章

# 晶体形态的宏观对称

从第一章我们知道,晶体具有对称性,直观的体现就是晶体形态上晶面分布的对称性,这就是晶体的宏观对称。对称现象我们并不陌生,但晶体的对称所蕴含的一些科学规律是复杂而抽象的。本章介绍的晶体形态的对称性,是整个结晶学最基本、最核心的内容。

## 一、对称的概念

电子教案 3
晶体形态的
宏观对称

对称的现象在自然界和我们的日常生活中都很常见,如花冠、动物的形体,以及某些建筑物或用具、器皿,都常呈对称的图形(图3-1)。

对称的图形或物体必须符合两个条件:① 具有两个或两个以上相同的部分;② 这些相同的部分通过一定的操作(如旋转、反映、反伸)可以发生重复,换句话说也就是相同的部分通过一定的操作彼此可以重合起来。例如,图3-1(a)的花冠是对称的,各花瓣通过围绕中

课堂录像 3-1
对称的概念、晶
体的对称定律

心的一根直线旋转,可以多次重复其原来的形象;图3-1(b)和(c)中的动物和建筑物左右两边是对称的,左右两边相同的部分是通过中央垂直纸面的镜面的反映彼此重合。

因此,对称(symmetry)就是物体相同部分有规律的重复。这种相同部分可以是物体相同形状的部分(图3-1),也可以是物体相同物理性质的部分。

(a)

(b)

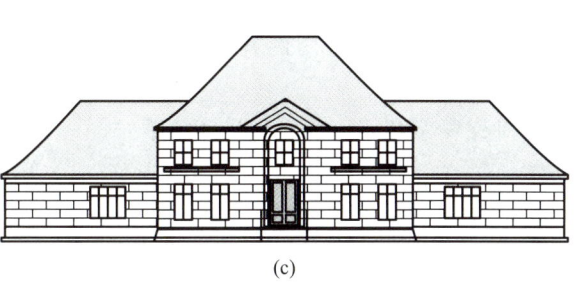

(c)

图 3-1　对称的物体

（a）小黄花睡莲；（b）蝴蝶；（c）建筑物

从哲学的观点来看,对称的定义是变换中的不变性,即对称还有其更深邃和更广泛的含义。所谓有规律的重复,包含各种各样的情况,如:平移,放大-缩小,局部-整体,等等。对称性还可以渗透到社会科学等领域,例如,城市地理位置分布的对称性是社会政治、经济发展平衡的结果(叶大年等,2001)。对称性不仅是大自然建筑师建造大自然的密码,也是人类文明史上永恒不变的审美要素,对称性的概念还在不断被科学赋予新意。

# 二、晶体对称的特点

晶体的对称与其他物体的对称不同。生物对称是为了适应生存的需要,建筑物和一些用具、器皿的对称是人为的,是为了美观和实用,而晶体的对称是由于它内在的格子构造。因此,它具有如下的特点:

（1）由于晶体内部都具有格子构造,而格子构造本身就是质点在三维空间周期性重复的体现,通过平移,可使相同质点重复,而平移是一种特殊的对称操作,因此,所有的晶体结构都是对称的。

（2）晶体的对称受格子构造规律的限制,只有符合格子构造规律的对称才能在晶体上出现。因此,晶体的对称是有限的,它遵循"晶体对称定律"(见对称轴一节)。

（3）晶体的对称不仅体现在外形上,同时也体现在物理性质(如光学、力学、热学、电学性质等)上,也就是说晶体的对称不仅包含着几何意义,也包含着物理意义。

由以上内容可见,晶体的格子构造决定了所有晶体都是对称的,但也限制了有些对称在晶体中是不能出现的。在结晶学中,无论是在晶体形态还是在晶体结构、晶体物理性质的研究中,晶体对称性都得到了极为广泛的应用。并且,晶体对称性制约着晶体的应用,可以根据晶体的对称性将晶体分成几类功能晶体材料(如压电类、热释电类)。

# 三、晶体形态的宏观对称要素和对称操作

欲使对称图形中相同部分重复,必须通过一定的操作,这种操作就称为对称操作(symmetry operation）。在进行对称操作时所应用的辅助几何要素（点、线、面），称为对称要素（symmetry element）。

晶体形态可能存在的对称要素和相应的对称操作如下：

### 1. 对称面

对称面（symmetry plane）是一个假想的平面，亦称镜面（mirror），相应的对称操作为对此平面的反映，它将图形平分为互为镜像的两个相等部分。

图 3-2（a）中 $P_1$ 和 $P_2$ 都是对称面（垂直纸面），但图 3-2（b）中 $P_3$ 却不是图形 ABDE 的对称面，因为它虽然把图形 ABDE 平分为 △AED 与 △ABD 两个相等部分，但是这两者并不是互为镜像，△AED 的镜像是 △AE$_1$D。

对称面以 P 表示。在晶体中若有对称面存在，则可以有一个或若干个，最多可达 9 个，如立方体有 9 个对称面（图 3-3），记作 9P。

动画 3-1
晶体上的对
称面

动画 3-2
晶体上的非对
称面

动画 3-3
晶体上的对
称轴

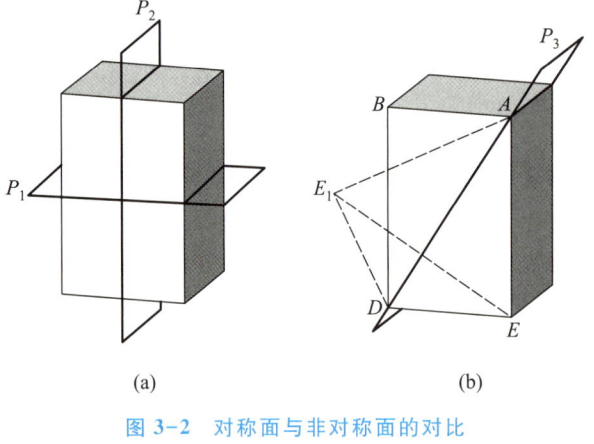

（a）　　　　　　　　　　（b）

**图 3-2　对称面与非对称面的对比**

（a）$P_1$ 和 $P_2$ 为对称面；（b）$P_3$ 为非对称面

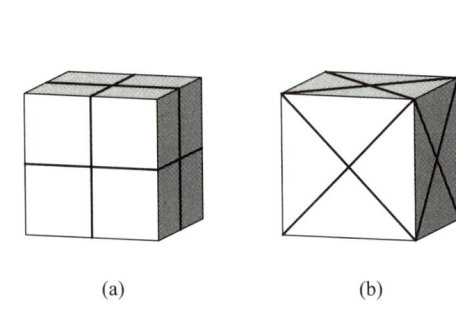

（a）　　　　　　（b）

**图 3-3　立方体的 9 个对称面**

（a）垂直晶面和通过晶棱中点，并彼此互相垂直的 3 个对称面；（b）包含 1 对晶棱，垂直斜切晶面的 6 个对称面

### 2. 对称轴

对称轴（symmetry axis）是一条假想的直线，相应的对称操作为围绕此直线的旋转，物体绕该直线旋转一定角度后，可使相同部分重复。旋转一周重复的次数称为轴次 $n$。重复时所旋转的最小角度称为基转角 $\alpha$。两者之间的关系为 $n = 360°/\alpha$。

对称轴以 L 表示，轴次 $n$ 写在它的右上角，写作 $L^n$。

晶体形态上可能出现的对称轴如表 3-1 所列。

**表 3-1　晶体外形上各种对称轴及旋转反伸轴的符号及作图符号**

| 名称 | 符号 | 国际符号[a] | 基转角 | 作图符号 |
|---|---|---|---|---|
| 一次对称轴 | $L^1$ | 1 | 360° | |
| 二次对称轴 | $L^2$ | 2 | 180° | ⬭ |
| 三次对称轴 | $L^3$ | 3 | 120° | ▲ |
| 四次对称轴 | $L^4$ | 4 | 90° | ◆ |

| 名称 | 符号 | 国际符号[a] | 基转角 | 作图符号 |
|------|------|-----------|--------|----------|
| 六次对称轴 | $L^6$ | 6 | 60° | ⬡ |
| 三次旋转反伸轴 | $L_i^3$ | $\bar{3}$ | 120° | ▲ |
| 四次旋转反伸轴 | $L_i^4$ | $\bar{4}$ | 90° | ◈ |
| 六次旋转反伸轴 | $L_i^6$ | $\bar{6}$ | 60° | ⬡ |

a 见后述。

轴次 $n>2$ 的对称轴,称为高次轴,轴次 $n\leq2$ 的称为低次轴。

图 3-4 举例绘出了一些晶体形态中的各种对称轴。

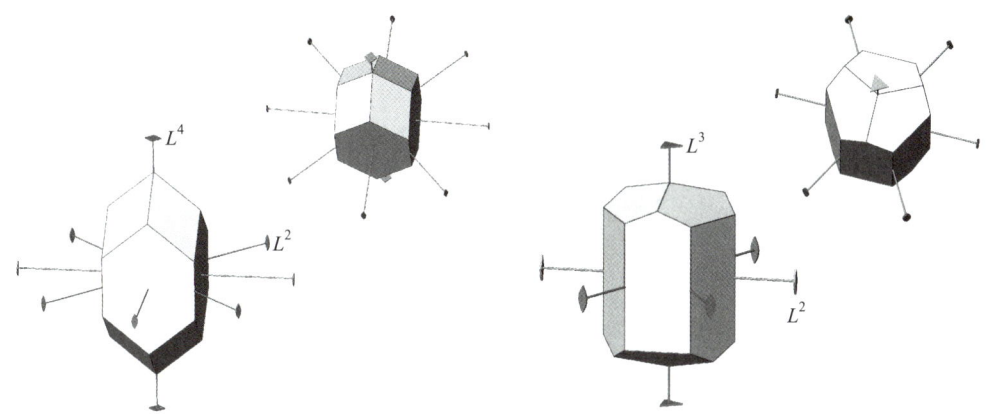

**图 3-4　晶体形态上的各种对称轴**

右上角是将晶体倾斜的图,使之能看到晶体顶部

晶体对称定律(law of crystal symmetry):晶体中可能出现的对称轴只能是一次轴、二次轴、三次轴、四次轴、六次轴,不可能存在五次轴及高于六次的对称轴。

晶体的对称定律可以这样理解:在晶体结构中,垂直对称轴一定有面网存在,在垂直对称轴的面网上,结点分布所形成的网孔一定要符合对称轴的对称规律。围绕 $L^2$、$L^3$、$L^4$、$L^6$ 所形成的多边形网孔(图 3-5),可以毫无间隙地布满整个平面,从能量上看是稳定的;且这些多边形网孔也符合面网上结点所围成的网孔(即形成平行四边形状)。但围绕 $L^5$ 所形成的正五边形网孔,以及围绕高于六次轴所形成的正多边形网孔(如正七边形、正八边形等),都不能毫无间隙地布满整个平面,从能量上看是不稳定的;且这些多边形网孔不能形成平行四边形,即不符合面网结构特点。所以,在晶体中不可能存在五次及高于六次的对称轴。

虽然晶体的对称定律可以直观形象地用上述方法来理解,但严格的证明还是应该用数学方法来进行。

如图 3-6 所示,考虑两个结点 $A$ 和 $A'$,它们相距一个平移单位 $t$。将一定的旋转操作 $R$ 和它的逆操作 $R^{-1}$(即反向的操作)分别作用在这两点上,从而使 $AA'$ 旋转一个角度 $\alpha$ 得到两个新点 $B$ 和 $B'$。它们也应当都是结点,且 $BB'$ 平行于 $AA'$,这就要求 $BB'$ 之间的距离必定是基本平移单位的整数倍(因为相互平行的行列上结点间距相等)。因此,可以写成

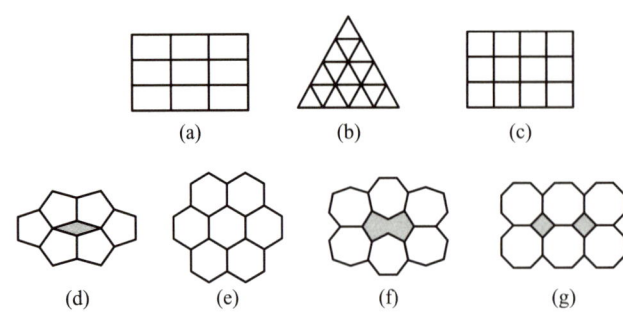

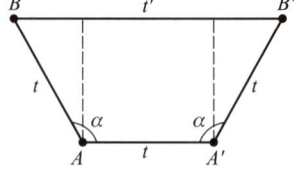

图 3-5　垂直对称轴所形成的多边形网孔
（引自潘兆橹等，1993）

图 3-6　对称定律的证明图解
（引自方奇，2002）

(a)，(b)，(c)，(d)，(e)，(f)，(g)分别表示垂直 $L^2,L^3,L^4,L^5,L^6,L^7,L^8$ 的
多边形网孔，五、七、八边形网孔不能无间隙地排列

$$t' = mt \qquad (3-1)$$

此处 $m$ 为某一个整数。从图中又可得到

$$t' = 2t\sin(\alpha - 90°) + t$$

$$t' = -2t\cos\alpha + t \qquad (3-2)$$

将式(3-1)代入式(3-2)，得

$$mt = -2t\cos\alpha + t$$

$$\cos\alpha = (1-m)/2$$

即

$$-2 \leqslant (1-m) \leqslant 2 \qquad (3-3)$$

满足不等式(3-3)的 $m$ 值为

$$m = -1,\ 0,\ 1,\ 2,\ 3$$

相应的 $\alpha$ 值为

$$\alpha = 0 \ 或\ 2\pi,\ \frac{\pi}{3},\ \frac{\pi}{2},\ \frac{2\pi}{3},\ \pi$$

这就证明了轴次 $n$ 只能为 1,2,3,4,6。

以上数学证明也可以通过作图来实现。例如：当 $\alpha = 90°$ 时，通过旋转形成的结点 $AA'B'B$ 组成一个正方形，面网结构具 $L^4$ 对称；当 $\alpha = 120°$ 时，通过旋转形成的结点 $AA'B'B$ 组成一个梯形，且 $t' = 2t$，这时面网结构具有 $L^3$ 对称。

在一个晶体中，可以没有也可以有一种或几种对称轴，而每一种对称轴也可以有一条或多条。在描述中，对称轴的数目写在符号 $L^n$ 的前面，如 $3L^4$，$6L^2$ 等。

### 3. 对称中心

对称中心（center of symmetry）是一个假想的点，所对应的对称操作为反伸，通过该点作任意直线，则在此直线上距对称中心等距离的位置上必定可以找到对应点。"反伸操作"可与"反映操作"对比，两者不同之处仅在于反伸凭借一个点，反映凭借一个面。

对称中心用符号 $C$ 表示。

一个具有对称中心的图形，其相对应的面、棱、角都体现为反向平行。如图 3-7(a)，$C$

动画 3-4
对称中心

为对称中心，△ABD 与△$A_1B_1D_1$ 为反向平行；图 3-7(b)中，因□ABCD 与□$A_1B_1C_1D_1$ 各自存在对称中心，所以□ABCD 与□$A_1B_1C_1D_1$ 两者既为反向平行，也为正向平行。

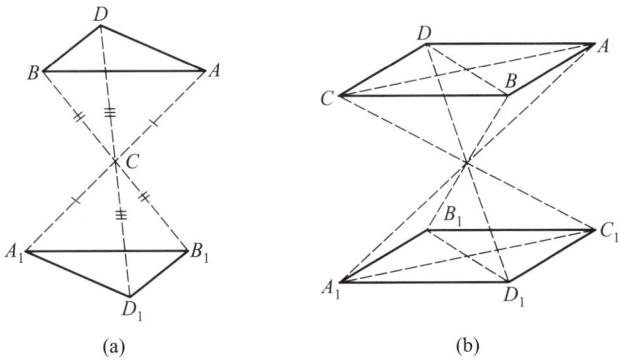

(a)　　　　　　　　(b)

**图 3-7　由对称中心联系起来的两个反向平行的图形**

（引自潘兆橹等，1993）

（a）反向平行的三角形；（b）反向平行的平行四边形

在晶体中，当存在对称中心时，其晶面必然成对分布，每对晶面都是两两平行而且同形等大的。这一点可以用来作为判别理想晶体或晶体模型有无对称中心的依据。图 3-8 列举了一些有对称中心和没有对称中心的晶体形态。

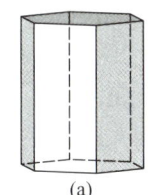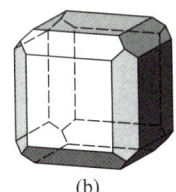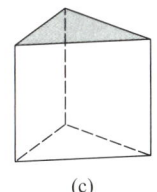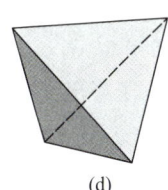

(a)　　　　　　(b)　　　　　　(c)　　　　　　(d)

**图 3-8　有对称中心和没有对称中心的晶体形态**

（a），（b）有对称中心；（c），（d）没有对称中心

### 4. 旋转反伸轴

旋转反伸轴（roto-inversion axis）也是一条假想的直线，如果物体绕该直线旋转一定角度后，再对此直线上的一点进行反伸，可使相同部分重复，即所对应的操作是旋转与反伸的复合操作。组成这种复合操作的每一个操作本身可以是对称操作（即操作后相同部分重复），也可以不是对称操作（即操作后并未使相同部分重复），但两者的复合操作一定是对称操作。

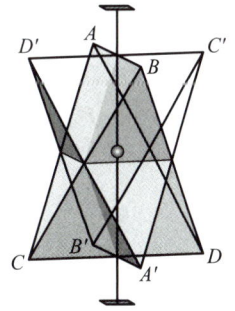

旋转反伸轴以 $L_i^n$ 表示。由于同样的原因，旋转反伸轴也只能是 $n=1,2,3,4,6$ 这几种，符号记为 $L_i^1,L_i^2,L_i^3,L_i^4,L_i^6$。表 3-1 列出部分旋转反伸轴的符号及作图符号。

现以 $L_i^4$ 为例来说明。图 3-9 中的多面体 ABCD 称为四方四面体，它由 ABC、BDC、ABD 和 ACD 4 个等腰三角形面所组成。将其进行旋转 90°的操作后，变为 A'B'C'D'。这时，A'B'C'、B'D'C'、A'B'D' 和 A'C'D' 这 4 个等腰三角形与原来没旋转的等腰三角形都处于反向平行的方位。所以，再加一个反伸操作，图形就全部重合了。

**图 3-9　具 $L_i^4$ 的四方四面体**

（据何涌，雷新荣，2008）

$L_i^1, L_i^2, L_i^3, L_i^4, L_i^6$ 旋转反伸轴的作用如图 3-10 所示。图中 1,2,3,4,5,6 表示在旋转反伸操作时依次产生的相同的点。

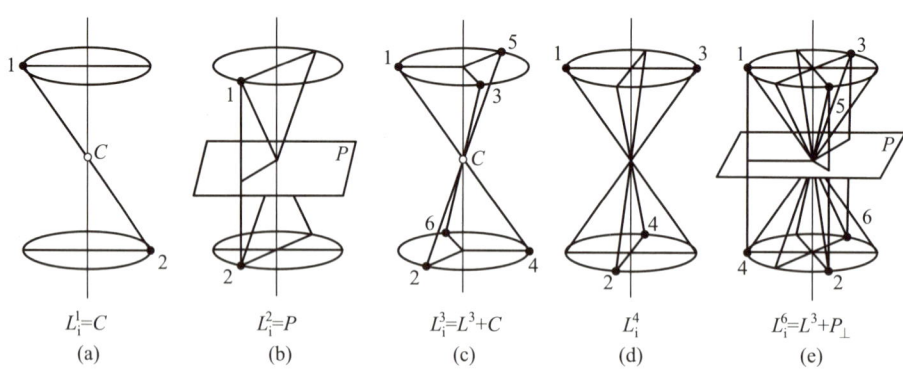

图 3-10　各种旋转反伸轴的图解

（引自潘兆橹等,1993）

从图 3-10 中可见,除 $L_i^4$ 外,其余各种旋转反伸轴都可以用其他简单的对称要素或它们的组合来代替,其间关系如下:

$$L_i^1 = C；L_i^2 = P；L_i^3 = L^3 + C；L_i^6 = L^3 + P_\perp$$

鉴于以上的代替关系,在晶体形态上找对称要素时,不必特意去找 $L_i^1$、$L_i^2$、$L_i^3$、$L_i^6$,只需找出它们对应的 $C$、$P$、$L^3 + C$、$L^3 + P$ 就可以了。但 $L_i^4$ 是必须要找的,因为它不能被其他简单对称要素代替。在写出晶体形态上的对称要素时,$L_i^1$、$L_i^2$ 是完全不必要写出来的,只写它们对应的 $C$、$P$ 就可以了,$L_i^3$ 可以保留也可以写成 $L^3 + C$,$L_i^6$ 可以保留也可以写成 $L^3 + P$,但需要知道含 $L_i^6$ 的晶体是属于六方晶系而不是三方晶系(晶系的概念见下一小节),$L_i^4$ 是一定要保留的。

在晶体或晶体模型上有 $L_i^4$ 的地方往往表现出 $L^2$ 的特点,导致误认为是 $L^2$。可以认为: $L^2$ 是包含在 $L_i^4$ 中的,就相当于 $L^4$ 里面包含一个 $L^2$ 一样,这种包含关系可以用数学的方法加以证明(详见第六章)。我们不能用 $L^2$ 取代 $L^4$,也不能用 $L^2$ 取代 $L_i^4$。

$L_i^4$ 之所以容易误认为是 $L^2$,是因为由 $L_i^4$ 联系起来的 4 个相同的部分,上面分布两个,是旋转 180° 的关系;下面分布两个,也是旋转 180° 的关系。上面与下面是错开 90° 的关系。我们如果只看上面(或者只看下面),就会误认为是 $L^2$。因此只有上、下同时考虑,才能看出是 $L_i^4$。

### 5. 旋转反映轴

旋转反映轴(roto-reflection axis)为一条假想的直线,相应的对称操作为旋转与反映的复合操作。图形围绕它旋转一定角度,并对垂直它的一个平面进行反映,可使图形的相等部分重复。

旋转反映轴以 $L_s^n$ 表示,其中 s 代表反映,n 为轴次(或用 $L_{2n}^n$,n 代表它所包含的简单对称轴的轴次,而用 2n 代表其本身的轴次,例如 $L_s^4 = L_4^2$)。

旋转反映轴有 $L_s^1, L_s^2, L_s^3, L_s^4(L_4^2), L_s^6(L_6^3)$,它们相应的基转角为 360°,180°,120°,90°,60°。

旋转反映轴的作用图解如图 3-11 所示。由此可见:

$L_s^1 = P = L_i^2$；$L_s^2 = C = L_i^1$；$L_s^3 = L^3 + P(P \perp L^3) = L_i^6$；$L_s^4 = L_i^4$；$L_s^6 = L^3 + C = L_i^3$。

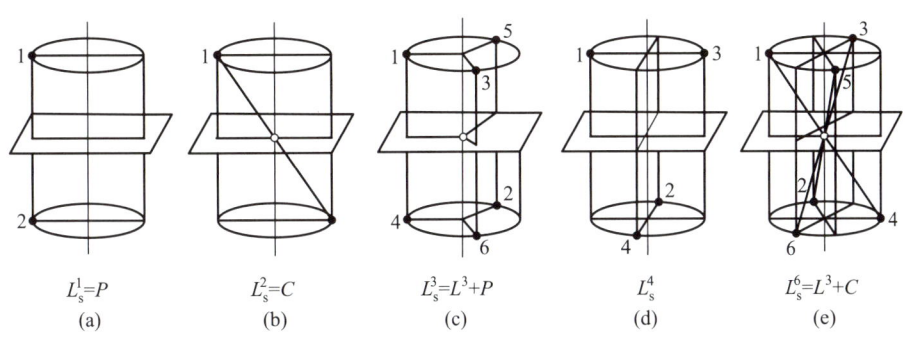

$L_s^1 = P$ (a)  $L_s^2 = C$ (b)  $L_s^3 = L^3 + P$ (c)  $L_s^4$ (d)  $L_s^6 = L^3 + C$ (e)

图 3-11  各种旋转反映轴的图解

(引自潘兆橹等,1993)

# 四、对称要素的组合

前面讨论了各种对称要素和操作。晶体形态上对称要素一般不是孤立存在的,并且对称要素(操作)之组合也可导出新的对称要素(操作),这就是对称要素的组合问题。对称要素组合不是任意的,必须符合对称要素的组合定理。

对称要素的组合服从以下定理:

**定理 1**  若有一个二次轴 $L^2$ 垂直于 $n$ 次轴 $L^n$,则① 必有 $n$ 个 $L^2$ 垂直于 $L^n$;② 相邻两个 $L^2$ 的夹角为 $L^n$ 的基转角的一半。

**逆定理**  若两个 $L^2$ 相交,则在交点上并垂直于两个 $L^2$ 必产生一个 $L^n$,其基转角是两个 $L^2$ 夹角的两倍,并导出其他 $n$ 个在垂直于 $L^n$ 平面内的 $L^2$。

由于 $L^n$ 的基转角只能是 $180°,120°,90°,60°$,所以垂直于 $L^n$ 的 $L^2$ 的夹角就只能是 $90°$, $45°,60°,30°$。

**定理 2**  若有一个对称面 $P$ 垂直于偶次对称轴 $L^{n(偶)}$,则在其交点必定存在对称中心 $C$。

**逆定理**  若有一个偶次对称轴 $L^{n(偶)}$ 与对称中心 $C$ 共存,则过 $C$ 且垂直该对称轴必有一对称面 $P$。或若有一个对称面 $P$ 与对称中心 $C$ 共存,则过 $C$ 且垂直于 $P$ 必有一个二次对称轴(这个二次对称轴有可能包含在其他偶次轴中而不独立出现)。

这一定理实际上说明了通过 $L^2$、$P$、$C$ 三者中任意两者可确定第三者。

**定理 3**  若有一个对称面 $P$ 包含对称轴 $L^n$,则① 必有 $n$ 个 $P$ 包含 $L^n$;② 相邻两个 $P$ 的夹角为 $L^n$ 的基转角的一半。

**逆定理**  若有两个对称面相交,则对称面的交线必为一对称轴,其基转角为相邻两对称面夹角的两倍,并导出其他 $n$ 个包含 $L^n$ 的 $P$。

由于 $L^n$ 的基转角只能是 $180°,120°,90°,60°$,所以包含 $L^n$ 的 $P$ 的夹角就只能是 $90°$, $45°,60°,30°$。

定理 3 与定理 1 是类似的。

由定理 3 的逆定理可以导出,当两个 $P$ 垂直相交时(夹角 $90°$),交线一定是 $L^2$。这种现象在晶体形态上经常出现。

课堂录像 3-3 对称要素的组合.32 个对称型(点群)

动画 3-6 包含六次轴的六个对称面

**定理 4**　若有一个二次轴 $L^2$ 垂直于旋转反伸轴 $L_i^n$，或者有一个对称面 $P$ 包含 $L_i^n$，则当 $n$ 为奇数时必有 $n$ 个 $L^2$ 垂直于 $L_i^n$ 和 $n$ 个 $P$ 包含 $L_i^n$；当 $n$ 为偶数时必有 $n/2$ 个 $L^2$ 垂直于 $L_i^n$ 和 $n/2$ 个 $P$ 包含 $L_i^n$。

**逆定理**　若有一个 $L^2$ 与一个 $P$ 斜交，$P$ 的法线与 $L^2$ 的交角为 $\delta$，则平行于 $P$ 且垂直于 $L^2$ 的直线必为一 $L_i^n$，$n=360°/(2\delta)$。

以上有关对称要素组合的定理可以用示意公式来表示：

$$L^n \times L_\perp^2 \longrightarrow L^n n L_\perp^2 \tag{3-4}$$

$$L^n \times C = L^n \times P_\perp \longrightarrow L^n P_\perp C（n\text{ 为偶数}） \tag{3-5}$$

$$L^n \times P_{/\!/} \longrightarrow L^n n P_{/\!/} \tag{3-6}$$

$$L_i^n \times P_{/\!/} = L_i^n \times L_\perp^2 \longrightarrow L_i^n n/2 L_\perp^2 n/2 P_{/\!/}（n\text{ 为偶数}）$$

$$\longrightarrow L_i^n n L_\perp^2 n P_{/\!/} \quad （n\text{ 为奇数}） \tag{3-7}$$

这些对称要素组合定理的示意公式在推导晶体的对称型及判断晶体中哪些对称要素能共存且共存后会产生什么结果时非常有用。式中箭头表示左边的两个对称要素相组合产生右边的结果。

图 3-12 给出了 2 个晶体形态上各种对称要素组合的例子。其中图 3-12(d) 中，可以用组合定理 1、定理 2、定理 3 来共同描述对称要素组合，也可以将其中的 $L^3 + C = L_i^3$ 而用组合定理 4 来描述。

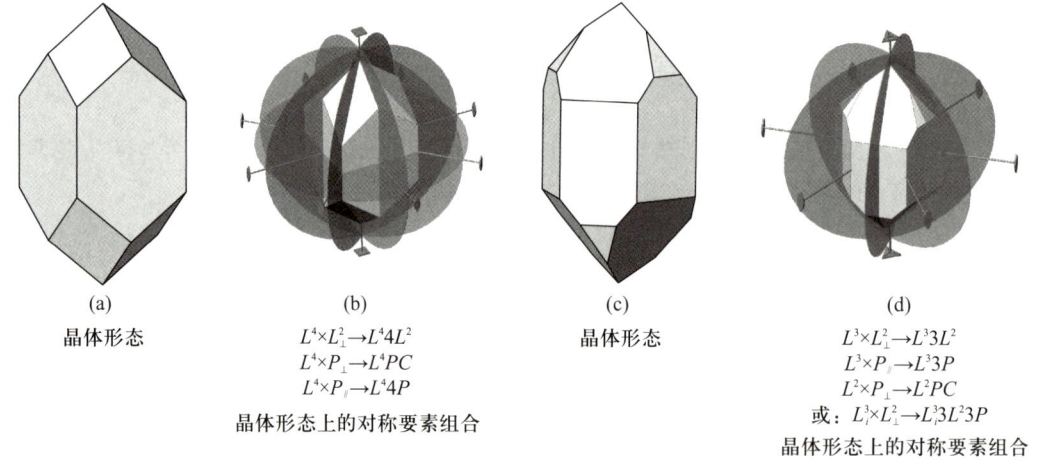

(a)　　　　　(b)　　　　　(c)　　　　　(d)
晶体形态　　　　　　　　　晶体形态

$L^4 \times L_\perp^2 \to L^4 4L^2$　　　　　　$L^3 \times L_\perp^2 \to L^3 3L^2$
$L^4 \times P_{/\!/} \to L^4 PC$　　　　　　　$L^3 \times P_{/\!/} \to L^3 3P$
$L^4 \times P_{/\!/} \to L^4 4P$　　　　　　　$L^2 \times P_{/\!/} \to L^2 PC$
　　　　　　　　　　　　　　　或：$L^3 \times L_\perp^2 \to L^3 3L^2 3P$
晶体形态上的对称要素组合　　　晶体形态上的对称要素组合

图 3-12　晶体形态上对称要素组合举例

以上 4 个对称要素组合定理只考虑了 $L^n$ 与 $L^2$ 和 $P$ 是垂直或包含的关系，没有考虑斜交的关系。若有斜交的关系，则会产生多个 $L^n$，$L^n$ 有可能是 $n>2$ 的高次轴，这时的对称要素组合情况较复杂，参见后述的图 3-15。

# 五、32 种对称型（点群）及其推导

在晶体形态中，全部对称要素的组合称为该晶体形态的对称型（class of symmetry）或点群（point group）[①]。一般来说，当强调对称要素时称之为对称型，强调对称操作时称之为点群。因为在晶体形态中，全部对称要素相交于一点（晶体中心），在进行对称操作时至少有一点不移动，并且各对称操作可构成一个群，符合数学中群的概念（见第六章），所以称之为点群。对称型与点群是一一对应的。

根据晶体形态中可能存在的对称要素及其组合规律，推导出晶体中可能出现的对称型（点群）是非常有限的，仅有 32 种（表 3-2）。这 32 种对称型（点群）的推导方法可以根据上述对称要素组合定理，直观地推导出来。

表 3-2　32 种对称型的推导

| 共同式 | | 对称型 | | | | | | | 晶系 |
|---|---|---|---|---|---|---|---|---|---|
| | | $L^n$ | $L^n nL^2$ | $L^n P_\perp(C)$ | $L^n nP_\parallel$ | $L^n nL^2(n+1)P(C)$ | $L_i^n$ | $L_i^{n(奇)}nL^2nP$ $L_i^{n(偶)}(n/2)$ $L^2(n/2)P$ | |
| A 类 | $n=1$ | $L^1$ | | | | | $L_i^1=C$ | | 三斜晶系 |
| | $n=2$ | $L^2$ | | $L^2PC$ | | | $L_i^2=P$ | | 单斜晶系 |
| | | | $3L^2$ | | $L^2 2P$ | $3L^2 3PC$ | | | 斜方晶系 |
| | $n=3$ | $L^3$ | $L^3 3L^2$ | | $L^3 P$ | | $L_i^3=L^3 C$ | $L_i^3 3L^2 3P=$ $L_i^3 3L^2 3PC$ | 三方晶系 |
| | $n=4$ | $L^4$ | $L^4 4L^2$ | $L^4 PC$ | $L^4 4P$ | $L^4 4L^2 5PC$ | $L_i^4$ | $L_i^4 2L^2 2P$ | 四方晶系 |
| | $n=6$ | $L^6$ | $L^6 6L^2$ | $L^6 PC$ | $L^6 6P$ | $L^6 6L^2 7PC$ | $L_i^6=L^3 P$ | $L_i^6 3L^2 3P=$ $L^3 3L^2 4P$ | 六方晶系 |
| B 类 | | $3L^2 4L^3$ | $3L^4 4L^3 6L^2$ | $3L^2 4L^3 3PC$ | $3L^4 4L^3 6P$ | $3L^4 4L^3 6L^2 9PC$ | | | 等轴晶系 |

资料来源：引自潘兆橹等，1993。

首先回顾一下晶体形态上可能存在的对称要素，它们是：

对称轴 $L^1, L^2, L^3, L^4, L^6$；

对称面 $P$；

对称中心 $C$；

旋转反伸轴 $L_i^1=C$，$L_i^2=P$，$L_i^3=L^3+C$，$L_i^4$，$L_i^6=L^3+P_\perp$。

为了便于推导，我们把这些对称要素的组合分为两类：把高次轴不多于 1 个的组合称为 A 类；把高次轴多于 1 个的组合称为 B 类。

### 1. A 类对称型的推导

上述对称要素可能的组合共有以下 7 种情况：

（1）对称轴 $L^n$ 单独存在，可能的对称型为 $L^1, L^2, L^3, L^4, L^6$。

（2）对称轴与对称轴的组合。由于 A 类只包括高次轴不多于 1 个的对称型，所以只考虑 $L^n$ 与 $L^2$ 的组合，若 $L^2$ 与 $L^n$ 斜交，则有可能出现多于 1 个的高次轴，如图 3-13（a）$L^2$ 与 $L^n$ 斜交，$L^n$ 围绕 $L^2$ 旋转 180°，必将产生另一个 $L^n$；而如图 3-13（b）所示，当 $L^2$ 垂直于 $L^n$ 时，不

---

[①]　在结晶学中，对称型是针对晶体而言，并不是针对晶体形态而言的。晶体的对称型与晶体形态的对称型并不完全相同。我们这里将对称型的概念简化为晶体形态的对称型了，因为晶体的对称型要考虑内部结构，比较复杂。

会产生新的 $L^n$。因此在这里我们只考虑 $L^n$ 与垂直于它的 $L^2$ 的组合。根据上节所述对称要素组合规律 $L^n \times L^2_\perp \to L^n n L^2_\perp$，可能的对称型为：$(L^1L^2 = L^2)$；$L^22L^2 = 3L^2$；$L^33L^2$；$L^44L^2$；$L^66L^2$（括号内的对称型与其他项推导出的对称型重复，下同）。

（3）对称轴 $L^n$ 与垂直于它的对称面 $P$ 的组合。考虑到组合定理 $L^{n(偶)} \times P_\perp \to L^{n(偶)} P_\perp C$，则可能的对称型为：$(L^1P = P)$；$L^2PC$；$(L^3P = L^6_i)$；$L^4PC$；$L^6PC$。

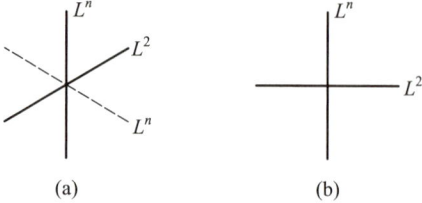

**图 3-13 $L^n$ 与 $L^2$ 的组合**

（a）$L^n$ 与 $L^2$ 斜交产生新的 $L^n$；

（b）$L^n$ 与 $L^2$ 垂直不产生新的 $L^n$

（4）对称轴 $L^n$ 与包含它的对称面的组合。根据组合定理 $L^n \times P_{/\!/} \to L^n n P_{/\!/}$，可能的对称型为：$(L^1P = P)$；$L^22P$；$L^33P$；$L^44P$；$L^66P$。

（5）对称轴 $L^n$ 与垂直于它的对称面，以及包含它的对称面的组合。垂直于 $L^n$ 的 $P$ 与包含 $L^n$ 的 $P$ 的交线（即两个互相垂直的 $P$ 的交线）必为垂直于 $L^n$ 的 $L^2$（图 3-14（c）），即 $L^n \times P_\perp \times P_{/\!/} \to L^n \times P_\perp \times P_{/\!/} \times L^2_\perp \to L^n n L^2 (n+1)P(C)$（$C$ 只在有偶次轴垂直于 $P$ 的情况下产生），可能的对称型为：$(L^1L^22P = L^22P)$；$L^22L^23PC = 3L^23PC$；$(L^33L^24P = L^6_i3L^23P)$；$L^44L^25PC$；$L^66L^27PC$。

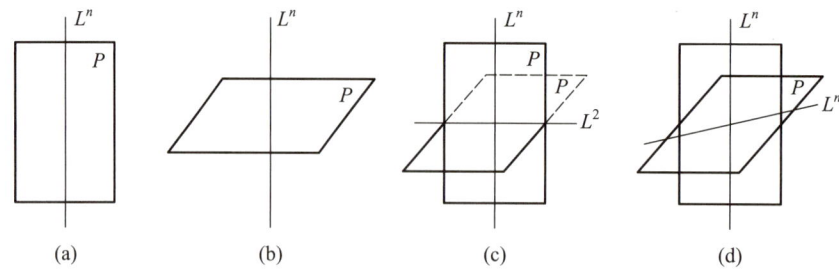

**图 3-14 $L^n$ 与 $P$ 的组合**

（引自潘兆橹等，1993）

（a）、（b）$P$ 包含 $L^n$、垂直 $L^n$ 都不产生新的 $L^n$；（c）$L^n$ 与两个 $P$ 组合（一个 $P$ 包含 $L^n$，另一个 $P$ 垂直 $L^n$），则这两个 $P$ 互相垂直将在两 $P$ 交线上产生一个 $L^2$；（d）$P$ 与 $L^n$ 斜交将产生新的 $L^n$

（6）旋转反伸轴 $L^n_i$ 单独存在。可能的对称型为：$L^1_i = C$；$L^2_i = P$；$L^3_i = L^3C$；$L^4_i$；$L^6_i = L^3P_\perp$。

（7）旋转反伸轴 $L^n_i$ 与垂直它的 $L^2$（或包含它的 $P$）的组合。根据组合定理，当 $n$ 为奇数时会产生 $L^n_i n L^2_\perp n P_{/\!/}$，可能的对称型为：$(L^1_i L^2P = L^2PC)$；$L^3_i 3L^23P = L^33L^23PC$。当 $n$ 为偶数时会产生 $L^n_i(n/2)L^2_\perp(n/2)P_{/\!/}$，可能的对称型为：$(L^2_i L^2P = L^22P)$；$L^4_i 2L^22P$；$L^6_i 3L^23P = L^33L^24P$。

由于对称面 $P = L^2_i$，对称中心 $C = L^1_i$，所以不再单独列出。

综合以上内容，共推导出 A 类对称型 27 种（见表 3-2）。

### 2. B 类对称型的推导

首先让我们考虑高次轴 $L^4$ 与 $L^3$ 的组合。如图 3-15 所示，设有一个 $L^4$ 与 $L^3$ 相交于晶体中心，由于 $L^4$ 的作用，在 $L^4$ 的周围可获得 4 个 $L^3$。在每个 $L^3$ 上距晶体中心等距离的地方取一个点，连接这些点可以得到一个正四边形（即图 3-15 中的立方体的正方形的面），$L^4$ 出露于正四边形的中心，$L^3$ 出露于正四边形的角顶。由于 $L^3$ 的作用，在 $L^3$ 的周围必定可以获得 3 个正四边形，它们会集而成一个凸三面角，$L^3$ 即出露于这个凸三面角的角顶上。这样，我们就获得了一个由 6 个正四边形和 8 个凸三面角组成的正多面体——立方体。高次轴 $L^4$ 与 $L^3$ 的组合就相当于正四边形所组成的正多面体——立方体中高次轴的组合。

由此可知，在 B 类对称型中，高次轴 $L^n$ 与 $L^m$ 的组合，相当于由正多边形所组成的正多面体中的高次轴的组合。

在立体几何学中业已证明，一个凸多面角至少须由 3 个面组成，且其面角之和须小于 $360°$。因此围成正多面体的正多边形只可能是正三角形（内角 $60°$）、正方形（内角 $90°$）和正五边形（内角 $108°$）。它们可能围成的正多面体及其所具有的对称轴的组合如表 3–3 所列。

图 3-15　$L^4$ 与 $L^3$ 的组合图解

（引自潘兆橹等，1993）

表 3–3　正多边形可能围成的正多面体及其对称轴的组合

| 正多边形形状 | 正三角形 | | | 正四边形 | 正五边形 |
|---|---|---|---|---|---|
| 正多面体形状 | 四面体 | 八面体 | 正三角二十面体 | 立方体 | 正五角十二面体 |
| 多面体棱角数　面 | 4 | 8 | 20 | 6 | 12 |
| 棱 | 6 | 12 | 30 | 12 | 30 |
| 角 | 4 | 6 | 12 | 8 | 20 |
| 对称轴 | $3L^2 4L^3$ | $3L^4 4L^3 6L^2$ | $6L^5 10L^3 15L^2$ | $3L^4 4L^3 6L^2$ | $6L^5 10L^3 15L^2$ |

资料来源：引自潘兆橹等，1993。

从表 3–3 可以看出，正三角二十面体和正五角十二面体皆具有 $L^5$，与晶体的对称不符，可不予考虑。其余 3 种多面体中对称轴的组合有下面两种类型：

（1）立方体及八面体 $3L^4 4L^3 6L^2$。

（2）四面体 $3L^2 4L^3$。

在第一种对称型 $3L^4 4L^3 6L^2$ 中加入一个不产生新对称轴的对称面，可以获得如下的第三种对称型：

（3）$3L^4 4L^3 6L^2 9PC$。

在上述第二种对称型 $3L^2 4L^3$ 中加入不产生新对称轴的对称面的方法有两种，其一是垂直 $L^2$ 的对称面，其二是与两个 $L^2$ 等角度（$45°$）斜交的对称面，结果可分别获得如下的第四种和第五种对称型：

（4）$3L^2 4L^3 3PC$。

（5）$3L_i^4 4L^3 6P$。

属于 B 类的对称型共有上述的 5 种。

综合 A、B 两类，晶体中可能有的对称型共 32 种，如表 3–2 所列。

# 六、晶体的对称分类

## 1. 晶体的对称分类(晶族、晶系及晶类的划分)

根据晶体的对称型中含对称要素的特点,可以对晶体进行合理的科学分类,分类依据及分类体系见表3-4。

表3-4　晶体的对称分类

| 晶族 | 晶系 | 对称特点 | 对称型(点群) | 对称型的其他符号[a] | | 晶类名称[b] |
| --- | --- | --- | --- | --- | --- | --- |
| | | | | 国际符号(简化符号)[c] | 圣弗利斯符号 | |
| 低级晶族(无高次轴) | 三斜晶系 | 无 $L^2$,无 $P$ | 1. $L^1$ | 1 | $C_1$ | 单面晶类 |
| | | | 2. $C$ | $\bar{1}$ | $C_i = S_2$ | 平行双面晶类 |
| | 单斜晶系 | $L^2$ 或 $P$ 不多于 1 个 | 3. $L^2$ | 2 | $C_2$ | 轴双面晶类 |
| | | | 4. $P$ | $m$ | $C_{1h} = C_s$ | 反映双面晶类 |
| | | | 5. $L^2PC$ | $2/m$ | $C_{2h}$ | 斜方柱晶类 |
| | 斜方晶系 | $L^2$ 或 $P$ 多于 1 个 | 6. $3L^2$ | 222 | $D_2 = V$ | 斜方四面体晶类 |
| | | | 7. $L^2 2P$ | $mm2 (mm)$ | $C_{2v}$ | 斜方单锥晶类 |
| | | | 8. $3L^2 3PC$ | $2/m2/m2/m (mmm)$ | $D_{2h} = V_h$ | 斜方双锥晶类 |
| 中级晶族(只有一个高次轴) | 四方晶系 | 有 1 个 $L^4$ 或 $L_i^4$ | 9. $L^4$ | 4 | $C_4$ | 四方单锥晶类 |
| | | | 10. $L^4 4L^2$ | $422 (42)$ | $D_4$ | 四方偏方面体晶类 |
| | | | 11. $L^4 PC$ | $4/m$ | $C_{4h}$ | 四方双锥晶类 |
| | | | 12. $L^4 4P$ | $4mm$ | $C_{4v}$ | 复四方单锥晶类 |
| | | | 13. $L^4 4L^2 5PC$ | $4/m2/m2/m (4/mmm)$ | $D_{4h}$ | 复四方双锥晶类 |
| | | | 14. $L_i^4$ | $\bar{4}$ | $S_4$ | 四方四面体晶类 |
| | | | 15. $L_i^4 2L^2 2P$ | $\bar{4}2m$ | $D_{2d} = V_d$ | 复四方偏三角面体晶类 |
| | 三方晶系 | 有 1 个 $L^3$ 或 $L_i^3$ | 16. $L^3$ | 3 | $C_3$ | 三方单锥晶类 |
| | | | 17. $L^3 3L^2$ | 32 | $D_3$ | 三方偏方面体晶类 |
| | | | 18. $L^3 C = L_i^3$ | $\bar{3}$ | $C_i^3 = S_6$ | 菱面体晶类 |
| | | | 19. $L^3 3P$ | $3m$ | $C_{3v}$ | 复三方单锥晶类 |
| | | | 20. $L^3 3L^2 3PC$ $= L_i^3 3L^2 3P$ | $\bar{3}2/m (\bar{3}m)$ | $D_{3d}$ | 复三方偏三角面体晶类 |

| 晶族 | 晶系 | 对称特点 | 对称型（点群） | 对称型的其他符号[a] | | 晶类名称[b] |
|------|------|----------|----------------|------|------|------|
| | | | | 国际符号（简化符号）[c] | 圣弗利斯符号 | |
| 中级晶族（只有一个高次轴） | 六方晶系 | 有 1 个 $L^6$ 或 $L_i^6$ | 21. $L^6$ | 6 | $C_6$ | 六方单锥晶类 |
| | | | 22. $L^6 6L^2$ | 622（62） | $D_6$ | 六方偏方面体晶类 |
| | | | 23. $L^6 PC$ | $6/m$ | $C_{6h}$ | 六方双锥晶类 |
| | | | 24. $L^6 6P$ | $6mm$ | $C_{6v}$ | 复六方单锥晶类 |
| | | | 25. $L^6 6L^2 7PC$ | $6/m2/m2/m$（$6/mmm$） | $D_{6h}$ | 复六方双锥晶类 |
| | | | 26. $L_i^6 = L^3 P$ | $\bar{6}$ | $C_{3h}$ | 三方双锥晶类 |
| | | | 27. $L_i^6 3L^2 3P$ $= L^3 3L^2 4P$ | $\bar{6}2m$ | $D_{3h}$ | 复三方双锥晶类 |
| 高级晶族（有数个高次轴） | 等轴晶系 | 有 4 个 $L^3$ | 28. $3L^2 4L^3$ | 23 | $T$ | 五角三四面体晶类 |
| | | | 29. $3L^2 4L^3 3PC$ | $\dfrac{2}{m}\bar{3}$（$m3$） | $T_h$ | 偏方复十二面体晶类 |
| | | | 30. $3L_i^4 4L^3 6P$ | $\bar{4}3m$ | $T_d$ | 六四面体晶类 |
| | | | 31. $3L^4 4L^3 6L^2$ | 432（43） | $O$ | 五角三八面体晶类 |
| | | | 32. $3L^4 4L^3 6L^2 9PC$ | $4/m\bar{3}2/m$（$m3m$） | $O_h$ | 六八面体晶类 |

a 对称型的其他符号（国际符号和圣弗利斯符号）将在第四章介绍。
b 晶类的名称将在第五章介绍。
c 简化符号是在国际符号的基础上将可以由对称要素组合定理（或逆定理）产生出来的对称要素省略后的国际符号。

首先，根据是否有高次轴，以及有一个或多个高次轴，把 32 种对称型（点群）归纳为低、中、高级 3 个晶族（crystal category）。

在各晶族中，再根据对称特点划分晶系（crystal system）。晶系共有 7 个，它们是属于低级晶族的三斜晶系（triclinic system）、单斜晶系（monoclinic system）和斜方晶系（orthorhombic system）；属于中级晶族的四方晶系（tetragonal system）、三方晶系（trigonal system）和六方晶系（hexagonal system）；属于高级晶族的等轴晶系（isometric system，cubic system）。

最后，把属于同一对称型（点群）的晶体归为一类，称为晶类（crystal class）。晶体中存在 32 种对称型，亦即有 32 种晶类（表 3-4 中所列晶类名称的来源将在第五章单形一节阐述）。

对称型、点群、晶类是一一对应的。对称型强调的是对称要素组合。点群强调的是对称操作复合。晶类强调的是属于这种对称型的所有晶体的归类，例如，具有 $L^2 PC$ 对称的晶体有正长石、石膏、单斜辉石……，这些晶体都归为一个晶类。

在结晶学及矿物学的研究中，熟练地掌握 3 个晶族、7 个晶系、32 种对称型（点群）这一晶体分类体系及其划分依据是十分必要的。

### 2. 根据物理性能及在自然界出现的概率对晶体对称型的分类

晶体的对称不仅体现在形态和结构上，还体现在物理性质上。反过来，晶体的对称直接影响晶体的物理性能(主要是电学性能)和工业应用。因此,可以按电学性能对晶体的对称型进行分类,见表3-5。表中分为介电晶体、压电晶体和热释电晶体。所有的32种对称型的晶体都具有介电性。压电晶体是没有对称中心的晶体,共有20种对称型的晶体具有压电性($3L^4L^36L^2$虽然没有对称中心,但是无压电性,因为它的对称要素太多了)。热释电晶体也是没有对称中心的晶体,但它要求有单向极轴(极轴的概念见第四章),共有10种对称型的晶体具有热释电性。所谓单向极轴,就是只有一个极轴。压电性只需要无对称中心就可以了,这种无对称中心的晶体可能具有多个极轴,这样的具有多个极轴的晶体只能是压电晶体而不是热释电晶体。

表3-5　按物理性能对32种对称型(点群)分类

| 介电晶体(32个对称型) | | |
|---|---|---|
| 压电晶体(不具备对称中心,但除掉$3L^4L^36L^2$,共20种对称型)[①] | | 有对称中心(共11种对称型) |
| 热释电晶体(极性晶体,即具有单向极轴,共10个对称型)<br><br>$L^1$, $L^2$, $L^3$, $L^4$, $L^6$, $P$, $L^22P$, $L^44P$, $L^33P$, $L^66P$ | $3L^2$, $L^33L^2$, $L^44L^2$, $L^66L^2$, $L_i^4$, $L_i^6$, $3L^24L^3$, $3L^4L^36L^2$[②], $3L_i^4L^36P$, $L_i^42L^22P$, $L_i^63L^23P$ | $C$, $L^2PC$, $L^4PC$, $L^3C$, $L^6PC$, $3L^24L^33PC$, $3L^23PC$, $L^44L^25PC$, $L^33L^23PC$, $L^66L^27PC$, $3L^4L^36L^29PC$ |

另外,还可根据各对称型(点群)在自然界矿物中出现的概率对32种对称型(点群)进行分类,见表3-6。

对比表3-5与表3-6可见,应用价值大的晶体类(对称型)在地质上出现的概率很小,因此这类晶体需人工合成。

表3-6　按在自然界矿物中出现的概率对32种对称型(点群)分类

| 占矿物晶体种数10%以上 | 占矿物晶体种数3%~10% | 占矿物晶体种数1.5%~3% | 占矿物晶体种数1.5%以下 |
|---|---|---|---|
| $L^2PC$,<br>$3L^23PC$,<br>$3L^4L^36L^29PC$ | $L^33L^23PC$,<br>$L^44L^25PC$,<br>$L^66L^27PC$,<br>$3L_i^4L^36P$ | $C$, $3L^2$, $L^22P$,<br>$L^3C$, $L^33P$,<br>$L^4PC$, $L^6PC$,<br>$3L^24L^33PC$ | $L^1$, $L^2$, $P$, $L^3$, $L^33L^2$, $L^4$, $L_i^4$,<br>$L^44L^2$, $L^44P$, $L_i^42L^22P$,<br>$L^6$, $L_i^6$, $L^66L^2$, $L^66P$, $L_i^63L^23P$,<br>$3L^24L^3$, $3L^4L^36L^2$ |

资料来源:引自罗谷风,1993。

本章拓展、延伸知识

## (一)关于对称要素组合(或对称操作复合)的几种情况

对称要素组合是晶体对称理论中最基本的问题。前面已经阐述了对称要素组合定理。但是,前面的四个组合定理只涉及对称要素组合(或对称操作复合)的一种情况。其实,对称要素组合(或对称操作复合)还有一些其他情况,这些情况在以前的教学中并不太明确。现将所有情况总结对比如下：

（1）对称要素与对称要素组合，产生了新的对称要素：这种情况就是前面阐述的对称要素组合定理，4个对称要素组合定理的公式表达为：

对称要素组合定理1：$L^n \times L^2_\perp \Rightarrow L^n n L^2_\perp$

对称要素组合定理2：$L^{n(偶)} \times P_\perp \Rightarrow L^{n(偶)} P_\perp C$

对称要素组合定理3：$L^n \times P_{/\!/} \Rightarrow L^n n P_{/\!/}$

对称要素组合定理4：$L^n_i \times L^2_\perp (\times P_{/\!/}) \Rightarrow L^n_i n L^2_\perp n P_{/\!/}$（n 为奇数）

$\Rightarrow L^n_i n/2 L^2_\perp n/2 P_{/\!/}$（n 为偶数）

注意：这里的公式中，左边与右边是以"$\Rightarrow$"联系起来的，并且左边的两个对称要素是以"×"联系起来的。

对于这种情况，如果用对称操作的复合来描述，就相当于：是×是$\Rightarrow$是，即两个对称操作的复合产生另一个对称操作。

（2）对称要素与对称要素组合，不产生新的对称要素。例如：$L^3 + C = L^3_i$ 就是这种情况，等号左边两个都是对称要素，但组合在一起并不产生新的对称要素，而左边两个对称要素就等效于右边的一个对称要素。这里的公式中我们用"+"和"="，并没有用"×"和"$\Rightarrow$"，以示与第（1）种情况的区别。

（3）非对称操作与非对称操作复合，可以产生一个对称操作（对称要素）。这种情况相当于 $L^6 \times C = L^6_i$，其中 $L^6$ 和 $C$ 都不是对称要素（不是对称操作，仅仅是一个操作而已），但 $L^6$ 和 $C$ 两种操作的复合就产生了 $L^6_i$ 这个对称要素了。$L^4 \times C = L^4_i$ 也是这种情况。

实际上这种情况强调的是操作的复合，并不是对称要素组合。如果用操作的复合来描述，就相当于：非×非＝是，即两个非对称操作的复合产生一个对称操作。注意：这里的公式我们用"×"和"="，以示与第（2）种情况区别，因为在第（2）种情况中，等号两边的对称要素是完全可以取代的，而第（3）种情况中，等号左边并不是对称要素，不能误认为一个对称要素 $L^6$ 与一个对称要素 $C$ 可以取代一个对称要素 $L^6_i$。这里用"×"强调是操作的复合，并不是对称要素的组合。

再例如，若只涉及操作的复合（不是对称操作），则有：$L^2 \times P_\perp = C$，$L^2 \times C = P_\perp$，$C \times P_\perp = L^2$。这三个式子称为万能公式，表达的意思是：$L^2$、$P_\perp$、$C$ 这三个操作的任意两个复合能产生第三者。但是，式中的操作并不一定是对称操作，例如，一个旋转180°的操作（不是对称操作）和一个反映操作（不是对称操作）会产生一个反伸操作（可能是对称操作）。不能误认为有对称中心的地方就一定有二次轴和对称面，即式子的两边不等效。但是，如果一个旋转180°的操作（是对称操作）和一个反伸操作（也是对称操作）复合，就会产生一个对称中心（也是对称操作），这时的情况就是第（1）种情况了，用 $L^2 \times P_\perp \Rightarrow L^2 P_\perp C$ 来表示，即：$L^2$、$P_\perp$、$C$ 三者共存。

以上三种情况我们用不同的符号"×""+""=""$\Rightarrow$"来表示，是为了强调各种对称要素组合（或对称操作复合）情况的不同含义，这是人为规定的。

## （二）五次对称轴及其所蕴含的哲学思想

### 1. 五次对称轴及准晶体的发现

长期以来人们熟知固态物质有非晶体与晶体之分。前者组成质点的排列是无远程规律的;后者组成质点的排列有远程规律,且在三维空间作周期性重复,即具有格子构造。晶体的对称性既取决于其格子构造,又受到格子构造的限制,即晶体中不可能出现与格子构造不相容的五次、七次,以及七次以上的对称轴。1984 年 D. Shechtmen 和 I. Blech(以色列)、D. Gratias(美国)和 J. W. Cahn(法国)在 Al-Mn 合金的透射电子显微镜研究中首次发现了五次对称轴,其颗粒的点群为 $m\bar{3}5$。在其结构中配位多面体是具有定向远程规律的,但没有平移周期,即不具有格子构造(参看第一章图 1-3)。这类物质以后被陆续发现,受到很多学者的重视,它们被认为是介于非晶体和晶体之间的一种新结构——准晶体。

在五次轴的准晶体之后,继而又有八次、十次、十二次轴准晶体的发现与研究,从而导出的新对称型(点群)有:

五方晶系:$L^5(5)$;$L_i^5(\bar{5})$;$L^5 5P(5m)$;$L_i^5 5L^2 5P(\bar{5}2m)$;$L^5 5L^2(52)$。

八方晶系:$L^8(8)$;$L_i^8(\bar{8})$;$L^8 8P(8mm)$;$L_i^8 4L^2 4P(\bar{8}2m)$;$L^8 8L^2(82)$;$L^8 PC(8/m)$;$L^8 8L^2 9PC(8/mmm)$。

十方晶系:$L^{10}(10)$;$L_i^{10}(\overline{10})$;$L^{10}10P(10mm)$;$L^{10}5L^2 5P(\overline{10}\,2m)$;$L^{10}10L^2(102)$;$L^{10}PC(10/m)$;$L^{10}10L^2 11PC(10/mmm)$。

十二方晶系:$L^{12}(12)$;$L_i^{12}(\overline{12})$;$L^{12}12P(12mm)$;$L_i^{12}6L^2 6P(\overline{12}\,2m)$;$L^{12}12L^2(122)$;$L^{12}PC(12/m)$;$L^{12}12L^2 13PC(12/mmm)$。

二十面体晶系:$6L^5 10L^3 15L^2 15PC(m\bar{3}\,\bar{5})$;$6L^5 10L^3 15L^2(532)$。

### 2. 二十面体配位

准晶体结构虽有待最终揭示,但通过 Al-Mn 准晶体已有二十面体配位结构单元被提出。图 3-16 为由 12 个 Al 原子围绕 Mn 原子形成的 $Al_{12}Mn$ 二十面体配位,二十面体边长 $a_0 = 0.3$ nm,Mn—Al 间距 $d = 0.28$ nm。这种二十面体单元以适当方式相互联结,构成准晶体结构。

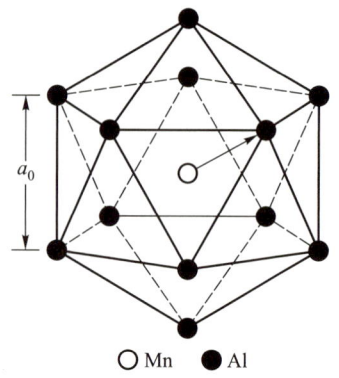

图 3-16　$Al_{12}Mn$ 二十面体配位
(引自 Hiraga K,1985)

如前所述,高次轴多于一个的对称轴的组合,相当于正多面体中对称轴的组合。正多面体如表 3-3 所列,共有四面体、八面体、立方体、正五角十二面体和正三角二十面体 5 种。后两种因为具有与格子构造不相容的五次对称轴,在以往的结晶学中被排除。准晶体的发现,使对二十面体的探讨又被提出。

就配位数为 12 而言,二十面体在能量上应是一种合适的配位形式。图 3-17 中绘出了配位数为 12 的 3 种配位形式。图 3-17(a)的配位见于立方最紧密堆积晶体结构中(详见第十章)。在这种结构中,所有的配位原子都是等效的,但每个配位原子周围的原子并不均等分布,从图中可以明显地看出,每个配位原子与周围配位原子连线的交角中,两个对顶角为 90°,另两个对顶角为 60°,角度分布为 90°、60°、90°、60°。图 3-17(b)的配位见于六方最紧密堆积结构中,在这种结构中配位原子不是等效的,它们分为两类,一类其周围原子的分布与图 3-17(a)中相同,另一类每个原子与周围原子的连线交角顺序为 90°、90°、60°、60°。这两类原子周围原子都不是均等分布的。图 3-17(c)的二十面体配位中,配位原子全部等效,而且每个原子周围的 5 个原子均等分布,连线交角都是 60°,能量分布均匀,配位原子之间的斥力能达到平衡,应该是最为稳定的。因此,对单个原子孤立的配位数为 12 的配位来说,二十面体配位是一种最理想的形式。只是由于几何原因(例如,它含有五次轴),它不能联结成空间格子构造,所以在晶体结构中规则的二十面体配位不能存在。但大小相近的离子在形成独立配体时,是有形成二十面体配位的倾向的。这一客观规律在物质由无序混沌状态开始向规律组织发展的初期,在准晶界、生物界得到了很好的发挥。例如,2002—2003 年在中国乃至世界流行的"非典"(SARS)病毒的形状,就是一个二十面体(见图 3-18)。至于具有五次轴的正五角十二面体配位,则只有几何意义,因为此时中心离子与配位离子半径之比,反过来为 $1/1.801 = 0.555$,即形成八面体配位(详见第十章表 10-1)。

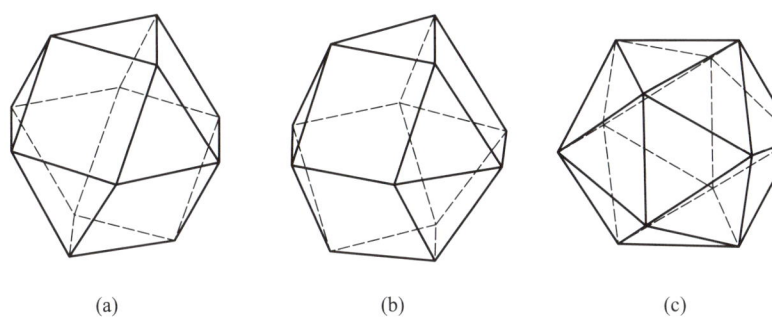

(a)                    (b)                    (c)

图 3-17　几种配位数为 12 的配位多面体

(据彭志忠,1985)

### 3. 五次对称及其蕴含的哲学思想

晶体上不能有五次对称,因为五次对称与晶体的平移对称不兼容。但是,在生物界(包括植物与动物),五次对称却广泛存在。例如,具有五次对称的花朵(如梅花、紫罗兰、迎春花等),具有五次对称的各种病毒(如 SARS 病毒等),这些现象给人们一种印象:无生命的物质(例如晶体)就不能够有五次对称,而有生命的物质才能有五次对称。无生命与有生命是自然界两个截然不同的世界,所以,五次对称成为这两个截然不同世界的分界线。

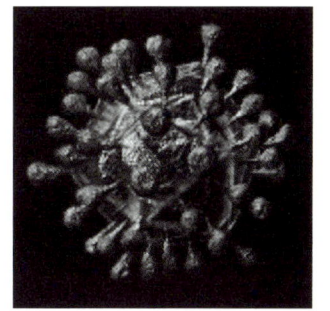

图 3-18　"非典"(SARS)病毒

(引自 Russell Kightley Media,2003)

苏联晶体学家别洛夫曾经说过:"五次对称是生物为其生存而斗争的特殊武器。"因为生物体中有五次对称,生物才不致结晶(固结),因此有活力,能生长,能演化,能变异,从而形成纷繁多样的生物界(据彭志忠,1985)。

这句话似乎道出了五次对称的神奇力量,只要具有五次对称,物体就有生命的活力;而相反,如果没有五次对称,物体就是"死"的。

准晶体是一种特殊的无机物体,是无生命的,为什么它会有五次对称呢?

有人提出这么一种思想:准晶体的发现为生物与非生物架起了一座桥梁。

我们刚才说过,五次对称使物体具有活力。那么,准晶体是具有五次对称的,应该比晶体更具有活力?应该与生物相似?怎么理解与认识"准晶体在生物与非生物之间架起了一座桥梁"?这样的自然观将对人们认识自然界产生深远的影响。

另外一个值得注意的问题是,具有五次对称的图形,往往出现"黄金分割"。我们常常听说"黄金分割"这个词,它是什么意思呢?"黄金分割"当然不是指怎样分割黄金,而是一个比喻的说法,它是说分割的比例像黄金一样珍贵。那么这个比例是多少呢?是 0.618。人们把这个比例的分割点,叫作黄金分割点,把 0.618 叫作黄金数。

黄金数是自然界的一个合理数,这是因为,自然界的和谐、建筑物的美、植物生长、动物繁殖等,在尺寸大小比、种类数量比、增长数量比等,经常出现黄金分割点。某种物体只要在比例上符合黄金分割,就会非常美丽与和谐。

在生活中,对"黄金分割"有着很多的应用:

最完美的人体:肚脐到脚底的距离/头顶到脚底的距离 = 0.618

最漂亮的脸庞:眉毛到脖子的距离/头顶到脖子的距离 = 0.618

既然"黄金分割"是自然界的合理数,而五次对称的图案又经常出现"黄金分割",因此,五次对称也应该是自然界的合理对称形式了。

在生物界经常出现五次对称形式,说明了五次对称的合理性,但为什么这种合理性不能延续到无机晶体界? 这是从更高的自然观认识晶体的本质。

总之,对称性本身就是一个神奇美妙的世界,晶体的对称、准晶体的对称、生物界的对称,又在五次对称的基础上联系起来了,这让我们更加感到在人类所生存的世界里,对称规律变幻莫测,奥妙无穷,等待着我们进一步去探索。

## 习题与思考题

**基础题:**

1. 对称的概念是什么?

2. 晶体的对称特点有哪三点? 怎么理解:晶体的格子构造决定了所有晶体都是对称的,晶体的格子构造也限制了有些对称在晶体中是不能出现的?

3. 晶体上的对称要素有哪些? 请总结对称轴、对称面在晶体上可能出现的位置。

4. 什么是晶体的对称定律? 你怎么从晶体的格子构造来理解晶体的对称定律?

5. 有些旋转反伸轴可以用对称轴、对称面、对称中心或它们的组合来代替,请写出这些代替关系式。

6. 对称要素组合是什么含义? 任意两个对称要素都可以组合吗? 两个对称要素以任意角度相交都可以组合吗?

7. 什么是对称型? 对称型一共有多少种? 限制对称型的数目的主要原因是什么?

8. 晶体对称分类体系中,分几个晶族、几个晶系、几个晶类? 分类的依据各是什么? 晶类与对称型是什么关系? 它们分别强调什么?

9. $L^33L^24P$ 是什么晶系的? 为什么?

10. 分析下列对称型中,对称要素共存符合哪一条组合定理?

$L^2PC$　$L^22P$　$3L^23PC$　$L^33L^23PC$　$L^33L^24P$　$L^66L^27PC$　$L_i^42L^22P$

11. 判断下列对称型的对与错,并说明原因:

$L^2P$　$L^2C$　$L^3C$　$L^33L^23P$　$L^66L^26PC$　$L_i^4L^2P$　$3L^23PC$　$L^33L^24PC$

**综合分析与讨论题:**

12. 在旋转反伸轴中有两个操作:旋转 + 反伸,那它就一定等于对称轴与对称中心组合吗？

即：$L_i^2 = L^2 + C$，$L_i^3 = L^3 + C$，$L_i^4 = L^4 + C$，$L_i^6 = L^6 + C$。这些等式都成立吗？哪些成立哪些不成立？为什么？（提示：只有当旋转反伸轴的两个操作都是对称操作时，$L_i^n = L^n + C$ 才成立。）

13. 根据对称型 $L^6 6 L^2 7 PC$、$L^4 4 L^2 5 PC$ 中的规律，可得：$L^3 3 L^2 4 PC$，对吗？为什么？

如果你觉得 $L^3$ 是奇次轴，所以不可能有 $C$，$L^3 3 L^2 4 P$ 就对了，那么 $L^3 3 L^2 3 PC$ 对吗？为什么？（提示：在 $L^3 3 L^2 4 P$ 和 $L^3 3 L^2 3 PC$ 中，考虑 $L^2$ 与 $P$ 是什么关系。）

14. 用万能公式（即：$L^2$、$P$、$C$ 三者中任意两个的复合操作必等于第三者的操作）证明：$L_i^2 = P$；$L_i^6 = L^3 + P_\perp$ （提示：$L_i^n = L^n \times C$；$L^3 + L_{/\!/}^2 = L^6$）

15. 如果将图 3-6 中的 $\alpha$ 设置为 $180°$，画出的面网是什么样的？

第四章

# 晶体定向与结晶符号

晶体定向(crystal orientation)就是在晶体中建立一个坐标系,这样晶体中各个晶面、晶棱,以及对称要素就可以在其中标定方向,这种表示晶面、晶棱及对称要素等的方位的符号统称结晶符号(crystal indices)。由于晶体的各种特性(形态、物性、结构等)都与晶体的方向有关,所以晶体定向是研究晶体的最基本的工作。本章首先介绍晶体定向的方法,然后给出在这个定向坐标系中32种对称型中的各对称要素的空间分布(极射赤平投影图),并在此基础上介绍能表示对称要素空间方位的对称型的国际符号,以及非常简洁的圣弗利斯符号,最后介绍晶面、晶棱在坐标系中的标定方法——晶面符号及晶棱符号等。

## 一、晶 体 定 向

电子教案4
晶体定向与结晶符号

晶体定向就是在晶体中以晶体中心为原点建立一个坐标系,这个坐标系一般由 3 根晶轴 $x$、$y$、$z$ 轴(也可用 $a$、$b$、$c$ 轴表示)组成,$x$ 轴在前后方向,正端朝前;$y$ 轴在左右方向,正端朝右;$z$ 轴在上下方向,正端朝上。3 根晶轴正端之间的夹角分别表示为 $\alpha(y \wedge z)$、$\beta(z \wedge x)$、$\gamma(x \wedge y)$。对于三、六方晶系的晶体,通常要用四轴定向法,即要选出 4 根晶轴,分别为 $x$、$y$、$u$、$z$ 轴(当然也可以用三轴定向法,称 $R$ 坐标系,即菱面体定向(见第七章),但这种方法较少被采用)。晶轴的空间分布见图 4-1。

那么,究竟选择晶体中哪些方向上的直线作为晶轴呢? 选择的原则有两点:① 与晶体的对称特点相符合(即晶轴组成的坐标系能反映晶体的对称性,一般都以对称要素作晶轴);② 在遵循上述原则的基础上尽量使晶轴夹角为90°。

各晶系对称特点不同,选择晶轴的方法也不同,具体选择方法见表4-1。

按照表4-1在晶体宏观形态中选出的 $x$、$y$、$z$ 轴,实际上与晶体内部结构中空间格子的 3 个不共面的主要行列方向一致。在第七章中我们将看到,在晶体内部结构中选择 3 个不共面的行列来画出空间格子的选择原则与在晶体宏观形态上选择晶轴的原则是一致的。$x$、$y$、$z$ 3 根晶轴方向上的行列上的结点间距分别表示为 $a_0$、$b_0$、$c_0$,称为轴长(axial length);3 根晶轴正端之间的夹角 $\alpha$、$\beta$、$\gamma$ 称为轴角(axial angle),轴长和轴角统称晶胞参数(cell parameter)。在第一章我们就已知,$a_0$、$b_0$、$c_0$ 以及 $\alpha$、$\beta$、$\gamma$ 决定空间格子中平行六面体的大小和形状。但是,

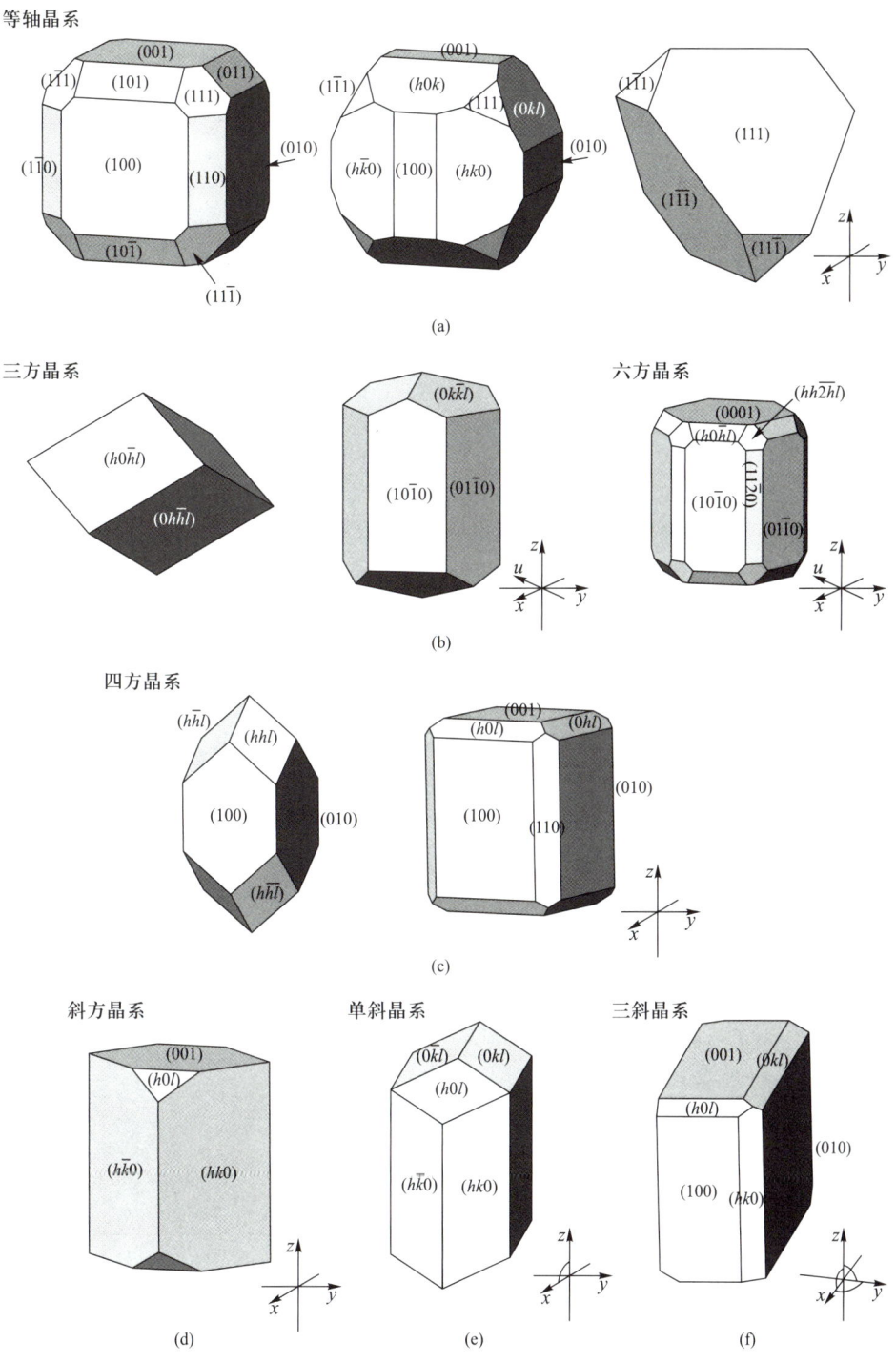

图 4-1 各晶系晶体定向及晶面符号举例

等轴晶系：$h \neq k \neq l$；

三方、四方、六方晶系：$h \neq k$，但 $l$ 与 $h$，$l$ 与 $k$ 可等可不等；

斜方、单斜、三斜晶系：$h$、$k$、$l$ 可等可不等。

从晶体宏观形态是定不出轴长的，只能根据对称特点定出 $a_0:b_0:c_0$（或表示为 $a:b:c$），这一比例称为轴率（axial ratios）。轴率与轴角统称晶体常数（crystal constants），晶体常数的特点是可以在晶体宏观形态上体现出来的，例如，等轴晶系晶体对称程度高，晶轴 $x$、$y$、$z$ 为彼此对称的行列，它们通过对称要素的作用可以相互重合，因此它们的轴长相等，即 $a=b=c$，轴率 $a:b:c=1:1:1$。

表 4-1　各晶系选择晶轴的具体方法及晶体常数特点

| 晶系 | 选轴原则 | 晶体常数特点 |
|---|---|---|
| 等轴晶系 | 以相互垂直的 $L^4$ 或相互垂直的 $L_i^4$ 或互相垂直的 $L^2$ 为 $x$、$y$、$z$ 轴 | $a=b=c$<br>$\alpha=\beta=\gamma=90°$ |
| 四方晶系 | 以 $L^4$ 或 $L_i^4$ 为 $z$ 轴（主轴），以垂直 $z$ 轴并相互垂直的两个 $L^2$ 或 $P$ 的法线或晶棱的方向（当无 $L^2$ 或 $P$ 时）为 $x$、$y$ 轴，在 $L_i^4 2L^2 2P$ 对称型中，以两个 $L^2$ 为 $x$、$y$ 轴[a] | $a=b\neq c$<br>$\alpha=\beta=\gamma=90°$ |
| 六方晶系及三方晶系 | 以 $L^6$、$L_i^6$、$L^3$ 为 $z$ 轴（主轴），以垂直 $z$ 轴并彼此相交为 120°（正端间）的 3 个 $L^2$ 或 $P$ 的法线或晶棱的方向（当无 $L^2$ 或 $P$ 时）为 $x$、$y$、$u$ 轴，在 $L_i^6 3L^2 3P$ 对称型中，以 3 个 $L^2$ 分别为 $x$、$y$、$u$ 轴[a] | $a=b\neq c$<br>$\alpha=\beta=90°$,<br>$\gamma=120°$ |
| 斜方晶系 | 以相互垂直的 3 个 $L^2$ 为 $x$、$y$、$z$ 轴；在 $L^2 2P$ 对称型中以 $L^2$ 为 $z$ 轴，以两个 $P$ 的法线为 $x$、$y$ 轴 | $a\neq b\neq c$<br>$\alpha=\beta=\gamma=90°$ |
| 单斜晶系 | 以 $L^2$ 或 $P$ 的法线为 $y$ 轴，以垂直 $y$ 轴的主要晶棱方向为 $z$ 轴和 $x$ 轴 | $a\neq b\neq c$<br>$\alpha=\gamma=90°$,<br>$\beta>90°$ |
| 三斜晶系 | 以不在同一平面内的 3 个主要晶棱的方向为 $x$、$y$、$z$ 轴 | $a\neq b\neq c$<br>$\alpha\neq\beta\neq\gamma\neq90°$ |

a 本教材中对 $L_i^4 2L^2 2P$ 和 $L_i^6 3L^2 3P$ 对称型是以 $L^2$ 为 $x$、$y$、$(u)$ 轴的，但其他书籍也有以 $P$ 的法线为 $x$、$y$、$(u)$ 轴的。
资料来源：引自潘兆橹等，1993。编者修订。

中级晶族（四方、三方和六方晶系）晶体中只有一个高次轴，以高次轴为 $z$ 轴，通过高次轴的作用可使 $x$ 轴与 $y$ 轴重合（在三方与六方晶系中可使 $x$ 轴、$y$ 轴、$u$ 轴重合），因此轴长 $a=b$，但与 $c$ 不等，轴率 $a:c$ 因晶体的种别而异。

低级晶族（斜方、单斜和三斜晶系）晶体对称程度低，$x$、$y$、$z$ 轴不能通过对称要素的作用而重合，所以 $a\neq b\neq c$，晶体的种类不同，轴率 $a:b:c$ 也不同。

虽然每个晶系都具有自己特殊的晶体常数特点,但是也会出现一些特殊情况,例如,有些四方晶系的晶体恰巧 $a$ 极为接近 $c$;有些单斜晶系的晶体恰巧 $\beta$ 极为接近 90°,如毒砂(见矿物学部分的第十九章)。因此,不能只根据晶体常数来确定晶体的对称性及所属晶系,确定晶系一定要根据晶体对称型中的对称要素。

# 二、32 种对称型中对称要素的极射赤平投影

在晶体定向的基础上,将 32 种对称型中各对称要素进行极射赤平投影,从中可以看出对称要素在所建立的坐标系中的空间分布规律,见图 4-2。所有投影图中,$z$ 轴直立,$y$ 轴向右。

在图 4-2 的对称型投影图中,还表达了两条重要信息:

(1)极轴(polar axis)。从晶体的宏观对称性来对极轴下定义,是指:不能通过晶体的对称型中所有对称要素的操作而使两端重合的轴。例如:石英的对称型是 $L^3 3L^2$,其中 $L^2$ 是极轴,因为通过 $L^3$ 和 $L^2$ 的操作都不能使 $L^2$ 的两端重合。在对称型 $L^3 3L^2$ 的投影图中,$L^2$ 的两端用不同的作图符号以表达它的极轴性质(见图 4-2 及其图例)。凡是没有对称中心的对称型都有极轴。大部分晶体的极轴都是对称轴,如石英的极轴是 $L^2$。也有些晶体的极轴不是对称轴,如对称型 $L^4 4L^2$ 是无对称中心的,属于这个对称型的晶体肯定有极轴,但它的 $L^4$ 和 $L^2$ 并不是极轴,因为通过 $L^4$ 和 $L^2$ 的操作可以使 $L^4$ 两端、$L^2$ 两端重合,它的极轴在其他地方。但是,严格来说,极轴应该从晶体内部结构来定义,这时,极轴是指:晶体结构中正-负电极矩不为 0 且正-负电性差值最大的方向。这样的方向肯定是通过对称操作不能使其两端重合的方向。因为在结晶学中强调的是晶体的对称性,所以,许多结晶学甚至晶体物理学教材中对极轴的定义是从晶体的宏观对称性来定义的。从前面的表 3-5 中我们已经知道,有 1 个或多个极轴的晶体具有压电性,只有 1 个极轴的晶体具有热释电性。所以,极轴是一个重要的晶体物理学和晶体材料学的概念,晶体中极轴的分布和数量直接影响晶体的物理性能。在结晶学中我们要强调的是,极轴的分布和数量直接与晶体的对称型有关,只要对称型确定了,该晶体是否有极轴、极轴在什么方位分布就都已确定。

(2)共轭与非共轭类(conjugation and nonconjugation)。共轭类是指:在一个对称型中,同种类型的对称要素(即:都是同种对称轴,或都是对称面)且能通过对称型中其他对称要素的操作而相互重合(复制)的对称要素类;相反,同种类型的对称要素之间不能通过其他对称要素的操作而重合(复制)的对称要素之间就是非共轭类。例如,对称型 $L^4 4L^2$ 中,其中两个夹角 90° 的 $L^2$ 是共轭类,因为这两个 $L^2$ 可以通过 $L^4$ 的操作而重合(复制);另外两个夹角 90° 的 $L^2$ 也是共轭类,但这两个共轭类之间是非共轭类。在对称型 $L^4 4L^2$ 的投影图中用不同作图符号表达了不同的共轭类(见图 4-2 及其图例)。共轭类与非共轭类也具有晶体物理的意义,属于共轭类的方向,晶体结构及物理性质完全相同,不同共轭类的方向,尽管它们是同种类型的对称要素,但是晶体结构和物理性质不同。

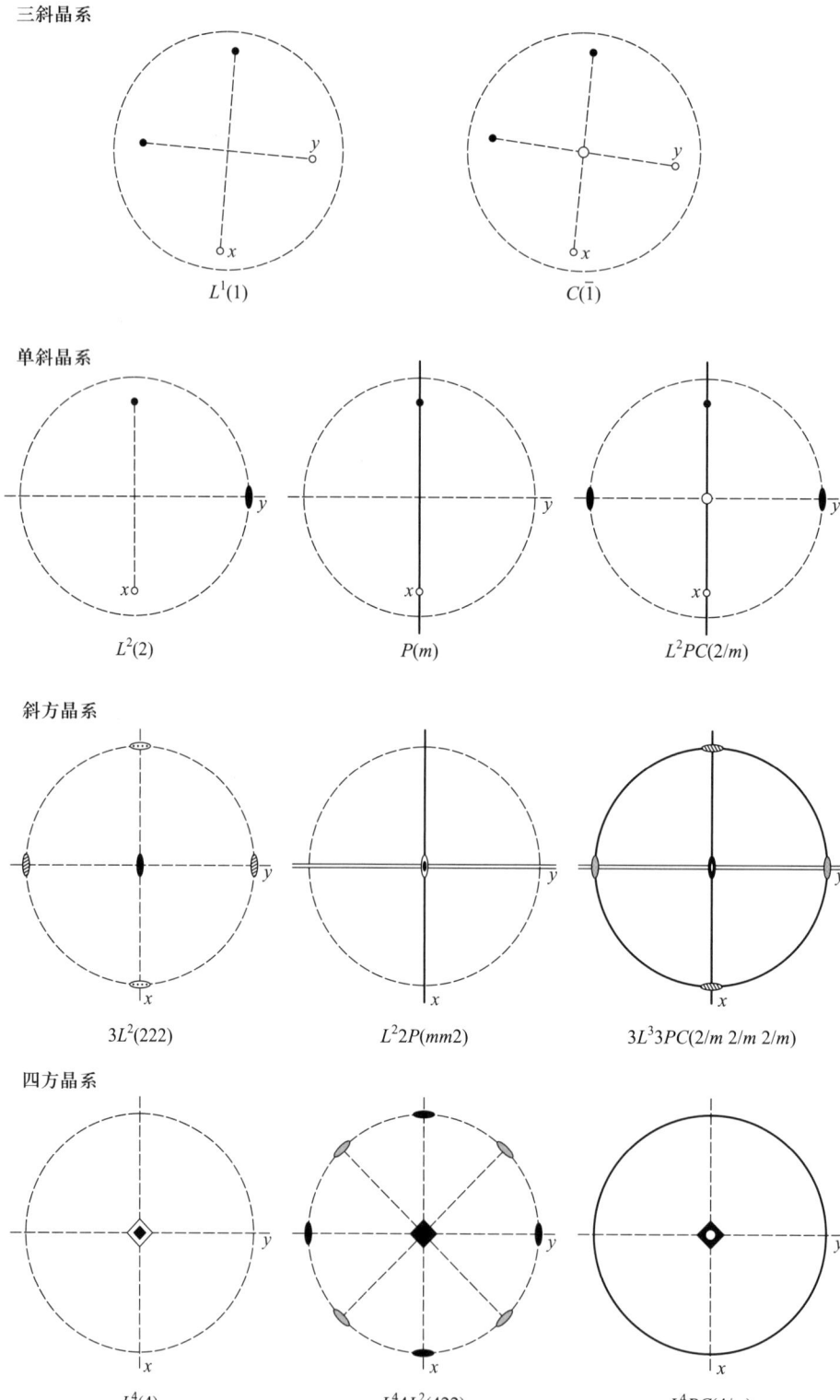

三斜晶系

$L^1(1)$　　　　　　　　$C(\bar{1})$

单斜晶系

$L^2(2)$　　　　　$P(m)$　　　　　$L^2PC(2/m)$

斜方晶系

$3L^2(222)$　　　　$L^22P(mm2)$　　　　$3L^33PC(2/m\ 2/m\ 2/m)$

四方晶系

$L^4(4)$　　　　$L^44L^2(422)$　　　　$L^4PC(4/m)$

四方晶系(续)

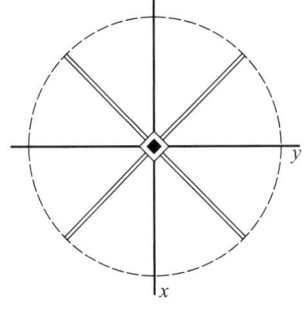

$L^44P(4mm)$

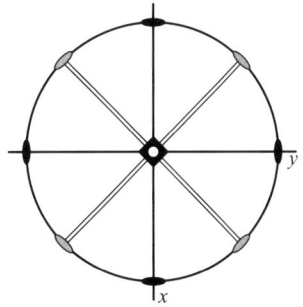

$L^4L^25PC(4/m\ 2/m\ 2/m)$

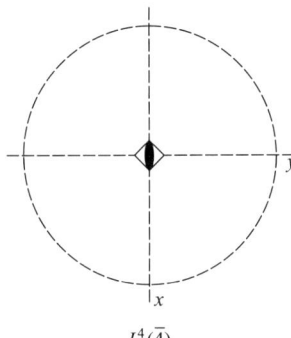

$L_i^4(\bar{4})$

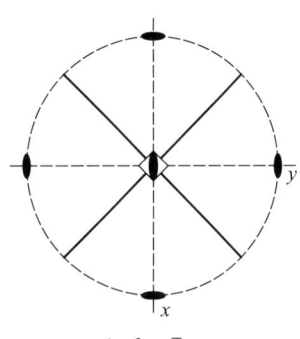

$L_i^42L^22P(\bar{4}2m)$

三方晶系

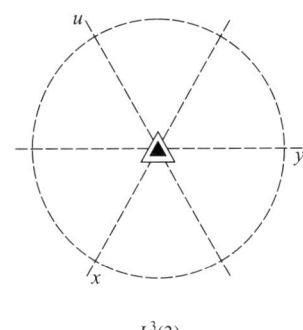

$L^3(3)$

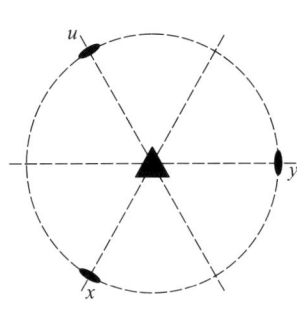

$L^33L^2(32)$

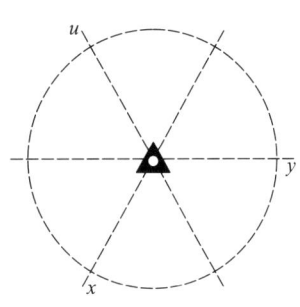

$L_i^3(\bar{3})=L^3+C$

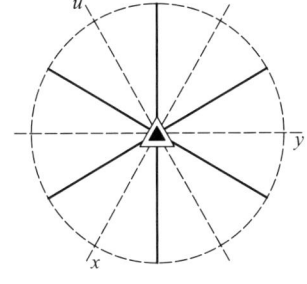

$L^33P(3m)$

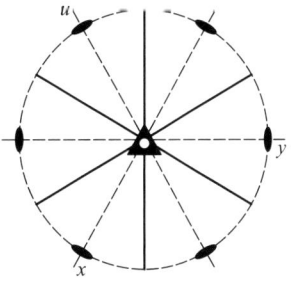

$L^33L^23PC(3\ 2/m)=L_i^33L^23P(\bar{3}\ 2/m)$

六方晶系

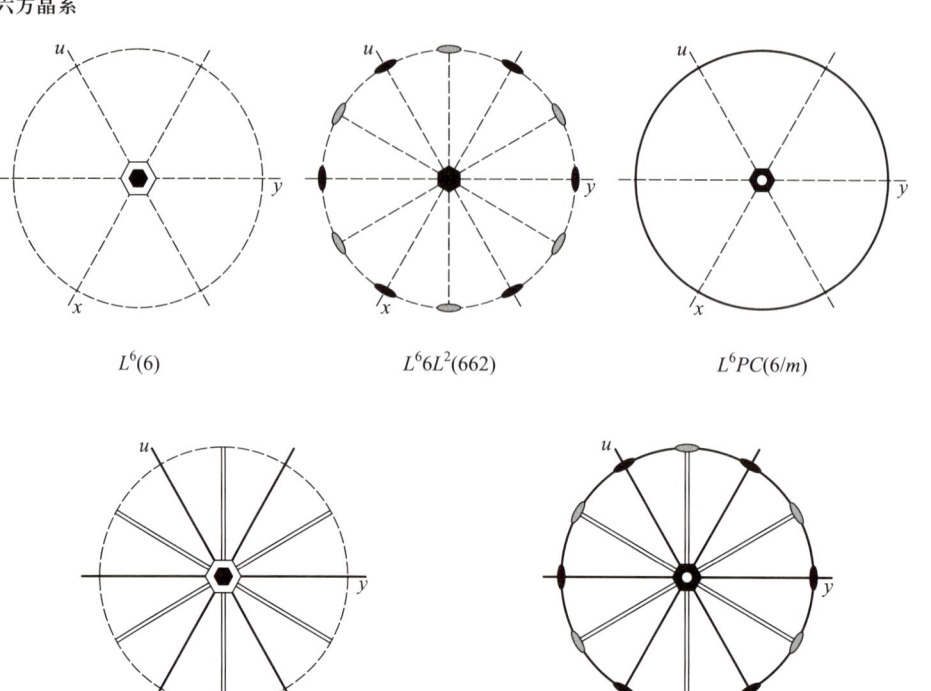

$L^6(6)$               $L^6 6L^2(662)$               $L^6 PC(6/m)$

$L^6 6P(6mm)$               $L^6 6L^2 7PC(6/m\ 2/m\ 2/m)$

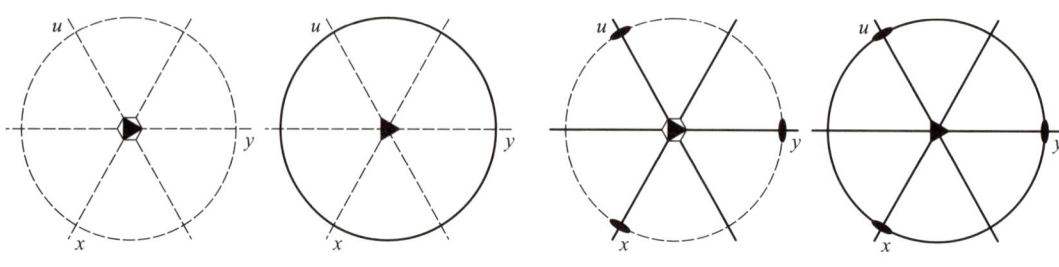

$L_i^6(\bar{6})=L^3+P$               $L_i^6 3L^2 3P(\bar{6}2m)=L^3 3L^2 4P$

等轴晶系

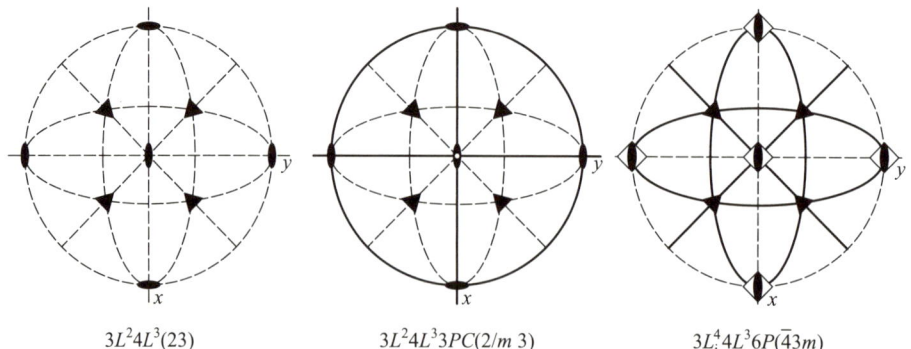

$3L^2 4L^3(23)$              $3L^2 4L^3 3PC(2/m\ 3)$             $3L_i^4 4L^3 6P(\bar{4}3m)$

等轴晶系(续)

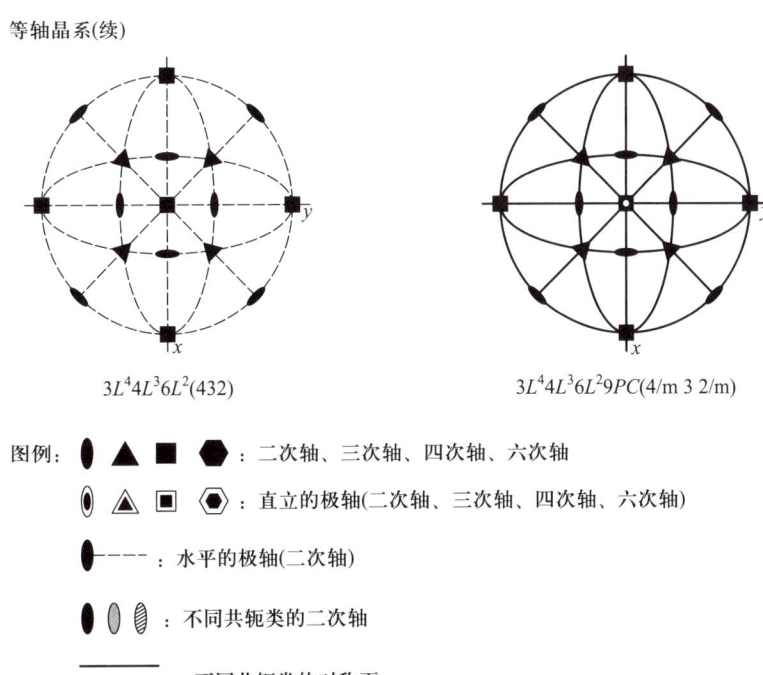

$3L^44L^36L^2(432)$        $3L^44L^36L^29PC(4/m\ 3\ 2/m)$

图例：⬮ ▲ ■ ⬡：二次轴、三次轴、四次轴、六次轴

⊙ ◬ ⊡ ⬡：直立的极轴(二次轴、三次轴、四次轴、六次轴)

⬮----：水平的极轴(二次轴)

⬮ ⬮ ⬮：不同共轭类的二次轴

▬▬：不同共轭类的对称面

图 4-2    32 种对称型中对称要素的极射赤平投影

# 三、对称型的国际符号及圣弗利斯符号

前面我们给出的对称型符号为一般符号，也称对称型的全面符号。在这种符号中，按一定顺序将对称型中所有的对称要素都书写出来，不管方向性，比较烦琐，但对初学者来说比较容易接受，所以我们先介绍这种一般符号。下面我们要介绍两种对称型的其他符号，这两种符号都以很简单的方法表示 32 种对称型。

## 1. 国际符号(international symbol)

国际符号是一种比较简明的符号，它是由赫曼(Hermann)与冒圭(Mauguin)创立的，所以也称 HM 符号。国际符号既表明了对称要素的组合，也表明了对称要素的方位。所以在了解对称型的国际符号之前，必须熟练掌握晶体定向的空间概念。

国际符号中以 $1,2,3,4,6$ 和 $\bar{1},\bar{2},\bar{3},\bar{4},\bar{6}$ 分别表示各种轴次的对称轴和旋转反伸轴，以 $m$ 表示对称面。

若对称面与对称轴垂直，则两者之间以斜线隔开，如 $L^2PC$ 以 $2/m$ 表示，$L^4PC$ 以 $4/m$ 表示。

对称型的国际符号中，以一定的顺序列出了一定方向上的对称要素(注意：这里的顺序非常重要，不同顺序具有完全不同的含义，例如：$3\ 2/m$ 与 $2/m\ 3$ 具有完全不同的含义。)，但省略了等同的和派生的对称要素。所谓等同的对称要素，就是通过对称要素的操作而使之重合的对称要素，例如，$L^33L^23PC$ 中，$3L^2$ 是等同的，$3P$ 也是等同的，在国际符号中只写出一个 2 和 $m$ 就行了;所谓派生的对称要素,是指可以通过对称要素组合而产生出来的对称要素,例如,$L^2PC$ 中,$C$ 是可以通过 $L^2$ 与垂直的 $P$ 产生出来的,$C$ 就省略了,即:$L^2PC$ 的国际符号写为 $2/m$,$\bar{1}$ 就省略了。

在国际符号中有 1~3 个序位,每一序位中的一个对称要素符号可代表一定方向的、等同的多个对称要素。现将各晶系国际符号中各序位所代表的方向列于表 4-2。

表 4-2　各晶系对称型的国际符号中各序位所代表的方向

| 晶系 | 国际符号中的序位 | 代表的方向 |
|---|---|---|
| 等轴晶系 | 1 | $x$ 或 $y$ 或 $z$ 轴方向($\boldsymbol{a}$) |
| | 2 | 三次轴方向($\boldsymbol{a}+\boldsymbol{b}+\boldsymbol{c}$) |
| | 3 | $x$、$y$ 或 $x$、$z$ 或 $y$、$z$ 轴之间($\boldsymbol{a}+\boldsymbol{b}$) |
| 三方及六方晶系 | 1 | 六次或三次轴,即 $z$ 轴方向($\boldsymbol{c}$) |
| | 2 | 与六次轴或三次轴垂直,在 $x$ 或 $y$ 或 $u$ 轴方向上($\boldsymbol{a}$) |
| | 3 | 与六次轴或三次轴垂直,并与序位 2 的方向成 $30°$ 角($2\boldsymbol{a}+\boldsymbol{b}$) |
| 四方晶系 | 1 | 四次轴,即 $z$ 轴方向($\boldsymbol{c}$) |
| | 2 | 与四次轴垂直,在 $x$ 或 $y$ 轴方向($\boldsymbol{a}$) |
| | 3 | 与四次轴垂直,并与序位 2 成 $45°$ 角($\boldsymbol{a}+\boldsymbol{b}$) |
| 斜方晶系 | 1 | $x$ 轴方向($\boldsymbol{a}$) |
| | 2 | $y$ 轴方向($\boldsymbol{b}$) |
| | 3 | $z$ 轴方向($\boldsymbol{c}$) |
| 单斜晶系 | 1 | $y$ 轴方向($\boldsymbol{b}$) |
| 三斜晶系 | 1 | 任意方向 |

注:表中 $\boldsymbol{a}$、$\boldsymbol{b}$、$\boldsymbol{c}$ 分别代表 $x$、$y$、$z$ 轴上的单位矢量;引自潘兆橹等,1993;编者修订。

32 种对称型的国际符号见表 3-4,各晶系晶体定向及国际符号序位见图 4-3。

从表 3-4 中我们已经知道,对称型的国际符号还可以简化。在许多科研文献和教材中,通常写出的国际符号是简化符号,所以读者必须了解对称型国际符号的简化符号。但初学者不容易从国际符号的简化符号中看出其所含的对称要素数量与分布。所以,为了掌握对称型国际符号的含义,不提倡初学者一开始就只写国际符号的简化符号,还是应该写出国际符号的非简化符号。

国际符号的简化符号是把可以由对称要素组合定理或逆定理产生出来的对称要素简化掉了。例如:$4/m\,2/m\,2/m$ 简化为 $4/m\,m\,m$,其中第二和第三序位的 2 被简化掉了,是因为由第一序位的 $m$(垂直 4)与第二和第三序位的 $m$(包含 4,垂直第一序位的 $m$)的交线会产生第二和第三序位的 2(组合定理 3 的逆定理)。再例如:$\bar{3}\,2/m$ 简化为 $\bar{3}m$,其中第二序位的 2 被简化掉了,是因为由第一序位的 $\bar{3}$ 看出有对称中心,其与第二序位的 $m$ 组合会产生 2(组合定理 2)。当然,国际符号 $\bar{3}\,2/m$ 也可以写成 $3\,2/m$,因为从第二序位的 2 垂直 $m$ 可以看出有对称中心,$\bar{3}$ 所表达的对称中心就可以简化掉,所以此时的 $\bar{3}$ 可以简化为 3。

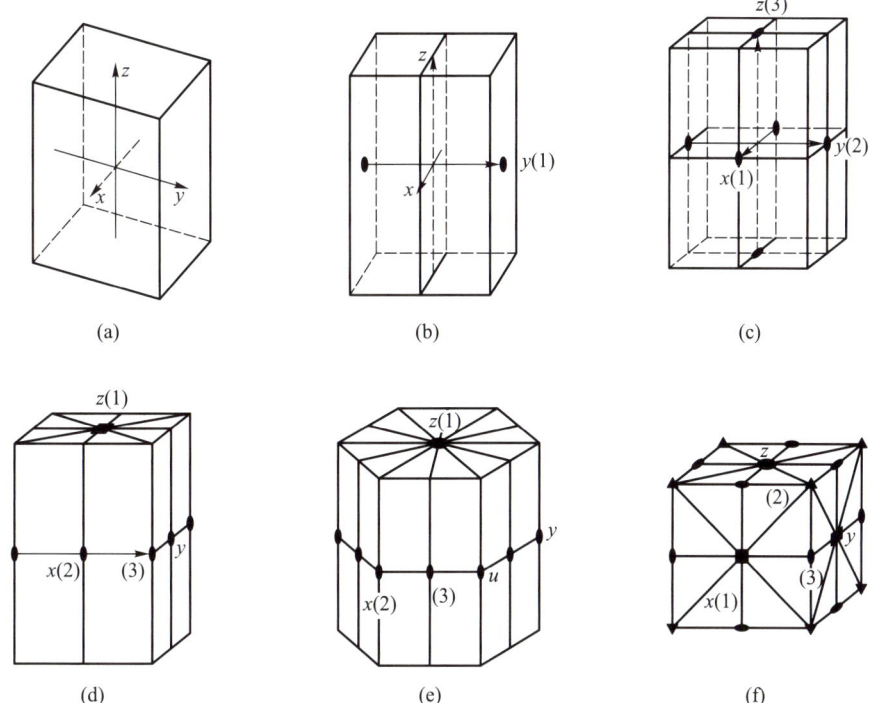

**图 4-3　各晶系晶体定向及国际符号序位**

（引自潘兆橹等，1993）

（a）三斜晶系 1；（b）单斜晶系 $2/m$；（c）斜方晶系 $mmm(2/m\ 2/m\ 2/m)$；

（d）四方晶系 $4/mmm(4/m\ 2/m\ 2/m)$；（e）六方晶系 $6/mmm(6/m\ 2/m\ 2/m)$；

（f）等轴晶系 $m3m(4/m\ 3\ 2/m)$

$x$、$y$、$z$——晶轴；（1）、（2）、（3）——国际符号中三位序位；细线——$P$

### 2. 圣弗利斯符号（Schönflies symbol）

这种符号也是以一种简单的形式表示对称要素的组合方式。

$C_n$：表示 $L^n$，如 $C_1$、$C_2$、$C_3$、$C_4$、$C_6$ 分别表示 $L^1$、$L^2$、$L^3$、$L^4$、$L^6$。

$C_{nh}$（h——水平的）：表示 $L^n \times P_\perp \rightarrow L^n P_\perp(C)$ 组合。如 $C_{1h}$、$C_{2h}$、$C_{3h}$、$C_{4h}$、$C_{6h}$ 分别表示 $P$、$L^2PC$、$L^3P(L_i^6)$、$L^4PC$、$L^6PC$。

$C_{nv}$（v——直立的）：表示 $L^n \times P_{/\!/} \rightarrow L^n nP_{/\!/}$ 组合。如 $C_{2v}$、$C_{3v}$、$C_{4v}$、$C_{6v}$ 分别表示 $L^2 2P$、$L^3 3P$、$L^4 4P$、$L^6 6P$。

$D_n$：表示 $L^n \times L_\perp^2 \rightarrow L^n nL^2$ 组合。如 $D_2$、$D_3$、$D_4$、$D_6$ 分别表示 $L^2 2L^2(3L^2)$、$L^3 3L^2$、$L^4 4L^2$、$L^6 6L^2$。

$D_{nh}$：表示 $L^n \times L_\perp^2 \times P_\perp \rightarrow L^n nL^2 (n+1)P(C)$ 组合。如 $D_{2h}$、$D_{3h}$、$D_{4h}$、$D_{6h}$ 分别表示 $3L^2 3PC$、$L^3 3L^2 4P(L_i^6 3L^2 3P)$、$L^4 4L^2 5PC$、$L^6 6L^2 7PC$。

$D_{nd}$（d——对角线的）：表示对称轴、二次轴和对称面的组合，但对称面不包含 $L^2$ 而位于对称面之间平分对称面夹角。如 $D_{2d}$ 代表 $L_i^4 2L^2 2P$，$D_{3d}$ 代表 $L^3 3L^2 3PC$。

i（反伸）：$C_i$ 表示 $L_i^1 = C$，$C_{3i}$ 表示 $L_i^3 = L^3 C$。

s（反映）：$C_s$ 表示 $L_s^1 = P$，$S_2$ 代表 $L_s^2 = C$，$S_4$ 代表 $L_s^4 = L_i^4$，$S_6$ 代表 $L_s^6 = L_i^3 = L^3 C = C_{3i}$。

$V$：代表 $D_2$，即 $V=D_2$、$V_h=D_{2h}$、$V_d=D_{2d}$。

$T$：代表四面体中对称轴的组合 $3L^2 4L^3$，$T_h$ 代表 $3L^2 4L^3$ 中加入了水平对称面获得 $3L^2 4L^3 3PC$，$T_d$ 代表 $3L^2 4L^3$ 中加入了平分 $L^2$ 夹角的对称面获得 $3L_i^2 4L^3 6P$。

$O$：代表八面体中对称轴的组合 $3L^4 4L^3 6L^2$，$O_h$ 代表 $3L^4 4L^3 6L^2$ 中加入了水平对称面获得 $3L^4 4L^3 6L^2 9PC$。

32 种对称型（点群）的圣弗利斯符号见表 3-4。

# 四、晶面符号、晶棱符号

## 1. 晶面符号

晶体定向后，晶面在空间的相对位置即可根据它与晶轴的关系予以确定。这种相对位置可以用一定的符号来表示。表示晶面空间方位的符号称为晶面符号（crystal face indices）。

晶面符号有多种形式，通常所采用的是米氏符号（Miller's symbol），系英国人米勒（W. H. Miller）于 1839 年所创。

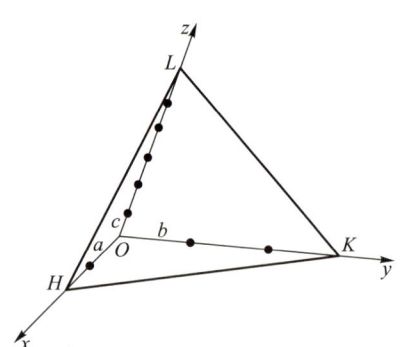

图 4-4 晶面符号图解

米氏符号用晶面在 3 个晶轴上的截距系数的倒数比来表示。现举例说明如下。

如图 4-4 所示，设有一个晶面 $HKL$ 在 $x$、$y$、$z$ 轴上的截距分别为 $2a$、$3b$、$6c$。2、3、6 称为截距系数，其倒数比为 $1/2:1/3:1/6=3:2:1$，略去其比例符号，以小括号括之，写作（321），即为该晶面的米氏符号。小括号内的数字称为晶面指数。晶面指数是按照 $x$、$y$、$z$ 轴顺序排列，一般式写作（$hkl$）。若晶面平行于某晶轴，则晶面在晶轴上的截距系数为 $\infty$，截距系数的倒数应为 0，如（100）晶面与 $y$、$z$ 轴平行。若晶面相交于晶轴的负端，则在该相应的指数上加"$-$"号。如（$11\bar{1}$）晶面截 $y$ 轴及 $z$ 轴于负端等。

对于三方、六方晶系，要用 4 个指数表示，写为（$hk\,\bar{i}l$），其中第三个晶面指数表示在 $u$ 轴上的截距系数的比值。根据三角函数的几何关系，可以证明前面 3 个指数中，只有两个是独立的，第三个是可以通过前两个指数计算得出的，即前面 3 个指数的代数和等于零，如（$10\bar{1}0$），（$11\bar{2}0$），（$11\bar{2}1$）等。现证明如下：

如图 4-5，设有一个晶面 $MM'$ 在 $x$ 轴上的截距为 $P_1$，在 $y$ 轴上的截距为 $P_2$，在 $u$ 轴的截距为 $P_3$。作一条辅助线 $KM'$，使它平行于 $u$ 轴，$\triangle OKM'$ 为等边三角形，每边皆等于 $P_2$，由于 $\triangle MKM'$ 与 $\triangle MOE$ 相似，因此 $\dfrac{P_1+P_2}{P_2}=\dfrac{P_1}{P_3}$；以 $P_1$ 除等式两边：$\dfrac{P_1+P_2}{P_1P_2}=\dfrac{P_1}{P_1P_3}$，即 $\dfrac{1}{P_2}+\dfrac{1}{P_1}=\dfrac{1}{P_3}$。因为米氏指数为截距系数的倒数，故 $h+k+\bar{i}=0$。

三、六方晶系四轴定向的四指数晶面符号也可以转化成三指数晶面符号。其方法很简单，即将 $u$ 轴上的指数去掉就可以了（$u$ 轴被认为是辅助轴，不是独立晶轴）。例如：$(10\bar{1}0)$ 转化成 $(100)$，$(11\bar{2}0)$ 转化成 $(110)$。

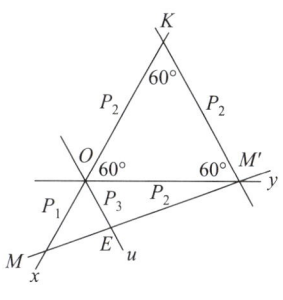

图 4-5　三方、六方晶系晶面符号中前 3 个指数的代数和为零的图解

（引自潘兆橹等，1993）

### 2. 晶棱符号

晶棱符号（crystal edge indices）是表示晶棱（直线）方向的符号，它不涉及晶棱的具体位置，即所有平行棱具有同一个晶棱符号。

确定晶棱符号的方法如下：

将晶棱平移，使之通过晶体中心，然后在其上任取一点，求出此点在 3 个晶轴上的坐标 $(x,y,z)$，并以轴长来度量，即求得晶棱符号 $\dfrac{x}{a}:\dfrac{y}{b}:\dfrac{z}{c}=r:s:t$。晶棱符号采用 $[\ ]$，写作 $[rst]$。现举例说明。

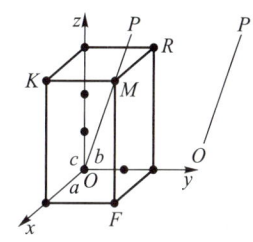

图 4-6　晶棱符号的表示方法

如图 4-6 所示，设晶体上有一条晶棱 $OP$，将其平移至通过晶轴的交点，并在其上任意取一点 $M$，$M$ 点在 3 个晶轴上的坐标分别为 $MR$、$MK$ 和 $MF$，3 个轴的轴长分别为 $a$、$b$、$c$，则 $r:s:t=\dfrac{MR}{a}:\dfrac{MK}{b}:\dfrac{MF}{c}=\dfrac{1a}{a}:\dfrac{2b}{b}:\dfrac{3c}{c}=1:2:3$。故该晶棱的符号为 $[123]$。

与晶面符号相似，晶棱符号中的指数也有正、负之分。但是，由于任一晶棱都有两端，而在这两端所选取的点写出的晶棱符号必定是正负号相反的，所以，对应指数符号彼此相反，但绝对值相同的晶棱符号，则表示的是同一晶棱。如 $[102]$ 与 $[\bar{1}0\bar{2}]$ 表示的是同一晶棱。

此外，在直角坐标系下，即在等轴、四方、斜方晶系中，指数为 0 恰好表示晶棱垂直于相应的晶轴。根据这一点可以判断，在等轴、四方、斜方晶系中，晶棱 $[100]$ 恰好垂直晶面 $(100)$，等等。

晶棱 $[110]$ 与晶面 $(110)$ 是否垂直要看晶胞参数 $a$ 是否等于 $b$，若 $a=b$，则 $[110]$ 与晶面 $(110)$ 垂直，否则不垂直。图 4-7 画出了等轴、四方、斜方晶系一些简单指数晶面、晶棱与晶轴的关系。具体判断晶面与晶棱的关系可以用作图法根据简单的几何原理来判断。

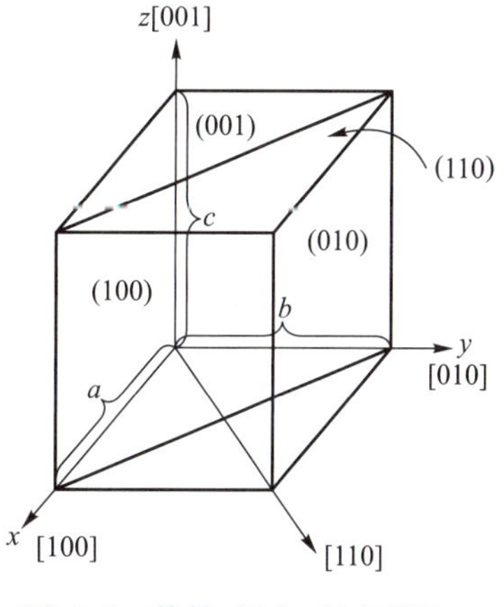

对于三、六方晶系四轴定向的四指数晶棱符号，也可以转换成三指数晶棱符号，但转换方法就不像前述的晶面符号转换那么简单了，要通过计算。三、六方晶系同一晶棱的三指数符号 $[rst]$ 与四指数符号 $[uvpw]$ 的关系为

$$u:v:p:w=(2r-s):(2s-r):(-r-s):3t$$

$$r:s:t=(u-p):(v-p):w$$

例如，四指数晶棱符号 $[21\bar{1}0]$ 的三指数符号为：

图 4-7　等轴、四方、斜方晶系一些简单指数晶棱、晶面与晶轴的关系

$[2-(-1)]:[-1-(-1)]:0=3:0:0=[100]$。由此可见,同一晶棱的四指数符号与三指数符号完全不同。

将三、六方晶系的四指数符号转换成三指数符号是为了与其他晶系的晶棱符号类比,例如,对于其他晶系,$x$、$y$、$z$ 轴的晶棱符号分别是 $[100]$、$[010]$、$[001]$(见图 4-7),将三、六方晶系的四指数符号转换成三指数符号后,$x$、$y$、$z$ 轴的晶棱符号也分别是 $[100]$、$[010]$、$[001]$。但是,如果用四指数晶棱符号来表示晶轴,那么 $x$、$y$、$u$、$z$ 轴分别是 $[2\bar{1}\bar{1}0]$、$[\bar{1}2\bar{1}0]$、$[\bar{1}\bar{1}20]$、$[0001]$。另外,三、六方晶系一些晶棱与晶面垂直与否的关系也变得更为复杂,如果用四指数符号来表示,那么 $[2\bar{1}\bar{1}0]$ 垂直 $(2\bar{1}\bar{1}0)$,$[10\bar{1}0]$ 垂直 $(10\bar{1}0)$,等等,即这些同指数晶棱与晶面互相垂直;如果用三指数符号来表示,那么有些同指数晶棱与晶面是垂直的,如 $[110]$ 垂直 $(110)$,而有些同指数晶棱与晶面是不垂直的,如 $[100]$ 不垂直 $(100)$,而是 $[210]$ 垂直 $(100)$。这些关系见图 4-8。

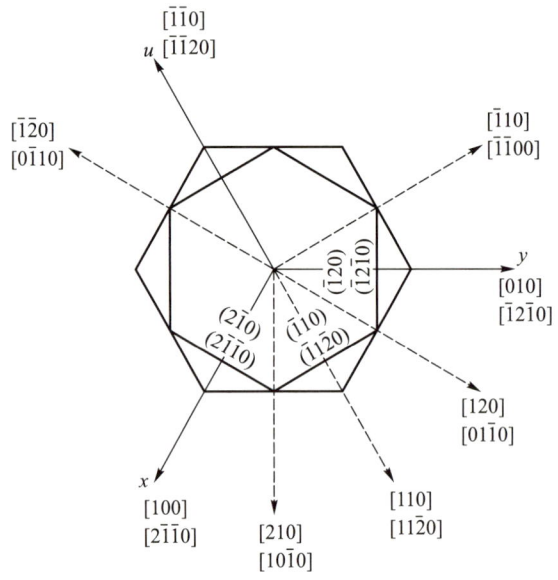

**图 4-8 三、六方晶系一些晶棱、晶面与晶轴的关系**

晶面、晶棱符号都给出了三指数符号和四指数符号

要注意的是,这里的三、六方晶系的三指数符号是针对四轴定向的坐标系,将 $u$ 轴这一辅助晶轴省略后的三指数符号,并不是三、六方晶系的三轴菱面体定向坐标系下的三指数符号。这种三轴菱面体定向坐标系现在已经很少用了。

# 五、整数定律、晶带定律

## 1. 整数定律或有理指数定律(law of rational indices)

整数定律的原文比较复杂,但它的实际含义是指:实际晶体形态上所发育的晶面,其晶面指数通常为简单整数。

这是因为晶面在晶轴上的截距系数之比为简单整数比。现阐明如下：

（1）晶面是面网，晶轴是行列，晶面截晶轴于结点，或者晶面平移（在各晶轴上的截距之比不变，晶面符号不变）后截晶轴于结点（见图 4-9）。因此，若以晶轴上的结点间距 $a$、$b$、$c$ 作为度量单位，则晶面在晶轴上截距系数必为整数。

（2）图 4-10 表示平行 $z$ 轴的一组面网（垂直纸面），它们均截 $x$ 轴于 $a_1$ 点，截 $y$ 轴分别为 $b_1$，$b_2$，$b_3$，$b_4$，$\cdots$，$b_n$ 点。从面网密度来看，$a_1b_1 > a_1b_2 > a_1b_3 > \cdots > a_1b_n$，它们在 $x$、$y$ 轴上的截距系数之比则分别为 $a_1 : b_1 = 1 : 1$，$a_1 : b_2 = 1 : 2$，$a_1 : b_3 = 1 : 3$，$\cdots$，$a_1 : b_n = 1 : n$。显然，面网密度愈大，晶面在晶轴上的截距系数之比愈简单。

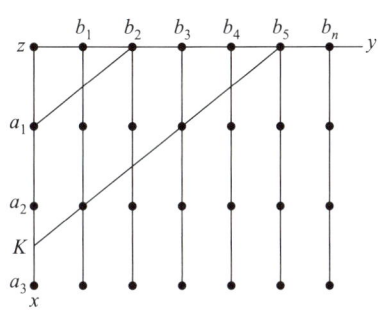

**图 4-9 面网平移示意**

面网 $Kb_5$（垂直纸面）截 $x$ 轴在结点之间，

平移至 $a_1b_2$ 处截 $x$ 轴在结点上

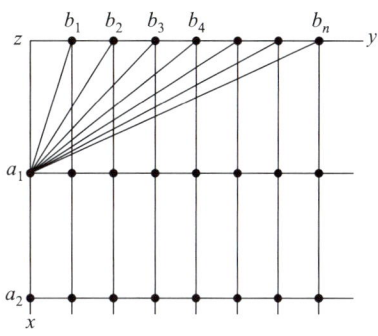

**图 4-10 面网密度与截距系数的关系**

晶面（垂直纸面）的面网密度愈大，

在晶轴上截距系数之比愈简单

（3）面网密度越大的面网，表面能越低，越容易形成晶面（详见第八章介绍的布拉维法则），所以，晶体常常被面网密度较大的晶面所包围。因此，晶面在晶轴上的截距系数之比为简单整数比。

上述规律早在 1784 年即为法国学者阿羽依（R. J. Haüy）所发现。当时他不知道 $a$、$b$、$c$ 的长度，但他发现"晶体上任意两个晶面，在相交于一点且不在同一平面内的晶棱上的截距的比值之比为简单整数比"。这就是整数定律或有理指数定律的原文。

晶面符号的使用远早于 X 射线的发现。因此，当时人们并不知道 $a$、$b$、$c$ 的真实长度，只能依据对比晶面在晶轴上的截距来计算轴率 $a : b : c$ 和晶面符号。其方法是选择一个最发育的晶面为单位面，设其晶面符号为（111）。单位面（111）在晶轴上的截距之比等于轴率 $a : b : c$。将单位面在晶轴上的截距之比与其他晶面在晶轴上的截距之比相比，即可求出其他晶面的符号。当然，因为单位面的选择仅仅是依据晶面的发育大小，所以单位面的选择有可能是错误的，这就会导致其他晶面符号也会错误。这是远古年代晶体形态研究的局限性。

整数定律说明实际晶体形态上的晶面其晶面指数应为简单指数，但不排除在有些晶体形态上也会出现非简单指数的晶面，即高指数晶面。如果晶体形态上出现高指数晶面，说明晶体形态的能量较高，因为高指数晶面对应的是面网密度小、表面能较高的晶面，说明这样的晶体形态还没有达到低能的平衡态。所以，在许多很小的晶体上常常会出现很多晶面并有一些高指数晶面，说明其还没有达到低能的平衡态；当晶体进一步长大后，高指数晶面往往会消失而只保留低指数晶面。

### 2. 晶带定律

交棱相互平行的一组晶面的组合，称为一个晶带（zone）。表示晶带方向的一根直线，即该晶带中各晶面交棱方向直线,并移至过晶体中心,称晶带轴(zone axis)。晶带轴的符号可用晶棱符号表示。通常以晶带轴符号来表示晶带符号,如晶带[001],表示以[001]直线为晶带轴的那一组交棱相互平行的晶带。在实际晶体上,晶面都是按晶带分布的。这是因为,前面已述,晶面都是由面网密度较大的面网组成,所以晶体上所出现的实际晶面数是有限的;相应地,晶面的交棱也应当是结点分布较密的行列,这种行列的方向也是为数不多的;所以晶体上的许多晶棱常具有共同的方向且相互平行。

图 4-11 展示了一个晶体及其极射赤平投影。晶面($\bar{1}$10)、(100)、(110)、(010)、($\bar{1}$10)、($\bar{1}$00)、($\bar{1}$$\bar{1}$0)、(0$\bar{1}$0)(后 4 个晶面在晶体的后面,晶体图上未绘出)交棱相互平行,组成一个晶带;平行此组平行晶棱,通过晶体中心的直线 $CC'$ 称该晶带的晶带轴;该组晶棱的符号也就是该晶带轴的符号,亦即此晶带的符号为[001]。该晶带上所有晶面的极射赤平投影点落于同一个大圆上。同理,晶面(100)、(101)、(001)、($\bar{1}$01)、($\bar{1}$00)、($\bar{1}$0$\bar{1}$)、(00$\bar{1}$)、(10$\bar{1}$)等又组成一个晶带轴为 $BB'$ 的[010]晶带。此外,还可以找出晶带轴为 $AA'$ 的[100]晶带,晶带轴为 $DD'$ 的[$\bar{1}$10]晶带,等等。

晶带定律(zone law):属于晶带[$uvw$]的晶面($hkl$),必定有:$hu+kv+lw=0$。

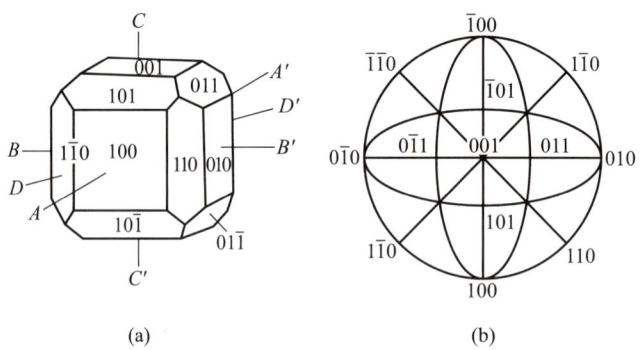

**图 4-11　一个晶体上各晶面分布组成的晶带**

(引自潘兆橹等,1993)

(a)晶体上晶带的晶面分布;(b)极射赤平投影图

晶带定律是魏斯在 1808 年首先提出的,所以也称魏斯定律(Weiss law)。根据这一定律可得:任意两晶棱(晶带)相交必可决定一可能晶面,而任意两晶面相交必可决定一可能晶棱(晶带)。

晶带定律和整数定律分别以不同的形式阐述了晶面(面网)与晶棱(行列)相互依存的几何关系。

根据上述晶带定律的公式,可以进行如下的运算和推导:

(1)求晶面($hkl$)和晶面($mnp$)所决定的晶棱[$rst$]。

因为　　　　　　　　　　$hr+ks+lt=0$　　$mr+ns+pt=0$

所以　　　　　　　　　　$r:s:t=(kp-nl):(lm-ph):(hn-mk)$

上式右边可用行列式表示

$$\begin{vmatrix} k & l \\ n & p \end{vmatrix} : \begin{vmatrix} l & h \\ p & m \end{vmatrix} : \begin{vmatrix} h & k \\ m & n \end{vmatrix}$$

或写作

$$\begin{array}{c|cccc|c} h & k & l & h & k & l \\ & & \times & \times & \times & \\ m & n & p & m & n & p \end{array}$$

此式颇易记忆,即将每一晶面的指数依次写两次,将两晶面的指数写成上下两横行。用竖线隔开并删去左右两纵列,然后交叉相乘并依次取其乘积之差。现举例说明如下。

求晶面(100)和晶面(010)所决定的晶带:

$$\begin{array}{c|cccc|c} 1 & 0 & 0 & 1 & 0 & 0 \\ & & \times & \times & \times & \\ 0 & 1 & 0 & 0 & 1 & 0 \end{array}$$

$$r=0\times0-1\times0=0 \quad s=0\times0-0\times1=0 \quad t=1\times1-0\times0=1$$

即此晶带的符号应为[001]。

(2)求位于晶带[rst]和晶带[uvw]相交处的晶面(hkl)。

因为 $\qquad hr+ks+lt=0 \qquad hu+kv+lw=0$

则与(1)类比,可用下式计算

$$\begin{array}{c|cccc|c} r & s & t & r & s & t \\ & & \times & \times & \times & \\ u & v & w & u & v & w \end{array}$$

举例:求位于[010]和[001]两晶带相交处的晶面的晶面符号(hkl)。用下式计算

$$\begin{array}{c|cccc|c} 0 & 1 & 0 & 0 & 1 & 0 \\ & & \times & \times & \times & \\ 0 & 0 & 1 & 0 & 0 & 1 \end{array}$$

$$h=1\times1-0\times0=1 \quad k=0\times0-1\times0=0 \quad l=0\times0-0\times1=0$$

即该晶面的符号为(100)。

(3)已知晶面(hkl)和(mnp)在同一晶带上,求位于此晶带上介于这两个晶面之间的另一晶面的符号。

因为 $\qquad hr+ks+lt=0 \qquad mr+ns+pt=0$

则 $\qquad (h+m)r+(k+n)s+(l+p)t=0$

即此晶带上介于(hkl)和(mnp)晶面间的另一晶面的指数为(h+m)、(k+n)和(l+p)。

举例:已知晶面(100)和(010)位于同一晶带上,则在此晶带上介于这两个晶面之间的另一晶面的指数应为(1+0)、(0+1)、(0+0),即(110)。

根据两晶面可决定一晶带、两晶带决定一晶面的规律,即可在一个晶体上,根据几个已知晶面,推导出该晶体上一切可能的晶面和晶棱。

## ？ 习题与思考题

### 基础题:

1. 晶体定向的原则是什么?

2. 晶体定向所建立的坐标系与数学中的直角坐标系有什么区别? 每个晶系所建立的坐标系各有什么特点?

3. 三、六方晶系要建立一个四轴坐标系,四个晶轴在空间怎么分布? 为什么要这么定向?

4. 各晶系晶体定向的具体方法(即选晶轴的方法)是什么?

5. 什么是晶胞参数? 什么是晶体常数特点? 各晶系晶体常数特点是什么?

6. 各晶系晶体常数特点有没有一些例外情况? 根据晶体常数特点一定可以确定晶系吗?

7. 三个晶轴($x, y, z$ 轴)对应到内部结构的空间格子中是什么?

8. 下面对称型中怎么定向? 晶体常数特点各是什么?
$$L^4 4L^2 5PC \quad 3L^4 4L^3 6L^2 9PC \quad L^6 6L^2 7PC \quad L_i^2 2L^2 2P$$

9. 对称型的国际符号中,序位与什么相联系? 等轴晶系、四方晶系国际符号的第一序位写的是什么方向的对称要素? 第二序位呢?

10. 写出下列对称型的国际符号:
$$L^2 PC \quad L^2 2P \quad 3L^2 3PC \quad L^3 3L^2 3PC \quad L^3 3L^2 4P \quad L^6 6L^2 7PC \quad L_i^4 2L^2 2P$$

11. 晶面的米氏符号是怎么写出来的? 等轴晶系、四方晶系、斜方晶系的(100)、(110)、(111)晶面与三根晶轴各是什么关系?

12. 什么是整数定律? 整数定律与面网密度有什么关系?

13. 一般来说,同样一种晶体,小晶体比大晶体发育的晶面多,并且小晶体常发育一些高指数晶面,为什么?

14. 什么是晶带? 同一晶带的晶面在极射赤平投影图上怎样分布?

15. 已知有两个晶面(110)与(111),求这两个晶面组成的晶带(或晶棱)。

16. 写出($10\bar{1}0$)、($11\bar{2}0$)、($11\bar{2}1$)的三指数晶面符号;写出[$10\bar{1}0$]、[$11\bar{2}0$]、[$11\bar{2}1$]的三指数晶棱符号。

### 综合分析与讨论题:

17. 在晶体的宏观形态上,某晶面与三根晶轴不等距离相交时,我们写出其晶面符号为($hkl$),该晶面在等轴晶系中可能是(111)吗? 在斜方晶系中可能是(111)吗? 为什么?

18. 对称型的国际符号还可以有简化符号,如:$4/m\ 3\ 2/m$ 可以简化为 $m3m$,$6/m\ 2/m\ 2/m$ 可以简化为 $6/m\ mm$,$2/m\ 3$ 可以简化为 $m3$,请说明上述国际符号简化的理由。

19. 区别下列对称型的国际符号(以下的国际符号都是简化符号):

23 与 32　　3$m$ 与 $m$3　　6/$m$ $mm$ 与 6$mm$　　3$m$ 与 $mm$　　$m$3$m$ 与 $mmm$

20. 下列晶面哪些属于[001]晶带? 哪些属于[010]晶带? 哪些晶面为[001]与[010]两晶带所共有?

$(100),(010),(001),(\bar{1}00),(0\bar{1}0),(00\bar{1}),(\bar{1}\bar{1}0),(110),(011),(01\bar{1}),(101),$
$(\bar{1}01),(1\bar{1}0),(\bar{1}10),(10\bar{1}),(\bar{1}0\bar{1}),(0\bar{1}1),(0\bar{1}\bar{1})$。

21. 判定晶面与晶面、晶面与晶棱、晶棱与晶棱之间的空间关系(平行、垂直或斜交):

(1) 等轴晶系、四方晶系及斜方晶系晶体:(001)与[001];(010)与[010];[110]与[001];(110)与(010)。

(2) 单斜晶系晶体:(001)与[001];[100]与[001];(001)与(100);(100)与(010)。

(3) 三、六方晶系晶体:$(10\bar{1}0)$与$(0001)$;$(10\bar{1}0)$与$(11\bar{2}0)$;$(10\bar{1}0)$与$(10\bar{1}1)$;$(0001)$与$(11\bar{2}0)$,$(10\bar{1}0)$与$[10\bar{1}0]$;$(11\bar{2}0)$与$[11\bar{2}0]$。

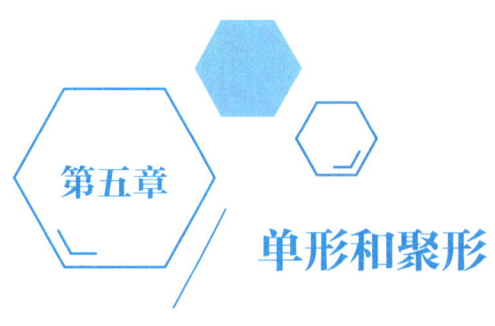

# 第五章

# 单形和聚形

前面几章我们在讨论晶体的对称、定向时已涉及晶体的形态。但是,只知道晶体的对称型和定向规则还不能确定晶体的形态,要研究晶体的形态还必须确定晶面在晶体上的空间分布。本章将在晶体的对称、晶体定向的基础上,讨论晶面之间的空间分布及对称规律。这些讨论仅限于晶体的理想形态。

# 一、单 形

### 1. 单形的概念

电子教案 5
单形和聚形

单形(simple form)是由对称型的全部对称要素联系起来的一组晶面的组合。也就是说,单形是一个晶体上能够由该晶体的所有对称要素的操作而使它们相互重复的一组晶面。这样的一组晶面性质是等同的,表现为各晶面物理性质、晶面花纹及蚀像花纹相同,在理想的情况下,同一单形的所有晶面也应该同形等大。图 5-1 展示了立方体、八面体、菱形十二面体和四角三八面体 4 种单形。它们的晶面都是通过对称型 $4/m\ 3\ 2/m$ 中各对称要素的操作而相互重合。

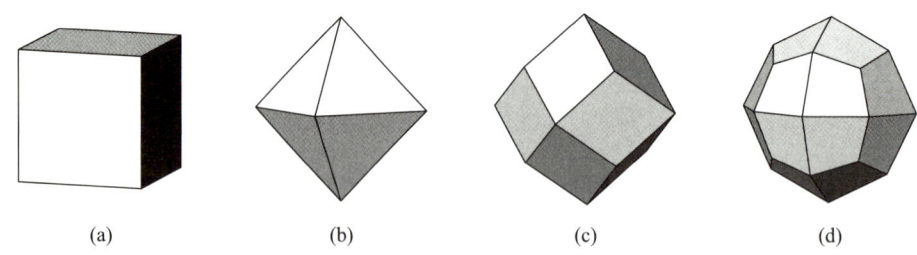

(a)　　　　　　　(b)　　　　　　　(c)　　　　　　　(d)

图 5-1　$4/m\ 3\ 2/m$ 的各种单形

(a)立方体;(b)八面体;(c)菱形十二面体;(d)四角三八面体

根据单形的概念,我们可以得出如下两条结论:

(1)以单形中任意一个晶面作为原始晶面,通过对称型中全部对称要素的作用,一定会导出该单形的全部晶面。

(2)在同一对称型中,由于晶面与对称要素之间的位置不同,可以导出不同的单形。如

图 5-1 中的 4 种单形都属于同一对称型($4/m\ 3\ 2/m$),但这些单形的晶面与对称要素的关系不同,立方体的晶面垂直四次轴,八面体的晶面垂直三次轴,菱形十二面体的晶面垂直二次轴,四角三八面体的晶面则与所有的对称轴斜交。

### 2. 单形的推导

单形的各个晶面既然可以通过对称型中对称要素的作用相互重复,那么将一个原始晶面置于对称型中,通过对称型中全部对称要素的作用,必可以导出一个单形的全部晶面。可以设想,不同对称型可以导出不同单形;在同一对称型中原始晶面与对称要素的相对位置不同,也可以导出不同的单形(图 5-1)。

现以斜方晶系中的对称型 $mm2$ 为例说明单形的推导。对称型 $mm2$ 的对称要素在空间的分布见图 5-2。该对称型的定向为:$mm2$ 中一个对称面的法线为 $x$ 轴,另一个对称面的法线为 $y$ 轴,唯一的一个二次轴为 $z$ 轴,即 $m[100]m[010]2[001]$(这里用晶棱符号表示对称面法线和二次轴方向)。该对称型的对称要素的极射赤平投影图见图 5-3。

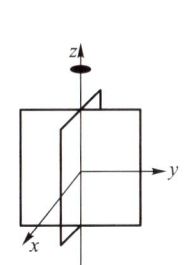

图 5-2　对称型 $mm2$
在空间的分布

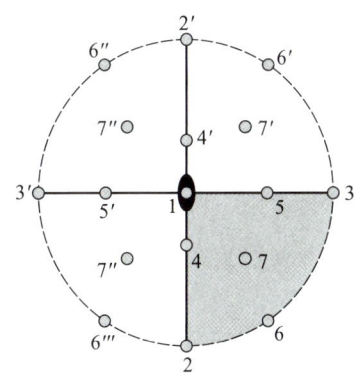

图 5-3　对称型 $mm2$ 的极射赤平
投影及单形的推导

我们看到对称型 $mm2$ 的对称要素将空间划分成 4 个部分,每一部分都可以借助对称型中的对称要素的作用与另一部分重复。由于这 4 个部分是等价的,我们只需要研究其中的一个部分(图 5-3 中的阴影部分,该部分可称为该对称型的投影图中的最小重复单位)就可以了。原始晶面与对称要素之间的相对位置只有 7 种,如图 5-3 所示,即位于最小重复单位(类似于一个三角形)的 3 个角顶(分别为 1、2、3 号晶面)、3 条边上(分别为 4、5、6 号晶面)及中部(7 号晶面)。下面我们讨论原始晶面位于这 7 个位置所推导出的单形。

位置 1:原始晶面垂直于 2[001] 和两个 $m$([100],[010])即原始晶面的晶面符号为 (001)。通过对称型的对称要素的作用不能产生新的晶面,这一个晶面就构成了一个单形——单面{001}[①]。在投影图 5-3 中为 1 号晶面。

位置 2:原始晶面平行于 2[001] 和一个 $m$[100],而垂直另一个 $m$[010],即原始晶面的晶面符号为 (100)。通过 2[001] 或 $m$[100] 的作用产生了另一个平行于它的新面 ($\bar{1}$00)(由于该面截 $x$ 轴于负向,所以 $x$ 轴上的指数为负数)。通过对称型中的其他对称要素的操

――――――――――――

① 参见后面的单形符号说明。

作不再产生新的晶面,晶面(100)和($\overline{1}$00)共同构成单形——平行双面$\{100\}$。在投影图5-3中为2号和2′号晶面。

位置3:原始晶面符号是(010),它与对称要素之间的关系和位置2的情况类似,只不过是方位转了90°,推导结果也是由两个面(010)和($0\overline{1}0$)组成的平行双面$\{010\}$。在投影图5-3中为3号和3′号晶面。

位置4:原始晶面(h0l)与2[001]和一个m[100]斜交,而垂直于另一个m[010]。由于2[001]或m[100]的作用产生一个和原始晶面相交的晶面($\overline{h}0l$),这两个晶面共同组成了一个单形——双面$\{h0l\}$。在投影图5-3中为4号和4′号晶面。

位置5:与位置4类似,由原始晶面(0kl)得到晶面($0\overline{k}l$),从而推导出相同的双面单形$\{0kl\}$,只是取向不同而已。在投影图5-3中为5号和5′号晶面。

位置6:原始晶面(hk0)平行于2[001],而与两个m([100],[010])斜交,通过对称型mm2中所有对称要素的作用,可以得到另外3个晶面,它们的晶面符号分别为($\overline{h}k0$),($\overline{hk}0$),($h\overline{k}0$),这4个面共同组成单形——斜方柱$\{hk0\}$。在投影图5-3中为6、6′、6″、6‴这4个晶面。

位置7:原始晶面(hkl)与2[001]和两个m([100],[010])都斜交,通过对称型mm2中所有对称要素的作用,可以得到另外3个晶面,它们的晶面符号分别为($\overline{h}kl$),($\overline{hk}l$),($h\overline{k}l$),这4个面共同组成单形——斜方单锥$\{hkl\}$。在投影图5-3中为7、7′、7″、7‴这4个晶面。

由对称型mm2导出的7种单形的形态见图5-4。在这7种单形中,其中第二种平行双面$\{100\}$与第三种平行双面$\{010\}$性质完全相同,仅仅是方位不同,因此它们可归为一种单形;而第四种双面$\{h0l\}$与第五种双面$\{0kl\}$也是性质完全相同,仅是方位不同,它们也可归为一种单形。所以对称型mm2最终导出5种单形。

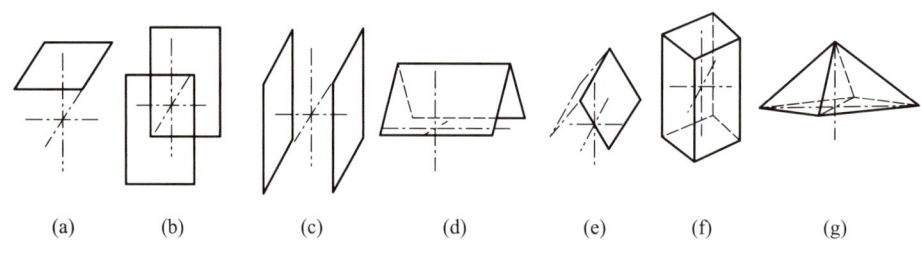

图 5-4　对称型 *mm2* 导出的 7 种单形

(引自潘兆橹等,1993)

(a)单面$\{001\}$;(b)平行双面$\{100\}$;(c)平行双面$\{010\}$;(d)双面$\{h0l\}$或$\{101\}$;

(e)双面$\{0kl\}$或$\{011\}$;(f)斜方柱$\{hk0\}$或$\{110\}$;(g)斜方单锥$\{hkl\}$或$\{111\}$

所有对称型都可以按照上述方法推导单形。当然,有些对称型的对称要素很多,推导过程比较繁杂,推导出来的属于同一单形的晶面很多,单形形状与名称也很复杂,但推导的思路是一样的。本章第六节列举了一些其他对称型的单形推导实例。

### 3. 单形符号

从上一节的讨论我们看到,属于同一个单形的晶面可能是一个,也可以是许多个。如果是几个晶面共同组成一个单形,那么这几个晶面的晶面符号具有某种相似性,如斜方柱的 4 个晶面的符号是 $(hk0)$,$(\overline{h}k0)$,$(h\overline{k}0)$,$(\overline{hk}0)$,它们在各轴上的指数除了有正负号的差别外,绝对值是一样的。具有较高对称性的单形其晶面指数除了有正负号的差别外,指数还可以相互换位(因为对称性较高的对称型,通过对称要素的作用,晶轴 $x,y,z$ 的位置可以相互变换),但指数的绝对值仍是一样的,例如,立方体单形的 6 个晶面的晶面符号为 $(100)$,$(010)$,$(001)$,$(\overline{1}00)$,$(0\overline{1}0)$,$(00\overline{1})$。而同一对称型推导出的不同的单形则具有不同的晶面符号。这样,我们可以选择同一单形内的某一个晶面作为代表,用其符号表示该单形的符号。为了与所选择的晶面的晶面符号相区别,规定将该代表晶面的晶面指数放在大括号 ┊ ┊ 中,表示单形符号(simple form symbol),简称形号。

代表晶面应选择单形中正指数最多的晶面,也即选择第一象限内的晶面。在此前提下,首先要尽可能靠近前面,其次靠近右边,再次靠近上边,即 $|h| \geq |k| \geq |l|$,例如,上述立方体 6 个晶面中,$(100)$,$(010)$,$(001)$ 都为正指数,但以 $(100)$ 在最前面,所以,立方体单形符号为 ┊100┊。又如六八面体,正指数晶面有 6 个(见图 5-5),但满足 $|h| \geq |k| \geq |l|$ 的只有 $(321)$,所以六八面体的单形符号为 ┊321┊。

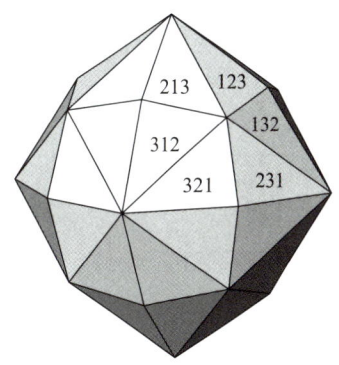

图 5-5 六八面体中各正指数晶面符号及代表晶面图示

代表晶面选择原则可以简化为:先前、次右、后上。但有些教科书将中、高级晶族的选择原则规定为:先前、次右、后上,而将低级晶族的选择原则规定为:先上、次前、后右。

在研究晶体形态时,一般对低级晶族的 3 个晶系、四方晶系和等轴晶系采用三轴坐标系,这时,$x$ 轴、$y$ 轴和 $z$ 轴的正端所指的方向分别是前方、右方和上方;对三方晶系和六方晶系选用四轴坐标系,在四轴坐标系中,前方是指 $x$ 轴正端和 $u$ 轴负端的分角线方向,右方和上方还是分别指 $y$ 轴和 $z$ 轴的正端。

单形符号用大括号 ┊ ┊ 来表达一组对称意义相同的晶面。若要表达一组对称意义相同的晶棱,则用尖括号 $\langle \; \rangle$。例如,$\langle 111 \rangle$ 表达的是 $[111]$、$[\overline{1}11]$、$[\overline{1}\,\overline{1}1]$ 和 $[1\overline{1}1]$。

## 二、结晶单形与几何单形

每一种对称型,单形晶面与对称要素之间的相对位置最多只可能有 7 种。因此,一种对称型最多能导出 7 种单形(例如上述 $mm2$ 只推导出 5 种单形)。对于对称性较低的对称型来说,其中的对称要素也较少,推导出来的单形类型就相应地要少一些。按照上述的方法,对 32 种对称型逐一推导,最终将导出结晶学上 146 种不同的单形,称为结晶单形(crystallographic form)。依照对称特点将它们分别列入表 5-1~表 5-7 中。表中单形名称前的序号为 146 种结晶单形的编号,后面括号内数字为单形的晶面数。

表 5-1　三斜晶系的单形

| 单形符号[a] | 对称型 | |
|---|---|---|
| | 1($L^1$) | $\bar{1}$($C$) |
| {$hkl$} | 1. 单面(1) | 2. 平行双面(2) |
| {$0kl$} | 单面(1) | 平行双面(2) |
| {$h0l$} | 单面(1) | 平行双面(2) |
| {$hk0$} | 单面(1) | 平行双面(2) |
| {100} | 单面(1) | 平行双面(2) |
| {010} | 单面(1) | 平行双面(2) |
| {001} | 单面(1) | 平行双面(2) |

a　$h$、$k$、$l$ 彼此之间均可相等可不等。

资料来源：引自潘兆橹等，1993。编者修订。

表 5-2　单斜晶系的单形

| 单形符号[a] | 对称型 | | |
|---|---|---|---|
| | 2($L^2$) | $m$($P$) | 2/$m$($L^2PC$) |
| {$hkl$} | 3. 轴双面(2) | 6. 反映双面(2) | 9. 斜方柱(4) |
| {$0kl$} | 轴双面(2) | 反映双面(2) | 斜方柱(4) |
| {$h0l$} | 4. 平行双面(2) | 7. 单面(1) | 10. 平行双面(2) |
| {$hk0$} | 轴双面(2) | 反映双面(2) | 斜方柱(4) |
| {100} | 平行双面(2) | 单面(1) | 平行双面(2) |
| {010} | 5. 单面(1) | 8. 平行双面(2) | 11. 平行双面(2) |
| {001} | 平行双面(2) | 单面(1) | 平行双面(2) |

a　$h$、$k$、$l$ 彼此之间均可相等可不等。

资料来源：引自潘兆橹等，1993。编者修订。

表 5-3　斜方晶系的单形

| 单形符号[a] | 对称型 | | |
|---|---|---|---|
| | 222($3L^2$) | $mm$($L^22P$) | $mmm$（$3L^23PC$） |
| {$hkl$} | 12. 斜方四面体(4) | 15. 斜方单锥(4) | 20. 斜方双锥(8) |
| {$0kl$} | 13. 斜方柱(4) | 16. 反映双面(2) | 21. 斜方柱(4) |
| {$h0l$} | 斜方柱(4) | 反映双面(2) | 斜方柱(4) |
| {$hk0$} | 斜方柱(4) | 17. 斜方柱(4) | 斜方柱(4) |
| {100} | 14. 平行双面(2) | 18. 平行双面(2) | 22. 平行双面(2) |
| {010} | 平行双面(2) | 平行双面(2) | 平行双面(2) |
| {001} | 平行双面(2) | 19. 单面(1) | 平行双面(2) |

a　$h$、$k$、$l$ 彼此之间均可相等可不等。

资料来源：引自潘兆橹等，1993。编者修订。

表 5-4 四方晶系的单形

| 单形符号[a] | 对称型 | | | | | | |
|---|---|---|---|---|---|---|---|
| | 4($L^4$) | 42($L^4 4L^2$) | 4/m($L^4 PC$) | 4 mm($L^4 4P$) | 4/mmm ($L^4 4L^2 5PC$) | $\bar{4}$($\bar{L}_i^4$) | $\bar{4}$ 2 m($\bar{L}_i^4 2L^2 2P$) |
| {hkl} | 23. 四方单锥(4) | 26. 四方偏方面体(8) | 31. 四方双锥(8) | 34. 复四方单锥(8) | 39. 复四方双锥(16) | 44. 四方四面体(4) | 47. 复四方偏三角面体(8) |
| {hhl} | 四方单锥(4) | 27. 四方双锥(8) | 四方双锥(8) | 35. 四方单锥(4) | 40. 四方双锥(8) | 四方四面体(4) | 48. 四方四面体(4) |
| {h0l} | 四方单锥(4) | 四方双锥(8) | 四方双锥(8) | 四方单锥(4) | 四方双锥(8) | 四方四面体(4) | 49. 四方双锥(8) |
| {hk0} | 24. 四方柱(4) | 28. 复四方柱(8) | 32. 四方柱(4) | 36. 复四方柱(8) | 41. 复四方柱(8) | 45. 四方柱(4) | 50. 复四方柱(8) |
| {110} | 四方柱(4) | 29. 四方柱(4) | 四方柱(4) | 37. 四方柱(4) | 42. 四方柱(4) | 四方柱(4) | 51. 四方柱(4) |
| {100} | 四方柱(4) | 四方柱(4) | 四方柱(4) | 四方柱(4) | 四方柱(4) | 四方柱(4) | 52. 四方柱(4) |
| {001} | 25. 单面(1) | 30. 平行双面(2) | 33. 平行双面(2) | 38. 单面(1) | 43. 平行双面(2) | 46. 平行双面(2) | 53. 平行双面(2) |

a h 与 k 不可相等，但 l 与 h,l 与 k 均可相等不等。

资料来源：引自潘兆橹等，1993。编者修订。

表 5-5 三方晶系的单形

| 单形符号[a] | 对称型 | | | | |
|---|---|---|---|---|---|
| | 3($L^3$) | 32($L^3 3L^2$) | 3 m($L^3 3P$) | $\bar{3}$($L^3 C$) | $\bar{3}m$($L^3 3L^2 3PC$) |
| {$hk\bar{i}l$} | 54. 三方单锥(3) | 57. 三方偏方面体(6) | 64. 复三方单锥(6) | 71. 菱面体(6) | 74. 复三方偏三角面体(12) |
| {$h0h\bar{l}$}{$0kk\bar{l}$} | 三方单锥(3) | 58. 菱面体(6) | 65. 三方单锥(3) | 菱面体(6) | 75. 菱面体(6) |
| {$hh\bar{2}h\bar{l}$}{$2k\bar{k}l\,0$} | 三方单锥(3) | 59. 三方双锥(6) | 66. 六方单锥(6) | 菱面体(6) | 76. 六方双锥(12) |
| {$hk\bar{i}0$} | 55. 三方柱(3) | 60. 复三方柱(6) | 67. 复三方柱(6) | 72. 六方柱(6) | 77. 复六方柱(12) |
| {$10\bar{1}0$}{$01\bar{1}0$} | 三方柱(3) | 61. 三方柱(3) | 68. 三方柱(3) | 六方柱(6) | 78. 六方柱(6) |
| {$11\bar{2}0$}{$\bar{2}11\bar{0}$} | 三方柱(3) | 62. 三方柱(3) | 69. 六方柱(6) | 六方柱(6) | 79. 六方柱(6) |
| {$0001$} | 56. 单面(1) | 63. 平行双面(2) | 70. 单面(1) | 73. 平行双面(2) | 80. 平行双面(2) |

a h,k,i 彼此间不可相等，且 i=-(h+k)，但 l 与 h,l 与 k,l 与 i 彼此间则可相等不等。

资料来源：引自潘兆橹等，1993。编者修订。

表 5-6 六方晶系的晶形

| 单形符号[a] | 对称型 | | | | | | |
|---|---|---|---|---|---|---|---|
| | $6(L^6)$ | $62(L^6 6L^2)$ | $6/m(L^6 PC)$ | $6mm(L^6 6P)$ | $6/mmm(L^6 6L^2 7PC)$ | $\bar{6}(L_i^6)$ | $\bar{6}2m(L_i^6 3L^2 3P)$ |
| $\{hk\bar{i}l\}$ | 81. 六方单锥(6) | 84. 六方偏方面体(12) | 89. 六方双锥(12) | 92. 复六方单锥(24) | 97. 复六方双锥(24) | 102. 三方双锥(6) | 105. 复三方双锥(12) |
| $\{h0\bar{h}l\}\{0k\bar{k}l\}$ | 六方单锥(6) | 85. 六方双锥(12) | 六方双锥(12) | 93. 六方单锥(6) | 98. 六方双锥(12) | 三方双锥(6) | 106. 六方双锥(12) |
| $\{hh\overline{2h}l\}\{\overline{2k}k\bar{k}l\}$ | 六方单锥(6) | 六方双锥(12) | 六方双锥(12) | 六方单锥(6) | 六方双锥(12) | 三方双锥(6) | 107. 三方双锥(6) |
| $\{hk\bar{i}0\}$ | 82. 六方柱(6) | 86. 复六方柱(12) | 90. 六方柱(6) | 94. 复六方柱(12) | 99. 复六方柱(12) | 103. 三方柱(3) | 108. 复三方柱(6) |
| $\{10\bar{1}0\}\{01\bar{1}0\}$ | 六方柱(6) | 87. 六方柱(6) | 六方柱(6) | 95. 六方柱(6) | 100. 六方柱(6) | 三方柱(3) | 109. 六方柱(6) |
| $\{11\bar{2}0\}\{2\bar{1}\bar{1}0\}$ | 六方柱(6) | 六方柱(6) | 六方柱(6) | 六方柱(6) | 六方柱(6) | 三方柱(3) | 110. 三方柱(3) |
| $\{0001\}$ | 83. 单面(1) | 88. 平行双面(2) | 91. 平行双面(2) | 96. 单面(1) | 101. 平行双面(2) | 104. 平行双面(2) | 111. 平行双面(2) |

[a] $h, k, i$ 彼此间不可相等，且 $i=-(h+k)$，但 $l$ 与 $h, k$ 与 $i$ 彼此间则可相等不等。

资料来源：引自潘兆橹等，1993。编著修订。

表 5-7 等轴晶系的单形

| 单形符号[a] | 对称型 | | | | |
|---|---|---|---|---|---|
| | $23(3L^2 4L^3)$ | $m3(3L^2 4L^3 3PC)$ | $\bar{4}3m(3L_i^4 4L^3 6P)$ | $43(3L^4 4L^3 6L^2)$ | $m3m(3L^4 4L^3 6L^2 9PC)$ |
| $\{hkl\}$ | 112. 五角三四面体(12) | 119. 偏方复十二面体(24) | 126. 六四面体(24) | 133. 五角三八面体(24) | 140. 六八面体(48) |
| $\{hhl\}$ | 113. 四角三四面体(12) | 120. 三角三八面体(24) | 127. 四角三四面体(12) | 134. 三角三八面体(24) | 141. 三角三八面体(24) |
| $\{hkk\}$ | 114. 三角三四面体(12) | 121. 四角三八面体(24) | 128. 三角三四面体(12) | 135. 四角三八面体(24) | 142. 四角三八面体(24) |
| $\{111\}$ | 115. 四面体(4) | 122. 八面体(8) | 129. 四面体(4) | 136. 八面体(8) | 143. 八面体(8) |
| $\{hk0\}$ | 116. 五角十二面体(12) | 123. 五角十二面体(12) | 130. 四六面体(24) | 137. 四六面体(24) | 144. 四六面体(24) |
| $\{110\}$ | 117. 菱形十二面体(12) | 124. 菱形十二面体(12) | 131. 菱形十二面体(12) | 138. 菱形十二面体(12) | 145. 菱形十二面体(12) |
| $\{100\}$ | 118. 立方体(6) | 125. 立方体(6) | 132. 立方体(6) | 139. 立方体(6) | 146. 立方体(6) |

[a] $h, k, l$ 均不可相等。

资料来源：引自潘兆橹等，1993。编著修订。

那么,在上述推导出的 146 种单形中,有些具有完全相同的几何形态,但它们属于不同的对称型,即不同的对称型推导出的单形也可以具有相同的几何形态。若不考虑单形所属的对称型(即不考虑单形的对称性),只考虑单形的形状,则 146 种结晶单形可以归纳为 47 种几何单形(geometric form)。图 5-6 所示的 5 个立方体具有不同的对称型,属于 5 个结晶单形但属于一个几何单形。即:同一几何单形还可以分属不同的对称型,这就是同一几何单形分属不同结晶单形的含义。其他几何单形也有类似的情况。47 种几何单形列于图 5-7 中。

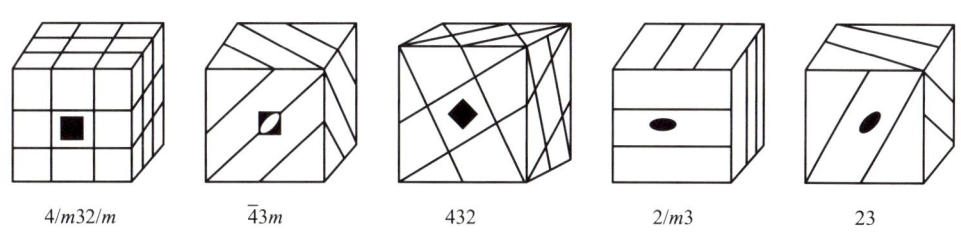

$4/m32/m$       $\bar{4}3m$       $432$       $2/m3$       $23$

**图 5-6　立方体 5 个结晶单形,晶面上花纹表示了各立方体的对称性**

Ⅰ. 低级晶族的单形

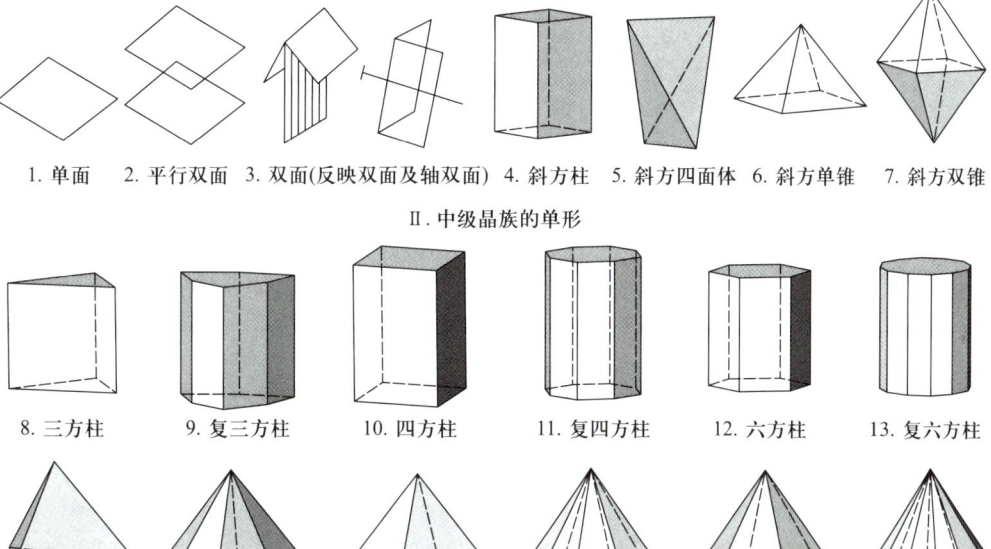

1. 单面　2. 平行双面　3. 双面(反映双面及轴双面)　4. 斜方柱　5. 斜方四面体　6. 斜方单锥　7. 斜方双锥

Ⅱ. 中级晶族的单形

8. 三方柱　9. 复三方柱　10. 四方柱　11. 复四方柱　12. 六方柱　13. 复六方柱

14. 三方单锥　15. 复三方单锥　16. 四方单锥　17. 复四方单锥　18. 六方单锥　19. 复六方单锥

20. 三方双锥　21. 复三方双锥　22. 四方双锥　23. 复四方双锥　24. 六方双锥　25. 复六方双锥

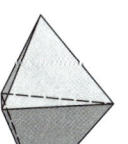 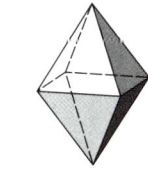 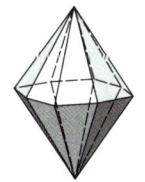 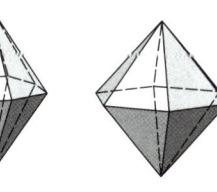 

 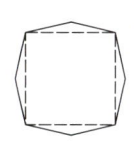 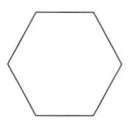 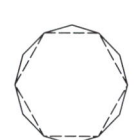

各种柱、锥的横切面

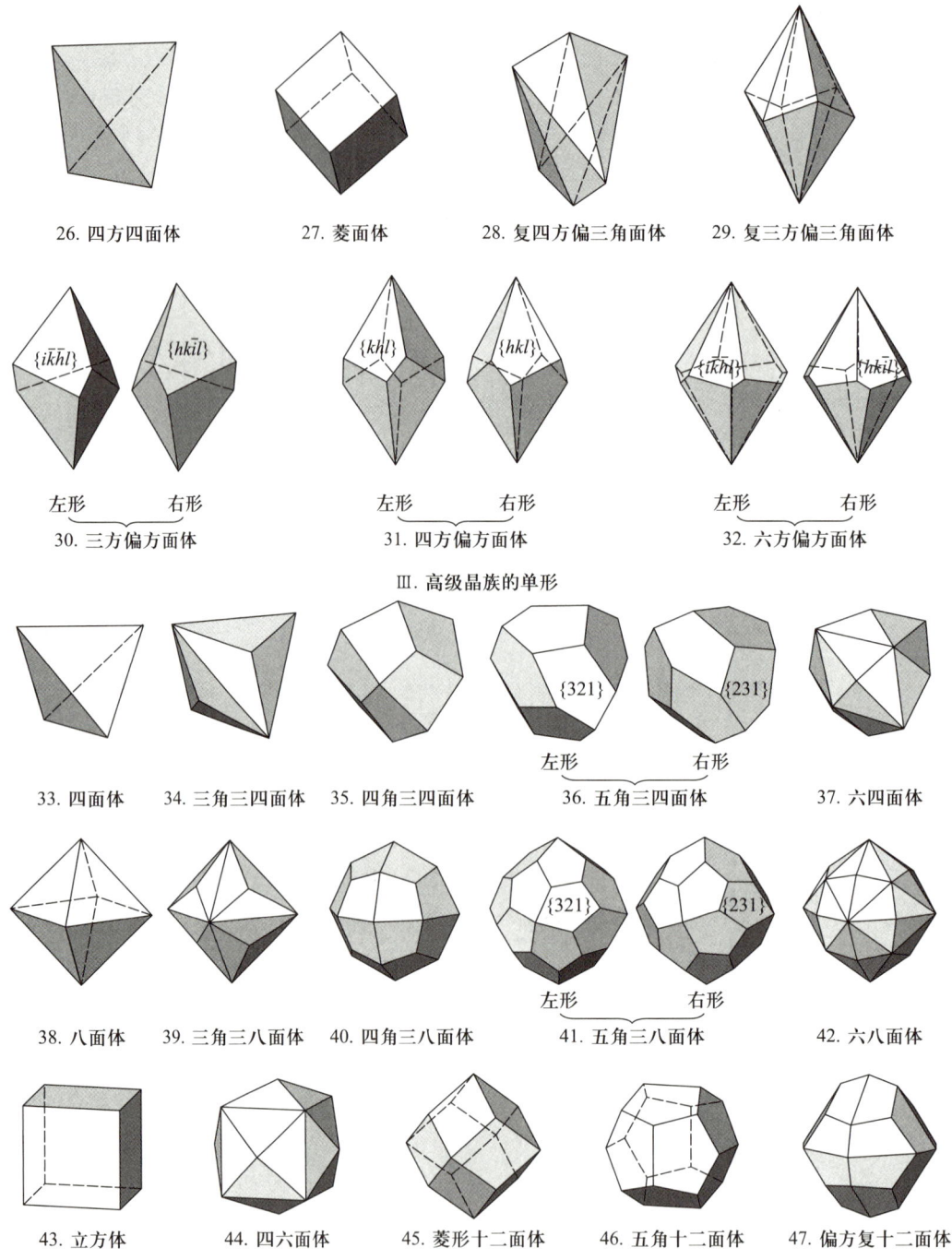

26. 四方四面体  27. 菱面体  28. 复四方偏三角面体  29. 复三方偏三角面体

{i\bar{k}hl} 左形  {hkil} 右形  {khl} 左形  {hkl} 右形  {i\bar{k}hl} 左形  {hkil} 右形

30. 三方偏方面体  31. 四方偏方面体  32. 六方偏方面体

Ⅲ. 高级晶族的单形

{321} 左形  {231} 右形

33. 四面体  34. 三角三四面体  35. 四角三四面体  36. 五角三四面体  37. 六四面体

{321} 左形  {231} 右形

38. 八面体  39. 三角三八面体  40. 四角三八面体  41. 五角三八面体  42. 六八面体

43. 立方体  44. 四六面体  45. 菱形十二面体  46. 五角十二面体  47. 偏方复十二面体

图 5-7 47 种几何单形

为什么同一几何单形、具有完全相同的形态,还能分属不同的对称型呢?这可以理解为同一几何单形具有不同的内部晶体结构。虽然内部晶体结构看不见,但是它会影响单形的对称型或对称性。在图 5-6 中我们用一些线条图案来表示单形的对称性。

区分结晶单形与几何单形的概念,在分析实际晶体对称规律时是非常重要的,我们不能只根据某实际晶体的几何形态的对称性来判断该晶体的对称性,所有实际晶体上的单形都是结晶单形,都具有一定内部结构的意义。例如,黄铁矿的对称型是 $2/m3$,但它有时只发育成一个立方体,这个立方体的对称型应是 $2/m3$,但立方体的几何形态使人们容易误认为它的对称型是 $4/m3\ 2/m$。判断实际晶体上单形的对称型可以根据晶面花纹、蚀像、物理性质等,如黄铁矿所发育的立方体,有时其晶面上有如图 5-6 中第四个立方体上所示的晶面条纹,这些晶面条纹可以帮助我们判断其对称型为 $2/m3$,而不是 $4/m3\ 2/m$。

一个几何单形对应有多个结晶单形,如一个立方体对应有图 5-6 中的 5 个结晶单形,如果只根据单形的几何特点找出该单形的对称型,它应是这多个结晶单形所属对称型中对称性最高的那一个,例如图 5-6 中的各个立方体,若去掉晶面花纹,则它们的形态是一样的,都是一个立方体,在这个立方体上找出所有对称要素应为 $4/m3\ 2/m$,这个对称型就是这 5 个立方体所属对称型中对称性最高的。

# 三、47 种几何单形的形态特点

对于 47 种几何单形,可根据它们的形态特点进行如下分类。

对于中、低级晶族的单形,分类如下:

### 1. 面类

包括单面、平行双面、双面。平行双面是由一对互相平行的晶面组成。双面是由两个相交的晶面组成,当这两个晶面由二次轴相联系时,称轴双面;当两个晶面由对称面联系时,称反映双面。

### 2. 柱类

包括斜方柱,三方柱、复三方柱,四方柱、复四方柱,六方柱、复六方柱。

### 3. 单锥类

包括斜方单锥,三方单锥、复三方单锥,四方单锥、复四方单锥,六方单锥、复六方单锥。

### 4. 双锥类

包括斜方双锥,三方双锥、复三方双锥,四方双锥、复四方双锥,六方双锥、复六方双锥。

上述柱类、单锥类、双锥类的横截面特点如图 5-7 所示,要特别注意复三方、复四方、复六方柱、锥的横截面特点。

### 5. 面体类

包括斜方四面体、四方四面体、菱面体、复三方偏三角面体、复四方偏三角面体,这些单形的特点是:上部的面与下部的面错开分布,且上部(或下部)晶面恰好在下部(或上部)两晶面正中间,没有水平方向的对称面(这一点与双锥类不同),除斜方四面体外,都有包含高次轴的直立对称面。

### 6. 偏方面体类

包括三方偏方面体、四方偏方面体、六方偏方面体,这些单形的特点与面体类有些相似,区别在于:偏方面体类的单形其上部晶面与下部晶面错开的角度不是左右相等,这就导致偏方面体类没有包含高次轴的直立对称面,也导致了偏方面体类有左、右形之分,如图 5-7 所示。

对于高级晶族的单形,为了便于描述和记忆,我们将其分为 3 组:

### 7. 四面体组

四面体:由 4 个等边三角形晶面所组成。晶面与 $L^3$ 垂直;晶棱的中点出露 $L_i^4$。

三角三四面体:犹如四面体的每一个晶面突起分为 3 个等腰三角形晶面而成。

四角三四面体:犹如四面体的每一个晶面突起分为 3 个四角形晶面而成。四角形的 4 条边两两相等。

五角三四面体:犹如四面体的每一晶面突起分为 3 个偏五角形晶面而成。

六四面体:犹如四面体的每一个晶面突起分为 6 个不等边三角形而成。

### 8. 八面体组

八面体:由 8 个等边三角形晶面所组成。晶面垂直 $L^3$。

与四面体组的情况类似,设想八面体的每一个晶面突起平分为 3 个晶面,则根据晶面的形状分别可形成三角三八面体、四角三八面体、五角三八面体。而设想八面体的一个晶面突起平分为 6 个不等边三角形则可以形成六八面体。

### 9. 立方体组

立方体:由两两相互平行的 6 个正四边形晶面所组成,相邻晶面间均以直角相交。

四六面体:设想立方体的每个晶面突起平分为 4 个等腰三角形晶面,则这样的 24 个晶面组成了四六面体。

五角十二面体:设想立方体每个晶面突起平分为两个具四个等边的五角形晶面,则这样的 12 个晶面组成五角十二面体。

偏方复十二面体:设想五角十二面体的每个晶面再突起平分为两个具两个等长邻边的偏四方形晶面,则这样的 24 个晶面组成偏方复十二面体。

菱形十二面体:由 12 个菱形晶面所组成,晶面两两平行,相邻晶面间的交角为 90°、120°。也可认为由四六面体转换而来,即四六面体中共棱的两个三角形晶面变成一个菱形晶面。

# 四、单形的分类

### 1. 特殊形和一般形

根据单形晶面与对称型中对称要素的相对位置可以将单形划分成一般形和特殊形。凡是单形晶面处在特殊位置,即晶面垂直或平行于任何对称要素,或者与相同的对称要素以等角相交,这种单形被称为特殊形(special form);反之,单形晶面处于一般位置,既不与任何对称要素垂直或平行(等轴晶系中的一般形有时可平行于三次轴的情况除外),也不与相同的对称要素以等角相交,这种单形称为一般形(general form)。

一个对称型只可能有一个一般形,这个一般形的原始晶面应该位于对称型的极射赤平投影图中的最小重复单位(似三角形)的中部。每个对称型的一般形都是不同的(尽管某个对称型的一般形可能与另一个对称型的特殊形的几何形态相同),所以一般形可作为每个对称型所有单形的代表,因此,表 3-4 中晶类的名称即以一般形的名称来命名。例如,对称型 $mm2$ 的一般形就是图 5-3 中第 7 号原始晶面推导出来的斜方单锥。因此,$mm2$ 也被称为斜方单锥晶类。表 5-1 至表 5-7 中每个对称型对应的第一行的单形即为该对称型的一般形。由此可见,一般形的形号都为 $\{hkl\}$ 或 $\{hki\bar{l}\}$。

特殊形与一般形都是针对结晶单形而言的,因为"特殊形"或"一般形"是针对某特定对称型而言的,意味着这个单形的对称型是已知的。只根据一个单形的几何形态不能判断它是"特殊形"还是"一般形"。

### 2. 左形和右形

一个单形通过镜像反映(或反伸、或旋转反伸 $\bar{4}$)的作用后形成另一个形态相同但空间取向正好相反的单形,它们不能通过旋转操作使之重合,这两个同形反向体构成了左右对映形(enantiomorphous forms),其中一个称为左形(left-hand form),另一个称为右形(right-hand form)。

虽然左形与右形不仅仅是镜像关系,同时也是反伸或旋转反伸的关系,但是一般认为左形与右形是镜像反映关系就可以了,这是因为,成镜像关系的两个单形,将其中一个旋转 180° 后,这两个单形就是反伸关系了;将其中一个旋转 90° 后,这两个单形就是旋转反伸 $\bar{4}$ 关系了。所以,镜像反映、或反伸、或旋转反伸 $\bar{4}$ 的作用的区别仅仅是两个单形原来所处方位的变化,没有本质区别。

人的双手是众所周知的左、右形的实例。晶体中也有呈左、右形的单形。左、右形只出现在仅具有对称轴而不具有对称面、对称中心和旋转反伸轴的对称型中,图 5-7 中画出了某些单形的左、右形。

单形的几何特征可以用来区分左、右形,例如,对于中级晶族的 3 个偏方面体,以上部晶面的两个不等长的晶棱为判据,晶棱较长者在左边为左形,在右边则为右形(见图 5-7)。五角三四面体和五角三八面体的左、右形也可以从外形上加以区分。

但是,从本质上讲,左右形是直接由对称型决定的,那些只有对称轴的对称型,如 222,32,422,622 等,其对称性是具有左、右形性质的,属于这些对称型的所有单形都应具有左右形的区别,尽管其中有的单形在几何形态上无任何左、右形的特征,但它们的结构特点、物理性质、晶面花纹等会显示出其左、右形性。例如石英(对称型为 32),它的形态有时只由六方柱、菱面体组成,这个六方柱与菱面体也是具有左、右形性质的,只不过从几何形态上不能区别其左、右形,但用蚀像的方法可以区别,见图 5-8。这种几何形态上不表现出左、右形性但对称性具有左右形性

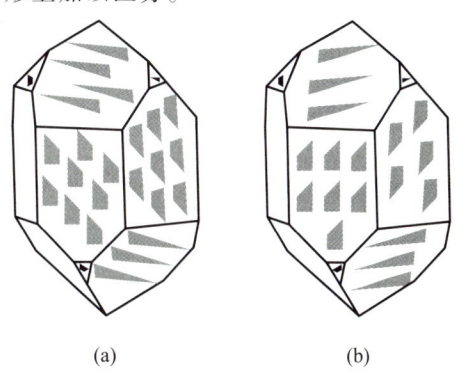

(a)           (b)

**图 5-8　石英各晶面上蚀像花纹反映其左、右形**
(据 Zhao S R 等,2009)
(a) 右形;(b) 左形

的单形应为结晶单形意义上的左、右形。因此,左、右形的划分既是针对几何单形、也是针对结晶单形而言的。

此外,若石英晶体形态上发育了一般形三方偏方面体,则从形态上就能区别石英的左形与右形了,因为三方偏方面体几何形态及晶面取向上就有左、右形之分。发育了三方偏方面体的右形 $\{5161\}$ 的就是右形,发育了三方偏方面体左形 $\{61\bar{5}1\}$ 的就是左形〔见

图 5-34(b)(c)]。

### 3. 正形和负形

取向不同的两个相同单形,若相互之间能够借助于旋转操作彼此重合,则两者互为正、负形(positive form,negative form)。例如图 5-9(a),(b)分别表示出了菱面体的正形和负形,它们的正形相当于负形旋转了 60°。又如图 5-10、图 5-11 分别示出了四面体与五角十二面体的正、负形,其正、负形之间为旋转 90°的关系。

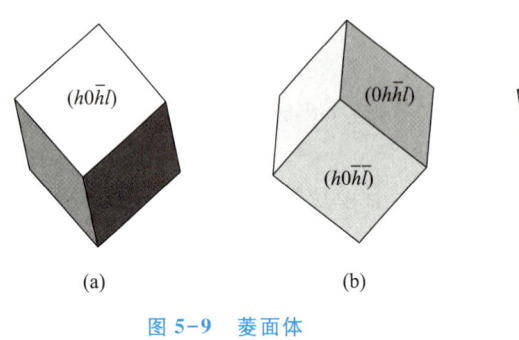

(a)　　　　　　　　(b)

图 5-9　菱面体
(a) 正形;(b) 负形

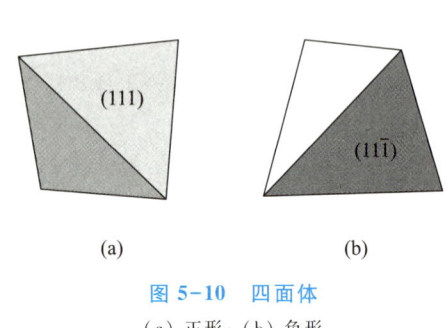

(a)　　　　　　　　(b)

图 5-10　四面体
(a) 正形;(b) 负形

从以上的描述中似乎感到正形与负形没有什么本质区别,因为任何一个单形(甚至任何物体)在旋转之后只是方位改变了,其他性质什么都没变。那为什么要引出"正形与负形"这个概念呢?

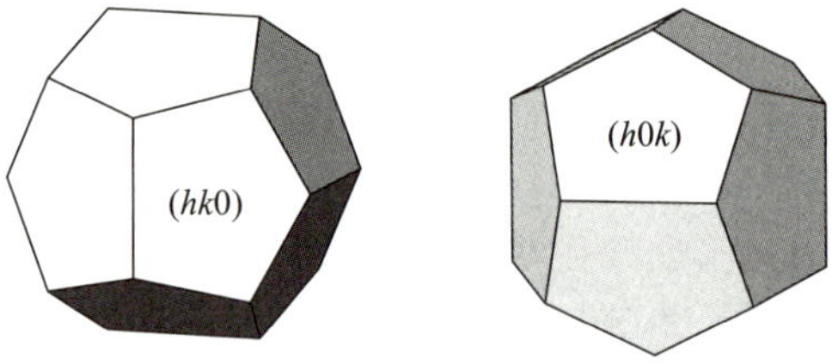

"正形与负形"这个概念的结晶学含义体现在互为正形与负形的两个同种单形出现在同一晶体上(即相聚形成聚形,见后述)。例

图 5-11　五角十二面体
(a) 正形;(b) 负形

如石英晶体上发育一个菱面体正形$\{10\bar{1}1\}$和一个菱面体负形$\{01\bar{1}1\}$(见图 5-34),如果将这两个菱面体抽取出来,它们形态完全相同,只是方位不同而已,但当它们相聚形成聚形时,为了区分它们,规定一个正形,另一个就是负形,这就是要引出"正形与负形"概念的原因。

由此可见,同一单形的正形与负形的对称型、形态、对应晶面间夹角都完全相同,仅仅是表现为方位的不同。所以,从宏观几何形态来看(即从几何单形的意义来看),同一单形的正形与负形没有什么区别,但是,如果在具体的晶体上发育某个单形的正形或(和)负形(即从结晶单形的意义来看),正形与负形是处于同一晶体结构的不同意义的方位,正形的晶面结构性质与负形的晶面结构性质肯定是不同的,体现在它们的腐蚀像不同,见图 5-8。所以它们可以被认为是属于同一对称型的两个结晶单形。

### 4. 开形和闭形

根据单形的晶面是否可以自相闭合来划分。凡是单形的晶面不能封闭一定空间者称开形(open form),如平行双面、各种柱等;反之,凡是单形晶面可以封闭一定空间者,称为闭形(closed form),如各种双锥和等轴晶系的全部单形等。开形和闭形的划分只是针对几何单形而言的。

在实际晶体形态上,开形不能单独存在,必须要与其他单形相聚。

### 5. 定形和变形

一种单形其晶面间的角度为恒定者,称定形(constant form);反之,称变形(various form)。属于定形的单形有单面、平行双面、三方柱、四方柱、六方柱、四面体、八面体、菱形十二面体和立方体9种;其余单形皆为变形。定形与变形也可根据单形符号区别:在表5-1~表5-7中,定形的单形符号中都为数字0和1组成如$\{111\}$、$\{100\}$、$\{110\}$等,变形的单形符号由字母组成,如$\{hkl\}$、$\{hk0\}$等。此外,定形的极射赤平投影点应位于最小重复单位(似三角形)的3个角顶,即投影点是固定的;相反,变形的投影点则位于最小重复单位的3条边与中部。定形与变形的划分也只是针对几何单形而言的。

在实际晶体形态上,定形的形态、晶面夹角都是固定不变的,与晶体种类、晶体结构无关。例如,石英形态上的六方柱与磷灰石形态上的六方柱,形态与晶面夹角无任何区别。而变形在不同的晶体形态上就具有不同的形态和晶面夹角,例如:石英形态上的菱面体与方解石上的菱面体在形态和晶面夹角上都不相同。甚至可以在一种晶体形态上发育多个名称相同、形态与晶面夹角都不同的变形,如方解石形态上具有菱面体$\{10\bar{1}4\}$和菱面体$\{01\bar{1}8\}$。

# 五、聚　　形

动画 5-2
单形相聚

两个或两个以上的单形以定向相同的方位聚合在一起,这些单形共同圈闭的空间外形形成聚形(combination form)。图5-12、图5-13分别表示了四方柱和四方双锥、立方体和菱形十二面体的聚合,用粗线勾画出了它们的聚形形态。形成聚形的各单形之间的$x,y,z$轴是重合的。

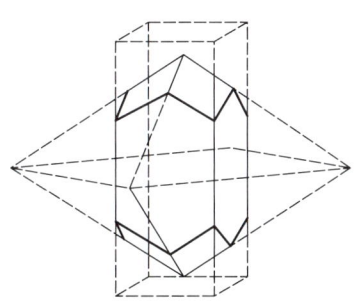

**图5-12　四方柱和四方双锥的聚形**
(引自潘兆橹等,1993)

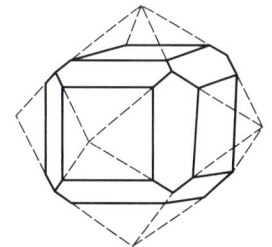

**图5-13　立方体和菱形十二面体的聚形**
(引自潘兆橹等,1993)

单形相聚的条件:单形相聚不是任意的,必须是具有相同对称型的结晶单形才能相聚。即:判断单形是否能够相聚要从结晶单形的角度来考虑,不能从几何单形的角度来考虑。例如:判断六方柱与菱面体是否能相聚? 如果仅从几何单形来看,它们的对称型不同,似乎不能相聚。但它们都具有多个不同对称型的结晶单形,在这些结晶单形中,有些对称型是相同的,具有相同对称型的六方柱和菱面体的结晶单形就可以相聚。相聚后所形成的聚形,其对称型就是六方柱和菱面体结晶单形中共有的那个对称型。也就是说,一个聚形上所有的单形的对称型都是该聚形的对称型。

进行聚形分析,应该首先确定晶体所属的对称型。正确确定晶体的对称型将能够指导说明该晶体只可能有哪几种单形。在此基础上,选定晶体的定向坐标,就能定出各个晶面的符号及各单形的符号。在理想情况下,属于同一单形的各晶面一定同形等大,不同单形的晶面则形态、大小、性质等不完全相同;一般情况下,有多少单形相聚,聚形上就会出现多少种不同形状和大小的晶面,由此确定该聚形是由几种单形所组成,再逐一考察每一组同形等大的晶面的几何关系特征,并可结合这些晶面扩展相交的假想单形形状,综合分析,最终得出聚形中各个单形的名称和单形符号。但应当注意,在聚形中的某单形的晶面形状,可以完全不同于该单形单独存在时其上的晶面形状,不能根据聚形中晶面形状判断单形名称。上述的聚形分析过程仅是针对理想晶体形态(即晶体模型)而言的,在实际晶体形态上,由于出现歪晶,同一单形的晶面并不同形等大,因此这时要根据晶面花纹、晶面的物理性质等确定它们是否为同一单形的晶面。

下面以图 5-14 中的橄榄石晶体形态图为例,说明聚形分析的过程:

(1) 它所属的对称型为斜方晶系 $2/m\ 2/m\ 2/m$($3L^2 3PC$)。据此,由表 5-3 可以查出该对称型中可能出现的结晶单形。

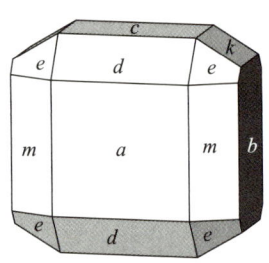

(2) 晶体上具有 $a$、$b$、$c$、$d$、$e$、$m$、$k$ 7 种不同的晶面,因而可知它有相应的 7 个结晶单形。

(3) 进行晶体定向,选择 3 个 $L^2$ 分别作为 $x$、$y$、$z$ 轴,则可定出上述 7 种结晶单形的形号,并可从表 5-3 中查出属 $2/m\ 2/m\ 2/m$ 对称型、具有上述形号的结晶单形名称:$a$. 平行双面$\{100\}$;$b$. 平行双面$\{010\}$;$c$. 平行双面$\{001\}$;$d$. 斜方柱$\{h0l\}$;$e$. 斜方双锥$\{hkl\}$;$m$. 斜方柱$\{hk0\}$;$k$. 斜方柱$\{0kl\}$。

**图 5-14 橄榄石晶体**

(4) 根据各结晶单形晶面的数目、晶面间的相互关系,以及想象的使晶面扩展相交后单形的形状,进一步确认上述结晶单形的名称。

## 六、各晶系单形推导及单形演变规律举例

### 1. 等轴晶系

(1) $4/m\ 3\ 2/m$($m3m$):对称要素投影图见图 5-15,其中的最小重复单位(似三角形)用阴影示出,并在上面标出了 7 个原始晶面位置。每个原始晶面所推导出的单形及形号在图右边放大的最小重复单位相应位置上画出。因为对称要素多,推导出来的有些单形晶面数目多且形态复杂。

第 1,2,3 号原始晶面在最小重复单位(似三角形)的角顶,它们导出的单形其晶面分别垂直 $L^4$,$L^3$,$L^2$,晶面位置是固定的,晶面符号及晶面夹角也是固定的,是定形。第 4,5,6 号原始晶面在最小重复单位(似三角形)的边上,它们导出的单形其晶面分别垂直一个对称面,位置是不固定的,可以在最小重复单位(似三角形)的一条边上移动,晶面符号及晶面夹角也随之变动。如第 5 号原始晶面可以在 $L^4$ 和 $L^3$ 为端点的边上移动,所导出的四角三八面体$\{hkk\}$的晶面指数可以是$\{211\}$、$\{311\}$等,晶面夹角也会发生变化,见图 5-16。此外,当晶面

指数 $k$ 值增大至 $k=h$ 时,晶面指数变为 {111},即变为八面体;当晶面指数 $k$ 值减小至 $k=0$ 时,晶面指数变为 {100},即变为立方体,见图 5-17。所有的原始晶面在最小重复单位(似三角形)三条边上的变形,都有上述随着晶面指数的变化而演变成原始晶面在最小重复单位(似三角形)角顶上的单形。第 7 号原始晶面在最小重复单位(似三角形)的中部,它导出的单形其晶面位置、晶面符号、晶面夹角可以在更大的范围内变化,也是变形。并且它的晶面不与任何对称要素有垂直、平行等特殊关系,是这个对称型(4/m 3 2/m)的一般形,这个对称型对应的晶类就以这个一般形(六八面体)来命名。

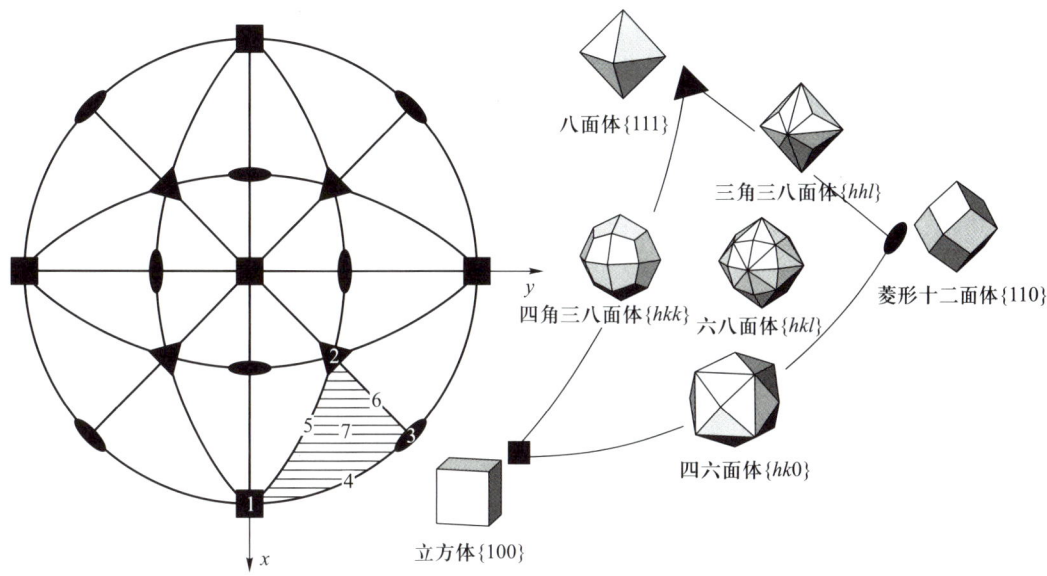

图 5-15　对称型 *4/m 3 2/m* 投影图与单形推导

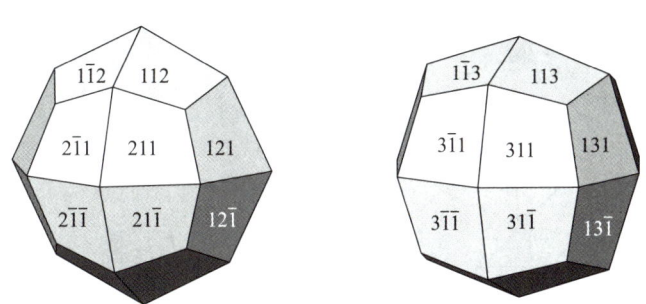

图 5-16　四角三八面体的两个变形 {211} 和 {311}

图 5-17　四角三八面体随着晶面指数的变化而演变为八面体和立方体

　　图 5-15 中的单形都是由同一对称型 4/m 3 2/m 推导出来的,它们是具有相同对称型的结晶单形,所以可以相聚。图 5-18 展示了一些由对称型 4/m 3 2/m 导出的单形相聚形成的聚形。

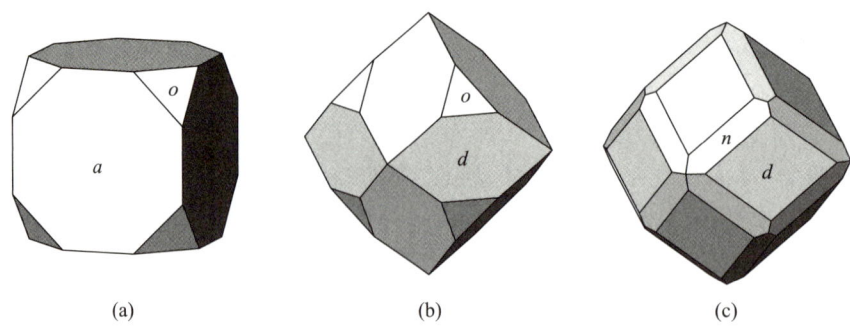

图5-18 对称型 $4/m\ 3\ 2/m$ 的聚形举例

(a)方铅矿;(b)磁铁矿;(c)石榴子石

立方体 $a\{100\}$;八面体 $o\{111\}$;菱形十二面体 $d\{110\}$;四角三八面体 $n\{211\}$

（2）$\overline{4}3m$:对称要素投影图及7个原始晶面的单形推导见图5-19。与上面的 $4/m\ 3\ 2/m$ 类比,取消了第1序位的对称面,同时,原来第1序位的 $L^4$ 变为 $Li^4$。这样,发育在被取消的对称面两边的晶面就会减半,导致许多单形只能发育半面像(即由原来单形中一半晶面组成),如八面体就只能发育其半面像四面体,三角三八面体只能发育其半面像三角三四面体,等等。半面像有正形与负形之分,例如:八面体 $\{111\}$ 有8个晶面,其中一半的晶面组成其中的一个半面像:四面体 $\{111\}$,另外一半的晶面组成另外一个半面像:四面体 $\{11\overline{1}\}$。这两个四面体之间是正形与负形的关系。图5-10展示了四面体的正形与负形。

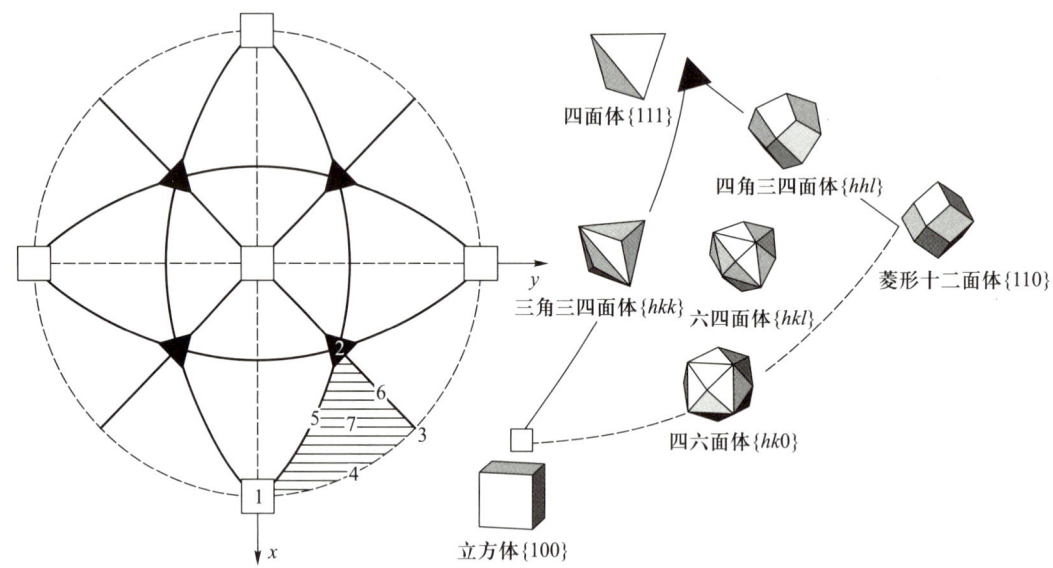

图5-19 对称型 $\overline{4}3m$ 投影图与单形推导

同上,第1,2,3号原始晶面导出的单形是定形,第4,5,6,7号原始晶面导出的单形是变形;第7号原始晶面导出的单形是对称型 $\overline{4}3m$ 的一般形。图5-20展示了一些由对称型 $\overline{4}3m$ 导出的单形相聚形成的聚形。其中由正四面体 $\{111\}$ 和负四面体 $\{11\overline{1}\}$（或 $\{1\overline{1}1\}$）组成的聚形,当它们的晶面发育一样大小时,就会像一个八面体,是假八面体［图5-20(b)］。

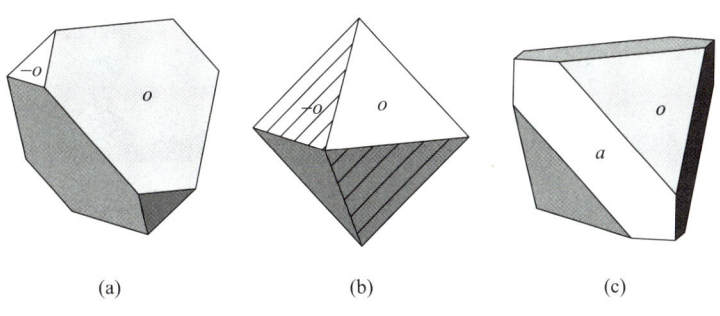

图 5-20 　对称型 $\bar{4}3m$ 的聚形举例(闪锌矿)

立方体 $a\{100\}$；四面体 $o\{111\}$；四面体负形 $-o\{\bar{1}1\bar{1}\}$

（3）$2/m\,\bar{3}(m\bar{3})$：对称要素投影图及 7 个原始晶面的单形推导见图 5-21。与上面的 $4/m\,\bar{3}\,2/m$ 类比,取消了第 3 序位的对称面,同时,原来第 1 序位的 $L^4$ 变为 $L^2$。这样导致在 $4/m\,\bar{3}\,2/m$ 中的四六面体就只能发育其半面像五角十二面体,六八面体就只能发育其半面像偏方复十二面体,因为四六面体和六八面体的晶面是分布在所取消的对称面两边。它们也有正形与负形之分,例如:四六面体 $\{hk0\}$ 有 24 个晶面,其中 12 个晶面组成其中的一个半面像:五角十二面体 $\{hk0\}$,另外一半的晶面组成另外一个半面像:五角十二面体 $\{h0k\}$。这两个五角十二面体之间是正形与负形的关系。图 5-11 展示了五角十二面体的正形与负形。图 5-22 是四六面体分解为两个五角十二面体的图示。

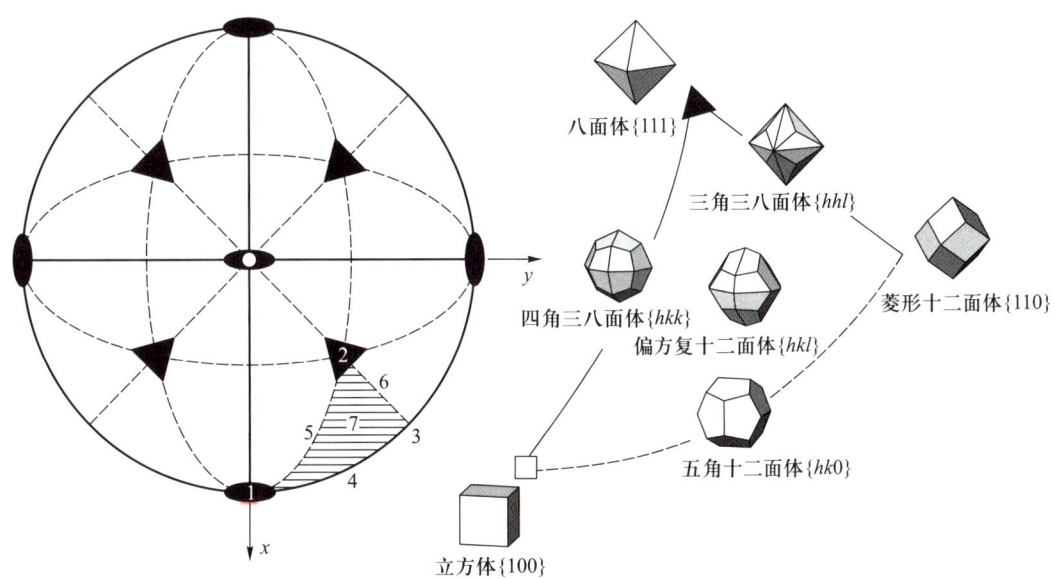

图 5-21 　对称型 $2/m\,\bar{3}$ 投影图与单形推导

同上,第 1,2,3 号原始晶面导出的单形是定形,第 4,5,6,7 号原始晶面导出的单形是变形;第 7 号原始晶面导出的单形是对称型 $2/m\,\bar{3}$ 的一般形。图 5-23 展示了一些由对称型 $2/m\,\bar{3}$ 导出的单形相聚形成的聚形。

等轴晶系其他对称型的单形推导与演变规律与上述介绍的对称型是类似的,因此这里不再详述。

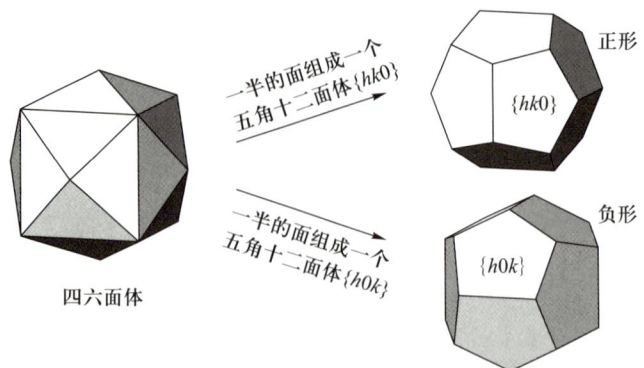

一半的面组成一个
五角十二面体{hk0}

一半的面组成一个
五角十二面体{h0k}

四六面体

正形

{hk0}

负形

{h0k}

图 5-22　四六面体分解为两个五角十二面体

等轴晶系定向是以 3 个 $L^4$ 或 $L_i^4$ 或 $L^2$ 为 $x,y,z$ 轴,但不同的选择会导致晶面符号会有改变,如图 5-20 中的四面体{111}如果改变定向会变为{11$\bar{1}$}(即由正形变为负形)。如图 5-23 中的五角十二面体{hk0}如果改变定向会变为{h0k}(即由正形变为负形)。对于晶体模型来说怎么定向都可以,但对于具体的晶体形态(如图 5-20 是闪锌矿晶体形态,图 5-23 是黄铁矿晶体形态),晶体定向是固定

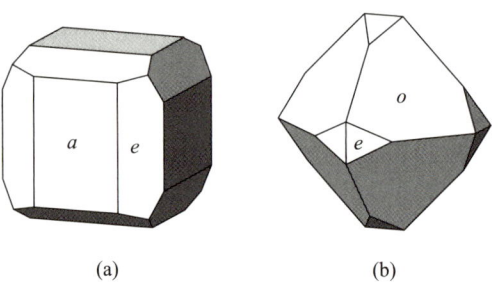

(a)　　　　　(b)

图 5-23　对称型 $2/m\ \bar{3}$ 的聚形举例(黄铁矿)
立方体 $a\{100\}$;八面体 $o\{111\}$;五角十二面体 $e\{210\}$

的,要遵循"约定俗成"的原则,前人对这个晶体怎么定向的,后人不要随意改变。

### 2. 四方晶系

$4/m\ 2/m\ 2/m(4/m\ m\ m)$:对称要素投影图及 7 个原始晶面的单形推导见图 5-24。在四方晶系中,对称要素投影图中的最小重复单位比等轴晶系的扩大了,是因为对称要素变少了的缘故。类似地,第 1,2,3 号原始晶面导出的单形为定形,第 4,5,6,7 号原始晶面导出的单形为变形,第 7 号原始晶面导出的是该对称型的一般形。应当注意,四方晶系的 7 个原始晶面所对应的 7 个形号与等轴晶系的 7 个形号不同,虽然从最小重复单位的范围不同可以看出 7 个形号的不同,但我们还必需要从等轴晶系与四方晶系对称不同的意义上理解这种不同(见本章习题与思考题中的综合分析与讨论题)。另外,第 2 号原始晶面导出的四方柱{110}与第 3 号原始晶面导出的四方柱{100}性质是不同的,为了区别它们,我们称四方柱{110}为第一四方柱,四方柱{100}为第二四方柱。类似地,第 5 号原始晶面导出的四方双锥{hhl}(含{111})与第 6 号原始晶面导出的四方双锥{h0l}(含{101})性质也是不同的,分别称为第一四方双锥和第二四方双锥。图 5-25 示出了一些由对称型 $4/m\ 2/m\ 2/m$ 导出的单形相聚形成的聚形。

对称型 $4/m\ 2/m\ 2/m$ 是四方晶系中对称程度最高、对称要素最多的,其他四方晶系的对称型都是在该对称型的基础上,取消某些对称面、二次轴、对称中心而形成。同理,当取消一些对称要素时,由被取消的对称要素联系起来的晶面就会减半,形成相应的半面像。例如:取消了水平对称面和二次轴时,会出现四方双锥的半面像四方单锥;取消了水平对称面和 2 个直立对称面,会出现四方双锥的半面像四方四面体。而对于复四方双锥来说,就会相应地

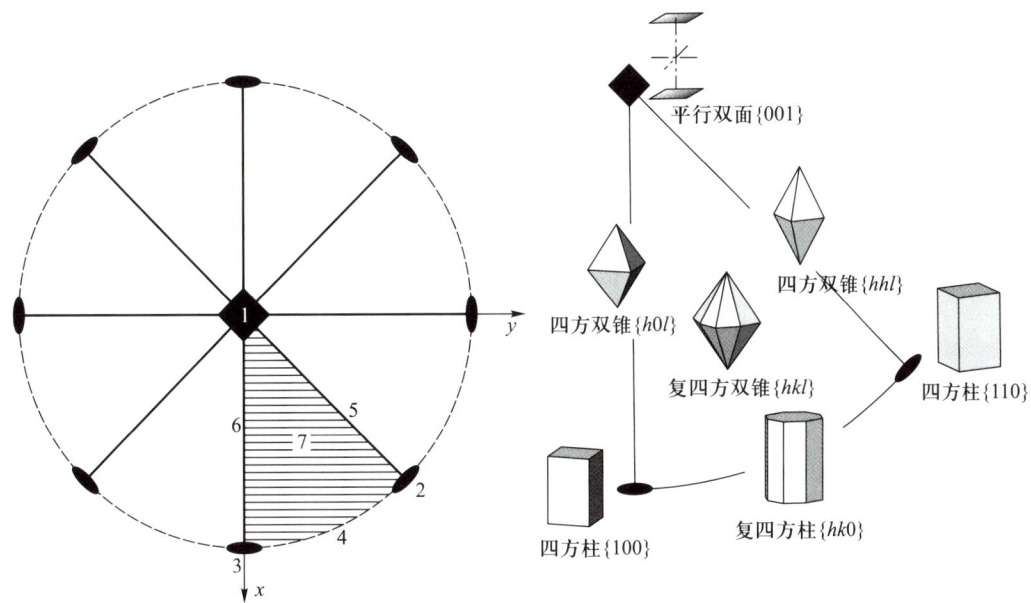

图 5-24　对称型 *4/m 2/m 2/m* 投影图与单形推导

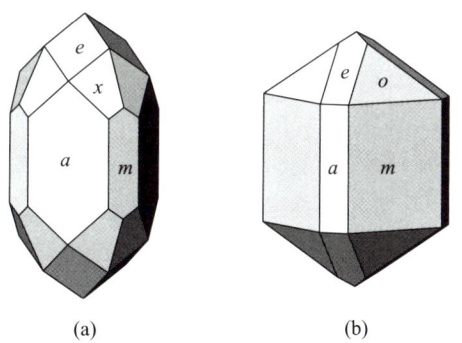

图 5-25　对称型 *4/m 2/m 2/m* 的聚形举例

（a）锆石；（b）锡石

四方柱 *a*｛100｝, *m*｛110｝；四方双锥 *o*｛111｝, 四方双锥 *e*｛101｝；复四方双锥 *x*｛211｝

出现其半面像复四方单锥和四方偏方面体。半面像单锥类之间是上形与下形的关系，由水平的二次轴旋转 180°联系；半面像四方四面体之间是正形与负形的关系，与四面体正形与负形类似；而半面像四方偏方面体之间是左形与右形的关系，因为它们是由直立的对称面联系，不能由旋转的方式联系。图 5-26 是复四方双锥分解为两个四方偏方面体的图示。

　　类似地，复四方柱也可以分解为两个半面像，这两个半面像都是四方柱。因为复四方柱的晶面与晶轴或二次轴是斜交关系，所以这两个四方柱的晶面也与晶轴或二次轴是斜交关系，其晶面指数为｛*hk*0｝，与第一和第二四方柱不同，我们称之为第三四方柱。那么，两个呈半面像关系的第三四方柱之间是正形与负形的关系，还是左形与右形的关系呢？它们之间可以通过直立的对称面联系，所以应该是左形与右形的关系。但是，它们也可以通过水平的二次轴旋转 180°联系，类似于上形与下形的关系。

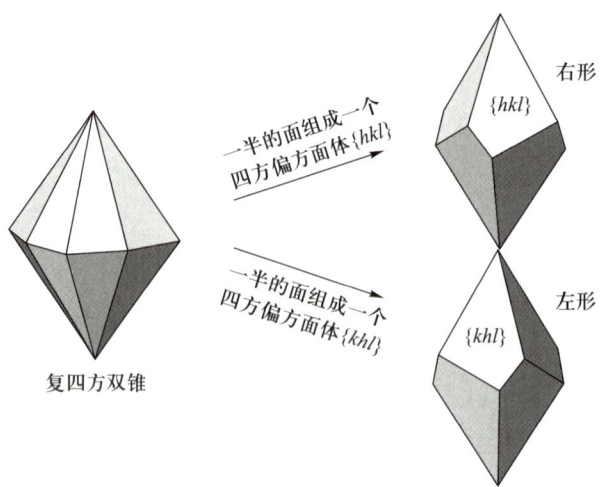

图 5-26　复四方双锥分解为两个四方偏方面体

四方晶系的许多对称型的定向是以 2 个 $L^2$ 或 $P$ 的法线或晶棱为 $x,y$ 轴,但不同的选择会导致晶面符号会有改变,如图 5-25 中的四方柱 $\{110\}$ 若改变定向则会变为 $\{100\}$(即由第一四方柱变为第二四方柱)。对于晶体模型来说怎么定向都可以,但对于具体的晶体形态(如图 5-25 是锆石和锡石晶体形态),晶体定向是固定的,要遵循"约定俗成"的原则。

### 3. 三方-六方晶系

$6/m\ 2/m\ 2/m(6/m\ m\ m)$:对称要素投影图及 7 个原始晶面的单形推导见图 5-27。其对称要素投影图中的最小重复单位与四方晶系的相似,都是夹角为 $x$ 轴与 $y$ 轴夹角一半的扇形区。类似地,第 1,2,3 号原始晶面导出的单形为定形,第 4,5,6,7 号原始晶面导出的单形为变形,第 7 号原始晶面导出的单形是该对称型的一般形。三-六方晶系的 7 个原始晶面所对应的 7 个形号要用四个晶面指数来表达,与其他晶系不同。而且,三方晶系与六方晶系的最小重复单位是相同的,不要误认为三方晶系的最小重复单位比六方晶系的要扩大一倍。为什么呢? 这是因为三方晶系与六方晶系都有三根水平晶轴 $x,y,u$,这三根晶轴之间夹角 60°,所以最小重复单位都是夹角为水平晶轴夹角一半(30°)的扇形区。与四方晶系类似,第 2 号原始晶面导出的六方柱 $\{11\overline{2}0\}$ 与第 3 号原始晶面推导出的六方柱 $\{10\overline{1}0\}$ 分别称为第一六方柱和第二六方柱;第 5 号原始晶面导出的六方双锥 $\{hh\overline{2h}l\}$(含 $\{11\overline{2}1\}$)与第 6 号原始晶面导出的六方双锥 $\{h0\overline{h}l\}$(含 $\{10\overline{1}1\}$)分别称为第一六方双锥和第二六方双锥。

对称型 $6/m\ 2/m\ 2/m$ 是三方-六方晶系中对称程度最高、对称要素最多的,其他三方-六方晶系的对称型都是在该对称型的基础上,取消某些对称面、二次轴、对称中心而形成。与四方晶系类似,由被取消的对称要素联系起来的晶面就会减半,形成相应的半面像。例如:取消了水平对称面和二次轴时,会出现六方双锥的半面像六方单锥,可以有上形与下形之分;取消了水平对称面和 3 个直立对称面,会出现六方双锥的半面像菱面体,可以由正形与负形之分,图 5-9 示出了菱面体的正形与负形。而对于复六方双锥来说,就会相应地出现其半面像复六方单锥和六方偏方面体。半面像六方偏方面体之间是左形与右形的关系,与图 5-26 中所示的四方偏方面体左右形类似。图 5-28 是六方双锥分解成两个菱面体的图示。

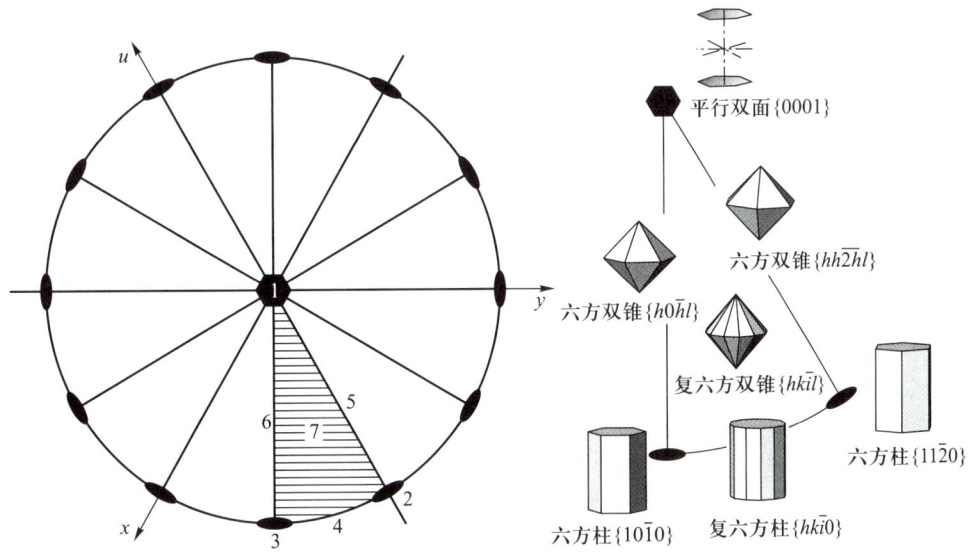

图 5-27 对称型 $6/m\ 2/m\ 2/m$ 投影图与单形推导

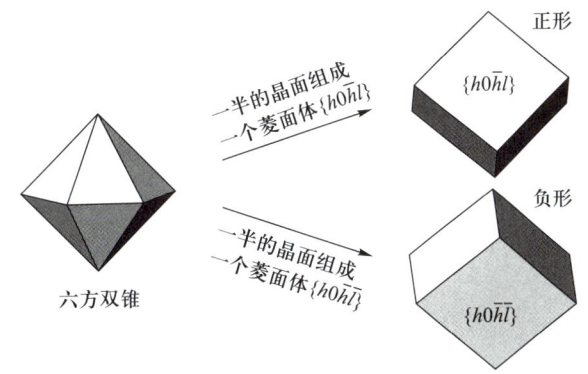

图 5-28 六方双锥分解为两个菱面体

与复四方柱类似,复六方柱也可以分解为两个半面像,这两个半面像都是六方柱 $\{hk\bar{i}0\}$,称之为第三六方柱。这两个第三六方柱之间也应该是左形与右形的关系。它们也可以通过水平的二次轴旋转 $180°$ 联系,类似于上形与下形的关系。

图 5-29 展示了一些三方、六方晶系的单形相聚形成的聚形。

三方晶系和六方晶系的许多对称型的定向是以 3 个 $L^2$ 或 $P$ 的法线或晶棱为 $x,y,u$ 轴,但不同的选择会导致晶面符号会有改变,如图 5-29 中的六方柱 $\{11\bar{2}0\}$ 如果改变定向,就会变为 $\{10\bar{1}0\}$(即由第一六方柱变为第二六方柱)。对于晶体模型来说怎么定向都可以,但对于具体的晶体形态(如图 5-29 中是各种具体的矿物晶体形态),晶体定向是固定的,要遵循"约定俗成"的原则。

### 4. 斜方晶系、单斜晶系、三斜晶系

对于低级晶族的斜方晶系、单斜晶系、三斜晶系,其单形的推导与本章第一节第 2 小节中所举的单形推导例子类似,因此这里不再详述。从图 5-3 可见,低级晶族的对称要素投影

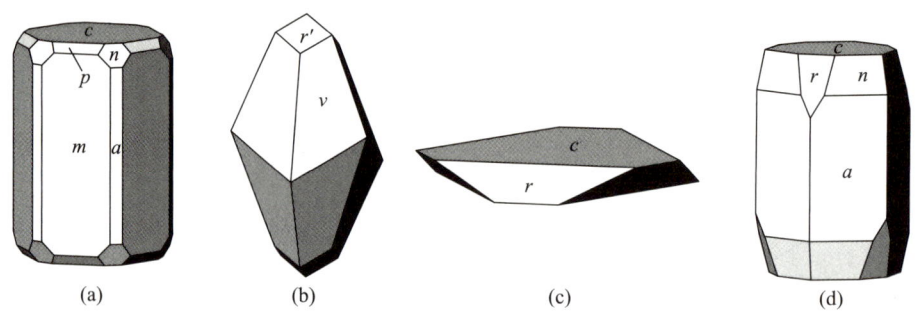

**图 5-29 三方、六方晶系的聚形举例**

(a)绿柱石;(b)方解石;(c)赤铁矿;(d)刚玉

六方柱 $a\{11\bar{2}0\}$,$m\{10\bar{1}0\}$;六方双锥 $p\{10\bar{1}1\}$,$n\{11\bar{2}1\}$;菱面体 $r\{10\bar{1}1\}$,$r'\{10\bar{1}4\}$;复三方偏三角面体 $v\{2\bar{1}\bar{3}4\}$

图的最小重复单位(似三角形)范围更大,是对称要素更少的缘故。7 个原始晶面位置及形号都与等轴晶系、四方晶系不同。虽然从最小重复单位的范围不同可以看出 7 个形号的不同,但是我们还必需要从低级晶族与等轴晶系、四方晶系对称不同的意义上理解这种不同(见本章习题与思考题中的综合分析与讨论题)。

低级晶族中具有最高对称程度的是对称型 $2/m\ 2/m\ 2/m(mmm)$,其他对称型都是在这个对称型的基础上取消某些对称面、二次轴、对称中心而形成。由被取消的对称要素联系起来的晶面就会减半,形成相应的半面像。例如:取消了水平对称面和二次轴时,会出现斜方双锥的半面像斜方单锥,可以有上形与下形之分;取消了水平对称面和直立对称面,会出现斜方双锥的半面像斜方四面体,可以有正形与负形或者左形与右形之分。图 5-30 展示了斜方晶系、单斜晶系、三斜晶系的一些单形相聚形成的聚形。

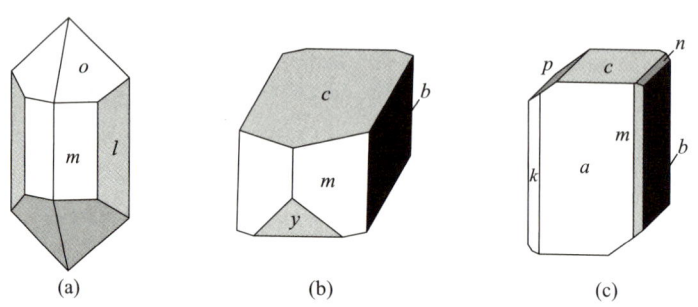

**图 5-30 斜方、单斜、三斜晶系的聚形举例**

(a)黄玉;(b)正长石;(c)蓝晶石

平行双面 $c\{001\}$,$a\{100\}$,$b\{010\}$,$n\{011\}$,$k\{1\bar{1}0\}$,$p\{0\bar{1}1\}$;斜方柱 $m\{110\}$,$l\{120\}$;斜方双锥 $o\{111\}$

对于斜方晶系,对称型 $2/m\ 2/m\ 2/m$ 和对称型 222 是以 3 个 $L^2$ 为 $x,y,z$ 轴,对称型 $mm2$ 是以 2 个 $P$ 的法线为 $x,y$ 轴;对于单斜晶系,唯一的 $L^2$ 为 $y$ 轴,垂直 $y$ 轴的晶棱为 $x,z$ 轴;对于三斜晶系,都是晶棱为 $x,y,z$ 轴。这些定向方法都具有多选性,不同的选择会导致晶面符号会有改变。如图 5-30 中的斜方柱 $\{110\}$ 若改变定向则会变为 $\{101\}$ 或 $\{011\}$。对于晶体模型来说,不同定向方法原则上都可以,习惯上是以晶棱数目多的方向为 $z$ 轴。但对于具体的晶体形态(如图 5-30 中是各种具体的矿物晶体形态),晶体定向是固定的,要遵循"约定俗成"的原则。

## 本章拓展、延伸知识

### 1. 关于正形与负形结晶学意义的进一步深入研究

前面关于单形的正形与负形的概念是：取向不同的两个相同单形，若相互之间能够借助旋转操作彼此重合，则两者互为正形与负形关系。我们也已经说明，"正形与负形"这个概念被引出的理由是：当它们同时出现在一个晶体形态上，为了区分这两个形态完全相同只是方位不同的单形，一个被称为正形，另一个被称为负形。

然而，这个关于正形与负形的概念是不严谨的，考虑到这个概念比较形象直观，而且在国内的结晶学教材中沿用几十年了，所以，我们在教材的基本教学内容中还是沿用这种简单的定义。在本章的拓展、延伸知识中，我们将给出正形与负形的严格定义，并对其结晶学意义做一些讨论。

正形与负形的严格定义是：在一个全对称导出的全面像（holohedron）中，当取消一些对称要素时，由这些取消的对称要素联系的晶面只发育一半，这样，一半的晶面组成它的半面像（merohedron），另一半晶面组成了它的另一个半面像，这两个半面像之间，如果是由取消的 $L^4$（旋转 90°）或 $L^6$（旋转 60°）联系，那么它们就是正形与负形的关系。例如，$4/m\ 3\ 2/m$ 的八面体（全面像）可以分为两个半面像：四面体，这两个四面体就是正形与负形的关系，它们由取消的 $L^4$（旋转 90°）联系。

此外，正形与负形还有两个重要的特征（赵珊茸等，2007）：

（1）单形的正形与负形在单形符号上表现为各晶面指数仅仅在正负号、排列顺序上有变化，例如：正四面体为 $\{111\}$，负四面体为 $\{11\bar{1}\}$；正菱面为 $\{10\bar{1}1\}$，负菱面为 $\{101\bar{1}\}$ 或 $\{0\bar{1}11\}$；正五角十二面体为 $\{hk0\}$，负五角十二面体为 $\{h0k\}$ 或 $\{kh0\}$；

（2）并不是所有单形都有正形与负形，只有那些在旋转一定角度后单形的方位有可识别变化但对称要素的方位并不因旋转而产生可识别性变化的单形才有正形与负形。如图 5-31 所示，将一个五角十二面体（a）旋转 90°后产生五角十二面体（b），这两个五角十二面体的晶面方位有变化，形号也有变化（从 $\{hk0\}$ 变为 $\{h0k\}$），但对称要素的分布格局没有可识别变化。

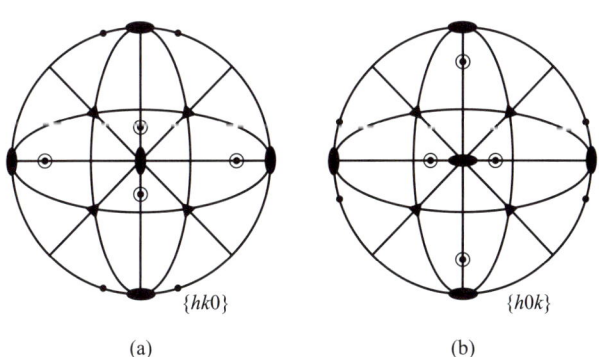

|  |  |
|:---:|:---:|
| $\{hk0\}$ | $\{h0k\}$ |
| (a) | (b) |

图 5-31　五角十二面体正形与负形对称要素与晶面的极射赤平投影图

有了以上的讨论，我们才可以回答一些深层次的结晶学问题，例如：在有些晶体形态上出现两个四方柱相聚,一个为{110},另一个为{100},为什么不称这两个四方柱为正形与负形,而称它们为第一四方柱和第二四方柱呢?

这是因为四方柱{110}和{100}聚合起来形成一个八方柱,结晶学中没有八方柱这个全面像,这不符合正形与负形的定义;另外,因为四方柱旋转45°后单形符号由{100}改为{110}了,不符合正形与负形的单形符号的变化规律,即不符合上述第1条特征;再次,旋转45°后,四方柱上对称要素的分布似乎没有变化,但如果要考虑不同共轭类的区别,那么旋转45°后不同共轭类的二次轴的位置发生了变化,这个变化是可识别的(见图5-32),所以也不符合上述第2条特征。

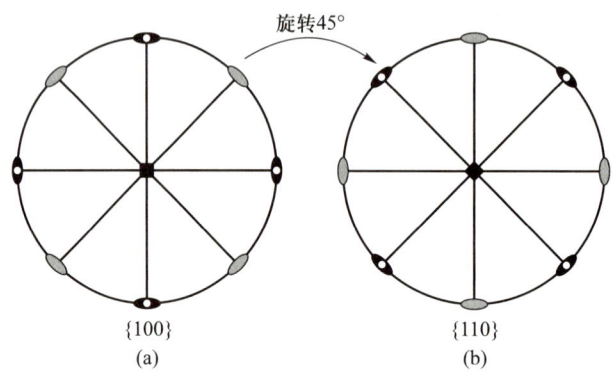

图 5-32 两个四方柱的对称要素与晶面的极射赤平投影图

深色椭圆所代表的二次轴与浅色椭圆所代表的二次轴为不同共轭类

然而,复四方柱{hk0}可以分解为两个半面像:第三四方柱{hk0}和{$h\bar{k}0$},这两个四方柱是正形与负形吗?因为这两个四方柱不能由旋转45°联系,只能由垂直y轴的对称面联系,所以它们是左形与右形的关系(见后叙)。

因此,同一单形的正形与负形的对称意义是:它们必定要是从一个全面像中分解出来的两个形态完全相同但方位不同、能够由旋转操作联系起来的单形;虽然它们的形状、对应晶面间的夹角都完全相等,但是它们是属于同一对称型的两个单形;它们的晶面与对称要素的关系是相同的,导致它们的单形符号是相似的,这使得正形与负形的出现严格受对称型的制约,不是所有的对称型都能推导出一对正形与负形的。

我们前面也说过,因为同一单形的正形与负形具有不同的表面结构,所以它们是属于同一几何单形的两个不同的结晶单形。但是,这两个结晶单形却有着相同的对称型,即正形与负形是形态相同(属于同一几何单形)、对称型也相同的两个结晶单形,这与一般的结晶单形有所不同,因为在表5-1~表5-7所列出的146种结晶单形中,属于同一几何单形的不同结晶单形具有不同的对称型,而同一单形的正形与负形具有相同的对称型,所以,同一单形的正形与负形这两个结晶单形,在146种结晶单形中并没有区分,而是将它们视为同一结晶单形的。在表5-5~表5-6中有的单形符号同时列出了{$10\bar{1}1$}和{$0\bar{1}11$}等,就是表示同一对称型的正形和负形的单形符号。

对于正形与负形在实际晶体上出现的意义是:当两个同种单形出现在一个晶体形态上时,一个被命名为正形,另一个就是负形;如果只出现这种单形的一个单形,一般将之命名为正形。在实际晶体形态上,同一单形的正形与负形是:内部结构相同(因为它们出现在同一晶体上）、但表面结构不同（因为它们在同一晶体的不同方向上）的两个结晶单形（赵珊茸等，2007）。

### 2. 关于左形与右形结晶学意义的进一步深入研究

前面关于单形的左形与右形的概念是：一个单形通过镜像反映（或反伸、或旋转反伸$\bar{4}$）形成的另一个形态相同但空间取向正好相反的单形，它们不能通过旋转操作使之重合，此二同形反向体为左形与右形。有些单形的左形与右形在几何形态上是分不出的，但内部结构为镜面对称的关系，这就是结晶单形意义上的左形与右形。

虽然上述关于左形与右形的概念在国内结晶学教材中沿用了几十年，但是这个概念也是不严谨的。与正形与负形的概念类似，左形与右形也是源自一个全面像分解出来的两个半面像。左形与右形的严格定义是：一个全对称导出的全面像中，当取消一些对称要素时，由这些取消的对称要素联系的晶面只发育一半，从而发育半面像，当两个半面像之间是由取消的平行(010)的对称面联系（对于四方/六方/斜方晶系），或者是平行(110)的对称面联系（对于等轴晶系），这两个半面像之间就是左形与右形的关系。例如，$4/m\ 2/m\ 2/m$ 的四方双锥（全面像）可以分解为两个半面像：四方偏方面体，这两个四方偏方面体就是左形与右形的关系，它们是由取消的平行(010)的对称面联系。再例如，$4/m\ 3\ 2/m$ 的四六面体（全面像）可以分解为两个半面像：五角十二面体，这两个五角十二面体可以是正形与负形的关系[如果它们是由取消的 $L^4$（旋转 90°）联系，见图 5-11]，也可以是左形与右形的关系[如果它们是由取消的平行(110)的对称面（即第 3 序号位的对称面）联系]。由此可见，同样的单形之间，可以是正形与负形，也可以是左形与右形，取决于它们之间的对称关系。

因为左形与右形是通过镜面反映联系起来的，这个镜面反映不仅针对晶面取向，同时也针对内部结构，所以，左形与右形的内部结构取向是不同的，这就意味着左形与右形内部结构不同。因此，同一单形的左形与右形是属于同一几何单形、相同对称型、但内部结构不同的两个不同的结晶单形。与正形和负形一样，同一单形的左形与右形这两个结晶单形在 146 种结晶单形中并没有将它们区分，而是将它们视为同一结晶单形的。

对于左形与右形在实际晶体上出现的意义是：因为左形与右形的内部结构不同，它们就不能同时出现在同一单晶体上；相反，如果在一个晶体上同时出现了一个单形的左形晶面和右形晶面，就能肯定该晶体不是一个单晶体，而是一个双晶；由于左形与右形存在一个镜面，所以这个双晶就一定存在一个双晶面。

对于这一点，我们一直没有比较清醒的认识，导致我们对香花石形态一直没有正确地认识。在香花石形态上出现了五角三四面体左形与右形、五角十二面体左形与右形，但它一直被误认为是一个单晶体。笔者通过结晶学理论分析提出该香花石是一个双晶，并提出了一个双晶理论模型（Zhao S R 等，2007），该模型已被背散射电子衍射分析证实。

关于左形与右形还要注意的是：对于中级和低级晶族，左形与右形的镜面是垂直 $y$ 轴的 (010) 面，但对于高级晶族（等轴晶系），左形与右形的镜面是 (110)，例如，五角三四面体、五角三八面体的左形与右形就是以 (110) 为镜面关系的，这是等轴晶系的对称特点决定的。

### 3. 关于正-左形、负-左形、正-右形、负-右形

有的单形不仅有正形与负形之分，同时还有左形与右形之分，这样就导致有 4 个变体，即：正-左形、负-左形、正-右形、负-右形。表 5-8 列出了三方偏方面体与五角三四面体的 4 个变体的形号变化，从形号变化规律可以看出三方偏方面体与五角三四面体的 4 个变体的

晶面取向发生了改变。

表 5-8　某些单形的左、右形的单形符号

| 单形名称 | 斜方四面体 | 三方偏方面体 | | 六方偏方面体 | 四方偏方面体 | 五角三四面体 | | 五角三八面体 |
|---|---|---|---|---|---|---|---|---|
| | | 正形 | 负形 | | | 正形 | 负形 | |
| 所属对称型（点群） | 222 ($3L^2$) | 32 ($L^3 3L^2$) | | 622 ($L^6 6L^2$) | 422 ($L^4 4L^2$) | 23 ($3L^2 4L^3$) | | 432 ($3L^4 4L^3 6L^2$) |
| 单形符号[a] 右形 | $\{hkl\}$ | $\{hk\bar{i}l\}$ | $\{i\bar{h}\,kl\}$ | $\{hk\bar{i}l\}$ | $\{hkl\}$ | $\{khl\}$ | $\{h\bar{k}l\}$ | $\{khl\}$ |
| 单形符号[a] 左形 | $\{h\bar{k}l\}$ | $\{i\bar{k}\,hl\}$ | $\{kh\bar{i}l\}$ | $\{i\bar{k}\,hl\}$ | $\{khl\}$ | $\{khl\}$ | $\{\bar{k}hl\}$ | $\{hkl\}$ |

a 中级晶族单形中 $h>k$；高级晶族中 $h>k>l$。

资料来源：引自罗谷风，1985。

　　另外，还有些单形的正-左形、负-左形、正-右形、负-右形的晶面取向及形号并没有 4 种变化而只有 2 种变化的情况，这是因为，区分这 4 个变体不能仅根据几何形态（即晶面取向），而要根据内部结构。例如：三方柱的正-左形、负-左形、正-右形、负-右形这 4 个变体中只有 2 种取向及形号，其中正-左形与负-右形的晶面取向及形号完全相同，而正-右形与负-左形的晶面取向及形号完全相同，如图 5-33 所示。图中画出了各晶面的表面结构示意，从中可以看出：

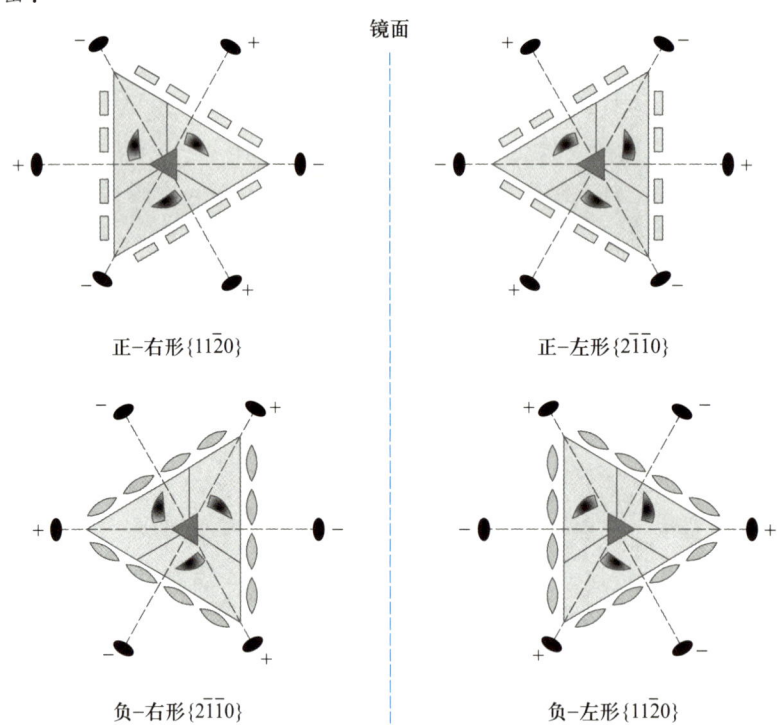

图 5-33　三方柱的 4 个相关变体示意图

　　（1）正-右形与负-右形具有相同的内部结构，但具有不同的表面结构；正-右形与负-左形也是这样。

（2）正-左形与正-右形具有不同的内部结构,但具有相同的表面结构;负-左形与负-右形也是这样。

（3）虽然正-左形与负-右形的晶面取向完全相同,但是它们的内部结构及表面结构都不相同。

### 4. 关于上形与下形

除了正形与负形、左形与右形外,对于单锥类单形,还可以有上形与下形之分。晶面都在上半球称为上形,晶面都在下半球则称为下形。上形与下形的概念类似于正形与负形、左形与右形的概念,是由双锥类(全面像)分解为两个半面像:单锥类,这两个单锥类是由取消的水平对称面或 $L^2$ 联系起来的。这样,一个单形最多的相关变体可以有 8 个:上-左-正形、上-左-负形、上-右-正形、上-右-负形、下-左-正形、下-左-负形、下-右-正形、下-右-负形。具有这样 8 个相关变体的典型单形就是三方单锥,三方单锥的 8 个相关体的具体情况可以从图 5-33 的 4 个三方柱相关体衍生得到:即将图 5-33 中的 4 个三方柱分别变为上三方单锥和下三方单锥即可。

### 5. 关于一般形

前面已经介绍了一般形概念,即每个对称型的形号为 $\{hkl\}$ 的单形,就是这个对称型的一般形。每个对称型只有一个一般形,每个对称型的一般形都与别的对称型的一般形不同,但某个对称型的一般形从几何形态上看可能与另一对称型的特殊形相同。例如:对称型 $L^3C$ 的一般形 $\{hk\bar{i}l\}$ 与对称型 $L^33L^2PC$ 的特殊形 $\{h0\bar{h}l\}$ 形态相同,都是菱面体。但是,这两个菱面体内部性质完全不同,仅仅是几何形态相同而已。我们前面也已经介绍过,“一般形”和“特殊形”是针对某一对称型而言的,必须从结晶单形的意义(即内部结构性质)来区别它们,只根据单形的几何形态是不能判断它是“一般形”还是“特殊形”的。

那么,一般形在实际晶体形态上有什么意义呢?如果某个晶体形态上发育特殊形和一般形,根据晶体形态就能够确定该晶体的对称型;如果晶体形态上只发育特殊形,不能根据形态确定晶体的对称型。例如石英,其对称型为 32,如果石英晶体形态上只发育六方柱、菱面体,如图 5-34（a）,根据形态判断出晶体的对称型为 $\bar{3}m(2/m\bar{3})$,与石英本身的对称型

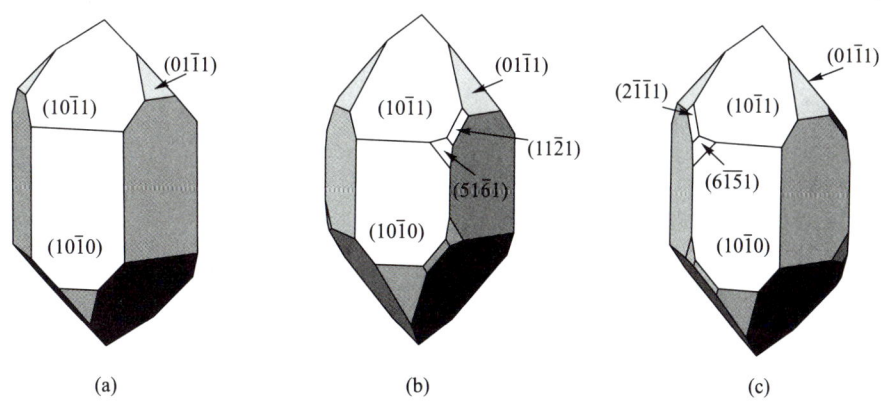

图 5-34 石英晶体形态

（a）只发育特殊形六方柱 $\{10\bar{1}0\}$ 和菱面体 $\{10\bar{1}1\}$、$\{0\bar{1}11\}$;

（b）（c）发育了一般形三方偏方面体 $\{51\bar{6}1\}$（右形）或 $\{6\bar{1}\bar{5}1\}$（左形）

不符;但如果石英发育一般形——三方偏方面体,如图 5-34(b)、(c),那么根据形态就能判断其对称型为 32。这也就是说,石英晶体上的六方柱、菱面体,其真正的对称型应为 32(即结晶单形的对称型),但从六方柱和菱面体的几何形态上并不能反映其真正的对称型。

图 5-35 列出了 32 种对称型所对应的一般形。

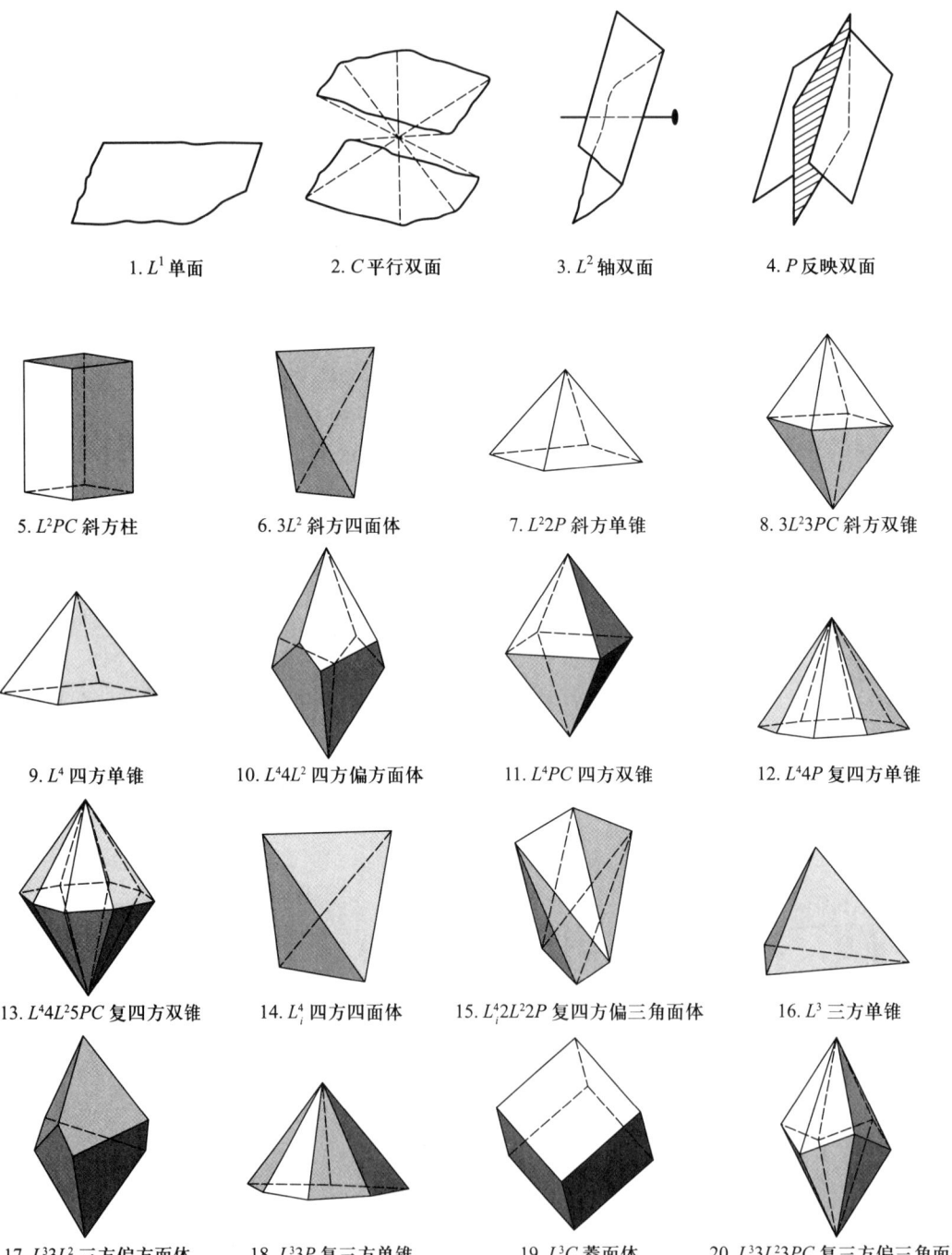

1. $L^1$ 单面    2. $C$ 平行双面    3. $L^2$ 轴双面    4. $P$ 反映双面

5. $L^2PC$ 斜方柱    6. $3L^2$ 斜方四面体    7. $L^22P$ 斜方单锥    8. $3L^23PC$ 斜方双锥

9. $L^4$ 四方单锥    10. $L^44L^2$ 四方偏方面体    11. $L^4PC$ 四方双锥    12. $L^44P$ 复四方单锥

13. $L^44L^25PC$ 复四方双锥    14. $L^4_i$ 四方四面体    15. $L^4_i2L^22P$ 复四方偏三角面体    16. $L^3$ 三方单锥

17. $L^33L^2$ 三方偏方面体    18. $L^33P$ 复三方单锥    19. $L^3C$ 菱面体    20. $L^33L^23PC$ 复三方偏三角面体

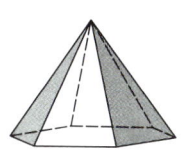

21. $L^6$ 六方单锥

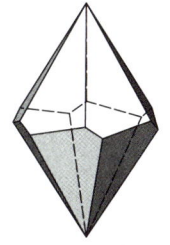

22. $L^66L^2$ 六方偏方面体

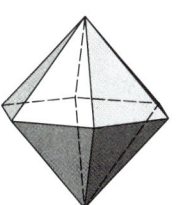

23. $L^6PC$ 六方双锥

24. $L^66P$ 复六方单锥

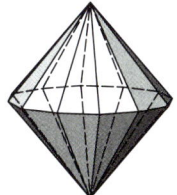

25. $L^66L^27PC$ 复六方双锥

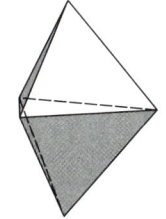

26. $L_i^6$ 三方双锥

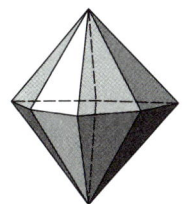

27. $L_i^63L^23P$ 复三方双锥

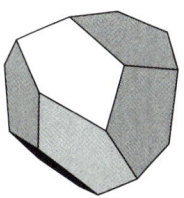

28. $3L^24L^3$ 五角三四面体

29. $3L^24L^3PC$
偏方复十二面体

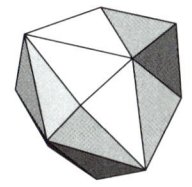

30. $3L^44L^36P$
六四面体

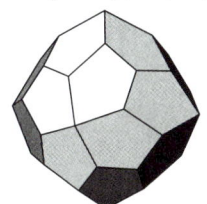

31. $3L^44L^36L^2$
五角三八面体

32. $3L^44L^36L^29PC$
六八面体

图 5-35　32 种对称型的一般形

# 习题与思考题

**基础题：**

1. 单形的概念是什么？单形中各晶面与对称要素的关系怎样？

2. 单形的概念很抽象，从形象直观的特点来看，在理想形态中，单形的形态特点是什么？

3. 请描述单形的推导过程。每个对称型最多能推导出几个单形？

4. 单形符号是怎么写出来的？代表晶面的选择原则是什么？

5. 可不可以说立方体也可以分成 3 对平行双面？为什么？

6. 几何单形有多少种？结晶单形有多少种？一个几何单形对应有多个结晶单形，举例说明。

7. 在等轴晶系中，单形符号｛100｝，｛110｝，｛111｝代表哪些单形？

8. 柱类单形是否都与 $z$ 轴平行？

9. 双锥类（如三方双锥、四方双锥）与面体类（如菱面体、四方四面体）单形怎么区别？面体类与偏方面体类（如三方偏方面体、四方偏方面体）怎么区别？

10. 单形的分类中,左形与右形之间是什么关系? 正形与负形之间是什么关系?

11. 什么是聚形? 单形相聚的条件是什么?

12. 根据单形的几何形态得出: 立方体的对称型为 $4/m\,3\,2/m$,五角十二面体的对称型为 $2/m\,3$,它们的对称型不同,所以不能相聚,对吗? 为什么?

13. 结合习题 12,你怎么理解单形相聚的条件?

### 综合分析与讨论题:

14. 下面对称型中 $\{111\}$ 是什么单形?

$L^4L^2 5PC \qquad 3L^4 4L^3 6L^2 9PC \qquad 3L^2 3PC \qquad L_i^4 2L^2 2P$

15. 晶面与任何一个对称型的位置关系最多只能有 7 种,所以一个晶体上最多只能有 7 个单形相聚构成聚形,此话正确与否?

16. 六方柱为什么可以出现在三方晶系?

17. 在聚形中如何区分下列单形: 斜方柱与四方柱;斜方双锥、四方双锥与八面体;三方双锥与菱面体;菱形十二面体与五角十二面体?

18. 总结归纳以下单形形号在各晶系中各代表什么单形:

$\{100\},\{110\},\{111\},\{10\bar{1}1\},\{10\bar{1}0\},\{11\bar{2}0\},\{11\bar{2}1\}$。

19. 在极射赤平投影图中找出对称型 $2/m\,2/m\,2/m$、$3\,2/m$ 对称型中的最小重复单位,并设置 7 个原始晶面位置推导单形。

20. 已知一个六方柱的对称型是 $32(L^3 3L^2)$,这个六方柱是否有左、右形之分?

21. 石英晶体形态上发育两个菱面体 $\{10\bar{1}1\}$ 和 $\{01\bar{1}1\}$,它们是什么关系? 它们的表面结构(或它们的晶面性质)相同吗? 为什么?

22. 石英晶体形态上有时会发育三方偏方面体 $\{5161\}$ 或 $\{\bar{6}1\,\bar{5}1\}$,这两个三方偏方面体是什么关系? 发育 $\{5161\}$ 的石英晶体与发育 $\{\bar{6}1\,\bar{5}1\}$ 的石英晶体内部结构是什么关系?

23. 当石英晶体形态上同时发育菱面体 $\{10\bar{1}1\}$ 和 $\{01\bar{1}1\}$ 时,这个石英是单晶体还是双晶? 当石英晶体形态上同时发育三方偏方面体 $\{5161\}$ 和 $\{\bar{6}1\,\bar{5}1\}$ 时,这个石英是单晶体还是双晶? 为什么?

24. 在表 5-1~表 5-7 中,为什么等轴晶系、四方晶系、低级晶族(含三个晶系)的 7 个形号各不相同? 例如,为什么等轴晶系没有 $\{001\}$? 四方晶系和斜方晶系没有 $\{111\}$? 四方晶系没有 $\{010\}$ 而斜方晶系有 $\{010\}$? 等等。虽然从它们的对称要素投影图的最小重复单位不同可以说明其形号的不同,但请从各晶系的对称性来说明这个问题。

25. 在图 5-35 中,许多单形的对称型与它们几何形态的对称型不同,例如,图 5-35 中菱面体的对称型是 $L^3 C$,四方双锥的对称型是 $L^4 PC$,但从几何形态上来看,菱面体的对称型是 $L^3 3L^2 3PC$,四方双锥的对称型是 $L^4 4L^2 5PC$,这是为什么?

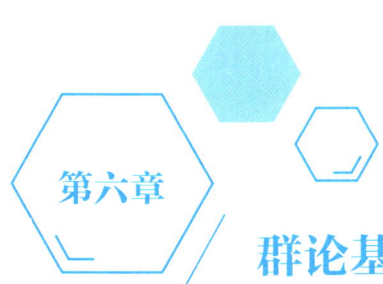

# 第六章

# 群论基础及其在晶体对称理论中的应用

在第三章中我们已经述及,对称型中所有对称要素的操作构成点群。群是一个数学概念,群论是一门数学分支学科。既然对称操作可构成点群,就说明各种对称操作的相互作用必定符合群论的数学运算法则。本章将简要介绍群论基础及其对对称操作的运算。

用群论这一数学工具对对称操作的运算,可以使我们对晶体对称理论的空间概念有一个更深入的理性认识。例如:为什么两种对称要素组合会产生另一种对称要素?怎么来运算这种对称操作(对称要素)复合(组合)的结果?等等。虽然这些问题在前述的章节中用形象直观的空间几何推论也能得到答案,但是如果用群论来处理,这些相关的空间几何推导可以变为在纸面上运算的公式,就会更加简捷、明了、严谨。

但是,用群论来研究晶体对称的空间概念还是比较抽象的,初学者不易接受。因此,我们在介绍完有关晶体对称、定向、单形与聚形的晶体对称理论体系后,在有关空间概念已经建立起来之后,再在此简要介绍一下群论及其有关应用。

## 一、群 论 基 础

### 1. 群的概念

群是按照某种规律相互联系着的一组元素的集合。群的元素可以是字母、数字等,在晶体对称理论中,群的元素是对称操作。

电子教案6
结晶学阶段
总结

在元素的集合 $G$ 上定义一种结合法(或称为乘法,但这个乘法是广义的,不能理解为仅是两个数字之间相乘的简单乘法),若 $G$ 对于给定的结合法满足下列 4 个条件,则称 $G$ 为一个群(group)。

(1)封闭性:群内任意两个元素或两个以上的元素(相同的或不同的)的结合(积)都是该集合的一个元素。即若 $a$ 和 $b$ 是 $G$ 中的元素,则它们的结合 $ab$ 也是 $G$ 中的元素。

在一般情况下,$ab \neq ba$,即不满足交换律,所以,元素书写的顺序是有意义的,如果一个群中所有元素间的结合都满足交换律 $ab=ba$,那么称该群为互易群。

(2)结合律:虽然群元素不要求满足交换律,但是必须满足结合律,即要求下式成立

$$(ab)c=a(bc) \tag{6-1}$$

（3）单位元：集合内存在一个单位元 $e$，它和集合中任何一个元素的积都等于该元素本身，即 $ae=ea=a,be=eb=b$。

（4）逆元素：集合内任一元素均有一个对应的逆元素，即元素 $a$ 有一个逆元素 $a^{-1}$，使 $aa^{-1}=e$。

元素的集合如果满足上述 4 个条件，就称为群。在这个群中元素的个数就是群的阶（order）。

例如：所有的整数构成一个群 $\{\cdots,-3,-2,-1,0,1,2,3,\cdots\}$。该群所对应的结合法为加和。

（1）封闭性：任意两个或两个以上的整数加和，还是一个整数。

（2）结合律：$(a+b)+c=a+(b+c)$。

（3）单位元素：整数群中的单位元素是 0，因为任意整数与 0 的加和还是这个整数本身，$a+0=a$。

（4）逆元素：任意整数都有一个对应的绝对值相等但符号相反的整数，这两个符号相反的整数互为逆元素：$a+(-a)=0$。

以上 $a,b,c$ 为任意整数。

### 2. 群的性质

（1）母群、子群、不变子群：

定义：若群的子集 $H$ 对于群 $G$ 的结合法也构成一个群，则称 $H$ 为 $G$ 的子群（subgroup），而 $G$ 称为 $H$ 的母群（supergroup）。

例如：所有偶数构成整数群中的一个子群。请读者自行验证偶数群也满足上述的 4 个条件，同时请思考：所有奇数构成群吗？

定义：设 $H$ 为群 $G$ 的一个子群，若对 $G$ 的任何元素 $g$ 都有

$$gHg^{-1}=H \tag{6-2}$$

则称 $H$ 为 $G$ 的一个不变子群（invariant subgroup）。

对于对称操作中的点群，可以形象地理解为：若对称型中所有对称要素的操作不改变某一对称要素的位置，则这一对称要素对应的操作称为该点群中的不变子群。

（2）共轭性：设 $a$ 与 $b$ 是群 $G$ 的两个元素，若 $G$ 中可找到一元素 $x$，使得

$$b=xax^{-1} \tag{6-3}$$

则称 $b$ 与 $a$ 共轭，或称 $b$ 是 $x$ 对 $a$ 共轭变换的结果。

对于对称操作中的点群，可以形象地理解为：若通过某一对称要素 $x$ 的操作使对称要素 $a$ 的位置发生了改变，变到对称要素 $b$ 的位置，$a$ 与 $b$ 为同一种类型的对称要素，则称 $a$、$b$ 为同一共轭类。

（3）直积性：

定义：设有两个群 $H=\{1,h_2,\cdots,h_r\};P=\{1,p_2,\cdots,p_s\}$，若① 群 $H$ 与群 $P$ 除单位元 1 之外没有任何公共元素；② 群 $H$ 的元素与群 $P$ 的元素之间的结合法服从交换律

$$h_ip_j=p_jh_i \tag{6-4}$$

则群 $H$ 中任一元素 $h_i$ 与群 $P$ 中任一元素 $p_j$ 结合的集合

$$G=\{h_i p_j\}=\{p_j h_i\} \quad (i=1,2,\cdots,r;j=1,2,\cdots,s) \tag{6-5}$$

称为群 $H$ 与群 $P$ 的外直积,记为: $G=H\otimes P=P\otimes H$。

按上述定义的外直积具有下述性质:① 群 $H$ 与群 $P$ 的外直积 $G=\{h_i p_j\}$ 构成群,称为 $H$ 与 $P$ 的外直积群 $G$;② 外直积群 $G$ 中,两个直积因子群 $H$ 与 $P$ 都是 $G$ 的不变子群;③ 外直积群 $G$ 的阶 $q$ 为 $H$ 的阶 $r$ 与 $P$ 的阶 $s$ 的乘积: $q=rs$。

定义:设有两个群 $H=\{1,h_2,\cdots,h_r\}$;$P=\{1,p_2,\cdots,p_s\}$,若① 群 $H$ 与群 $P$ 除单位元 1 之外没有公共元素;② 在群 $P$ 任一元素 $p_j$ 的共轭变换下,群 $H$ 是不变的,即

$$p_j H p_j^{-1}=H \tag{6-6}$$

则群 $H$ 中任一元素与群 $P$ 中任一元素结合的集合 $G=\{h_i p_j\}(i=1,2,\cdots,s;j=1,2,\cdots,s)$ 称为群 $H$ 与群 $P$ 的半直积,记为: $G=H\wedge P$。

半直积具有下述性质:① 群 $H$ 与群 $P$ 的半直积 $G=\{h_i p_j\}$ 构成群,称为 $H$ 与 $P$ 的半直积群;② 在半直积群 $G$ 中,第一直积因子群 $H$ 为 $G$ 的不变子群;③ 半直积群 $G$ 的阶 $q$ 为 $H$ 的阶 $r$ 与 $P$ 的阶 $s$ 的乘积: $q=rs$。

# 二、群论在晶体对称理论中的应用

对称要素组合构成对称型,其对应的对称操作的复合就构成点群,即这种对称操作的复合是符合数学中群的定义的。现在我们具体讨论群论这一数学工具(或语言)对对称操作的运算(或描述)。

用群论的数学工具来运算晶体中的对称操作时,每一对称要素的操作(或者一个对称要素的每一次操作)就是一个群元素,这个群所定义的结合法为操作的复合,而操作的复合的运算就是操作矩阵的乘积。这样,借助矩阵运算,我们就可以对对称操作进行运算。所以,首先我们必须给出对称操作的矩阵表达。

## 1. 对称操作的矩阵表达

对称操作用数学的方法来描述,就是在一个固定坐标系中,操作前后空间所有的点的坐标发生了改变。

设空间中的一点 $(x,y,z)$ 经对称操作 $\boldsymbol{R}$ 得到另一点 $(x',y',z')$,则

$$(x',y',z')=\boldsymbol{R}(x,y,z) \tag{6-7}$$

可以通过一个矩阵变换来表示 $\boldsymbol{R}$

$$\begin{pmatrix} x' \\ y' \\ z' \end{pmatrix} = \begin{pmatrix} a_{11} & a_{12} & a_{13} \\ a_{21} & a_{22} & a_{23} \\ a_{31} & a_{32} & a_{33} \end{pmatrix} \begin{pmatrix} x \\ y \\ z \end{pmatrix} \tag{6-8}$$

其中
$$\boldsymbol{R} = \begin{pmatrix} a_{11} & a_{12} & a_{13} \\ a_{21} & a_{22} & a_{23} \\ a_{31} & a_{32} & a_{33} \end{pmatrix} \tag{6-9}$$

称为对称变换矩阵(symmetric operation matrix),任一对称变换都有唯一的对称变换矩阵。

那么,两种对称操作的复合就是这两种对称操作的对称变换矩阵的乘积,矩阵乘积的算法为

$$\begin{pmatrix} a_{11} & a_{12} & a_{13} \\ a_{21} & a_{22} & a_{23} \\ a_{31} & a_{32} & a_{33} \end{pmatrix} \begin{pmatrix} b_{11} & b_{12} & b_{13} \\ b_{21} & b_{22} & b_{23} \\ b_{31} & b_{32} & b_{33} \end{pmatrix} = \begin{pmatrix} c_{11} & c_{12} & c_{13} \\ c_{21} & c_{22} & c_{23} \\ c_{31} & c_{32} & c_{33} \end{pmatrix} \tag{6-10}$$

其中 $c_{ij} = a_{i1} \cdot b_{1j} + a_{i2} \cdot b_{2j} + a_{i3} \cdot b_{3j}$ $(i, j = 1, 2, 3)$

简单地说就是:前面一个矩阵的第 $i$ 行的 3 个矩阵元素 $a_{i1}$、$a_{i2}$、$a_{i3}$ 与后面一个矩阵的第 $j$ 列的 3 个矩阵元素 $b_{1j}$、$b_{2j}$、$b_{3j}$ 分别相乘后相加,就得到作为乘积结果矩阵中的第 $i$ 行第 $j$ 列的矩阵元素 $c_{ij}$。

由上可见,两个相乘矩阵的前后位置是有意义的,不能随便交换位置,即矩阵运算不满足交换律。

下面我们给出一些主要的对称要素的对称操作变换矩阵。

(1) 对称面所对应的变换矩阵为

$$\boldsymbol{R}\{m[100]\} = \begin{pmatrix} -1 & 0 & 0 \\ 0 & 1 & 0 \\ 0 & 0 & 1 \end{pmatrix}$$

$$\boldsymbol{R}\{m[010]\} = \begin{pmatrix} 1 & 0 & 0 \\ 0 & -1 & 0 \\ 0 & 0 & 1 \end{pmatrix}$$

$$\boldsymbol{R}\{m[001]\} = \begin{pmatrix} 1 & 0 & 0 \\ 0 & 1 & 0 \\ 0 & 0 & -1 \end{pmatrix} \tag{6-11}$$

这里对称面的方位用其法线标定,即 [100]、[010]、[001] 方向为对称面 $m$ 的法线,我们使用了晶棱符号 $[rst]$。

例如,对称面 $m[010]$ 对点 $(x, y, z)$ 操作

$$\boldsymbol{R}\{m[010]\}(x, y, z) = \begin{pmatrix} 1 & 0 & 0 \\ 0 & -1 & 0 \\ 0 & 0 & 1 \end{pmatrix} \begin{pmatrix} x \\ y \\ z \end{pmatrix} = \begin{pmatrix} x \\ -y \\ z \end{pmatrix} \tag{6-12}$$

即点 $(x, y, z)$ 在对称面 $m[010]$ 的作用下,变换成 $(x, \bar{y}, z)$。

(2) 对称轴所对应的旋转操作变换矩阵:在直角坐标系下,绕 $z$ 轴或绕 $y$ 轴旋转的矩阵分别为

$$\boldsymbol{R}\{n[001]\} = \begin{pmatrix} \cos \alpha_n & -\sin \alpha_n & 0 \\ \sin \alpha_n & \cos \alpha_n & 0 \\ 0 & 0 & 1 \end{pmatrix} \tag{6-13}$$

$$R\{n[010]\}=\begin{pmatrix} \cos\alpha_n & 0 & \sin\alpha_n \\ 0 & 1 & 0 \\ -\sin\alpha_n & 0 & \cos\alpha_n \end{pmatrix} \tag{6-14}$$

式中 $\alpha_n$ 的角度是有正、负之分的,我们规定顺时针旋转为正。

例如,绕 $z$ 轴的二次轴对点 $(x,y,z)$ 的操作表示为

$$R\{2[001]\}(x,y,z)=\begin{pmatrix} -1 & 0 & 0 \\ 0 & -1 & 0 \\ 0 & 0 & 1 \end{pmatrix}\begin{pmatrix} x \\ y \\ z \end{pmatrix}=\begin{pmatrix} -x \\ -y \\ z \end{pmatrix} \tag{6-15}$$

从而得到点 $(\bar{x},\bar{y},z)$。

但三次轴和六次轴不适合使用上述矩阵,因为对于三方、六方晶系,习惯采用四轴定向法,即采用 $H$ 坐标系。在这种坐标系下,有

$$R\{3[001]\}(x,y,z)=\begin{pmatrix} 0 & -1 & 0 \\ 1 & -1 & 0 \\ 0 & 0 & 1 \end{pmatrix}\begin{pmatrix} x \\ y \\ z \end{pmatrix}=\begin{pmatrix} -y \\ x-y \\ z \end{pmatrix} \tag{6-16}$$

$$R\{6[001]\}(x,y,z)=\begin{pmatrix} 1 & -1 & 0 \\ 1 & 0 & 0 \\ 0 & 0 & 1 \end{pmatrix}\begin{pmatrix} x \\ y \\ z \end{pmatrix}=\begin{pmatrix} x-y \\ x \\ z \end{pmatrix} \tag{6-17}$$

可以证明,两次 $L^6$ 的操作即等于 $L^3$ 的操作(即两次旋转 $60°$ 等于一次旋转 $120°$)

$$\begin{pmatrix} 1 & -1 & 0 \\ 1 & 0 & 0 \\ 0 & 0 & 1 \end{pmatrix}\begin{pmatrix} 1 & -1 & 0 \\ 1 & 0 & 0 \\ 0 & 0 & 1 \end{pmatrix}=\begin{pmatrix} 0 & -1 & 0 \\ 1 & -1 & 0 \\ 0 & 0 & 1 \end{pmatrix} \tag{6-18}$$

同理,这里对称轴的方位也用晶棱符号表示。

当对称轴的轴次 $n=1$ 时,就是恒等操作,因为 $n=1$ 就是物体旋转 $360°$ 只重复 1 次,任何物体围绕任意直线旋转 $360°$ 可以恢复原状(重复 1 次),所以恒等操作似乎是无实际意义的,但它在对称操作的点群中起着重要的单位元的作用。恒等操作的对称变换矩阵为

$$\begin{pmatrix} 1 & 0 & 0 \\ 0 & 1 & 0 \\ 0 & 0 & 1 \end{pmatrix}$$

每一个对称操作的反向操作就是它的逆操作,那么对称操作和它的反向操作的复合必定为恒等操作。一般将某操作 $R$ 的逆操作写成 $R^{-1}$。

(3)对称中心所对应的反伸操作变换矩阵:对于晶体的宏观对称,对称中心必定位于晶体中心,即坐标原点,故反伸操作的变换矩阵为

$$R\{\bar{1}\}=\begin{pmatrix} -1 & 0 & 0 \\ 0 & -1 & 0 \\ 0 & 0 & -1 \end{pmatrix} \tag{6-19}$$

空间一点$(x,y,z)$,经对称中心操作,则

$$\boldsymbol{R}\{\overline{1}\}(x,y,z)=\begin{pmatrix} -1 & 0 & 0 \\ 0 & -1 & 0 \\ 0 & 0 & -1 \end{pmatrix}\begin{pmatrix} x \\ y \\ z \end{pmatrix}=\begin{pmatrix} -x \\ -y \\ -z \end{pmatrix} \tag{6-20}$$

从而得到点$(\overline{x},\overline{y},\overline{z})$。

### 2. 对称型中所有对称要素的操作构成群——点群

现在我们来说明对称型所对应的操作就是点群。

例如:对称型$2/m$包含3个对称要素$2,m,\overline{1}$,它们的操作构成一个群,群元素可以理解为每个对称要素所对应的操作,表示为$2/m\{2,m,\overline{1},1\}$,它满足群的4个基本条件。

(1)封闭性:可以用矩阵运算验证,上述4个群元素中任2个或3个的结合(操作的复合或操作矩阵的乘积)还是这4个群元素之一。例如:$2\times m=\overline{1}$。矩阵表达式如下(设2和$m$的法线都是$[010]$方向)。

$$\begin{pmatrix} -1 & 0 & 0 \\ 0 & 1 & 0 \\ 0 & 0 & -1 \end{pmatrix}\begin{pmatrix} 1 & 0 & 0 \\ 0 & -1 & 0 \\ 0 & 0 & 1 \end{pmatrix}=\begin{pmatrix} -1 & 0 & 0 \\ 0 & -1 & 0 \\ 0 & 0 & -1 \end{pmatrix} \tag{6-21}$$

(2)结合律:同样可以用矩阵运算验证,$(2m)\overline{1}=2(m\overline{1})$。

(3)单位元:群中的1即为单位元。

(4)逆元素:群中每一元素都有逆元素,逆元素为每个元素的反向操作。

由此可见,$2/m$是一个群。

所有的对称型中所对应的操作都可构成一个群,称点群。

但是,这里要做两点说明:

第一,有的对称型只有一个对称要素,这时,群元素就是这个对称要素的每一次操作。例如:对称型$4(L^4)$的各种旋转操作就构成一个群,表示为$4\{4^1,4^2,4^3,4^4=1\}$(其中$4^n$表示绕四次轴顺时针旋转$n\times90°$)。这时群元素的结合(或复合)为两个群元素所对应的操作相继连续施行,也可用矩阵的乘积表达(其中$4^n$的操作变换矩阵为四次轴的变换矩阵自乘$n$次)。同样也可证明群$4\{4^1,4^2,4^3,4^4=1\}$中的4个元素满足群的4个基本条件(请读者自行证明,见习题)。

第二,因为每个对称要素的操作就构成一个群,所以,从这个意义上说,对称型中的每个对称要素的操作实际上为这个对称型所对应的点群中的子群,而不是群元素。例如,上述点群$2/m\{2,m,\overline{1},1\}$中,也可以将每个群元素看成是子群,2这个子群包含两个群元素,表示为$2\{2^1,2^2=1\}$;同样$m,\overline{1}$这两个子群也可以分别表示为$m\{m^1,m^2=1\}$,$\overline{1}\{(\overline{1})^1,(\overline{1})^2=1\}$。但是,有些对称型却不能将每个对称要素的操作看成群元素,只能看成子群,例如$4/m$这个对称型,它包含3个对称要素$4,m,\overline{1}$,这时,如果将每个对称要素看成是群元素而将点群$4/m$表示为$4/m\{4,m,\overline{1},1\}$,就不能验证群的封闭性,因为$m$与$\overline{1}$的复合(或矩阵的乘积)只能产生2,表面上看,2不是上述4个群元素之一,所以就不能验证该点群的封闭性,这时一定要将4这个群元素看成子群,即4可表示为$4\{4^1,4^2=2^1,4^3,4^4=2^2=1\}$,其中包含了2,所以

$m$ 与 $\overline{1}$ 的复合等于 2,就可以满足群的封闭性了。

总结以上两点,我们可以看出点群中群元素之间的运算包含两个层次:一是同一个对称要素的各次操作之间的复合;二是不同对称要素的操作之间的复合。

### 3. 点群中存在的一些母群-子群关系

前面我们已经看到,$4\{4^1,4^2=2^1,4^3,4^4=2^2=1\}$ 中,群元素 $4^2=2^1$,$4^4=2^2$,所以群 4 中的 $4^2$ 和 $4^4$ 构成一个子群 2,即 4 包含 2 这个子群,那么 4 就是 2 的母群。同样,6 包含 3 这个子群,因为 $6\{6^1,6^2,6^3,6^4,6^5,6^6=1\}$ 中,群元素 $6^2=3^1$,$6^4=3^2$,$6^6=3^3$,所以群 6 中的 $6^2$、$6^4$、$6^6$ 构成一个子群 3,即 3 为 6 中的一个子群;此外,6 还包含 2 这个子群,因为 $6^3=2^1$,$6^6=2^2$,所以群 6 中的 $6^3$ 和 $6^6$ 构成一个子群 2。同理我们还可以证明 2 也是 $\overline{4}$ 中的子群,因为 $\overline{4}\{(\overline{4})^1,(\overline{4})^2,(\overline{4})^3,(\overline{4})^4\}$ 中,$(\overline{4})^2=2^1$,$(\overline{4})^4=2^2=1$,即 $(\overline{4})^2$ 和 $(\overline{4})^4$ 构成子群 2。

除了高次轴包含低次轴的子群外,对称型(点群)含有多个对称要素时,每一对称要素所对应的操作就是这个点群中的子群。

### 4. 利用群的共轭性质及矩阵运算证明对称要素的组合定理

式(6-3)所给出的群的共轭性质很抽象,不是很好理解。但是,在对称操作的点群中,共轭性质的几何意义可以这样理解:满足式(6-3)的操作 $a$、$b$ 是同类型的对称操作,$x$ 是使操作 $a$ 的对称要素与操作 $b$ 的对称要素重合的对称操作,即 $a$ 的对称要素可通过 $x$ 的操作而派生(或复制)出 $b$ 的对称要素,$a$ 和 $b$ 的对称要素称为同一共轭类的对称要素。这一点我们在第四章已介绍,并在对称型的国际符号中已经用到。

此外,共轭性质还有如下应用:设 $a$ 的操作矩阵已知,$x$ 的操作矩阵已知,就可用式(6-3)求出 $b$ 的操作矩阵[将 $a$ 和 $x$ 的操作矩阵代入式(6-3)即可]。下面我们就利用这一点来证明对称要素组合定理。

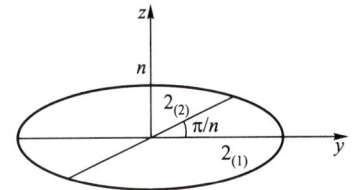

图 6-1　证明对称要素组合定理 1 的图解

(引自方奇,2002)

(1)证明定理 1,这一定理也称双面群定理。证明如下:

先证命题②:设 $n$ 次轴位于 $z$ 轴方向,基转角为 $\alpha_n=2\pi/n$。初始二次轴 $2_{(1)}$ 位于 $y$ 轴方向[见图(6-1)],两步操作 $n\times 2_{(1)}$ 的相应矩阵之乘积为

$$R(n\times 2_{(1)})=\begin{pmatrix} \cos\alpha_n & -\sin\alpha_n & 0 \\ \sin\alpha_n & \cos\alpha_n & 0 \\ 0 & 0 & 1 \end{pmatrix}\begin{pmatrix} -1 & 0 & 0 \\ 0 & 1 & 0 \\ 0 & 0 & -1 \end{pmatrix}$$

$$=\begin{pmatrix} -\cos\alpha_n & -\sin\alpha_n & 0 \\ -\sin\alpha_n & \cos\alpha_n & 0 \\ 0 & 0 & -1 \end{pmatrix} \tag{6-22}$$

另一方面,设另有一个二次轴 $2_{(2)}$,轴 $2_{(1)}$ 转向该 $2_{(2)}$ 轴的角度为 $\alpha_n/2$。运用共轭变换的几何意义[式(6-3)],$2_{(2)}$ 的操作矩阵可表示为

$$2_{(2)}=R_{\alpha_n/2}2_{(1)}R_{\alpha_n/2}^{-1}$$

式中 $\boldsymbol{R}_{\alpha_n/2}$ 为将 $2_{(1)}$ 转向 $2_{(2)}$ 的旋转操作,所以

$$
\boldsymbol{R}(2_{(2)}) = \begin{pmatrix} \cos\dfrac{\alpha_n}{2} & -\sin\dfrac{\alpha_n}{2} & 0 \\ \sin\dfrac{\alpha_n}{2} & \cos\dfrac{\alpha_n}{2} & 0 \\ 0 & 0 & 1 \end{pmatrix} \begin{pmatrix} -1 & 0 & 0 \\ 0 & 1 & 0 \\ 0 & 0 & -1 \end{pmatrix} \begin{pmatrix} \cos\dfrac{\alpha_n}{2} & \sin\dfrac{\alpha_n}{2} & 0 \\ -\sin\dfrac{\alpha_n}{2} & \cos\dfrac{\alpha_n}{2} & 0 \\ 0 & 0 & 1 \end{pmatrix}
$$

$$
= \begin{pmatrix} -\cos\alpha_n & -\sin\alpha_n & 0 \\ -\sin\alpha_n & \cos\alpha_n & 0 \\ 0 & 0 & -1 \end{pmatrix}
$$

$$
= \boldsymbol{R}(n \times 2_{(1)}) \tag{6-23}
$$

因此有 $\qquad n \times 2_{(1)} = 2_{(2)} \ (2_{(1)}$ 轴转向 $2_{(2)}$ 轴的角度为 $\pi/n)$ $\qquad$ (6-24)

即一个 $n$ 次对称轴与一个垂直它的二次轴 $2_{(1)}$ 的复合操作,产生了另一个垂直 $n$ 次轴的二次轴 $2_{(2)}$,其中 $2_{(1)}$ 与 $2_{(2)}$ 的夹角为 $n$ 次轴基转角的一半。

这就证明了命题②,命题①可形象直观地推出,即 360° 空间内两两相交 $\pi/n$ 的二次轴的数目只能是 $n$ 个。

(2) 证明定理 2,这一定理也称为万能公式,其证明方法很简单,就是用 $2, m, \bar{1}$ 的操作矩阵相乘即可,请读者自行证明(见习题)。

(3) 证明定理 3,这一定理也称万花筒定律。证明如下:

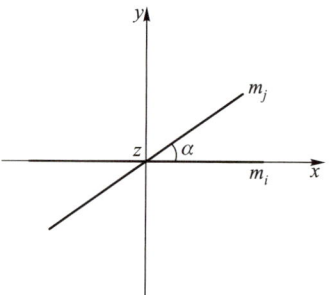

图 6-2　证明对称要素组合
定理 3 的示意图
(引自方奇,2002)

将 $x$ 轴取在对称面 $m_i$ 上,并使之与对称面 $m_i$ 和 $m_j$ 的交线($z$ 轴)垂直(见图 6-2)。对称面 $m_i$ 将任意点 $(x,y,z)$ 变换至 $(x,-y,z)$,$m_j$ 对 $(x,y,z)$ 的操作结果则不够直观。为此,利用共轭转化公式[式(6-3)]求 $m_j$ 的操作矩阵

$$
m_j = \boldsymbol{R}_\alpha m_i (\boldsymbol{R}_\alpha)^{-1}
$$

式中 $\boldsymbol{R}_\alpha$ 是以 $m_i, m_j$ 的交线($z$ 轴)为旋转轴将对称面 $m_i$ 转到对称面 $m_j$ 的操作。因此,$m_j$ 的操作矩阵为

$$
\begin{pmatrix} \cos\alpha & -\sin\alpha & 0 \\ \sin\alpha & \cos\alpha & 0 \\ 0 & 0 & 1 \end{pmatrix} \begin{pmatrix} 1 & 0 & 0 \\ 0 & -1 & 0 \\ 0 & 0 & 1 \end{pmatrix} \begin{pmatrix} \cos\alpha & \sin\alpha & 0 \\ -\sin\alpha & \cos\alpha & 0 \\ 0 & 0 & 1 \end{pmatrix} = \begin{pmatrix} \cos 2\alpha & \sin 2\alpha & 0 \\ \sin 2\alpha & -\cos 2\alpha & 0 \\ 0 & 0 & 1 \end{pmatrix} \tag{6-25}
$$

顺次进行 $m_i, m_j$ 两个操作的矩阵为

$$
\begin{pmatrix} \cos 2\alpha & \sin 2\alpha & 0 \\ \sin 2\alpha & -\cos 2\alpha & 0 \\ 0 & 0 & 1 \end{pmatrix} \begin{pmatrix} 1 & 0 & 0 \\ 0 & -1 & 0 \\ 0 & 0 & 1 \end{pmatrix} = \begin{pmatrix} \cos 2\alpha & -\sin 2\alpha & 0 \\ \sin 2\alpha & \cos 2\alpha & 0 \\ 0 & 0 & 1 \end{pmatrix} \tag{6-26}
$$

这正是绕 $m_i$ 和 $m_j$ 的交线( $z$ 轴)转 $2\alpha$ 角的旋转,即两个夹角为 $\alpha$ 的对称面的复合操作,在其交线上产生了一个基转角为 $2\alpha$ 的对称轴。只论及点操作关系时, $\alpha$ 可取任意值,而晶体中 $n$ 次对称轴的基转角 $\alpha$ 取 $2\pi/n$ ,相应地两个对称面的夹角取 $\pi/n$ 。

万花筒定律告诉我们,由两个对称面 $m_i$ 和 $m_j$ 可以派生出对称轴 $n$ 。事实上 $m_i,m_j,n$ 3 个对称要素中,由任意两个可派生出第三个。

若两对称面相互垂直,则交线为一根二次轴。假设 $m_1[010]$ 和 $m_2[100]$ 相互垂直,则

$$R(m_1[010]\times m_2[100])=\begin{pmatrix} 1 & 0 & 0 \\ 0 & -1 & 0 \\ 0 & 0 & 1 \end{pmatrix}\begin{pmatrix} -1 & 0 & 0 \\ 0 & 1 & 0 \\ 0 & 0 & 1 \end{pmatrix}$$

$$=\begin{pmatrix} -1 & 0 & 0 \\ 0 & -1 & 0 \\ 0 & 0 & 1 \end{pmatrix}=R(2[001]) \tag{6-27}$$

### 5. 利用群的直积性质推导32个点群

前面我们用直观的方法,利用对称要素组合定理,推导出了 32 种对称型。其实用群论的方法也可以推导出这 32 种对称型所对应的 32 个点群,方法是:在一种对称操作的基础上添加另一种对称操作,可以用群与群之间的直积来运算,前面已叙及。这种直积是有条件的,构成外直积的条件是两个直积因子群都为不变子群;构成半直积的条件是两个直积因子群中有一个是不变子群。那么,在点群中,什么是不变子群呢?用式(6-2)去理解不变子群的含义也是很抽象的,不容易理解,我们可以理解它的几何含义:对称操作点群 $G$ 的不变子群 $H$ 的几何意义,就是 $G$ 中的任何操作不改变 $H$ 的对称要素的位置。

所以,群与群的直积的条件就可以具体体理解为:两种对称操作的点群相互直积(即两种对称操作相互复合)时,对称要素相交不是任意的,至少有一个对称要素不因另一对称要素的操作而产生新的对称要素(即不变子群所对应的对称要素),否则,两对称要素相交在一起会相互作用而永不停止地产生新的对称要素,这就不满足直积的条件,实际上也就不满足群的封闭性。当然,对称要素的相交组合还要遵循晶体的对称定律,即不能产生出五次及大于六次的对称轴。

下面以 $2(L^2)$ 为基础,在其上添加一些其他对称操作(要素)而产生其他点群(对称型):

(1) 在 2 的基础上添加与之垂直的 2 将产生点群(对称型)222。

$$2\otimes 2=\{1,2[001]\}\otimes\{1,2[010]\}$$
$$=\{1,2[001],2[010],2[100]\}=222 \tag{6-28}$$

其中 $2[001]\times 2[010]=2[100]$ 由矩阵运算而来

$$\begin{pmatrix} -1 & 0 & 0 \\ 0 & -1 & 0 \\ 0 & 0 & 1 \end{pmatrix}\begin{pmatrix} -1 & 0 & 0 \\ 0 & 1 & 0 \\ 0 & 0 & -1 \end{pmatrix}=\begin{pmatrix} 1 & 0 & 0 \\ 0 & -1 & 0 \\ 0 & 0 & -1 \end{pmatrix} \tag{6-29}$$

$2[001]$ 的矩阵　　$2[010]$ 的矩阵　　$2[100]$ 的矩阵

(2) 在 222 的基础上添加一个对称中心,则产生点群(对称型) $2/m\ 2/m\ 2/m$ 。

$$222 \otimes \bar{1} = \{1, 2[001], 2[010], 2[100]\} \otimes \{1, \bar{1}\}$$
$$= \{1, 2[001], 2[010], 2[100], \bar{1}, m[001], m[010], m[100]\}$$
$$= mmm \tag{6-30}$$

其中 $2 \times \bar{1} = m$ 为万能公式。

（3）在 222 的基础上添加一个与二次轴交角为 45° 的对称面 $m[1\bar{1}0]$，则产生点群（对称型）$\bar{4}2m$。

$$222 \times m[1\bar{1}0] = \{1, 2[001], 2[010], 2[001]\} \wedge \{1, m[1\bar{1}0]\}$$
$$= \{1, 2[001], 2[010], 2[100], m[1\bar{1}0], \bar{4}[001], (\bar{4})^{-1}[001], m[110]\} \tag{6-31}$$

有关对称操作乘积过程如下：

$$\boldsymbol{R}(m[1\bar{1}0]) = \begin{pmatrix} \dfrac{1}{\sqrt{2}} & -\dfrac{1}{\sqrt{2}} & 0 \\ \dfrac{1}{\sqrt{2}} & \dfrac{1}{\sqrt{2}} & 0 \\ 0 & 0 & 1 \end{pmatrix} \boldsymbol{R}(m[010]) \begin{pmatrix} \dfrac{1}{\sqrt{2}} & \dfrac{1}{\sqrt{2}} & 0 \\ -\dfrac{1}{\sqrt{2}} & \dfrac{1}{\sqrt{2}} & 0 \\ 0 & 0 & 1 \end{pmatrix}$$

$$\text{旋转 45° 的矩阵} \qquad \text{反向旋转 45° 的矩阵}$$

$$= \begin{pmatrix} 0 & 1 & 0 \\ 1 & 0 & 0 \\ 0 & 0 & 1 \end{pmatrix} \tag{6-32}$$

即为共轭变换由 $m[010]$ 的矩阵得到 $m[1\bar{1}0]$ 的矩阵。

$$\boldsymbol{R}(2[100] \times m[1\bar{1}0]) = \begin{pmatrix} 1 & 0 & 0 \\ 0 & -1 & 0 \\ 0 & 0 & -1 \end{pmatrix} \begin{pmatrix} 0 & 1 & 0 \\ 1 & 0 & 0 \\ 0 & 0 & 1 \end{pmatrix}$$
$$= \begin{pmatrix} 0 & 1 & 0 \\ -1 & 0 & 0 \\ 0 & 0 & -1 \end{pmatrix} = \boldsymbol{R}(\bar{4}[001]) \tag{6-33}$$

$$\boldsymbol{R}(2[010] \times m[1\bar{1}0]) = \begin{pmatrix} -1 & 0 & 0 \\ 0 & 1 & 0 \\ 0 & 0 & -1 \end{pmatrix} \begin{pmatrix} 0 & 1 & 0 \\ 1 & 0 & 0 \\ 0 & 0 & 1 \end{pmatrix}$$
$$= \begin{pmatrix} 0 & -1 & 0 \\ 1 & 0 & 0 \\ 0 & 0 & -1 \end{pmatrix} = \boldsymbol{R}((\bar{4})^{-1}[001]) \tag{6-34}$$

$$R(2[001] \times m[1\bar{1}0]) = \begin{pmatrix} -1 & 0 & 0 \\ 0 & -1 & 0 \\ 0 & 0 & 1 \end{pmatrix} \begin{pmatrix} 0 & 1 & 0 \\ 1 & 0 & 0 \\ 0 & 0 & 1 \end{pmatrix}$$

$$= \begin{pmatrix} 0 & -1 & 0 \\ -1 & 0 & 0 \\ 0 & 0 & 1 \end{pmatrix} = R(m[110]) \quad (6\text{-}35)$$

$m[110]$ 的产生是万花筒定律的结果。可见,[001] 方向出现四次旋转反伸轴。换言之,在直积过程中,原来的主轴 2[001] 被升为四次旋转反伸轴。这样,我们得到了点群(对称型)$\bar{4}2m$。

以上仅举出几个群论直积推导点群(对称型)的例子,从这几个例子我们可以看出,对称要素与对称要素的组合产生什么对称型(点群),是可以通过运算得出的。

群的直积运算又引出了群的另一种层次的运算,即群与群之间的运算,与前面我们介绍的群元素与群元素之间的运算不同。

# 三、对称型(点群)中有关群论的一些总结

(1)点群的封闭性对应于对称型中所有对称要素的完整性,即在点群的任何对称操作前后,对称要素守恒,没有对称要素的消失和产生,也没有对称要素布局的可识别变化。

(2)对称型中若干对称要素的操作可组成这个对称型所对应的点群的一个子群。每一对称要素的操作都是一个群或子群;低次对称轴往往是高次对称轴的子群。

(3)点群 $G$ 的不变子群 $H$ 的几何意义为:$G$ 中的任何操作均不改变 $H$ 的对称要素的位置。例如:$L^3 3P(3m)$ 中的任何操作不改变 $L^3$ 的位置,即 $L^3$ 为 $L^3 3P$ 中的不变子群。

(4)若点群中存在着使一组对称要素互易位置(但不可辨别)的操作,则称这组对称要素相互共轭,即它们为同一共轭类。例如 $L^3 3P$ 中的 3 个对称面。

(5)对称要素(或对称型)与对称要素(或对称型)的组合可以形成另一对称型,对应于点群 $H$ 与点群 $P$ 的直积可以形成另一点群。但是,点群的直积要受直积的条件限制,点群 $H$ 与点群 $P$ 可构成外直积群 $G$ 的几何证据是:一个点群的对称要素不被另一点群的操作所改变,这是群 $H$ 与群 $P$ 都作为群 $G$ 的不变子群的要求,例如 $L^2[001]$ 与 $L^2[010]$ 可以外直积,因为它们的操作不改变它们的位置,形成 $3L^2$ 这个外直积群。点群 $H$ 与点群 $P$ 可构成半直积群 $G$ 的几何判据是:作为 $G$ 中不变子群的 $H$,其对称要素不被点群 $P$ 的操作所改变,但子群 $P$ 的对称要素允许被子群 $H$ 的操作变换为与之共轭的对称要素,例如 $L^n$ 与垂直它的 $L^2$ 可以半直积,因为 $L^2$ 的操作不改变 $L^n$ 的位置,但 $L^n$ 的操作会改变 $L^2$ 的位置,形成 $L^n n L^2$ 这个半直积群,其中有一些 $L^2$ 是由 $L^n$ 的操作而相互复制的,为同一共轭类。所以,对称要素的组合中,对称要素的相交角度不能是任意的,它要保证至少有一个对称要素的位置保持不变,否则,将无穷尽地产生对称要素,就不能满足群的封闭性。

 **习题与思考题**

1. 群的概念是什么？为什么说对称型是点群？

2. 对称型是点群，那么点群中的群元素是什么？

3. 写出二次轴($2$)、对称面($m$)、对称中心($\bar{1}$)对称操作矩阵，并用操作矩阵证明对称要素组合定理 2。

4. 写出四次轴($4$)的群元素，并说明四次轴($4$)中包含一个二次轴($2$)；写出四次旋转反伸轴($\bar{4}$)的群元素，并说明四次旋转反伸轴($\bar{4}$)中包含一个二次轴($2$)。

5. 用矩阵运算证明点群 $4\{4^1, 4^2, 4^3, 4^4\}$ 符合群的 4 个基本条件。

6. 用矩阵运算证明点群 $mm2$ 符合群的 4 个基本条件。

7. 某一点 $(x, y, z)$ 在经过点群 $2/m$ 的所有对称要素操作后，最终产生什么结果？这一结果说明了群的什么性质？

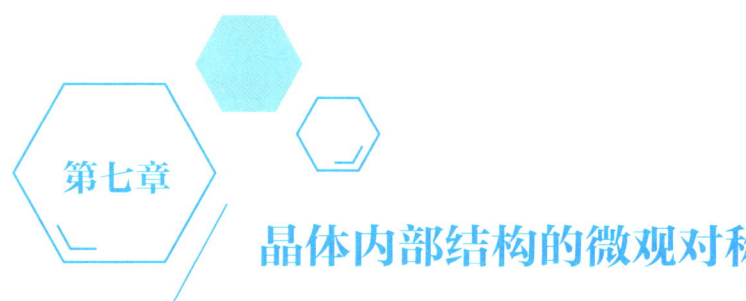

第七章

# 晶体内部结构的微观对称

在第一章中我们已述及晶体是具有格子构造的固体，而空间格子是描述这种格子构造的简单的几何图形。要画出空间格子，就要在结构中找出相当点，再将它们按一定规律连接起来。在这一章中我们将讨论空间格子的具体画法及表达晶体结构中平移对称的 14 种空间格子。此外，空间格子描述的仅仅是晶体内部结构中的平移对称性（即周期性重复规律），除此之外，晶体内部结构中质点在空间的分布还具有旋转、反映、反伸等对称性，这些内部结构中的旋转、反映、反伸操作还将与平移操作相复合，导致一些晶体内部特有的、区别于晶体外部形态上对称操作的特有对称操作及对称要素。本章还将讨论晶体内部结构的对称要素、操作及由这些内部对称要素及操作组成的空间群。

## 一、14 种空间格子(14 种布拉维格子)

### 1. 平行六面体的选择(即空间格子的画法选择)

从第一章的有关论述中，我们已知：从晶体结构中找出相当点后，按一定规则将相当点连线就可构成空间格子，而空间格子中的最小重复单位是平行六面体。因此，从相当点中画出空间格子，就是选择平行六面体。

对于每一种晶体结构而言，其相当点的分布是客观存在的，但平行六面体的选择是人为的。如图 7-1 所示，同一种结构，其平行六面体的选择可有多种方法。因此，选择平行六面体必须遵循一定的原则才能统一。

在结晶学中，平行六面体的选择原则如下：

（1）所选取的平行六面体应能反映结点（相当点）分布整体所固有的对称性；

（2）在上述前提下，所选取的平行六面体中棱与棱之间的直角关系力求最多；

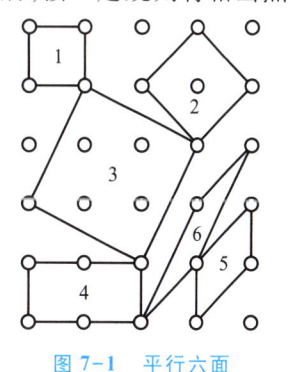

图 7-1 平行六面体的选择

（据罗谷风，1985）

（3）在满足以上两个条件的基础上，所选取的平行六面体的体积力求最小。

根据以上原则，分析图 7-1 所示的情况，点的分布具有四方对称的特点，显然按第 1 种方法来选取平行六面体才符合上述原则。第 6 种、第 5 种方法不符合四方对称且无直角关系；第 4 种方法虽有直角关系但不符合四方对称；第 3 种、第 2 种方法虽有直角关系且符合四方对称，但体积太大。

上述原则实质上与前面所讲的在晶体宏观形态上选择晶轴的原则（见第四章）是一致的，也就是说，在宏观晶体上选择晶轴和在晶体内部结构中选择空间格子 3 个方向的行列，都是要符合晶体所固有的对称性，而晶体宏观对称与内部微观对称是统一的，所以选择的原则就是一致的。这也就导致了宏观形态上选出的晶轴（$x$、$y$、$z$）恰好与内部结构空间格子中选出的平行六面体 3 根棱（行列）相一致，见图 7-2。

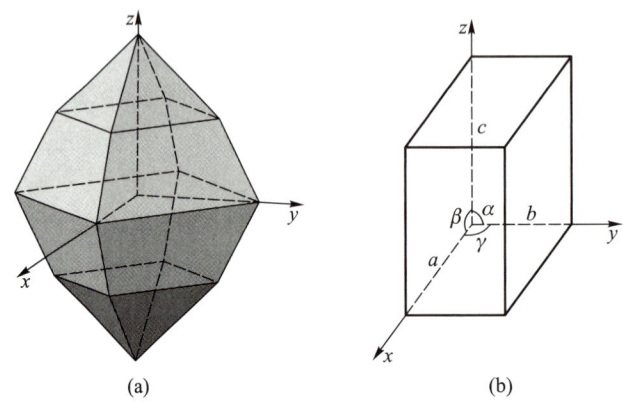

(a)                              (b)

图 7-2　晶体形态中选择 3 根晶轴与晶体结构中选择空间格子 3 个方向的行列的对应关系

在实际晶体结构中，这种被选取的最小重复单位（平行六面体）称为晶胞，整个晶体结构就是晶胞在三维空间平行地、毫无间隙地重复堆砌而成。"晶胞"与"平行六面体"的区别在于：晶胞是具体晶体结构中的最小重复单位，里面有具体的原子、离子在空间的占位；而平行六面体是空间格子的最小重复单位，它是一个几何图形，不考虑里面具体的原子、离子情况，组成平行六面体的是相当点。在结晶学中，一般不考虑具体晶体结构中原子、离子的占位情况，只考虑相当点的分布规律，即只考虑空间格子及其平行六面体的形状特点，由此研究晶体内部结构几何特点的对称性。

### 2. 各晶系平行六面体的形状和大小

从第一章及第四章中已经知道，平行六面体的形状和大小由晶胞参数（$a_0$、$b_0$、$c_0$；$\alpha$、$\beta$、$\gamma$）决定，见图 7-2(b)。每一种晶体都有自己特定的晶胞参数。

根据晶体的对称特点不能确定晶胞参数，只能确定晶体常数特点（$a$、$b$、$c$、$\alpha$、$\beta$、$\gamma$ 之间的相对关系）。各晶系对称性不同，因而平行六面体形状不同（图 7-3），晶体常数特点各异。表 4-1 已经给出了 7 个晶系的晶体常数特点。

需要说明的是，六方晶系与三方晶系通常采用六角坐标系，即 $H$ 坐标系，四轴定向，也称布拉维定向，此时，$a = b \neq c$；$\alpha = \beta = 90°$，$\gamma = 120°$。

但六方晶系与三方晶系也可以采用菱面体坐标系，即 $R$ 坐标系，三轴定向，此时，$a = b = c$；$\alpha = \beta = \gamma \neq 90°$，$60°$，$109°28'16''$[①]。

---

① 如果在菱面体格子中，$\alpha = 90°$，$60°$，$109°28'16''$，那么根据格子的对称应分别划分为后述的立方原始格子、立方面心格子和立方体心格子。

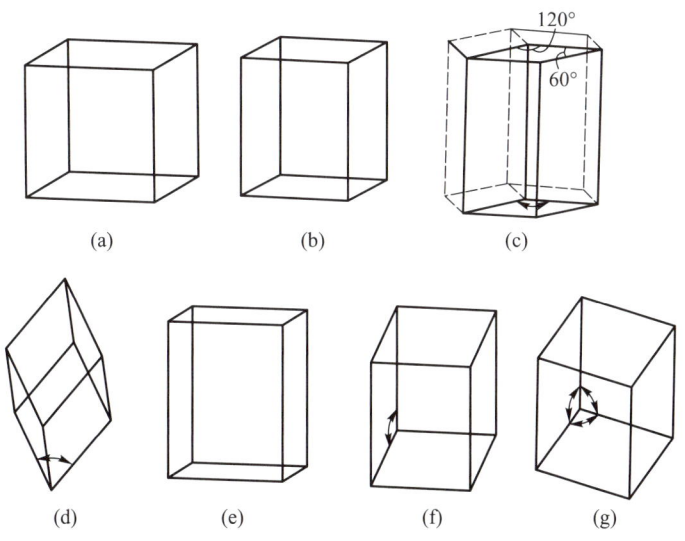

**图 7-3　7 个晶系平行六面体的形状**

（a）立方格子；（b）四方格子；（c）六方格子；（d）三方菱面体格子；

（e）斜方格子；（f）单斜格子；（g）三斜格子

### 3. 平行六面体中结点的分布——格子类型

在按选择原则选择出的平行六面体中,结点(相当点)的分布只能有 4 种可能的情况,与其对应可分为 4 种格子类型(图 7-4)。

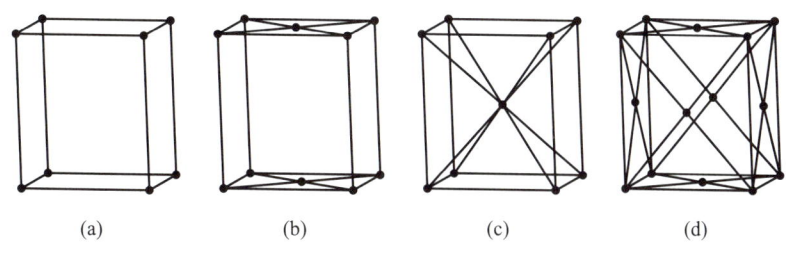

**图 7-4　4 种格子类型**

（a）原始格子；（b）底心格子；（c）体心格子；（d）面心格子

（1）原始格子($P$):结点分布于平行六面体的 8 个角顶上。

（2）底心格子:结点分布于平行六面体的角顶及某一对面的中心。其中又可细分为:① $C$ 心格子($C$),结点分布于平行六面体的角顶和平行(001)一对面的中心;② $A$ 心格子($A$),结点分布于平行六面体的角顶和平行(100)一对面的中心;③ $B$ 心格子($B$),结点分布于平行六面体的角顶和平行(010)一对面的中心。

一般情况下,所谓底心格子意指 $C$ 心格子。对 $A$ 心或 $B$ 心格子,能转换成 $C$ 心格子时,应尽可能地予以转换。当然,有时因特殊需要,也可选用 $A$ 心、$B$ 心格子而无须转换。

（3）体心格子($I$):结点分布于平行六面体的角顶和体中心。

（4）面心格子($F$):结点分布于平行六面体的角顶和 3 对面的中心。

### 4. 14 种布拉维格子

综合考虑平行六面体的形状及结点的分布情况,在晶体结构中只可能出现 14 种不同形式的空间格子。这是由布拉维于 1848 年最先推导出来的,故称为 14 种布拉维格子(Blavais lattice)。它们如表 7-1 中所示。

表 7-1  14 种布拉维格子

| | 原始格子 P | 底心格子 C | 体心格子 I | 面心格子 F |
|---|---|---|---|---|
| 三斜晶系 | 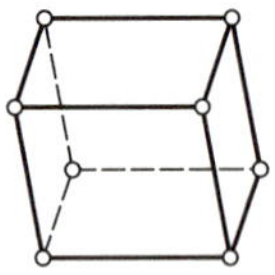 | C=P | I=P | F=P |
| 单斜晶系 | 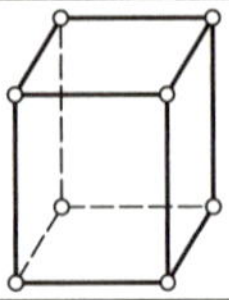 | 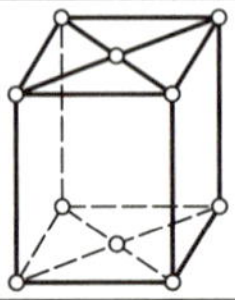 | I=C | F=C |
| 斜方晶系 | 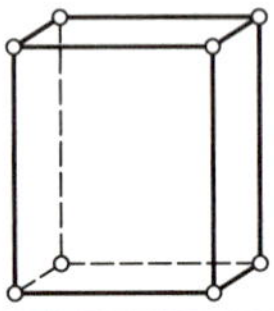 | 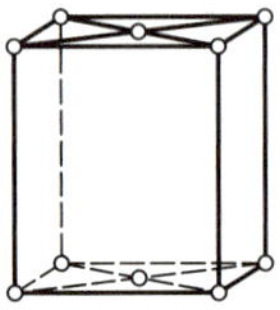 | 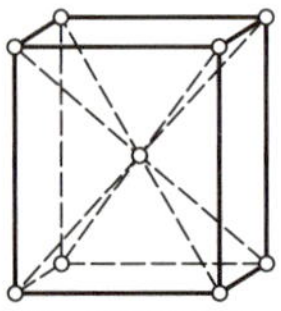 | 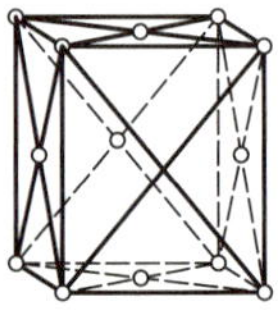 |
| 四方晶系 | 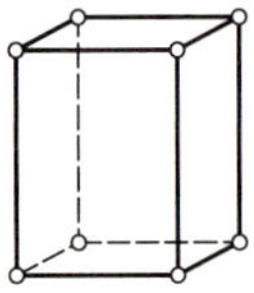 | C=P | 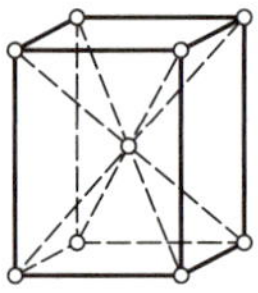 | F=I |
| 三方晶系 | 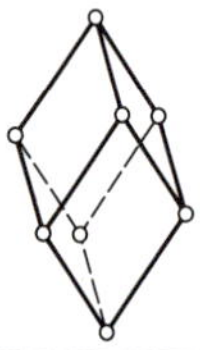 | 与本晶系对称不符 | I=P | F=P |
| 六方晶系[a] | 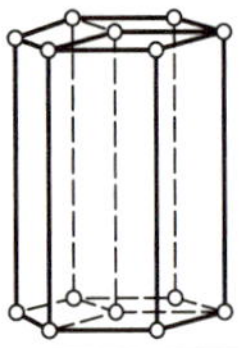 | 与本晶系对称不符 | I=P | F=P |
| 等轴晶系 | 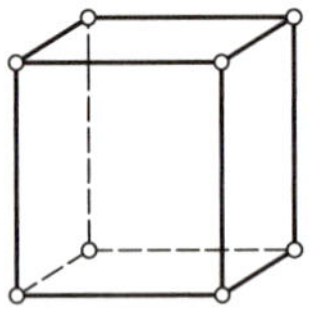 | 与本晶系对称不符 | 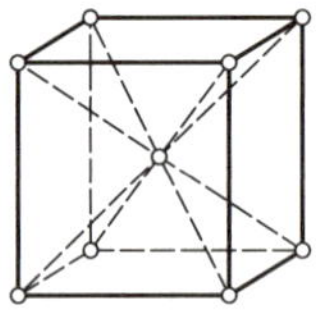 | 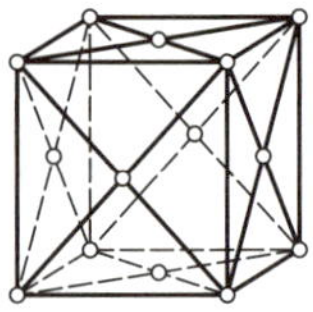 |

a 六方晶系的格子是内角 60° 和 120° 的菱形柱,并不是六方柱。

既然平行六面体有前述的 7 种形状和 4 种结点分布类型,为什么不是 7×4=28 种空间格子而只有 14 种呢? 这是因为某些类型的格子彼此重复并可转换,还有一些不符合某晶系的对称特点而不能在该晶系中存在。现举几例略加说明。

如图 7-5、图 7-6 所示:三斜面心格子可转变成体积更小的三斜原始格子(图 7-5);四方底心格子可转变为体积更小的四方原始格子(图 7-6)。

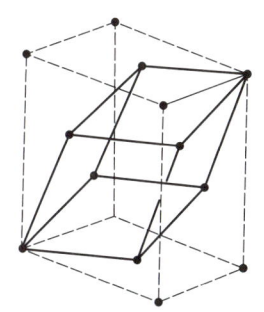

图 7-5　三斜面心格子(虚线)转变
为三斜原始格子(实线)的图解
（引自潘兆橹等,1993）

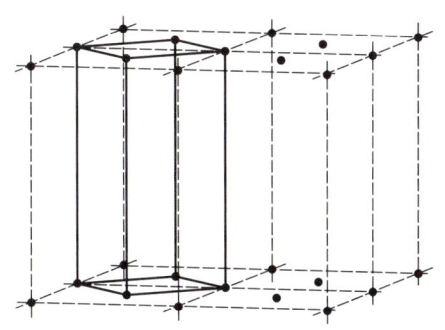

图 7-6　四方底心格子(虚线)转变为
四方原始格子(实线)的图解
（引自潘兆橹等,1993）

在等轴晶系中,若在立方格子中的一对面的中心安置结点,则完全不符合等轴晶系具有 $4L^3$ 的对称特点(见图 7-7),故不可能存在立方底心格子。

以上表明:当去掉一些重复的、不可能存在的空间格子后,在晶体结构中只可能出现 14 种空间格子,即 14 种布拉维格子。

还应当指出,六方晶系和三方晶系通常采用的是四轴定向,但它们也可以转换为三轴菱面体定向。这两种定向的转换见图 7-8 和图 7-9。从图 7-8 中可见,四轴定向的六方原始格子转换为三轴定向的菱面体格子时,体积扩大了 3 倍;从图 7-9 中可见,三轴定向的菱面体原始格子转换为四轴定向的六方格子时,体积也扩大了 3

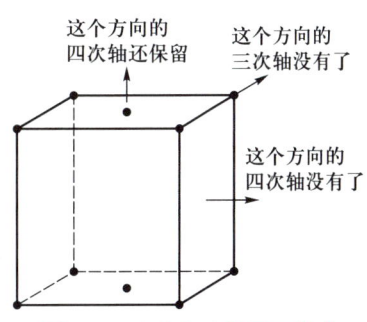

图 7-7　立方底心格子不符合
等轴晶系对称的示意图

倍。显然,这种转换的格子都不符合选择原则,不应该保留。所以在表 7-1 中,六方晶系是四轴定向的六方原始格子,三方晶系是三轴定向的菱面体原始格子。但是,现在对于三方晶体,通常采用四轴定向,与六方晶系一样。三轴定向的菱面体格子现在很少用了。在矿物的晶体结构描述中,有时会给出两套晶胞参数,四轴定向的晶胞参数用 $a_h$ 和 $c_h$ 表达,三轴定向的晶胞参数用 $a_{rh}$ 表达(三轴定向中只有一个晶胞参数 $a_{rh}$,没有 $c_{rh}$,为什么?请读者思考)。

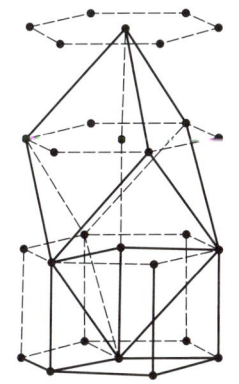

图 7-8　六方原始格子转换成
双重体心的菱面体格子
（引自潘兆橹等,1993）

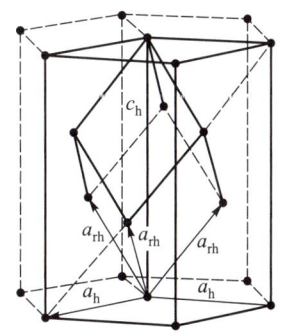

图 7-9　三方菱面体原始格子转换
成双重体心的六方格子
（引自潘兆橹等,1993）

## 二、晶体内部结构的对称要素

晶体外形的对称取决于晶体内部结构的对称,两者是相互联系的,彼此统一的。但是晶体外形是有限图形,它的对称是宏观的有限图形的对称;而我们在研究晶体内部结构规律的时候是把晶体结构作为无限图形来对待的,它的对称属于微观的无限图形的对称。因此这两者之间既是互相联系的,又是互相区别的。

首先,在晶体结构中平行于任何一个对称要素有无穷多的和它相同或相似的对称要素。

其次,在晶体结构中出现了一种在晶体外形上不可能有的对称操作——平移操作。从而使晶体内部结构除具有外形上可能出现的那些对称要素之外,还出现了一些特有的对称要素。晶体内部特有的对称要素如下:

### 1. 平移轴

平移轴(translation axis)为一条直线,图形沿此直线移动一定距离,可使相等部分重合,晶体结构沿着空间格子中的任意一条行列移动一个或若干个结点间距,可使每一质点和与其相同的质点重合。因此,空间格子中的任一行列就是代表平移对称的平移轴。但是,具体晶体结构中的某些直线并不一定是平移轴,只有空间格子中的行列一定是平移轴。空间格子即为晶体内部结构在三维空间呈平移对称规律的几何图形。

### 2. 螺旋轴

螺旋轴(screw rotation axis)为晶体结构中一条假想的直线,当结构围绕此直线旋转一定角度,并平行此直线移动一定距离后,结构中的每一质点都和与其相同的质点重合。

螺旋轴的国际符号一般写成 $n_s$。$n$ 为轴次,$s$ 为小于 $n$ 的自然数。与对称轴的情况一样,$n$ 只能为 1、2、3、4、6;相应的最小基转角 $\alpha = 360°$、180°、120°、90°、60°。若沿螺旋轴方向的结点间距(即该方向的平移周期)标记为 $T$,则螺旋轴使质点平移的距离 $t$ 应为 $(s/n) \cdot T$,其中 $t$ 称为螺距。如 $2_1$,2 为轴次(2 次螺旋轴),基转角 $\alpha = 180°$,螺距 $t = T/2$。当 $s = n$ 时,平移距离 $t =$ 结点间距 $T$,因为在一行列上,平移 $T$ 肯定有相同质点重合,并不需要发生螺距 $t$ 的平移作用,相当于旋转后不发生螺距 $t$ 的平移作用,即为对称轴。

螺旋轴据其轴次和螺距可分为 $2_1$;$3_1$、$3_2$;$4_1$、$4_2$、$4_3$;$6_1$、$6_2$、$6_3$、$6_4$、$6_5$ 共 11 种。

螺旋轴据其旋转的方向可有右旋螺旋轴(逆时针旋转,旋进方向与右手系相同,若将右手大拇指伸直,其余四指并拢弯曲,则大拇指指向平移方向,四指指向旋转方向)和左旋螺旋轴(顺时针旋转,旋进方向与左手系相同)及中性螺旋轴(顺、逆时针旋转均可)之分。但按规定,螺旋轴 $n_s$ 的下标 $s$ 是以右旋螺旋的螺距来标定的,如 $4_1$ 意指按右旋方向旋转 90°,螺距 $T/4$;又如 $4_3$ 意指按右旋方向旋转 90°,螺距 $3T/4$,但如果按左旋方向旋转 90°,螺距就变为 $T/4$。所以,对螺旋轴 $n_s$ 而言,如果按左旋方向来旋转,螺距会变为 $(1-s/n)T$。所以又规定,凡 $0<s<n/2$ 者(即包括 $3_1$、$4_1$、$6_1$、$6_2$),为右旋螺旋轴;凡 $n/2<s<n$ 者(即包括 $3_2$、$4_3$、$6_4$、$6_5$),由于它们相应为 $3_1$、$4_1$、$6_1$、$6_2$ 的等螺距的反向旋转螺旋轴,因此称之为左旋螺旋轴。至于 $s=n/2$ 者,按右旋方式旋转 $\alpha$ 后,螺距为 $1/2T$;而按左旋方式旋转 $\alpha$ 后,螺距

仍为 $\left(1-\dfrac{n/2}{n}\right)T = T/2$，所以称之为中性螺旋轴（包括 $2_1$、$4_2$、$6_3$）。各种螺旋轴见图 7-10、图 7-11、图 7-12、图 7-13。晶体结构中各种对称轴、螺旋轴的图示符号如表 7-2 中所示。

为什么在图 7-12 中的 $4_2$ 螺旋轴形成了两个晶胞堆垛、两套 1-2-3-4-5 点呢？这是因为在进行 $4_2$ 操作时产生了 1-2-3-4-5 这 5 个相同的点，分布在两个晶胞高度上，而这两个晶胞之间又存在平移周期 $T$ 的作用，又会产生另外 5 个点，如第 1 点平移后产生第 3 点，第 2 点平移后产生第 4 点，等等。图 7-13 中 $6_2$、$6_3$、$6_4$ 螺旋轴也是同样的原理。

### 3. 滑移面

滑移面（glide reflection plane）是晶体结构中一个假想的平面，当结构对此平面反映，并平行此平面移动一定距离后，结构中的每一个点和与其相同的点重合。

滑移面按其滑移的方向和移距可分为 $a$、$b$、$c$、$n$、$d$ 5 种。其中 $a$、$b$、$c$ 为轴向滑移，移距分别为 $a/2$、$b/2$、$c/2$；$n$ 为对角线滑移，移距为 $\dfrac{1}{2}(a+b)$、$\dfrac{1}{2}(b+c)$、$\dfrac{1}{2}(c+a)$、$\dfrac{1}{2}(a+b+c)$、$\dfrac{1}{4}(a+b+2c)$ 等；$d$ 为金刚石型滑移，移距为 $\dfrac{1}{4}(a+b)$、$\dfrac{1}{4}(b+c)$、$\dfrac{1}{4}(a+c)$、$\dfrac{1}{4}(a+b+c)$ 等。

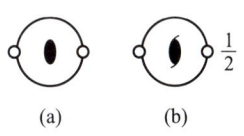

图 7-10　二次对称轴与螺旋轴

（a）二次对称轴 2；

（b）中性二次螺旋轴 $2_1$

动画 7-2
四次螺旋轴
（右旋）

动画 7-3
四次螺旋轴
（左旋）

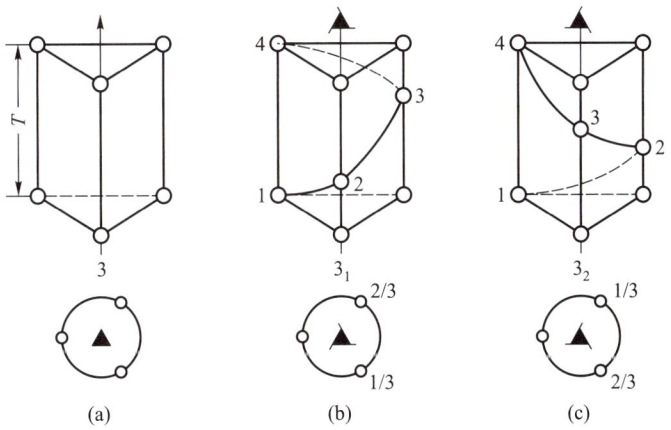

图 7-11　三次对称轴与螺旋轴

（引自潘兆橹，1984）

（a）三次对称轴 3；（b）右旋三次螺旋轴 $3_1$；

（c）左旋三次螺旋轴 $3_2$

各种滑移面及对称面的图示符号列于表 7-2 中，图示见图 7-14。

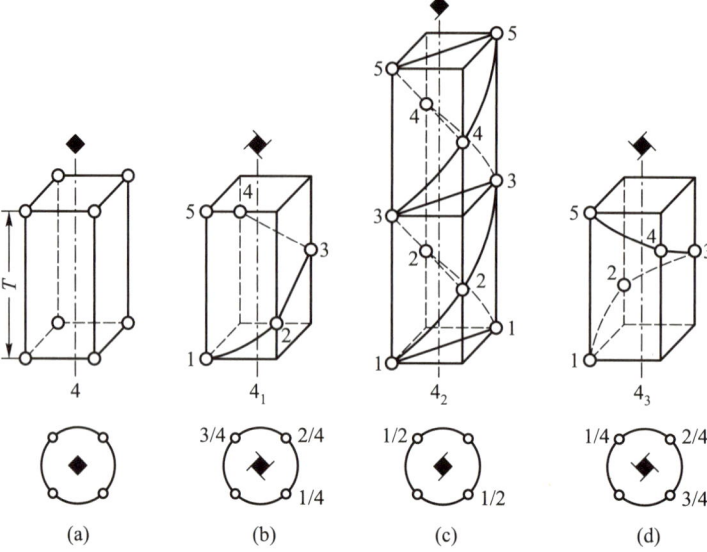

图 7-12　四次对称轴与螺旋轴

（引自潘兆橹,1984）

（a）四次对称轴 4；（b）右旋四次螺旋轴 $4_1$；

（c）中性四次螺旋轴 $4_2$；（d）左旋四次螺旋轴 $4_3$

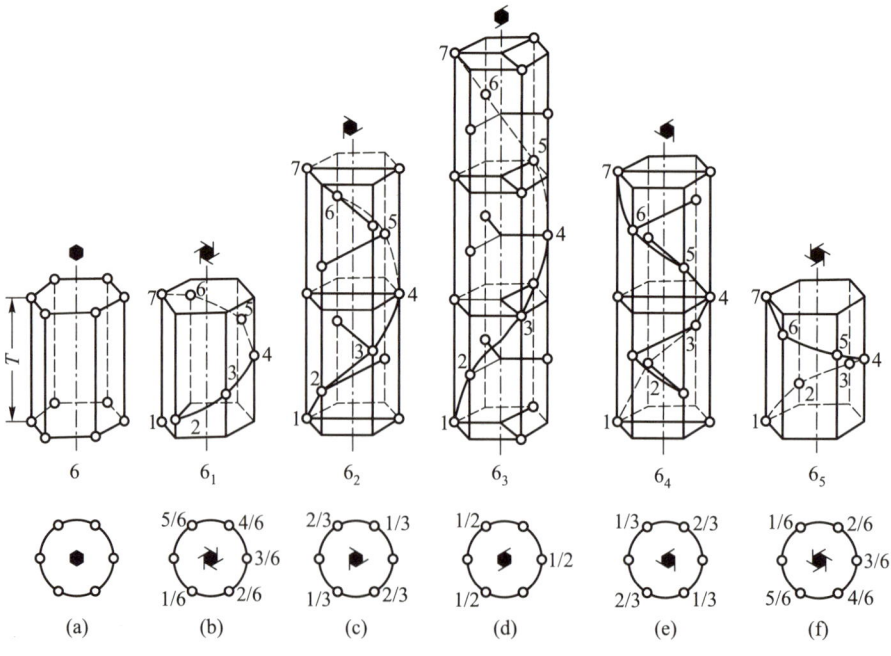

图 7-13　六次对称轴与螺旋轴

（引自潘兆橹,1984）

（a）六次对称轴 6；（b）、（c）右旋六次螺旋轴 $6_1$、$6_2$；

（d）中性六次螺旋轴 $6_3$；（e）、（f）左旋六次螺旋轴 $6_4$、$6_5$

表 7-2　晶体结构中各种对称轴、螺旋轴、对称面、滑移面的图示符号

| | 垂直的 | | 水平的 | 倾斜的 |
|---|---|---|---|---|
| 对称轴与螺旋轴 | 2　2₁　4　4₂　4₁　4₃　3　3₁　3₂ | 6　6₃　6₂　6₄　6₁　6₅　$\bar1$　$\bar4$　$\bar6$　$\bar3$ | 2　2₁　4　4₂　4₁　4₃　$\bar4$ | 2　2₁　3　3₁　3₂ |
| 对称面与滑移面 | $m$　$a,b$　$c$　$n$　$d$ | | $m$　$a$　$b$　$n$　$d$ | $m$　$a$　$n$ |

资料来源：引自潘兆橹等,1993。

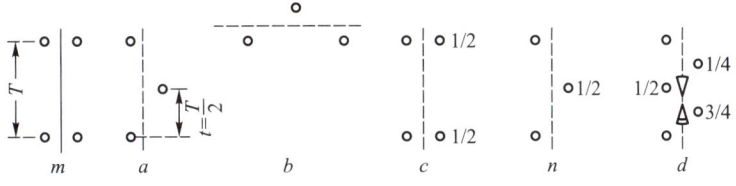

图 7-14　对称面 $m$ 和滑移面 $a$、$b$、$c$、$n$、$d$

（引自潘兆橹等,1993）

图中 1/2、1/4、3/4 表示垂直纸面的滑移距离

# 三、空　间　群

　　空间群(space group)为晶体内部结构的对称要素(操作)的组合(复合)。空间群共有230种,见表7-3。它是由费德洛夫于1889年首先推导出来的,随后不久圣弗利斯也独立地推导出了同样的结果。故空间群亦称为费德洛夫群(Fedrov group)或圣弗利斯群(Schönflies group)。

　　如前所述,晶体外形为有限图形,其对称要素有对称轴、对称面、对称中心、旋转反伸轴和旋转反映轴,相应的对称操作只有旋转、反伸、反映,而无平移。对称要素相交于一点(晶

体中心)。在进行这样的对称操作时,至少有一个点是不动的,故这些对称操作属于点操作,因而称为点群,其对称要素的组合称为对称型,共有 32 种(见前述)。而晶体的内部结构被视为无限图形,其内部除了能出现晶体外形所出现的对称要素之外,还可出现如平移轴、滑移面、螺旋轴等包含平移操作的对称要素,这些对称要素不交于一点,所对应的操作称为空间操作,故称为空间群。

**表 7-3　230 种空间群**

| 序号 | 圣弗利斯符号 | 国际符号 | 对称型(点群) | 序号 | 圣弗利斯符号 | 国际符号 | 对称型(点群) |
|---|---|---|---|---|---|---|---|
| 1 | $C_1^1$ | $P1$ | $1\ C_1$ | 31 | $C_{2v}^7$ | $Pmn2_1(Pnm2_1)$ | |
| 2 | $C_i^1$ | $P\bar{1}$ | $\bar{1}\ C_i$ | 32 | $C_{2v}^8$ | $Pba2$ | |
| 3 | $C_2^1$ | $P2$ | | 33 | $C_{2v}^9$ | $Pna2_1(Pbn2_1)$ | |
| 4 | $C_2^2$ | $P2_1$ | 2 | 34 | $C_{2v}^{10}$ | $Pnn2$ | |
| 5 | $C_2^3$ | $C2(A2,I2)$ | $C_2$ | 35 | $C_{2v}^{11}$ | $Cmm2$ | |
| 6 | $C_s^1$ | $Pm$ | | 36 | $C_{2v}^{12}$ | $Cmc2_1(Ccm2_1)$ | |
| 7 | $C_s^2$ | $Pc(Pa,Pn)$ | | 37 | $C_{2v}^{13}$ | $Ccc2$ | |
| 8 | $C_s^3$ | $Cm(Am,Im)$ | $m$ | 38 | $C_{2v}^{14}$ | $Amm2(Bmm2)$ | $mm2$ |
| 9 | $C_s^4$ | $Cc(Aa,Ia)$ | $C_s$ | 39 | $C_{2v}^{15}$ | $Abm2(Bma2)$ | |
| 10 | $C_{2h}^1$ | $P2/m$ | | 40 | $C_{2v}^{16}$ | $Ama2(Bbm2)$ | $C_{2v}$ |
| 11 | $C_{2h}^2$ | $P2_1/m$ | | 41 | $C_{2v}^{17}$ | $Aba2(Bba2)$ | |
| 12 | $C_{2h}^3$ | $C2/m(A2/m,I2/m)$ | | 42 | $C_{2v}^{18}$ | $Fmm2$ | |
| 13 | $C_{2h}^4$ | $P2/c(P2/a,P2/n)$ | $2/m$ | 43 | $C_{2v}^{19}$ | $Fdd2$ | |
| 14 | $C_{2h}^5$ | $P2_1/c(P2_1/a,P2_1/n)$ | $C_{2h}$ | 44 | $C_{2v}^{20}$ | $Imm2$ | |
| 15 | $C_{2h}^6$ | $C2/c(A2/a,I2/a)$ | | 45 | $C_{2v}^{21}$ | $Iba2$ | |
| 16 | $D_2^1$ | $P222$ | | 46 | $C_{2v}^{22}$ | $Ima2(Ibm2)$ | |
| 17 | $D_2^2$ | $P222_1(P2_122,P22_12)$ | | 47 | $D_{2h}^1$ | $Pmmm$ | |
| 18 | $D_2^3$ | $P2_12_12(P22_12_1,P2_122_1)$ | | 48 | $D_{2h}^2$ | $Pnnn$ | |
| 19 | $D_2^4$ | $P2_12_12_1$ | | 49 | $D_{2h}^3$ | $Pccm(Pbmb,Pmaa)$ | |
| 20 | $D_2^5$ | $P222_1(A2_122,B22_12)$ | 222 | 50 | $D_{2h}^4$ | $Pban(Pcna,Pncb)$ | $mmm$ |
| 21 | $D_2^6$ | $C222(A222,B222)$ | $D_2$ | 51 | $D_{2h}^5$ | $Pmma(Pmmb,$ $Pmam,Pmcm,$ $Pbmm,Pcmm)$ | |
| 22 | $D_2^7$ | $F222$ | | 52 | $D_{2h}^6$ | $Pnna(Pnnb,Pnan,$ $Pncn,Pbnn,Pcnn)$ | $D_{2h}$ |
| 23 | $D_2^8$ | $I222$ | | 53 | $D_{2h}^7$ | $Pmna(Pnmb,$ $Pman,Pncm,$ $Pbmn,Pcnm)$ | |
| 24 | $D_2^9$ | $I2_12_12_1$ | | 54 | $D_{2h}^8$ | $Pcca(Pccb,Pbab,$ $Pbcb,Pbaa,Pcaa)$ | |
| 25 | $C_{2v}^1$ | $Pmm2$ | | 55 | $D_{2h}^9$ | $Pbam(Pcma,Pmcb)$ | |
| 26 | $C_{2v}^2$ | $Pmc2_1(Pcm2_1)$ | | 56 | $D_{2h}^{10}$ | $Pccn(Pbnb,Pnaa)$ | |
| 27 | $C_{2v}^3$ | $Pcc2$ | $mm2$ | | | | |
| 28 | $C_{2v}^4$ | $Pma2(Pbm2)$ | $C_{2v}$ | | | | |
| 29 | $C_{2v}^5$ | $Pca2_1(Pbc2_1)$ | | | | | |
| 30 | $C_{2v}^6$ | $Pnc2(Pcn2)$ | | | | | |

续表

| 序号 | 圣弗利斯符号 | 国际符号 | 对称型（点群） | 序号 | 圣弗利斯符号 | 国际符号 | 对称型（点群） |
|---|---|---|---|---|---|---|---|
| 57 | $D_{2h}^{11}$ | $Pbcm$（$Pcam$, $Pcmb$, $Pbma$, $Pmab$, $Pmca$） | | 81 | $S_4^1$ | $P\bar{4}$ | $\bar{4}$ |
| | | | | 82 | $S_4^2$ | $I\bar{4}$ | $S_4$ |
| 58 | $D_{2h}^{12}$ | $Pnnm$（$Pnmn$, $Pmnn$） | | 83 | $C_{4h}^1$ | $P4/m$ | |
| | | | | 84 | $C_{4h}^2$ | $P4_2/m$ | $4/m$ |
| 59 | $D_{2h}^{13}$ | $Pmmn$（$Pmnm$, $Pnmm$） | | 85 | $C_{4h}^3$ | $P4/n$ | |
| | | | | 86 | $C_{4h}^4$ | $P4_2/n$ | $C_{4h}$ |
| 60 | $D_{2h}^{14}$ | $Pbcn$（$Pcna$, $Pbna$, $Pcnb$, $Pnab$, $Pnca$） | | 87 | $C_{4h}^5$ | $I4/m$ | |
| | | | | 88 | $C_{4h}^6$ | $I4_1/a$ | |
| 61 | $D_{2h}^{15}$ | $Pbca$（$Pcab$） | $mmm$ | 89 | $D_4^1$ | $P422$ | |
| 62 | $D_{2h}^{16}$ | $Pnma$（$Pmnb$, $Pnam$, $Pmcn$, $Pbnm$, $Pcmn$） | | 90 | $D_4^2$ | $P42_12$ | |
| | | | | 91 | $D_4^3$ | $P4_122$ | |
| 63 | $D_{2h}^{17}$ | $Cmcm$（$Ccmm$, $Amma$, $Amam$, $Bmmb$, $Bbmm$） | | 92 | $D_4^4$ | $P4_12_12$ | $422$ |
| | | | | 93 | $D_4^5$ | $P4_222$ | |
| | | | | 94 | $D_4^6$ | $P4_22_12$ | $D_4$ |
| 64 | $D_{2h}^{18}$ | $Cmca$（$Abma$, $Ccma$, $Abam$, $Bmab$, $Bbam$） | | 95 | $D_4^7$ | $P4_322$ | |
| | | | | 96 | $D_4^8$ | $P4_32_12$ | |
| 65 | $D_{2h}^{19}$ | $Cmmm$（$Ammm$, $Bmmm$） | $D_{2h}$ | 97 | $D_4^9$ | $I422$ | |
| | | | | 98 | $D_4^{10}$ | $I4_122$ | |
| 66 | $D_{2h}^{20}$ | $Cccm$（$Amaa$, $Bbmb$） | | 99 | $C_{4v}^1$ | $P4mm$ | |
| 67 | $D_{2h}^{21}$ | $Cmma$（$Abmm$, $Bmam$） | | 100 | $C_{4v}^2$ | $P4bm$ | |
| | | | | 101 | $C_{4v}^3$ | $P4_2cm$ | |
| 68 | $D_{2h}^{22}$ | $Ccca$（$Abaa$, $Bbab$） | | 102 | $C_{4v}^4$ | $P4_2nm$ | $4mm$ |
| 69 | $D_{2h}^{23}$ | $Fmmm$ | | 103 | $C_{4v}^5$ | $P4cc$ | |
| 70 | $D_{2h}^{24}$ | $Fddd$ | | 104 | $C_{4v}^6$ | $P4nc$ | |
| 71 | $D_{2h}^{25}$ | $Immm$ | | 105 | $C_{4v}^7$ | $P4_2mc$ | $C_{4v}$ |
| 72 | $D_{2h}^{26}$ | $Ibam$（$Ibma$, $Imaa$） | | 106 | $C_{4v}^8$ | $P4_2bc$ | |
| 73 | $D_{2h}^{27}$ | $Ibca$ | | 107 | $C_{4v}^9$ | $I4mm$ | |
| 74 | $D_{2h}^{28}$ | $Imma$（$Imam$, $Ibmm$） | | 108 | $C_{4v}^{10}$ | $I4cm$ | |
| 75 | $C_4^1$ | $P4$ | | 109 | $C_{4v}^{11}$ | $I4_1md$ | |
| 76 | $C_4^2$ | $P4_1$ | | 110 | $C_{4v}^{12}$ | $I4_1cd$ | |
| 77 | $C_4^3$ | $P4_2$ | $4$ | 111 | $D_{2d}^1$ | $P\bar{4}2m$ | |
| 78 | $C_4^4$ | $P4_3$ | | 112 | $D_{2d}^2$ | $P\bar{4}2c$ | $\bar{4}2m$ |
| 79 | $C_4^5$ | $I4$ | $C_4$ | 113 | $D_{2d}^3$ | $P\bar{4}2_1m$ | $D_{2d}$ |
| 80 | $C_4^6$ | $I4_1$ | | 114 | $D_{2d}^4$ | $P\bar{4}2_1c$ | |

| 序号 | 圣弗利斯符号 | 国际符号 | 对称型（点群） | 序号 | 圣弗利斯符号 | 国际符号 | 对称型（点群） |
|---|---|---|---|---|---|---|---|
| 115 | $D_{2d}^5$ | $P\bar{4}m2$ | | 148 | $C_{3i}^2$ | $R\bar{3}$ | $\bar{3}$ $C_{3i}$ |
| 116 | $D_{2d}^6$ | $P\bar{4}c2$ | | 149 | $D_3^1$ | $P312$ | |
| 117 | $D_{2d}^7$ | $P\bar{4}b2$ | $\bar{4}2m$ | 150 | $D_3^2$ | $P321$ | |
| 118 | $D_{2d}^8$ | $P\bar{4}n2$ | | 151 | $D_3^3$ | $P3_112$ | $32$ |
| 119 | $D_{2d}^9$ | $\bar{I}4m2$ | $D_{2d}$ | 152 | $D_3^4$ | $P3_121$ | |
| 120 | $D_{2d}^{10}$ | $\bar{I}4c2$ | | 153 | $D_3^5$ | $P3_212$ | $D_3$ |
| 121 | $D_{2d}^{11}$ | $\bar{I}42m$ | | 154 | $D_3^6$ | $P3_221$ | |
| 122 | $D_{2d}^{12}$ | $\bar{I}42d$ | | 155 | $D_3^7$ | $R32$ | |
| 123 | $D_{4h}^1$ | $P4/mmm$ | | 156 | $C_{3v}^1$ | $P3m1$ | |
| 124 | $D_{4h}^2$ | $P4/mcc$ | | 157 | $C_{3v}^2$ | $P31m$ | |
| 125 | $D_{4h}^3$ | $P4/nbm$ | | 158 | $C_{3v}^3$ | $P3c1$ | $3m$ |
| 126 | $D_{4h}^4$ | $P4/nnc$ | | 159 | $C_{3v}^4$ | $P31c$ | |
| 127 | $D_{4h}^5$ | $P4/mbm$ | | 160 | $C_{3v}^5$ | $R3m$ | $C_{3v}$ |
| 128 | $D_{4h}^6$ | $P4/mnc$ | | 161 | $C_{3v}^6$ | $R3c$ | |
| 129 | $D_{4h}^7$ | $P4/nmm$ | | 162 | $D_{3d}^1$ | $P\bar{3}1m$ | |
| 130 | $D_{4h}^8$ | $P4/ncc$ | $4/mmm$ | 163 | $D_{3d}^2$ | $P\bar{3}1c$ | |
| 131 | $D_{4h}^9$ | $P4_2/mmc$ | | 164 | $D_{3d}^3$ | $P\bar{3}m1$ | $\bar{3}m$ |
| 132 | $D_{4h}^{10}$ | $P4_2/mcm$ | | 165 | $D_{3d}^4$ | $P\bar{3}c1$ | |
| 133 | $D_{4h}^{11}$ | $P4_2/nbc$ | $D_{4h}$ | 166 | $D_{3d}^5$ | $R\bar{3}m$ | $D_{3d}$ |
| 134 | $D_{4h}^{12}$ | $P4_2/nnm$ | | 167 | $D_{3d}^6$ | $R\bar{3}c$ | |
| 135 | $D_{4h}^{13}$ | $P4_2/mbc$ | | 168 | $C_6^1$ | $P6$ | |
| 136 | $D_{4h}^{14}$ | $P4_2/mnm$ | | 169 | $C_6^2$ | $P6_1$ | |
| 137 | $D_{4h}^{15}$ | $P4_2/nmc$ | | 170 | $C_6^3$ | $P6_5$ | $6$ |
| 138 | $D_{4h}^{16}$ | $P4_2/ncm$ | | 171 | $C_6^4$ | $P6_2$ | $C_6$ |
| 139 | $D_{4h}^{17}$ | $I4/mmm$ | | 172 | $C_6^5$ | $P6_4$ | |
| 140 | $D_{4h}^{18}$ | $I4/mcm$ | | 173 | $C_6^6$ | $P6_3$ | |
| 141 | $D_{4h}^{19}$ | $I4_1/amd$ | | 174 | $C_{3h}^1$ | $P\bar{6}$ | $\bar{6}$ $C_{3h}$ |
| 142 | $D_{4h}^{20}$ | $I4_1/acd$ | | 175 | $C_{6h}^1$ | $P6/m$ | $6/m$ |
| 143 | $C_3^1$ | $P3$ | | 176 | $C_{6h}^2$ | $P6_3/m$ | $C_{6h}$ |
| 144 | $C_3^2$ | $P3_1$ | $3$ | 177 | $D_6^1$ | $P622$ | |
| 145 | $C_3^3$ | $P3_2$ | $C_3$ | 178 | $D_6^2$ | $P6_122$ | |
| 146 | $C_3^4$ | $R3$ | | 179 | $D_6^3$ | $P6_522$ | $622$ |
| 147 | $C_{3i}^1$ | $P\bar{3}$ | $\bar{3}$ $C_{3i}$ | 180 | $D_6^4$ | $P6_222$ | $D_6$ |
| | | | | 181 | $D_6^5$ | $P6_422$ | |

续表

| 序号 | 圣弗利斯符号 | 国际符号 | 对称型（点群） | 序号 | 圣弗利斯符号 | 国际符号 | 对称型（点群） |
|---|---|---|---|---|---|---|---|
| 182 | $D_6^6$ | $P6_322$ | | 207 | $O^1$ | $P432$ | |
| 183 | $C_{6v}^1$ | $P6mm$ | | 208 | $O^2$ | $P4_232$ | |
| 184 | $C_{6v}^2$ | $P6cc$ | $6mm$ | 209 | $O^3$ | $F432$ | $432$ |
| 185 | $C_{6v}^3$ | $P6_3cm$ | $C_{6v}$ | 210 | $O^4$ | $F4_132$ | |
| 186 | $C_{6v}^4$ | $P6_3mc$ | | 211 | $O^5$ | $I432$ | $O$ |
| 187 | $D_{3h}^1$ | $P\bar{6}m2$ | $\bar{6}2m$ | 212 | $O^6$ | $P4_332$ | |
| 188 | $D_{3h}^2$ | $P\bar{6}c2$ | | 213 | $O^7$ | $P4_132$ | |
| 189 | $D_{3h}^3$ | $P\bar{6}2m$ | $D_{3h}$ | 214 | $O^8$ | $I4_132$ | |
| 190 | $D_{3h}^4$ | $P\bar{6}2c$ | | 215 | $T_d^1$ | $P\bar{4}3m$ | |
| 191 | $D_{6h}^1$ | $P6/mmm$ | | 216 | $T_d^2$ | $F\bar{4}3m$ | |
| 192 | $D_{6h}^2$ | $P6/mcc$ | $6/mmm$ | 217 | $T_d^3$ | $I\bar{4}3m$ | $\bar{4}3m$ |
| 193 | $D_{6h}^3$ | $P6_3/mcm$ | $D_{6h}$ | 218 | $T_d^4$ | $P\bar{4}3n$ | $T_d$ |
| 194 | $D_{6h}^4$ | $P6_3/mmc$ | | 219 | $T_d^5$ | $F\bar{4}3c$ | |
| 195 | $T^1$ | $P23$ | | 220 | $T_d^6$ | $I\bar{4}3d$ | |
| 196 | $T^2$ | $F23$ | $23$ | 221 | $O_h^1$ | $Pm3m$ | |
| 197 | $T^3$ | $I23$ | | 222 | $O_h^2$ | $Pn3n$ | |
| 198 | $T^4$ | $P2_13$ | $T$ | 223 | $O_h^3$ | $Pm3n$ | |
| 199 | $T^5$ | $I2_13$ | | 224 | $O_h^4$ | $Pn3m$ | $m3m$ |
| 200 | $T_h^1$ | $Pm3$ | | 225 | $O_h^5$ | $Fm3m$ | |
| 201 | $T_h^2$ | $Pn3$ | | 226 | $O_h^6$ | $Fm3c$ | $O_h$ |
| 202 | $T_h^3$ | $Fm3$ | $m3$ | 227 | $O_h^7$ | $Fd3m$ | |
| 203 | $T_h^4$ | $Fd3$ | | 228 | $O_h^8$ | $Fd3c$ | |
| 204 | $T_h^5$ | $Im3$ | $T_h$ | 229 | $O_h^9$ | $Im3m$ | |
| 205 | $T_h^6$ | $Pa3$ | | 230 | $O_h^{10}$ | $Ia3d$ | |
| 206 | $T_h^7$ | $Ia3$ | | | | | |

　　空间群是从对称型（点群）中推导出来的,方法是:在空间格子的各结点上放置对称型（点群）,这些处于空间格子上的对称要素,通过空间格子中的平移操作而相互作用,产生另外一些对称要素,就可形成一部分空间群,称点式空间群;其次,在点式空间群的基础上用螺旋轴、滑移面代替对称轴、对称面,又可产生另一些空间群,称非点式空间群。每一种对称型（点群）可产生多个空间群,32 种对称型（点群）可产生 230 种空间群。

　　空间群与对称型（点群）体现了晶体内部结构的对称与晶体外形对称的统一。若在晶体外形的某一方向上有 4,则在晶体内部结构中相应的方向可能有 4、$4_1$、$4_2$、$4_3$,也可能有 2、$2_1$;若在外形上有对称面,则在内部相应的方向可能有滑移面。

空间群需用一定的符号形式来表达。目前较广泛使用的有两种,即国际符号和圣弗利斯符号。

空间群的圣弗利斯符号的表示方法很简单,在其对称型(点群)圣弗利斯符号的右上角加上序号即可。如对称型(点群)$4(L^4)$的圣弗利斯符号为$C_4$,对应的6个空间群的圣弗利斯符号分别为$C_4^1$、$C_4^2$、$C_4^3$、$C_4^4$、$C_4^5$、$C_4^6$。

空间群的国际符号有两个组成部分:前一部分为大写英文字母,表示格子类型$[P,C(A、B),I,F]$;后一部分与对称型(点群)的国际符号基本相同,只是其中晶体的某些宏观对称要素的符号需换成相应的内部结构对称要素的符号。如上述对称型(点群)$4(L^4)$相应的6个空间群的国际符号分别为$P4$、$P4_1$、$P4_2$、$P4_3$、$I4$、$I4_1$。

表示空间群时,鉴于两种符号各自的特点,一般将两种符号并用。圣弗利斯符号的优点是每一个圣弗利斯符号只与一种空间群相对应(参见表7-3),其缺点是不能直观地看出空间格子的形式和在什么方向存在着什么对称要素。国际符号的优点是能直观地看出空间格子的形式和在什么方向有什么对称要素,其缺点是同一种空间群由于不同的定向及其他因素可以写成不同的国际符号。如空间群$D_{2h}^8-Pcca$,它的国际符号可以写成$Pcca$、$Pccb$、$Pbab$、$Pbcb$、$Pbaa$、$Pcaa$(参见表7-3),而它的圣弗利斯符号却只有一个,即$D_{2h}^8$。所以,当表示一个空间群时常将圣弗利斯符号和国际符号并用。如金红石($TiO_2$)具有$4/mmm$对称型(点群),其空间群可表示为$D_{4h}^{14}-P4_2/mnm$。空间群中各对称要素的投影图及晶体结构见图7-15。但现在圣弗利斯符号已很少用了,改用编号,如$136-P4_2/mnm$。

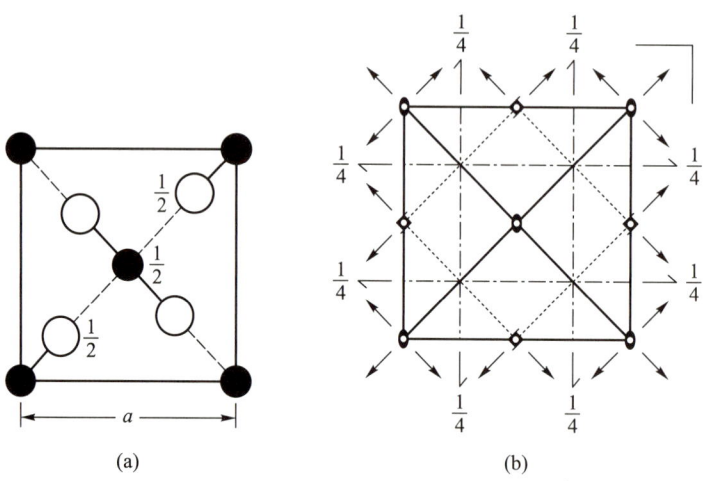

**图7-15 金红石晶体结构及空间群中各对称要素投影图**

(引自潘兆橹等,1993)

(a)金红石晶体结构(沿$z$轴投影,黑圆为$Ti^{4+}$,圆圈为$O^{2-}$);

(b)金红石晶体的空间群(沿$z$轴投影)

# 四、等 效 点 系

等效点系(equipoints 或 equivalent point system)是指:晶体结构中由一原始点经空间群中所有对称要素操作所推导出来的一套规则点系。在第五章我们已经知道,单形是由一原始晶面经对称型中所有对称要素操作所推导出来的一组晶面。所以等效点系与空间群的关系,相当于单形与对称型(点群)的关系。

图 7-16 显示了空间群 $C_{2v}^1-Pmm2$ 的各种等效点系,其中的斜纹区代表一个单位晶胞范围,在这个范围内可以设置各种不同的原始点,相当于在对称型中设置各种不同的原始晶面。点 $a$、$b$、$c$、$d$ 都位于二次轴的地方,通过空间群中对称要素的操作不产生新的点(这些原始点通过对称要素的操作会产生一些其他点,但这些点与原始点是可以通过空间格子的平移而重复的,所以这些点不是由对称要素操作产生的新点),所以,原始点 $a$、$b$、$c$、$d$ 推导出的等效点系的重复点数(等效点系在单位晶胞的点数)为 1;依此类推,点 $e$、$f$、$g$、$h$ 分别位于对称面上,通过空间群中对称要素的操作还会产生另外一个点,所以,原始点 $e$、$f$、$g$、$h$ 推导出的等效点系的重复点数为 2;原始点 $i$ 不位于任何对称要素的位置上,推导出的等效点系的重复点数为 4。与单形中一般形与特殊形类似,原始点 $i$ 推导出来的等效点系为一般等效点系,而原始点 $a$、$b$、$c$、$d$、$e$、$f$、$g$、$h$ 推导出来的就为特殊等效点系。

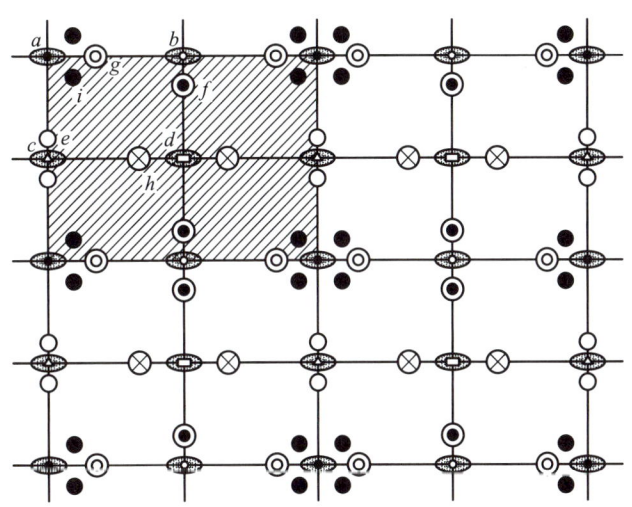

● 原始点为$a$的等效点系;  ◦ 原始点为$b$的等效点系;
△ 原始点为$c$的等效点系;  □ 原始点为$d$的等效点系;
○ 原始点为$e$的等效点系;  ◉ 原始点为$f$的等效点系;
◎ 原始点为$g$的等效点系;  ⊗ 原始点为$h$的等效点系;
● 原始点为$i$的等效点系;
⬮ 直立二次轴;  —— 直立对称面

**图 7-16　空间群 $C_{2v}^1-Pmm2$ 的等效点系图**

在晶体结构中,质点按等效点系分布,不同类型的质点不能占据同一套等效点系,同种类型的质点占据一套或几套等效点系,即同种类型的质点并不一定就是一套等效点。

最后需要强调的是,等效点并不一定是相当点。相当点彼此之间是通过空间格子平移作用而相互重复的。此外,在底心、体心、面心格子中的底心、体心、面心上的点与其空间格子上角顶上的点也是相当点。而等效点是通过晶体内部对称要素的操作而相互重复的点,它们并不一定能通过平移而重复。相当点一定是等效点。

## 本章拓展、延伸知识

### 1. 14 种空间格子(布拉维格子)是 14 种平移群

在第六章我们用群论研究了晶体宏观形态上的对称型,即:32 种对称型是 32 个点群,每种对称型中的所有对称操作符合群的 4 个条件因而可构成一个群。在晶体内部结构中,所有内部结构中的对称操作也符合群的 4 个条件,因而也可构成一个群,叫作空间群,一共有230 个空间群。这 230 个空间群实际上是由 32 点群与 14 种空间格子的平移对称结合而产生出来的,用数学公式表达为:

$$32 个点群 + 14 种平移群 = 230 个空间群$$

式中的 14 个平移群就是 14 种布拉维格子。上式中的群论数学运算过程是相当复杂的,所以用费德洛夫群或圣弗利斯群来命名这 230 个空间群,以纪念首先运算推导出来这 230 个空间群的科学家。

这个运算推导过程在此不做介绍,只介绍 14 种布拉维格子是 14 种平移群所蕴含的一些数学知识。

14 种布拉维格子描述了空间格子中点的平移对称性,平移对称操作的基本元素是平移矢量,不同方向上的平移矢量相互组合就构成了点在空间通过平移对称而产生的点的分布格局,这种格局只有 14 种,所以,点在空间的平移对称形式只有 14 种。

设 $a,b,c$ 为在空间的三个基矢,由这三个基矢的平移操作可以将原始点产生新的点,同时,还可以由 $la+mb+nc$($l,m,n$ 为任意整数,也可为 0,该式为矢量加和运算)产生无数新的点,所有的点就构成了一个空间点阵,再将这些点按照画格子的原则画出格子,就形成了空间格子。三个基矢 $a,b,c$ 的大小、夹角可任意变化,所以产生的点阵及形成的空间格子形状、大小就可以变化,但只有 14 种基本形式。

用群的数学语言来描述这 14 种平移群,就是:群元素是平移矢量,结合法是矢量加和,单位元是 0(不发生平移),逆元素是相反方向的平移矢量。即平移群 $\{la+mb+nc\}$($l,m,n$ 为任意整数,也可为 0)。

将 $l,m,n$ 为任意整数代入,就产生了无数个平移矢量,例如:$\{a,b,c,2a+b,3a+c,a+2c,4b,\cdots\}$,这无数个平移矢量就构成了一个平移群,这个平移群的群元素有无穷多,即它的阶为无穷大。图 7-17 展示了一个平面空间格子(即面网),图中的平移基矢是 $a$ 与 $b$,图中任意结点处与原点连线都是一个平移矢

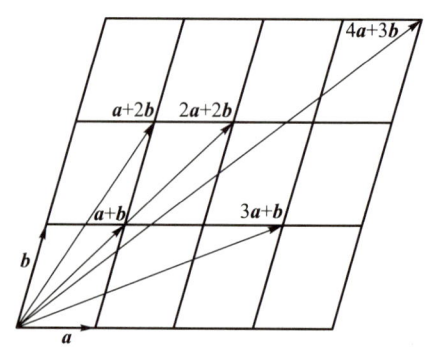

图 7-17　一个平面空间格子中的各种平移矢量

量，图中画出了几个平移矢量，如：$a+b$，$a+2b$，$3a+b$，等等。这个二维平移群可以表示为：$\{la+mb\}$，$l$，$m$ 为任意整数，也可为 0，即：$\{a,b,a+b,2a+b,a+2b,-a+b,-2a-b,\cdots,0\}$，可以看出，任意两个或多个群元素的结合（即矢量加和）还是这个群中的一个群元素，这就是群的封闭性。

当改变基矢 $a$，$b$，$c$ 的相对大小关系及夹角关系时，就会产生另一个平移群。$a$，$b$，$c$ 的相对大小关系及夹角关系一共有 7 种，因此可产生 7 种平移群；另外，还可以加上 $\frac{1}{2}a+\frac{1}{2}b$ 等情况（即加上面心、体心、底心等平移基矢），综合考虑各种情况后产生 14 种平移群。

### 2. 空间格子的对称性与晶体结构对称性的区别

空间格子的对称性只考虑空间格子这个几何图形的对称性，不考虑具体原子、离子的占位情况，因而，它的对称性要比具体晶体结构的对称性要高。例如，图 7-18(a) 是某晶体结构平面示意图，其对称是 2，而图 7-18(b) 的该晶体结构对应的平面空间格子，其对称型是 $mm2$，由此可见，空间格子的对称性要比晶体结构的对称性高，而且往往都是母群-子群的关系。

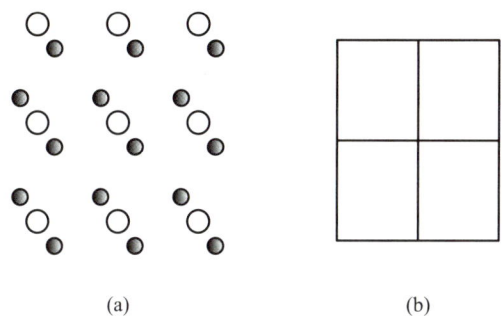

(a)  (b)

图 7-18　晶体结构的对称与空间格子的对称的区别
（a）晶体结构示意图；（b）该晶体结构对应的空间格子

图 7-18 给出的空间格子对称与晶体结构对称都是点群，即给出的都是宏观意义上的对称性。对于空间格子的对称性，一般是用空间格子的几何形态的宏观对称（即空间格子的点群）来描述它的对称性，如图 7-18(b) 空间格子的点群为 $mm2$。对于晶体结构，在考虑原子、离子占位情况后，也可以得出一个宏观意义上的对称性，如上述的图 7-18(a) 的对称性为 2，但真正描述晶体结构的对称性应该用空间群，图 7-18(a) 的可能空间群为：$P2$，$P2_1$，$C2$。在空间群的基础上，将螺旋轴、滑移面转化为对称轴、对称面，就形成了晶体的点群。

这样，就有三个名词需要区别：空间格子的点群、晶体的点群、晶体的空间群。空间格子的点群往往是晶体点群的母群；晶体的点群中部分对称要素由相应的内部对称要素取代就变成了晶体的空间群，一个点群对应多个空间群。

对于晶体的点群，只有晶体形态上发育该点群的一般形时，这个晶体形态才能体现出该晶体的点群；而当晶体形态上只发育该点群的特殊形时，晶体形态往往体现出来的是该晶体的点群的母群，也就相当于该晶体空间格子的点群。例如：石英的空间格子的对称型（空间格子的点群）为：$6/m\ 2/m\ 2/m$，当石英的形态上只发育一个六方柱、两个菱面体，而且这两个菱面体晶面大小一样时（即两个菱面体的正形与负形差异不显示出来时），石英的形态体现的就是 $6/m\ 2/m\ 2/m$ 对称性，这个对称性就是石英的空间格子的点群[见图 7-19(a)]；当石英形态中的两个菱面体晶面大小差异显示出来后(即两个菱面体的正形与负形差异显示出来时),石英的形态体现出 3 2/m 的对称性[见图 7-19(b)],这个对称性是石英的空间格子点群的子群,但还不是石英晶体的点群,石英晶体的点群是 32,只有当石英晶体上发育三方偏方面体(该点群的一般形)时,石英的晶体形态才能体现出石英晶体的点群 32[见图 7-19(c)]。

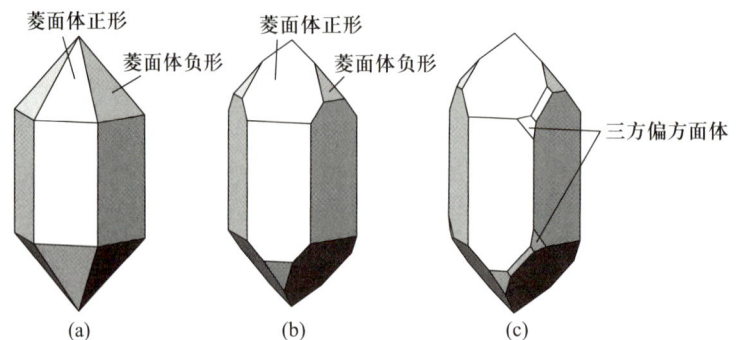

**图 7-19 石英的各种形态**

(a) 发育一个六方柱、两个菱面体且这两个菱面体晶面大小一样;

(b) 发育一个六方柱、两个菱面体且这两个菱面体晶面大小不一样;

(c) 发育了一般形三方偏方面体

由此可见,晶体的点群不一定是晶体宏观形态的对称性,它也包含了晶体内部结构对称性的意义。如前所述,石英晶体宏观形态上只发育六方柱、菱面体时,宏观形态就不体现晶体的点群,只有当石英发育三方偏方面体时,宏观形态才体现晶体的点群,而石英发育三方偏方面体是受其内部晶体结构制约的,所以,晶体的点群一定要考虑晶体内部结构因素。第三章中我们给出的晶体的对称型(即晶体的点群)的定义是:晶体形态上所有对称要素的组合,这个定义只适合于晶体几何形态模型(即没有内部结构),不适合具体的晶体,因为晶体的点群不能仅仅从宏观形态上得出,还要考虑晶体内部结构因素。

### 3. 晶体内部对称与外部对称统一性证明

晶体外形对称与晶体内部结构对称的统一,可以用两种方法证明,即直观证明法和 Seitz 符号的数学证明法。

先以 $4_1$ 螺旋轴为例给出直观的证明:

参见图 7-20,设晶体中有过 $P$ 点并垂直于纸面的 $4_1$ 螺旋轴,结点 $P$ 周围有位于 $A$、$B$、$C$、$D$ 的相应于 $4_1$ 螺旋操作的 4 个对称等效点(即通过 $4_1$ 螺旋操作使它们重复的点,或者说,这些点的分布能反映 $4_1$ 螺旋轴的点)。设 $Q$ 为 $P$ 点最邻近的另一结点,$Q$ 点周围的 4 个对称等效点 $A'$、$B'$、$C'$、$D'$ 的分布与 $P$ 周围 4 个对称等效点的分布相同。$t = P \rightarrow Q$ 为空间格子的周期平移。如前所述,$(4_1)^{-1}$、$t$、$4_1$ 都是晶体的对称操作,这 3 个操作依次作用到 $A$,有

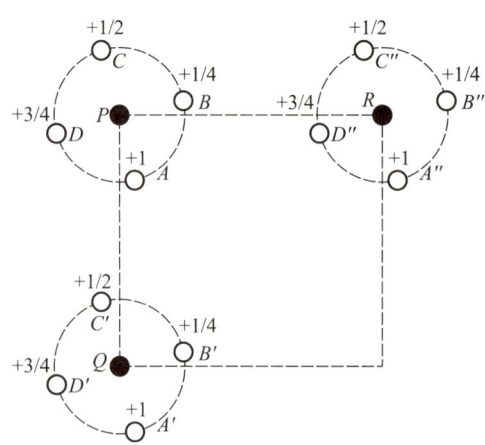

**图 7-20 证明外部和内部对称统一的示意图**

(引自方奇,2002)

$$A \xrightarrow{(4_1)^{-1}} D \xrightarrow{t} D' \xrightarrow{4_1} A''$$

分别对 $B$、$C$、$D$ 点依次施以这 3 个操作,有

$$B \xrightarrow{4_1^{-1}} A \xrightarrow{t} A' \xrightarrow{4_1} B''$$

$$C \xrightarrow{4_1^{-1}} B \xrightarrow{t} B' \xrightarrow{4_1} C''$$

$$D \xrightarrow{4_1^{-1}} C \xrightarrow{t} C' \xrightarrow{4_1} D''$$

显然,$A''$、$B''$、$C''$、$D''$ 4 个对称等效点所环绕的 $R$ 点的对称性与 $P$ 点、$Q$ 点相同,说明 $R$ 点也是结点。另一方面,以 $P$ 点为四次轴,对 $Q$ 点施以 90° 旋转,也可以产生 $R$ 点。可见,图 7-20 所对应的空间格子具有四次旋转对称性,即为四方晶系,在此方向上,晶体的外形就一定有四次对称轴。证毕。

另外,有关晶体外形上的点操作与晶体内部结构中空间操作的关系,可用 Seitz 符号证明如下:

点操作可以用矩阵 $\boldsymbol{W}$ 表示;空间操作由点操作和平移组成,可以用点操作矩阵 $\boldsymbol{W}$ 和平移矢量 $\boldsymbol{w} = (w_1, w_2, w_3)$ 的组合 $(\boldsymbol{W}, \boldsymbol{w})$ 表示。这种表示空间操作的符号 $(\boldsymbol{W}, \boldsymbol{w})$ 即 Seitz 符号。

类似于点操作的式(6-8),空间操作可以表示为

$$\begin{pmatrix} x' \\ y' \\ z' \end{pmatrix} = \begin{pmatrix} W_{11} & W_{12} & W_{13} \\ W_{21} & W_{22} & W_{23} \\ W_{31} & W_{32} & W_{33} \end{pmatrix} \begin{pmatrix} x \\ y \\ z \end{pmatrix} + \begin{pmatrix} w_1 \\ w_2 \\ w_3 \end{pmatrix} \tag{7-1}$$

或

$$\boldsymbol{X}' = \boldsymbol{W}\boldsymbol{X} + \boldsymbol{w} \tag{7-2}$$

Seitz 符号 $(\boldsymbol{W}, \boldsymbol{w})$ 对空间任一点 $\boldsymbol{X}$ 的作用定义为

$$(\boldsymbol{W}, \boldsymbol{w})\boldsymbol{X} = \boldsymbol{W}\boldsymbol{X} + \boldsymbol{w} \tag{7-3}$$

对空间点 $\boldsymbol{X}$ 依次进行操作 $(\boldsymbol{W}_1, \boldsymbol{w}_1)$ 和 $(\boldsymbol{W}_2, \boldsymbol{w}_2)$,得到

$$\begin{aligned} (\boldsymbol{W}_2, \boldsymbol{w}_2)(\boldsymbol{W}_1, \boldsymbol{w}_1)\boldsymbol{X} &= (\boldsymbol{W}_2, \boldsymbol{w}_2)(\boldsymbol{W}_1\boldsymbol{X} + \boldsymbol{w}_1) \\ &= \boldsymbol{W}_2(\boldsymbol{W}_1\boldsymbol{X} + \boldsymbol{w}_1) + \boldsymbol{w}_2 \\ &= \boldsymbol{W}_2\boldsymbol{W}_1\boldsymbol{X} + \boldsymbol{W}_2\boldsymbol{w}_1 + \boldsymbol{w}_2 \\ &= (\boldsymbol{W}_2\boldsymbol{W}_1, \boldsymbol{W}_2\boldsymbol{w}_1 + \boldsymbol{w}_2)\boldsymbol{X} \end{aligned} \tag{7-4}$$

空间点 $\boldsymbol{X}$ 是任意的,所以,Seitz 符号的乘法规则为

$$(\boldsymbol{W}_2, \boldsymbol{w}_2)(\boldsymbol{W}_1, \boldsymbol{w}_1) = (\boldsymbol{W}_2\boldsymbol{W}_1, \boldsymbol{W}_2\boldsymbol{w}_1 + \boldsymbol{w}_2) \tag{7-5}$$

注意:Seitz 符号 $(\boldsymbol{W}, \boldsymbol{w})$ 中逗号前者永远表示点操作,逗号后者永远表示平移。例如,式 (7-4)及式(7-5)中的 $\boldsymbol{W}\boldsymbol{w}$ 是一个对平移矢量 $\boldsymbol{w}$ 进行点操作 $\boldsymbol{W}$ 后的新的平移矢量所代表的

平移,不可将 $Ww$ 理解为平移与点操作的复合操作。

现在证明,若空间操作 $(W,w)$ 是晶体内部结构的对称操作,则其中的点操作 $W$(即去掉空间操作中的平移操作后的操作)就是其空间格子中结点分布的对称操作,而空间格子中结点的对称是可以直接反映在晶体宏观形态上的。

证:设 $(W,w)$ 是晶体的对称操作,则它对点 $X$ 操作用式(7-2)表示。现在我们先求 $(W,w)$ 的逆操作:

式(7-2)移项后变为 $X'-w=WX$,再同乘以 $W^{-1}$:

$$W^{-1}X'-W^{-1}w=X \tag{7-6}$$

所以

$$X=(W^{-1},-W^{-1}w)X' \tag{7-7}$$

则 $(W,w)$ 的逆操作 $(W,w)^{-1}=(W^{-1},-W^{-1}w)$,显然这个逆操作也是晶体的对称操作,结点平移 $(I,t)$ 当然也是晶体的对称操作,从而 $(W,w)$、$(I,t)$、$(W^{-1},-W^{-1}w)$ 这3个操作的乘积也是对称操作,用 Seitz 符号运算规则将这3个操作进行运算,得到

$$(W,w)(I,t)(W^{-1},-W^{-1}w)=(I,Wt) \tag{7-8}$$

其中 $I$ 为恒等操作,$Wt$ 表示对空间格子中的平移矢量 $t$ 进行点操作 $W$ 后新的平移。换言之,在 $t=(x,y,z)$ 处有一个结点,则在 $t'=Wt=(x',y',z')$ 处也必有一个结点,这两个结点是通过点操作 $W$ 联系起来的,所以 $W$ 就是空间格子中结点分布的对称操作,这个操作是可以直接反映在晶体宏观形态上的。证毕。

## ? 习题与思考题

**基础题:**

1. 空间格子是由相当点画线相连形成的,画格子(或选择平行六面体)的原则是什么?

2. 下图是某晶体结构的相当点,已知对称型为 $mm2$,请画出最小重复单位(即画出平面空间格子)。

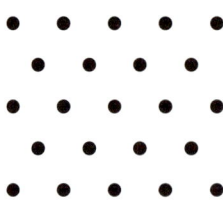

3. 晶胞与空间格子中平行六面体的区别是什么?

4. 画格子时选择的行列方向与宏观晶体形态上选晶轴是什么对应关系?

5. 根据结点在平行六面体中的分布特点,可以将平行六面体分成哪四种格子类型?

6. 为什么四方晶系没有底心格子?

7. 六方柱格子在顶、底面中心各加一个点形成六方底心格子吗?为什么?

8. 为什么只有14种空间格子?这是怎么推导出来的?

9. 立方底心格子不符合等轴晶系的对称,所以不能存在,那么它符合什么对称?应该划归到哪个晶系?

10. 螺旋轴与对称轴的区别是什么？四次螺旋轴有哪些？它们的国际符号怎么写？

11. 滑移面与对称面的区别是什么？$a,b,c,n,d$ 滑移面各是什么意思？

12. $Fd3m$ 是晶体的什么符号？从该符号中可以看出该晶体属于什么晶系？具有什么格子类型？有些什么对称要素？它所对应的对称型(点群)符号是什么？

### 综合分析与讨论题：

13. 如果将习题 2 中的相当点分布图的对称型改为 $3m$ 或 $6mm$，它的空间格子又变成怎么样的？

14. $4_1$ 与 $4_3$ 是什么关系？分别说明它们的旋转角度、旋转方向和螺距。

15. 在宏观形态上怎么确定晶系？在微观结构中怎么确定晶系？你怎么理解这两种确定晶系方法的统一？

16. 书上说，内部结构中有四次螺旋轴的方向上，对应到外部形态上一定有四次轴，你觉得这是统计出来的规律，还是可以证明的？怎么证明呢？

17. 看前人资料时，发现橄榄石有两种数据：

橄榄石：斜方晶系，空间群 $Pbnm$，$a_0=0.475$    $b_0=1.020$    $c_0=0.598$

橄榄石：斜方晶系，空间群 $Pnma$，$a_0=1.021$    $b_0=0.597$    $c_0=0.476$

这是为什么？它们中哪个错了？如果在第一种数据的文章中看到橄榄石的 $\{110\}$ 对应到第二种数据的文章中，它是什么晶面符号？

18. 石英的空间群是 $P3_121$ 或者 $P3_221$，你能看懂是什么意思吗？从空间群得出石英的点群(对称型)是什么？

19. 石英常见形态是六方柱+大菱面体+小菱面体，从石英这个形态上得出的对称型是 $3\,2/m(L^3\,3L^2\,3PC)$，与从空间群得出的石英的点群(对称型)一致吗？为什么？

20. 在一个实际晶体结构中，同种原子(或离子)一定是等效点吗？一定是相当点吗？如果从实际晶体结构中画出了空间格子，空间格子上的所有点都是相当点吗？它们都是等效点吗？

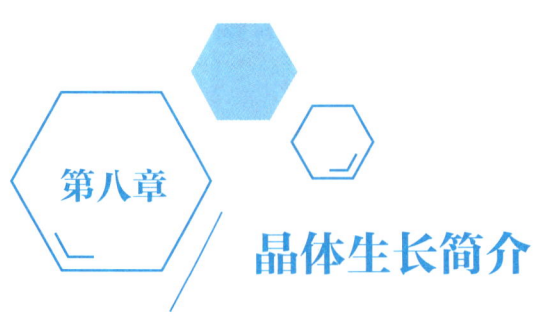

第八章

# 晶体生长简介

晶体是具有格子构造的固体,晶体生长过程实际上是在一定的条件下组成晶体的质点按照格子构造规律排列堆积的过程。从物相的转变方式上来看,晶体生长过程可以是:① 气相→结晶固相;② 液相→结晶固相;③ 非晶固相→结晶固相;④ 一种结晶固相→另一种结晶固相。而其中液相又可以是溶液或熔体。导致发生上述第①、②种相变的热力学条件是过饱和(浓度大于溶解度)或过冷(温度低于熔点);第③种相变是可以自发进行的;第④种相变是因为外界温压条件发生改变使原来的结晶固相不稳定而形成另一种晶体。

## 一、成　　核

电子教案 8
晶体生长简介

晶体生长过程的第一步,就是形成晶核。成核(nucleation)是一个相变过程,即在母液相中形成固相小晶芽,这一相变过程中体系自由能的变化为

$$\Delta G = \Delta G_v + \Delta G_s \tag{8-1}$$

式中:$\Delta G_v$ 为新相形成时体积自由能的变化,且 $\Delta G_v < 0$;$\Delta G_s$ 为新相形成时新相与旧相界面的自由能,且 $\Delta G_s > 0$。也就是说,晶核的形成,一方面由于体系从液相转变为内能更小的晶相而使体系自由能下降,另一方面又由于增加了液-固界面而使体系自由能升高。

设晶核为球形,则式(8-1)可写为

$$\Delta G = \frac{4}{3}\pi r^3 \Delta G_v^0 + 4\pi r^2 \Delta G_s^0 \tag{8-2}$$

式中:$\Delta G_v^0$ 与 $\Delta G_s^0$ 分别表示单位体积的新相形成时自由能的下降和单位面积的新旧相界面自由能的增加。

用式(8-2)作 $G$-$r$ 曲线,见图8-1。

图8-1中长虚线为总自由能 $G$ 的变化曲线。由图可见,随着晶核的长大(即 $r$ 的增加),开始的时候体系自由能是升高的,这意味着当晶核很小时,界面自由能 $G_s$ 的升高大于体积自由能 $G_v$ 的降低;但是当晶核半径达到某一值($r_c$)时,体系自由能开始下降,这意味着当晶核较大时,界面自由能的升高 $\Delta G_s$ 小于体积自由能的降低 $\Delta G_v$。体系自由能由升高到降低

的转变时所对应的晶核半径值 $r_c$ 称为临界半径(critical radius)。

只有当 $r > r_c$ 时,$G$ 下降,晶核才能稳定存在,否则不能成核。

以上从热力学理论方面讨论了成核机理。在实际晶体生长过程中,成核的条件是要达到一定的过冷却度或过饱和度。成核的相变有滞后现象,就是说当温度降至相变点 $T_0$ 时,或当浓度刚达到饱和度时,并不能看到成核相变,成核总需要一定程度的过冷或过饱和。

此外,成核还可分为均匀成核与非均匀成核。

均匀成核(homogeneous nucleation):在体系内任何部位成核速率是相等的。

非均匀成核(heterogeneous nucleation):在体系的某些部位的成核率高于另一些部位。

均匀成核是在非常理想的情况下才能发生,实际成核过程都是非均匀成核,即体系里总是存在杂质、热流不均、容器壁不平不均匀的情况,这些不均匀性有效地降低了成核时的表面能势垒,晶核就先在这些部位形成。所以人工合成晶体总是人为地制造不均匀性使成核容易发生,如放入籽晶、成核剂等。

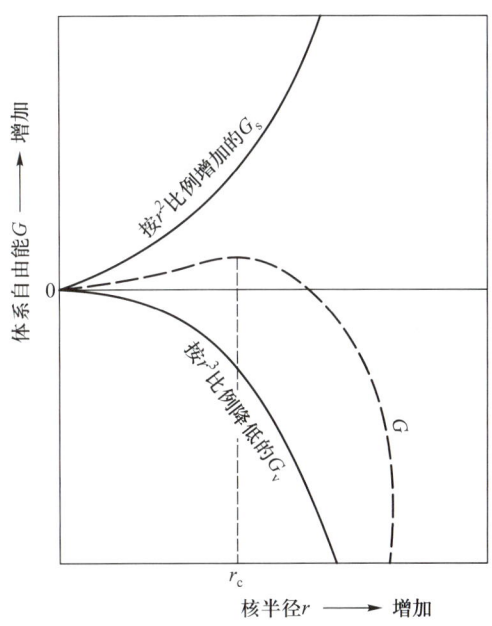

图 8-1　成核过程中晶核半径 $r$ 与体系自由能 $G$ 的关系

(引自潘兆橹等,1993;编者修订)

# 二、晶体生长模型

晶核形成后,将进一步成长。下面介绍关于晶体生长的几种主要的模型。

## 1. 层生长理论模型

该模型由科塞尔(W. Kossel,1888—1956)首先提出,后经斯特兰斯基(I. Stranski)加以发展,亦称为科塞尔-斯特兰斯基理论模型。这一模型要讨论的关键问题是:在一个面尚未生长完全前在这一界面上找出最佳生长位置。图 8-2 表示了一个简单立方晶体模型中一个界面上的各种位置,各位置上成键数目不同,新质点就位后的稳定程度不同。每一个来自环境相的新质点在界面上就位时,最容易结合的位置是能量上最有利的位置,即结合成键时应该是成键数目最多、释放出能量最大的位置。图 8-2 中,$K$ 为三面凹角位,三个方向可以成键,是最有利的生长位置;$S$ 是二面凹角

动画 8-1
层生长模型

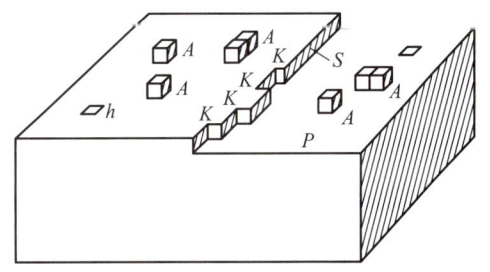

图 8-2　晶体生长过程中表面状态图解

(引自潘兆橹等,1993)

*P*. 平坦面;*S*. 台阶;*K*. 曲折面;*A*. 吸附分子;*h*. 孔

位,有两个方向可以成键,是较有利的生长位置;A 为光滑表面位,只有一个方向可以成键,是最不利的生长位置。由此可以得出如下的结论:晶体在理想情况下生长时,一旦有三面凹角位存在,质点就优先沿着三面凹角位生长一条行列;而当这一行列长满后,就只有二面凹角位了,质点就只能在二面凹角位就位生长,这时又会产生三面凹角位,然后生长相邻的行列;在长满一层面网后,质点就只能在光滑表面上生长,这一过程就相当于在光滑表面上形成一个二维核(two-dimensional nucleus),来提供三面凹角位和二面凹角位,再开始生长第二层面网。晶面(最外的面网)是平行向外推移而生长的。这就是晶体的层生长模型,用它可以解释如下的一些生长现象:

(1)晶体常生长成面平、棱直的多面体形态。

(2)在晶体生长的过程中,环境可能有所变化,不同时刻生成的晶体在物性(如颜色)和成分等方面可能有细微的变化,因而在晶体的断面上常常可以看到环带状构造(图 8-3)。它表明晶面是平行向外推移生长的。

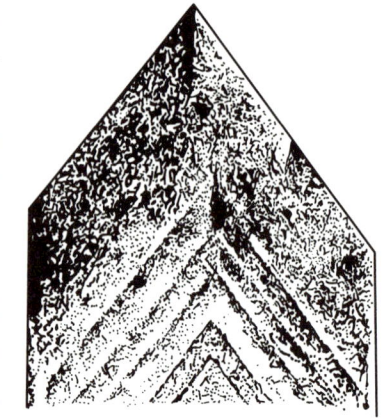

图 8-3  石英的环带状构造
(引自潘兆橹等,1993)

(3)由于晶面是向外平行推移生长的,所以同种矿物不同晶体上对应晶面间的夹角不变。

(4)晶体由小长大,许多晶面向外平行移动的轨迹形成以晶体中心为顶点的锥状体,称为生长锥或沙钟状构造(图 8-4、图 8-5)。在薄片中常常能看到这种特征。

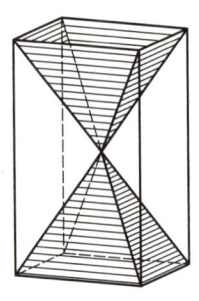

图 8-4  生长锥

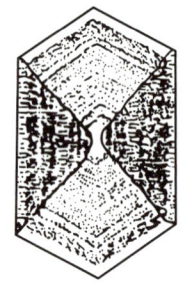

图 8-5  普通辉石的沙钟状构造

然而晶体生长的实际情况要比简单层生长模型复杂得多。一个晶面也不一定是一层一层地顺序生长,而是一层尚未长完,又有一个新层开始生长。这样继续生长下去的结果,使晶体表面不平坦,形成晶面台阶,或称晶面层纹,但这个晶面层纹是很微观的,层阶高度在微米至纳米级。

层生长模型有个缺陷:当晶体的一层面网生长完成之后,再在其上开始生长另一层时,需要在光滑的表面上形成一个二维核来提供凹角位,而这个二维核不太容易形成,因为光滑的表面对溶液中质点的引力小,不易克服质点的热振动使质点就位。形成这个二维核需要较大的过饱和度或过冷度。但在较低的过饱和度或过冷度的条件下晶体也能够生长,这是层生长模型不能够解释的。因此需要另外的生长模型来解释。

**2. 螺旋生长理论模型**

弗兰克(Frank)等人研究了气相中晶体生长的情况,估计二维层生长所需的过饱和度不小于 25%~50%。然而在实际中却发现在过饱和度小于 1% 的气相中晶体亦能生长。这种现象并不是层生长模型所能解释的。他们根据实际晶体结构的各种缺陷中最常见的位错现象,提出了晶体的螺旋生长模型(BCF 模型,由 Burton、Cabrera、Frank 3 人提出),即在晶体生长界面上螺旋位错露头点所出现的凹角及其延伸所形成的二面凹角(图 8-6)可作为晶体生长的台阶源,促进光滑界面上的生长。这样便成功地解释了晶体在很低的过饱和度下能够生长的实际现象。印度结晶学家弗尔麻(Verma)1951 年对 SiC 晶体表面上的生长螺旋纹(图 8-7)及其他大量螺旋纹的观察,证实了这个模型在晶体生长过程中的重要作用。

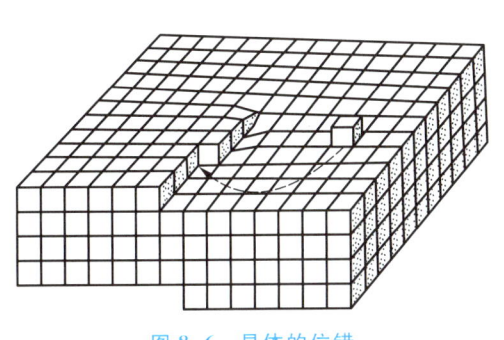

图 8-6　晶体的位错

图 8-7　SiC 晶体表面的生长螺旋

　　位错的出现,在晶体的界面上提供了一个永不消失的台阶源。随着生长的进行,台阶将会以位错处为中心呈螺旋状分布,螺旋式的台阶并不随着面网一层层生长而消失,从而使螺旋式生长持续下去。螺旋状生长与层状生长不同的是台阶并不直线式地等速前进扫过晶面,而是围绕着螺旋位错的轴线螺旋状前进(图 8-8)。随着晶体的不断长大,最终形成在晶面上各种样式的螺旋纹。

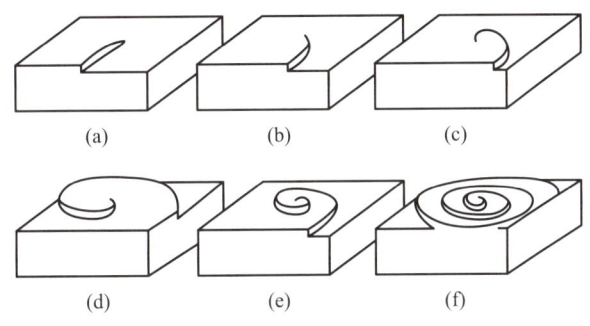

图 8-8　螺旋生长模式

### 3. 连续快速生长理论模型(即枝晶生长模型)

　　前面介绍的层生长和螺旋生长理论模型都是描述在一个生长层上质点怎么就位、成键。这样的生长模型所形成的晶体形态肯定都是由光滑的晶面组成的几何多面体。但是,自然界也存在一种枝状的晶体,简称枝晶。雪花就是最典型的枝晶(图 8-9)。它们是由一根一根的枝状体组成,枝状体上没有或有很小的晶面。这样的晶体形态不能够用层生长或螺旋生长理论模型来解释。枝晶的生长适用于连续快速生长理论模型来解释。所谓连续快速生长,就是溶液中的质点一旦接触到正在生长的晶体,就立刻就位、成键,不需要在表面上游动以寻找三面凹角或两面凹角位（也就是说不需要面扩散）。这样会造成一种连续生长的现象，即：一个生长质点就位、成键后，这个质点凸出表面又更容易接触到溶液中的其他质点，其他质点就容易在这个凸出的质点上就位、成键，这样，生长质点就会接二连三地连接成一个枝状体连续生长下去。

自然界还常见一种特殊的晶体形态——骸晶，就是晶面呈凹状、漏斗状（图8-10）。可以认为骸晶是介于几何多面体晶形与枝晶形态之间的一种晶体形态。骸晶的形成过程为：开始形成的几何多面体晶体的棱和角凸出到溶液中，比晶面中心更容易接触到生长质点，所以生长质点就容易沿着晶体的棱和角就位、成键，棱和角就更凸出了，就形成了晶面中心凹状的、漏斗状的骸晶。

图8-9 雪花（枝晶）

图8-10 石盐的骸晶

可以想象一下，枝晶和骸晶的生长都是没有面扩散过程的，如果有面扩散过程，生长质点会首先在表面上游动、扩散以寻找最佳生长位置（即凹角位），这样，晶体生长就是层层外推的、就是由光滑的晶面组成的几何多面体形状了。图8-11简单展示了连续快速生长与层生长的区别。为什么不需要面扩散行为来寻找凹角位呢？是因为生长的驱动力（过饱和度或过冷度）太大了，来不及扩散就已经就位、成键生长上去了。所以，枝晶和骸晶的形成条件是过饱和度或过冷度太大，这样也会导致生长速度很快。过饱和度或过冷度太大就意味着远离平衡点（即固-液相变的相变点），所以，枝晶和骸晶就被称为是非平衡条件下形成的非平衡晶体形态。

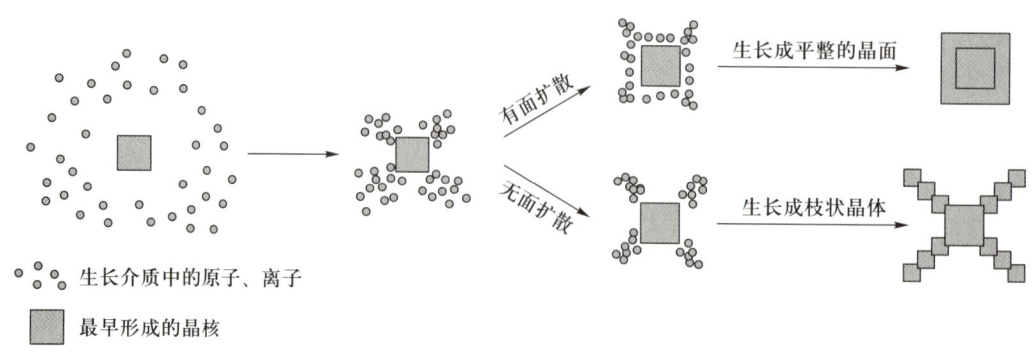

图8-11 连续快速生长（无面扩散）与层生长（有面扩散）的区别

从前面的叙述知道,螺旋生长相对于层生长是需要较低的过饱和度或过冷度的,而连续快速生长需要很高的过饱和度或过冷度。这样,可以将螺旋生长、层生长、连续快速生长各自所对应的生长速度与过饱和度或过冷度的关系总结于图8-12。

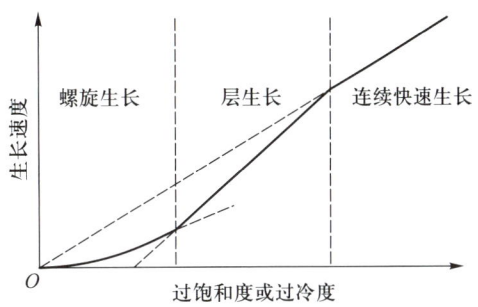

图8-12　生长速度与过饱和度或过冷度的关系
（砂川一郎,1981,编者简化）

枝晶虽然是由许多枝状体组合形成,但它是一个单晶体,各枝体的内部结构是连贯的。怎么理解它是一个单晶体呢？可以这样理解：雪花是一个六方片状单晶体内部留下许多空隙形成的枝晶。但是,自然界还存在另一种枝状晶体形态,枝体是随机排布的,各枝体内部结构不连贯,是多晶集合体。为了与枝晶区别,这种杂乱分布的枝状晶体形态被称为枝蔓晶。有些岩石表面生长的"假化石"就是锰的氧化物和氢氧化物矿物的枝蔓晶,像杂草一样。

### 4. 固-固相变的晶体生长模型

以上晶体生长理论模型都是液相→结晶固相或气相→结晶固相的生长模型。这些模型最重要的过程与机理是：在母液相或母气相中可以自由游动的生长质点,在生长的界面上转变为在晶体（固相）中固定的、按照晶体结构规律就位成键的质点。但是,自然界和实验室还有一种广泛存在的晶体生长形式,就是非晶固相→结晶固相,一种结晶固相→另一种结晶固相,这样的晶体生长就涉及固-固相变的晶体生长模型。固-固相变的晶体生长模型最重要的、区别于液-固相变或气-固相变生长模型的特点是：生长质点在母相（固相）中不能自由移动,只能在活化能的激发下进行很小范围转动、迁移来调整方位、位置,以使质点能够按照晶体结构规律就位、成键。

对于非晶固相→结晶固相,我们可以形象地理解为：原来的非晶母相中质点是杂乱分布的,这种杂乱结构相对于晶体结构来说,就相当于存在很多很多的位错,这样的体系是高能的、不稳定的。在活化能的激发下,位错就会发生迁移使位错之间相互连接、定向排列,形成晶界,以降低体系自由能。晶界与晶界之间就是一个小晶体。这样就实现了从非晶固相生长为结晶固相了。所以,我们看到的由非晶体转化为晶体的现象（即晶化）,都是小晶体的集合体,不可能形成大晶体,因为位错迁移的范围是很小的,形成晶界与晶界之间的范围也是很小的。

对于重结晶现象（小晶体变为较大的晶体）,也可以用上述模型来解释。原来的母相是许多小晶体集合体,这种小晶体的集合体就相当于存在很多很多的晶界,这样的体系是高能的、不稳定的。在活化能的激发下,晶界也会发生迁移使晶界之间相互连接、定向排列,最后使晶界变少以降低体系自由能。晶界变少的过程就是晶体长大的过程。

对于一种结晶固相→另一种结晶固相,我们也可以形象地理解为：原来晶体（母相）的晶体结构在外界的温压条件下已经变得不稳定了,在这个晶体结构里面的质点会发生调整（化学键破裂而形成新的化学键）,从而形成了另外一种晶体。如果母相中是几种晶体同时存在,那么还可能发生晶体与晶体之间的化学反应,形成另外一些晶体。在固相中不同晶体之间的化学反应是一个非常复杂的过程,可能需要少量流体来帮助质点的迁移、流动,以实现不同质点之间重新组合形成新的化合物。

前面我们介绍的有关晶体生长的理论是简化的理论模型。对于成核理论,我们只考虑了体系自由能变化(宏观的热力学因素),对于界面生长理论,我们只考虑了质点就位、成键机制(微观的动力学因素)。其实,晶体生长的所有过程都受宏观热力学和微观动力学两方面的影响,这两种因素都需要考虑。因此,晶体生长是一个复杂的物理化学过程。

# 三、晶体生长实验方法

在实验室合成晶体,就是设计不同的实验装置,通过调控实验条件(温度和压力等)以使晶体长大、长好。不同种类的晶体适合于不同的实验方法。某种晶体适合于哪种方法,以及设置什么样的条件才能让晶体长大长好,主要是靠经验总结。下面简要介绍几种常用的晶体生长实验方法。

### 1. 水热法

水热法是一种在高温高压下从过饱和热水溶液中培养晶体的方法。用这种方法可以合成水晶、刚玉(红宝石、蓝宝石)、绿柱石(祖母绿、海蓝宝石)、石榴子石及其他多种硅酸盐和钨酸盐等上百种晶体。

晶体的培养是在高压釜(图 8-13)内进行的。高压釜由耐高温、高压和耐酸碱的特种钢材制成。上部为结晶区,悬挂有籽晶;下部为溶解区,放置培养晶体的原料,釜内填装溶剂介质。由于结晶区与溶解区之间有温度差(如培养水晶,结晶区温度为 330~350 ℃,溶解区温度为 360~380 ℃)而产生对流,将高温的饱和溶液带至低温的结晶区形成过饱和析出溶质使籽晶生长。温度降低并已析出了部分溶质的溶液又流向下部,溶解培养料,如此循环往复,使籽晶得以连续不断地长大。

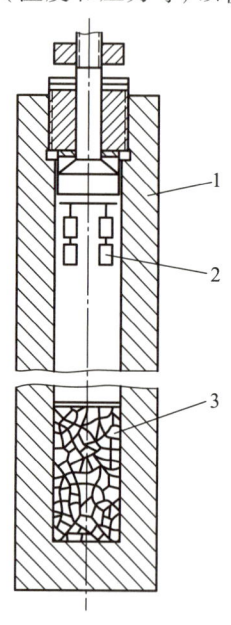

图 8-13　水热法培养
晶体的装置
1. 高压釜; 2. 籽晶;
3. 培养晶体的原料

### 2. 提拉法

提拉法是一种直接从熔体中拉出单晶的方法,其设备如图 8-14 所示。熔体置于坩埚中,籽晶固定于可以旋转和升降的提拉杆上。降低提拉杆,将籽晶插入熔体,调节温度使熔体-晶体界面处的温度恰好等于相变点,上面晶体的温度低于相变点,下面熔体的温度高于相变点,使晶体生长(相变)恰好在熔体-晶体界面处进行。提升提拉杆,使晶体一面生长,一面被慢慢地拉出来。这是从熔体中生长晶体常用的方法。用此法可以拉出多种晶体,如单晶硅、白钨矿、钇铝榴石和均匀透明的红宝石等。适合用提拉法生长的晶体只能是同成分相变晶体,即熔体与晶体成分相同,只需在熔点处从熔体转变为晶体。

### 3. 低温溶液生长

从低温溶液(从室温到 75 ℃ 左右)中生长晶体是一种最古老的方法。该方法就是将结晶物质溶于水中形成饱和

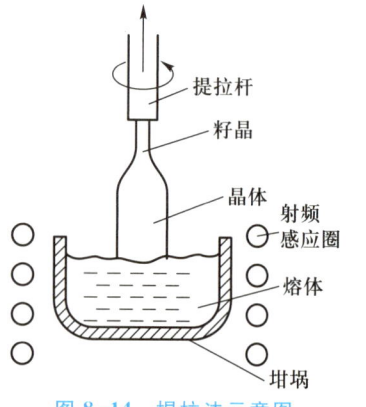

图 8-14　提拉法示意图

提拉杆
籽晶
晶体
射频感应圈
熔体
坩埚

溶液,再通过降温或蒸发水分使晶体从溶液中生长出来。在工业结晶中,从海盐、食糖到各种固体化学试剂等的生产,都采用了这一技术。工业结晶大多希望能长成高纯度和颗粒均匀的多晶体,生长是靠自发成核或放入粉末状晶种来促进生长的。

从低温溶液中也可培育出各种功能晶体材料,但晶体的硬度低,溶于水。

### 4. 高温熔液生长

高温(约在 300 ℃以上)熔液法生长晶体,十分类似于低温溶液法生长晶体,它是将晶体的原成分在高温下熔解于某一助熔剂中,以形成均匀的饱和熔液,晶体是在过饱和熔液中生长,因此也叫作助熔剂法或盐熔法。此法关键是要找到能熔解晶体原成分的助熔剂。

## 四、晶面发育的一些规则

晶体生长所形成的几何多面体外形,肯定与晶体内部结构有关。不同方向的晶面结构不同,导致不同方向的晶面发育情况就不同。

### 1. 布拉维法则

早在 1885 年,法国结晶学家布拉维从晶体的格子构造几何概念出发,论述了实际晶面与空间格子中面网之间的关系,即晶体上的实际晶面平行于面网密度大的面网,这就是布拉维法则(law of Bravais)。

对于布拉维法则可以阐明如下:

图 8-15(a)为一晶体空间格子的一个切面,$AB$、$CD$、$BC$ 为 3 个晶面的迹线,相应面网的面网密度是 $AB>CD>BC$,面网密度大的面网,面网间距也大,对外的质点吸引力就小,质点就不易生长上去。反之,面网密度小的面网,面网间距也小,对外的质点吸引力就大,质点就容易生长上去。如图 8-15(a)所示,当晶体继续生长,质点将优先生长 1 的位置,其次是 2,最后是 3 的位置。于是,晶面 $BC$ 将优先生长,$CD$ 次之,而 $AB$ 则落在最后。各晶面间相对的生长

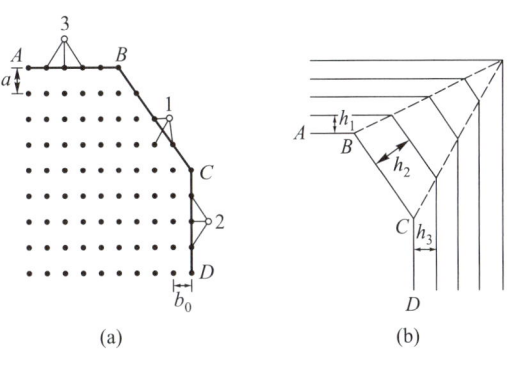

图 8-15 布拉维法则说明图示
(据罗谷风,1985)

速度与它们本身面网密度的大小成反比,即面网密度越大的晶面,其生长速度越慢;反之则越快。而生长速度快的晶面,往往被"歼灭"掉,如图 8-15(b)所示。于是,保留下来的实际晶面将是生长速度慢的面网,即面网密度大的晶面。

布拉维法则总的说来是符合实际的,因而基本上是有效的,但同时也存在明显偏离布拉维法则的实例。其原因主要有二:一是实际晶体的生长除了受内部结构所控制,还受到生长时环境因素的影响;二是布拉维法则所考虑的仅是由抽象的相当点所组成的空间格子,而不是由实在的原子离子所组成的晶体结构,因此,晶体结构中原子离子面的密度及面网间距往往可能与相应面网的面网密度及面网间距不一致。例如,当晶体结构中有螺旋轴或

滑移面存在时,某些原子离子面的密度便只有相应面网的面网密度的若干分之一,使得各原子离子面密度的相对大小关系与相应面网密度的相对大小关系不相一致。唐奈(J. D. H. Donnay)和哈克(D. Harker)曾就这方面因素所起的作用,对布拉维法则做了补充和修正,其结论通常称为唐奈-哈克原理(Donnay-Harker rule)。

### 2. 周期性键链(PBC)理论

1955 年哈特曼(P. Hartman)和珀多克(N. G. Perdok)等从晶体结构的几何特点和质点能量两方面来探讨晶面的生长发育。他们认为在晶体结构中存在一系列周期性重复的强键链,这样的强键链称为周期性键链(periodic bond chain,简写为 PBC)。晶体平行键链生长,键力最强的方向生长最快。据此可将晶体生长过程中所能出现的晶面划分为 3 种类型,这 3 种晶面与 PBC 的关系如图 8-16 所示。图中箭头(标注 $A$、$B$、$C$)指示 PBC 方向。

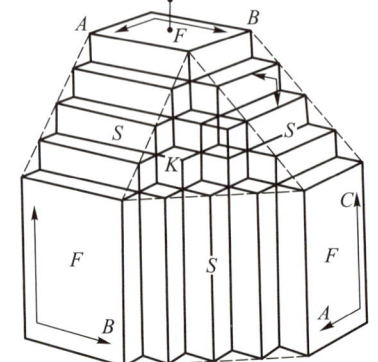

**图 8-16 PBC 理论解释图示**

(引自潘兆橹等,1993)

$F$ 面:或称平坦面,有两个以上的 PBC 与之平行,面网密度最大,晶面生长速度慢,易形成晶体的主要晶面。

$S$ 面:或称阶梯面,只有一个 PBC 与之平行,面网密度中等,质点易与不平行该面的 PBC 成键,晶面生长速度中等。

$K$ 面:或称扭折面,不平行任何 PBC,面网密度小,质点极易与不平行该晶面的所有 PBC 成键进入晶格,晶面生长速度快,是易消失的晶面。

因此,晶体上 $F$ 面为最常见且发育较大的面,$K$ 面经常缺失或罕见。

PBC 理论与布拉维法则也是相互符合的。

### 3. 居里-吴尔夫原理

1885 年世界著名科学家皮埃尔·居里(P. Curie)首先提出:在晶体与其母液处于平衡的条件下,对于给定的体积而言,晶体所发育的形状(平衡形)应使晶体本身具有最小的总表面自由能,亦即

$$\sum_{i=1}^{n} A_i \sigma_i = 最小 \tag{8-3}$$

式中:$A_i$ 和 $\sigma_i$ 分别指在由 $n$ 个晶面所围成的晶体中,第 $i$ 个晶面的面积和比表面自由能。这就是关于晶体形态的居里原理(Curie theory)。

1901 年吴尔夫(G. Wulff)进一步扩展了居里原理。他指出:对于平衡形态而言,从晶体中心到各晶面的距离与晶面本身的比表面能成正比。这一原理即是居里-吴尔夫原理(Curie Wulff theory)。也就是说,就晶体的平衡形态而言,各晶面的生长速度与各晶面的比表面能成正比。

由于各晶面表面能的实测数据的取得颇为困难且极难精确,这一原理的实际应用受到限制。

前述的布拉维法则表明,面网密度大的晶面生长速度小,因而与晶体中心距离小。而面网密度大的晶面也是比表面能小的晶面。所以,居里-吴尔夫原理与布拉维法则是基本一致的。

# 五、影响晶体生长形态的外因

前面关于晶面的发育,实际上讨论的是控制晶体生长形态的内部结构因素。一个晶体的形态既由其本身的内部结构所决定,又不可避免地要受到生长时各种环境因素的影响,是内部和外部两方面因素共同作用的结果。

影响晶体外形的因素较多,而且不少因素还互有关联。总的说来,它们都是通过改变晶面间的相对生长速度而改变晶体的生长形态。

### 1. 温度

在不同的温度下,同一种物质的晶体,其不同晶面的相对生长速度有所改变,从而影响晶体形态,如方解石($CaCO_3$)在较高温度下生成的晶体呈扁平状,而在地表水溶液中形成的晶体则往往是细长的。石英和锡石矿物晶体亦有类似的情况。

### 2. 杂质

溶液中杂质的存在可以改变晶体上不同面网的表面能,所以其相对生长速度也随之变化而影响晶体形态。例如,在纯净水中结晶的石盐是立方体,而在溶液中有少量硼酸存在时则出现立方体与八面体的聚形。

### 3. 涡流

在生长着的晶体周围,溶液中的溶质向晶体黏附,浓度降低以及晶体生长放出热量,使溶液密度减小。由于重力作用,轻溶液上升,远处的重溶液补充进来,从而形成了涡流。涡流使溶液物质供给不均匀。同时晶体所处的位置也可能有所不同,如悬浮在溶液中的晶体下部易获得溶质的供应,而贴着基底的晶体底部得不到溶质,等等,因而生长形态特征不同。为了消除因重力而产生的涡流,现已在人造地球卫星的失重环境中试验晶体的生长。

### 4. 黏度

溶液的黏度也影响晶体的生长。黏度的加大,将妨碍对流作用的产生,溶质的供给只有以扩散的方式来进行,晶体在物质供给十分困难的条件下生成。由于晶体的棱角部分比较容易接受溶质,生长得较快,晶面的中心生长得慢,甚至完全不生长,从而形成骸晶。

### 5. 结晶速度

快速生长会导致晶体形态偏离平衡状态,也会形成骸晶、枝晶。快速生长还可以导致成核速度大,使得结晶中心增多,晶体长得细小。反之,结晶速度小,则晶体生长得粗大。如岩浆在地下缓慢结晶,则生长成粗粒晶体组成的深成岩,如花岗岩;但在地表快速结晶则生长为由细粒晶体甚至隐晶质组成的喷出岩,如流纹岩。结晶速度还影响晶体的纯净度,快速结晶的晶体往往不纯,包裹了很多杂质。

### 6. 生长次序

晶体析出的先后次序也影响晶体形态,先析出者有较多自由空间,晶形完整,成自形晶;较后生长的则形成半自形晶或它形晶。

同一种矿物晶体于不同的地质条件下形成时,在形态上显示不同的特征,这些特征可指示晶体的生长环境,称为形态标型特征。

# 六、晶体的溶解和再生长

### 1. 晶体的溶解

把晶体置于不饱和溶液中,晶体就开始溶解。由于角顶和棱与溶剂接触的机会多,所以这些地方溶解得快些,因而晶体可溶成近似球状。如明矾的八面体溶解后呈近乎球形的八面体(图8-17)。

晶面溶解时,首先在一些薄弱的地方溶解出小凹坑,称为蚀像(etch figure)。经在电镜下观察,这些蚀像是由各种小晶面组成的凹坑,也可称负晶形。图8-18表示方解石(a)与白云石(b)晶体上的蚀像。

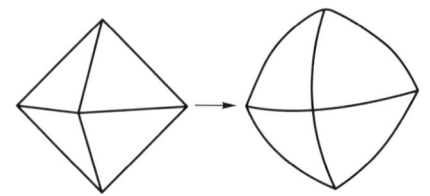

图8-17　明矾的溶解晶体

(引自潘兆橹等,1993)

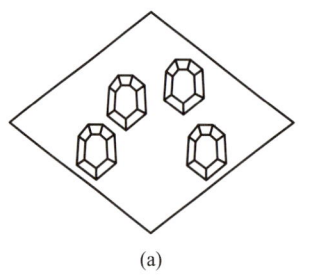
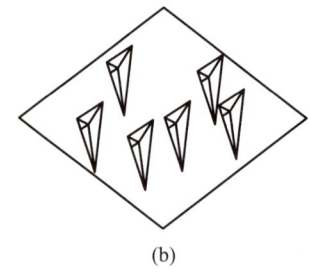

(a)　　　　　　　　　　(b)

图8-18　方解石和白云石的蚀像

(引自潘兆橹等,1993)

(a)方解石;(b)白云石

### 2. 晶体的再生

破坏了的和溶解了的晶体处于合适的环境又可恢复多面体形态,称为晶体的再生(图8-19),如斑岩中石英颗粒的再生(图8-20)。

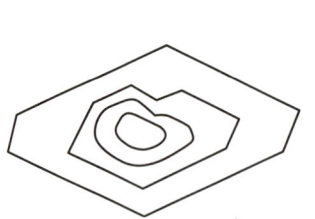

图8-19　晶体的再生

(引自潘兆橹等,1993)

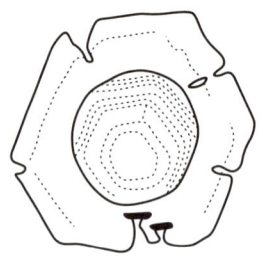

图8-20　石英颗粒的再生

(引自潘兆橹等,1993)

溶解和再生不是简单的相反的现象。晶体溶解时,溶解速度是随方向逐渐变化的,因而晶体溶解可形成近乎球形;晶体再生时,生长速度随方向的改变而改变,因此晶体又可以恢复成几何多面体形态。

## ？ 习题与思考题

### 基础题：

1. 晶体生长初期的成核过程是否能够发生与什么因素有关？请从热力学理论去解释。

2. 晶体生长为什么常常要放入籽晶？

3. 描述层生长理论模型与螺旋生长理论模型的生长过程，并指出这两个模型的主要区别。

4. 在日常生活中你见到过哪些晶体生长现象？并说明从溶液中生长晶体为什么往往容易在容器壁上发生？

5. 什么是布拉维法则？说明晶面的生长速度与其面网密度的关系。

6. 什么是周期性键链理论？它与布拉维法则有什么联系？

### 综合分析与讨论题：

7. 从溶液中生长晶体往往会发生"雪崩"现象，即溶液要么不结晶，要么一旦结晶就很快。请用晶体生长理论解释之。

8. 非晶体→晶体，小晶体→大晶体，这种转化中最重要的机理是什么？

9. 为什么石英总是发育柱面而不发育顶面？从石英的晶体形态推测石英的晶体结构有什么特点？

10. 非晶体→晶体（即晶化）过程中为什么不能形成一个大单晶而是形成许多粒状或放射状的小晶体集合？

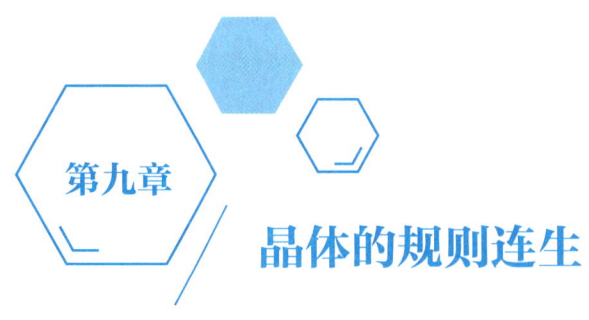

# 晶体的规则连生

晶体之间有时可以基于一定的取向相关性有规则地连生在一起。这种规则连生中又包括同种晶体的规则连生——平行连晶和双晶，以及异种晶体间的规则连生——浮生和交生。晶体的规则连生有其内部结构上的根源，并在外形上也有一定的几何关系。

## 一、平 行 连 晶

平行连晶（parallel growth）是指：由若干个同种的单晶体，彼此之间所有的结晶方向（包括各个对应的晶轴、对称要素、晶面及晶棱的方向）都一一对应、相互平行而组成的连生体。

电子教案 9
晶体的规则
连生

平行连晶在外形上表现为各个单体间的所有对应晶面全都彼此平行，且单体间总是存在凹入角[图 9-1(a)]。此外，有的平行连晶还可以形成枝晶，图 9-2 展示了自然铜晶体的平行连晶，它由许多很小的立方体晶体沿角顶（$L^3$ 方向）或晶棱（$L^2$ 方向）平行连生形成。实际上，平行连晶中各单体间的格子构造是连续的[图 9-1(b)]。它们实际上是在外形上像多个晶体而内部结构是连续完整的单晶体。

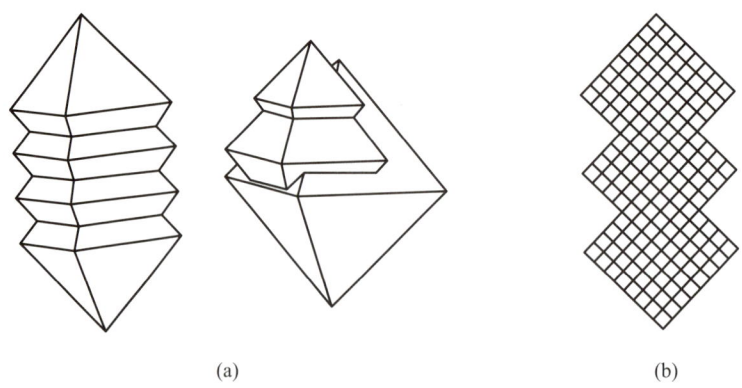

(a)                                          (b)

图 9-1　明矾八面体晶体的平行连晶（a）与其内部结构的格子构造连续性示意图（b）

(a)                                  (b)

图 9-2　自然铜的立方体晶体的枝状平行连晶

（据 Sadebeck，1876；引自潘兆橹等，1993）

（a）沿角顶方向连生；（b）沿晶棱方向连生

# 二、双　　晶

### 1. 双晶的概念

双晶（twin，twinned crystals），也叫孪晶，是指：两个或两个以上的同种晶体，彼此间按一定的对称关系相互取向而组成的规则连生体。构成双晶的两个单体之间相应的结晶方向（包括各个对应的晶轴、对称要素、晶面及晶棱的方向）并非完全平行，但它们可以借助对称操作——反映、旋转、反伸，使两个个体彼此重合或达到完全平行一致的方位。

构成双晶的两个单体之间有一部分对应的结晶方向（晶面、晶棱等）彼此平行，但并不是所有对应的结晶方向都平行一致。相应地，构成双晶的两单体的格子构造是互不平行连续的。这是双晶区别于平行连晶的根本不同之处。

### 2. 双晶要素

双晶要素（twin element）是使双晶中的单体之间，通过变换其中一个的方位而与另一个能够重合或平行而凭借的几何要素。包括：

（1）双晶面：为一个假想的平面，可使构成双晶的两个单体中的一个通过它的反映变换后与另一个单体重合或平行。图 9-3 中锡石膝状双晶中的平面 $tp$ 即是它的双晶面。对于双晶中的两个单体而言，双晶面必然是一个等价的平面。在实际双晶中，双晶面总是平行于单晶体中具简单指数的晶面，或是垂直于重要的晶带轴（常为晶轴）。因此，双晶面的方向均采用平行于某晶面或垂直于某晶带轴的方式来表示。例如图 9-3 中的双晶面 $tp$//（011）。

（2）双晶轴：为一假想直线，双晶中一单体围绕它旋转一定角度后（一般都为 180°），可与另一单体重合或平行，或恢复成一个单晶体。图 9-4 中正长石（点群 $2/m$）卡斯巴律双晶中的直线 $tl$ 即是它的双晶轴。显然，对于双晶中的

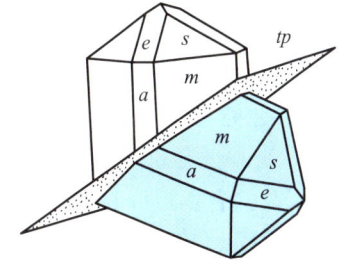

图 9-3　锡石膝状双晶

（据罗谷风，1985）

两个单体而言,双晶轴必是一根等价的直线。在实际双晶中,双晶轴总是平行于单晶体中重要的晶带轴(常为晶轴),或是垂直于具简单指数的晶面。因此,双晶轴的方向均采用平行于某晶带轴或垂直于某晶面的方式来表示。例如图 9-4 中的双晶轴 $tl//c$ 轴,或 $tl//[001]$。

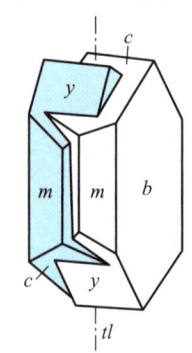

**图 9-4　正长石卡斯巴律双晶**
(据罗谷风,1985)

(3) 双晶中心:为一个假想的几何点,通过它对其中一个单体的方位反伸变换后与另一个单体可相互重合或平行。因为反伸变换较难看出来,在双晶分析中很少用双晶中心。

要注意双晶面、双晶轴及双晶中心与对称面、对称轴及对称中心的区别,后三者是专门对于同一单晶体中的两个相同部分而言的,双晶面、双晶轴及双晶中心则是专门对于构成双晶的两个单体之间而言的。由对称面联系起来的两个相同部分,因为它们是属于同一个单晶体的,所以它们必然具有平行一致的晶体取向;而由双晶面联系起来的两个相同部分——两个单体之间,它们的晶体取向却必须是不平行一致的。因此,双晶面绝不可能平行于单晶体中的对称面。基于完全类似的理由,双晶轴绝不可能平行于单晶体中的偶次对称轴(因为双晶轴一般都为二次轴);双晶中心则绝不可能与单晶体的对称中心并存。

### 3. 双晶要素与对称要素之间的组合

一个单晶体中有对称要素,当两个单晶体之间以某个双晶要素联系起来形成双晶时,就会导致单晶体内的对称要素与双晶要素之间产生组合,这种组合同样符合对称要素组合定理。例如,单晶体有对称中心,双晶中有双晶面,则双晶面与对称中心组合会产生一个垂直双晶面的双晶轴(即符合组合定理2)。如果单晶体中对称要素很多,与双晶要素组合时就会产生很多双晶要素,且双晶要素与双晶要素之间还会发生组合形成更多的双晶要素。所有的双晶要素和单晶体内部的对称要素组合起来会形成一个对称型,也是 32 个对称型之一。在后叙的关于双晶的"假对称"就是这样形成的。

但是,我们在描述双晶的双晶要素时,不必将所有双晶要素都写出来,只需写出一个双晶面和一个垂直它的双晶轴(如果单晶体中有对称中心的话)就可以了。这是因为,要表达两个单晶体之间是什么对称关系,只用一个双晶面和/或一个双晶轴就可以表达清楚了。所以,在表 9-1 中,凡是有对称中心的单晶体,其双晶的双晶要素都写成一对互相垂直的双晶面和双晶轴;而对于没有对称中心的单晶体,其双晶的双晶要素就只写一个双晶面或双晶轴(如表 9-1 中石英的双晶就只有一个双晶面或双晶轴,因为石英没有对称中心)。例如:表 9-1 中的萤石律双晶中,除了双晶面(111)和双晶轴[111](它们互相垂直)外,在包含双晶轴[111]的方向上还有许多双晶面,这些双晶面不必描述。石英的道芬律双晶中,除了双晶轴[0001]外,在垂直双晶轴[0001]的方向上还有许多还有双晶轴,这些双晶轴不必描述。这一点与在单晶体中找对称要素不同,在单晶体中找对称要素一定要将所有的对称要素都找出来,才能写出这个单晶体的对称型。

### 4. 双晶接合面

双晶接合面(composition plane 或 composition surface)是指:双晶中相邻单体间彼此接合的实际界面。其两侧的单体以接合面为界,晶格互不平行连续,两者的取向亦不一致。

在有些双晶中,接合面为一个平面,且是两单体中的一个公用面网,也称为共格面网(colattice net),这个共格面网往往平行于单晶体中具简单指数的晶面,此时即可用相应的晶

动画 9-1
双晶轴

面符号来表示接合面的方向。此外,接合面还经常与双晶面重合。例如图9-3中锡石膝状双晶的接合面∥(011),与双晶面重合。但有些双晶的接合面是不规则状的,甚至可以是曲面(见图9-16)。这时就不能用晶面符号来表达双晶接合面了。

要注意双晶接合面与双晶面的区别。双晶接合面不是一种双晶要素,因为它只能说明双晶中两单体间的接合形式,并不能说明两单体的相互取向关系。任何一种双晶,它的双晶要素总是固定不变的,但接合面却有可能不同。例如正长石的卡斯巴律双晶,其接合面多数是以(010)面为主,但有些情况也可以(100)为主。另外,双晶接合面是一个实际的界面,而双晶面是一个假想的平面。

### 5. 双晶律

单体构成双晶的对称规律和接合规律叫作双晶律(twin law)。双晶律一般用双晶要素和双晶接合面的方位来表征。还可用专门的术语来给双晶律命名。例如前面提到的卡斯巴律专指长石族矿物中以 $c$ 轴为双晶轴的双晶。此外,如钠长石律双晶,它是专门指三斜晶系的长石中以(010)为双晶面的双晶等等。

双晶律的命名原则,主要有以下两种:

(1)以该双晶的特征矿物来命名。例如钠长石律、尖晶石律、云母律、文石律等。

(2)以最初发现的地名来命名。例如卡斯巴律(根据原捷克斯洛伐克的 Carlsbad 命名)、道芬律(根据法国的 Dauphine 命名)、巴西律、日本律等。

### 6. 双晶的分类

双晶现象在矿物中非常普遍,且双晶的表现形式和形成机制也多种多样。因此,对双晶进行科学分类就成为研究双晶的基础性工作。根据双晶的表现形式可以对双晶分成两大类:

(1)简单双晶(或称宏观双晶)(simple twin or macro-twin):两个或两个以上较少数的单体,以双晶的关系接触、穿插在一起形成的双晶。根据具体的接合形式还可分为:接触双晶、穿插双晶、环状双晶等。如图9-3的锡石膝状双晶就是接触双晶,两个单体以平直的接合面接触在一起;图9-4中正长石卡斯巴律双晶就是穿插双晶,两个单体以不规则的接合面穿插在一起;图9-5中是锡石的环状双晶,多于两个的单体以平直的接合面接触形成一个环形,接合面之间不平行;图9-6是文石的三连晶,三个单体以对角穿插的形式组成。在环状双晶和三连晶中,虽然是多个单体,但联系多个单体之间的是同一种双晶律。

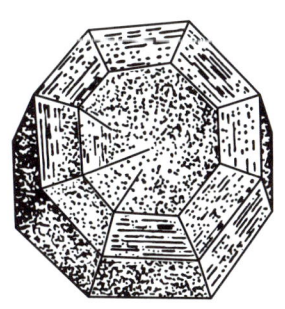

图 9-5　锡石的环状双晶

(引自潘兆橹等,1993)

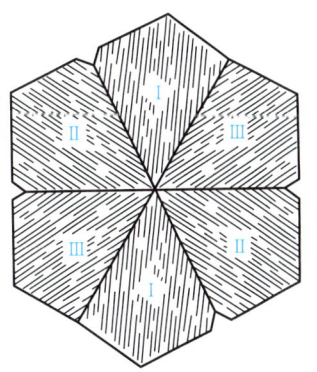

图 9-6　文石的三连晶

(引自 Hurlbut C S Jr,1977)

（2）显微双晶（或称晶内双晶）（micro-twin or inner-twin）：在一个看似单晶体的内部有许多取向不同的晶畴，晶畴之间是双晶的关系。显微双晶最常见的是聚片双晶（polysynthetic twin），即：在一个看似单晶体的内部发育了一系列片状晶畴，片状晶畴之间是以同一种双晶律联系起来的，片宽度一般是微米级。如图9-7是斜长石的聚片双晶，看上去是一个单晶体，但却发育一系列聚片双晶纹（聚片双晶的接合面在标本断面上的出露线）。聚片双晶中各片状晶体有这样的规律（见图9-8）：单体1与单体2之间是双晶关系，单体2与单体3之间也是同样的双晶关系，这样就会使单体1与单体3将处于完全相同的结晶学取向。这样导致的结果是：在图9-8中，奇数单体结晶学取向完全相同，偶数单体结晶学取向也完全相同，奇数与偶数单体之间是双晶的关系。

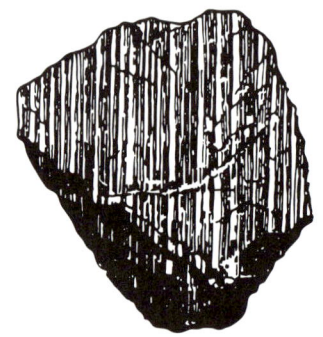

图9-7　斜长石聚片双晶

（引自 Hurlbut C S Jr, 1977）

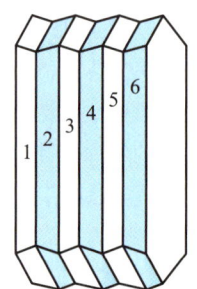

图9-8　聚片双晶的模型

当然，有些显微双晶的晶畴不是片状的，而是不规则状的。如图9-9是石英的道芬双晶和巴西双晶的蚀像图案。道芬双晶的晶畴是港湾状的，巴西双晶的晶畴是三角状的。它们都是在一个看似单晶体的内部发育了不同结晶学取向的晶畴，晶畴之间是双晶的关系。

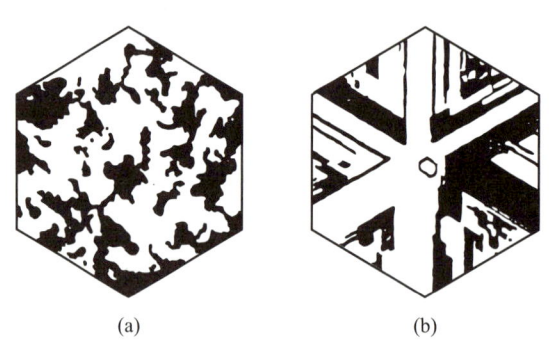

(a)　　　　　　　　　　(b)

图9-9　石英（0001）切面上的蚀像（根据蚀像画出的晶畴轮廓）

（据 Leyodlt，1855；引自潘兆橹等，1993）

（a）道芬双晶；（b）巴西双晶

我们要特别注意显微双晶，因为它们的外观像是一个单晶体，很容易误认为是无双晶的晶体。有些显微双晶不仅凭肉眼鉴别不出来，而且在光学显微镜下也不容易鉴别，需要电子显微镜才能鉴别。显微双晶的形成往往伴随着晶体的相变，即是在相变过程中发育的，与晶格变形有关，属于双晶成因类型中的转变双晶（见下一小节），对它的研究可以帮助我们追溯晶体结构变化规律及其引起这种相变的物理化学条件。

双晶中还有一种复杂的现象，就是在一个双晶中可以同时存在两个或两个以上的双晶律。如果两个双晶律发生复合而产生了新的双晶律（相当于两种双晶要素组合产生新的双晶要素），这种双晶叫作复合双晶（compound twin，composite twin）。如果两个双晶律没有发生复合，也没有产生第三种双晶律，这样的双晶不能叫作复合双晶，本教材称它为混合双晶（mix-twin）。下面举例说明。

图9-10(a)是斜长石的卡-钠复合双晶，它同时存在卡斯巴律和钠长石律，这两种双晶律发生复合产生了新的双晶律：卡-钠复合律。三种双晶律的双晶轴是互相垂直的，符合对称要素组合定理1。在这种复合双晶中，各单体之间也具有循环的双晶关系：单体1与单体2、单体3与单体4都是钠长石律的关系，单体2与单体3、单体1与单体4都是卡斯巴律的关系，单体1与单体3、单体2与单体4都是卡-钠复合律的关系。可以用一个简单的图来表示这种循环的双晶关系，见图9-10(b)。在这种复合双晶中，有些单体之间并没有直接接触但也可以是双晶关系，例如图9-10(a)中的单体1与单体4。这种情况我们可以认为它们是被动形成双晶关系的，就是说，只要单体1与单体2、单体3与单体4是钠长石律关系，如果再将单体2与单体3以卡斯巴律接合，那么自然就会导致单体1与单体4、单体1与单体3、单体2与单体4之间（虽然它们都不直接接触）会有双晶关系，这种双晶关系是被动产生出来的。卡-钠复合双晶经常以显微双晶的形式出现，图9-11是斜长石卡-钠复合双晶的偏光显微镜下照片。

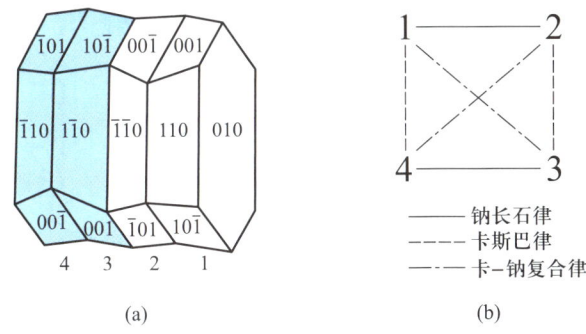

（a）　　　　　　　　　　　（b）

**图 9-10　斜长石的卡-钠复合双晶(a)及单体之间的双晶关系(b)**

(a)据罗谷风,1985

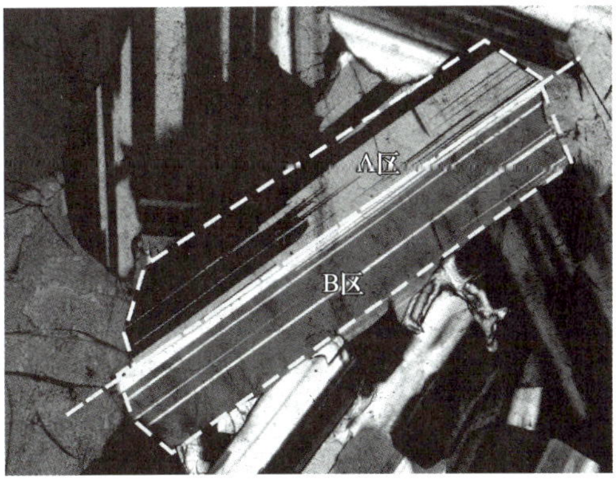

**图 9-11　斜长石的卡-钠复合双晶偏光显微镜下照片**

（A区为一个钠长石律聚片双晶，里面有单体1和单体2，B区为另一个钠长石律聚片双晶，里面有单体3和单体4，两个区之间是卡斯巴律）

除了复合双晶，还有一种情况是混合双晶，即两种双晶律不发生复合，仅仅是共存在一起。这种情况的典型代表是斜长石和微斜长石的格子双晶。图9-12是斜长石的格子双晶，其中有两种双晶律：钠长石律和肖钠长石律，它们都能形成聚片双晶，但它们的双晶接合面近乎垂直，这就使得它们的"聚片"之间形成了近乎垂直的"格子"。但是，钠长石律与肖钠长石律的双晶轴只相差1°～5°，它们不是相互垂直的关系，不符合对称要素组合定理，所以不能产生复合。

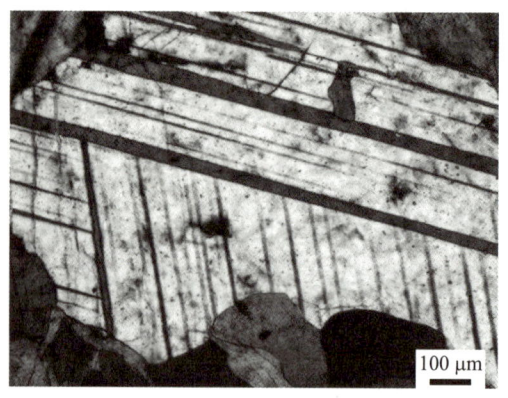

图9-12 斜长石的格子双晶偏光显微镜下照片

上述格子双晶是混合双晶的典型代表，但不是所有格子双晶都是混合双晶，有些格子双晶只有一种双晶律，只要这个双晶律的双晶接合面是多于一个且不是平行的。例如，石英的巴西双晶有时也能形成格子双晶，但它只有一种双晶律，不是混合双晶。这是因为，巴西双晶的接合面是$\{11\overline{2}0\}$，它有3个面（$(11\overline{2}0)$、$(\overline{1}2\overline{1}0)$和$(2\overline{1}\overline{1}0)$），这3个接合面相交就可以形成格子双晶。

两个双晶律共存但不复合的情况也可以是简单双晶（宏观双晶），例如图9-13是十字石的以两种双晶律联系的三个单体组成的穿插双晶。单体A与B之间是一种双晶律，单体C与A、B之间是另一种双晶律。

### 7. 双晶的成因及成因类型

我们已经知道，晶体内部的格子构造是质点间的相互作用力达到平衡、质点有规则排列的结果，此时，晶体具有最小的内能。对于双晶来说，在接合面附近两侧的局部范围内，质点按双晶关系的排列方式，就破坏了这种平衡状态，有可能使晶体的内能增高。所以一般说来，在理想生长条件下是不利于形成双晶的。但是，如果质点按双晶关系排列而并不导晶体内能明显增大，此时就有可能形成双晶。

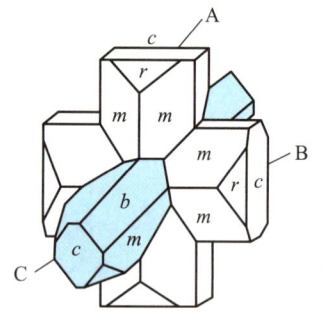

图9-13 十字石按两种双晶律形成的贯穿双晶

（引自潘兆橹等，1993）

另外，双晶可以使晶体聚集体或连生体的整体对称性提高，而对称性越高，晶体聚集体或连生体的整体内能会越小，这也是双晶普遍存在的一个原因。

某种双晶形成的难易程度，可以用双晶中两单体的空间格子之间是否处于协调、匹配的方位来衡量，这就是"双晶形成的内部结构机制"（见本章拓展、延伸知识）。

根据形成双晶的机理，通常可将双晶分为以下3种不同的成因类型：

（1）生长双晶（growth twin）：在晶体生长过程中形成的双晶。在晶体生长的过程中，晶核（或小晶体）按照双晶关系连生，然后成长为双晶。这是因为晶核（或小晶体）以双晶方位相连接时，界面是相同的面网（共格面网，共格晶界），相对于任意方位的相连接，能量较低，易于稳定下来。生长双晶大多形成简单双晶。

（2）转变双晶（transformation twin）：在同质多象转变及无序—有序转变的过程中所产生的双晶。例如，六方晶系的β-石英，当因温度下降而转变为三方晶系的α-石英时，由于结构转变有两种取向选择(图9-14),这两种取向之间为二次轴的关系;当在结构转变过程中,一部分为第一种变形,另一部分为第二种变形,这两部分就成了双晶(道芬双晶)关系。再例如:钾长石从高温无序到低温有序的转变中,晶胞形状由单斜变为三斜,变形也有两种取向选择(图9-15),这两种取向为对称面的关系;若在有序化过程中,一部分为第一种变形,另一部分为第二种变形,则会形成钠长石律双晶。

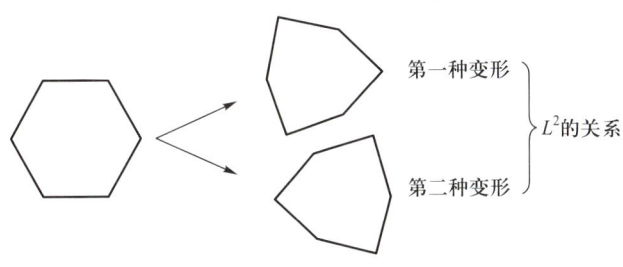

图 9-14　$\beta$-石英(六方对称)转变为 $\alpha$-石英
(三方对称)结构变形示意图

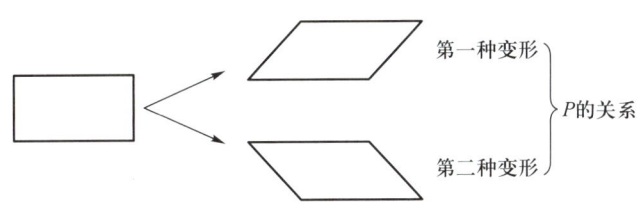

图 9-15　钾长石高温无序(单斜)转变为
低温有序(三斜)结构变形示意图

转变双晶一般都是从高对称的物相转变为低对称的物相时形成。原来高对称物相中的某些对称要素消失才能转变为低对称的物相,这些消失的对称要素其实就转变成了双晶要素了。例如,$\beta$-石英的对称型为622($L^6 6L^2$),$\alpha$-石英的对称型为32($L^3 3L^2$),$\beta$-石英转变为 $\alpha$-石英后,消失了3个水平的 $L^2$,$L^6$ 降低为 $L^3$(相当于消失了一个直立的 $L^2$,因为 $L^3 + L^2 = L^6$)。这些消失的 $L^2$ 都转变为双晶要素了,所以,石英的道芬双晶有 4 个双晶轴,一个双晶轴平行 $z$ 轴,另外 3 个垂直 $z$ 轴并在石英单晶体的 $L^2$ 之间。但对于石英的道芬双晶一般只描述平行 $z$ 轴的双晶轴就行了。转变双晶大多形成显微双晶。

(3)机械双晶(mechanical twin):晶体在生成以后,由于受到应力的作用,导致晶格发生均匀滑移,结果使已滑移部分与未滑移部分的晶格间处于双晶的相互取向关系,从而形成双晶。机械双晶通常都表现为聚片双晶。机械双晶大多形成显微双晶。

双晶的成因分类,还可以按双晶的产生相对于晶体形成的时间先后而分为以下两类:

(1)原生双晶(primary twin):在晶体的生长过程中同时形成的双晶。生长双晶都属于原生双晶。

(2)次生双晶(secondary twin):在晶体已经形成之后才产生的双晶。机械双晶一般属于典型的次生双晶;但也有少数机械双晶可在晶体成长的后期因相互挤压而产生。转变双晶一般也视为次生双晶,但对于转变后的结晶相来说,双晶则是与晶体同时形成的。

### 8. 矿物中双晶分布的概况

我们已经知道,双晶的产生需要有一定的晶体结构条件为前提,所以并不是每一种晶体都有可能呈双晶出现。就矿物晶体而言,据统计,有双晶的占已知矿物种数的约 1/5。在这些矿物中,双晶出现的频率也很不相同。斜长石几乎总是以双晶的形式产生,它们的单晶体极为罕见;石英的双晶也很常见。而另一些矿物,例如磷灰石等,双晶却非常罕见。此外,在每一种有双晶的矿物中,双晶律的多寡也不平衡,约有 2/3 的矿物只按 1 种双晶律形成双晶;而在双晶律最多的长石和石英中,不同双晶律的种数各自都达到 20 多种。同时,不同双晶律在一种矿物中出现的频率,其差别也相当悬殊。例如钠长石律双晶在斜长石中几乎比比皆是,但有的双晶律却迄今仅在少数的几个长石标本上被找到。双晶的出现除取决于内部的结构条件外,还需要有适当的生长环境。因此,即使是同一种晶体中的同一种双晶律,在不同条件下出现的频率往往也可以有较大的差异。例如钠长石律双晶,在由岩浆结晶的斜长石中可以说总是存在的,但在沉积条件下的自生斜长石中则少见。

此外,当各种双晶律按晶系来归属时,它们的分布也是很不均衡的。总的说来,以属于单斜和斜方晶系的双晶律种数最多,其次为三斜和三方晶系,然后是等轴晶系、四方晶系,而属于六方晶系的双晶律很少,双晶罕见。这种情况一方面固然与各晶系所属晶体种类的多少有关,但主要是受到晶体对称性的制约。前面已经讲过,双晶面和双晶轴的作用分别类同于对称面和二次对称轴的作用,但它们又不能与单晶体中的对称面或偶次对称轴方向一致。一般来说,晶体的对称程度高,特别是当对称面和偶次对称轴的数目多时,双晶面和双晶轴存在的可能性就大大减少,双晶律相应就少。等轴晶系晶体虽然对称程度高,但因双晶轴允许与 $L^3$ 重合,加之属于等轴晶系的晶体种类又较多,因而等轴晶系的双晶律反而远比六方晶系者为多。

表 9-1 列出了各晶系常见双晶。

表 9-1　各晶系常见双晶

| 晶系 | 矿物名称、成分及对称型 | 单晶的形状 | 双晶 | |
|---|---|---|---|---|
| | | | 形状(俗称) | 双晶律 |
| 等轴晶系 | 尖晶石<br>$MgAl_2O_4$<br>$3L^4 4L^3 6L^2 9PC$ | | | 双晶轴⊥(111)<br>或//[111]<br>双晶面//(111)<br>接合面//(111)<br>(尖晶石律) |
| | 萤石<br>$CaF_2$<br>$3L^4 4L^3 6L^2 9PC$ | | | 双晶轴⊥(111)<br>或//[111]<br>双晶面//(111)<br>接合面不规则<br>(萤石律) |

续表

| 晶系 | 矿物名称、成分及对称型 | 单晶的形状 | 双晶 | |
|---|---|---|---|---|
| | | | 形状（俗称） | 双晶律 |
| 等轴晶系 | 闪锌矿 ZnS $3L_i^4 4L^3 6P$ | 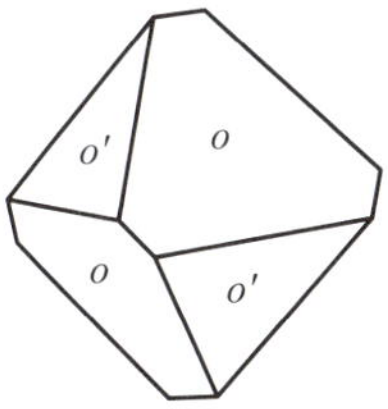 正形 O{111} 负形 O'{11$\bar{1}$} | 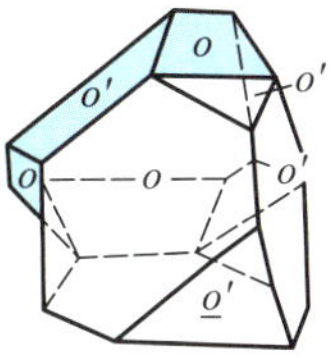 | 双晶轴⊥(111) 或//[111] 双晶面//(111) 接合面//(111) |
| | 黄铁矿 FeS$_2$ $3L^2 4L^3 3PC$ | 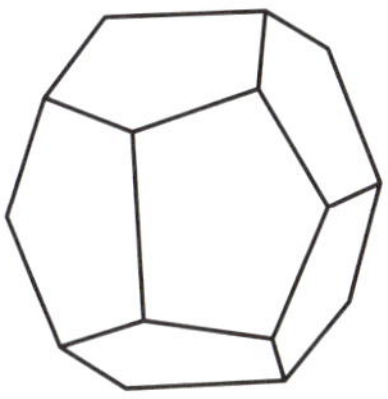 | 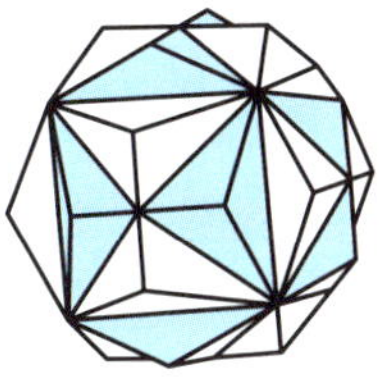 （铁十字） | 双晶轴⊥(110) 或//[110] 双晶面//(110) 接合面不规则 |
| 四方晶系 | 锡石 SnO$_2$ $L^4 4L^2 5PC$ | 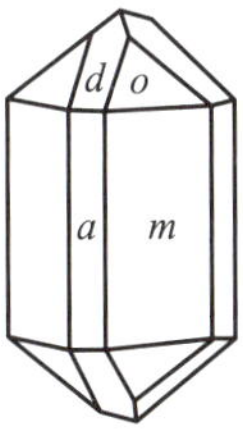 $a${100}, $m${110}, $d${101}, $o${111} | 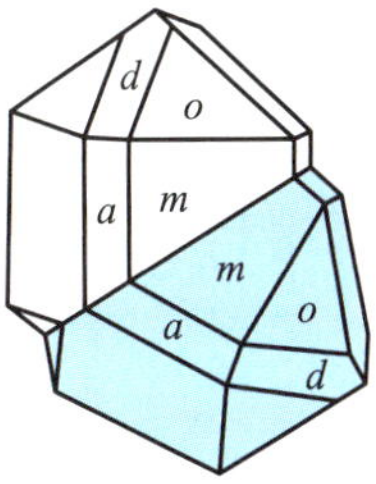 （膝状双晶） | 双晶轴⊥(011)（高指数轴） 双晶面//(011) 接合面//(011) |
| 三方晶系 | 方解石 CaCO$_3$ $L^3 3L^2 3PC$ | 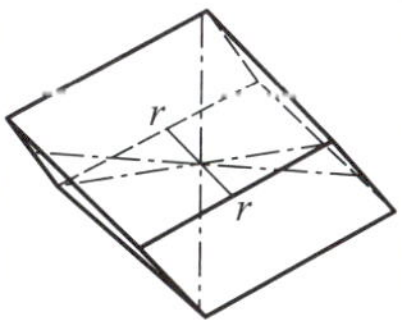 $r${10$\bar{1}$4} | 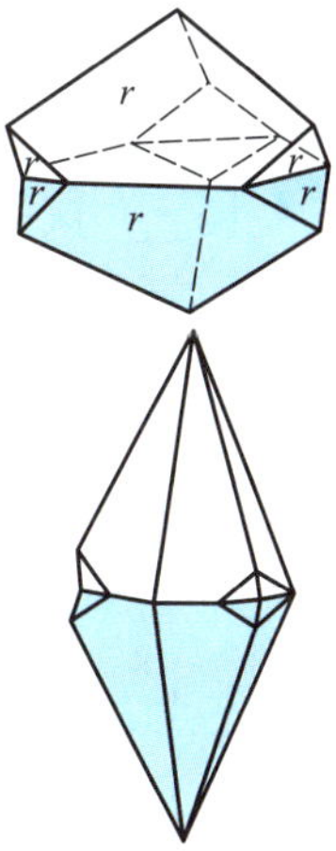 | 双晶轴⊥(0001) 或//[0001] 双晶面//(0001) 接合面//(0001) |

155

续表

| 晶系 | 矿物名称、成分及对称型 | 单晶的形状 | 双晶 | |
|---|---|---|---|---|
| | | | 形状（俗称） | 双晶律 |
| 三方晶系 | 方解石<br><br>CaCO$_3$<br><br>$L^33L^23PC$ | <br>$v\{21\bar{3}1\}$ | | 双晶轴⊥（10$\bar{1}$4）（高指数轴）<br><br>双晶面∥（10$\bar{1}$4）<br><br>接合面∥（10$\bar{1}$4） |
| | | | | 双晶面∥（01$\bar{1}$8）<br><br>双晶轴⊥（01$\bar{1}$8）（高指数轴）<br><br>接合面∥（01$\bar{1}$8） |
| 三方晶系 | 石 英<br><br>SiO$_2$<br><br>$L^33L^2$ | <br>左形$x\{6\bar{1}51\}$ | | 双晶轴∥［0001］轴<br>接合面不规则<br>二左形或<br>二右形<br>（道芬律） |
| | | <br>右形$x\{5\bar{1}6\bar{1}\}$ | | 双晶面∥{11$\bar{2}$0}<br>接合面∥{11$\bar{2}$0}<br>一左晶与<br>一右晶<br>（巴西律） |
| | 辰 砂<br>HgS<br>$L^33L^2$ | <br>$r\{10\bar{1}1\}$，$n\{20\bar{2}1\}$，<br>$x\{42\bar{6}3\}$ | | 双晶轴∥［0001］轴 |

| 晶系 | 矿物名称、成分及对称型 | 单晶的形状 | 双晶 | |
|---|---|---|---|---|
| | | | 形状（俗称） | 双晶律 |
| 斜方晶系 | 文石 CaCO₃ 3$L^2$3PC | $m\{110\}, b\{010\},$ $e\{01\overline{1}\}$ | | 双晶轴⊥（110）（高指数轴）<br>双晶面∥（110）<br>接合面∥（110） |
| | 十字石 FeAl₄[SiO₄]₂ O₂(OH)₂ 3$L^2$3PC | $b\{010\}, c\{001\},$ $m\{110\}, r\{101\}$ | | 双晶轴⊥（031）（高指数轴）<br>双晶面∥（031）<br>接合面∥（031） |
| | | | | 双晶面∥（231）<br>双晶轴⊥（231）（高指数轴）<br>接合面∥（231） |
| 单斜晶系 | 正长石 K[AlSi₃O₈] $L^2$PC | $b\{010\}, c\{001\},$ $m\{110\}, x\{10\overline{1}\},$ $y\{20\overline{1}\}$ | | 双晶轴∥[001]轴<br>双晶面⊥[001]（高指数面）<br>接合面以（010）为主<br>（卡斯巴律） |
| | | | | 双晶面∥（001）<br>双晶轴⊥（001）（高指数轴）<br>接合面∥（001）<br>（曼尼巴律） |
| | | | | 双晶面∥（021）<br>双晶轴⊥（021）（高指数轴）<br>接合面∥（021）<br>（巴温诺律） |

| 晶系 | 矿物名称、成分及对称型 | 单晶的形状 | 双晶 | |
|---|---|---|---|---|
| | | | 形状（俗称） | 双晶律 |
| 三斜晶系 | 斜长石<br><br>（Na，Ca）<br><br>[AlSi₃O₈]<br><br>$C$ | （图）<br><br>$b\{010\}$<br>$c\{001\}$<br>$m\{110\}$<br>$y\{20\bar{1}\}$<br>$o\{11\bar{1}\}$ | （图）010 | 双晶面//（010）<br>双晶轴⊥（010）（高指数轴）<br>接合面//（010）<br>（钠长石律） |
| | | | （图）($h0l$) | 双晶轴//[010]<br>双晶面⊥[010]（高指数面）<br>接合面/（$h0l$）<br>（该接合面随着斜长石成分含 Ca 量而变化，Ca 越多 $h$ 越小，即越水平）<br>（肖钠长石律） |

### 9. 双晶的识别和鉴定

（1）单体之间的宏观对称：对于简单双晶（宏观双晶），如果组成双晶的单晶体形态发育良好，就可以分析单晶体之间是否存在对称关系来识别它是否为双晶。如果单晶体形态发育不好，对称关系看不出来，就不能识别它是否为双晶。

（2）双晶缝合线：双晶中一定存在双晶接合面，双晶接合面在晶面、解理面或断面上的迹线就是双晶缝合线。所以，有双晶缝合线的晶体就一定是双晶。最常见的是聚片双晶的聚片双晶纹，它是一系列平直、平行、密集的双晶接合面在晶体表面的迹线组成。图 9-7 是斜长石标本上肉眼可见的聚片双晶纹，图 9-11 是斜长石聚片双晶纹在光学显微镜下的图案。要注意区分聚片双晶纹与聚形纹。聚片双晶纹是由双晶接合面的迹线组成，它不仅出现在晶面上，也能出现在任何与双晶接合面不平行的切面上；而聚形纹是晶体生长时在晶面上留下的痕迹，它只能在晶面上，是一种晶面花纹。

有些双晶缝合线是曲线状的，如图 9-16 是石英的道芬双晶，在柱面（$m$）上可见双晶缝合线把晶面条纹切断，在菱面体面（$r$ 和 $z$）上可见双晶缝合线两边分别是不同的单形晶面（一边是 $r$：菱面体正形，一边是 $z$：菱面体负形，正形与负形晶面性质不同，所表现出来的反光情况、蚀像等不同）。

（3）蚀像：蚀像是一种鉴别双晶非常有效且方便经济的方法。把要检测的晶体切一个平面，或者直接用晶体的晶

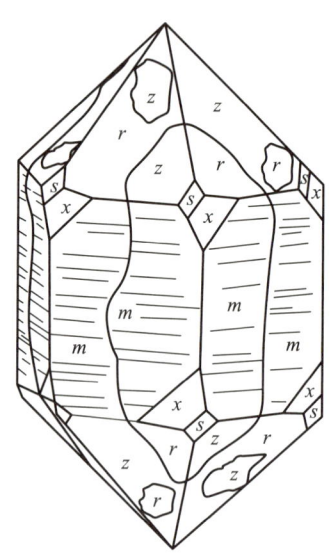

图 9-16　石英的道芬双晶及其双晶缝合线与假对称
$m\{10\bar{1}0\}$　$r\{10\bar{1}1\}$
$z\{\bar{1}011\}$ 或 $\{01\bar{1}1\}$

面,磨平、抛光后放入酸或碱溶液中腐蚀一段时间,就会出现蚀像。因为双晶缝合线两边的晶体具有不同结晶学取向,因此在蚀像中双晶缝合线两边所形成的蚀坑方位或者形状不同。

图 9-17 是石英 $\{10\bar{1}0\}$ 柱面的蚀像,双晶缝合线两边的蚀坑方位不同,两边蚀坑的方位是 $L^2$ 的关系,因此可以鉴定为道芬双晶(前面已叙及,道芬双晶有 3 个双晶轴垂直 $z$ 轴,蚀坑之间的 $L^2$ 就是其中之一)。如果蚀坑之间是镜像反映的关系,它就是巴西双晶(因为巴西双晶的双晶要素是双晶面)。由此可见,蚀像不仅能帮助我们识别双晶,还能鉴定其中符合什么双晶律。图 9-18 是石英 $\{10\bar{1}1\}$ 菱面体面的蚀像,双晶缝合线两边的蚀坑形状完全不同,这是因为缝合线一边是菱面体正形,一边是菱面体负形(参见图 9-16 中的 $r$ 面和 $z$ 面),正形与负形晶面性质不同,所以蚀像形状完全不同。此外,双晶缝合线本来就是晶体结构中的薄弱环节,腐蚀首先从缝合线处进行,很容易突出缝合线的形状。因为有些双晶律的缝合线不同,所以也能以此鉴定双晶律。图 9-9 是石英(0001)面上缝合线的蚀像,一个是曲线状,为道芬双晶,另一个是折线状,为巴西双晶。

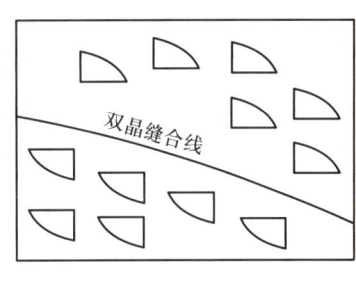

(a)                 (b)

**图 9-17　石英 $\{10\bar{1}0\}$ 柱面上的蚀像**

(据赵珊茸,产于福建快安)

(a)蚀像显微照片(×50);(b)蚀像的示意图

(4)假对称:如果某个晶体在外形上表现出比这个晶体的本身的对称性高,就要怀疑是假对称,而假对称就有可能是双晶造成的。例如,已知石英的对称型是 32($L^3 3L^2$),但在图 9-16 中的石英晶体形态上,表现为 622($L^6 6L^2$)的对称型($s$ 面和 $x$ 面本应该围绕 $z$ 轴每转 120°重复的三方对称,但在图 9-16 中却是每转 60°就重合了的六方对称了)。这就说明这种石英不是单晶体而是双晶了。因为 $z$ 轴从 $L^3$ 变为 $L^6$,所以 $z$ 轴上有一个双晶轴 $L^2$($L^3 + L^2 = L^6$),因此可以鉴定为道芬双晶。假对称中多余的对称要素是由单晶体中的对称要素与双晶要素组合产生出来的,即:单晶体的 $L^3 3L^2$ +双晶轴 $L^2$(与单晶体中的 $L^3$ 重合)= $L^6 6L^2$。再例如,已知黄铁矿的对称型是

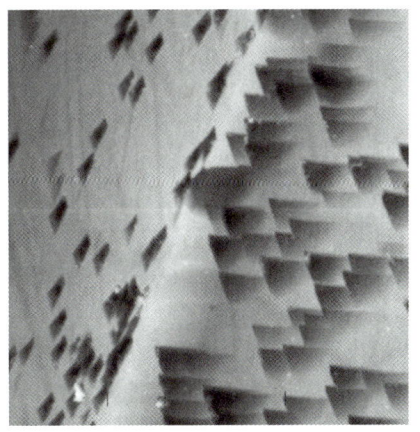

**图 9-18　石英 $\{10\bar{1}11\}$ 菱面体面上的蚀像**

(据连晨光等 2011)

$2/m3(3L^24L^33PC)$，但图 9-19 中的黄铁矿晶体形态表现为 $4/m32/m(3L^44L^36L^29PC)$，这也说明它不是一个单晶体而是双晶。双晶形态上，立方体对角线方向的对称面是双晶面$\{110\}$。也可以从单晶体的对称型+双晶要素，推导出假对称的对称型。

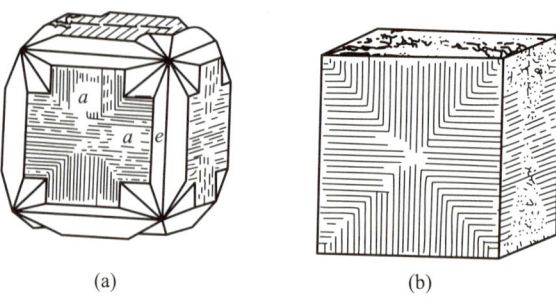

图 9-19　黄铁矿铁十字律贯穿双晶

由单晶的 $m3$ 对称上升为 $m3m$ 假对称

（引自罗谷风，1985）

（a）具凹入角，$a\{100\}$，$e\{210\}$；

（b）不具凹入角，晶面花纹表现出 $m3m$ 的假对称

　　以上所介绍的是从肉眼来识别和鉴定双晶的一些方法。这些方法有些可以鉴定出双晶律，有些则只能识别是否为双晶而并不能鉴定出双晶律。在地球科学及材料科学中，研究双晶大多针对的是显微双晶（晶内双晶），仅靠肉眼是无法鉴定双晶律的。偏光显微镜是识别双晶的一个有效办法（如图 9-11 和图 9-12 就是斜长石聚片双晶和格子双晶在偏光显微镜下的图像）。但是，有些显微双晶的单晶畴很小，光学显微镜下分辨率不够而不可辨别（如有些正长石的显微双晶中晶畴只有纳米级）；还有些双晶中两个单体的光率体[1]是一样的导致两个单体的消光位一样，也在光学显微镜下不可辨别（如石英的道芬和巴西双晶）。现在用来研究显微双晶最有效的方法是电子背散射衍射（EBSD），它可以将样品中很小的晶畴之间的结晶学取向测出来，并以极射赤平投影图的方式给出，我们就可以在极射赤平投影图上分析两个单体（晶畴）之间的对称关系，找出双晶要素的晶面或晶棱符号，最后鉴定出双晶律。在极射赤平投影图上找双晶轴的方法可以参见第二章的本章拓展、延伸知识中图 2-17。

　　还需要指出的是，有些晶体有左形和右形之分，凡是由左形和右形组成的双晶（例如石英的巴西双晶）在电子衍射或 X 光衍射测试都不可辨别，因为各种衍射测试都不能鉴别左形与右形[2]。这时，传统的蚀像方法可以发挥作用了，利用蚀像所展示双晶缝合线两边的蚀坑形状，分析它们的对称关系，就可以鉴定出双晶律。

　　**10. 研究双晶的意义**

　　（1）鉴定矿物：不同的矿物发育的双晶不同，据此可以鉴定矿物。如斜长石总是发育聚片双晶，正长石总是发育卡斯巴律简单双晶，以此来鉴定岩石中常常共生的这两种矿物。

　　（2）反映地质形成条件：前面已经叙及，有些显微双晶是伴随着相变发育的，研究显微双晶可以溯源相变前是什么物相、相变时是什么样的温度压力条件等。机械双晶可以作为地质构造变动的一个标志。

---

　　①　光率体的概念请参考《晶体光学》等教科书。

　　②　衍射法不能鉴别左形与右形请参考《X-射线衍射晶体学》等教科书。

（3）反映晶体结构规律：双晶的形成要求两个单体之间结构匹配、接合面的界面能低，研究双晶可以帮助我们了解这些晶体结构的规律性。

（4）双晶对功能材料的影响：在晶体材料科学领域，双晶被认为是缺陷，会影响功能材料的物理性质。例如，石英如果具有双晶就不能用作压电材料。

# 三、浮生与交生

浮生（overgrowth）：又称外延生长（epitaxial growth），是指一种晶体以一定的结晶学取向关系附生于另一种晶体表面，或同种晶体以不同的面网附生在一起。例如，十字石（斜方晶系）的（010）面网与蓝晶石（三斜晶系）的（100）面网在结构及成分上都相近，因而十字石以（010）面浮生于蓝晶石（100）面上（见图9-20）。此外，同种晶体也可以不同方位但结构相似的面网相接触而形成浮生，如锡石一个晶体的（100）面与另一个晶体的（101）面可形成浮生；斜长石一个晶体的（010）面与另一个晶体的（001）面可形成浮生。

交生（intergrowth）：亦称互生，是指两种不同的晶体彼此间以一定的结晶学取向关系交互连生，或一种晶体嵌生于另一种晶体之中的现象。如石英嵌生于钾长石晶体中的所谓文象结构（见图9-21，详细分析参见矿物学部分第二十一章），就是交生现象的实例。此外，同种矿物晶体以相同面网或相似面网连生在一起，但并不是双晶关系，也可被称为交生。

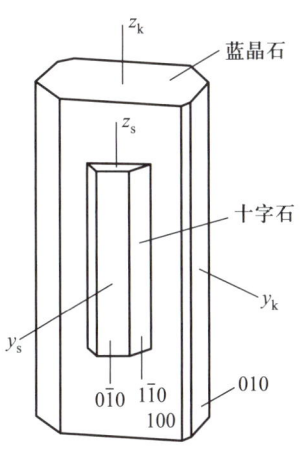

图9-20 十字石以（010）面
浮生于蓝晶石（100）面上
（引自潘兆橹等，1993）
$z$、$y$代表晶轴，其下标
k、s分别代表蓝晶石、十字石

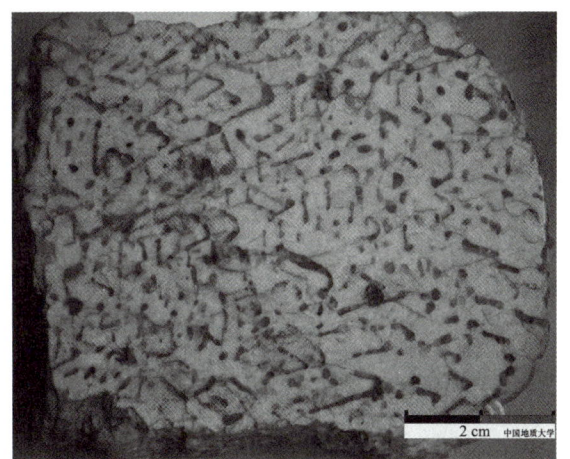

图9-21 石英嵌生于钾长石中
形成文象结构

形成浮生或交生的原因，主要取决于相互浮生或交生的晶体之间具有相似的面网，以这个相似的面网为接合面，相互浮生或交生的晶体才能够"拼接"在一起，这样的界面能才是最小的。

浮生或交生的成因类型可分为3种：

（1）原生成因：在晶体生长的过程中形成的浮生或交生。如钾长石和石英同时生长而相互交生在一起的文象结构；也可以是一种晶体先形成而另一种晶体按一定规律浮生其上，如上述的十字石以（010）面浮生于蓝晶石（100）面上。

（2）出溶（离溶）成因：高温形成的固溶体，当温度下降时发生出溶形成两种晶体，这两种晶体往往以交生的形式共存。例如：高温形成的含钛磁铁矿（磁铁矿晶体结构中部分铁离子被钛离子取代而形成的固溶体），当温度下降发生出溶形成一些细小的钛铁矿晶体，这些钛铁矿晶体定向排列于磁铁矿（主晶体）的（111）面网上，形成了磁铁矿与钛铁矿的交生。关于出溶这方面的详细内容，可参考第十章第五节第 3 小节。

（3）次生成因：一种晶体被另一种晶体交代，原晶体与后来在交代过程中形成的晶体也往往以定向规律交生在一起。例如：白云母交代黑云母时，白云母与黑云母以（001）面拼接在一起。

## 本章拓展、延伸知识

### 双晶形成的内部结构机制

以上我们仅仅是从宏观形态上讨论了双晶的定义、鉴别、形成方式等。一个双晶是否可以形成，还要受晶体内部结构的制约。这方面的研究最早也是最典型的代表是马拉德定律（Marllard law），后经过傅里德（Friedel）进一步发展，形成了关于双晶结构的理论，现将这一理论简单介绍如下。

双晶内部结构机制的重要内容是研究组成双晶的两个或多个晶体的空间格子必须达到相互协调与匹配。引出一个基本概念是双晶空间格子（twin lattice），它是指：当形成双晶的两个或多个单体的晶体结构的空间格子相互穿插在一起时，这两个或多个空间格子共同的结点所组成的空间格子。如图 9-22 所示，单体 1 的空间格子（实线）与单体 2 的空间格子（蓝色虚线）中间存在一个双晶面（粗线表示），这两个格子共同的结点用黑点与圆圈重叠表示，将这些共同的结点连接起来就形成了双晶空间格子（用蓝色点线画出的格子）。

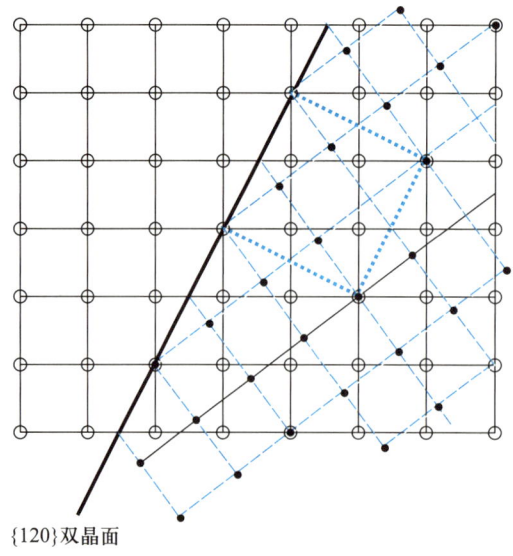

{120}双晶面

图 9-22　双晶空间格子示意图

在双晶空间格子的最小重复单位中,所包含的单体空间格子的结点数目,被称为双晶指数(twin index),它反映了双晶空间格子与单体空间格子的体积比,如图9-22中的双晶指数为5(内部包含4个结点,角顶上的4个结点折算成1个)。

双晶指数是一个衡量双晶空间格子与单体空间格子协调、匹配程度的重要参数,双晶指数越接近1,两个单体之间形成双晶结构的匹配程度越高,该双晶从内部结构意义上来说就越容易形成。当双晶指数等于1时,说明两个单体的空间格子之间所有的结点都是共有的,双晶空间格子与单晶体空间格子是完全相同的,这种双晶从内部结构上看是最稳定的。许多常见双晶就具有这样的结构特点,例如:石英的道芬律双晶与巴西律双晶,其双晶指数就等于1(读者可以自己画出石英的{0001}面网,再将该面网沿[0001]旋转180°,得出另一个单体的{0001}面网,形成道芬双晶;或沿($11\bar{2}0$)镜面反映,得出另一个单体的{0001}面网,形成巴西双晶,来验证它们的双晶指数等于1)。但也有些常见双晶律的双晶指数大于1,如尖晶石律双晶的双晶指数等于3。一般来说,双晶指数大于3的双晶就不太常见了。

衡量双晶结构稳定协调性除了双晶指数外,还有一个参数,叫作倾斜角(obliquity),它是指双晶轴(用晶棱符号表示的一个结晶学方向,该晶棱符号应为有理指数)与双晶面(该晶面符号应为有理指数)的法线之间的角度。如果晶体是具有对称中心的,一旦有双晶面存在,就会产生一个垂直双晶面的双晶轴。当双晶面与双晶轴严格垂直时,倾斜角等于0,这种双晶很常见,如:尖晶石律、萤石律、黄铁矿的铁十字律,等等,在这些双晶律中,双晶面是有理指数面{111}或{110},而垂直双晶面的双晶轴也为有理指数方向[111]或[110],这些面与轴是严格垂直的,这种垂直关系是由晶体的对称性决定的。但是,锡石的膝状双晶,倾斜角不为0,因为锡石的膝状双晶的双晶面(011)与轴[011]不严格垂直,双晶面(011)的法线与轴[011]有一个非常小的角度,这个角度就是倾斜角,这个角度还随锡石的晶胞参数变化而变化。对于这种双晶,用"双晶面(011),双晶轴垂直(011)"来表示,而不用"双晶面(011),双晶轴[011]"来表示,因为轴[011]与双晶面(011)不严格垂直。在这种双晶中,双晶轴的晶棱符号指数是非常高的指数,不是有理指数,所以,这种双晶律相对来说不太稳定。一般来说,较常见的双晶的倾斜角小于6,如上述锡石双晶的倾斜角等于2。

综上所述,双晶形成的内部结构机制用两个参数来衡量,一个是双晶指数,一个是倾斜角,双晶指数越接近1,倾斜角越接近0,这种双晶的内部结构中两单体之间的空间格子越匹配兼容,因而越稳定,越容易形成。

## ？ 习题与思考题

**基础题:**

1. 什么是双晶?什么是双晶要素?双晶要素与对称要素的区别是什么?

2. 什么是双晶接合面?双晶接合面是双晶要素吗?双晶接合面一定是平面吗?双晶接合面与双晶面有什么区别?

3. 双晶律用什么来描述?请描述长石的卡斯巴律双晶和钠长石律双晶,并说明"卡斯巴律"名称和"钠长石律"名称的来历。

4. 请说明:双晶面绝不可能平行于单晶体中的对称面,双晶轴(一般都是二次轴)绝不可能平行于单晶体中的偶次轴。

5. 在尖晶石律双晶中除了双晶面(111)与双晶轴[111][或双晶轴⊥(111)]外,还有哪些双晶要素? 在描述其双晶律时需要把所有的双晶要素都写出来吗?

6. 双晶的类型主要有哪两大类? 各自有什么特点?

7. 以卡-钠复合双晶为例说明:什么是复合双晶? 什么是复合双晶律? 复合双晶中多个单体之间有什么样的循环双晶关系?

8. 双晶的成因类型有哪些? 各举一例说明。

9. 对于显微双晶,要用什么方法识别? 怎样才能鉴定出它的双晶律?

10. 研究双晶的意义何在?

11. 浮生与交生的内部结构原因是什么?

12. 浮生与交生的成因类型有哪些?

## 综合分析与讨论题:

13. 双晶中的双晶要素与单晶体中的对称要素组合时也会产生新的双晶要素,请分析:在萤石律双晶中,双晶轴[111][或双晶轴⊥(111)]与单晶体中[111]方向的 $L^3$ 组合,产生了什么双晶要素? 最后形成的双晶整体对称(即假对称)是什么?

14. 斜长石(对称型 $\bar{1}$)可能有卡斯巴律双晶和钠长石律双晶,为什么正长石(对称型 $2/m$)只有卡斯巴律双晶而没有钠长石律双晶?

15. 斜长石的卡-钠复合双晶中存在 3 种双晶律:钠长石律[双晶轴⊥(010)],卡斯巴律(双晶轴//[001]),请问卡-钠复合律的双晶轴在哪里? 是双晶轴//[100]吗?

16. 石英的道芬双晶假对称是 $622(L^6 6L^2)$,是从石英单晶体的对称型 $32(L^3 3L^2)$ 与道芬双晶的双晶轴(//[0001] 的 $L^2$)组合而产生出来的。同理,石英的巴西双晶(双晶面//{11$\bar{2}$0})的假对称是什么呢? 请你从石英单晶体的对称型与双晶要素组合来推导出它的假对称。

17. $\beta$-石英(六方对称)转变为 $\alpha$-石英(三方对称)时,可形成道芬双晶,那么道芬双晶的双晶要素从哪里来? 由此说明转变双晶与假对称的关系。

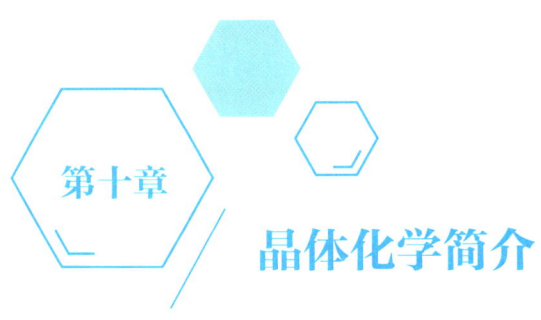

# 第十章

# 晶体化学简介

前面我们在讨论晶体结构的对称规律时,是将晶体结构中的点作为几何点来考虑的,但实际晶体中这些点是各种具体的原子、离子和分子,它们是晶体的化学组成。晶体的化学组成和晶体的内部结构,是决定晶体各种性质的两个最基本的因素,这两者既紧密联系,又相互制约,有其自身内在的规律性。这些规律性就是晶体化学所要研究的内容。

电子教案 10
晶体化学
简介

## 一、最紧密堆积原理

在晶体结构中,质点之间趋向于尽可能地相互靠近,以达到内能最小,晶体才处于最稳定的状态。尽管对于具有共价键的晶体来说,原子的排列受到共价键的方向性和饱和性的限制,并非是最紧密的;但是,对于大多数具有离子键和金属键的晶体,晶体结构遵循最紧密堆积原理。

我们首先讨论一种原子的堆积——等大球最紧密堆积。

等大球在一层内的堆积方式只有 1 种(图 10-1)。这时每个球周围都围绕着另外 6 个球,并在球与球之间形成三角状的空隙,其中一半的三角状空隙的尖端指向下方(图 10-1 中的 B 处),另一半的三角状空隙的尖端指向上方(图 10-1 中的 C 处),而球所在位标定为 A。

继续堆积第二层球时,球只能置于第一层球的三角状空隙上才是最紧密的,即置于图 10-1 中的 B 处或 C 处。置于 B 处所形成的两层最紧密堆积 AB 与置于 C 处所形成的两层最紧密堆积 AC,结构是一样的,只是方位不同,其中 AB 旋转 180° 即与 AC 完全相同(见图 10-2)。所以说两层球做最紧密堆积的方式依然只有 1 种。

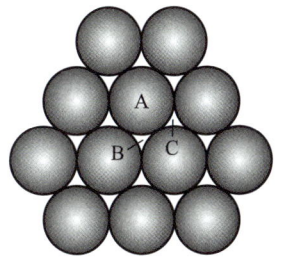

**图 10-1　一层等大球
的最紧密堆积方式及空隙**

**图 10-2　两层等大球的最紧密堆积方式及空隙**
这里展示的是 AB

教学软件 1
晶体化学

再继续堆积第三层时同样也只能将球置于第二层球所形成的三角状空隙中,而第二层球形成的三角状空隙所对应的位置为 A 位和 C 位(设第二层球的位置为 B 位),这时就形成两种不同的方式:第一种方式是 ABA,即第三层球重复了第一层球的位置;另一种方式是

ABC,即第三层球置于第一层和第二层重叠的三角状空隙之上,即第三层球不重复第一层和第二层球的位置。

如果按上述第一种方式堆积,即按 ABABAB…两层重复一次的规律进行堆积,球在空间的分布就将与六方原始格子相对应,故将这种堆积方式称为六方最紧密堆积(hexagonal closest packing)(见图 10-3)。

如果按上述第二种方式堆积,即按 ABCAB-CABC…3 层重复一次的规律堆积,球在空间的分

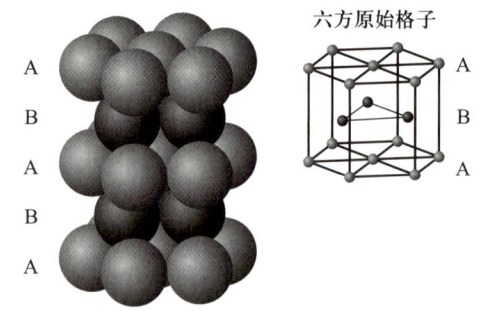

**图 10-3 六方最紧密堆积**

A、B 为球的堆积层序

布规律与立方面心格子一致,因此称这种堆积方式为立方最紧密堆积(cubic closest packing)(见图 10-4)。但一定要注意,堆积层为立方面心格子的(111)方向。

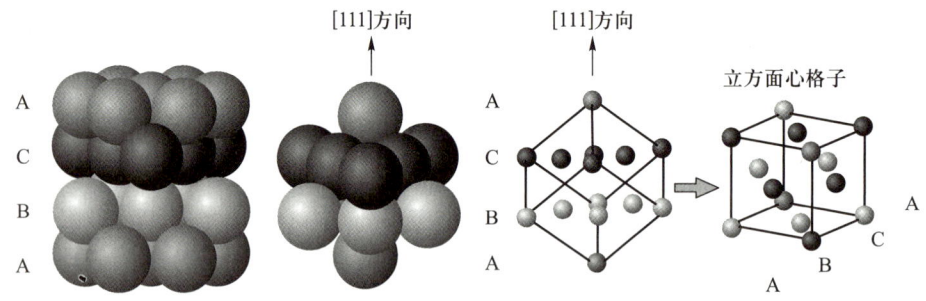

**图 10-4 立方最紧密堆积**

A、B、C 为球的堆积层序

以上两种堆积方式是最基本、最常见的。当然还可以有 4 层一重复(如 ABACABAC…),5 层一重复(如 ABABCABABC…)等堆积方式。从数学的观点来看这种堆积的重复方式是无穷多的,但它们都可看成上述两种基本形式的组合,如 ABACABAC 中,前 3 层为六方最紧密堆积,第二、三、四层为立方最紧密堆积,三、四、五层又为六方最紧密堆积,等等。

在等大球最紧密堆积中,球体之间仍然存在着空隙,空隙占整个堆积空间的 25.95%。空隙有两种,一种是由 4 个球围成的空隙,将这 4 个球的中心连接起来可以构成一个四面体,所以,这种空隙被称为四面体空隙(tetrahedral void)[图 10-5(a)、(b)]。另一种空隙是由 6 个球围成的,其中 3 个球在下层,3 个球在上层,上下层球错开 60°,将这 6 个球的中心连接起来可以构成一个八面体,所以,这种空隙被称为八面体空隙(octahedral void)[图 10-5(c)、(d)]。

在六方和立方最紧密堆积中,所形成的空隙类型及数目是一样的,在一个球周围,都分布着 6 个八面体空隙和 8 个四面体空隙,但是,在两种最紧密堆积中,空隙分布规律不同。在六方最紧密堆积中,同种类型的空隙上下相对,中间存在一个对称面;在立方最紧密中,同种类型的空隙上下错开,中间不存在对称面(图 10-6)。

 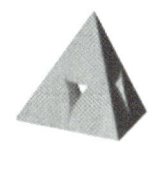  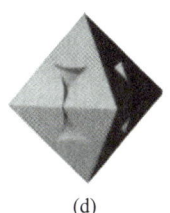

(a)  (b)  (c)  (d)

**图 10-5　四面体空隙和八面体空隙**

（a）、（b）四面体空隙；（c）、（d）八面体空隙

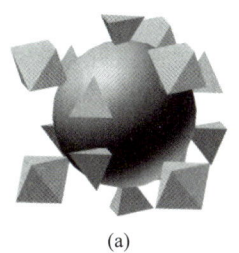 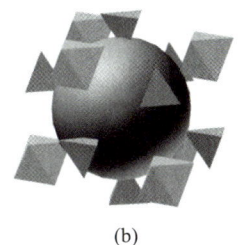

(a)  (b)

**图 10-6　最紧密堆积中任一球周围的空隙分布**

（a）在六方最紧密堆积中；（b）在立方最紧密堆积中

　　根据一个球周围分布着 6 个八面体空隙和 8 个四面体空隙，以及一个八面体由 6 个球组成、一个四面体由 4 个球组成的数值关系，可以计算得出：$n$ 个球做最紧密堆积形成的八面体空隙数为 $n$ 个，四面体空隙数为 $2n$ 个。这种关于球与空隙数量的比值关系非常重要，在晶体结构分析中经常用到。

　　在等大球最紧密堆积的基础上，如果空隙中充填了另外一种小球，就构成非等大球最紧密堆积。非等大球最紧密堆积应该比等大球最紧密堆积更为紧密，空间利用率更高。

　　上述等大球最紧密堆积原理虽然简单，但是在研究实际晶体结构中有非常重要的指导作用，因为绝大部分的离子键晶体、金属键晶体、甚至部分共价键晶体的结构都遵循这一原理。金属键晶体中金属原子堆积就是一种等大球的最紧密堆积；而在离子键晶体中，通常阴离子半径较大，可以看成阴离子做最紧密堆积，阳离子充填其空隙，即形成了非等大球最紧密堆积。

# 二、配位数和配位多面体

　　在晶体结构中，原子和离子是按照一定的方式与周围的原子和离子相接触的。每个原子或离子周围最邻近的原子或异号离子的数目称为该原子或离子的配位数（coordination number，简称 CN）。以一个原子或离子为中心，将其周围与之成配位关系的原子或离子的中心连接起来所获得的多面体称为配位多面体（coordination polyhedron）。配位多面体有多种形式，晶体结构通常可以看成是由配位多面体联结而成的一种结构体系。

　　在等大球最紧密堆积中，每个球周围有 12 个半径相同的球，配位数为 12；这 12 个球形成的配位多面体为立方八面体(在立方最紧密堆积中)或切顶底的两个三方双锥聚形(在六方最紧密堆积中),见表10-1。在金属晶体中,金属原子都形成了这样的等大球最紧密堆积及配位形式。而在离子键晶体中,存在着半径不同的阴、阳离子,形成了非等大球的堆积。这时,阴离子为等大球最紧密堆积,阳离子充填到空隙中。因为等大球最紧密堆积只形成四面体和八面体空隙,所以在等大球最紧密堆积结构中,阳离子的配位数只能是4和6,配位多面体只能是四面体和八面体。但是,有些晶体结构并不是最紧密堆积结构,这时就导致阳离子的配位数及配位多面体可以是多种多样的。在离子键晶体中阳离子的配位数取决于阳离子与阴离子的相对大小,只有当阳离子与阴离子相互接触时才是稳定的,这种情况从平面上来看如图10-7(a)所示;如果阳离子半径变小,直到阴离子之间相互接触[图10-7(b)],结构仍是稳定的,但已到了极限;如果阳离子更小,那么可能在阴离子中间移动,这样的结构是不稳定的,将引起配位数的改变[图10-7(c)、(d)、(e)]。因此,对于离子键晶体来说,阴、阳离子的相对大小就决定了它们的配位数(这一点将在下面的鲍林法则中详述)。对于共价键晶体,共价键的方向性和饱和性会使配位数减少,配位数取决于原子的外层电子构型。

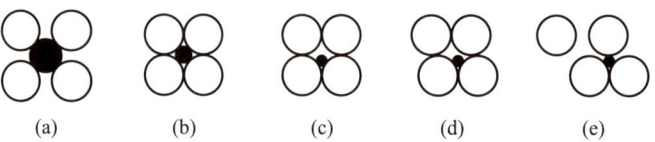

(a)          (b)          (c)          (d)          (e)

**图 10-7 阳离子配位稳定性图解**

(引自潘兆橹等,1993)

此外,配位数还与外界的温压条件有关。高压会使配位数增加,高温会使配位数减少。

# 三、化学键和晶格类型

各种晶体,其内部质点间的键性相同时,常表现出一系列共同的物理性质特点;键性不同时,这些物理性质的特点则有明显的差异。通常,根据键性的异同,将晶体结构划分为不同的晶格类型,即在一种晶体结构中,如果其键力以某种键性占主导地位,就把它归属为相应的某种晶格类型。对应于离子键、共价键、金属键和分子键4种基本键型,以及作为化学键中特殊形式的氢键,晶格类型共可分为5种。

### 1. 离子晶格

组成离子晶格的质点,是丢失了价电子的阳离子和获得外层电子的阴离子,它们彼此间以静电作用力而相互维系。在离子晶格中,阳离子和阴离子的外层电子云都是球形的,无论在哪个方向都有可能与异号离子相互吸引,所以离子键没有方向性和饱和性的限制。晶格中离子间的具体配置方式,符合鲍林法则(Pauling's rules)。

鲍林(L. Pauling)于1928年以简单的几何原理为基础对离子晶体进行了研究,总结出5条法则:

**法则1** 围绕每个阳离子形成一个阴离子配位多面体,阴、阳离子的间距取决于它们的半径之和,阳离子的配位数取决于它们的半径之比。

表 10-1 列出了阳离子半径 $r_k$ 和阴离子半径 $r_a$ 的比值与相应的阳离子的配位数。

表 10-1 阳离子的配位数与阳、阴离子半径 $r_k/r_a$ 的关系

| 离子半径比值 $r_k/r_a$ | 0.000~0.155 | 0.155~0.255 | 0.225~0.414 | 0.414~0.732 | 0.732~1 | 1 | |
|---|---|---|---|---|---|---|---|
| 配位数 | 2 | 3 | 4 | 6 | 8 | 12 | |
| 配位多面体的形状 | 哑铃状 | 三角状 | 四面体 | 八面体 | 立方体 | 立方八面体（立方最紧密堆积） | 截顶底的两个三方双锥的聚形（六方最紧密堆积） |

表 10-1 中配位数稳定的界限,可以用几何方法算出。如以配位数为 6 的情况为例,阳离子周围的阴离子分布于八面体的 6 个角顶。通过 4 个阴离子中心的切面如图 10-8 所示。由图可以看出 $2(2r_a)^2 = (2r_a+2r_k)^2$,由此可得 $r_k/r_a = 0.414$。也就是说当配位数为 6 时,$r_k/r_a \geq 0.414$,阳离子再小则结构不稳定,配位数将减少(参见图 10-7),结构才能稳定,若 $r_k/r_a$ 接近 0.414,则 4、6 两种配位数都有可能。

图 10-8 说明的是阳离子和阴离子恰好接触时计算出来的 $r_k/r_a = 0.414$。如果不是这样理想的情况,而是如下两种情况:① 阳离子变大,会把周围的阴离子撑开(如图 10-7a), ② 阳离子变小,会使阳离子在空隙中游动(如图 10-7e)。这两种情况哪种稳定些呢？理论上和事实上都证明,第①中

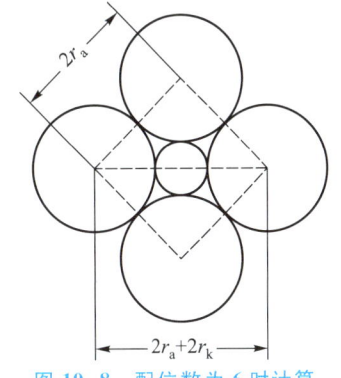

图 10-8 配位数为 6 时计算 $r_k/r_a$ 的图解

情况稳定些,因为在第①种情况中虽然阴离子不接触但阴离子与阳离子接触,而第②种情况是阴离子与阳离子接触不好且阴离子之间靠得很近产生排斥,因而不稳定。所以,当 $r_k/r_a > 0.414$ 时(即阳离子比图 10-8 中人一些时),阳离了还是选取配位数为 6 是稳定的。因此,在表 10-1 中,配位数为 6 所对应的 $r_k/r_a$ 值为 0.414~0.732。$r_k/r_a = 0.732$ 是配位数为 6 的极限值,超过这个极限值时阳离子配位数就要增加为 8 了。

上述配位数的计算是基于纯几何意义的。在实际晶体结构中,情况要复杂得多。离子的极化导致离子的变形和离子间距的缩短,从而可使配位数降低。具有共价键的晶体,配位数和配位的形式取决于共价键的方向性和饱和性。就同一种元素的离子来说,在不同的外界条件(温度、压力、介质条件)下生成的晶体中也可能具有不同的配位数。

法则 2 在一个稳定的晶体结构中,从所有相邻接的阳离子到达一个阴离子的静电键强之总和等于阴离子的电荷。即:

$$S = \sum_i S_i = \sum_i \frac{W_i}{V_i} \tag{10-1}$$

式中：$S$ 为某阴离子的电价；$S_i$ 为第 $i$ 种阳离子至阴离子的静电键强度（键强），其中定义 $S_i = \frac{W_i}{V_i}$；$W_i$ 为第 $i$ 种阳离子的电价；$V_i$ 为第 $i$ 种阳离子的配位数。

这一法则简单来说就是电价平衡法则。它首先考虑一个阳离子周围有几个阴离子，以此来计算键强；然后考虑一个阴离子周围有几个阳离子，以此来计算键强总和。

例如：在硅酸盐中，$Si^{4+}$ 与 $O^{2-}$ 形成四面体配位，$Si—O$ 键强 $S_{Si—O} = \frac{Si \text{ 的电价}}{Si \text{ 的配位数}} = \frac{4}{4} = 1$，如果两个 $[SiO_4]$ 四面体共角顶相连，则共角顶处的 $O^{2-}$ 分别与两个 $Si^{4+}$ 配位，所以 $O^{2-}$ 离子的电价必等于每个 $Si^{4+}$ 至 $O^{2-}$ 的键强总和，即

$$S = \sum_i S_i = S_{Si—O} + S_{Si—O} = 1 + 1 = 2 \tag{10-2}$$

所以，$[SiO_4]$ 四面体共角顶相连是符合鲍林法则的，因此是稳定的。

但是，在铝硅酸盐中，存在 $[AlO_4]$ 四面体，$Al—O$ 键强 $S_{Al—O} = \frac{3}{4}$，若两个 $[AlO_4]$ 四面体共角顶相连，每个 $Al^{3+}$ 至共角顶处的 $O^{2-}$ 的键强则为

$$\sum_i = \frac{3}{4} + \frac{3}{4} = \frac{6}{4} = 1.5 < O^{2-} \text{ 的电价} \tag{10-3}$$

所以，$[AlO_4]$ 共角顶相连是不稳定的（这一点在矿物学部分的第二十一章中将会更详细地阐述）。

**法则 3** 在配位结构中，两个阴离子多面体以共棱、特别是共面的方式存在时，结构的稳定性便降低。对于高电价、低配位数的阳离子来说，这个效应尤为明显。

这一法则的实质在于：随着相邻两配位多面体从共用一个角顶到共用一条棱再到共用一个平面，其中心阳离子之间距离逐渐变小（图 10-9），库仑斥力迅速增大。这样就导致结构趋向不稳定。如两个配位四面体共角顶、共棱、共面相连时，其中心阳离子间的距离之比为 1：0.58：0.33；而配位八面体则为 1：0.71：0.58。所以在典型的实际离子晶格中，共棱相连的配位四面体少见，共面的配位四面体几乎未发现，足见这类结构是很不稳定的。

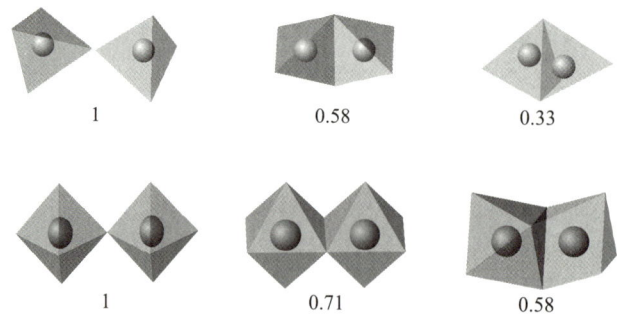

**图 10-9 配位多面体共角顶、共棱、共面连接的情况**

**法则 4** 在含有多种阳离子的晶体结构中，电价高、配位数低的阳离子倾向于相互不共用其配位多面体的几何要素。

所谓配位多面体的几何要素是指配位多面体的角顶、棱、面等。这一法则实际上是第三法则的推论。它意味着在有多种阳离子的晶体结构中,高电价、低配位数的阳离子各配位多面体,趋向于尽量互不直接相连,中间由其他阳离子的配位多面体予以分隔,彼此间尽可能远离一些,至多相互间共用角顶。例如:在镁橄榄石 $Mg_2[SiO_4]$ 中,存在着 $[MgO_6]$ 八面体和 $[SiO_4]$ 四面体,$[SiO_4]$ 四面体彼此互不相连,距离较远,而与 $[MgO_6]$ 八面体共棱相连。在其他硅酸盐矿物中,$[SiO_4]$ 四面体也只能共角顶。

**法则 5** 在晶体结构中,本质不同的结构组元的种数倾向于最小限度。

所谓本质不同的结构组元的种类,是指晶体化学性质上差别很大的结构位置和配位位置。这条法则意味着如果阴离子在晶体结构中具有相似的晶体化学环境,若按电价规则允许在阴离子周围有若干种安排阳离子的方式,但按第五条法则,其中可以实现的只趋向于一种方式,且阳离子仅以这一种方式的配置关系贯穿于整个晶体结构中。例如:上述的镁橄榄石 $Mg_2[SiO_4]$,其结构中 $O^{2-}$ 呈六方最紧密堆积。在每个 $O^{2-}$ 周围既有四面体空隙也有八面体空隙。阳离子 $Mg^{2+}$、$Si^{4+}$ 既可充填上述两种空隙之中的一种,也可同时充填两种空隙。但事实上,$Si^{4+}$ 只充填四面体空隙形成 $[SiO_4]$ 四面体,而 $Mg^{2+}$ 只充填八面体空隙形成 $[MgO_6]$ 八面体,它们之间只按特定的方式排列且贯穿于整个晶体。

鲍林法则虽然从简单的几何观点阐述晶体结构,但是它在晶体化学及晶体结构研究历史过程中起了重要的作用,并且经历漫长的历史年代,它至今仍具有对离子化合物晶体结构剖析的指导作用。

由于离子键中电子皆属于一定的离子,质点间电子密度小,对光的吸收少,因此,其晶体透明或半透明,但熔化后导电。由于离子键的作用力比较强,所以晶体硬度较大。

### 2. 原子晶格

组成原子晶格的质点,是彼此间以共价键相结合的原子。共价键是以电子轨道重叠形成,而电子轨道具有不同的方向和数量,因此共价键具有方向性和饱和性,晶格中原子间的排列方式主要受键的取向所控制,一般不能形成最紧密堆积结构。

共价键是相当强的,所以原子晶格的晶体强度高,熔点高,不导电,透明至半透明,具玻璃—金刚光泽。

### 3. 金属晶格

组成金属晶格的质点是丢失了价电子的金属阳离子,它们彼此间借助在整个晶格内运动着的"自由电子"而相互维系,形成金属单质或金属化合物。在金属晶格中,由于每个原子的结合力都是呈球形对称分布的,没有方向性和饱和性,而且各个原子又具有相同或近乎相同的半径,因而它们通常形成等大球最紧密堆积。

由于金属键具自由电子,自由电子易移动,所以金属晶体为良导体,不透明,反射率高,具有金属光泽,具高密度和延展性,硬度一般较低。

### 4. 分子晶格

在分子晶格中存在着真实的分子。分子之间由范德华力维系,它们相互间的空间配置方式则主要取决于分子本身的几何特征。至于分子内部的原子之间,一般均以共价键相结合。分子的形状虽然不一定是球形的,但它们也能趋于最紧密堆积结构。

分子键的作用力是很弱的,所以分子晶格的晶体一般熔点低,可压缩性大,热膨胀率大,热导率小,硬度低,透明,不导电。但某些性质也与分子内的键性有关。

### 5. 氢键晶格

氢键是一种由氢原子参与成键的特殊键型,其性质介于共价键与分子键之间。氢键具有方向性和饱和性;其键强虽比分子键强,但仍与一般分子键属于同一数量级。氢键晶格主要存在于一系列有机化合物晶体中。在矿物中只有冰和草酸铵石等个别晶体结构属于氢键晶格;但含有氢键的矿物晶格却比较普遍,在一些氢氧化物、含水化合物、层状结构硅酸盐等矿物,例如硬水铝石、针铁矿、高岭石等晶格中,均有氢键存在。

氢键的作用力虽不强,但对物质的性质产生明显的影响,分子间形成氢键会使物质的熔点、沸点增高;分子内形成氢键则会使物质的熔点、沸点降低。但一般来说氢键晶格的晶体具有配位数低、熔点低、密度小的特征。

### 6. 单键型晶格和多键型晶格

必须说明,在有些晶体结构中,只存在单纯的一种键力,例如金的晶体结构中只存在金属键,金刚石中只有共价键,等等。但是,有许多晶体结构,其键力为某种过渡型键。从键的性质来说,它们具有过渡性。例如金红石($TiO_2$)中 Ti—O 键,就是一种以离子键为主而向共价键过渡的过渡型键,它既包含有离子键的成分,又包含有少部分共价键的成分,但这两种键性融合在一起,不能相互分开,因而从键力本身来说,它仍然只是单一的一种过渡型键。所有以上这些晶体结构,都属于单键型晶格(homodesmic lattice)。它们的晶格类型的归属,以占主导地位的键性为准。例如金红石,便归属于离子晶格。此外,还有许多晶体结构,例如方解石 $Ca[CO_3]$ 的结构,在 C—O 之间存在着以共价键为主的键性,而 Ca—O 之间则存在着以离子键为主的键性,这两种键性在晶体结构中是明确地彼此分开的。像这类晶体结构,则属于多键型晶格(heterodesmic lattice)。它们的晶格类型的归属,以晶体的主要性质取决于哪一种键性作为依据。例如方解石,它所表现的一系列物理性质主要是由 Ca—O 之间的离子键力所决定的,因而方解石归属于离子晶格。至于分子晶格,显然全都是多键型晶格。

# 四、典型结构分析

不同晶体的结构,若其对应质点的排列方式相同,称它们的结构是等型的,在这些等型结构中,常以其中的某一种晶体为代表而将这一结构命名,称之为典型结构(typic structure)。如石盐(NaCl)、方铅矿(PbS)、方镁石(MgO)等晶体的结构等型,以其中的 NaCl 晶体作为代表而命名——NaCl 型结构,即 NaCl 型结构为一典型结构,而方铅矿、方镁石等晶体具"NaCl 型"结构。

在分析晶体结构时,典型结构可以起到典型代表的作用,从而对晶体结构的分析提供简便途径。如可将一些与某典型结构在几何特征上存在相似之处的晶体结构与典型结构相类比,只需稍加必要的补充说明,就可借典型结构来描述、阐明这些晶体结构。这些晶体结构就可视为某些典型结构的所谓衍生结构。如黄铜矿($CuFeS_2$)的晶体结构便可视为闪锌矿(ZnS,一典型结构)型结构的衍生结构(图 10-13)。

本书对一些常见的典型结构将结合矿物各论进行描述。这里以金红石($TiO_2$)型结构为例,简单地介绍一下典型结构的分析和主要描述方法。

金红石,$TiO_2$,四方晶系,空间群为 $D_{4h}^{14}-P4_2/mnm$。$a = 0.458\ nm$;$c = 0.295\ nm$。晶体结构和空间群如图7-16、图10-10所示。对其进行典型结构分析的内容有:

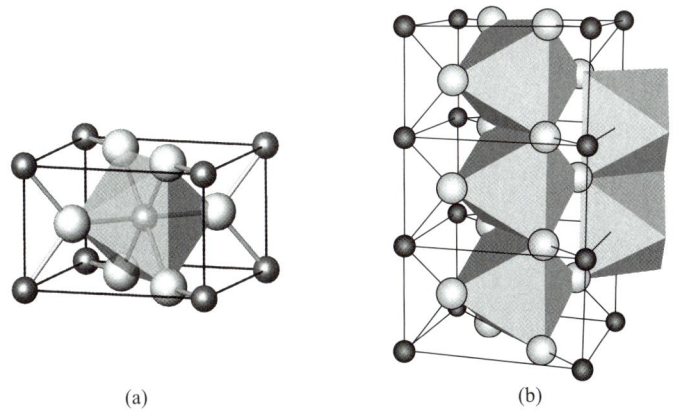

(a)                              (b)

**图 10-10  金红石的晶体结构示意图**

(a)以单位晶胞形式表示(大、小球分别代表 $O^{2-}$ 和 $Ti^{4+}$);

(b)以配位多面体的形式表示(图示出了多个晶胞,八面体为[$TiO_6$]八面体,其中存在两种方位的八面体)

(1)格子类型分析:在金红石的晶体结构中,$Ti^{4+}$ 位于单位晶胞的角顶和体心。由于位于单位晶胞角顶上的 $Ti^{4+}$ 与 $O^{2-}$ 组成的八面体配体的方位与位于晶胞体心处的 $Ti^{4+}$ 与 $O^{2-}$ 组成的八面体配体方位不同[图10-10(b)],即这两种 $Ti^{4+}$ 周围环境不同,因此,属于两套相当点。画空间格子时,只能以一套相当点来画,所以金红石的空间格子就是原始格子,而不是体心格子,即位于晶胞角顶上的一套 $Ti^{4+}$ 组成一套四方原始格子,而位于体心的另一套 $Ti^{4+}$ 组成另一套四方原始格子。

(2)堆积形式及配位数、配位多面体分析:在晶体结构中,$O^{2-}$ 呈近似于六方最紧密堆积,$Ti^{4+}$ 位于八面体空隙中,CN(配位数)= 6;$O^{2-}$ 位于以 $Ti^{4+}$ 为角顶组成的平面三角形的中心,CN = 3。[$TiO_6$]八面体以上、下共棱的方式沿 $c$ 轴联结成链,链间八面体共角顶相连。因此结构属链状型。这一结构特征可较好地解释金红石沿 $c$ 轴延伸的柱状、针状晶形和平行 $c$ 轴的解理。

(3)"Z"数分析:此处"Z"称为单位晶胞中所含的相当于化学式的"分子数"。由于每一角顶上的 $Ti^{4+}$ 为相邻的8个单位晶胞所共有,故该晶胞只占 1/8;所以单位晶胞中 $Ti^{4+}$ 的数目为 8(角顶上的 $Ti^{4+}$)×1/8+1(体心的 $Ti^{4+}$)= 2。$O^{2-}$ 有 4 个位于单位晶胞的上、下底面上,另两个 $O^{2-}$ 位于单位晶胞内。由于位于晶胞上、下底面上的 $O^{2-}$ 为两个晶胞所共有,故单位晶胞中 $O^{2-}$ 的数目为 4×1/2+2=4 个。这样,单位晶胞中有 2 个 $Ti^{4+}$,4 个 $O^{2-}$,即为 2($TiO_2$),相当于 2 倍的化学式,因此 $Z = 2$。

# 五、类 质 同 象

## 1. 类质同象的概念与类型

晶体结构中某种质点(原子、离子或分子)被它种类似的质点所代替,仅使晶格常数发生不大的变化,而结构形式并不改变,这种现象称为类质同象(isomorphism)。

例如在菱镁矿 $Mg[CO_3]$ 和菱铁矿 $Fe[CO_3]$ 之间,由于 $Mg^{2+}$ 和 $Fe^{2+}$ 可以互相代替,可以形成各种 $Mg^{2+}$、$Fe^{2+}$ 含量不同的类质同象混合物(混晶),从而可以构成一个 $Mg^{2+}$、$Fe^{2+}$ 含量为各种比值的连续的类质同象系列:

$$Mg[CO_3]—(Mg,Fe)[CO_3]—(Fe,Mg)[CO_3]—Fe[CO_3]$$
菱镁矿—含铁的菱镁铁 — 含镁的菱铁矿—菱铁矿

在这个系列中矿物的结构型相同,只是晶格常数略有变化。

又如,闪锌矿 $ZnS$ 中的 $Zn^{2+}$,可部分地(不超过40%)被 $Fe^{2+}$ 所代替,在这种情况下,$Fe^{2+}$ 被称为类质同象混入物,富 $Fe^{2+}$ 的闪锌矿被称为铁闪锌矿。$Fe^{2+}$ 代替 $Zn^{2+}$ 可使闪锌矿的晶胞参数($a_0$)增大。

类质同象混合物也称为类质同象混晶,它是一种固溶体。所谓固溶体(solid solution)是指在固态条件下,一种组分溶于另一种组分之中而形成的均匀的固体。它可通过质点的代替而形成"代替固溶体"(即类质同象混晶);也可通过某种质点侵入其他种质点的晶格空隙而形成"侵入固溶体"。由此可见,类质同象混晶并不是固溶体的全部,但通常把固溶体视为类质同象混晶的同义词。

在类质同象混晶中,若 A、B 两种质点可以任意比例相互取代,它们可以形成一个连续的类质同象系列,则称为完全类质同象系列。如上述菱镁矿—菱铁矿系列中 $Mg^{2+}$、$Fe^{2+}$ 之间的代替;若 A、B 两种质点的相互代替局限在一个有限的范围内,它们不能形成连续的系列,则称为不完全类质同象系列,如上述闪锌矿 $(Zn,Fe)S$ 中,$Fe^{2+}$ 取代 Zn 局限在一定的范围之内。

根据相互取代的质点的电价相同或不同,分别称为等价的类质同象和异价的类质同象。前者如上述的 $Mg^{2+}$ 与 $Fe^{2+}$ 之间的代替;后者如在钠长石 $Na[AlSi_3O_6]$ 与钙长石 $Ca[Al_2Si_2O_6]$ 系列中,$Na^+$ 和 $Ca^{2+}$ 之间的代替,以及 $Si^{4+}$ 和 $Al^{3+}$ 之间的代替都是异价的,但由于这两种代替同时进行,代替前后总电价是平衡的。

类质同象是指质点的相互代替,它不能与两种晶体具有等同的结构形式(等型结构)相混淆,在后一种情况中,并不一定存在着类质同象的代替关系。例如,白云石 $CaMg[CO_3]$ 与方解石 $Ca[CO_3]$ 结构型相同,但在白云石 $CaMg[CO_3]$ 中,其 Ca、Mg 的原子数之比必须是 1:1,不能在一定的范围内连续变化,故白云石并不是由于 $Mg^{2+}$ 替代方解石 $Ca[CO_3]$ 中半数的 $Ca^{2+}$ 所形成的类质同象混晶,而是不同阳离子间有固定含量比的复盐。再例如,锡石 $SnO_2$ 与金红石 $TiO_2$ 也是同型结构,但 Sn 与 Ti 之间也不存在类质同象代替关系。

在书写类质同象混晶的化学式时,凡相互间成类质同象替代关系的一组元素均写在同一圆括号内,彼此间用逗号隔开,按所含原子比例由高至低的顺序排列。例如橄榄石 $(Mg,Fe)_2[SiO_4]$、铁闪锌矿 $(Zn,Fe)S$,以及普通辉石 $(Ca,Na)(Mg,Fe^{2+},Fe^{3+},Al,Ti)[(Si,Al)_2O_6]$ 等等。

### 2. 影响类质同象的因素

类质同象是相似质点相互代替,因此要求质点本身的性质相近,外部条件如温度、压力、介质条件等对此也有影响。

(1) 原子和离子半径:从几何角度来考虑,相互取代的原子或离子,其半径应当相近。若以 $r_1$ 和 $r_2$ 分别代表较大和较小的离子的半径,则:① 当 $(r_1-r_2)/r_2<15\%$ 时,形成完全的类

质同象替代;② 当$(r_1-r_2)/r_2$ 在 15%~40%时,在高温下形成完全类质同象,温度下降时,固溶体发生出溶(见下一小节);③ 当$(r_1-r_2)/r_2$>40%时,不能形成类质同象。

例如,$Fe^{2+}$ 的半径[①]为 0.078nm,$Mg^{2+}$ 的半径为 0.072nm,半径差为 8%,在许多情况下它们能形成完全类质同象系列;$Ca^{2+}$ 的半径为 0.100nm,与 $Fe^{2+}$ 的半径差为 28%,只能形成有限的类质同象代替,$Ca^{2+}$ 与 $Mg^{2+}$ 的半径差达 39%,因此它们不能形成类质同象。

在元素周期表中,沿左上方到右下方的对角线方向,离子半径相近;一般右下方的高价离子易代替其左上方的低价离子,从而形成离子对角线法则。

(2)总电价平衡:在类质同象的代替中,必须保持总电价的平衡。在使总电价平衡的前提下,类质同象的代替可以有不同的方式:① 简单的代替,如 $Mg[CO_3]$—$Fe[CO_3]$ 中的 $Mg^{2+}$ 和 $Fe^{2+}$ 的代替;② 成对的代替,可以是异价离子之间成对的代替,如在斜长石 $Na[AlSi_3O_8]$—$Ca[Al_2Si_2O_8]$ 系列中 $Na^+ + Si^{4+} \rightleftharpoons Ca^{2+} + Al^{3+}$;③ 不等量的代替,可以是较少的高价阳离子与较多的低价阳离子之间的代替,如在云母中 $Mg^{2+}$、$Al^{3+}$ 间以 $2Al^{3+} \rightleftharpoons 3Mg^{2+}$ 方式代替;亦可是带有附加离子的代替,如在萤石($CaF_2$)中可出现 $Ca^{2+} \rightleftharpoons Y^{3+} + F^-$ 方式的代替。

在异价类质同象的情况下,类质同象代替的能力主要取决于电荷的平衡,而离子半径的大小退居于次要地位。因此对于异价类质同象替代,离子半径的限制不起决定性的作用。

(3)离子类型和化学键:惰性气体型离子在化合物中一般以离子键结合,它们常见于卤化物、氧化物和含氧盐中,而铜型离子在化合物中以共价键结合为主,它们常见于硫化物中。离子类型不同,化学键不同,则它们之间的类质同象代替就不易实现。如六次配位的 $Ca^{2+}$ 和 $Hg^{2+}$ 的半径分别为 0.100 nm 和 0.102 nm,电价相同,半径相近,但由于离子类型不同,所以它们之间一般不出现类质同象替代。与此相反,$Al^{3+}$ 和 $Si^{4+}$ 均为惰性气体型离子,它们的半径差值比为$(r_{Al^{3+}} - r_{Si^{4+}})/r_{Si^{4+}} = (0.039 - 0.026)/0.026 = 50\%$,半径相差较大,但在许多硅酸盐矿物中,$Al^{3+}$ 可代替 $Si^{4+}$(四面体配位)。因为过渡型离子的性质介于惰性气体型离子与铜型离子之间,因此有些过渡型离子可以与不同离子类型的离子发生不完全的类质同象。例如 $Fe^{2+}$ 可以与 $Zn^{2+}$(铜型)或 $Ca^{2+}$(惰性气体)发生代替。

(4)温度:与溶液一样,温度增高有利于溶解、有利于混合。温度增高有利于类质同象混晶的产生,而温度降低则将限制类质同象的范围并促使类质同象混晶发生分解,即固溶体出溶(见下一小节)。如在高温下碱性长石中的 $K^+$、$Na^+$ 可以相互类质同象替代形成(K,Na)$[AlSi_3O_8]$ 混晶,温度降低则发生出溶,形成钾长石 $K[AlSi_3O_8]$ 和钠长石 $Na[AlSi_3O_8]$ 两个物相组成的条纹长石。

一般来说,低温条件下形成的矿物成分比较纯净。

(5)压力:压力对类质同象的影响要考虑体积变化。压力升高有利于体积变小的方向进行。克尔金斯基(引自陈光远等,1988)提出,两种组分形成类质同象混晶后的单位物质体积 $V(x_1x_2)$ 与两种纯组分的单位物质体积之和 $Vx_1 + Vx_2$ 的相对大小,可以判断类质同象代替的可能性。$V(x_1x_2) < Vx_1 + Vx_2$,压力增大有利于这种类质同象发生,形成混晶;压力降低则不利于这种类质同象的发生且会导致出溶。反之亦然,$V(x_1x_2) > Vx_1 + Vx_2$,则压

---

[①] 这里给出的半径值为配位数为 6 时的半径值。本教材离子半径值据 Shannon(1976)修正后的离子半径值(引自罗谷风,2014)

力降低有利于这种类质同象发生,形成混晶;压力升高则不利于这种类质同象的发生且会导致出溶。

在具体的应用中怎么得到 $Vx_1$, $Vx_2$ 及 $V(x_1x_2)$ 呢?理论上可以用晶胞参数及晶胞内物质的量来计算得出,但与某种成分相对应的晶胞参数准确数值不太容易得到。因此,我们需要将问题简化。假定 $x_1$ 是主晶(母相),$x_2$ 是少量以类质同象混入的组分,因为少量类质同象混入物对母相的体积改变不大,我们可以将混晶的单位物质体积 $V(x_1x_2)$ 简化为 $2Vx_1$(因为混晶的单位物质是两种纯组分单位物质之和,相当于单位物质增加了 2 倍)。这样,上面的 $V(x_1x_2)<Vx_1+Vx_2$ 式子可以简化为:$2Vx_1<Vx_1+Vx_2$,即:$Vx_1<Vx_2$。这样,我们只需要比较 $Vx_1$ 与 $Vx_2$ 的大小就可以了。简单地说就是,压力升高有利于较大体积的组分以类质同象的形式混入较小体积的晶体中(这里的体积是相同物质质量的体积)。

如果是同型结构、化学式类型也相同的不同晶体之间形成混晶,可以进一步简化为:压力的升高有利于晶胞参数大的组分以类质同象的形式混入晶胞参数小的晶体中。因为同型结构中晶胞参数与离子大小成正比,因此可以更进一步简化为:压力的升高有利于大阳离子类质同象代替小阳离子。例如:刚玉($Al_2O_3$)中的 $Fe^{3+}\rightarrow Al^{3+}$,因为赤铁矿($Fe_2O_3$)的晶胞参数比刚玉($Al_2O_3$)的晶胞参数大,$Fe^{3+}$ 离子半径比 $Al^{3+}$ 的离子半径大,所以这种类质同象是高压形成的,降压就会形成赤铁矿从刚玉中出溶。如果不是同型结构之间的晶体形成混晶,不能简化为晶胞参数的对比或离子大小的对比来衡量类质同象的发生,而需要对比 $Vx_1$ 与 $Vx_2$ 的大小。

(6)组分浓度:一种矿物晶体,其组成成分间有一定的量比。当它从熔体或溶液中结晶时,介质中各组分若不能与上述量比相适应,即某种组分不足时,则将有与之类似的组分以类质同象的方式混入晶格加以补偿。例如磷灰石的化学式为 $Ca_5[PO_4]_3(F,OH)$,从岩浆熔体中形成磷灰石要求熔体中的 $CaO$ 和 $P_2O_5$ 等的浓度符合一定的比例,若 $P_2O_5$ 浓度较大,而 $CaO$ 的浓度相对较小时,则 $Sr$、$Ce$ 等元素就可以类质同象的方式补偿,代替 $Ca$ 进入磷灰石的晶格,因而磷灰石中常可聚集相当数量的稀有分散元素。又如磁铁矿 $Fe^{2+}Fe_2^{3+}O_4$ 中 $n_{Fe^{2+}}$:$n_{Fe^{3+}}=1:2$,当岩浆中 $n_{FeO}:n_{Fe_2O_3}>1:2$,即 $Fe_2O_3$ 的浓度过小,而 $V_2O_3$、$Ti_2O_3$ 的浓度又较大时,则后者进入晶格,形成钒钛磁铁矿 $Fe^{2+}(Fe^{3+},V,Ti)_2O_4$。

### 3. 类质同象混晶的分解(固溶体出溶)

如前所述,温度的降低或压力的变化会导致类质同象混晶(固溶体)分解而产生出溶(exsolution)。所谓固溶体出溶,是指类质同象混晶中多种组分均匀混合的单一物相,在外部条件变化时变得不稳定而发生分解,形成多种物相共存的现象。一般分为主晶和出溶体两部分。最熟悉的例子是碱性长石($(K,Na)[Si_3AlO_8]$)形成的钾长石主晶中定向排列的钠长石出溶体,形成条纹长石。

出溶现象非常普遍,近年来人们对出溶的研究也越来越多。出溶体可以是片状,也可以是针状,它们都是以一定的结晶学方向规则地、定向地、有时还呈对称地分布在主晶中,这是出溶体与包裹体(晶体生长时包裹进来的一些其他晶体)最显著的区别。图 10-11 是含钛磁铁矿中出溶钛铁矿的电子显微镜图,出溶体沿着主晶的 $\{111\}$ 方向排列[含有四个方向:$(111)$、$(1\bar{1}1)$、$(11\bar{1})$、$(\bar{1}11)$],在其中的一个 $(111)$ 面上,其他 3 个方向的出溶体呈三次对称排列。随着测试技术的提高,越来越多的显微出溶体被发现,有些出溶体只有纳米级大小。

**图 10-11  含钛磁铁矿中出溶钛铁矿[在(111)面上,呈三次对称排列]**

(电子显微镜下照片,徐畅提供)

出溶体的形成,是由一种结晶固态→多种结晶固态的结晶作用。原来固溶体混晶是单一物相,多种组分的原子、离子均匀混合在一起。出溶过程就是:某些原子、离子重新组合形成另外一种晶体,这种晶体只能在原来固溶体混晶的晶体结构中通过扩散、迁移、重新成键而形成,它完全受原来固溶体混晶的晶体结构(也即主晶的晶体结构)控制。所以,出溶体在主晶中的分布、出溶体与主晶的界面等等,都要达到主晶与出溶体之间晶体结构的匹配,最终使得晶格能、界面能最小。除了晶体结构匹配规律外,化学成分上也要符合量比规律,即出溶体与主晶的化学成分混合起来一定是混晶原来的化学成分。根据这一点可以建立某些化学平衡反应式,而这些化学平衡反应式往往与温度、压力有关,因此可以计算出溶的温度或压力。

导致出溶的外部条件主要是温度和压力,具体的影响规律在前面有关小节已经介绍。此外,氧化还原电位的变化也是使类质同象分解的一个因素。若固溶体中类质同象混入物是变价元素,则当氧化电位增高时,该元素将从低价状态转变为高价状态,同时阳离子半径缩小,因而原矿物的晶格发生破坏,混入物就从原矿物中析出。

### 4. 研究类质同象的意义

(1)类质同象是矿物化学成分变化的主要原因。绝大多数矿物的化学成分都不是纯的理想化学式的成分,总会有其他原子、离子以类质同象代替的形式进入矿物晶格,导致化学成分多变。

(2)类质同象代替关系是许多地质温压计建立的理论基础。某种原子、离子以类质同象代替的形式进入某个晶体结构中,其代替的量、代替时在共生矿物之间的分配系数、代替的有序无序等,直接与矿物形成温压条件有关,据此可以通过统计、实验、理论模拟等方法建立地质温压计。有些类质同象代替虽然不能定量给出温度、压力,也能定性估计温度、压力的大小,如闪锌矿中 $Fe^{2+}$ 代替 $Zn^{2+}$ 的多少可以反映温度高低。

(3)类质同象可以帮助寻找稀有分散元素并对矿床进行综合评价。有些稀有分散元素在地球上不能形成独立矿物,而以类质同象代替的形式进入某种晶体结构中。寻找这种稀有分散元素必须要找到这种元素赖以赋存的矿物。例如,Re 常以类质同象代替 Mo 进入辉钼矿中,Cd、In、Ga 常以类质同象代替 Zn 进入闪锌矿中。稀有分散元素具有很重要的工业应用价值,据此可以对矿床进行综合评价。

（4）类质同象可以帮助解释矿物的物理性质变化的原因。类质同象会引起矿物的光学、力学、电学等性质变化,由此阐明成分与物理性质之间的关系。

（5）类质同象分解（固溶体出溶）可以指示矿物经历的温压条件变化历史。有些出溶是因为降温,有些出溶是因为降压或升压,研究这些出溶体的形成原因就可以指示矿物的温压变化历史。根据出溶体与主晶的化学成分可以得出一些化学反应式,以此可计算出溶的温度或压力。近年来对一些超高压岩石研究中,发现一些不合常理出溶体,例如:单斜辉石出溶石英（单斜辉石不可能含那么多 Si）、橄榄石出溶钛铁氧化物（橄榄石不可能含那么多 Ti）、铬铁矿出溶 Ca-角闪石（铬铁矿不可能含那么多 Ca、Si 及 $H_2O$）,如果把出溶体的成分与主晶"混合"得到出溶前固溶体成分,发现这些出溶的成分在没有特别高的压力条件是"溶解"不进主晶晶格中的,那么这些出溶体的发现就揭示岩石矿物形成于超高压环境。当压力下降时那些"溶解"进去的特殊成分变得不稳定而出溶（刘良等,2009;Chen T. 等,2019）。

# 六、同质多象

### 1. 同质多象的概念

同种化学成分的物质,在不同的物理化学条件（温度、压力、介质）下,形成不同结构的晶体的现象,称为同质多象（polymorphism）。这些不同结构的晶体,称为该成分的同质多象变体。

例如金刚石和石墨就是碳（C）的两种同质多象变体,它们的晶体结构完全不同,由此导致它们的物理性质也完全不同。金刚石无色透明、硬度大,不导电,而石墨则是黑色、不透明、硬度小、导电。

同质多象的每一种变体都有它一定的热力学稳定范围,都具备自己特有的形态和物理性质,并且这种形态与物理性质的差异较大。因此,在矿物学中它们都是独立的矿物种。

同种物质的同质多象变体,常根据它们的形成温度从低到高在其名称或成分之前冠以 $\alpha-$、$\beta-$、$\gamma-$ 等希腊字母,以示区别,如 $\alpha-$ 石英、$\beta-$ 石英等,并且通常以 $\alpha-$ 代表低温变体,$\beta-$、$\gamma-$ 代表高温变体。

### 2. 同质多象变体的转变

同质多象各变体之间,由于物理化学条件的改变,在固态条件下可发生相互转变。

同质多象的转变,可分为可逆的（双向的）（enantiotropic transformation）和不可逆的（单向的）（monotropic transformation）两种类型。如 $\alpha-$ 石英 $\to \beta-$ 石英的转变在 573 ℃ 时瞬时完成,而且可逆;$CaCO_3$ 的斜方变体文石在升温条件下转变为三方变体方解石,但温度降低则不再形成文石。

从晶体结构的变化来看,同质多象转变又可分为移位型转变（displacive transformation）,即一种变体转变为另一种变体时,结构中仅发生质点位置稍有移动,键角有所改变等不大的变化,例如 $\alpha$-石英与 $\beta$-石英之间的转变;重建型转变(reconstructive transformation),即结构发生了根本性变化,相当于重建结构,例如金刚石与石墨之间的转变;有序—无序转变(order-disorder transformation),即结构型基本不变,只是结构的有序—无序状态发生了改变(见第九节)。

从能量关系的角度来看,一切同质多象变体间的转变都取决于最小自由能条件,并遵守吉布斯相律。在一定的物理化学条件下,如果晶体结构的改变能使体系的自由能降低,这时,就有发生同质多象转变的必然趋势。但转变的快慢及是否可逆,则取决于阻碍这种转变发生的能垒的高低,亦即取决于不同变体之间晶体结构差异的大小。结构间的差异大,为改组原有结构所需的活化能就高,也就是变体之间转变的能垒就高。因此,一种变体在新的物理化学条件下尽管已经变得不再稳定,但如果不能越过这一能垒,它就可以长期处于亚稳状态而并不发生同质多象转变。

一种物质在发生同质多象转变时,随着晶体结构的改变,其各项物理性质也相应发生突变,但原来变体的晶形却并不会因此发生变化,而是被新的变体所继承下来。一种同质多象变体继承了另一种变体之晶形的现象,称为副象(paramorphism),它的存在是判断是否曾发生过同质多象转变的重要证据。例如,火山岩中的 $\beta$-石英在温度下降后已经变为 $\alpha$-石英了,但仍保留 $\beta$-石英的六方双锥晶形。

同质多象转变之所以能够形成副象,是因为这种转变是在固态下进行的,即:一种结晶固相→另一种结晶固相。在这个转变过程中,晶体结构里面的质点(原子、离子)会发生很小的位移,使化学键破裂而形成新的化学键,或者化学键不破裂仅仅使键长键角发生改变,从而形成了另外一种晶体。这样的改变并不会破坏原来晶体的外形。

一般来说,温度的增高促使同质多象向配位数减少、相对密度降低的变体方向转变,而压力的作用正好相反。例如,石墨是 C 的高温变体,其配位数为 3、相对密度较低;金刚石是 C 的高压变体,其配位数为 4、相对密度较大。此外,通常高温变体的对称程度较高。例如,高温变体 $\beta$-石英是六方晶系的,低温变体 $\alpha$-石英是三方晶系的。而且,从高对称的变体变为低对称的变体时,还可能形成转变双晶(详见第九章),此时,消失的对称要素转为双晶要素。

### 3. 研究同质多象的意义

同质多象现象在矿物中是较为常见的。由于它们的出现与形成时的外界条件密切相关,因此可以用来帮助我们推测矿物形成时的物理化学条件。同质多象变体间的转变温度在一定压力下是固定的,所以在自然界某种变体的存在或某种转化过程可以帮助我们推测该矿物所存在的地质体的形成温度。因此,它们被称为"地质温度计"。例如,$SiO_2$ 的不同变体($\alpha$-石英、$\beta$-石英等)可以指示形成温度。但要注意,因为不同变体之间的转变温度还与压力有关,因此在利用这类地质温度计时要考虑压力因素。

此外,$SiO_2$ 的两种超高压变体——柯石英和斯石英在地表大陷坑中的出现,可以作为该地曾发生过陨石超高压冲击陨落作用的铁证。

介质的成分、杂质及酸碱度等对同质多象变体的形成也会产生影响。如 $FeS_2$ 在相同的温度和压力下,在碱性介质中生成黄铁矿(等轴),而在酸性介质中生成白铁矿(斜方);在地表条件下,在基性岩的风化壳上 $CaCO_3$ 易生成文石(斜方),在其他场合 $CaCO_3$ 则生成方解石,而 Sr 的存在可促使文石结构变得稳定。

# 七、型变(晶变)

在化学式属同一类型的化合物中,化学成分的规律变化而引起晶体结构形式的明显而有规律的变化的现象称为型变(morphotropy)。

晶体结构中原子、离子的半径和极化性质的一系列差别是引起型变的主要原因。

以二价金属的无水碳酸盐矿物为例。离子半径小于 0.1 nm 的二价阳离子 $Mg^{2+}$、$Co^{2+}$、$Zn^{2+}$、$Fe^{2+}$ 和 $Mn^{2+}$ 分别形成方解石族的菱镁矿、菱钴矿、菱锌矿、菱铁矿和菱锰矿,它们都具有属于三方晶系的方解石($Ca[CO_3]$)型结构,随着阳离子半径的改变,它们所形成的晶体的菱面体$\{10\bar{1}4\}$的面角稍有变化。但离子半径大于 0.1 nm 的二价阳离子 $Sr^{2+}$、$Ba^{2+}$、$Pb^{2+}$ 则形成属于斜方晶系的文石($Ca[CO_3]$)型结构,随着离子半径的改变,它们所形成的晶体的斜方柱面角也稍有变化。而离子半径近于 0.1 nm 的二价阳离子 $Ca^{2+}$ 则在不同的条件下,分别可以形成三方晶系的方解石和斜方晶系的文石。这一系列的成分与结构的变化即一型变系列。

在这一型变系列中以 $Ca^{2+}$ 为分界点,离子半径小于 0.1 nm 的二价阳离子 $Mg^{2+}$、$Co^{2+}$、$Zn^{2+}$、$Fe^{2+}$ 和 $Mn^{2+}$ 所形成的菱镁矿、菱钴矿、菱锌矿、菱铁矿和菱锰矿,因为它们之间成分发生变化但结构型不变,仅仅是晶体常数发生系列较小的渐变,并且它们的阳离子之间或多或少是可以发生代替的,可视为类质同象;同理,离子半径大于 0.1 nm 的二价阳离子 $Sr^{2+}$、$Ba^{2+}$、$Pb^{2+}$ 所形成的碳酸锶矿、碳酸钡矿、白铅矿也可视为类质同象;而在离子半径近于 0.1 nm 的 $Ca^{2+}$ 处,可形成两种结构型,因此可视为同质多象。由此可见,型变将类质同象与同质多象有机地联系起来了,类质同象、同质多象和型变体现了事物由量变到质变的规律。型变的研究有助于我们阐明许多晶体结构型之间的关系,并把它们系统化。

# 八、多 型

多型(polytypism)是一种元素或化合物以两种或两种以上层状结构存在的现象。这些晶体结构的结构单元层基本上是相同的,只是它们的叠置顺序有所不同,从而可以构成不同的多型变体。

多型可被看作是一种特殊形式的一维的同质多象。因为不同多型变体只在垂直层的方向上结构有所变化,平行层的方向上结构基本上没变。

层状结构的矿物晶体普遍存在多型现象,如石墨、辉钼矿、云母、绿泥石、高岭石,等等。表 10-2 列出了云母的 6 种简单多型。由表 10-2 可以看出:

表 10-2 云母的 6 种简单多型

| 多型符号 | 空间群 | 晶胞参数 | | |
|---|---|---|---|---|
| | | $a_0$/nm | $b_0$/nm | $c_0$/nm |
| $1M$ | $C2/m$ | 0.53 | 0.92 | 1.02 |

| 多型符号 | 空间群 | 晶胞参数 | | |
|---|---|---|---|---|
| | | $a_0/nm$ | $b_0/nm$ | $c_0/nm$ |
| $2O$ | $C\,cm2_1$ | 0.53 | 0.92 | 2.01 |
| $2M_1$ | $C\,2/c$ | 0.53 | 0.92 | 2.01 |
| $2M_2$ | $C\,2/c$ | 0.53 | 0.92 | 2.00 |
| $3T$ | $P\,3_112$ | 0.53 | 0.53 | 3.00 |
| $6H$ | $P\,6_122$ | 0.53 | 0.53 | 6.00 |

（1）各种多型在平行结构单元层的方向上晶胞参数（$a_0$）相等,在垂直结构单元层的方向上晶胞参数（$c_0$）则相当于结构单元层厚度的整数倍。

（2）不同的多型,其空间群可以是相同的,也可能是不同的。

（3）表中所列的多型符号由一个数字和一个字母组成,数字代表一个重复周期内的结构单元层的层数,后边的字母则表示晶系,如 $C$（立方）、$H$（六方）、$T$（三方）、$R$（三方菱面体格子）、$Q$（四方）、$O$ 或 $OR$（斜方）、$M$（单斜）等。若有两个以上的多型,其重复周期内结构单元层数和晶系都相同时,则在字母的右下角加角码 1、2 等以示区别,如单斜晶系的云母有 $2M_1$、$2M_2$ 等多型。多型符号还有其他一些表示方法,此处不赘述。

对于同一种物质而言,其多种多型中,往往有一种或数种是常见的。如辉钼矿（$MoS_2$）的多型中,$2H$ 型占80%,$3R$ 型占3%,其他为 $2H$ 型和 $3R$ 型的混合层状连生。

多型间的差别仅在于结构单元层的叠置层序。就原子配位而言,其最邻近的第一级配位是相同的,只是较远的第二配位或更远的配位有些差别,所以不同多型变体之间内能是很相近的,化学成分基本相同,并且如表 10-2 所示,其单位晶胞之间存在着简单的数学关系。所以,与把同质多象变体视为独立矿物种不同,一般把同一物质的各种多型看作是属于同一个相,即属于同一矿物种。

关于多型的产生,不少人从不同的角度进行过多方面探讨。堆积层错被视为形成多型的主要原因,而大多数多型形成过程中,热力学因素是很重要的,温度、压力和杂质的存在都可能对多型的生成产生影响。如 $3T$ 型白云母形成于高压低温条件,而 $2M_1$ 型白云母的形成则不需要很高压力条件。辉钼矿（$MoS_2$）常见 $2H$、$3R$ 型多型变体,但 $3R$ 型辉钼矿更富 Re。因此,多型的研究对探讨矿物的成因具有一定的意义;此外,还有利于矿物质的实际应用,如 $3R$ 型石墨的原子排列更接近金刚石,对合成金刚石更为有利。

# 九、晶体结构的有序-无序

## 1. 有序-无序的概念

当两种（或两种以上）原子或离子在晶体结构中占据某种位置时,若它们相互间的分布是任意的,即它们占据任何一个该种位置的概率都是相同的,则这种结构称为无序结构

(disorder structure);若它们相互间的分布是有规律的,即这两种(或多种)原子或离子各自占据特定的位置,则这种结构称为有序结构(order structure)。

首先以成分最简单的 $AuCu_3$ 和 AuCu 合金为例。

$AuCu_3$ 在 395 ℃ 以上具有无序结构,Au 与 Cu 原子彼此任意地分布于立方面心晶胞的角顶和面心,空间群为 $Fm3m$。但若将其缓慢冷却,Au 和 Cu 原子在晶胞中的位置便发生分化,Au 原子占据晶胞的角顶,Cu 原子占据晶胞面的中心[图 10-12(a)],格子类型变为立方原始,空间群变为 $Pm3m$。

AuCu 在高温下亦具无序结构,Au、Cu 原子彼此任意地分布于立方面心格子的角顶和面心。但若将其缓慢冷却至 380 ℃ 左右,Au、Cu 原子将平行(001)面相间成层分布,从而形成四方晶胞($c:a = 0.93$),空间群变为 $P4/mmm$[图 10-12(b)]。(为什么变为四方晶胞了?请读者思考。)

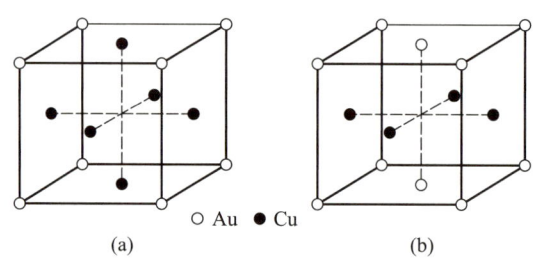

○ Au　● Cu

(a)　　　　　　　(b)

**图 10-12　$AuCu_3$ 和 AuCu 的有序结构**

(a) $AuCu_3$;(b) AuCu

下面再讨论一下黄铜矿的情况。

黄铜矿($CuFeS_2$)在 550 ℃ 以上具闪锌矿(ZnS)型结构[图 10-13(a)],此时 $Cu^{2+}$ 和 $Fe^{2+}$ 在原来的 $Zn^{2+}$ 所占据的位置上彼此任意地分布着,空间群 $F\bar{4}3m$,$a_0 = 0.529$ nm;但如果它的形成温度在 550 ℃ 以下,$Cu^{2+}$ 和 $Fe^{2+}$ 将规律地相间分布,从而破坏了立方对称,形成犹如两个闪锌矿晶胞沿 z 轴重叠而成的四方晶胞,空间群 $I\bar{4}2d$,$a_0 = 0.524$ nm,$c_0 = 1.030$ nm[图 10-13(b)]。(为什么要两个晶胞沿 z 轴重叠?请读者思考。)

有序-无序还可以发生在类质同象形成的固溶体中。晶体结构中的某种质点 A 被另外的质点 B 以类质同象的方式代替,B 在 A 所在的位置上分布可以是无序的,也可以是有序的。如果是有序的,需要将 A 所在的位置分为两类,其中一类位置还是 A,不发生代替,另一类位置就被 B 所占据,即发生了代替。这种类质同象代替的有序-无序结构中,两类质点(即质点 A 与 B)的含量是不固定的,与前述的具有固定成分比的 $AuCu_3$、AuCu、$CuFeS_2$ 不太一样。

从以上实例可以看出,晶体结构从无序转变为有序,可能使晶胞扩大,扩大了的晶胞称超晶胞(super-cell),或超结构(super-structure);对称性也可能改变,一般是有序结构的对称性降低。相应地,晶体的物理性质也会产生某些变化。

上述"超晶胞""超结构"有可能形成调制结构。调制结构(modulated structure)是指在晶体结构的基本周期(即相当于单位晶胞)上再叠加了一种周期,这种叠加的周期一般是晶体结构的变异(或是杂质、或是缺陷、位错等)的有序分布造成的。我们可以形象地理解为:

在晶体结构基本周期形成的"波"上叠加了另外一种波长更大的"波",形成了两种"波"的相互调制。如图 10-14 所示,晶体结构的基本周期是 $a_0$,但是,某个点缺陷(图中的小方块)在晶体结构的基本周期上有序分布,而且形成了每 4 个位置就有一个点缺陷的有序结构,这样就把原来的基本周期扩大了 4 倍(相当于上述的超晶胞、超结构),这时就形成周期为 $A_0$ 的叠加周期,这就是调制结构。调制结构中的叠加周期可以是成分变化、结构变化等等,只要是某种变化有序地、周期性地在晶体结构中出现,就会形成调制结构。

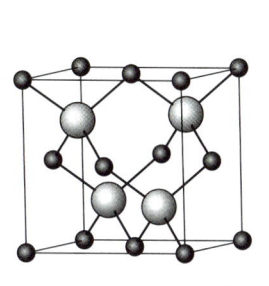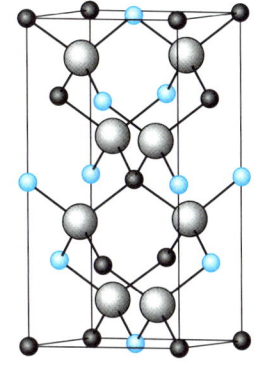

大球为S 黑色小球为Cu或Fe

大球为S 黑色小球为Cu 蓝色小球为Fe

(a)                                    (b)

**图 10-13　闪锌矿型与黄铜矿型结构对比**

(a)黄铜矿高温无序结构(闪锌矿型);

(b)黄铜矿低温有序结构(黄铜矿型)

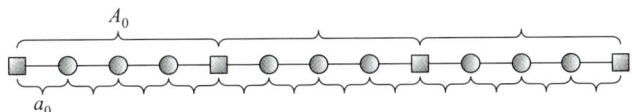

**图 10-14　晶体结构中的调制结构示意图**

有序结构与无序结构也是一种物质能够结晶成不同晶体结构的现象,因此,这也是一种特殊的同质多象现象。但它与一般的同质多象现象有所不同,其无序态和有序态两种不同变体间的差别,仅仅局限于在某些配位位置中不同质点的占位状况有差异,而且在无序态和有序态之间还可以存在过渡状态。所以,有序-无序现象是同质多象现象的一种特殊类型。

### 2. 部分有序,有序度

在完全有序和无序之间,存在着过渡状态,即部分有序。所谓部分有序,即某种质点的一部分占据特定的位置,而另一部分质点则是在任意的位置上。

这里举例说明。在钾长石 $K[AlSi_3O_8]$ 的晶体结构中,存在 4 种类型的 $[SiO_4]$ 四面体位置:$t_1(o)$、$t_2(o)$、$t_1(m)$、$t_2(m)$。在这 4 种位置上,只有一个位置上的 $Si^{4+}$ 被 $Al^{3+}$ 代替,如果 $Al^{3+}$ 在这 4 个位置上的占位率是相同的,都为 0.25,那么结构为完全无序;如果 $Al^{3+}$ 只集中位于 $t_1(o)$ 位,那么结构为完全有序;如果某一些 $Al^{3+}$ 只占位于 $t_1(o)$ 位,另一些则在 4 个位置上随机占位,那么结构为部分有序。

结构有序的程度,以有序度($\delta$)来衡量,完全有序时,$\delta = 1$;完全无序时,$\delta = 0$;部分有序时,$\delta = 1 \sim 0$。

对同一种晶体而言,有序和无序是两种不同的结构状态,反映在物理性质上也会有所差异。伴随有序度的不同,晶体的物理性质也将产生连续的变化。因此,可以通过晶体的 X 射线衍射、红外光谱、电子衍射、光学性质或透射电子显微镜来探讨晶体的有序度。

有序度还与组分间之含量比有关。例如 Au 与 Cu 在高温下虽然可以以任何比例混溶,但只有当 Au 和 Cu 的原子数之比为 1:3 或 1:1 时,才有可能在适当的条件下形成完全有序排列;否则,例如当 Au 和 Cu 原子数比为 1:5 时,只需全部 Cu 原子的 $\frac{3}{5}$ 即足以占满立方格子的面心位置,剩余 $\frac{2}{5}$ 的 Cu 原子便只能与 Au 原子一起占据立方格子的角顶位置,这样,至多只能形成部分有序而绝不可能形成完全有序的结构。

### 3. 有序-无序转变

如同所有的同质多象一样,作为同质多象特殊类型的有序变体和无序变体之间,在一定的条件下也会发生同质多象转变,这就是有序-无序转变。在结晶过程中,质点倾向于按照能量最低的结合方式,进入某种特定的位置,并尽可能地使此种方式贯穿整个晶体,形成有序结构。所以有序结构放热较多,能量较低较稳定。而无序结构各处质点分布不同,能量有高有低,不是最稳定的状态。因此,温度升高,可促使晶体结构从有序向无序转变;而温度慢慢降低,则有利于无序结构的有序化。无序到完全有序结构的"质变"在一定的临界温度下产生,这一临界温度称为"居里点"。有序化需要缓慢降温。如果从高温到低温缓慢退火,冷却到一定温度就会获得一定的有序结构;如果突然迅速冷却(即淬火),就会使无序结构来不及调整而被保存下来。在自然界,矿物晶体的有序化可以经历漫长的地质年代。

显然,对有序-无序的研究,有助于了解矿物的形成温度和形成历史。

## ？ 习题与思考题

### 基础题:

1. 等大球最紧密堆积有哪两种基本形式?所形成的结构的对称特点是什么?所形成的空隙类型与空隙数目怎样?

2. 什么是配位数?什么是配位多面体?如果阴离子做等大球最紧密堆积,阳离子充填到空隙,阳离子的配位数只能是什么?配位多面体只能是哪两种?

3. 某阴离子做立方最紧密堆积,阳离子充填到一半的四面体空隙,那么该晶体的化学式中,阴、阳离子数量比是多少?如果阳离子充填到一半的八面体空隙,阴、阳离子数量比又是多少?

4. CsCl 晶体结构中,$Cs^+$ 为立方体配位,此结构中 $Cl^-$ 是做最紧密堆积吗?

5. 在硫化物中,$S^{2-}$(0.184nm)与 $Zn^{2+}$(0.074nm)、$Cu^{2+}$(0.072nm)、$Fe^{2+}$(0.078nm)的配位数是多少?在氧化物中,$O^{2-}$(0.140nm)与 $Fe^{2+}$(0.078nm)、$Mg^{2+}$(0.072nm)、

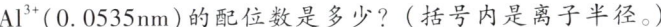
$Al^{3+}$（0.0535nm）的配位数是多少？（括号内是离子半径。）

6. 当阳离子 A 的大小恰好合适充填到阴离子组成的八面体空隙时，从几何上计算得出阳离子与阴离子的半径比 $r_k/r_a = 0.414$。现在有一个阳离子 B 比阳离子 A 稍微大些，阳离子 B 与上述阴离子的配位数是多少时结构是稳定的？如果有个阳离子 C 比阳离子 A 稍微小一些，阳离子 C 与上述阴离子的配位数是多少时结构是稳定的？为什么？

7. 一般来说，离子键晶体的配位数比共价键晶体的配位数多一些还是少一些？

8. 总结晶体的晶格类型与晶体物理性质的关系。

9. 什么是类质同象？发生类质同象的条件（内因和外因）是什么？研究类质同象的意义是什么？

10. 判断下列晶体化学式中，哪些离子之间是类质同象的关系？

$(Ca,Na)(Mg,Fe^{2+},Fe^{3+},Al,Ti)[(Si,Al)_2O_6]$

$(Mg,Fe,Mn)_3Al_2[SiO_4]$

$CaMg[CO_3]_2$

$(Ca,Mg)[CO_3]$

11. 判断下列离子对之间是否可以类质同象代替，如果可以，它们是完全类质同象还是不完全类质同象？

$Fe^{2+}$（0.078nm）——$Mn^{2+}$（0.083nm），

$Mn^{2+}$（0.083nm）——$Ca^{2+}$（0.100nm），

$Fe^{2+}$（0.078nm）——$Zn^{2+}$（0.074nm），

$Na^+$（0.102nm）——$Ca^{2+}$（0.100nm）

12. 什么是同质多象？发生同质多象转变需要什么外部条件？同质多象转变有哪些类型？

13. 同质多象转变中，高压形成的变体，其结构有何特点？

14. 什么是多型？举例说明。

15. $2H$-辉钼矿与 $3R$-辉钼矿是什么含义？它们属于同一矿物种吗？

16. 说明多型与同质多象有何联系与区别。

17. 晶体结构从无序→有序时，晶体的对称程度、晶胞大小会发生怎样的变化？

18. 属于特殊同质多象的现象有哪些？

### 综合分析与讨论题：

19. 晶体结构中可以看成是由配位多面体连接而成的结构体系，也可以看成是由晶胞堆垛而成的结构体系，那么，配位多面体与晶胞怎么区分？

20. 如果某晶体结构中阳离子配位数为 8，阴离子是不是最紧密堆积结构？如果不是，晶体就肯定不是离子键晶格吗？

21. 以 $NaCl$ 的晶体结构为例说明鲍林第二法则。

22. 试述类质同象、同质多象、型变及它们之间的有机联系。

23. 图 10-15 为晶体结构中离子分布情况示意图，请判断：哪种情况中，A 与 B 两种阳离子为类质同象的关系？为什么？

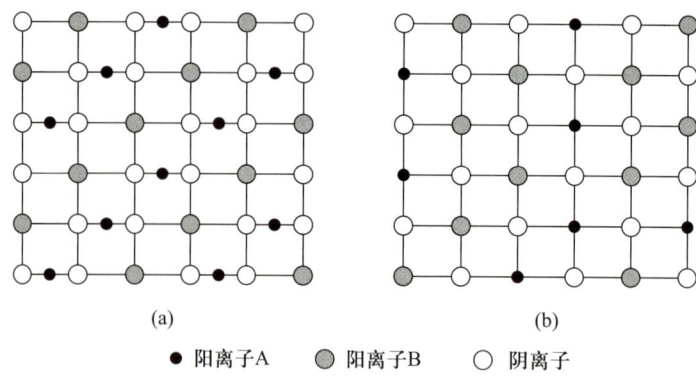

(a)　　　　　　　　　　(b)

● 阳离子A　　　● 阳离子B　　　○ 阴离子

图 10-15　离子分布情况

# 下篇

# 矿 物 学

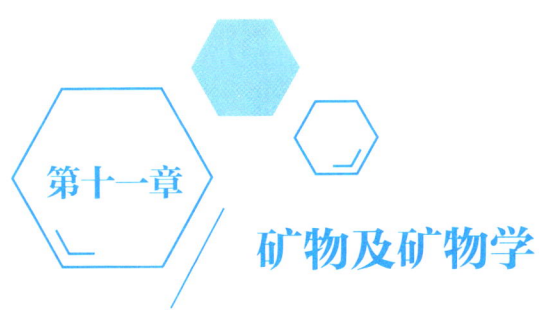

# 第十一章

# 矿物及矿物学

## 一、矿物的概念

矿物(mineral)是指由地质作用(包括宇宙作用)形成的、具有相对固定的化学成分和内部晶体结构的结晶态天然化合物或单质,它们是岩石和矿石的基本组成单元。此外,在地壳上还有少量的由地质作用形成的非晶态天然化合物或单质,它们被称为准矿物(mineraloid),如蛋白石、水锆石等。因为非晶态不稳定,随着时间的推移,准矿物将会自发地转变为结晶态的矿物。

对矿物的概念解释如下。

首先,矿物是天然形成的产物。因此,凡是在实验室或其他环境由人为设计的物理化学实验合成的产物,尽管其成分和性质与天然的矿物相近,但都不是真正的矿物。这些合成物质可以被称为"合成矿物"或"人造矿物"。在陨石中、月岩中,以及其他地外天体中的天然产物,也是符合矿物的概念的,也是真正的矿物,为了与地球上的矿物区别,可称为"陨石矿物""月岩矿物",或统称"宇宙矿物"。但是,除了地质作用和宇宙作用外,还有一些非人为设计的物理化学作用所产生的物质,如:生命体内发生的与代谢作用有关的结晶和沉积作用所形成的产物、人类矿业活动遗迹中非人为主观设计的物理化学作用所形成的产物,等等。这些物质也是天然产物,可以被认为是广义上的矿物,称为"生物矿物"和"遗迹矿物"等。

其次,矿物具有相对固定的化学成分和结构。矿物的成分可用化学式表示,例如,自然金的化学式为 $Au$、黄铜矿为 $CuFeS_2$、白云母为 $K\{Al[AlSi_3O_{10}](OH)_2\}$。但是,矿物的化学成分不是绝对不变的,还可因类质同象、含有某些杂质等因素在一定程度上变化。例如,白云母的化学式可变为 $(K,Na)\{(Al,Mg)[AlSi_3O_{10}](OH,F)_2\}$。矿物还具有一定的内部晶体结构,一种矿物的晶体结构型是固定的,因而具有一定的晶胞参数。但矿物的成分变化可引起晶胞参数的细微变化。矿物的化学成分与内部结构决定了矿物最本质的特征,以此可以划分不同的矿物种属,也以此决定了矿物相应的形态与物理性质。但是,矿物是地壳演化过程中化学元素运动和存在的一种形式,当所处的地质环境改变到一定程度时,已形成的矿物将发生相应的变化,形成稳定于新条件下的另外一种矿物。例如,在还原条件下形成的黄铁矿 $(FeS_2)$,在地表风化条件下与空气和水接触会发生分解,形成稳定于氧化条件下的针铁矿 $FeO(OH)$。

最后,矿物是组成各种各样的岩石和矿石的最基本的组成单位。所谓最基本的组成单位,就是指用物理粉碎的方法不能够再细分了。例如,花岗岩是由石英、钾长石、斜长石和云母组成的;铅锌矿石主要由方铅矿和闪锌矿组成。因为岩石和矿石是各种地质体的组成单位,所以矿物也是构成岩体和矿体等各种地质体的基本单元。

地壳中发现的矿物绝大多数是无机物,如石英($SiO_2$)、方解石($CaCO_3$)、黄铁矿($FeS_2$)、金刚石($C$)等;此外也有极少量的有机矿物,如草酸钙石($CaC_2O_4 \cdot H_2O$)、琥珀($C_{2n}H_{3n}O$)等。有机矿物为数仅有几十种,而且都极少见。目前已知矿物有 5 000 余种,常见的有 500 余种,其中分布最广、数量最多的是硅酸盐矿物和碳酸盐矿物。

# 二、矿物学及其发展历史

矿物学(mineralogy)是一门研究矿物(包括准矿物)的成分、结构、形态、物理性质、成因、产状、用途及它们之间的内在联系,以及矿物的时空分布规律与形成演化历史的学科。所以,矿物学是研究地球及其他天体的天然物质组成和演化规律的基础学科,它为地质学的其他学科及材料学等在理论和应用上提供必要的基础。

矿物学与结晶学一样,始于人类远古时期的矿业活动。可以这样认为:结晶学是以测量研究矿物晶体的形态为起点,并沿着几何学、数学的理论研究发展起来的;而矿物学则是以研究矿物的各种物理性质及其应用(如工具、装饰品、药用)为起点,并沿着开发矿物的应用研究发展起来的。

在古代,我国最早把“矿”字写成“丱”,象形当时的采矿工具,其音“kuàng”或“gǒng”,则象征采矿的声音。后来又写作“鑛”或“礦”,泛指从矿山采掘出来的、未经提炼加工的金属或非金属的天然矿石块。矿物的英文“mineral”一词来自拉丁文“minera”,系“矿石块”之意。

早在我国史前的旧石器时代,人们即开始认识了矿物和岩石,并用来制作生产工具(石器)和装饰品。从奴隶社会向封建社会转化的大变革时期,也是由青铜器时代向铁器时代的过渡时期,反映当时矿冶事业大为发展。世界上比较系统地描述矿物原料的最早著作应首推我国春秋末战国初(大约在公元前 475 年)的《山海经》,书中提到 80 多种矿物、岩石和矿石,比西方的《似金属论》《石头论》等问世要早得多,且内容更丰富。在封建社会里,生产力曾有过飞速发展,相应地出现了《管子·地数》《淮南子》《抱朴子》《梦溪笔谈》《本草纲目》和《天工开物》等许多记载矿物方面知识的著作,是极为宝贵的矿物史料。特别是明代李时珍的医药专著《本草纲目》(1596 年)全面可靠地描述了 38 种药用矿物的成分、形态、性质、鉴定特征、产状、产地及药用等;而战国时期(公元前 475 年—公元前 221 年)成书的《管子·地数》中之“管子六条”则系最早揭示矿物共生的客观规律及自然界中某些有用矿产的指示矿物,是成因矿物学的萌芽思想之一。德国人阿格里科拉(G. Agricola)在著作《论矿物的起源》(1556 年)中首先将矿物与岩石分开,并引入“矿物”这个名词。

总之,在 19 世纪以前的漫长时期里,矿物学始终处于对矿物的记载和表面特征的描述中。当然,不可否认其间也为矿物学后来的发展奠定了坚实的基础。

自19世纪中叶以来,随着科学技术的突飞猛进,矿物学得到迅速发展,曾经历了几次重大的变革。

首先是1857年偏光显微镜的创制成功并应用于对矿物的研究和鉴定,同时配合化学分析及晶体测角等方法,使人们得以开始对矿物的化学成分、几何形态、物理和化学性质、产状等进行系统研究,并提出了矿物的化学成分分类,极大地推动了矿物学的发展,形成独立的学科,导致了矿物学的第一次变革。这期间的代表作是美国丹纳(J. D. Dana)的《描述矿物学》(1837—1892年,第1~6版)。

由于1895年伦琴发现了X射线,1912年劳厄将X射线成功地应用于矿物晶体结构分析,20世纪20至40年代,英国晶体学家布拉格父子和苏联著名结晶学家别洛夫(Н. В. Бєлов)等测量了大量的矿物晶体结构,从而证实了晶体结构的几何理论,认识到矿物的化学成分、晶体结构、物理性质之间的相互关系,开辟了现代矿物学的晶体化学方向,使矿物学发生了第二次变革,为矿物的晶体化学分类奠定了基础。

20世纪30年代以来,物理化学理论和热力学相平衡理论开始被引入矿物学领域,用以探讨矿物的形成、稳定和变化的条件及其与矿物学特征之间的相互关系,揭示矿物共生组合和时空分布的规律性,促进了矿物成因的研究,从根本上摆脱了矿物学对纯表面现象的描述状态,实现了矿物学上的第三次变革。

20世纪60年代以来,由于一系列现代测试技术(如扫描电子显微镜、电子探针、电子衍射、激光拉曼光谱、核磁共振等)与高温高压实验技术的应用,同时进一步全面运用现代固体物理学、量子化学、物理化学和结晶化学理论,促使矿物学研究在深度和广度上均发生了重大突破,使现代矿物学对矿物结构、成分的研究从过去平均成分、平均结构,进入微区微量成分分析和精细结构测定,向着快速、自动、定量、高精度方向迅猛发展。

矿物学经历上述发展阶段后,到20世纪60年代,形成了以矿物晶体化学、成因矿物学、矿物物理学(含实验矿物学)三大理论支柱,它们是现代矿物学的主要内容。其主要研究内容为:

矿物晶体化学(crystal chemistry of minerals):研究矿物晶体的成分、结构、物理性质、形成条件之间相互制约的规律(包括晶体的对称规律),并且强调外部条件对矿物晶体化学规律的影响。

成因矿物学(genetic mineralogy):通过矿物的形态、成分、结构、物理性质等现象反演矿物的发生、变化的过程及其与外部条件的关系。

矿物物理学(mineral physics):以固体物理学和量子化学的理论和实验方法研究矿物的结构、成分、光谱特征、相变及其相互关系。

实验矿物学(experimental mineralogy):用高温高压实验研究矿物晶体的形成和相变规律。

当然,矿物学与人类生存的地球环境、与人类可持续发展所面临的矿产资源需求、人类健康生活需要等方面关系密切,形成了各种各样的矿物学分支学科,如:环境矿物学、应用矿物学、材料矿物学、海洋矿物学、医药矿物学等等。这些分支学科的理论基础不外乎上述三大理论支柱。

随着航天科技的迅猛发展、矿物与生命体关系的重新认识,矿物学未来的新兴发展方向应该是:宇宙矿物学和生物(生命)矿物学。

## 三、矿物学与其他学科的关系

首先,矿物都是晶体,所以矿物学要以结晶学为基础,结晶学中的晶体对称、定向等理论要直接应用于矿物学。而矿物学也是结晶学理论的具体应用与拓展。

其次,矿物学要研究矿物的成分、结构、物理性质等,所以矿物学要以化学、物理等基础性学科为基础。

由于矿物是岩石和矿石的基本组成单位,是地壳、地幔和宇宙天体物质演化过程中元素的存在和运动的一种基本形式,它直接保存和记录着该矿物及其所在岩石或矿石的形成条件和演变过程等的丰富信息,因此,矿物学是岩石学、矿床学的基础。通过研究矿物的成分、结构及其标型性,以探讨岩石和矿床的成因,并揭示地球的演化规律;并且还可研究有用矿物赋存的规律性。

地球化学和矿物学同为研究物质组成的基础地质学科,二者关系极为密切。矿物往往是自然界中不断运动的化学元素迁移的"载体"。以研究地球中化学元素在时间、空间上的分布、迁移、富集规律性为主要内容的地球化学,显然离不开矿物学基础。

此外,矿物学与其他诸多的地质学科,如构造地质学、地层学、地史学、古生物学、石油地质学、水文地质学、工程地质学、地球物理学、地震学和找矿勘探地质学等,以及材料科学等应用科学,也都有着密切的联系(图 11-1)。

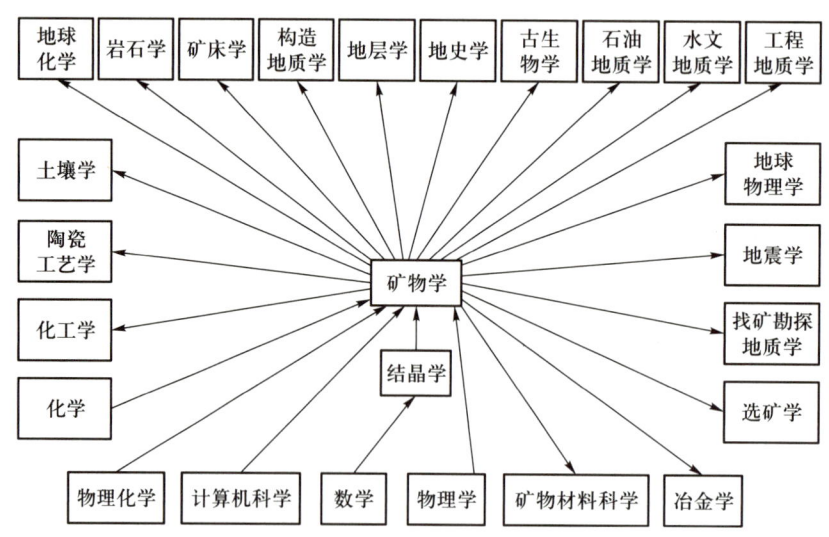

**图 11-1 矿物学与其他学科之间的关系**

矿物学研究的是各具体矿物晶体的个性,包括成分、结构、物理性质等,并且要对各种矿物进行归纳分类。所以,相对于结晶学的空间性、理论性、逻辑性,矿物学的知识特点是:具体性、个性、感性。学习矿物学,主要采用感性的思维方式,并且要善于对各类矿物进行归纳分类、对比。

## ？ 习题与思考题

1. 什么是矿物？矿物都是晶体吗？下列物质哪些是矿物？

石英、磁铁矿、铜矿石、煤、页岩、方解石、灰岩、石盐、合成金刚石、冰糖、玻璃。

2. 怎么理解"矿物具有相对固定的化学成分与晶体结构"？怎么理解"矿物是岩石和矿石的最基本的组成单位"？

3. 自然界形成的非晶态物质是矿物吗？非晶态物质稳定吗？

4. 矿物学的研究内容是什么？

5. 说明矿物学与结晶学的关系；说明矿物学与基础学科（物理学、化学等）及地质学科（岩石学、构造地质学、地球化学等）的关系。

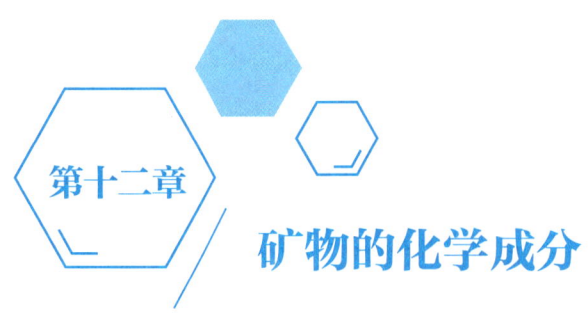

**第十二章**

# 矿物的化学成分

矿物的化学成分是决定矿物的各项性质最本质的因素之一。矿物的化学成分不但是区别不同矿物的重要依据,其变化特点常作为反映矿物形成的物理化学条件的标志,而且也是人类利用矿物资源的一个重要方面。

## 一、地壳中化学元素的丰度及矿物学意义

电子教案 12
矿物的化学
成分

矿物是自然界的天然产物,化学元素是形成矿物的物质基础。显然,地壳中化学元素的丰度与矿物的形成、矿物的化学成分有着密切的关系。

化学元素在地壳中的分布是极不均匀的。最多的氧(O)与最少的氡(Rn)元素的含量竟相差 $10^{18}$ 倍。国际上将各种化学元素在地壳中的平均含量(即元素在地壳中的丰度)之百分数称为克拉克值(Clarke value)。具体表示时,可采用质量分数,即质量克拉克值;也可采用原子分数,即原子克拉克值。表 12-1 列出了常见 8 种元素的克拉克值。

表 12-1 常见 8 种元素的克拉克值

| 元素 | 质量克拉克值/% | 原子克拉克值/% | 元素 | 质量克拉克值/% | 原子克拉克值/% |
|------|------|------|------|------|------|
| O | 46.60 | 62.55 | Ca | 3.63 | 1.94 |
| Si | 27.72 | 21.22 | Na | 2.83 | 2.64 |
| Al | 8.13 | 6.47 | K | 2.59 | 1.42 |
| Fe | 5.00 | 1.92 | Mg | 2.09 | 1.84 |

资料来源:据 Mason B,1966;引自潘兆橹,1993。

由表 12-1 可以看出,地壳总质量中,O 占 46.60%,Si 占 27.72%;而含量多的前 8 种元素占 98% 以上。事实上,在地壳中确实是以 O、Si、Al、Fe、Ca、Na、K、Mg 等元素组成的含氧盐和氧化物矿物分布最广,特别是硅酸盐矿物,占矿物总种数的 24%,占地壳总质量的 3/4;而氧化物矿物,占矿物种总数的 14%,占地壳总质量的 17%。

矿物的形成,除与化学元素的丰度有关外,还取决于元素的地球化学性质。有些元素,如 Sb、Bi、Hg、Ag、Au 等,虽然丰度很低,但是趋于集中,形成独立的矿物种,甚至富集成矿床,这些元素称为聚集元素;而 Rb、Cs、Ga、In、Sc 等元素的丰度虽远比上述元素为高,但趋向

于分散,很少能形成独立的矿物种,而是常常作为微量的混入物赋存于主要由其他元素所组成的矿物中,这些元素称为分散元素。

# 二、元素的离子类型与矿物种类的关系

矿物中,除少数(约 30 种)元素以单质存在外,绝大多数是由两种或两种以上化学元素组成的化合物。在化合物中,阴、阳离子间的结合主要受其外层电子的构型所制约。电子构型对离子的晶体化学行为影响很大。通常根据离子的外层电子的构型,将阳离子分为 3 种类型(图 12-1)。

| He | Li | Be |    |    |    |    |    |    |    |    |    | B  | C  | N  |    |    |    |
|----|----|----|----|----|----|----|----|----|----|----|----|----|----|----|----|----|----|
| Ne | Na | Mg |    |    |    |    |    |    |    |    |    | Al | Si | P  | S  | Cl |    |
| Ar | K  | Ca | Sc | Ti | V  | Cr | Mn | Fe | Co | Ni | Cu | Zn | Ga | Ge | As | Se | Br |
| Kr | Rb | Sr | Y  | Zr | Nb | Mo | Tc | Ru | Rh | Pd | Ag | Cd | In | Sn | Sb | Te | I  |
| Xe | Cs | Ba | TR*| Hf | Ta | W  | Re | Os | Ir | Pt | Au | Hg | Tl | Pb | Bi | Po | At |
| Rn | Fr | Ra | Ac*|    | 3a |    |    | 3b |    |    |    |    | 4  |    |    |    |    |
| 1  | 2  |    |    |    |    |    |    |    |    |    |    |    |    |    |    |    |    |

图 12-1 阳离子类型分布

注:* TR 和 Ac 分别为稀土元素和锕族元素。

1. 惰性气体型原子;2. 惰性气体型离子;3a. 亲氧性强的过渡型离子;3b. 亲硫性强的过渡型离子;4. 铜型离子。

资料来源:引自潘兆橹,1993。

(1)惰性气体型离子:指具有与惰性气体原子相同的电子构型,最外层具 8 个电子($ns^2np^6$)或 2 个电子($1s^2$)的离子。包括碱金属、碱土金属及一些非金属元素的离子。碱金属、碱土金属元素的电离势较低,离子半径较大,易与氧或卤族元素以离子键结合形成含氧盐、氧化物和卤化物,所以也称作亲氧元素。形成的矿物多为造岩矿物,所以也称亲石元素。

(2)铜型离子:指外层具有 18 个电子($ns^2np^6nd^{10}$)或(18+2)个电子$[ns^2np^6nd^{10}(n+1)s^2]$的离子,其电子构型与 $Cu^+$ 相似。包括元素周期表中的 I B、II B 副族及其右邻的有色金属和半金属元素的离子。这些元素的电离势较高,离子半径较小,极化能力很强,通常主要以共价键与硫结合形成硫化物及其类似化合物,所以也称作亲硫元素。形成的矿物大多为矿石矿物,所以也称为亲铜元素。

(3)过渡型离子:此类离子的最外层电子数为 9~17($ns^2np^6nd^{1\sim9}$)。包括周期表中位于惰性气体型离子与铜型离子之间的各副族元素的离子。离子的性质也介于惰性气体型离子和铜型离子之间。最外层电子数愈接近 8 的,其亲氧性愈强,愈趋于形成氧化物和含氧盐;愈接近 18 者亲硫性愈强,愈易形成硫化物及类似化合物;而居中间位置的 Mn、Fe,则明显具双重倾向,主要受其所处环境的氧化还原条件所支配:在还原条件下多与硫结合生成硫锰矿(MnS)、黄铁矿或白铁矿($FeS_2$);而当氧的浓度很高时,便与氧结合生成软锰矿($MnO_2$)、菱锰矿($Mn[CO_3]$)、赤铁矿($Fe_2O_3$)、磁铁矿($Fe_3O_4$)、菱铁矿($Fe[CO_3]$)等。

必须注意的是,离子的结合还与其所处的环境有关,如 W 具明显的亲氧性,但在缺氧富硫的条件下,也可形成辉钨矿($WS_2$);而铜型离子在氧化环境下则形成氧化物和含氧盐。

# 三、矿物化学成分的变化

## 1. 类质同象引起的成分变化

类质同象是矿物晶体化学成分变化的主要原因。任何矿物的成分,或多或少都有类质同象现象的发生,使得其成分在一定程度上偏离理想化学式的成分。如:钾长石的理想化学成分为 $K[AlSi_3O_8]$,但在晶体结构中,$K^+$ 所在的晶格位置上有少量的 $Na^+$、$Ca^{2+}$ 存在,导致钾长石的成分变化。因为类质同象现象只发生在相似离子、原子之间,据此可以判断矿物成分中哪些元素之间是类质同象的关系;类质同象的发生还可以导致晶格常数发生规律性的变化,据此可以研究成分与晶体结构的关系;类质同象的发生还与矿物形成温压条件有关,据此可以推测矿物的形成条件,有些矿物温压计就是根据类质同象关系建立的。

## 2. 非化学计量性引起的成分变化

矿物的化学组成可由理想化学式加以表示,遵守定比定律和倍比定律,如水晶($SiO_2$)。但是,天然矿物并非理想化学纯的物质。大多数矿物因类质同象替代,致使其化学组成在一定范围内变化,但各晶格位置上成类质同象关系的各组分数量总和之间仍遵循定比定律,如铁闪锌矿($Zn,Fe$)$S$、橄榄石($Mg,Fe$)$_2[SiO_4]$ 等。像这类在各晶格位置上的组分之间遵守定比定律、具严格化合比的矿物称为化学计量矿物。

然而,自然界有些矿物,特别是某些含变价元素的矿物,因形成过程中常处于不同的氧化还原条件下,其价态会发生变化。由于受化合物电中性的制约,矿物晶体内部必然存在某种晶格缺陷(如空位、填隙离子等点缺陷),致使其化学组成偏离理想化合比,不再遵循定比定律,这些矿物称为非化学计量矿物。某些矿物,特别是在高温条件下,相对地容许存在大量空位。例如,$FeS$ 化合物在高温下通过暴露在真空中或高硫蒸气压下,极容易改变其化学计量性而变为磁黄铁矿的成分($Fe_{1-x}S$)。由于有部分 $Fe^{3+}$ 的存在,使得铁原子数总是少于硫原子数,晶格中即产生阳离子空位,其中 $x$ 的大小取决于结构中 $Fe^{3+}$ 离子数的多少。高温下 $x$ 介于 $0 \sim 0.125$ 之间,其阳离子空位随机分布(Putnis,1992)。

有些矿物的成分非化学计量性可用作标型特征,如含金石英脉中的黄铁矿(理想化学式为 $FeS_2$),其成分往往偏离 $N_{Fe} : N_{S+As}$ 的理想比值,若 $N_{Fe} : N_{S+As}$ 值明显大于 0.500,表明其形成深度小,而 $N_{Fe} : N_{S+As}$ 值小于或略大于 0.500 时,则反映成矿深度大。因此,根据黄铁矿的非化学计量性可判断其所在地质体的剥蚀程度。

## 3. 交代作用引起的成分变化

交代作用(metosomatism)是指:在地质作用过程中已经形成的矿物与熔体、溶液或气液相互作用而发生组分上的交换,使原矿物转变为其他矿物的作用。如:橄榄石与热液发生交代作用后形成蛇纹石:

$$3(Mg,Fe)_2[SiO_4]+SiO_2+4O_2+4H_2O \longrightarrow Mg_6[Si_4O_{10}](OH)_8+2Fe_3O_4$$

橄榄石　　　　　　　　　　　　　　　　　蛇纹石　　　　　磁铁矿

交代作用对矿物化学成分的改变,是使一种矿物转变为另一种新的矿物。而上述的类质同象、非化学计量性对矿物化学成分的改变,是保留原矿物种属不变的情况下所发生的成分改变。

### 4. 胶体矿物(准矿物)的成分变化

胶体(colloid)是一种或多种物质的微粒(粒径一般介于 1~100 nm 之间)分散在另一种物质之中而形成的不均匀的细分散系。前者称为分散相(分散质),后者称为分散媒(分散剂)。显然,胶体是两相或多相物质的混合物。分散相和分散媒均可以是固体、液体或气体。其中,分散媒远多于分散相的胶体,称为胶溶体(sol);而分散相远多于分散媒的胶体则称为胶凝体(gel)。

矿物学上,通常所说的胶体矿物(colloidal mineral),实际上都是指由以水为分散媒、以固相为分散相的胶凝体,可以是非晶质或超显微的隐晶质。前者如蛋白石($SiO_2 \cdot nH_2O$),后者如大多数黏土矿物。因此,胶体矿物是含吸附水的准矿物。

胶体微粒非常小,具有极大的比表面积和很高的表面能,因此,胶体矿物不稳定,具有吸附其他物质和自发地转化为结晶质的趋势,从而降低其表面能,达到稳定状态。胶粒表面的电荷未达到饱和,带电荷的胶体微粒能够选择性地吸附周围介质中与胶粒所带电荷相反的其他离子,即正胶粒吸附阴离子,负胶粒吸附阳离子,此即胶体的吸附性。已经形成的胶体矿物,随着时间的推移或热力学因素的改变,胶粒会自发地凝聚,并进一步发生脱水作用,颗粒逐渐增大而成为隐晶质,最终可转变为显晶质矿物,这种自发转变过程称为胶体的老化或陈化(也就是晶化)。由胶体矿物老化形成的隐晶质或显晶质矿物称为变胶体矿物(metacolloidal mineral)。

由于胶体的特殊性质,决定了胶体矿物的化学成分具有可变性和复杂性的特点。首先,胶体矿物的分散相与分散媒的量比不固定,即其含水量是可变的。另一方面,胶体微粒表面具有很强的吸附性。与类质同象现象截然不同,胶体对介质中与其所带电荷相反的离子的吸附,不必考虑被吸附离子的半径大小、电价的高低等因素,而且被吸附离子的含量多少主要取决于该离子在介质中的浓度。由于胶体微粒的表面能极大,其吸附量也相当可观,有的甚至可富集形成有工业价值的矿床。例如,$MnO_2$ 负胶体可以吸附 Li、K、Ba、Cu、Pb、Zn、Co、Ni 等 40 余种元素的离子,其中 Co、Ni、Pb、Zn 等有时可达工业品位,可以开采。

# 四、矿物中的水

水是矿物中特殊的化学成分,它影响着矿物的许多性质。

根据矿物中水的存在形式及其在晶体结构中的作用,可将矿物中的水主要分为吸附水、结晶水、结构水和缺陷结构水 4 种基本类型,以及性质介于结晶水与吸附水之间的层间水和沸石水两种过渡类型。

(1)吸附水:是指被机械地吸附于矿物颗粒的表面及裂隙中,或渗入矿物集合体中的中

性水分子($H_2O$)。吸附水不参与晶格的形成,因而不属于矿物的化学组成。矿物中吸附水的含量不定,随环境的温度和湿度而变化。在常压下,当温度增高至 $100 \sim 110$ ℃时,吸附水变为气体即全部从矿物中逸出而不破坏晶格。

作为胶体矿物中的分散媒存在的胶体水,是吸附水的一种特殊类型,它是胶体矿物本身固有的特征,故应作为重要的组分列入矿物的化学式,但其含量不固定,如蛋白石 $SiO_2 \cdot nH_2O$。胶体水的脱水温度稍高,一般在 $100 \sim 250$ ℃。

(2)结晶水:是指以中性水分子($H_2O$)的形式存在于矿物晶格中的一定位置上的水,它是矿物化学组成的一部分。水分子有确定的数目,其与矿物中其他组分的含量常成简单的比例关系。

结晶水往往出现于具有大半径络阴离子的含氧盐矿物中。结晶水的作用是在不改变阳离子电价的前提下,通过以一定的配位形式环绕于小半径阳离子的周围形成水化阳离子,而使阳离子的体积增大,从而与大的络阴离子组成稳定的化合物。如石膏 $Ca[SO_4] \cdot 2H_2O$。

结晶水由于受到晶格的束缚,结合较牢固,因而要使结晶水变为气体从晶格中逸出,就需较高的温度,一般均在 $200 \sim 500$ ℃,个别矿物(如透视石 $Cu_6[Si_6O_{18}] \cdot 6H_2O$)甚至可高达 $600$ ℃。矿物脱水后,晶格即完全被破坏、改造而形成新的结构。

(3)结构水:也称化合水,是指以 $OH^-$、$H^+$ 或 $H_3O^+$ 离子形式存在于矿物晶格中的一定配位位置上、并有确定的含量比的"水",其中尤以 $OH^-$ 最为常见,主要存在于氢氧化物和层状结构硅酸盐等矿物中。如水镁石 $Mg(OH)_2$、高岭石 $Al_4[Si_4O_{10}](OH)_8$、水云母($K$, $H_3O$)$Al_2[AlSi_3O_{10}](OH)_2$ 等。

结构水在晶格中与其他离子联结得非常牢固,只有在高温(一般在 $600 \sim 1\,000$ ℃)下结构遭受破坏时才能逸出。

(4)缺陷结构水:近年来,一些地下深处来源的矿物(如橄榄石、辉石、石榴子石、尖晶石、磁铁矿)被检测出含 $OH^-$、$H^+$ 等,这些矿物的晶体化学式中不含有水。这样的矿物被称为名义上无水矿物(nominally anhydrous minerals,简称 NAMs)。NAMs 中的水是一种特殊形式的水,虽然这种水以 $OH^-$ 或者 $H^+$ 的形式进入晶格了,但它不同于上述的结构水,因为它们是以点缺陷的方式进入晶格,即:矿物晶格中原本没有它们的位置,它们是在高压等特殊条件下"强行"进入到矿物晶格的。所以,可将之称为"缺陷结构水"。

缺陷结构水进入了晶格,因此也是很稳定的,脱水温度不固定,一般在大于 $600$ ℃时开始脱水。随着温度的升高水含量降低,至完全脱水时,温度一般要大于 $1\,000$ ℃,有的甚至会大于 $1\,600$ ℃。但是,缺陷结构水在脱水后一般不会使 NAMs 的晶体结构改变,因为这些水是在晶体结构缺陷中,并不是晶体结构中不可缺少的组成部分。而且,缺陷结构水一般是在高压条件下进入晶格缺陷,当压力降低时会以出溶的方式形成一些含水矿物在原来的 NAMs 晶体中定向分布,也可以逸出原来的 NAMs 而形成流体。虽然 NAMs 中的含水量很微量,但是考虑到地幔和下地壳在整个地球中所占的体积比非常大(达98%),所以 NAMs 中的含水量总体上是一个非常大的"水库"。

因为矿物中水的含量(哪怕是很微量的)对矿物和岩石的物理与化学性质会产生很大的影响,所以,对 NAMs 的研究可以帮助我们了解地下深处(地幔和下地壳)岩石和矿物的物理与化学性质、地幔中水的分布与聚集、深俯冲板块内局部流体聚集、软流圈电导率异常等。因此,NAMs 中的水在地下深处地质作用过程中具有非常重要的作用(夏群科等,2013)。

（5）层间水：存在于一些层状结构硅酸盐晶格中结构层之间的中性水分子。由于结构层本身的电价未达到平衡，其表面存在过剩的负电荷，可吸附其他金属阳离子，而后者又再吸附水分子，从而在相邻的结构层之间形成水分子层，即层间水。显然，层间水的含量随所吸附的阳离子的种类及环境的温度和湿度而异，其数量可在相当大的范围内变化。

层间水较易失去，一般加热到几十摄氏度即开始逸出，常压下至 110 ℃ 左右即大量逸出。失水后矿物晶格并不被破坏，仅结构层层间距离缩短，垂直结构层方向上的晶胞参数 $c_0$ 减小，同时矿物的相对密度和折射率增大；并且在潮湿的环境中又可重新吸水。

含层间水的矿物，其结构层之间的距离常随含水量的变化而改变，如蒙脱石（Na，Ca）$_{0.33}$（Al，Mg）$_2$[（Si，Al）$_4$O$_{10}$]（OH）$_2$·$n$H$_2$O 吸水后晶轴的 $c_0$ 迅速增大，显示出明显的吸水膨胀的特性。而蛭石（Mg，Ca）$_{0.5}$（Mg，Fe$^{3+}$，Al）$_3$[（Si，Al）$_4$O$_{10}$]（OH）$_2$·4H$_2$O 在灼热时因层间水汽化而产生的高蒸气压使结构层迅速沿 $c$ 轴方向被撑开，体积急剧增大，表现出显著的热膨胀性。

（6）沸石水：主要存在于沸石族矿物晶格中宽大的空腔和通道中的中性水分子。沸石水在晶格中也占据一定的位置，水的含量随温度和湿度而变化，其上限值与矿物其他组分的含量有简单的比例关系。

沸石水一般从 80 ℃ 开始逸出，至 400 ℃ 时水可全部失去，但并不引起晶格的破坏，只是某些物理性质发生变化，如透明度、折射率、相对密度随失水量的增加而降低。失水后的沸石能够重新吸水，并恢复到原来的含水限度，从而再现矿物原来的物理性质。如钠沸石 Na$_2$[Al$_2$Si$_3$O$_{10}$]·2H$_2$O。

最后需要说明，在单矿物化学分析数据中，吸附水是以 H$_2$O$^-$ 的形式给出的，处理化学成分数据时可以不考虑 H$_2$O$^-$；结晶水和结构水以 H$_2$O$^+$ 的形式给出，处理化学成分数据时要考虑 H$_2$O$^+$ 的含量且要将之计算为晶体化学式中的 H$^+$ 或 OH$^-$ 离子系数。

# 五、矿物的化学式及其计算

## （一）矿物化学式的表示方法

矿物的化学成分是以矿物的化学式表示的，即用组成矿物的化学元素符号按一定原则表示出来，它是以单矿物的化学全分析所得的各组分的质量分数为基础而计算出来的。具体表示方法通常有实验式和结构式两种。

实验式只表示矿物中各组分的种类及其数量比。如白云母的实验式为 K$_2$O·3Al$_2$O$_3$·6SiO$_2$·2H$_2$O 或 H$_2$KAl$_3$Si$_3$O$_{12}$。这种化学式不能反映出矿物中各组分之间的相互关系。

目前，矿物学中普遍采用的是结构式，即晶体化学式（crystallochemical formula），它既能表明矿物中各组分的种类及其数量比，又能反映出它们在晶格中的相互关系及其存在形式。如白云母的晶体化学式应写作 K{Al$_2$[（Si$_3$Al）O$_{10}$]（OH）$_2$}，表明白云母是一种具层状结构的铝的铝硅酸盐矿物，部分 Al$^{3+}$ 进入四面体空隙替代 1/4 的 Si$^{4+}$，另有部分 Al$^{3+}$ 则以六次配位的形式存在于八面体空隙中，K$^+$ 为补偿由 Al$^{3+}$ 替代 Si$^{4+}$ 所引起的层间电荷而进入结构层间,此外白云母的组成中还有结构水。

晶体化学式的书写规则如下：

（1）基本原则是阳离子在前,阴离子或络阴离子在后。络阴离子需用方括号括起来。如石英 $SiO_2$、方解石 $Ca[CO_3]$。对于某些更大的结构单元,也可用大括号括起来,例如,白云母 $K\{Al_2[(Si_3Al)O_{10}](OH)_2\}$。

（2）对于复化合物,阳离子按其碱性由强至弱、价态从低到高的顺序排列。如白云石 $CaMg[CO_3]_2$、磁铁矿 $FeFe_2O_4$（即 $Fe^{2+}Fe_2^{3+}O_4$）。

（3）附加阴离子通常写在阴离子或络阴离子之后。如白云母 $K\{Al_2[(Si_3Al)O_{10}](OH)_2\}$、氟磷灰石 $Ca_5[PO_4]_3F$。

（4）矿物中的水分子写在化学式的最末尾,并用圆点将其与其他组分隔开。当含水量不定时,则常用 $nH_2O$ 或 aq（即"水"的拉丁文 aqua 之缩写）表示。如石膏 $Ca[SO_4]\cdot2H_2O$、蛋白石 $SiO_2\cdot nH_2O$ 或 $SiO_2\cdot aq$。

（5）互为类质同象替代的离子,用圆括号括起来,并按含量由多到少的顺序排列,中间用逗号分开。如铁闪锌矿 $(Zn,Fe)S$、黄玉 $Al_2[SiO_4](F,OH)_2$。

应当注意,在计算出矿物中各元素的离子数之后,书写晶体化学式时,习惯上是将其具体数值分别写在各元素符号之右下角,同时成类质同象替代关系的各元素之间无须再加逗号,并在圆括号之右下角列出圆括号内各元素离子数之总和。如某单斜辉石的晶体化学式为

$$(Ca_{0.960}Na_{0.040})_{1.000}(Mg_{0.820}Fe_{0.060}^{II}Fe_{0.050}^{III}Al_{0.030}Mn_{0.020}Ti_{0.020})_{1.000}[(Si_{1.920}Al_{0.080})_{2.000}O_6]$$

## （二）矿物晶体化学式的计算

矿物的化学式是根据单矿物的化学全分析数据计算得出的,但由此得到的仅是实验式。要写出矿物的晶体化学式,则还需依据晶体化学理论及晶体结构知识,对矿物中各元素的存在形式做出合理的判断,并按照电价平衡原则,将其分配到适当的晶格位置上。必要时还需进一步结合 X 射线结构分析资料加以确证。

单矿物的化学全分析的结果,通常是以矿物中的各元素或氧化物的质量分数 $w_B(\%)$ 给出,其一般允许误差 $\leqslant1\%$,即各组分的质量分数之总和应在 99%~101%（有时还要求误差不超过 0.5%,视实验条件和测定的精度而定）,否则不能用于矿物晶体化学式的计算。

对于成分较简单的矿物晶体化学式计算,只需将各组分的质量分数 $w_B(\%)$ 分别除以其相应的相对原子质量或相对分子质量,即得到各组分的原子数,然后再将原子数化为简单整数,即可写出矿物的晶体化学式。如表 12-2 之实例。

表 12-2 某黄铜矿的化学式计算

| 组分 | 质量分数 $w_B/\%$ | 相对原子质量 | 原子数 | 原子数之比 | 化学式 |
|---|---|---|---|---|---|
| Cu | 34.54 | 63.55 | 0.543 5 | 1 | |
| Fe | 30.30 | 55.85 | 0.542 5 | 1 | $CuFeS_2$ |
| S | 35.03 | 32.06 | 1.092 6 | 2 | |
| 合计/% | 99.87 | | | | |

然而自然界的许多矿物成分复杂，尤其是大多数硅酸盐矿物，类质同象替代复杂，具有附加阴离子，且同种阳离子能以不同的配位形式存在于不同的晶格位置上（如 $Al^{3+}$ 有四配位和六配位之分），因而其晶体化学式的计算比较麻烦。

矿物晶体化学式的计算方法很多。但不论采用何种方法，其计算原则均是：尽量使占位的离子数目保持合理；尽量使正、负电荷总数保持平衡。这里仅简要地介绍常用的阴离子法和阳离子法。

### 1. 阴离子法

阴离子法的理论基础是矿物单位分子内的阴离子数是固定不变的，它不受阳离子之间的类质同象替代的影响，其晶格中基本不出现阴离子空位。应用此法的前提是必须有矿物的化学分析数据及已知矿物的化学通式。

自然界矿物大多属于含氧盐和氧化物，矿物的单位分子内的氧离子一般极少被其他元素置换，其离子数为常数。故常采用以单位分子中的氧离子数（$O_{f.u.}$[①]）为基准来计算矿物的晶体化学式。

现以某单斜辉石（化学通式为 $XY[Z_2O_6]$）为例（表 12-3），说明氧原子法计算矿物晶体化学式的具体步骤：

表 12-3　某单斜辉石晶体化学式的氧原子计算法

| 组分 | 质量分数 $w_B/\%$ | 相对分子质量 | 分子数 | 氧原子数 | 阳离子数 | 以 $O_{f.u.}=6$ 为基准的阳离子数（$i_{f.u.}$）[a] | | |
|---|---|---|---|---|---|---|---|---|
| $SiO_2$ | 52.25 | 60.08 | 0.869 7 | 1.739 4 | 0.869 7 | 1.920 | 0.080 | 2.000—Z |
| $Al_2O_3$ | 2.54 | 101.96 | 0.024 9 | 0.074 7 | 0.049 8 | 0.110 | 0.030 | |
| $TiO_2$ | 0.72 | 79.90 | 0.009 0 | 0.018 0 | 0.009 0 | 0.020 | | |
| $Fe_2O_3$ | 1.81 | 159.68 | 0.011 3 | 0.033 9 | 0.022 6 | 0.050 | | 1.000—Y |
| $FeO$ | 1.95 | 71.85 | 0.027 1 | 0.027 1 | 0.027 1 | 0.060 | | |
| $MnO$ | 0.64 | 70.94 | 0.009 0 | 0.009 0 | 0.009 0 | 0.020 | | |
| $MgO$ | 14.97 | 40.30 | 0.371 5 | 0.371 5 | 0.371 5 | 0.820 | | |
| $CaO$ | 24.38 | 56.08 | 0.434 7 | 0.434 7 | 0.434 7 | 0.960 | | 1.000—X |
| $Na_2O$ | 0.56 | 61.98 | 0.009 0 | 0.009 0 | 0.018 0 | 0.040 | | |
| $H_2O^-$ | 0.11 | | | | | | | |
| 合量/% | 99.93 | $\Sigma O = 2.717\ 3$ 换算系数 $= O_{f.u.}/\Sigma O = \dfrac{6}{2.717\ 3} = 2.208\ 1$ | | | | | | |
| 去除 $H_2O^-$ $\Sigma w_B/\%$ | 99.82 | | | | $\Sigma i_{f.u.} = 4.000$ $\Sigma(+) = 12.000$ | | | |

晶体化学式：$(Ca_{0.960}Na_{0.040})_{1.000}(Mg_{0.820}Fe^{II}_{0.060}Fe^{III}_{0.050}Al_{0.030}Mn_{0.020}Ti_{0.020})_{1.000}[(Si_{1.920}Al_{0.080})_{2.000}O_6]$

a 为 ion（离子）的缩写；$i_{f.u.}$ 表示矿物晶体化学式中的阳离子数。

（1）首先检查矿物的化学分析结果是否符合精度要求。表 12-3 中单斜辉石的各组分的质量分数总和（$\Sigma w_B$）为 99.82%（去除了吸附水 $H_2O^-$），符合化学式计算的精度要求。

---

① f.u. 系 formula unit（单位分子）的缩写。

（2）查出各组分的相对分子质量。

（3）将各组分的质量分数 $w_B(\%)$ 除以该组分的相对分子质量,求出各组分的分子数。

（4）用各组分的分子数乘以其各自的氧离子系数得到各组分的氧离子数。

（5）将各组分的氧离子数加起来即得矿物中各组分的氧离子数总和 $\Sigma O$。

（6）以矿物晶体化学通式中的氧离子数 $O_{f.u.}$（如辉石的 $O_{f.u.}=6$）除以氧离子数总和 $\Sigma O$,得到换算系数（即 $O_{f.u.}/\Sigma O$）。

（7）用各组分的分子数乘以其相应的阳离子的系数,求得各组分的阳离子数。

（8）以各组分的阳离子数乘以换算系数即得出矿物晶体化学式中的阳离子数（$i_{f.u.}$）。

（9）依据晶体化学理论及晶体结构知识,将矿物中各阳离子尽可能合理地分配到晶体化学式中相应的位置上。

（10）按矿物的化学通式,检验阳离子总数 $\Sigma i_{f.u.}$ 及正电荷总数 $\Sigma(+)$。

（11）写出矿物的晶体化学式。

以上计算步骤适用于一般阴离子法,所不同的只是不同矿物作为基准的阴离子数有别。氧离子法通常适合于不含水的氧化物和含氧盐矿物。对含 $OH^-$、$F^-$、$Cl^-$、$S^{2-}$ 等附加阴离子的矿物,计算时,必须对氧离子进行校正。关于这方面的内容,可参阅有关著作。此外,也可采用以阳离子数为准的计算方法。

### 2. 阳离子法

本方法考虑到矿物晶体结构中小空隙晶格位上占据的高电价、小半径、低配位数的阳离子数目较固定,而以其为基数进行晶体化学式的计算。此方法对含水矿物及含 $Cl^-$、$F^-$ 等阴离子的矿物较适合,因为这些矿物的阴离子具有不确定性,不太适合用阴离子法。

本方法的计算过程与阴离子法相同,只是在第（6）步中,要将矿物晶体化学式中的高电价、小半径阳离子数（可能不只是一种阳离子）除以这些离子的总和,得到换算系数。也可以用矿物晶体化学式中所有阳离子数除以阳离子总和,得到换算系数。

## ？习题与思考题

**基础题：**

1. 地壳中含量最高的 8 种元素是哪些？由此导致地壳上含量最多的矿物种属是哪些？

2. 什么是聚集元素？什么是分散元素？举例说明。

3. 离子类型有哪些？离子类型与矿物种类的关系是什么？

4. 矿物的化学成分变化有哪些类型？

5. 矿物中水的存在形式有哪些？举例说明。不同形式的水在晶体化学式中如何表达？

6. 什么是胶体矿物？为什么说胶体矿物是准矿物？胶体矿物中的水是什么形式的水？胶体矿物的主要特点是什么？

7. 试分析下列矿物晶体化学式的含义：

（1）钙钛矿 $CaTiO_3$ 与钼钙矿 $Ca[MoO_4]$；

（2）白云石 $CaMg[CO_3]_2$ 与镁方解石 $(Ca,Mg)[CO_3]$；

（3）硬玉 $NaAl[Si_2O_6]$ 与霞石 $Na[AlSiO_4]$；

（4）蓝晶石 $Al_2^{VI}[SiO_4]O$,红柱石 $Al^{VI}Al^V[SiO_4]O$ 与夕线石 $Al^{VI}[Al^{IV}SiO_5]$（注：式中罗

马数字为晶格中 Al 的配位数)。

8. 已知某硬玉的化学成分 $w_B(\%)$:$SiO_2$ 56.35,$TiO_2$ 0.32,$Al_2O_3$ 18.15,$Fe_2O_3$ 5.22,FeO 0.75,MnO 0.03,MgO 2.83,CaO 4.23,$Na_2O$ 12.11,$K_2O$ 0.02。试计算其晶体化学式(注:硬玉的理想化学式为 $NaAl[Si_2O_6]$)。

### 综合分析与讨论题:

9. 对比白云母 $K\{Al_2[(Si_3Al)O_{10}](OH)_2\}$ 与多硅白云母 $K\{(Al_{2-x}Mg_x)[(Si_{3+x}Al_{1-x})O_{10}](OH)_2\}$,你从中可以看出什么规律?

10. 矿物晶体化学式计算时,什么情况适合用阴离子法?什么情况适合用阳离子法?在阳离子法中,为什么不能以某一种阳离子数为基准来计算而是要以某种晶格位置上阳离子总数或者晶体化学式中所有阳离子总数为基准来计算?

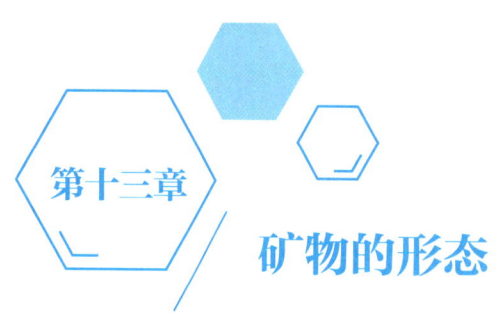

# 第十三章

# 矿物的形态

矿物的形态是指矿物单体、矿物规则连生体及同种矿物集合体的形态。它是矿物化学成分和内部结构的外在反映。同时，矿物的形态还受到其形成时的外界环境的制约，是研究矿物成因的重要标志，并可指导找矿。

理想单晶体形态及其规则连生体的形态在上篇"结晶学"部分已述及，本章主要介绍与实际矿物晶体形态有关的内容，包括晶体习性、晶面花纹和矿物集合体的形态。

## 一、矿物单体的形态

电子教案 13
矿物的形态

矿物单体的形态是指矿物单晶体的形态，它包括整个晶体的外貌及晶面花纹特征。

### 1. 晶体形态与晶体习性

所谓晶体形态(crystal morphology)就是指晶体生长形成的单形及其聚形。由于形成条件、环境等因素，实际晶体形态往往偏离理想形态而发育成"歪晶"，在第二章中已经叙及。因为"歪晶"偏离理想形态，所以，同一单形的晶面不一定同形等大，这就给判断晶体形态上的单形名称与对称性造成困难。研究实际晶体形态的对称性、单形名称及单形符号最有效和最常用的方法就是晶体测量与投影，通过测角及投影，将晶面大小、形状等因素除去，只保留在投影图中各晶面的投影点及其在空间的分布规律，以此可以分析实际晶体形态上的单形名称与对称性等。

但是，在矿物学中，用来描述矿物单晶体形态的一个更常用的名词是"晶体习性"。所谓晶体习性(crystal habit，也称结晶习性，简称晶习)，是指某种矿物晶体常见的、习惯性的形态特征，它主要描述矿物晶体总体外貌的形态特征，即：晶体在三维空间相对发育情况与形态；有时也描述某晶体常见的单形名称。

根据晶体在三维空间的发育程度，晶体习性大致分成 3 种基本类型：

(1)一向延长型：晶体沿一个方向特别发育，呈柱状、针状和纤维状等。如石英、绿柱石、电气石、角闪石和金红石。

(2)二向延展型：晶体沿二维平面发育成板状、片状、鳞片状等。如云母、石墨和重晶石。

（3）三向等长型：晶体沿三维空间的 3 个方向发育大致相等，呈粒状或呈等轴状。如黄铁矿、石榴子石和橄榄石。

此外，还存在短柱状、厚板状等过渡类型。

所以，在描述晶体习性时，用"柱状""针状""片状""粒状"等术语就可以了，并不需要精确描述单形名称与单形符号。但是，如果某种矿物晶体特别常见地发育某种单形，也可以用这个单形名称来描述它的晶习，如：石榴子石常发育四角三八面体，也可以说，石榴子石的晶体习性是四角三八面体。

晶体习性主要与晶体本身的化学成分、内部结构有关。成分越简单、结构对称程度越高，则往往发育成粒状，如自然金（Au）、石盐（NaCl）；在结构里的一个方向上有明显的强键链，则发育成柱状，如金红石、辉石；在结构里有明显的单元层状结构，则发育成片状，如云母、石墨等。此外，晶体习性与晶胞参数还有一个简单的规律，即：沿短轴延长成柱状，沿长轴压扁成片状，意思是指：晶体往往沿着轴单位小的晶轴生长成柱状，而垂直（或近于垂直）轴单位大的晶轴生长为片状。例如：透辉石的晶胞参数为 $a_0 = 0.975$ nm，$b_0 = 0.890$ nm，$c_0 = 0.525$ nm，其中 $c_0$ 最小，所以沿 $c$ 轴生长为柱状；白云母的晶胞参数为 $a_0 = 0.519$ nm，$b_0 = 0.900$ nm，$c_0 = 2.010$ nm，其中 $c_0$ 最大，所以晶体生长为沿 $c$ 轴压扁的片状。这一简单规律是符合布拉维法则的，因为轴单位小的晶轴代表结点密度大的行列，而平行这个行列的面网一定是面网密度大的面网，所以容易发育一系列平行这个晶轴的晶面而成柱状；而轴单位大的晶轴代表结点密度小的行列，相反，其他两个晶轴的结点密度就要大些，所以，容易平行其他两个晶轴发育晶面，从而形成与轴单位大的晶轴垂直（或近于垂直）的片状。

晶体习性这个概念主要强调晶体本身固有的形态特征，所以，它可以作为鉴定矿物的一种形态特征，如：石榴子石总是粒状的，如果看到片状或柱状矿物，就可以基本否定它是石榴子石了；石榴子石总是发育四角三八面体或菱形十二面体，如果看到一个矿物的形态为四角三八面体或菱形十二面体，再结合颜色、光泽等，就基本上可以判断它是石榴子石了。

晶体习性与晶体形态这两个概念是有区别的。晶体习性主要与内部的成分、结构有关，是某种矿物晶体固有的、常见的形态特征，它往往与形成条件关系不大，例如：石榴子石基本上在任何条件下都是粒状的、都是四角三八面体或（和）菱形十二面体，这就是它的晶体习性，与外部条件关系不大。但是，晶体形态主要描述的是这个晶体上发育哪些单形及其相聚形成的聚形，它也与内部的成分、结构有关，但它受外部条件影响较大，这种单形与聚形的形态细节是随外部条件而敏感地变化的，可以指示成因。这也就是通常说的形态标型，例如：随着形成温度由低变高，等轴晶系的一些矿物，如金刚石、萤石的晶体形态上的优势单形由 $\{100\} \rightarrow \{110\} \rightarrow \{111\}$ 逐渐变化；热液体系的黄铁矿晶体形态随温度由低到高的演化趋势为：$\{100\} \rightarrow \{hk0\} + \{100\} \rightarrow \{hk0\} + \{111\} \rightarrow \{111\} + \{hk0\} \rightarrow \{111\}$（薛君治等，1990）。

## 2. 晶面花纹

自然界矿物晶体的实际晶面上，常具某些规则的花纹，如晶面条纹、蚀像、生长丘等。由于这些晶面花纹都是在晶体的生长和溶解过程中产生的，其形态及分布受晶体本身固有的对称性所制约，因此，晶面花纹的特征，不仅可作为鉴定矿物的标志，而且还有助于识别单形及确定晶体的真实对称。

（1）晶面条纹：是指由于不同单形的细窄晶面反复相聚而在晶面上出现的一系列直线状平行条纹，这些条纹相当于一系列晶棱，也称聚形条纹（combination striations），它只见于晶面上。例如,黄铁矿的立方体及五角十二面体的晶面上常可出现三组相互垂直的条纹,它是由上述两种单形的晶面交替生长所致(图13-1);石英晶体的六方柱晶面上常见有六方柱与菱面体的细窄晶面交替发育而成的聚形横纹(图13-2);电气石晶体具有由三方柱和六方柱反复相聚而形成的柱面纵纹(图13-3)。

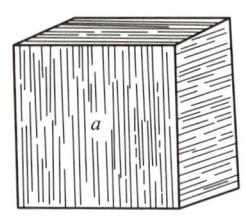
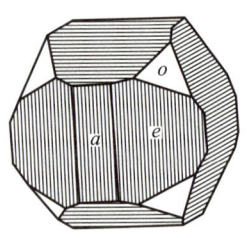

图13-1 黄铁矿的晶面条纹

(引自潘兆橹等,1993)

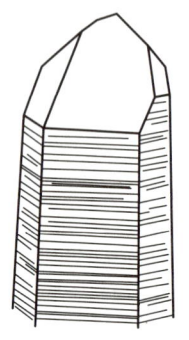

图13-2 石英的柱面横纹

(据罗谷风,1985)

×1,产于广东屯昌

图13-3 电气石的柱面纵纹

(据罗谷风,1985)

×3/4,产于江苏东海

(2)晶面台阶:晶面是由层生长或螺旋生长机制形成的,这些生长机制必定要在晶面上留下层状台阶或螺旋状台阶。晶面台阶是最常见的晶面花纹,肉眼较难看到,但借助显微镜,就能看到很漂亮的花纹。图13-4为符山石{001}晶面层状生长台阶;图13-5为黑钨矿{$01\bar{1}$}晶面上的螺旋状台阶。

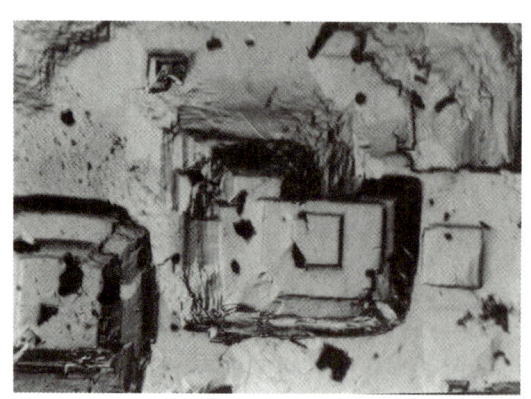

图13-4 符山石{001}晶面层状生长台阶

(据王文魁等,1994)

微分干涉显微镜,×40,产于河北

图13-5 黑钨矿{$01\bar{1}$}晶面上螺旋状台阶

(据王文魁等,1992)

微分干涉显微镜,×100,产于广东怀集多罗山

(3)生长丘:是指晶体生长过程中形成的、略凸出于晶面之上的丘状体。图13-6是绿柱石锥面上的生长丘。生长丘的坡面实际上也是由晶面台阶组成的。

（4）蚀像：晶面因为受酸、碱溶液的溶蚀而留下的一定形状的凹坑（即蚀坑，etch pit）。蚀像主要受晶面的对称性控制，所以蚀像能很准确地反映晶面的对称性，进而反映晶体的对称性。同一单形的晶面对称性是相同的，因此，同一单形的晶面上蚀坑形状相同；相反，不同单形的晶面，蚀坑形状就不同。所以可以根据蚀像来辨别"歪晶"上哪些晶面是属于同一单形的。

**图 13-6　绿柱石锥面上的生长丘**

（微分干涉显微镜，×40，产于四川）

蚀像在研究晶体对称性方面非常有用。图 13-7 是石英晶体（点群 32）各种单形晶面蚀像的原子力显微镜图像，图 13-8 是将各晶面蚀像画在石英晶体模型上的示意图，并且根据镜面关系给出了石英的左形和右形的蚀像。可以看出，柱面的蚀坑形状相同，说明 6 个柱面是属于同一六方柱单形的，但是，相邻柱面上的蚀坑方向不同，相间柱面上的蚀坑方向才相同，这就反映了该六方柱的对称是三方对称而不是六方对称；大菱面体与小菱面体是正形

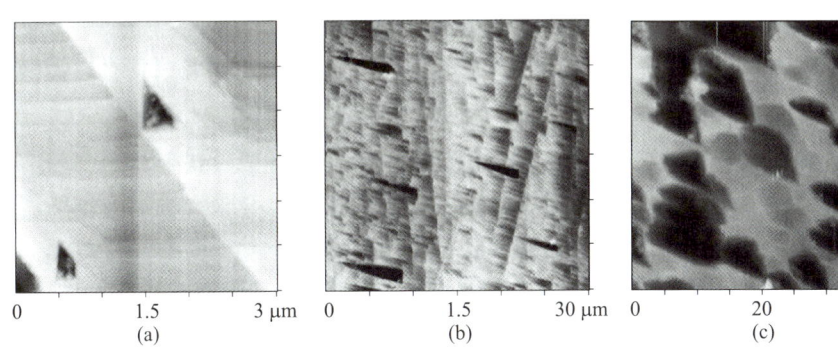

（a）　　　　　　　　（b）　　　　　　　　（c）

**图 13-7　石英晶体（右形）上各单形晶面的蚀像**

（据孟杰等，2008）

（原子力显微镜图像）

（a）六方柱晶面上的蚀像；（b）大菱面体晶面上的蚀像；（c）小菱面体晶面上的蚀像

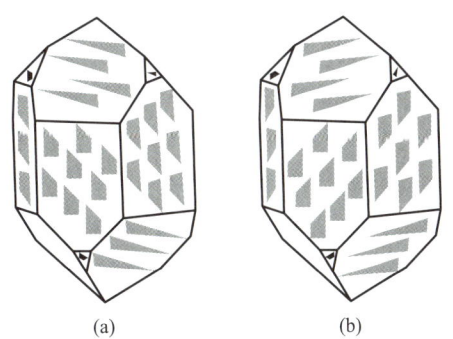

（a）　　　　　　　　（b）

**图 13-8　石英晶体上各单形晶面的蚀像示意图**

（据 Zhao S R 等，2009）

（a）右形；（b）左形

与负形的关系,在结晶学部分第五章已经论述了正形与负形分属两个不同的结晶单形,它们的对称性是不同的,所以它们的晶面上蚀坑形状也不同。此外,蚀像在鉴别左形与右形方面也很有用,石英晶体的左形与右形用各种测试方法都很难鉴别出来,但通过蚀像却可以很容易鉴别其左形与右形,如图13-8所示,左形与右形的蚀坑取向是镜面关系,根据蚀坑的取向就可以鉴别石英晶体的左形与右形了。

## 二、矿物显晶集合体的形态

矿物显晶集合体(phanerocrystalline aggregate)是指同种矿物的多个单体聚集在一起的整体,在这个整体中,用眼睛或借助放大镜可以分辨单个晶体大小及其形态特点。显晶集合体形态的描述比较简单,根据单晶体的形状特点来描述。有以下几种类型:

(1)粒状集合体:由矿物单晶体颗粒聚集而成,颗粒的形态多近乎三向等长形。按照矿物单体颗粒大小不同可划分为粗粒(颗粒直径大于5 mm)、中粒(1~5 mm)和细粒(小于1 mm)三级。

(2)片状集合体:在集合体中矿物颗粒为两向伸展形,由大到小、厚到薄的不同,可分别构成板状、片状、鳞片状集合体。

(3)柱状集合体:颗粒为一向伸长形,则会形成柱状、针状、毛发状、纤维状或束状。如果许多柱状单体围绕某一中心放射状排列,那么称放射状集合体(radiated aggregate)(图13-9)。若这些柱状晶体有共同基底,形成一种矿物或不同矿物的晶体群,则称晶簇(druse)(图13-10)。形成晶簇的原因,是因为与基底成最大倾斜角度的晶体容易生长,而其他的晶体由于在生长过程中受到阻碍会逐渐被淘汰,这种现象称为几何淘汰律(geometric elimilation law)。

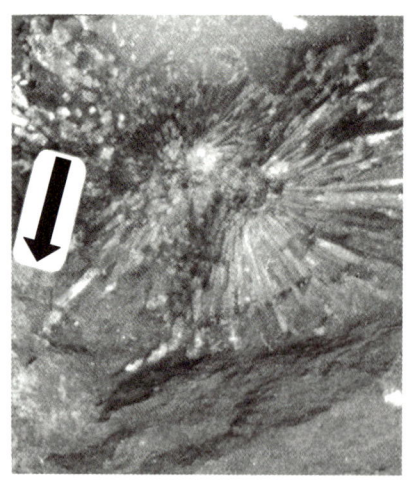

**图 13-9　天青石的放射状集合体**

(据颜佳新、赵珊茸,1998)

比例尺标志长3 cm,产于湖南浏阳

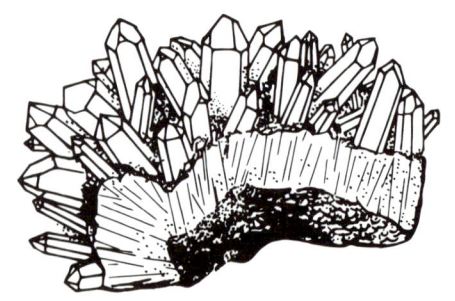

**图 13-10　石英晶簇**

(据罗谷风,引自南京大学地质系岩矿教研室,1978)

×1,产于江西

## 三、矿物隐晶及胶态集合体的形态

矿物隐晶集合体（cryptocrystalline aggregate）是指：许多非常细小的晶体聚集起来的整体，在这个整体中用眼睛看甚至在光学显微镜下也分辨不出单晶体，晶体很小，为隐晶态；胶态集合体（colloidal aggregate）则是指：根本就没有结晶成为晶体，为非晶态（即胶态）。

隐晶及胶态集合体是比较难观察与描述的，因为肉眼已经看不到单晶体了，所以就只能根据集合体总体外貌来描述。这时出现了一些新的名词术语：结核体、鲕状、豆状、肾状、钟乳状、分泌体、杏仁体，等等。这些形态都称为胶体形态，其中结核体、鲕状、豆状、肾状、钟乳状都是由内部向外部层层沉淀凝固形成，而分泌体、杏仁体是由外部向内部层层沉淀凝固形成。注意，这里是沉淀，不是生长。沉淀是指胶粒堆积凝固，沉淀不能够形成单晶体，只能形成胶凝体，即胶体矿物，它们是非晶态或隐晶态的；而生长是指离子、原子按照晶体结构规律排列形成格子构造，因而可以形成单晶体。

下面详细介绍这些隐晶及胶态集合体的形貌特点与形成过程。

（1）分泌体：由岩石中的空洞被胶体充填而成。充填是从洞壁开始，逐渐向中心沉淀。在沉淀过程中，充填物质的成分可以有变化，从而使分泌体具有同心层状构造。充填不充分时会在中心留有空洞，有时还在空洞中生长形成一些小晶体。直径大于1cm者称为晶腺（geode），如玛瑙晶腺（图13-11）；直径小于1 cm者称为杏仁体（amygdaloid）。火山喷出岩的气孔常被隐晶或胶态的方解石、沸石、玉髓等充填，从而使岩石具杏仁构造（图13-12）。

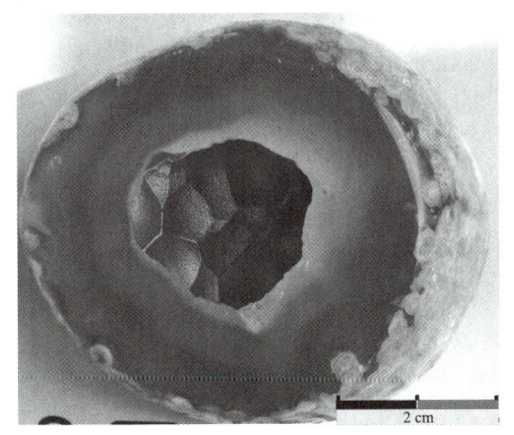

图 13-11　玛瑙晶腺

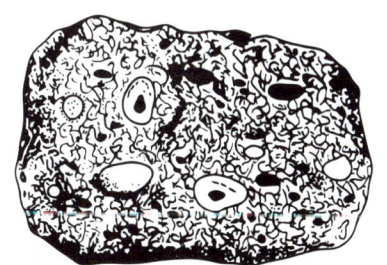

图 13-12　方解石和沸石杏仁体

（据罗谷风，1985）

×8/9，产于江苏江宁

（2）结核体：是物质围绕某一中心（如沙粒、生物碎屑等）自内向外逐渐沉淀形成，其沉淀程序与分泌体刚好相反。结核体产于沉积岩层中，常见于海洋、湖泊中。常见的有磷灰石、黄铁矿结核体（图13-13）。结核体的内部一般也具有同心层状构造。当结核体球粒直径小于2mm，并形成许多形状、大小如鱼卵者的结核体集合时称鲕状集合体（oolitic aggregate），如鲕状赤铁矿（图 13-14）；当球粒直径稍大、形成如豌豆般的结核体集合体时称豆状集合体（pisolitic aggregate），球粒直径更大时称肾状集合体（renal aggregate）。

(a)      (b)

图 13-13　黄铁矿结核体

（据蒋志超,引自南京大学地质系岩矿教研室,1978）

×1,产于福建

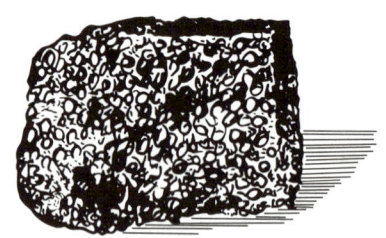

图 13-14　鲕状赤铁矿

（据罗谷风,引自南京大学地质系岩矿教研室,1978）

×8/9,产于河北

（3）钟乳体：是由真溶液蒸发或胶体凝聚,使沉淀物逐层堆积而成的,附着于洞穴顶部而下垂者称钟乳石（stalactite）（图 13-15）,溶液下滴至地面而自下向上沉淀的称石笋,钟乳石与石笋上下相连即成石柱。它们均属钟乳体；有时钟乳体也表现为葡萄状（图 13-16）。钟乳体的形成过程与结核体是相似的,也是自内向外逐渐沉淀形成的。

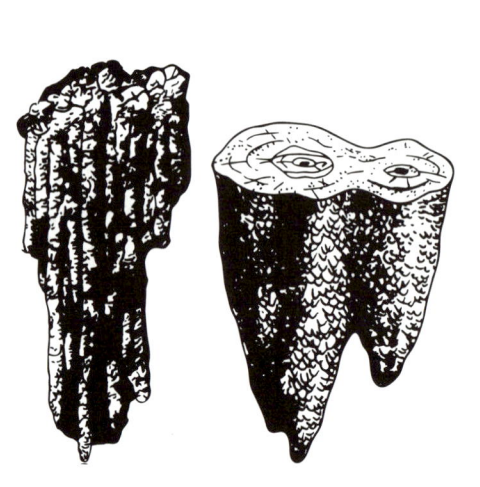

图 13-15　方解石的钟乳状集合体

（据罗谷风、蒋志超；引自南京大学地质系岩矿教研室,1978）

×3/5,产于广西融安

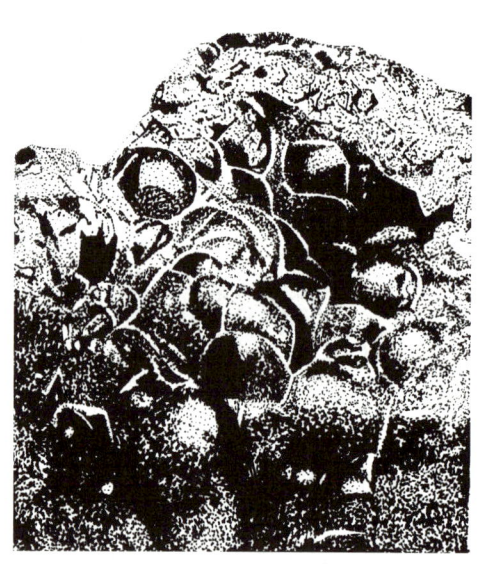

图 13-16　玉髓的葡萄状集合体

（引自 Milovsky A V,1982）

在矿物形态观察与描述中,最难的是判断矿物标本是一个单晶体还是隐晶或胶态集合体（结核体、分泌体、杏仁体等）,因为隐晶及胶态集合体看上去也像一个单体,它们的区别是：凡是外部轮廓是浑圆状的,一定不是单晶体,一定是隐晶及胶态集合体,因为晶体只能是几何多面体（如果晶面发育完整）或不规则状（如果晶面不发育或者晶体被破碎了）。另外,隐晶及胶态集合体常常发育同心环带状构造,这是由于层层沉淀形成的。如果外部轮廓不规则状,就有可能是隐晶及胶态集合体,也有可能是单晶体,这时要借助显微镜等测试手段。

一定要注意单体形态和显晶集合体形态的描述术语与隐晶及胶态集合体形态的描述术

语的不同,不能混淆。粒状、柱状、针状、板状、片状、鳞片状、放射状等是针对单体形态和显晶集合体形态的;结核体、鲕状、豆状、肾状、钟乳状、分泌体、杏仁体等是针对隐晶及胶态集合体形态的。

在隐晶及胶态集合体中,常常可以见到放射状的晶体,这是后期晶化作用形成的,即:原来的隐晶及胶态的矿物在长期的地质年代中可以通过晶化作用由非晶质体(或隐晶体)转变为晶体。这个过程是可以自发进行的,因为隐晶及非晶质体内能高,有自发地向内能低的晶态物质转化的趋势。如黄铁矿结核体横截面上的放射状构造[图13-13(b)],这种放射状构造是由无数细小的针状晶体放射状排列而成。有时在结核体表面也可见到一些小晶体,也是晶化作用形成的,如黄铁矿结核体表面的一些立方体小晶体[图13-13(a)]。

矿物集合体的形态除上述类型外,还常见有粉末状、土状、树枝状、块状等。而且,当看到一块矿物标本没有什么特殊外形,可以简单描述为块状,这个"块状"可能是一个单晶体的碎块、解理块,也可能是隐晶或胶态矿物的致密块状体。

## 习题与思考题

**基础题:**

1. 什么是晶体形态? 什么是晶体习性? 晶体形态与晶体习性概念相同吗?
2. 说明晶体习性与晶体内部结构的关系。
3. 常见的晶面花纹有哪些? 聚形纹与聚片双晶纹有何区别?
4. 显晶集合体是怎么形成的? 隐晶及胶态集合体是怎么形成的?
5. 描述显晶集合体用什么样的名词术语? 描述隐晶及胶态集合体用什么样的名词术语?
6. 鲕状集合体能称为粒状集合体吗? 为什么?
7. 钟乳石是柱状吗? 锰结核是粒状吗?
8. 为什么等轴晶系的晶体一般呈三向等长型晶体习性,而中级晶族晶体则往往沿 $c$ 轴方向延伸或垂直于 $c$ 轴延展?

**综合分析与讨论题:**

9. 为什么钟乳石晶化时只能形成放射状的小晶体集合体,而不能形成一个柱状单晶体?
10. 根据透辉石的晶胞参数($a_0 = 0.975$ nm, $b_0 = 0.890$ nm, $c_0 = 0.525$ nm)和白云母的晶胞参数($a_0 = 0.519$ nm, $b_0 = 0.900$ nm, $c_0 = 2.010$ nm),大致画出它们的(100)、(010)、(001)面网,对比这些面网密度,说明为什么透辉石是平行 $c$ 轴的柱状晶形而白云母是垂直 $c$ 轴的片状晶形。

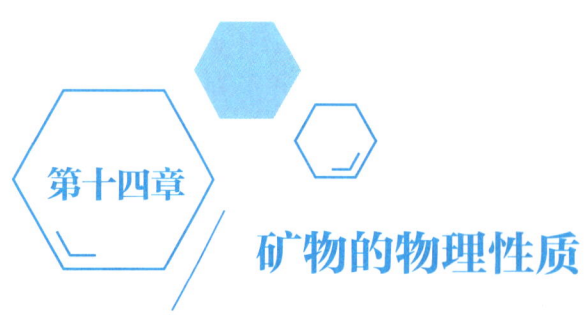

第十四章

# 矿物的物理性质

矿物的物理性质取决于矿物本身的化学组成和内部结构。由于矿物一般都为晶体，因此其物理性质皆具有均一性、对称性和异向性。矿物的物理性质是鉴别矿物的主要依据。同种矿物由于形成条件的不同，其成分、结构往往具有细微的变化，从而必然要反映到物理性质上。因此，详细研究矿物的物理性质还可以提供有关矿物成因的信息。

此外，某些矿物的物理性质还被广泛应用于国民经济中。例如，刚玉因其高硬度而被用作研磨材料和精密仪器的轴承；石英具压电性而用于电子工业作振荡元件；重晶石因密度大而可作为钻井泥浆的加重剂，以防井喷的发生，等等。因此，研究矿物晶体的各种物理性质并开发矿物的应用潜能，成为当今矿物学的重要内容。

## 一、矿物的光学性质

电子教案 14
矿物的物理
性质

矿物的光学性质是指矿物对可见光的反射、折射、吸收等所表现出来的各种性质。

### 1. 矿物的颜色

矿物的颜色是矿物对入射的白色可见光（390~770 nm）中不同波长的光波选择吸收后，被透射过的光波或（和）反射出来的光波的颜色。

白光是由红、橙、黄、绿、蓝、青、紫 7 种颜色的光波组成的。不同颜色的光，波长各不相同。不同颜色的互补关系如图 14-1 所示，对角扇形区为互补的颜色。

白光中的各色光波均匀混合起来，就是无色、白色、灰色或者黑色，即无色彩的。如果缺席某种光波，其余光波的混合色就是这种缺席光波的补色。例如：缺席了红色光波，其余光波的混合色就是绿色。即：只要是白光中的各色光波不全，就会产生色彩。

对于透明矿物，白光入射后，大部分光波都被透射，少部分光波被吸收，被吸收光波的颜色就决定了透明矿物的颜色，即：

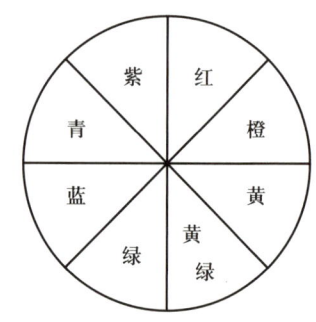

图 14-1　互补色

矿物表现为被吸收光波的补色。如:橄榄石吸收了紫色光波,表现出紫色的补色,即:黄绿色(也称橄榄绿色)。透明矿物的颜色也称为体色。对于不透明矿物,白光入射后,光波基本上全部被吸收,吸收的部分光波还会被反射回来,反射回来的光波的颜色就是不透明矿物的颜色。如:黄铁矿吸收了全部光波,但其中绿、黄、橙色光波被反射回来,表现出其混合色——浅铜黄色。不透明矿物的颜色也称表面色。

当矿物对白光中不同波长的光波同等程度地均匀吸收时,矿物所呈现的颜色取决于吸收程度。如果是均匀地全部吸收,矿物就是黑色;若基本上都不吸收,则矿物呈无色或白色;若各色光皆被均匀地吸收了一部分,则视其吸收量的多少而呈不同浓度的灰色。

矿物的颜色,根据其产生的原因,通常可分为自色、他色和假色。

矿物的自色(idiochromatic color):由矿物晶体本身的成分和结构所产生的颜色。这里的"本身的成分和结构",包括了类质同象代替进入晶格的化学元素。在有些教科书中,自色被定义为:由晶体理想化学式的成分所导致的颜色。这种定义中,自色是不包括类质同象因素进入晶格的化学元素所导致的颜色的。

矿物的他色(allochromatic color):由矿物晶体内的杂质、气液包裹体等所引起的颜色。这里的"杂质"是指机械混入物,并不指类质同象代替进入晶格的化学元素。

矿物的假色(pseudochromatic color):由入射光在矿物表面或内部产生的物理光学效应所产生的颜色。如矿物表面的氧化薄膜、矿物内部裂隙、定向包裹体等,会对入射光产生干涉、衍射、散射等物理效应,从而产生颜色变异。常见的假色有:

(1)锖色(tarnish):某些不透明矿物的表面氧化薄膜引起反射光的干涉作用而使矿物表面呈现出斑驳陆离的彩色即锖色。锖色大多可用小刀刮掉。如斑铜矿表面独特的蓝、靛、红、紫斑驳的彩色,可作为鉴定特征。

(2)晕色(iridescence):某些透明矿物内部一系列平行密集的解理面或裂隙面对光连续反射,引起光的干涉,从而使矿物表现如同水面上的油膜所形成的彩虹般的色带,称为晕色,这在白云母、冰洲石、透石膏等无色透明晶体的解理面上最易见到。

(3)变彩(play of color):是指当从不同方向观察某些透明矿物时,其不均匀分布的各种颜色会随之发生变换。这是由于矿物内部存在许多厚度与可见光波长相当的微细叶片状或层状结构,引起光的衍射、干涉作用所致。例如,拉长石具有美丽的蓝绿、金黄、红紫等连续改变的变彩;贵蛋白石呈现蓝、绿、紫、红等色的变彩。

(4)乳光(也称蛋白光,opalescence):是指在矿物中见到的一种类似于蛋清般略带柔和淡蓝色调的乳白色浮光。它是由于矿物内部含有许多远比可见光波长小的其他矿物或胶体微粒,使入射光发生漫反射而引起的。如月光石和乳蛋白石均可见到这种乳光。

矿物能呈现各种颜色的本质,是矿物内部的电子,受可见光的激发,产生电子跃迁或电荷转移造成的。矿物呈色机理(主要指自色和他色的呈色机理)主要有如下 4 种:

(1)过渡型离子内部电子跃迁:过渡型离子具有未满的 d 轨道或 f 轨道,在晶体结构的配位多面体中,d 轨道或 f 轨道会发生能级分裂,能级间的能量差与可见光中的某种波长的光波能量相当。当自然光照射时,矿物将吸收这部分色光而呈现其补色。

能使矿物呈色的过渡型离子称为色素离子(chromophoric ion),主要有元素周期表中第四周期的 Ti、V、Cr、Mn、Fe、Co、Ni,以及次要的 W、Mo、U、Cu 和稀土元素等的离子。

同种过渡型离子处于不同的晶体结构,会产生不同的颜色。例如,$Cr^{3+}$ 在刚玉中使矿物呈红色(这样的呈色使刚玉变成红宝石),而在绿柱石中使矿物呈绿色(这样的呈色使绿柱石变成祖母绿)。这是因为,虽然是同种离子,外层电子结构相同,但是所处的晶体结构不同,配位离子及配位多面体形状不同,导致 d 轨道分裂的能级差就不同。不同的能级差对可见光中不同波长的光吸收,导致颜色不同。

对于仅由惰性气体型离子所构成的矿物,因其基态与激发态能级间的能量差远比可见光的能量为大,可见光不能激发电子而使其发生跃迁,即矿物对可见光不吸收,故呈无色或白色。

(2)离子间电荷转移:在外加能量的激发下,矿物晶体结构中变价元素的相邻离子之间可以发生电子跃迁(称为电荷转移),而使矿物呈色。如 $Fe^{2+}$ 与 $Fe^{3+}$,$Mn^{2+}$ 与 $Mn^{3+}$,或 $Ti^{3+}$ 与 $Ti^{4+}$ 之间最易发生电荷转移。例如,蓝闪石即是由于结构中存在 $Fe^{2+}$ 和 $Fe^{3+}$ 之间的电荷转移而呈蓝色。

(3)能带间电子跃迁:也称带隙跃迁。能带理论认为,矿物中的原子或离子,其外层电子均处于一定的能带。能带的下部为价带,上部为导带,价带与导带之间为禁带(即带隙)。若禁带宽度与可见光中某种色光的能量相当,则矿物可吸收能量高于该色光能量的光波,使电子越过禁带而从价带跃迁到导带,导致矿物呈色。

自然金属矿物(含金属键)和硫化物矿物(含共价键-金属键的过渡型键)的呈色可以用能带理论来解释。因为金属键的特点是,电子是不定域的,可以在较大的范围内运动,电子的能量适合用能带理论来描述,而且电子的能量差很小(相当于禁带的宽度很小),吸收可见光可以发生电子从价带到导带的跃迁。例如,辰砂的禁带宽度大于红光的能量,能量比红光大的那些光波都被吸收了,只剩下红光透过,所以辰砂呈红色。

(4)色心:色心是一种能选择性吸收可见光波的晶格缺陷,它能引起相应的电子跃迁而使矿物呈色。当矿物中某种元素的含量过剩或存在杂质离子以及晶格的机械变形等,均可形成色心。

大部分碱金属和碱土金属化合物的呈色主要与色心有关。最常见的是由于晶格中阴离子的空位而产生的 F 心。由于矿物晶格中阴离子空位,局部正电荷过剩,能捕获电子,发生相应的电子转移,选择性吸收某种色光,导致矿物呈现其补色。如萤石($CaF_2$)的紫色、石盐($NaCl$)的天蓝色即分别是因晶格中 $F^-$ 空位和 $Cl^-$ 空位所引起的 F 心所致。

### 2. 矿物的条痕

矿物的条痕是矿物粉末的颜色。通常是指矿物在白色无釉瓷板上擦划所留下的粉末的颜色。

矿物的条痕能消除假色、减弱他色、突出自色,它比矿物颗粒的颜色更为稳定,更有鉴定意义。例如不同成因、不同形态的赤铁矿可呈钢灰、铁黑、红褐等色,但其条痕总是呈特征的红棕色(或称樱红色)。

矿物的条痕对于鉴定不透明矿物和鲜艳彩色的透明—半透明矿物,尤其是硫化物、部分氧化物和自然元素矿物,具有重要意义;而浅色或白色、无色的透明矿物,其条痕多为白色、浅灰色等浅色,无鉴定意义。

必须注意的是,有些矿物由于类质同象混入物的影响,其条痕和颜色会有所变化。例如,不同物理化学条件下形成的闪锌矿,随着铁含量的增高,其颜色从浅黄、黄褐变至褐黑、铁黑色,条痕由黄白色变为褐色。显然,根据条痕的微细变化,可大致了解矿物成分的变化,推测矿物的形成条件。

### 3. 矿物的透明度

矿物的透明度是指矿物允许可见光透过的程度。

矿物的透明度是以矿物晶体薄片(0.03 mm 厚度)是否透光来决定的。但是,我们在肉眼鉴定矿物时,针对的是矿物的块体标本,并不是薄片,因此在判断透明度时,主要是根据条痕来判断。

矿物的透明度划分为 3 级:

(1) 透明:矿物薄片能允许绝大部分光透过,矿物条痕常为无色或白色,或略呈浅色。如石英、方解石和普通角闪石等。

(2) 半透明:矿物薄片允许部分光透过,矿物条痕呈各种彩色(如红、褐等色)。如辰砂、雄黄和黑钨矿等。

(3) 不透明:矿物薄片基本不允许光透过,矿物具黑色或金属色条痕。如方铅矿、磁铁矿和石墨等。

矿物的透明度主要与其对可见光的吸收程度有关。吸收程度大的矿物,其透明度就低。矿物对光的吸收强弱取决于矿物的晶格类型及阳离子类型。一般地,金属晶格由于内部存在着自由电子,因此其对光的吸收比原子晶格和离子晶格要强得多。而离子晶格的吸收程度又因离子类型而异:铜型离子对光的吸收很强,过渡型离子、惰性气体型离子的吸收能力则依次降低。

此外,矿物中的裂隙、包裹体及矿物的集合方式、颜色深浅和表面风化程度等均会影响矿物的透明度。

### 4. 矿物的光泽

矿物的光泽是指矿物表面对可见光的反射能力。矿物反光的强弱主要取决于矿物对光的吸收程度,吸收越强,吸收的光再被反射出来,矿物反光能力就越大,光泽则越强,反之则光泽弱。

矿物肉眼鉴定时,根据矿物新鲜平滑的晶面、解理面或磨光面上反光能力的强弱,同时常配合矿物的条痕和透明度,将矿物的光泽分为 4 个等级:

(1) 金属光泽:反光能力很强,似平滑金属磨光面的反光。矿物具金属色,条痕呈黑色或金属色,不透明。如方铅矿、黄铁矿和自然金等。

(2) 半金属光泽:反光能力较强,似未经磨光的金属表面的反光。矿物呈金属色,条痕为深彩色(如棕色、褐色等),不透明至半透明。如赤铁矿、铁闪锌矿和黑钨矿等。

(3) 金刚光泽:反光不强,似金刚石般明亮。矿物的颜色和条痕均为浅色(如浅黄、橘红、浅绿等)、白色或无色,半透明—透明。如浅色闪锌矿、雄黄和金刚石等。

(4) 玻璃光泽:反光能力很弱,呈普通平板玻璃表面的反光。矿物为无色、白色或浅色,条痕呈无色或白色,透明。如方解石、石英和萤石等。

此外,在矿物不平坦的表面或矿物集合体的表面上,常表现出一些特殊的变异光泽,这些特殊光泽并不是光泽的等级。主要有:

(1) 油脂光泽:某些具玻璃光泽或金刚光泽、解理不发育的浅色透明矿物,在其不平坦的断口上所呈现的如同油脂般的光泽。如石英、磷灰石、石榴子石和霞石等。

(2) 树脂光泽:在某些具金刚光泽的黄、褐或棕色透明矿物的不平坦的断口上,可见到似松香般的光泽。如浅色闪锌矿和雄黄等。

（3）沥青光泽：解理不发育的半透明或不透明黑色矿物，其不平坦的断口上具乌亮沥青状光亮。如沥青铀矿和富含 Nb、Ta 的锡石等。

（4）珍珠光泽：浅色透明矿物的极完全的解理面上呈现如同珍珠表面或蚌壳内壁那种柔和而多彩的光泽。如白云母和透石膏等。

（5）丝绢光泽：无色或浅色、具玻璃光泽的透明矿物的纤维状集合体表面常呈现蚕丝或丝织品状的光泽。如纤维石膏和石棉等。

（6）蜡状光泽：某些透明矿物的隐晶质或非晶质致密块体上，呈现有如蜡烛表面的光泽。如块状叶蜡石、蛇纹石及很粗糙的玉髓等。

（7）土状光泽：呈土状、粉末状或疏松多孔状集合体的矿物，表面如土块般暗淡无光。如块状高岭石和褐铁矿等。

影响矿物光泽的主要因素是矿物的化学键类型。具金属键的矿物，一般呈现金属或半金属光泽；具共价键的矿物一般呈现金刚光泽或玻璃光泽；具离子键或分子键的矿物，对光的吸收程度小，反光就很弱，光泽就弱。

矿物的光泽的等级一般是确定的，但特殊的变异光泽却因矿物产出的状态不同而异。光泽是矿物鉴定的依据之一，也是评价宝石的重要标志。

### 5. 矿物的发光性

有些矿物在外加能量的激发下，能发出可见光，这种性质称为矿物的发光性（luminescence）。

能使矿物发光的激发源很多，主要有：紫外线、阴极射线、X 射线、γ 射线和高速质子流等各种高能辐射，以及加热、摩擦、可见紫光等。

矿物发光的实质是矿物晶格中的原子或离子的外层电子受外加能量的激发时，首先从基态跃迁到较高能级的激发态，由于激发态不稳定，受激电子随即会自发地分段向基态跃迁，同时将吸收的部分能量以一定波长的可见光的形式释放出来。

矿物在外加能量的激发下发光，当撤除激发源后，发光的持续时间（即原子处于激发态的平均寿命）在 $10^{-8}$ s 以上的发光，称为磷光（phosphorescence），而小于 $10^{-8}$ s 的发光称荧光（fluorescence）。

矿物的发光性几乎总是与晶格中存在微量杂质元素及因杂质而产生的晶格缺陷有关。矿物中含有的过渡元素（特别是稀土元素和某些锕系元素）的种类和数量决定了矿物的发光性，以及发射光的颜色和强度，因为过渡元素具有未填满的 d 轨道和 f 轨道，是电子在外加能量作用下发生跃迁和再发射可见光的最好条件。例如，含有稀土元素的萤石和方解石通常能产生荧光；有镧系元素替代 Ca 的磷灰石常具磷光。目前彩色电视显像系统所用的荧光材料就主要是由稀土元素的磷酸盐构成的。

自然界只有少数矿物的发光性比较稳定，故可作为矿物鉴定及找矿、探矿、选矿、品位估计的重要依据。如在紫外光照射下，白钨矿发特征的浅蓝色荧光，独居石呈鲜绿色荧光，钙铀云母发鲜明的黄绿色荧光等。而大多数矿物的发光性不稳定，产地不同的同种矿物往往有的发光，有的不发光，甚至同一晶体不同部位的发光性也可有所不同，这主要取决于那些引起矿物发光的杂质元素的有无及多少。矿物不含杂质元素或杂质含量过多，都将导致矿物不发光。如方解石含微量 Mn 具发光性，而锰方解石却不发光。显然，这些矿物的发光性特征,可指示矿物的形成条件及杂质含量等。

### 6. 矿物的折光率(或折射率)

矿物的折光率($n$)表达的是光在矿物晶体中的传播速度。具体数值是:光在真空中的速度与光在矿物晶体中的速度之比,即 $n=v_{真空}/v_{晶体}$。折光率是随着晶体的不同方向而发生变化的,因而折光率可以反应矿物晶体的各向异性和对称性。将晶体中不同方向的 $n$ 值的变化规律用一个三维空间的图案来表达,这个图案就叫光率体。等轴晶系的矿物,不同方向的 $n$ 是相同的,光率体就是球形;中级晶族的矿物,在垂直唯一的高次轴的平面内的不同方向上 $n$ 是相同的,光率体是一个以高次轴为旋转轴的旋转椭球;低级晶族的矿物,不同方向的 $n$ 不同,光率体是一个任意椭球体。矿物晶体中最大折光率与最小折光率之差,叫作双折率。双折率大的晶体,如方解石,可以把光线分解成肉眼可见的两束偏振光,在光学材料中可以制作偏振器(起偏器)。折光率与晶体的成分和结构有关,结构中原子离子排列紧密、化学键强,光通过晶体时阻力就大,速度就慢,折光率就大。

# 二、矿物的力学性质

矿物的力学性质是指矿物在外力(如敲打、挤压、拉引和刻划等)作用下所表现出来的性质。

## (一) 矿物的解理、裂开和断口

解理、裂开和断口都是矿物在应力作用下,应变超过了其弹性限度时所发生的破裂,但是引起这 3 种破裂的因素各有不同。

### 1. 解理

矿物晶体受应力作用时,沿晶体结构中化学键薄弱的结晶学方向破裂成一系列光滑平面的性质称为解理(cleavage),这些光滑的平面称为解理面。

从解理的概念就可以看出,解理是晶态物质才具有的特性,非晶态物质不可能有解理。解理面常沿面网间化学键力最弱的面网产生。解理是晶体的异向性的具体体现之一,因为一个晶体在某些结晶学方向有解理而在另一些方向无解理。

在原子晶格中,解埋面将平行于面网密度最人即面网间距最大的面网,因为面网间距大的面网之间化学键力弱。例如金刚石平行{100}、{110}、{111}的面网间距分别为 0.089 nm、0.126 nm、0.154 nm,因而其解理沿{111}产生。

在离子晶格中,由于静电作用力的影响,解理将沿由阴、阳离子均匀分布的、且面网间距大的电性中和面网产生。因为电性中和的面网内静电引力强,而相邻面网间引力弱。例如石盐具平行{100}解理,其{100}是电性中和面网。或者,解理面平行两层同号离子层相邻的面网。如萤石结构中,{111}面网的间距虽非最大,但该方向存在由两层 $F^-$ 离子相邻组成的面网,由于静电斥力使其面网间联结力弱,导致解理沿{111}面网产生。

对多键型的分子晶格,解理面平行于由分子键联结的面网,如石墨具层状结构,层内键力远比层间的分子键强,故其解理平行层状结构产生。

至于金属晶格,由于失去了价电子的金属阳离子为弥漫于整个晶格内的自由电子所联系,当晶体受力时很易发生晶格滑移而不致引起键的断裂,故金属晶格晶体具强延展性而无解理。

解理面的结晶学方向以其对应的单形及其符号来表示,它既表示了解理的方向,又可表示解理的组数及解理夹角。例如,石盐、方铅矿均具有 3 组互相垂直的、平行{100}的立方体解理;闪锌矿具有 6 组平行菱形十二面体{110}的解理;石墨具有平行底面{0001}的 1 组解理。矿物往往沿着晶体结构中相互对称的面网产生多组呈对称关系的解理面,而单形就是一组呈对称关系的晶面,所以解理面可以用单形符号表示。解理的组数和夹角还可从解理面上的解理纹得到反映(图 14-2)。

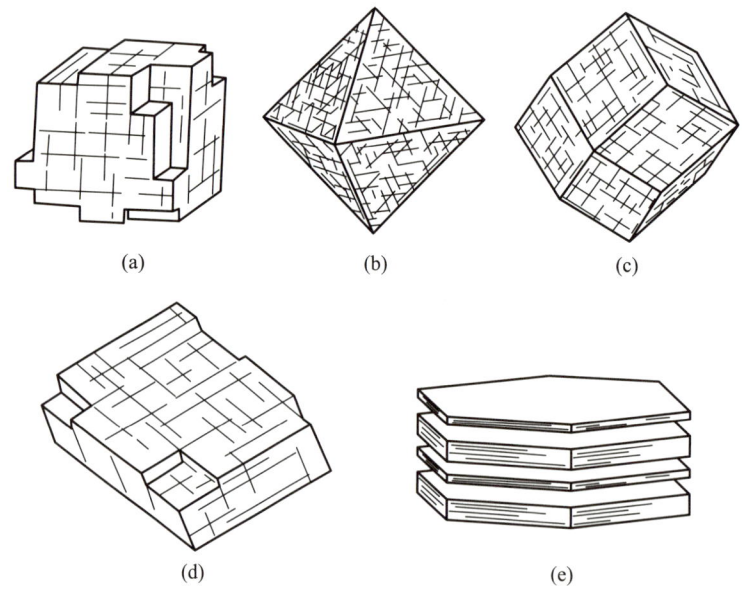

图 14-2　解理的方向性

(引自潘兆橹,1993)

(a) 立方体解理;(b) 八面体解理;(c) 菱形十二面体解理;(d) 菱面体解理;(e) 底面解理

对矿物解理的观察与描述,不但要注意解理的方向、组数及夹角,还应着重确定解理的等级。根据解理产生的难易程度及其完好性,通常将其分为 5 级:

(1) 极完全解理(eminent cleavage):矿物受力后极易裂成薄片,解理面平整而光滑。如云母的{001}解理、石墨的{0001}解理、透石膏的{010}解理等。

(2) 完全解理(perfect cleavage):矿物受力后易裂成光滑的平面或规则的解理块,解理面显著而平滑,常见平行解理面的阶梯。如方铅矿的{100}解理、方解石的{1014}解理等。

(3) 中等解理(good or fair cleavage):矿物受力破裂后,解理面较小而不很平滑,且不太连续,常呈阶梯状,却仍闪闪发亮,清晰可见。如白钨矿的{111}解理、蓝晶石的{010}解理等。

(4) 不完全解理(poor or imperfect cleavage):矿物受力后,不易裂出解理面,仅断续可见小而不平滑的解理面。如磷灰石的{0001}解理、橄榄石的{100}解理等。

（5）极不完全解理（cleavage in traces）：矿物受力后，很难出现解理面，通常称为无解理。

对于不完全解理和极不完全解理，肉眼均很难看到解理面，在本教材矿物各论部分，以"解理不发育"或"无解理"来描述。

晶体中，可以有一种或一种以上不同等级的解理。如方解石具$\{10\bar{1}4\}$完全解理，透石膏具$\{010\}$极完全解理以及$\{100\}$和$\{011\}$中等解理等。

不同矿物种，其固有的解理特征不同，因此，解理是鉴定矿物的重要依据之一。对已知矿物，依据解理即可确定其结晶方位及晶体的对称性。此外，利用解理的特征，还能反映出矿物晶体结构的某些特点，如层状结构的矿物都具有一组极完全解理，链状结构的矿物则常具平行于链的方向的柱面解理，等等。

前面已经述及，解理是晶态物质的特性，非晶态物质如蛋白石等准矿物是不会有解理的。隐晶质矿物的解理只有在高倍显微镜下才能观察。另外还需注意，无解理的矿物并不是因为其内部化学键很强，而是因为化学键强度很均匀。例如，自然硫的晶体结构中具有较弱的分子键，但因为此分子键分布均匀，所以自然硫无解理。

### 2. 裂开

裂开（或称裂理，parting）是指由非晶体结构的原因导致矿物晶体在应力作用下，沿着晶格内一定的结晶方向破裂成平面的性质。裂开的平面称为裂开面。

从现象上看，裂开酷似解理，也是沿着一定结晶学方向破裂，但二者产生的原因不同。

裂开不直接受晶体结构中化学键控制，而是取决于杂质的夹层及机械双晶等结构以外的非固有因素。裂开面往往沿定向排列的外来微细包裹体或固溶体出溶物的夹层及聚片双晶的接合面产生。当这些因素不存在时，矿物则不具有裂开面。如某些磁铁矿可见平行$\{111\}$的裂开面，即是由于其含有沿$\{111\}$面网分布的显微状钛铁矿、钛铁晶石出溶片晶所致；而方解石在应力作用下，常可沿$\{0\bar{1}18\}$聚片双晶的接合面方向滑移产生裂开面。

裂开不是矿物本身固有的特性，它只见于某些矿物的某些晶体上，它不如解理稳定，也可能不遵循晶体的对称性，如方解石的$\{0\bar{1}18\}$裂开，可在平行$\{0\bar{1}18\}$菱面体的 3 组晶面方向上同时出现，也可只在其中的一个或两个方向上见到。裂开只对少数矿物有鉴定意义，有时还可帮助推测矿物的成分、成因特点及形成历史。

### 3. 断口

矿物内部若不存在晶体结构中相对化学键弱的面网，则其受力后将沿任意方向破裂而形成各种不平整的断面，称为断口（fracture）。

显然，矿物的解理与断口产生的难易程度是互为消长的。晶格内各个方向的化学键强度近乎相等的矿物晶体，受力后，形成一定形状的断口，而很难产生解理。

此外，断口不仅针对于矿物单晶体的破裂，也可针对在同种矿物的集合体的破裂。

矿物的断口主要借助其形状来描述，常见的有：

（1）贝壳状断口：呈圆形或椭圆形的光滑曲面，并出现以受力点为中心的不很规则的同心圆波纹，形似贝壳。如石英（图 14-3）、玻璃及一些变生非晶质矿物

**图 14-3　石英的贝壳状断口**

（据罗谷风，1985）

×1，产于海南屯昌

的断口。

（2）锯齿状断口：呈尖锐锯齿状，见于强延展性的自然金属元素矿物，如自然金等。

（3）参差状断口：断面呈参差不平状，大多数脆性矿物（如磷灰石、石榴子石等）以及呈块状或粒状的集合体具此种断口。

（4）平坦状断口：断面较平坦，见于致密块状集合体矿物，如块状高岭石。

## （二）矿物的硬度

矿物的硬度是指矿物抵抗外来机械作用（如刻划、压入或研磨等）的能力。

测定硬度的方法很多，大致可分为刻划法、静压入法、动压入法、研磨法、弹跳法和摇摆法等，其中前两种目前应用最广。

矿物的肉眼鉴定中，通常采用摩斯硬度 $H_M$（Mohs hardness），它是一种刻划硬度。1812年奥地利矿物学家摩斯（F. Mohs）提出用 10 种硬度递增的矿物为标准来测定矿物的相对硬度，此即摩斯硬度计（Mohs scale of hardness）（表 14-1）。

表 14-1　摩斯硬度计

| 硬度等级 | 1 | 2 | 3 | 4 | 5 | 6 | 7 | 8 | 9 | 10 |
|---|---|---|---|---|---|---|---|---|---|---|
| 标准矿物 | 滑石 | 石膏 | 方解石 | 萤石 | 磷灰石 | 正长石 | 石英 | 黄玉 | 刚玉 | 金刚石 |

测定硬度时，必须注意选择新鲜、致密、纯净的单矿物晶体。为尽可能避免标准矿物的棱角被破坏，应先以高硬度的标准矿物的棱角刻划待测矿物。若待测矿物硬度较低，依次换用硬度较低的标准矿物刻划。当两矿物硬度相近时，则用标准矿物与待测矿物相互刻划，以确定两矿物硬度的相对大小。例如某石榴子石能刻动石英，但不能刻动黄玉，却能为黄玉所划伤，则其摩斯硬度等级介于 7~8。

在实际鉴定时常可用更简便的工具，如指甲（摩斯硬度为 2.0~2.5）和小钢刀（摩斯硬度为 5~6）来代替硬度计。此外，还可借助铜针（摩斯硬度为 3）、玻璃（摩斯硬度为 5.5~6.0）和钢针（5.5~6.0）等来粗略地确定矿物的硬度。本教材后述章节中，如不加特别说明，所述的硬度都是摩斯硬度。

对矿物的硬度作详细研究时，可用显微硬度计来测定矿物的维氏硬度 $H_V$（Vickers hardness）。它是一种压入硬度，其测试方法是：将一个金刚石锥用一定的力压入矿物磨光面，产生单位面积的压痕所需要的力（$kgf/mm^2$）[①]就是 $H_V$。维氏硬度是一种绝对硬度，而上述的莫斯硬度是相对硬度。莫斯硬度计中 10 种矿物的维氏硬度为（$kgf/mm^2$）：

（1）滑石，2；

（2）石膏，35；

（3）方解石，172；

（4）萤石，248；

（5）磷灰石，610；

---

① 1 kgf/mm$^2$ = 9 806 650 Pa。

（6）正长石,930;

（7）石英,1 120;

（8）黄玉,1 250;

（9）刚玉,2 100;

（10）金刚石,≈10 000。

由此可见,莫斯硬度(相对硬度)的十个级别所对应的维氏硬度(绝对硬度)是很不均衡的。

矿物的硬度主要由化学键和结构的紧密度决定。晶体结构中化学键强、结构紧密的矿物,硬度就大。具体来说,典型原子晶格的矿物,硬度最大(如金刚石);含配位键的硫化物,硬度较小;离子晶格的矿物,硬度相差很大,与离子半径、电价、配位数有关,半径小、电价高、配位数大,则硬度就大;金属晶格、分子晶格和含氢键的晶格(包括含水矿物),因为化学键较弱,硬度都很小。

应当注意矿物硬度的异向性,同一矿物晶体的不同单形的晶面上,甚至同一晶面的不同方向上的硬度均会有差异。最典型的例子是蓝晶石,其｛100｝的晶面上沿 $c$ 轴和 $b$ 轴方向的硬度分别为 4.5 和 6,在｛010｝和｛001｝的晶面上的硬度也随方向而异(图 14-4)。又如金刚石具极高的硬度,且｛111｝、｛110｝、｛100｝的晶面上的硬度依次降低,这是由于它们的面网密度依次减小。

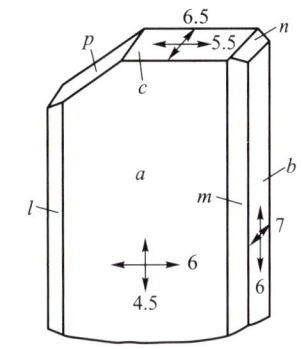

**图 14-4　蓝晶石硬度的异向性**
(引自潘兆橹等,1993;编者改绘)
$a$｛100｝,$b$｛010｝,$m$｛110｝

### （三）矿物的弹性与挠性

矿物在外力作用下发生弯曲形变,当外力撤除后,在弹性限度内能够自行恢复原状的性质,称为弹性(elasticity)。具层状结构的云母及链状结构的角闪石石棉表现出明显的弹性。

而某些层状结构的矿物,在撤除使其发生弯曲形变的外力后,不能恢复原状,这种性质称为挠性(flexibility)。如滑石、绿泥石、蛭石、石墨和辉钼矿等。

矿物的弹性和挠性取决于矿物晶格内结构层间或链间键力的强弱。如果键力很微弱(如分子键),当受力时,层间或链间可发生相对位移而弯曲,由于基本上不产生内应力,故形变后内部无力促使晶格恢复到原状而表现出挠性;如果层间或链间以一定强度的离子键联结,当受力时发生相对晶格位移,同时所产生的内应力能在外力撤除后使形变迅速复原,即表现出弹性;然而,当键力相当强时,矿物将表现出脆性。

### （四）矿物的脆性与延展性

矿物的脆性(brittleness)是指矿物受外力作用时易发生碎裂的性质。它与矿物的硬度无关,具有脆性的矿物并不是硬度小,即"脆性"并不代表"软"。自然界绝大多数非金属晶格矿物都具有脆性,如自然硫、萤石、黄铁矿、石榴子石和金刚石等。

矿物受外力拉引时易成为细丝的性质称为延性(ductility);矿物在锤击或碾压下易形变

成薄片的性质称为展性(malleability)。物体的延性和展性往往同时并存,故一般统称为延展性(ductility),它是矿物受外力作用发生晶格滑移形变的一种表现,是金属键矿物的一种特性。自然金属元素矿物,如自然金、自然银和自然铜等均具有强延展性;某些硫化物矿物,如辉铜矿等也表现出一定的延展性。

肉眼鉴定矿物时,用小刀刻划矿物表面,若留下光亮的沟痕,而不出现粉末或碎粒,则矿物具有延展性,借此可区别于脆性矿物。

# 三、矿物的其他物理性质

## （一）矿物的密度和相对密度

矿物的密度是指矿物单位体积的质量,其单位为 $g/cm^3$。它可以根据矿物的晶胞大小及其所含的分子数和相对分子质量计算得出。例如,石英的密度为 $2.65\ g/cm^3$;4 ℃时纯水的密度为 $1\ g/cm^3$。

矿物的相对密度(relative density)是指纯净的单矿物在空气中的质量与 4 ℃时同体积的水的质量之比。显然,相对密度的量纲为1,其数值与密度相同,但它更易测定。

矿物肉眼鉴定时,通常是凭经验用手掂量,将矿物的相对密度分为 3 级:

（1）轻的:相对密度小于 2.5。如石墨(2.09～2.23),石盐(2.1～2.2)和石膏(2.3)等。

（2）中等的:大多数非金属矿物的相对密度均在 2.5～4 之间。如石英(2.65)、萤石(3.18)和金刚石(3.52)等。

（3）重的:相对密度大于 4。硫化物及自然金属元素矿物的相对密度基本上均在此范围内,如黄铁矿(4.9～5.2)、自然金(15.6～19.3)和重晶石(4.5)等。

矿物的相对密度主要取决于其组成元素的相对原子质量、原子或离子的半径及结构的紧密程度。

一般说来,高压环境下形成的矿物的相对密度较其低压环境的同质多象变体为大;而温度升高则有利于形成配位数较低、相对密度较小的变体。

## （二）矿物的磁性

矿物的磁性是指矿物在外磁场作用下被磁化所表现出能被外磁场吸引、排斥或对外界产生磁场的性质。

肉眼鉴定矿物时,一般以马蹄形磁铁或磁化小刀来测试矿物的磁性,常粗略地分为 3 级:

（1）强磁性:矿物块体或较大的颗粒能被吸引。如磁铁矿。

（2）弱磁性:矿物粉末能被吸引。如铬铁矿。

（3）无磁性:矿物粉末也不能被吸引。如黄铁矿。

但是,许多在一般磁铁作用下无磁性的矿物,在强大的电磁场中可以被磁化,称为电磁性矿物(如赤铁矿、黑云母、普通辉石、黑钨矿等)。利用矿物的电磁性可以分选矿物。

矿物的磁性主要来源于矿物内部未成对电子的自旋磁矩。在没有外磁场作用时,未成对电子的自旋磁矩杂乱无序分布,导致矿物整体无磁性;在外磁场作用下,磁矩定向排列,产生磁性。

其实,所有的矿物和材料都有磁性。物体的磁性可用磁化率(magnetic susceptibility),即物体单位体积的磁化强度与外磁场强度的比值来表示。磁化率为正值,表现为被外磁场吸引,反之,则被外磁场排斥。根据磁化率将磁性分为 5 类:① 铁磁性(磁化率为正值,且数值很大),② 亚铁磁性(磁化率为正值,但数值不大),③ 反铁磁性(磁化率正值,数值不大,与亚铁磁性的区别是晶体结构中磁矩结构不同),④ 顺磁性(磁化率为正值,但数值很小很小),⑤ 抗磁性(磁化率为负值,数值较小)。每种磁性的微观磁矩结构是不同的,所具有的功能也是不同的。在材料界,磁性有很广泛的应用,如:能量、信息的转换、存储和输送功能。

### (三) 矿物的电学性质

#### 1. 压电性和热释电性

有些矿物晶体的对称型无对称中心,这样的晶体就有极轴(该轴的两端不能被对称型中所有对称要素的操作而重合)。沿着极轴施加压力或张力,晶体在垂直应力的两侧表面分别产生等量的相反电荷,这种性质称为压电性(pizoelectricity)。当应力方向反转时,两侧表面的电荷易号。因此,当压力-张力不断交替时,在晶体中就会产生一个交变电场。反过来,当晶体置于一个交变电场时,就会促使晶体产生机械伸缩振动。石英钟就是根据这个原理制作而成。

晶体的极轴可以被认为是晶体结构中正-负电荷中心不重合的一个方向。例如,石英的对称型(点群)是 $L^3 3L^2$,没有对称中心,其中 3 个 $L^2$ 是极轴。图 14-5(a)是石英各极轴的投影图,3 个 $L^2$ 的极轴性质用两端的"+""−"符号表达。因为 3 个极轴是均匀分布的,导致晶体整体上正-负电荷分布均匀;当沿着一个极轴施加压力时,会破坏电荷分布的均匀性,产生表面电荷,见图 14-5(b)。

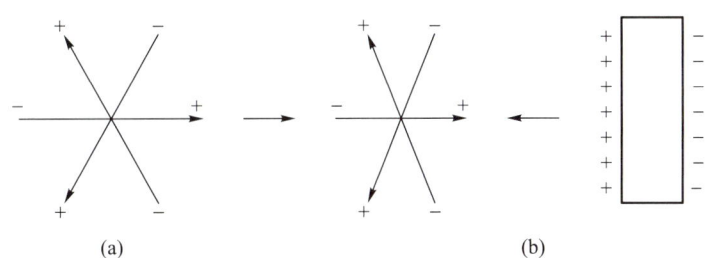

图 14-5　石英的压电性产生机理示意图

具有对称中心的晶体,晶体中的任意一个方向的两端都可以在对称中心的反伸操作下变得重合,因而不会有极轴,这也就意味着晶体结构中所有方向的正-负电荷中心都是重合的,所以就不会有压电性。32 个对称型中只有 20 种不具有对称中心的对称型具有压电性(参见第三章表 3-5)。

压电性可用于制作超声波探测器,在现代科技行业和军事工业有广泛的应用。

若晶体上只有一个极轴(即:单向极轴),则这种晶体在冷-热交替环境下在极轴的两端产生相反电荷,这种性质叫作热释电性(pyroelectricity)。

　　具有单向极轴的晶体,因为极轴的两端正-负电荷中心不重合的现象不能被其他极轴在晶体中的均匀分布而中和,所以其本身就是带电的,只不过这种带电性很小,肉眼观察不到。但当它处于冷-热交替环境下时,其带电性在热胀冷缩的刺激下被放大,产生交变电场。例如,电气石的对称型是 $L^33P$,其中 $L^3$ 是唯一的极轴(单向极轴),$L^3$ 两端的带电性如图 14-6 所示。当晶体被加热-冷却反复进行时,两端的电荷会随着加热-冷却而异号,因而产生交变电场。图 14-6 是电气石晶体的热释电性示意图。

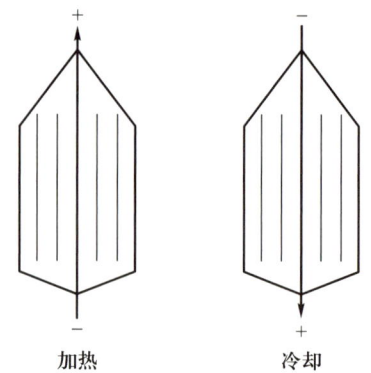

图 14-6　电气石热释电性示意图

　　热释电晶体也是压电晶体,因为有极轴;但压电晶体不一定是热释电晶体,因为有些压电晶体有多个极轴,就不是热释电晶体了。

　　为什么具有多个极轴的晶体就不具有热释电性了呢?这是因为在热胀冷缩的过程中,多个极轴的电性被同时放大或缩小,电荷分布还是保持均匀的[如图 14-(a)中 3 个极轴同时放大或缩小,整体上还是正-负电荷分布均匀],所以就不会产生热释电性。

　　热释电性可用于制作红外探测器,还可用于制冷行业。

### 2. 导电性和介电性

　　矿物的导电性(electric conductivity)是指矿物对电流的传导能力。它主要取决于化学键类型及内部能带结构特征。

　　一般地,具有金属键的自然元素矿物和某些金属硫化物极易导电,是电的良导体,如自然铜、石墨、辉铜矿和镍黄铁矿等;而具有离子键或共价键的非金属矿物则具有弱导电性或不导电,称为绝缘体,如石棉、白云母、石英和石膏等;某些矿物,主要是大部分深色硫化物、硫盐和氧化物,当温度升高时,导电性增强,温度降低时则不导电,即导电性介于导体与绝缘体之间,称为半导体,如闪锌矿、黄铁矿及Ⅱ型金刚石等。

　　半导体矿物的导电性主要受杂质元素的存在及晶格缺陷的影响,此外,还随温度而变化。当矿物受到温差变化影响时,在冷、热端点会产生热电动势(即温差电动势),称为热电效应(thermoelectric effect),半导体这种导电性称为热电性(或称为温差电性,thermoelectricity)。

　　矿物的介电性(dielectricity)是指不导电的(即电介质的)或导电性极弱的矿物在外电场中被极化产生感应电荷的性质,常通过测定其介电常数(或称电容率,dielectric constant)来研究。介电常数的大小主要取决于阴、阳离子的类型、半径、极化率及矿物的内部结构。硫化物和氧化物的介电常数较大。

　　矿物分选时,常可利用其介电性来分离电介质矿物,研究矿物的介电常数也有助于划分成矿阶段、判断矿床成因等。

## ？ 习题与思考题

基础题:

1. 说明透明矿物与不透明矿物的颜色分别与吸收光波、透过光波、反射光波的关系。

2. 什么叫矿物的自色？矿物他色是怎么形成的？矿物假色是怎么形成的？

3. 矿物呈色机理(内部结构原因)有哪些？

4. 矿物的光泽与化学键的关系是怎样的？

5. 总结矿物的颜色、条痕、光泽、透明度之间的关系。

6. 什么是解理？产生解理的内部结构因素有哪些？解理的等级有哪些？

7. 如何理解解理的异向性与对称性？方铅矿有{100}解理,其解理组数、夹角、方向是怎样的？

8. 如何全面描述矿物的解理？

9. 什么是裂开？它与解理有什么区别,与解理有什么相似之处？

10. 什么是弹性与挠性？它们与化学键有什么关系？

11. 什么是脆性与延展性？它们与化学键有什么关系？

12. 什么压电性？矿物只有具有什么样的对称特点才可能有压电性？

13. 具有压电性的晶体一定具有热释电性吗？反过来呢？

14. 某磁铁矿标本上明显可见到几组阶梯状平面,请问这是它的解理吗？为什么？

15. 影响矿物硬度的因素有哪些？如何才能较准确地获得矿物的硬度？

### 综合分析与讨论题：

16. 说明解理可以用单形及其符号来表达的原因。

17. 指出下列解理的组数及夹角(注:用 90°,60°,>90°或<90°表示)：

三斜晶系：{100},{010},{001}

单斜晶系：{001},{010},{100},{110}

斜方晶系：{001},{010},{100}

四方晶系：{100},{110},{111},{001}

等轴晶系：{100},{110},{111}

三方、六方晶系：{10$\bar{1}$1},{0001}

18. 简述晶格类型对矿物光学性质和力学性质的影响。

19. 等轴晶系的矿物,解理组数最少有几组？为什么？

20. 已知石榴子石是无解理的,某个矿物很像石榴子石,但看到有类似解理现象,就可以否定它是石榴子石了吗？

21. 已知钾长石的解理为:完全解理{001},中等~完全解理{010},现在给你一块钾长石解理块的标本,你能找出它的 $a,b,c$ 轴吗？怎么找？

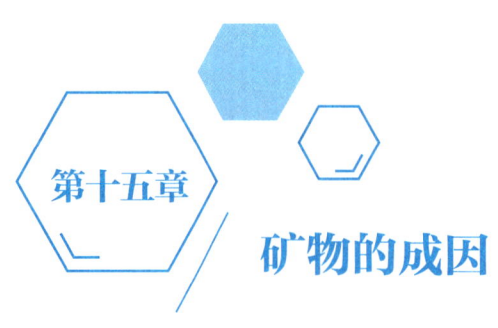

第十五章

# 矿物的成因

矿物是由各种地质作用形成的,不同的地质作用中矿物晶体生长方式不同。由于形成矿物的地质作用是不可重现的,矿物的成因研究主要是根据矿物的形态、成分、结构、包裹体等特征来推测矿物的形成历史。本章先介绍矿物晶体生长方式,然后介绍反映矿物形成条件的成因信息。

## 一、地球中矿物晶体的生长

地球中的矿物是各种地质作用形成的。形成矿物的地质作用有:岩浆作用、伟晶作用、热液作用、火山作用、风化作用、沉积作用、变质作用。在这些地质作用中,矿物通过不同方式的晶体生长而形成。

### 1. 岩浆作用中矿物晶体的生长

岩浆作用(magmatism):是地下深处的硅酸盐岩浆(含$[SiO_4]^{4-}$及其连接而成的更大的络阴离子团,以及$Al^{3+}$、$Fe^{3+}$、$Fe^{2+}$、$Mg^{2+}$、$Ca^{2+}$、$Na^+$、$K^+$、$H^+$等)在温度和压力下降时结晶出矿物晶体的作用。岩浆作用中的晶体生长是熔体到晶体的相变。晶体生长的驱动力是过冷度,即温度低于熔点就结晶,高于熔点就溶融。硅酸盐岩浆的熔点因不同成分和所处的地下深处压力不同而不同,大概在 700~1 300 ℃。

但是,岩浆结晶过程不是同成分结晶,即:结晶出来的晶体的成分不同于岩浆(熔体)的平均成分。这样就导致了岩浆结晶分异作用,即:随着晶体的析出,岩浆的成分不断地改变;而岩浆成分的改变又使得后期结晶出来的晶体成分与早期生长出来的晶体成分不同。鲍温(N. L. Bowen)于 20 世纪初就提出了一个典型的岩浆结晶分异序列,称鲍温序列:

橄榄石－－辉石－－角闪石－－黑云母－－白云母－－碱性长石－－石英

基性斜长石－－－中性斜长石－－－酸性斜长石

早－－－－－－－－－－－－－－－－－－－－－－－－－－－－－－－－－－－－－晚

这个结晶分异过程表明:岩浆中最早结晶出来的矿物是富 Fe、Mg 的硅酸盐矿物(如橄榄石和辉石),而随着富 Fe、Mg 硅酸盐矿物的析出,岩浆就变得相对贫 Fe、Mg 而富 Si、Na、K 了,所以后期结晶出来的就是富 Si、Na、K 硅酸盐矿物(碱性长石和石英)。斜长石在早期和晚期都可以结晶出来,只是早其结晶的斜长石是富 Ca、Na 的,晚期结晶的是富 K、Na 的。

按照上述序列,一种岩浆早期形成的是基性岩,晚期形成的是酸性岩,中期形成的就是中性岩。但很少有一种岩浆能够结晶分异形成整个鲍温序列的各种岩石和矿物。实际上一种岩浆只能分异结晶出上述序列的某一段而不是整个序列的矿物。如原始岩浆是基性成分,则结晶出橄榄石和辉石以及基性斜长石后,就基本上固结完了;而原始岩浆是酸性的,则从黑云母或碱性长石开始结晶,到后期结晶石英。

在第八章中我们介绍的提拉法也是熔体→晶体的相变,但提拉法是同成分结晶,结晶出来的晶体与熔体的成分是一样的,只需要设置一个相变点(熔点)使熔体转化为晶体。这一点与岩浆结晶作用十分不同。

### 2. 伟晶作用中矿物晶体的生长

伟晶作用(pegmatitization):是地下较深处的富含挥发分(相当于热液)的硅酸盐岩浆在一个封闭环境中随温度和压力下降而缓慢结晶出矿物晶体的作用。伟晶作用中矿物晶体的生长是熔体(含热液)→晶体的相变,晶体生长的驱动力也是过冷度,与岩浆作用类似。但是,与岩浆作用的区别是岩浆含有很多挥发分(热液),因此,岩浆变得很稀释,相当于结晶质浓度小了。这样就使得熔点变低,成核率变低,生长速度变慢,导致晶体的数量很少,而每个晶体就会很大。因此伟晶作用形成的矿物晶体粗大,因此得名。除了碱性长石、石英、白云母外,还有许多宝石如绿柱石、电气石、黄玉等也在伟晶作用中形成。此外,还有一些富含稀有、稀土和放射性元素的矿物也能在伟晶作用中形成,可富集成矿。

伟晶作用的岩浆主要来源于岩浆作用后期剩余的富含挥发分的岩浆。所以伟晶岩大多是在早期固结的岩浆岩体内呈脉状分布。

伟晶作用中晶体生长相当于实验室中高压釜内的晶体生长。

### 3. 热液作用中矿物晶体的生长

热液作用(hydrothermalism):是地下的富含矿物质(Fe、Cu、Zn、Ni、Pb、Mo、稀有元素等,少量硅酸盐岩浆)的气-水溶液在温度和压力下降时结晶出矿物晶体的作用。热液作用中矿物晶体的生长是溶液→晶体的相变。晶体生长驱动力是过饱和度,即浓度低于饱和点(或溶点)就溶解,浓度高于饱和点(溶点)就结晶;而饱和点(溶点)与温度有关,温度降低时,饱和点(溶点)变低,所以温度降低就结晶。

热液作用的富含矿物质的水溶液主要来源于岩浆作用及伟晶作用后期剩余的挥发份。热液中一般含有许多金属硫化物矿物的成分,当温度下降时这些金属硫化物就从热液中结晶出来。所以,许多金属矿床与热液有关。当然也会有些硅酸盐矿物(白云母、石英、碱性长石等)结晶出来。热液的溶点大概在 $500 \sim 50\ ℃$。

但是,热液作用除了直接从热液溶体中析出矿物晶体外,还有一个更重要的作用就是热液交代。所谓交代(metosomatism)是指流体(主要是指热液,也可以是岩浆)对原矿物晶体进行溶解并发生化学反应,重新结晶形成新矿物的过程。热液交代过程中的矿物晶体生长是溶解-结晶同时进行,即:热液溶解原矿物,溶解后马上发生化学反应形成新矿物,结晶与溶解发生在相同的地方。如果这种同时溶解-结晶能够耦合得很好,就可以让新形成的矿物保持被溶解矿物的晶体形态不变,形成假象(见后述第三节)。

### 4. 火山作用中矿物晶体的生长

火山作用(volcanism):是地下深处的岩浆沿地壳脆弱带上侵至近地表的地方或者直接喷出地表,迅速冷凝形成矿物的过程。火山作用中矿物晶体的生长是熔体→晶体的相变,生长驱动力也是过冷度。因为是从高温高压的岩浆快速冷却至地表结晶,所以过冷度很大,即生长驱动力很大,导致成核率很高,形成很多细小的晶体;生长速度也很快,可以形成枝晶或骸晶,甚至可以形成火山玻璃(非晶态)。

火山作用中虽然形成许多不同的矿物晶体(如玄武岩中有许多细小的辉石和斜长石,流纹岩有许多细小的碱性长石和石英),但是这些不同矿物晶体近乎同时形成,所以火山作用的晶体生长近于同成分结晶,基本没有结晶分异作用。

火山作用中形成的矿物都是低压高温变体,如流纹岩中出现 β-石英(高温石英)等。为什么呢?不要认为火山岩中的矿物晶体是在近地表低温条件下才结晶的,事实上,它们在岩浆上侵过程中温度从大于 1 000 ℃ 迅速下降到 800~600° 时就已经结晶,形成了高温相的矿物晶体,然后继续迅速上升至近地表,高温相矿物被保留下来。如果是缓慢降温,原来高温形成的高温相矿物会转变成低温相矿物。

此外,火山岩中有一些气孔,是岩浆中的挥发分逸出后留下的。这些气孔后期会被一些溶液、胶体等充填,然后以溶液结晶或者胶体沉淀于气孔中形成例如像方解石、蛋白石之类的充填物,也称为杏仁体。

### 5. 风化作用中矿物晶体的生长

风化作用(weathering):是地表和近地表的岩石和矿物受太阳、水、空气、生物等影响而发生机械粉碎、化学分解后,残留在原地的化学元素重新组合形成新的矿物的作用。风化作用可分为物理风化、化学风化、生物风化。化学风化和生物风化中有原晶体溶解→新晶体结晶的相变,这种溶解-结晶同时发生时如果耦合得很好会形成假象(见后述第三节);物理风化中无新晶体生产,是原矿物被机械粉碎,有些可能会粉碎至溶液中形成胶体后在原地沉淀。

不同矿物抗风化能力不同,硫化物易风化,因为硫化物在还原环境下稳定,在地表氧化环境不稳定。如黄铜矿 $CuFeS_2$ 风化后形成孔雀石 $Cu_2[CO_3](OH)_2$;氧化物和硅酸盐矿物以及一些自然元素矿物不易风化。

### 6. 沉积作用中矿物晶体的生长

沉积作用(sedimentation):是风化作用形成的物质及火山作用形成的物质被流水、风、冰川和生物等挟带、搬运到河流、湖泊、海洋等环境中沉积下来,形成新矿物的作用。沉积作用分为机械沉积(物理沉积)、化学沉积、生物沉积。化学沉积中矿物晶体生长是溶液→晶体的相变;生物沉积中,生物活动改变溶液的 pH 等因素使溶液→晶体;物理沉积中无晶体生长。有些沉积碎屑中的空隙水可以结晶形成所谓的沉积岩中的自生矿物,如方解石等。

### 7. 变质作用中矿物晶体的生长

变质作用(metamorphism):是地下深处的矿物由于地壳运动、岩浆活动、地热流等因素,使矿物所处的环境发生温度、压力、物质交换等改变,致使原矿物在基本保持固态状态下发生成分和结构的改变,形成新的矿物的作用。变质作用中的矿物晶体生长是原晶体→新晶体的相变,生长驱动力是晶格能,即原矿物晶体在环境条件改变时晶格变得不稳定,促使其变为新晶体。

变质作用分为接触变质作用和区域变质作用。

(1)接触变质作用:发生在岩浆侵入体周围的变质,规模较小。如果围岩中的矿物只是受岩浆热影响而发生重结晶,并没有物质交换,叫作接触热变质;如果围岩中的矿物与岩浆有物质交换,主要是受岩浆中挥发分即热液的影响而发生了交代作用,叫作接触交代变质。

（2）区域变质作用：由区域构造运动引起的大规模的变质。区域变质的主要因素是温度和压力的变化。根据温度和压力高低，可分为低级变质、中级变质和高级变质。所形成的矿物与原岩成分和变质程度有关。例如，原岩是泥质岩，低级变质将形成绢云母、石英等，中级变质将形成十字石、石榴子石等，高级变质将形成刚玉、蓝晶石、夕线石等。

# 二、矿物的成因信息

## （一）矿物的时空关系

### 1. 矿物的生成顺序和矿物的世代

自然界地质体中的各种矿物，可以是同时生成的，而更常常是在形成时间上有先后关系，称为矿物的生成顺序。矿物通常是按晶格能降低的顺序而次第析出的，共生的矿物，其晶格能大体相近。

确定矿物生成顺序的标志主要有：

（1）矿物的空间位置关系：一般地，位于地质体中心部位的矿物比其外围的矿物晚形成（图15-1）。当一种矿物穿插或包围或充填其他矿物时，被穿插或被包围或被充填的矿物生成较早（图15-2）。

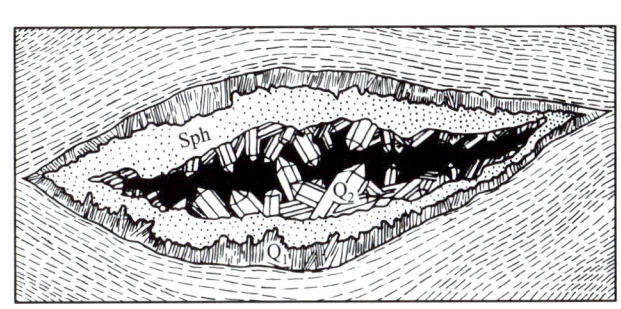

**图15-1　晶洞中矿物生成顺序**

（引自 Rösler H J，1991）

靠洞壁的石英（$Q_1$）生成最早，闪锌矿（Sph）次之，中心的石英晶簇（$Q_2$）最晚形成

（2）矿物的自形程度：相互接触的矿物晶体，自形程度（晶形的完整程度）高者一般生成较早（图15-3），但应注意矿物的结晶能力的影响。斑状结构中斑晶较基质先形成，然而变质岩中的变斑晶却往往可能比其周围的矿物晚生成，其晶形完整是由于这些矿物的结晶能力强。

（3）矿物的交代关系：矿物的交代作用首先沿颗粒的边缘或裂隙进行，被交代的矿物形成较早（图15-4）。

矿物的世代（mineral generation）是指在一个矿床中，同种矿物在形成时间上的先后关系。这与一定的成矿阶段相对应。

一个矿床往往是经历了多个成矿阶段而形成的。由于各成矿阶段间均有一定的时间间

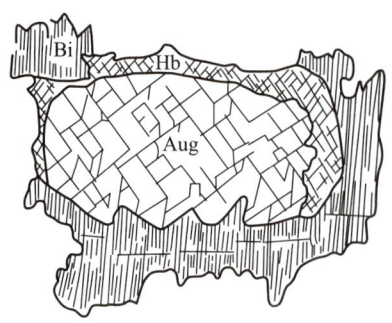

图 15-2　普通辉石(Aug)被普通角闪石
(Hb)和黑云母(Bi)所包围

(引自潘兆橹等,1993)

普通辉石最先形成

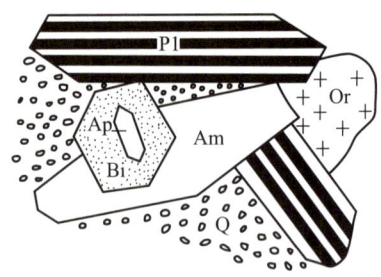

图 15-3　自形程度不同的矿物晶体生成顺序

(据 Lodochnikov V N;引自 Milovsky A V,1982)

磷灰石(Ap)→黑云母(Bi)→角闪石(Am)→

斜长石(Pl)→正长石(Or)→石英(Q)

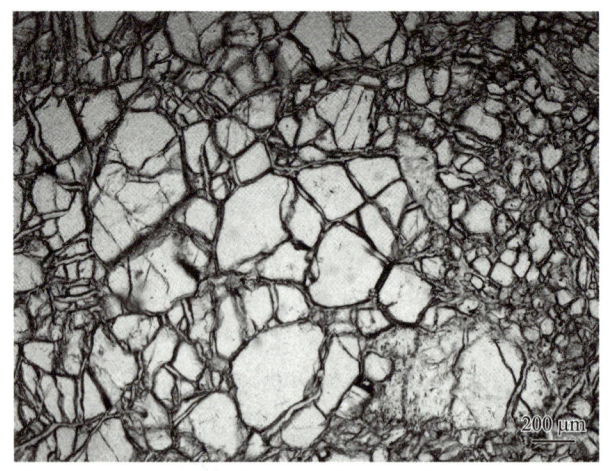

图 15-4　矿物交代顺序关系

(偏光镜照片,邵辉提供)

橄榄石被蛇纹石所交代,蛇纹石沿着橄榄石的裂隙交代,橄榄石形成早

隔,其成矿介质和物理化学条件会有所不同,反映在其所形成的同种矿物的形态、物性及成分等方面也将表现出某些差异。因此,应按形成时间的先后顺序,将这些矿物区分为第一世代、第二世代,等等。

显然,研究矿物的世代,将有助于了解矿物形成及成矿的阶段性。合理地确定矿物的世代,除依据矿物本身的晶体形态、物理性质和化学成分外,还必须考虑矿物的产状及与其他矿物的共生关系。

### 2. 矿物的共生和伴生

同一成因、同一成矿期(或成矿阶段)所形成的不同矿物共存于同一空间的现象称为矿物的共生(paragensis),彼此共生的矿物称为共生矿物,它们可能是同时形成的,或者是从同一来源的成矿溶液中依次析出的。各共生矿物构成的组合称为矿物的共生组合。

根据热力学第零定律[①],共生矿物在一起必然是直接接触,其间不存在第三种矿物(即

———————————

① 热力学第零定律:若物体 A、B 分别与物体 C 平衡,则物体 A 与 B 必然也处于平衡状态。

蚀变产物);单种矿物的化学成分应力求均匀,电镜下可见颜色均匀或不见环带。例如,中温热液成矿阶段常见的矿物共生组合为方铅矿—闪锌矿—黄铜矿—石英—萤石等。

不同成因或者不同成矿阶段的各种矿物共同出现在同一空间范围内的现象称为矿物的伴生(associate)。例如,在含铜硫化物矿床的氧化带中,常见黄铜矿与孔雀石、蓝铜矿在一起,由于黄铜矿通常系热液作用形成,而孔雀石和蓝铜矿则为表生成因,因此它们为伴生关系。

共生的矿物之间应该是达到化学平衡的,即:化学元素在共生的矿物之间的分布是达到平衡状态的。根据这种平衡关系可以建立地质温压计。反过来,在利用某矿物的地质温压计时,要判断矿物之间是否是共生关系,如果不是共生关系,相应的地质温压计就不能使用。

## (二) 矿物的标型性

20世纪矿物学发展的重要成就之一,就是系统总结了能够反映矿物或地质体的一定成因特征的矿物学标志,即矿物的标型性(typomorphism)。它主要包括标型矿物、标型矿物共生组合和矿物标型特征三方面的内容(薛君治等,1990),是现代矿物学研究中的重要课题之一。

### 1. 标型矿物和标型矿物共生组合

所谓标型矿物(typomorphic mineral)和标型矿物共生组合(typomorphic mineral assemblage),分别指只在某种特定的地质作用中形成,以及稳定的矿物和特定性矿物组合。它们强调矿物和矿物组合的单成因性,显然,标型矿物或标型矿物共生组合本身就是成因上的标志。例如,斯石英专属于高压冲击变质成因,产于陨石冲击坑;多硅白云母为低温高压变质带的标型矿物;辰砂、辉锑矿则为低温热液矿床的典型矿物;普通球粒陨石的标型矿物组合是橄榄石、辉石、铁纹石、镍纹石、陨硫铁、铬尖晶石和钛铁矿等(王奎仁,1989);含金刚石的金伯利岩的原生矿物组合为镁橄榄石、金云母、铬镁铝榴石、铬透辉石、顽火辉石、镁钛铁矿、铬尖晶石、金刚石、金红石及含铌、钽的锐钛矿等。

### 2. 矿物的标型特征

同种矿物在晶体形态、物理性质、化学成分、晶体结构等方面随着形成条件的不同而具有明显的差异。这种能反映矿物的形成和稳定条件的矿物学特征称为矿物的标型特征(typomorphic features),通常简称为矿物标型,具体地可分为成分标型、结构标型、形态标型和物理性质标型等。

(1) 形态标型:在碱性岩、偏碱性的花岗岩中,锆石的晶体形态发育四方双锥$\{101\}$,四方柱$\{100\}$和$\{110\}$发育得很小,晶体呈粒状;在酸性花岗岩中,锆石的$\{101\}$、$\{100\}$和$\{110\}$都发育,但$\{100\}$和$\{110\}$发育很长,晶体呈长柱状;在基性岩中,锆石也是长柱状,有时发育复四方双锥$\{311\}$。在成矿早期,黄铁矿的晶体形态以立方体$\{100\}$为主,在成矿主期则以五角十二面体$\{210\}$为主。

(2) 成分标型:在闪锌矿($ZnS$)中,$Fe^{2+}$代替$Zn^{2+}$进入晶格的量越多,表明形成温度越高。黄铁矿中的Co/Ni<1表明是沉积成因的,Co/Ni>1则表明是岩浆或热液成因的。

(3) 结构标型:变质白云母的晶胞参数$b_0$值随着压力升高而增大,低压变质带白云母

$b_0 < 0.900$ nm，高压变质带 $b_0 > 0.904$ nm。

（4）物理性质标型：在花岗伟晶岩或热液矿床中，电气石为黑色表明形成温度 $>300$ ℃，若为绿色则表明温度约为 290 ℃，若为红色则表明温度约为 150 ℃。闪锌矿的颜色越深代表形成温度越高。

理论上，各种标型在内部机制上是相互关联的，因为晶体的形态、成分、结构、物理性质是相互关联的。例如，闪锌矿的成分标型与物理性质标型是相互关联的，因为 $Fe^{2+}$ 含量越高，颜色就越深，所以闪锌矿的 $Fe^{2+}$ 含量高指示温度高与颜色深指示温度高是相同的含义。

必须指出，并非所有矿物都具有标型特征。自然界只是某些矿物的某些性质才具有标型意义，而且是全球性标型较少，而地区性标型相对较多（薛君治等，1990）。

### 3. 地质温压计

矿物标型大多是定性的。如果能进一步确定矿物某种标型与形成温度、压力的定量关系，那么就可得到地质温压计。矿物地质温度计（geothermometer）、地质压力计（geobarometer）和地质温压计（geothermobarometer）即是基于矿物的某种或某些特征（主要是化学成分，也可是结构、物理性质等）与矿物形成的温度、压力之间的相关关系，或者是某种（些）组分在几种共生的矿物之间或矿物与熔体之间的分配达到平衡时的温度、压力的相关关系，建立起来的数学模型。

例如：实验研究发现，在压力为 1 GPa 条件下，金红石中 Zr 的含量是温度的函数（图 15-5），通过回归分析，可建立起描述金红石 Zr 的含量 $w_{Zr}$ 与其形成温度 $T$ 的数学模型，即金红石 Zr 地质温度计：

$$t(℃) = \frac{4\ 470 \pm 120}{(7.36 \pm 0.10) - \log(w_{Zr})} - 273 \quad (p = 1\ GPa)$$

式中 $w_{Zr}$ 的单位为 $10^{-6}$。

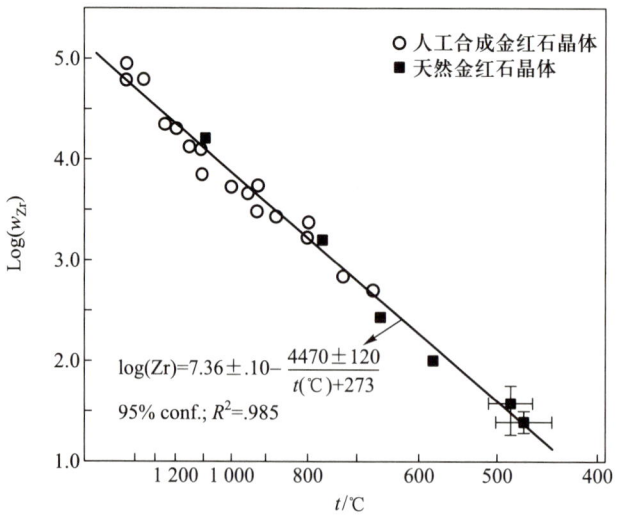

图 15-5　人工合成和天然金红石晶体中 $\log(w_{Zr})$-$t(℃)$ 图解

（据 Waston EB 和 Wark DA，2006）

### （三）矿物中的包裹体

#### 1. 包裹体的成因类型

矿物中的包裹体（inclusion）是矿物生长过程中或形成之后被捕获包裹于矿物晶体缺陷（如晶格空位、位错、空洞和裂隙等）中的、至今尚完好地封存在寄主矿物中并与寄主矿物有着相界线的那一部分物质。

包裹体普遍存在于矿物中，有时数量相当多。矿物中包裹体形状各异，成分复杂，可以是气态、液态或固态，其中尤以气相和液相组成的气液包裹体常见，常用来研究矿物形成时的物理化学条件。包裹体的大小不一，气液包裹体大多小于 10 $\mu m$，因此，需在显微镜和电子显微镜下才能清晰地观察研究。

包裹体按成因可分为原生、次生和假次生 3 种类型。

原生包裹体（primary inclusion）是矿物结晶过程中被捕获封存的成岩成矿介质（含气液的流体或硅酸盐熔融体），它与寄主矿物同时形成，常沿主矿物的某些特定结晶方向，特别是沿寄主矿物的晶面成群或呈条带状、环带状分布（图 15-6 中的 P）。

次生包裹体（secondary inclusion）是矿物形成以后，后期热液沿矿物的微裂隙贯入，引起矿物局部溶解并发生重结晶，之后又为寄主矿物所圈闭而形成的定向排列的包裹体，它常沿切穿矿物颗粒的裂隙分布（图 15-6 中的 S）。

假次生包裹体（pesudo-secondary inclusion）是矿物生长过程中，由于构造应力作用，使矿物晶体产生局部破裂或蚀坑，成矿流体进入其中，并使这些部位发生重结晶而被继续生长的晶体封存所形成的包裹体。假次生包裹体沿愈合裂隙分布，显示出与次生包裹体相似的空间分布特征，但这种裂隙只局限于寄主矿物内部，并不切穿矿物晶体颗粒（图 15-6 中的 PS）。

#### 2. 包裹体的地质意义

原生的、假次生的液态包裹体是代表寄主矿物的原始成岩成矿流体的样品，其成分和热力学参数（温度、压力、pH、$E_h$ 值和盐度等）反映了寄主矿物形成时的化学环境和物理化学条件，是矿物的重要标型特征之一，可作为解译成岩成矿作用的密码；而次生的液态包裹体则反映成岩成矿期后的物理化学作用的温度、压力、介质成分和性质。液态包裹体的均一温度和爆裂温度可以用来限定矿物形成温度的下限和上限。均一温度即室温下呈两相或多相的包裹体，经人工加热，当温度升高到一定程度时，包裹体由两相或多相转变成原来的均匀的单相流体，此时的温度称为均一温度，一般认为代表矿物形成温度的下限，经压力

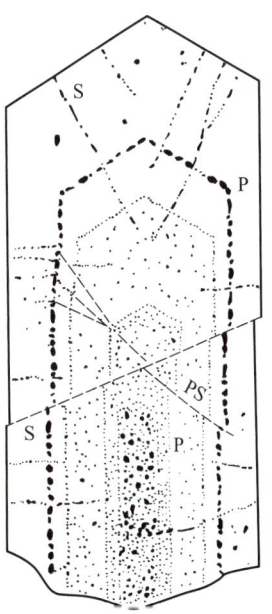

图 15-6　水晶中的包裹体

（据 Smith F G,1963;

引自何知礼,1982）

P. 原生包裹体;S. 次生包裹体;

PS. 假次生包裹体

校正后可获得近似的矿物形成温度。液态包裹体的爆裂温度，即为加热流体包裹体达到均一后，继续升温，这时包裹体内部压力随之急剧升高，当内压超过包裹体体腔壁所能承受的压力时，包裹体爆裂，并发出"啪、啪"响声，此时的温度即为包裹体的爆裂温度，可代

表矿物形成温度的上限。

固态包裹体对揭示寄主矿物的成因类型、形成的物理化学条件、成岩过程及有关的地质构造背景等具有重要的指示意义。例如,不同条件下形成的锆石具有特定的矿物和(或)流体包裹体组成,因而锆石中包裹体的研究对判别锆石的成因类型和形成环境具有很好的指示意义。热液成因的锆石含典型热液矿物组合(如电气石、黄铁矿、绢云母等)包裹体以及丰富的低盐度 $H_2O$-$CO_2$ 流体包裹体。岩浆锆石由于结晶温度较高,通常不含热液矿物包裹体和流体包裹体,但却可能包含高温岩浆矿物(如金红石、磷灰石等)与熔体包裹体。变质锆石则通常含可指示寄主矿物形成的物理化学条件的变质矿物组合包裹体。例如,大别—苏鲁造山带的超高压变质岩(榴辉岩)中的部分变质锆石普遍含有柯石英包裹体,这些锆石的 U-Pb 年龄为 225~230 Ma。因柯石英是一种指示超高压条件的标型矿物,据此可推测,225~230 Ma 的锆石形成于造山带的峰期变质作用(即超高压变质作用),则其 U-Pb 年龄可代表大别—苏鲁造山带峰期变质的时间(Liu 等,2004)。

# 三、假象与副象

矿物形成后,当所处环境条件发生改变时,原矿物会发生成分和结构的变化而形成新的矿物。如果这种变化并不改变原矿物的形态,就形成了假象或副象。

## 1. 假象

矿物形成后如果遇到流体(热液或岩浆)则会发生交代作用,即:矿物与流体发生物质交换而形成新矿物。这种物质交换一定伴随着溶解-结晶的同时发生。如果这种溶解-结晶能够很好地耦合,交代作用完成后,虽然矿物已经完全变成了新矿物但是原矿物的形态会保留下来。矿物因为被交代而形成了另一种矿物但原矿物晶形被保留,这种现象称为假象(pseudomorph)。

例如,黄铁矿呈立方体晶形,但如果立方体内全部由细小的针铁矿和纤铁矿($FeOOH$)组成,并伴有一些杂质,表明该黄铁矿已经被流体交代而形成褐铁矿(铁的氢氧化物的混合物)。这样的褐铁矿被称为假象褐铁矿。交代作用肯定是从外围进行的,例如,图 15-7 展示的是红柱石被交代后形成了外围一圈白云母细小晶体集合体,但交代作用还没全部完成,红柱石内部还没有完全被白云母取代。白云母的分布与红柱石的晶体形态一致,说明了假象的形成过程。大多数假象是由交代形成的许多细小晶体杂乱分布的集合体组成,但如果原矿物晶体与后期形成了矿物晶体之间在晶体结构上有某种匹配性或耦合性,则可以形成一个单晶体(或几个较大的晶体)来取代原矿物晶体。图 15-8 是普通角闪石被交代后形成蒙脱石的晶格图案,反映了后期形成的蒙脱石是一个单晶体,也反映了两种矿物晶体结构上的相互耦合性。

## 2. 副象

同质多象变体之间发生了转变,转变后的变体保留原来变体的晶体形态,这种现象称副象(paramorph)。因为同质多象变体之间是成分相同只是结构发生改变,所以副象与假象的区别是:成分不变结构改变时保留了原来的晶形为副像;成分和结构都改变时保留了原来的晶形为假象。

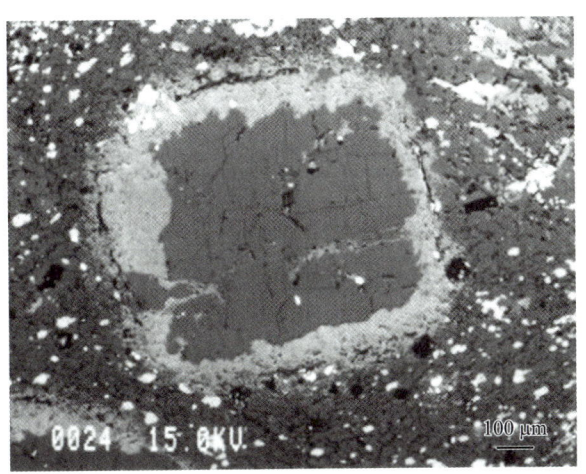

**图 15-7　红柱石被交代形成的白云母(部分交代,不完全的假象)**

（据 Ferry J M,2000）

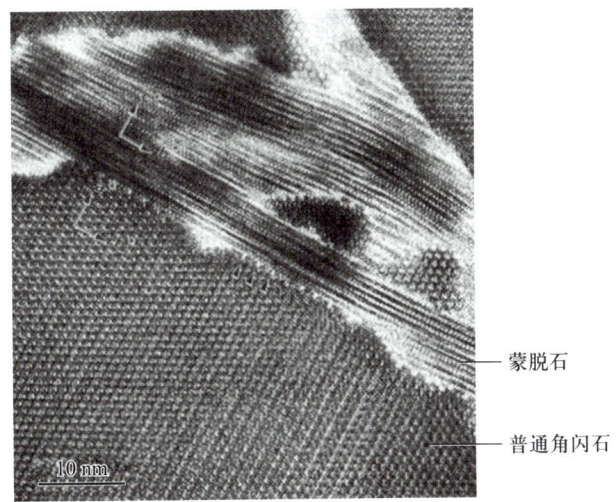

蒙脱石

普通角闪石

**图 15-8　普通角闪石被交代后形成蒙脱石的晶格像**

（据 Banfield J F 和 Barker W W,1994）

同质多象转变是在固态下发生的一种晶体→另一种晶体,没有溶解,所以原来变体的晶体形态轮廓是不会改变的,只是其内部发生了原子、离子的重新排布、重新成键。在原来变体的晶体形态轮廓范围内,新变体可以形成一个单晶体,也可以是多个晶体组成,形成晶畴结构(一个晶体范围是一个晶畴,多个晶体就形成了多个晶畴拼接在一起的现象,称为晶畴结构),并且晶畴之间有可能是双晶关系,如第九章我们介绍过的转变双晶(参见第九章图 9-14)。

还有一种特殊的副像,就是晶化过程中保留原来非晶态物质的外形。例如,钟乳石(非晶态或胶态 Ca[CO₃])内部有许多纤维状的方解石晶体,这些纤维状方解石晶体是晶化形成的。晶化过程中将原来的非晶体结构转变为晶体结构了,但保留了原来钟乳石的外形,即成分不变、结构改变时保留了原来的形态,所以也是一种副象。

## 习题与思考题

**基础题：**

1. 对比：岩浆作用、伟晶作用、热液作用、火山作用、风化作用、沉积作用、变质作用中矿物晶体的生长方式。

2. 区分矿物的共生、伴生和世代。它们各自有什么地质意义？

3. 什么是矿物的标型特征？有哪些类型的标型特征？各举例说明。

4. 什么是标型矿物？请举例说明。标型矿物具有标型特征吗？为什么？

5. 什么是矿物包裹体？有哪些类型的包裹体？各有什么地质意义？

6. 什么是假象？假象是怎么形成的？请举例说明。

7. 什么是副象？副象是怎么形成的？副象与假象的区别是什么？

**综合分析与讨论题：**

8. 你认为矿物的标型特征和标型矿物是怎么得出来的？

9. 什么是地质温压计？它是怎么建立的？

10. 你认为怎样的物理化学过程才能够保证原矿物晶体被交代了但形态不破坏，从而形成假象？

11. 你认为在副象里面，原晶体变成新晶体，新晶体是只有一个单晶体的形式容易形成，还是有多个晶体（或晶畴）的形式容易形成？

# 第十六章

# 研究矿物的现代测试方法简介

随着科学技术的不断发展,研究矿物的成分、结构、形态等的现代测试方法越来越多,也越来越深入、微观,向着微区原位测试的方向发展。这些测试方法里涉及很多物质内部原子、离子、电子等的微观行为,这些内容比较深奥,有专门的书籍介绍,在此不做详述。本章只介绍几种最常用的研究矿物的测试方法,并着重介绍其基本原理。理解了这几种常用方法的基本原理后,其他测试方法的原理是可以类比的。只有理解测试方法的原理,才能够理解测试数据的内涵,才能够正确分析测试数据的意义。

几乎所有的测试方法最基本的原理是,激发源或入射粒子束(电子束、离子束、X射线束、红外光束、激光光束等)与矿物晶体内部的原子、离子、电子、原子核等发生相互作用,产生一些物理信息(相当于反馈信号)。收集这些物理信息就可以帮助我们分析矿物晶体的成分、结构、形态等。最常用的粒子束是电子束。图16-1是电子束入射矿物晶体样品后产生的各种反馈信号。

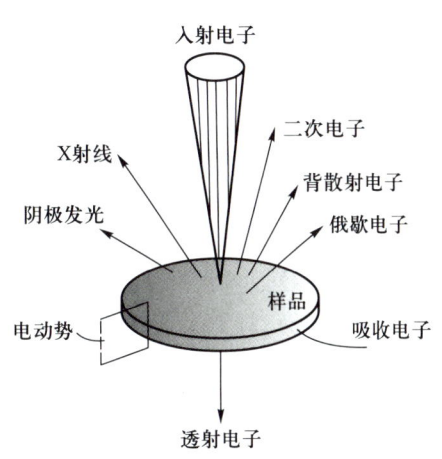

图 16-1 电子束入射样品
得到的各种反馈信号

(引自陈敬中,2001)

关于这些反馈信号是怎么产生的,以及利用什么反馈信号能得到成分信息或结构信息,请参考专门的书籍介绍,在此不做赘述。

## 1. 电子探针

电子探针X射线显微分析(electron probe X-ray microanalysis,简称EPMA)的功能是:测试物质的成分,同时配有观察样品形貌的电子显微镜,以帮助选定测试区域,并将成分与形貌对应起来。

测试原理:高能电子束轰击样品时,在一个微米级范围的微区体积内激发产生特征X射线(图16-1)。根据X射线的波长或能量,可以鉴别矿物内所含的元素,再根据不同元素的X射线产额强度与标准样品对比,计算出各种元素的含量。

测试方法有① 点分析:测试样品上某个点的化学成分,给出的结果是各种氧化物重量百分比(点分析的结果只代表这个点的化学成分,不能代表整个样品的化学成分);② 线扫描:沿着样品上设定的一条线进行一系列点的测试,给出的结果是这条线上某元素含量高低变化;③ 面扫描:在样品上选定区域进行一系列点的测试,给出的结果是这个区域内某元素

含量变化。线扫描和面扫描都可以将成分变化规律与样品形貌变化联系起来。

测试范围:一般为 11 号元素(Na)至 92 号元素(U)。不能分析 H、$H_2O$、OH、Li 等;对一些轻元素 Be、C、N、O 分析也很困难;不能区分元素的价态。

灵敏度(检测下限):$10^{-4}$。这个下限值高于矿物中的微量元素含量,所以 EPMA 只能测矿物中的主量元素,不能测微量元素。

分辨率:1 μm,即小于 1 μm 的颗粒其成分测试不准。

送样要求:固态样品。薄片或光片,需要精细抛光,薄片需要双面抛光;不导电矿物需要喷碳。

### 2. 扫描电子显微镜

扫描电子显微镜(scanning electron microscope,简称 SEM)的功能是:观察物质的微观形貌,同时配有定性或半定量的成分分析,可帮助测定某些特殊形貌区域的成分特点,并将成分与形貌对应起来。

测试原理:聚焦很细的电子束以扫描的方式照射到样品的一个区域,使样品产生二次电子、背散射电子、特征 X 射线等(图 16-1)。接收二次电子与背散射电子后就可形成样品形貌像。二次电子像称为 SEI,是根据样品高低特点成像,所以立体感好一些;背散射电子像称为 BSEI,是根据样品中所含元素的原子序数成像,形成的是样品的成分衬度,因此背散射电子像能清晰反映不同矿物相或同一矿物颗粒中不同成分分布特征,如出溶体、环带、包裹体等。配有能量色散 X 射线谱仪,所以也可以接收 X 射线以分析成分。

测试方法有:对于形貌测试,就是面扫描法。若要定性或半定量测成分,则有上述的点分析、线扫描、面扫描。

分辨率:可达 6 nm。

送样要求:固态样品。制样简单,粉末、薄片、光片都可以。不导电矿物需要喷碳。不同型号对样品的尺寸要求不同,需要注意。

### 3. X 射线衍射分析

X 射线衍射分析(X-ray diffraction,简称 XRD)的功能是测试物质的晶体结构,具体有:① 物相鉴定;② 晶胞参数及其他结构参数(如有序度);③ 晶体结构中原子、离子坐标(这个测试较复杂,需要收集单晶衍射数据,并进行结构因子计算等)。

测试原理:首先利用电子束轰击一个金属靶,产生 X 射线;然后将 X 射线入射晶体,晶体结构对入射的 X-射线会产生衍射。所谓"衍射",可以形象地理解为:晶体结构中的面网对 X 射线的"反射"。对于一般光线的反射,任意角度入射的光线都可以被反射,并且入射角=反射角。但是,晶体结构中的面网对 X 射线的"反射"要求入射角一定要满足衍射条件,即布拉格方程:$2d\sin\theta=\lambda$。在这个方程中,$d$ 为面网间距,$\theta$ 为掠射角(入射线与面网的夹角,也就是入射角的余角),$\lambda$ 为 X 射线的波长。当 X 线以某个入射角入射晶体结构时,如果它不满足布拉格方程,它就得不到"反射"(即得不到衍射),如果满足布拉格方程就可以得到"反射",这时我们可以得到一个衍射光斑,其入射角也等于反射角。如果已知掠射角 $\theta$ 和 X 射线的波长 $\lambda$,就可以知道面网间距 $d$。关于 X 射线衍射测试晶体结构的基本原理在第一章的"本章拓展延伸知识"有一些介绍。接收衍射线可形成衍射图(或衍射花样),据此测试矿物的晶体结构、结晶学取向等。

测试方法有:

（1）粉末衍射法：用于物相鉴定、晶胞参数等测试。X射线入射到一个矿物的粉末样品中，这个粉末样品可视为由各种各样取向的微小颗粒组成，导致每个颗粒与X射线的入射角是各种各样的，相当于在布拉格方程中掠射角$\theta$有各种各样的值，让尽可能多的面网能够满足衍射条件，产生衍射线。接收衍射线后可以形成一个衍射图谱。图谱中每个峰对应一个面网，由布拉格方程可以得出面网符号和面网间距。每个矿物的衍射图谱形式是唯一的，所以通过测试未知矿物的衍射图谱，将图谱与已知矿物的图谱对应起来，就可以对这个未知矿物进行鉴定，即物相鉴定。将图谱中各峰的面网符号与面网间距输入软件，可以计算出这个矿物的晶胞参数。再通过某些峰的特征，可以计算有序度等其他结构参数。

（2）单晶衍射法：用于晶体结构中原子、离子坐标、键长键角测试。将矿物单晶体安装到有四圆测角系统的单晶衍射仪上，通过四个圆的旋转使晶体可以实现各种方向的旋转。X射线入射到晶体后，晶体进行各种方向的旋转以使得入射的X射线与晶体里的各种面网以各种各样的角度相交，相当于在布拉格方程中掠射角$\theta$有各种各样的值，以满足衍射条件而产生衍射。接收各种各样的衍射线后，会形成一个衍射图（衍射花样，由衍射斑点规律排列组成），通过分析这个衍射图，就可以得出晶体的对称性。再结合衍射强度计算结构因子，就可以得出原子、离子坐标、键长、键角等。单晶衍射测试成本高，主要针对新矿物的晶体结构中原子、离子坐标等测试，对于已知矿物的结构参数测试不必要用单晶衍射。

送样要求：晶态样品，不能测试非晶态物质。粉晶衍射需要将样品研磨成$1\sim10\ \mu m$的粉末，样品量大于0.5 g，并且要求粉末不能定向，越杂乱分布越好，以保证粉末中每个颗粒取向随机分布。单晶衍射则要求$0.1\sim0.5$ mm的单晶体（单晶碎块也行），且要求单晶体内无显微双晶、显微出溶体等。

需要说明的是，X射线衍射只能得出样品的平均结构信息，不能得出微区结构信息；并且也不能直接看到晶体结构的图像。如果要得出微区结构信息且能直接看到晶体结构图像，就需要下述的透射电子显微镜了。

### 4. 透射电子显微镜

透射电子显微镜（transmission electron microscope，简称TEM）（含透射电子衍射）的功能是：观察物质的超显微形貌、晶格缺陷及晶格变形，测试晶体结构特点、结晶学取向、晶格像。同时配有定性或半定量的成分分析，可帮助测定某些特殊形貌区域的成分特点，并将成分与形貌对应起来。

测试原理：电子束穿透过样品，晶体结构对入射电子束产生衍射，衍射的原理与X射线衍射一样。接收衍射线可形成衍射图（衍射花样，由衍射斑点规律排列组成），据此测试矿物晶体的对称型（点群）、结晶学取向、面网间距等。除了衍射线外，入射电子还可以与样品中电子和原子核发生作用产生各种散射，而散射线与透射线发生干涉等作用，形成样品的各种形貌像和结构像，如散射衬度像（反映样品厚度差异和成分差异的像）、衍射衬度像和相位衬度像（可形成高分辨晶格像和结构像）。各种图像的解释比较复杂，需要相关专业知识。

测试方法有：选区电子衍射，明场像、暗场像、高分辨成像。

分辨率：可达$0.1\sim0.2$ nm。

送样要求：固态样品，若要用衍射法来测试晶体结构，则需要晶态样品。制样较复杂，因为样品是置于直径$2\sim3$ mm铜网上，所以样品尺寸不能超过1 mm；因为电子束要穿透样品，所以样品厚度不能超过$100\sim200$ nm，需要离子减薄法制样，或者用研磨法把样品磨细，单个

细小颗粒能保证其厚度小于 100~200 nm。

### 5. 背散射电子衍射

背散射电子衍射(electron backscantted difraction,简称 EBSD)的功能是:测试物质的结晶学取向及晶体结构特点。具体有:① 双晶律的鉴定;② 交生晶体之间结晶学取向关系(或拓扑关系);③ 晶体的择优取向(即岩组学分析)。EBSD 测试是在扫描电子显微镜(SEM)上添加一个附件进行的,不需要单独的仪器。

测试原理:电子束倾斜入射到样品表面,进入样品表面 3~5 nm 厚度,与样品的晶体结构发生相互作用而产生衍射,衍射线从入射线的相反方向射出。接收衍射线可形成菊池衍射花样(与衍射花样不同,不是由衍射斑点组成,而是由明暗平行线组成)。通过软件分析菊池衍射花样可以得出矿物晶体任意结晶学方向的极射赤平投影图(即极图),投影图的基圆可以设定为样品平面。借助极图就可以分析样品的结晶学取向规律。

测试方法有① 点分析:测试样品上某个点,得出这个点所对应的晶体的结晶学取向;② 面扫描:在样品上选定区域进行一系列点的测试,给出的结果是这个区域内所有矿物晶体颗粒的结晶学取向(用不同颜色表达不同的结晶学取向)。

分辨率:1 μm,即小于 1 μm 的颗粒不能出好的菊池衍射花样。

送样要求:晶态样品。薄片或光片,表面要非常光滑,需要高精细抛光。但又不能因为抛光将表面非晶化。

### 6. 红外和拉曼光谱分析

红外光谱(infrared spectra),简称 IR。激光拉曼光谱(laser raman spectra),简称 LRS。它们的功能是:测试物质(晶态、非晶态、气体、液体)内的结构基团或分子的键长、键角等特征。具体有:① 物相鉴定;② 矿物中水的存在形式与含量;③ 某种成分的变化导致的键长、键角的变化等。

IR 测试原理:一束不同波长的红外光入射矿物后,会激发矿物中某个结构基团或分子中的振动或者转动,这个振动或转动使得有些特定波长的光被矿物吸收,形成该矿物的红外光吸收图谱。

LRS 的测试原理:一束固定波长的激光入射矿物后,与矿物晶体内的分子发生非弹性散射,不同分子结构的散射光不同,形成了不同矿物的拉曼散射图谱。根据不同矿物的红外吸收图谱或拉曼散射图谱,可以物相鉴定;图谱中不同波长的吸收峰或者散射峰反映结构中具有不同的化学键及其键长、键角,因此可以分析结构中特殊化学键(例如 H—O 键)的规律。

IR 和 LRS 的共同点是:测试物质内部结构基团或分子的结构信息。这一点与上述的 X 射线衍射和电子衍射测试晶体结构是完全不同的。所有的衍射都是与晶体结构的周期重复规律有关,有周期重复规律才能够形成衍射。所以 X 射线衍射和电子衍射只能测试晶体结构,不能测试非晶体的结构,因为非晶体没有周期重复规律,不能产生衍射。而红外和拉曼光谱测试的是结构中基团或分子的结构特点,所以它既能测定晶体结构特点,也能测定非晶体或液体或气体的结构特点。此外,衍射方法可以得出与周期重复规律相关的内容,如对称型(点群)、晶胞参数、晶体结构中原子、离子坐标等。但红外和拉曼光谱不能得出这些结构信息。

测试方法有:点测试、线扫描和面扫描。

分辨率:点测试的分辨率为 1 μm。

送样要求:固态、液态、气态样品都可以。薄片、光片、粉末、液体、气体。

除了上述几种最常用的测试矿物的晶体结构、成分、形貌的测试方法外,还有许多测试方法,如激光剥蚀电感耦合等离子体质谱(LA-ICP-MS):测试痕量及超痕量元素(特别是U);各种光谱分析[如原子吸收光谱(AAS)、X 射线荧光光谱(XRF)]:测试主量和微量元素,但微量元素测试精度更高;穆斯保尔谱(MSS):测试元素(主要是 Fe 和 Sn)的价态、配位、自旋、键性、磁性等;原子力显微镜(AFM):测试样品表面纳米级或原子级的台阶或凹坑,其纵向分辨率很高。

## ？ 习题与思考题

### 基础题:

1. 测试矿物成分有哪些方法? 哪些方法是测试主量元素的? 哪些方法是测试微量或痕量元素的?

2. 测试矿物结构有哪些方法?

3. 岩石薄片里有一个矿物,颗粒很小,需要做什么测试才能知道它是什么矿物?

4. 有一个黏土矿物样品,用什么方法可以最经济实惠地鉴定它是什么矿物?

5. 对于有环带结构的矿物,怎么测试才能知道不同环带的成分差别?

6. 有一个微晶集合体,需要做什么测试(要考虑经济实惠的)才能看到每个微晶颗粒的形貌?

7. 岩石薄片里有几个相同矿物或不同矿物有规律地聚集在一起,需要做什么测试才能知道它们是不是双晶或交生?

8. 要了解某矿物晶体的超显微双晶、晶格变形等内容,需要做什么测试?

9. 什么方法能够测试非晶体、液体、气体的结构特点?

### 综合分析与讨论题:

10. X 射线衍射和电子衍射以及红外光谱和拉曼光谱都可以测试晶体结构,但它们测试的内容完全不同。请问,X 射线衍射和电子衍射能测晶体结构的什么内容? 红外光谱和拉曼光谱能测晶体结构的什么内容?

11. 为什么 X 射线衍射和电子衍射只能测试晶体结构不能测试非晶体结构? 请从布拉格方程来解释。

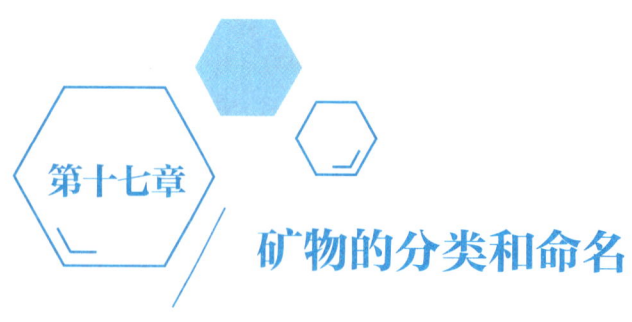

# 第十七章 矿物的分类和命名

目前世界上已知的矿物已达 5 000 余种。为了系统而全面地研究矿物,就必须对种类繁多的矿物进行科学的分类。科学分类是认识事物的便捷途径。

## 一、矿物的分类

电子教案 17
矿物的分类和
命名

矿物的分类方案很多。早期曾采用过以单纯的化学成分为依据的化学成分分类,后来又有人提出以元素的地球化学特征为依据的地球化学分类和以矿物成因为依据的成因分类。但目前矿物学中广泛采用的是以矿物的化学成分和晶体结构为依据的晶体化学分类。矿物的本质是成分和结构的统一,它们决定了矿物本身的性质,并与一定的形成条件有关,在一定程度上也反映了自然界化学元素结合的规律性。因此,以晶体化学为基础的矿物分类方案,应是比较合理的。

本教材即采用晶体化学分类,其分类体系如表 17-1。

表 17-1　矿物的晶体化学分类体系

| 级序 | 划分依据 | 举例 |
|---|---|---|
| 大类 | 化合物类型 | 含氧盐大类 |
| 类 | 阴离子或络阴离子种类 | 硅酸盐类 |
| (亚类) | 络阴离子结构 | 链状结构硅酸盐亚类 |
| 族 | 晶体结构型和阳离子性质 | 辉石族 |
| (亚族) | 阳离子种类 | 单斜辉石亚族 |
| 种 | 一定的晶体结构和化学成分 | 普通辉石 |
| (亚种) | 在完全类质同象中根据其所含端员组分的比例划分 | |
| (变种或异种) | 次要化学成分或物性、形态有明显变异 | 钛质普通辉石(钛辉石) |

晶体化学分类将同一类或亚类中晶体结构型相同、化学成分类似的一组矿物归为一个矿物族(group)。但是,"族"的划分也存在一些例外情况,如"石英族"包括了所有架状 $SiO_2$ 矿物,这些矿物的结构型并不相同。

矿物分类的基本单位是"种"（species），是指具有确定的晶体结构和相对固定的化学成分的矿物。

对于同一物质的各同质多象变体，虽然化学成分相同，但其晶体结构明显不同，性质各异，故应视为各自独立的矿物种。而对同种矿物的不同多型，由于其成分相同，结构和性质上的差异很小，因此，尽管可能属于不同的晶系，也仍视之为同一矿物种。例如，2$H$ 型石墨和 3$R$ 型石墨均属同一矿物种——石墨。

对完全类质同象系列的矿物，其化学组成是连续变化。国际新矿物及矿物命名委员会规定，以 50% 为界按二分法将一个完全类质同象系列划分为两个矿物种。例如，$Mg[CO_3]$—$Fe[CO_3]$ 系列，凡 $Mg[CO_3]$ 含量>50%（物质的量分数）者为菱镁矿，而 $Fe[CO_3]$ 含量>50% 者则为菱铁矿。类质同象系列的中间成分者可作为矿物种之下的亚种（subspecies）。

在同一矿物种中，由于矿物在次要化学成分或物理性质、形态上呈现较明显的差异，因此往往称之为变种（variety，或称异种）。例如，铁闪锌矿（$Zn,Fe$）$S$ 是闪锌矿富铁的变种；紫水晶是紫色的石英变种；镜铁矿是呈片状或鳞片状、具金属光泽的赤铁矿变种。

根据上述分类原则，本教材采用如下分类（仅列出大类）：

第一大类　自然元素及其类似物矿物

第二大类　硫化物及其类似化合物矿物

第三大类　氧化物和氢氧化物矿物

第四大类　含氧盐矿物

第五大类　卤化物矿物

# 二、矿物的命名

每个矿物种都有其固定的名称。矿物命名的依据各种各样，有的是根据矿物本身的特征，如化学成分、形态、物理性质等命名的，有的是以发现该矿物的地点、人或研究学者而命名的（表 17-2）。但多以矿物的特征来命名，这有助于了解矿物的主要成分和性质。

表 17-2　矿物的命名方法

| 命名依据 | 举　例 |
| --- | --- |
| 化学成分 | 自然金、钛铁矿 |
| 物理性质 | 橄榄石、方解石、重晶石 |
| 形　态 | 石榴子石、十字石、方柱石 |
| 物理性质+化学成分 | 方铅矿、黄铜矿、磁铁矿 |
| 物理性质+形态 | 绿柱石、红柱石 |
| 地　名 | 高岭石、香花石、包头矿 |
| 人　名 | 鸿钊石、张衡矿 |

在我国现用的矿物名称中，仍沿用我国古代的某些矿物名称（如雌黄、雄黄等），以及传统的命名习惯：呈金属光泽或主要用于提炼金属的矿物称为"××矿"，如方铅矿、菱铁矿等；

具非金属光泽者称为"××石",如方解石、孔雀石等;宝玉石类矿物常称为"×玉",如刚玉、黄玉、硬玉等;呈透明晶体者称为"×晶",如水晶、黄晶等;常以细小颗粒产出的矿物称为"×砂",如辰砂、毒砂等;地表次生的并呈松散状的矿物称为"×华",如钴华、钼华等;易溶于水的硫酸盐矿物常称为"×矾",如胆矾、黄钾铁矾等。此外,有的矿物是我国首先发现而命名的,还有很多是由外文翻译而来的,大多数是据其化学成分(间或也考虑形态、物理性质特征)转译而来,少数属音译名。

## ？ 习题与思考题

1. 在矿物的晶体化学分类中,大类、类、族、种的划分依据是什么? 如何处理类质同象、同质多象、多型矿物的"种"的划分问题?

2. 对于一种新矿物,你认为如何命名比较科学、合理?

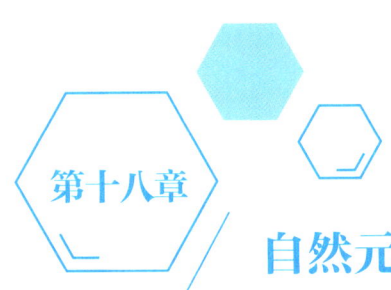

# 第十八章

# 自然元素及其类似物大类

自然元素及其类似物大类是指元素呈单质状态和两种或多种元素组成的合金。目前已知能形成自然元素及其类似物矿物的元素见表 18-1。

自然界中目前已经发现本大类矿物超过百种。虽然本大类矿物占地壳总质量还不足 0.1%，但是其中自然金、金刚石等不仅能够富集成矿，而且在珠宝、金融、航天等高科技领域有着重要的作用。此外，一些金属元素矿物及金属互化物矿物与地幔、地核，以及陨石、月球相关，所以在目前全球范围内掀起的月球及宇宙研究热潮中有重要的科学意义。

本大类不仅是单一元素组成的矿物，也包括两种或多种元素组成的自然合金。合金（alloy）是指：① 两种或两种以上金属元素形成的类质同象混晶（固溶体），化学键为金属键，各金属元素的含量是可以连续变化的；② 两种或两种以上金属元素之间相互"化合"形成的金属互化物（intermetallic compound），这时，两种或两种以上的金属元素的电子构型、原子半径、化学性质相差较大，化学键为金属键和共价键，各金属元素的含量是确定比例，不能连续变化。

近期在一些与地幔、地核相关的超高压岩石中，以及在陨石、月岩中发现了大量的金属互化物矿物，甚至还发现了一系列新矿物，如我国发现的罗布沙矿（$Fe_{0.83}Si_2$）（白文吉等，2006）、雅鲁矿 [ $(Cr_4Fe_4Ni)_9C_4$ ]（施倪承等，2009）。自然界还发现了这大类矿物的准晶态，如 $Al_{63}Cu_{24}Fe_{13}$ 准晶（L Bindi 等，2009）。

本大类矿物可进一步划分为自然金属、自然非金属和自然半金属矿物 3 类。

自然金属元素矿物最常见的有铂族元素（Pt、Ru、Rh、Pd、Os、Ir）和 Au、Ag、Cu，偶见 Pb、Zn、Sn 等。而 Fe、Co、Ni 的单质形式则主要见于铁陨石中。本类矿物中金属元素的原子呈最紧密堆积，其中多数为立方最紧密堆积，具立方面心格子结构，如自然金、自然铜、自然铂等；少数为六方最紧密堆积，具六方格子结构，如自然锇。与之对应，矿物形态为等轴粒状或六方板状。因自然金属元素矿物均具典型的金属键，故矿物在物理性质上表现出不透明、金属光泽、硬度低、相对密度大、延展性强、导电导热性能好等金属键的特性。

自然非金属元素矿物以 C 和 S 为最常见。其中，C 有金刚石和石墨两种常见的同质多象变体。此外，20 世纪 80 年代在人工合成化合物中又发现了 C 的其他同质多象变体，如呈笼状结构的 $C_{60}$、$C_{70}$ 等，称富勒烯，还有呈管状结构的纳米碳管。S 有多种同质多象变体，但以自然硫（$\alpha$-硫）最为常见。

自然半金属元素矿物主要有 As、Sb、Bi。本类矿物的性质介于上述二者之间。自然界中除自然铋外,其他自然半金属矿物很少见。

此外,表 18-1 中所列出的其他元素的自然元素矿物则相当罕见。

表 18-1 自然元素在元素周期表中的位置

| | I A | II A | III B | IV B | V B | VI B | VII B | VIII | | | I B | II B | III A | IV A | V A | VI A | VII A | 0 |
|---|---|---|---|---|---|---|---|---|---|---|---|---|---|---|---|---|---|---|
| 1 | | | | | | | | | | | | | | | | | | |
| 2 | | | | | | | | | | | | | | C | | | | |
| 3 | | | | | | | | | | | | | | Si | | S | | |
| 4 | | | | | | Cr | Mn | Fe | Co | Ni | Cu | Zn | | | As | Se | | |
| 5 | | | | | | | Tc | Ru | Rh | Pd | Ag | Cd | In | Sn | Sb | Te | | |
| 6 | | | | | Ta | W | Re | Os | Ir | Pt | Au | Hg | | Pb | Bi | | | |
| 7 | | | | | | | | | | | | | | | | | | |

资料来源:引自潘兆橹等,1993。编者修订。

自然元素矿物在成因上差别很大。铂族自然元素矿物主要出现于岩浆矿床中,以基性、超基性岩浆岩中的铜镍硫化物矿床和铬铁矿矿床中最常见。自然金及半金属矿物往往为热液作用的产物,而自然铜和自然银除了热液成因以外,还见于硫化物矿床的氧化带中,由含铜或含银硫化物氧化后所形成的硫酸铜或硫酸银溶液被其他硫酸盐或硫化物所还原而形成。金刚石主要与超基性岩(金伯利岩)有关,石墨主要是变质作用的产物,自然硫则以火山作用形成最为主要。

# 一、自然金属元素类

## 自 然 铜 族

本族包括自然铜、自然银、自然金等矿物。自然金是 Au 在自然界中最主要的存在形式。Ag 和 Cu 以自然银和自然铜形式产出所占的比例较小,以形成相应的硫化物及其他类型的化合物为主。本族矿物均具铜型结构:结构中 Cu、Au、Ag 原子呈立方最紧密堆积,配位数为 12。原子占据立方体单位晶胞的角顶及每个面的中心(图 18-1)。

**自然铜(copper)**

Cu

【化学组成】[①]  原生自然铜中往往含有少量的 Au(可达 2% ~ 3%)、Ag(可达 3% ~ 4%)、Fe(可达 2% ~ 3%)等混入物。而次生自然铜的化学成分则较纯净。

---

① 本书化学组成均以质量分数表示。

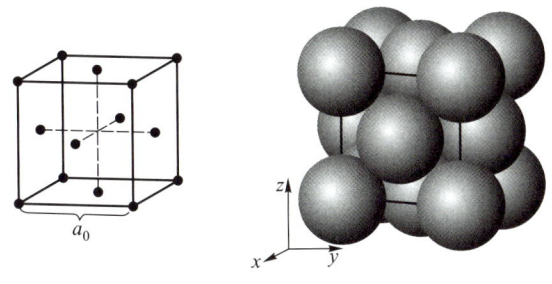

图 18-1　铜型晶体结构

【晶体结构】　等轴晶系；$O_h^5-Fm3m$，具铜型结构（图 18-1）；$a_0=0.361$ nm；$Z=4$。

【形态】　通常呈不规则树枝状、片状或致密块状集合体。以单晶出现时可见有立方体 $\{100\}$、八面体 $\{111\}$、菱形十二面体 $\{110\}$，亦可有四六面体 $\{410\}$ 等单形。但自然铜完好的晶体很少见。可依（111）成双晶。

【物理性质】　铜红色，表面常因氧化而出现棕黑色锖色；条痕铜红色；金属光泽，不透明。无解理；断口呈锯齿状。硬度为 2.5~3。相对密度为 8.95（纯铜）。具延展性。熔点为 1 083 ℃。为热和电的良导体。

【成因及产状】　自然铜常见于原生热液矿床、含铜硫化物矿床氧化带下部及砂岩铜矿床中，它是各种地质作用过程中还原条件下的产物。

自然铜在地表及氧化环境中不稳定，易氧化成氧化物和碳酸盐，如赤铜矿、孔雀石、蓝铜矿等矿物。

【鉴定特征】　铜红色，黑色锖色，具强延展性，相对密度大。

【主要用途】　积聚量大时可作为铜矿开采。

**自然金（gold）**

Au

【化学组成】　成分中常有 Ag 类质同象置换 Au。由于 Au 和 Ag 的原子半径相近、地球化学性质相似，所以它们常可形成完全类质同象系列。根据成分中点划分为两个矿物种：自然金和自然银。此外，自然金化学成分还有少量的 Bi、Pt、Cu、Pd、Te、Se、Ir 等元素。

【晶体结构】　等轴晶系；$O_h^5-Fm3m$，具铜型结构（图 18-1）；$a_0=0.408$ nm；$Z=4$。

【形态】　通常呈不规则粒状集合体。此外还可见树枝状、鳞片状、薄片状、网状、纤维状。肉眼可辨的单晶体少见，显微镜下常可见自形-半自形晶体，常见的单形有：立方体 $\{100\}$、八面体 $\{111\}$、菱形十二面体 $\{110\}$、四六面体 $\{210\}$ 及四角三八面体 $\{311\}$。常依（111）形成双晶。

【物理性质】　颜色与条痕色均为金黄色，但随其成分中含 Ag 量的增高而逐渐变浅，含 Ag 量愈高者色愈浅，至银金矿时呈淡黄色至奶黄色，含 Cu 时，色变深，呈深黄色；金属光泽，随 Ag 的含量增高光泽加强。无解理。硬度为 2.5~3。相对密度为 19.3（纯金）。具强延展性，可以锤成金箔或抽成细丝。熔点为 1 064 ℃。为热和电的良导体。化学性质稳定，不溶于酸，只溶于王水。火烧后不变色。

【成因及产状】　自然金主要形成于各种高、中温热液作用和变质作用过程中。

世界上主要的金矿床类型有：各种热液脉型金矿、变质砾岩型金矿、古老变质岩中的石英脉型金矿、沉积岩中浸染型金矿和砂金型金矿。20 世纪 80 年代以前所发现的金矿床以变质砾岩型规模最大,进入 90 年代后,美国、澳大利亚、加拿大、南非等国相继发现一系列与各种热液作用有关的石英脉、长石石英质脉型特大型金矿,打破了长期以来世界金的主要来源以变质砾岩型金矿占绝对优势的格局。

近年来虽然中国投入大量资金找金矿,但找金矿工作尚无重大突破,目前中国还未发现世界级特大型金矿。中国已发现的金矿主要类型有热液型和风化型、砂金型。最有名的金矿产地有山东、湖南、河南、黑龙江、吉林、辽宁和内蒙古等。

【鉴定特征】 金黄色;强金属光泽。相对密度大。低硬度。具强延展性。化学性质稳定,火烧不变色。与黄铁矿的区别除了硬度、条痕、化学稳定性及相对密度性质外,较为简易的区别是后者易于被击碎。

【主要用途】 自然金几乎是 Au 的唯一来源。各种金矿床中开采的基本上都是自然金。黄金储备量是衡量一个国家经济实力的指标之一,是世界性的“硬通货”。除了被用于制造货币、装饰品外,在工业上用途也极其广泛,因其具有优良的稳定性、导热导电性、延展性而常被用作高级真空管的涂料,计算机、电视机、收录机的涂金集成电路,核反应堆的衬料,喷气发动机和火箭发动机的涂金防热罩或热遮护板。用于制造特种精密电子仪器的拉丝导线等等。

# 自 然 铂 族

本族包括自然铂、自然铱、自然钯、自然锇、自然钌等自然元素或金属互化物矿物。

本族矿物的晶体结构有自然铂和自然锇两种不同类型,前者具有铜型结构,包括自然铂、自然铱、自然钯等,晶体为等轴晶系,偶尔出现八面体或立方体晶形。后者为锇型结构,即原子呈六方最紧密堆积形成的结构,包括自然锇、自然钌等,晶体为六方晶系,呈六方板状晶形。

按照晶体化学分类体系,自然铂、自然铱、自然钯为铜型结构,与自然铜、自然金结构相同,应该划分到自然铜族。但是,习惯上还是将它们划分到自然铂族,主要是考虑到它们的化学性质(或在元素周期表中的位置)与自然铜、自然金不同的原因。

**自然铂( platinum )**

Pt

【化学组成】 成分中常含 Fe、Ir、Pd、Rh、Ni 等类质同象混入物。

【晶体结构】 等轴晶系;$O_h^5$-Fm3m,具铜型结构;$a_0 = 0.392$ nm( 纯铂 );$Z = 4$。

【形态】 以不规则细小颗粒状、粉状、葡萄状常见,有时形成较大的块体集合体。单晶少见,偶见立方体{100}或八面体{111}的细小晶体。

【物理性质】 锡白色,颜色视铁含量多少由银白色变至钢灰色;条痕钢灰色;金属光泽。无解理;断口锯齿状。硬度为 4~4.5。相对密度为 21.5( 纯铂 )。具延展性。微具磁性。熔点为 1 774 ℃。电和热的良导体。

【成因及产状】 自然铂主要见于与基性、超基性岩有关的岩浆矿床,如铜镍硫化物矿床中。此外,也常见于砂矿中。

【鉴定特征】 锡白、银白至钢灰色,相对密度大,在空气中不氧化,在普通酸类中不溶解。

【主要用途】 工业上利用铂的高度化学稳定性和难熔性,制作高级化学器皿,或与镍等制成特种合金。近年来铂族元素在人造卫星、核潜艇、火箭、导弹、遥测遥控等国防工业上得到广泛利用。

# 二、自然非金属元素类

## 自然硫族

自然硫具有 3 个同质多象变体,即 $\alpha$-硫、$\beta$-硫和 $\gamma$-硫。此外,还发现有呈胶状非晶质的硫。在自然条件下只有斜方晶系的 $\alpha$-硫才是稳定的。如果温度高于 95.6 ℃,$\alpha$-硫将转变为单斜晶系的 $\beta$-硫,但当温度降低时仍回复为 $\alpha$-硫。$\gamma$-硫结晶成单斜晶系,但在常温常压下不稳定,转变为 $\alpha$-硫。

### 自然硫(sulphur)

$\alpha$-S

【化学组成】 成分一般不纯净。火山喷气作用形成的自然硫往往含有少量 Se、As、Te 和 Tl。而作为生物化学作用沉积的产物则夹杂有泥质、有机质、沥青等混入物。

【晶体结构】 斜方晶系;$D_{2h}^{24}$-$Fddd$;$a_0 = 1.044$ nm,$b_0 = 1.285$ nm,$c_0 = 2.437$ nm;$Z = 16$($S_8$)或 $Z = 128$(S)。晶体结构为分子型:8 个 S 以共价键组成硫分子,原子上下交错排列在两个平面上呈环状[图 18-2(a)]。

【形态】 晶形常呈双锥状或厚板状[图 18-2(b)]。通常呈块状、粒状、土状、粉末状、钟乳状等集合体产出。

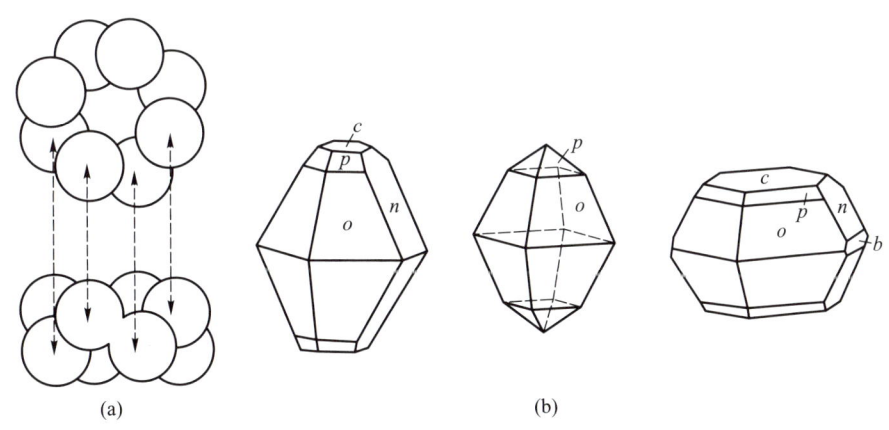

(a)                                    (b)

图 18-2 自然硫的结构与形态

(a)硫的八原子环;(b)自然硫的晶形

斜方双锥 $o\{111\}$,$p\{113\}$;斜方柱 $n\{011\}$;平行双面 $c\{001\}$,$b\{010\}$

【物理性质】 带有各种不同色调的黄色;晶面呈金刚光泽,而断面呈油脂光泽。不完全解理;贝壳状断口。硬度为 1~2。相对密度为 2.05~2.08。性脆。不导电,摩擦后带负电。

【成因及产状】　形成于生物化学沉积作用和火山喷气作用过程。

【鉴定特征】　以黄色、油脂光泽、低硬度、性脆、硫臭味和易熔为特征。

【主要用途】　主要用于制造硫酸。此外用于化肥、造纸、炸药、橡胶生产。

# 金 刚 石 族

### 金刚石(diamond)

C

【化学组成】　成分中可含有 N、B、Si、Al、Na、Ba、Fe、Cr、Ti、Ca、Mg、Mn 等元素。其中 N、B 最为重要,是目前金刚石分类的基本依据。首先根据是否含 N 分为两类:一是含 N 者,为 Ⅰ 型,Ⅰ 型又据 N 的存在形式进一步分为 $Ⅰ_a$ 型和 $Ⅰ_b$ 型。$Ⅰ_a$ 型中 N 含量大于 0.1%,以细小片状的形式存在,增强了金刚石的硬度、导热性、导电性。天然金刚石中 98% 为 $Ⅰ_a$ 型。$Ⅰ_b$ 型中 N 含量很小,N 以单个原子置换金刚石中的 C,$Ⅰ_b$ 型绝大多数见于人造金刚石中,而仅占天然金刚石的 1% 左右。二是不含 N 或含量极微(<0.001%)者,为Ⅱ型,又根据是否含 B 进一步分为 $Ⅱ_a$ 型和 $Ⅱ_b$ 型。$Ⅱ_a$ 型一般不含 B,具良好的导热性是 $Ⅱ_a$ 型金刚石的特性。$Ⅱ_b$ 型含 B 杂质元素;往往呈天蓝色,具半导体性能。此外,还可出现混合型金刚石,即同一颗粒金刚石内,N 的分布不均匀,既有Ⅰ型区,又有Ⅱ型区;或既有 $Ⅰ_a$ 型区,又有 $Ⅰ_b$ 型区。

【晶体结构】　等轴晶系;$O_h^7$-$Fd3m$;$a_0 = 0.356$ nm;$Z = 8$。在金刚石的晶体结构(图 18-3)中 C 分布于立方晶胞的 8 个角顶和 6 个面中心,再将晶胞平均分为 8 个小立方体时,其中的 4 个相间的小立方体中心分布有 C[图 18-3(a)]。金刚石结构中的 C 以 4 个 $sp^3$ 杂化轨道与周围的另外 4 个 C 以共价键相连,键角 109°28′16″,形成四面体配位(图 18-3)。原子间以强共价键相连,这造成了它具有高硬度、高熔点、不导电的特性。由于结构在 {111} 方向上原子的面网密度大,其间距也大,所以产生 {111} 中等解理[图 18-3(b)]。

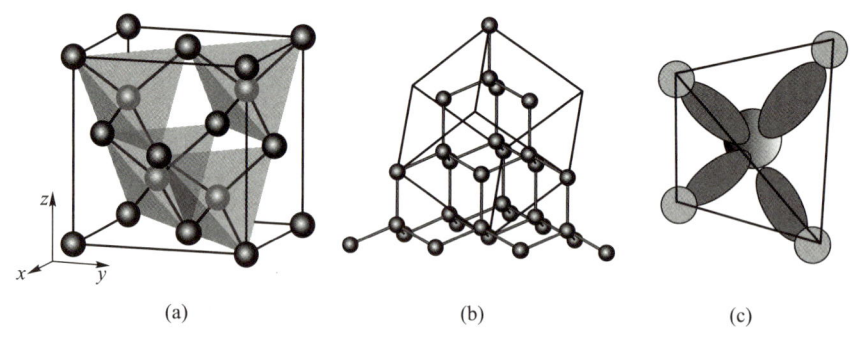

(a)　　　　　　　　　　(b)　　　　　　　　　　(c)

图 18-3　金刚石结构特征

(a) 单位晶胞中 C 原子分布;(b) 将[111]方向(即 $L^3$ 方向)直立起来的结构特点;

(c) C 原子的 $sp^3$ 杂化轨道

【形态】　自然界中金刚石大多数呈单晶产出,主要是八面体{111},菱形十二面体{110}及它们的聚形。有时在聚形中也发育立方体{100}、四六面体{hk0}。由于熔蚀作用,常见晶体呈浑圆状,晶面弯曲(图 18-4)。并出现蚀像,不同的单形有不同的蚀像,如八面体晶面出现三角形蚀像,立方体晶面出现四边形熔蚀像。

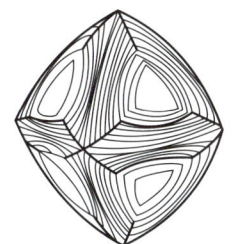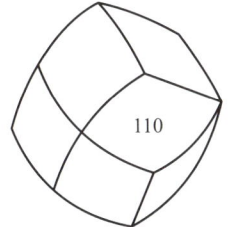

图 18-4　金刚石的晶形

(引自王根元,1989)

目前也发现有些金刚石具四面体晶形(如我国辽宁已发现几颗四面体金刚石),这样人们容易误认为金刚石的对称型为 $\overline{4}3m$,这与金刚石的对称型为 $m3m$ 相矛盾。对于这个问题,目前已有研究报道,认为是双晶结构引起的假象四面体晶形(Yacoot 和 Moore,1993)。

【物理性质】　无色透明,常带深浅不同的黄色色调,也有呈乳白色、浅绿色、天蓝色、褐色和黑色等;典型的金刚石断口呈油脂光泽。平行{111}解理中等。硬度为10。相对密度为3.50~3.52。性脆。折射率 $n = 2.40 \sim 2.48$,具强色散性。纯净金刚石导热性良好,室温下其热导率几乎是铜的5倍。

【成因及产状】　金刚石仅形成于高温高压的条件下,为岩浆作用的产物,目前仅见产于超基性岩的金伯利岩(角砾云母橄榄岩)、钾镁煌斑岩及高级变质岩榴辉岩中。

当含金刚石的岩石风化后,可以形成金刚石砂矿。

世界上著名金刚石产地有南非、刚果(金)、俄罗斯等。我国山东、辽宁、贵州等地相继发现金刚石的原生矿床。

我国现存最大的一颗金刚石叫作"常林钻石"(图 18-5),于1977年在山东临沭常林村被农民魏振芳发现,重158.786 ct(即克拉。1 ct = 0.2 g)。此外,我国在辽宁瓦房店、山东蒙阴、湖南沅江、贵州东部等发现了金刚石矿。

世界上最大的金刚石产于南非,重3 106 ct,被加工成4颗大钻和101颗小钻,分别镶嵌在英国国王的权杖上和王冠上等。

【鉴定特征】　极高的硬度,标准金刚光泽,晶形轮廓常呈浑圆状。

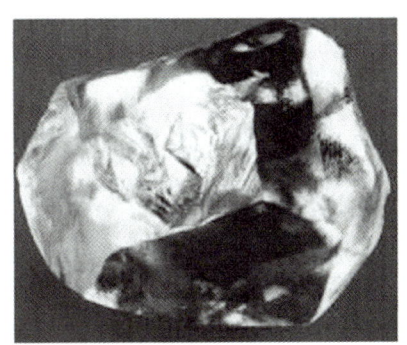

图 18-5　常林钻石

【主要用途】　金刚石具有很高的经济价值。根据用途不同可分为宝石金刚石和工业金刚石。前者主要利用其光彩诱人的色泽和极高的硬度,经人工琢磨成各种多面体后就成为"钻石",钻石至今仍然是最紧俏、最名贵的宝石,质优粒大者价格更为昂贵,如大于1 g的优质钻石价格可达5 000美元/ct以上。后者主要利用其各种特性,如利用Ⅰ型金刚石的高硬度制作仪表轴承、玻璃刀、表镶钻头;用Ⅱb型金刚石制作固体微波器及激光器件折散热片;利用其优良的红外线穿透性制造卫星窗口和高功率激光器的红外窗口;利用其半导体性能制作整流器、三极管等等。随着科学技术的迅速发展,金刚石的用途会越来越广泛。

# 石　墨　族

**石墨（graphite）**

C

【化学组成】　成分纯净者极少,往往含大量的(10%~20%)各种杂质,如黏土、沥青及 $SiO_2$、$Al_2O_3$、$FeO$ 等各类氧化物混入物。

【晶体结构】　常见的是 2H 多型。六方晶系;$D_{6h}^4$-$P6_3/mmc$;$a_0=0.246$ nm,$c_0=0.680$ nm;$Z=4$。

石墨具典型的层状结构(图 18-6):C 成层排列,每个 C 与相邻的 3 个 C 之间以等距相连,每一层中的 C 按六方环状排列,上下相邻层的 C 六方环通过平行网面方向相互位移后再叠置形成层状结构,位移的方位和距离不同就导致不同的多型结构。上下两层中的 C 之间的距离比同一层内的 C 之间的距离要大得多(层内 C—C 间距 = 0.142 nm,层间 C—C 间距 = 0.340 nm)。石墨是一种多键型的晶体,层内主要为共价键,也有部分金属键,这是因为每个 C 的 3 个外层电子占据 3 个 $sp^2$ 杂化轨道,而 $sp^2$ 杂化轨道呈平面三方对称分布,因此可与层内周围 3 个 C 成 3 个 σ 键(共价键),还有一个外层电子占据未参加杂化的一个 p 轨道,此 p 轨道垂直层面,同一层内的不同碳原子的这一 p 轨道相互平行、重叠,形成一个大 π 键(金属键)(图 18-7)。而层间

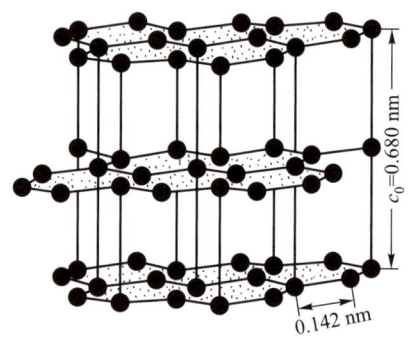

图 18-6　石墨的晶体结构(*2H* 多型)

(引自潘兆橹等,1993)

则为分子键。这种化学键的差异造成石墨的物性具明显的异向性,并具导电性。

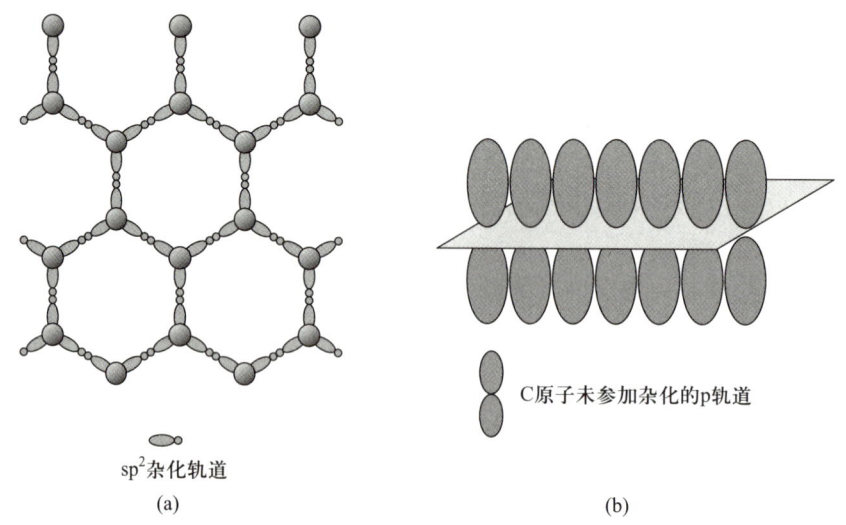

sp² 杂化轨道

(a)

C原子未参加杂化的p轨道

(b)

图 18-7　石墨结构中 C 原子所形成的各种化学键示意

(a) 石墨层内 C 原子以 $sp^2$ 杂化轨道"头碰头"形成 σ 键(共价键);

(b) 石墨层内 C 原子未参加杂化的 p 轨道"肩并肩"形成大 π 键(金属键)

石墨具有两种不同的多型,除图 18-6 所示的 2H 型外,还有 3R 型。

【形态】 单晶体呈片状或板状,通常为解理片,完整的晶形极少见。也有块状或土状集合体。

【物理性质】 颜色和条痕均为黑色;金属光泽;隐晶质的则暗淡。平行{0001}解理极完全。硬度为 1~2。相对密度为 2.21~2.26。解理片具挠性,有滑感,易污手,具导电性。

【成因及产状】 石墨是高温变质作用的产物。

我国石墨产地很多,其中以黑龙江鸡西市柳毛为最大的产地。

【鉴定特征】 黑色,硬度低,相对密度小,有滑感。若将硫酸铜溶液润湿的锌粒放在石墨上,则可析出金属铜的斑点,在与石墨相似的辉钼矿上则无此种反应。

【主要用途】 石墨由于熔点高,抗腐蚀,不溶于酸等特性,可用于制作冶炼用的高温坩埚;具滑感,可作为机械工业的润滑剂;导电性良好,又可制作电极等。成分纯净的所谓高碳石墨可作核反应堆中的中子减速剂及供国防工业应用。3R 型石墨可作为人工合成金刚石的原料,因它比 2H 型容易转化为金刚石。

## 富勒烯及纳米碳管

金刚石与石墨是人们熟知的两种由 C 组成的单质晶体,1985 年以前人们一直认为 C 的结晶态同质多象变体只有这两种。1985 年,英国的 H. W. Kroto 和美国的 R. E. Smalley 及 R. F. Curl 进行合作研究,用激光轰击石墨靶以尝试用人工方法合成一些宇宙中的长链碳分子。在所得产物中,他们意外地发现了 C 的一种新颖排列方式:60 个 C 排列于一个截角二十面体的 60 个顶点,构成一个与现代足球形状相同的中空球状分子,称 $C_{60}$ 分子。$C_{60}$ 分子做最紧密堆积就可形成 $C_{60}$ 晶体。这一发现使 Kroto、Smalley 和 Curl 3 人荣获 1996 年诺贝尔化学奖。

除 $C_{60}$ 外,这种由 C 组成的球状(笼状)分子还有 $C_{70}$、$C_{50}$、$C_{36}$ 等,它们被统称富勒烯(fullerenes),也有人称它们为足球烯(footballenes)。

正当有关 $C_{60}$ 等富勒烯的工作迅速在全球掀起热潮甚至逐渐形成一个专门学科之时,碳晶体家族中又发现了新成员,这就是纳米碳管(carbon nanotube),它是 1991 年由日本的饭岛澄男在氩气中直流电弧放电后的阴极碳棒沉积炭黑中发现的。纳米碳管的结构相当于一层(或多层)石墨层状结构卷曲后形成的管状。

富勒烯与纳米碳管的发现引起了科学界的广泛关注,这种特殊的笼状、管状结构开辟了分子成键、分子结构化学的新领域。虽然目前在地质体中尚未发现富勒烯与碳纳米管,但还是有必要在此做简单介绍。

### $C_{60}$ 晶体(fullerite)

【化学组成】 C。

【晶体结构】 等轴晶系,立方面心格子;$a_0 = 1.402 \sim 1.417 \text{ nm}$,$Z = 4(C_{60})$ 或 $Z = 240(C)$。

晶体结构特点为:60 个 C 以介于金刚石中的 C—C 键和石墨层内的 C—C 键之间的过渡性质键相连,共计 90 个 C—C 键,所形成的 $C_{60}$ 分子表面网架含有 20 个六边形和 12 个被隔开的五边形[图 18-8(a)]。球的直径约 0.7 nm,球体内外表面分布着 π 电子。这样的球状 $C_{60}$ 分子以等大球立方最紧密堆积形式形成 $C_{60}$ 晶体,所以 $C_{60}$ 晶体具有立方面心结构,每个晶胞中含有 4 个 $C_{60}$ 分子，$C_{60}$ 分子之间以范德华力结合。$C_{60}$ 分子可以在格点上自由转动，这导致它成为继硅、锗和砷化镓之后又一种新型半导体材料。

【形态】　$C_{60}$ 单晶形态为立方体｛100｝与八面体｛111｝的聚形，见图 18-8(b)。

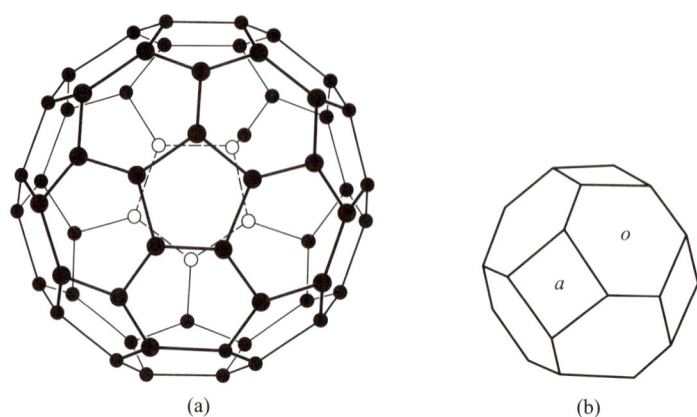

(a)　　　　　　　　　　(b)

图 18-8　$C_{60}$ 的分子结构与晶体形态

(引自张志三，1991，张阳等，1997)

（a）$C_{60}$ 分子形状；(b) $C_{60}$ 晶体形态(立方体 a｛100｝，八面体 o｛111｝)

【物理性质及应用】　特殊的结构特点决定了 $C_{60}$ 具有非常特殊的物理性质与应用价值。首先，$C_{60}$ 晶体具半导体性能。其次，最引人注目的是掺杂 $C_{60}$ 的超导性，例如，掺钾后的 $C_{60}$ 具有 18 K 的超导临界温度，掺铷后的 $C_{60}$ 超导临界温度又提高到了 30 K。此外，$C_{60}$ 分子的每个 C 在笼外挂上一个氟原子，形成 $C_{60}F_{60}$ 衍生物，则是一种超级耐高温（约 700 ℃）润滑剂，可视为"分子滚珠"；将锂原子注入 $C_{60}$ 笼内，可制成抗大气腐蚀的高效锂电池，等等。

总之，奇特的 $C_{60}$ 分子结构导致其非凡的物理性能。这种奇特的结构形态不仅是绿茵场上使千万人着魔的足球形态，而且也是一种完美的力学和生命体结构，因为一些球形建筑物、一些病毒、胚胞等都具有类似的结构形态。

**纳米碳管（carbon nanotube）**

【化学成分】　C。

【晶体结构】　可以看成是由单层或多层石墨六角网层结构卷曲 360° 而形成的无缝中空管（图 18-9）。管的直径为几纳米或几十纳米，管的长度为几十纳米到约 1 μm。如果是多层卷曲，那么相邻层之间的间距与石墨的层间距相当，约 0.34 nm。

【形态】　一般都是以单个纳米碳管所形成的纳米级纤维状出现的。

【物理性质及应用】　在纳米碳管中，电子在管内径向运动和轴向

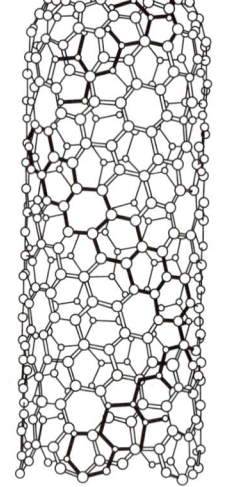

图 18-9　单层封顶螺旋型纳米碳管模型

(引自章效锋，1996)

粗线描出的六角形串绕管轴螺旋盘绕

运动行为完全不同，显示出特殊的量子效应。因此，称纳米碳管为一维量子线。就导电性而言，纳米碳管可以是金属性的，也可以是半导体性的，甚至在同一根纳米碳管的不同部位可以呈现不同的导电性质，而在两个不同导电性质部分的交接处，会形成一个异质结，具有整

流作用。除了奇特的电学性质,纳米碳管还具有非凡的力学性质,理论计算表明,由一层碳原子交角网卷曲而成的单层纳米碳管的强度大约为钢的 100 倍,而密度只有钢的 1/6。

# 三、自然半金属元素类

本类矿物由 As、Sb、Bi 3 种元素组成,其中 Sb 和 Bi 之间可形成完全类质同象系列,As 和 Sb 仅在高温下才形成固溶体,而 As 和 Bi 甚至在熔融条件下也不相混熔。它们形成的矿物主要有自然砷、自然锑、自然铋等。晶体均具砷型结构:在形式上可视为由 NaCl 型结构 (在 $Na^+$ 和 $Cl^-$ 的位置上都分布着同一种金属原子)沿 $L^3$ 发生畸变而呈略显层状的结构,结构层在平行 {0001} 方向上层内共价键,层间为共价键 - 金属键。层间化学键较弱,故其 {0001} 完全解理。本类矿物在自然界中除自然铋较常见外,自然砷、自然锑是极少见的。

## 自 然 铋 族

本族矿物主要有自然砷、自然锑、自然铋等。

**自然铋(bismuth)**

Bi

【化学组成】 成分较纯,偶含微量 Fe、S、Te、As、Sb 等元素。

【晶体结构】 三方晶系;$D_{3d}^5 - R\overline{3}m$,$a_{rh} = 0.475$ nm,$\alpha = 57°14'$,$Z = 2$;$a_h = 0.456$ nm,$c_h = 1.187$ nm,$Z = 8$。砷型结构(见前述)。

【形态】 单晶少见,常见呈粒状、片状、致密块状或羽毛状的集合体。

【物理性质】 新鲜断面呈微带浅黄的银白色,在空气中易变成具浅红的锖色;条痕灰色;金属光泽。{0001} 完全解理。硬度为 2~2.5。相对密度为 9.70~9.83,具弱延展性,熔点为 271 ℃。具抗磁性。

【成因及产状】 自然铋可形成于高温热液矿床、伟晶矿床中。自然铋在地表条件下易于氧化形成铋华和泡铋矿。

【鉴定特征】 浅红的锖色,完全的解理,硬度较低和相对密度较大。

## ❓ 习题与思考题

1. 自然金属元素矿物的晶体化学特点是什么?由此导致的物理性质如何?

2. 合金包括哪两种情况?

3. 自然金的成因类型有哪些?

4. 金刚石、石墨的结构特点、化学键特点各是什么?从它们的结构、化学键特点,解释它们各自的物性特点。

5. 金刚石的成因特点是什么?

6. 我国现存最大的一颗金刚石叫什么?世界上最大的金刚石产于哪里?

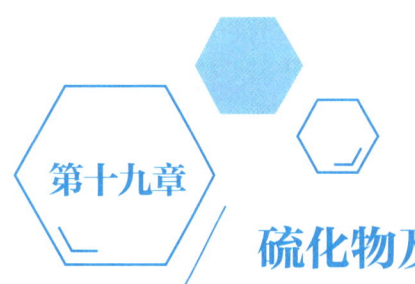

# 第十九章

# 硫化物及其类似化合物大类

硫化物是指由金属或半金属阳离子与硫结合而成的化合物。硫化物的类似化合物是指金属元素与硒、碲、砷、锑、铋等相结合形成的硒化物、碲化物、砷化物、锑化物、铋化物。自然界发现的硫化物及其类似化合物大类矿物的种类已超过 370 种,约占地壳质量的 1%。其中硫化物的矿物种类最多,尤其是 Fe 的硫化物矿物占绝大多数。总体上,硫化物占该大类矿物总量的 2/3 以上,其类似化合物矿物的数量极少。该大类矿物是各种热液矿床中重要的矿石矿物,它们是工业上有色金属和稀有分散元素矿产的重要来源。

### 1. 化学成分

电子教案 19
硫化物及其类
似化合物大类

组成本大类矿物的阴离子主要是 $S^{2-}$ 和少量的 $Se^{2-}$、$Te^{2-}$、$As^{2-}$、$Sb^{2-}$、$Bi^{2-}$ 等,阳离子主要为元素周期表右侧的铜型离子(如 $Cu^{2+}$、$Pb^{2+}$、$Zn^{2+}$、$Hg^{2+}$、$Ag^+$ 等)及靠近铜型离子一侧的过渡型离子(如 $Fe^{2+}$、$Co^{2+}$、$Ni^{2+}$ 等)。

本大类的阴离子 S 可呈不同的价态,并有三种形式:① 简单阴离子 $S^{2-}$;② 复阴离子(对阴离子)$[S_2]^{2-}$,或与 As、Sb 等元素形成复阴离子形式 $[AsS]^{2-}$、$[SbS]^{2-}$;③ 复杂的络阴离子 $[AsS_3]^{3-}$、$[SbS_3]^{3-}$,即由阴离子 $S^{2-}$ 与半金属元素 As、Sb、Bi 相结合构成。因此,硫化物大类矿物的分类,依据阴离子价态不同和络阴离子结合的特点,相应地划分为三类:简单硫化物类、复硫化物类和硫盐类。

本大类矿物中的类质同象现象广泛多样,且在阳离子和阴离子间皆可发生。既有完全的类质同象,又有不完全的类质同象。既有等价类质同象,也有异价类质同象。图 19-1 归纳了硫化物中阳离子的主要类质同象替代情况,其对角线方向为异价类质同象。值得指出的是,硫化物矿物中类质同象替代元素的含量和元素对的比值可作为矿物成因标型;一些稀有分散元素自身很少与 S 形成独立矿物,但往往可呈类质同象混入物存在,大大提高了硫化物矿床的经济价值。例如,Re 常在辉钼矿中作为类质同象混入物替代 Mo,Se 亦可替代 S,但 Re 或 Se 却很少呈独立矿物;还有 Ga、In、Tl、Ge、Se 等稀有分散元素常替代闪锌矿中的 Zn。此外,Au、Ag、Cd 常可替代黄铜矿中的 Cu。因此,一些硫化物中所含稀有元素的类质同象混入物,可作为价值昂贵的稀有金属矿床综合利用,具有重要的经济意义。

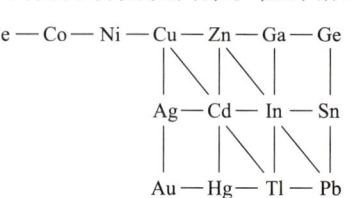

图 19-1　硫化物中阳离子的
主要类质同象关系

### 2. 晶体化学特征

大多数硫化物的晶体结构常可看作 S 做最紧密堆积,阳离子充填于四面体或八面体空隙中,因此阳离子配位多面体很多是八面体、四面体或由此畸变的多面体。虽然硫化物晶体结构也符合最紧密堆积原理,类似于离子晶体的特点,但硫化物及其类似化合物中还出现复杂的化学键,晶体中不仅表现离子键性,同时还显示共价键性,甚至还有金属键性。这种化学键的复杂性源于硫化物的阳离子主要为铜型和靠近铜型离子的过渡型离子,它们位于元素周期表的右方,极化力强,电负性中等;而 S 的阴离子又易被极化,电负性(相对氧)较小。因而阴、阳离子电负性差较小,致使硫化物的化学键出现上述复杂的过渡性质。

本大类矿物同质多象普遍,其同质多象变体主要取决于形成时的温度和成矿溶液的酸碱度等因素。通常当温度升高时,会形成对称程度较高的变体。例如 $CuFeS_2$,当温度高于 550 ℃时,会结晶成等轴晶系的黄铜矿,若低于该温度,则结晶为四方晶系的黄铜矿。本大类矿物亦常见多型现象,明显的例子有纤锌矿具 154 种多型变体,辉钼矿具有 $2H$、$3R$ 或混合型($2H+3R$)多型变体。

### 3. 形态

本大类矿物的形态变化表现出一定的特征性。相对而言,成分简单的硫化物常可出现对称程度高的形态,如许多矿物具有等轴晶系或六方晶系的形态。而组分复杂的硫盐则对称程度较低,主要为斜方晶系和单斜晶系。有一些硫化物晶形较好,特别是复硫化物黄铁矿、毒砂等完好晶形很常见;硫盐则主要以粒状或块状集合体出现。

### 4. 物理性质

本大类矿物的物性主要取决于其上述的化学键特征,含金属键成分多的呈金属色、金属光泽,条痕色深而不透明,含共价键和离子键成分多的具金刚光泽、半透明。部分矿物具完好的解理。

本大类矿物的硬度变化较大。其中简单硫化物和硫盐矿物硬度低,其硬度介于 2~4 之间,尤其具层状结构者,如辉钼矿、铜蓝、雌黄等,其硬度甚至降低到 1~2 之间。而具对阴离子 $[S_2]^{2-}$、$[Te_2]^{2-}$、$[AsS]^{2-}$ 等的复硫化物及其类似化合物的硬度增高至 5~6.5。这一大类矿物的熔点低,相对密度较大,一般在 4 以上,这是由于它们的阳离子大多具有较大的相对原子质量。

### 5. 成因及产状

本大类绝大部分矿物主要是热液作用的产物;在接触交代变质岩中也有产出;有的形成于高温高压环境中,如基性、超基性岩中的铜镍硫化物。

本大类矿物在地表氧化环境中很不稳定,易被氧化。如几乎所有的硫化物矿物在地表易被氧化、分解,最初形成易溶于水的硫酸盐,然后形成氧化物(如赤铁矿)、氢氧化物(如针铁矿)、碳酸盐(如孔雀石)和其他含氧盐矿物,组成了硫化物矿床氧化带的矿物成分。当硫酸盐溶液(主要是硫酸铜,偶尔为硫酸银溶液)下渗至氧化带的深部(地下水面附近)时,在氧气不足的还原条件下,硫酸铜、硫酸银溶液就与原生硫化物相作用,形成次生的铜或银的硫化物(次生辉铜矿、螺硫银矿、铜蓝),从而形成硫化物矿床的次生富集带。

### 6. 分类

按阴离子或络阴离子的类型不同相应地分为以下 3 类:

(1)简单硫化物:由阴离子 $S^{2-}$ 与阳离子(主要为 $Cu^{2+}$、$Pb^{2+}$、$Zn^{2+}$、$Ag^+$、$Hg^{2+}$、$Fe^{2+}$、$Fe^{3+}$、

$Co^{2+}$、$Ni^{2+}$）结合而成，如方铅矿（PbS）、闪锌矿（ZnS）、辰砂（HgS）、磁黄铁矿（$Fe_{1-x}S$）、黄铜矿（$CuFeS_2$）、辉钼矿（$MoS_2$）。

（2）复硫化物：阴离子为哑铃型对硫$[S_2]^{2-}$、对砷$[As_2]^{2-}$及$[AsS]^{2-}$、$[SbS]^{2-}$等与阳离子（主要为$Fe^{2+}$、$Co^{2+}$、$Ni^{2+}$等过渡型离子）结合而成，如黄铁矿（$FeS_2$）、毒砂（FeAsS）。

（3）硫盐：所谓硫盐是指硫与半金属元素 As、Sb、Bi 结合组成络阴离子团$[AsS_3]^{3-}$、$[SbS_3]^{3-}$等形式，然后再与阳离子（主要是$Cu^{2+}$、$Ag^+$、$Pb^{2+}$这 3 种铜型离子）结合而成较复杂的化合物。主要矿物有：硫砷银矿（淡红银矿）（$Ag_3[AsS_3]$）、硫锑银矿（浓红银矿）（$Ag_3[SbS_3]$）、脆硫锑铅矿（$Pb_4Fe[Sb_6S_{14}]$）、黝铜矿-砷黝铜矿（$Cu_{12}[Sb_4S_{13}]$-$Cu_{12}[As_4S_{13}]$）等。

# 一、简单硫化物类

## 方 铅 矿 族

**方铅矿（galena）**

PbS

【化学组成】　Pb 86.60%，S 13.40%。成分中常含 Ag、Cu、Zn、Tl、As、Bi、Sb、Se 等元素，其中以 Ag 最为重要；Se 以类质同象置换 S；存在 PbS-PbSe 完全类质同象系列。

【晶体结构】　等轴晶系；$O_h^5-Fm3m$；$a_0=0.593$ nm；$Z=4$。

晶体结构为 NaCl 型：立方面心格子（图 19-2），$S^{2-}$立方最紧密堆积，$Pb^{2+}$充填于所有八面体空隙中，阴、阳离子的配位数均为 6，为八面体配位。阴、阳离子交换位置，结构是等效的。化学键为离子键—金属键过渡型。面网$\{100\}$是$Pb^{2+}$和$S^{2-}$的电性中和面，所以方铅矿具有平行$\{100\}$的 3 组立方体解理。

【形态】　最常呈立方体$\{100\}$，还可出现八面体$\{111\}$、菱形十二面体$\{110\}$，并有时以八面体与立方体聚形出现。也常见呈粒状、致密块状的集合体。

【物理性质】　铅灰色；条痕灰黑色；金属光泽。解理平行$\{100\}$完全；含 Bi 的亚种，则可见平行$\{111\}$裂开。硬度为 2～3。相对密度为 7.4～7.6。具弱导电性，晶体具有良好的检波性。

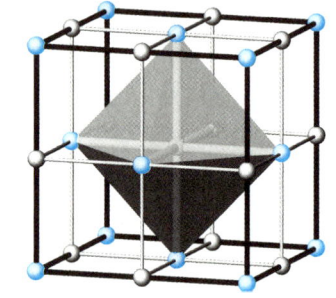

**图 19-2　方铅矿的晶体结构**

（单晶胞及其中一个
八面体配位多面体）

【成因及产状】　主要形成于中温热液矿床中，常与闪锌矿一起形成铅锌硫化物矿床。也可形成于接触交代矿床中。

我国方铅矿产地很多，以云南金顶、湖南水口山、广东凡口、甘肃厂坝和青海锡铁山等地最为著名。

方铅矿在氧化带中不稳定，易转变为铅矾$Pb[SO_4]$、白铅矿$Pb[CO_3]$等次生矿物。

【鉴定特征】　铅灰色,强金属光泽,立方体完全解理,相对密度大,硬度中。

【主要用途】　为铅的主要矿石矿物。含银的方铅矿是提炼银的重要原料之一;方铅矿还是某些成药制剂的主要原料;晶体可用作检波器。

# 闪 锌 矿 族

属于本族的矿物数量较多。ZnS 有两个同质多象变体:等轴变体闪锌矿($\beta$-ZnS)和六方或三方变体纤锌矿($\alpha$-ZnS)。其中纤锌矿包含多达 154 种多型,但在自然界分布不广,因此这里不再赘述。以下仅描述常见的闪锌矿。

**闪锌矿( sphalerite )**

ZnS

【化学组成】　Zn 67.10%,S 32.90%。通常含有 Fe、Mn、In、Cd、Tl、Ga、Ge、Se、Ag 等类质同象混入物。其中 $Fe^{2+}$ 替代 $Zn^{2+}$ 十分普遍,替代量最高可达 26.2%。其富含铁的变种($Fe^{2+}$ 含量大于 8%),称为铁闪锌矿(marmatite)。一般地,在较高温度条件下形成的闪锌矿,其成分中 Fe 和 Mn 的含量增高,颜色趋深。

【晶体结构】　等轴晶系;$T_d^2$-$F\overline{4}3m$;$a_0 = 0.540$ nm(纯闪锌矿),$Z = 4$。

具闪锌矿型结构:$S^{2-}$ 呈立方最紧密堆积,$Zn^{2+}$ 充填于半数的四面体空隙中。若从晶胞内离子分布特点描述,则 $Zn^{2+}$ 分布于单位晶胞的角顶及面心。若将晶胞分为 8 个小的立方体,则 $S^{2-}$ 分布于相间的 4 个小立方体的中心。或者,$S^{2-}$ 分布于晶胞角顶及面心,$Zn^{2+}$ 分布于小立方体中心,即闪锌矿结构中阴阳离子交换位置,结构是等效的。在小立方体中心的离子是四面体配位(图 19-3)。面网{110}为 $Zn^{2+}$ 和 $S^{2-}$ 的电性中和面,因此,闪锌矿具有平行{110}的 6 组完全解理。

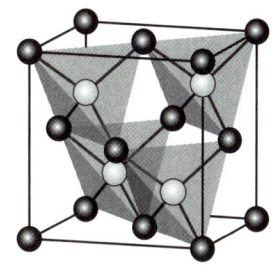

图 19-3　闪锌矿的晶体结构

【形态】　通常呈粒状集合体,有时呈肾状、葡萄状,反映出胶体成因的特征。单晶体常呈四面体,且同时发育正、负四面体,正、负四面体相聚形成的聚形纹呈三角形(图 19-4),有时在正、负四面体聚形上还发育很小的立方体{100}晶面。偶见以{111}为接合面形成双晶,双晶轴平行[111],有时成聚片双晶。

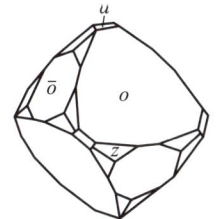

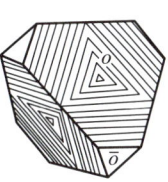

**图 19-4　闪锌矿晶体(具正负四面体的聚形纹)**

(引自潘兆橹等,1993)

四面体 $o$ {111};负四面体 $\overline{o}$ {11$\overline{1}$};立方体 $a$ {100}

【物理性质】　颜色、条痕、光泽和透明度变化很大,与其中 Fe 含量有关。当含 Fe 量增多时,颜色由浅黄、棕褐直至黑色(铁闪锌矿);条痕由浅黄色至褐色;光泽由金刚光泽至半金属光泽;半透明。解理平行 $\{110\}$ 完全。硬度为 3.5~4。相对密度为 3.9~4.1,随含 Fe 量的增加而降低。不导电。

【成因及产状】　闪锌矿是分布最广的锌矿物。常见于各种高、中温热液矿床中,也常出现于接触交代矿床中。在高温热液矿床中,闪锌矿成分中常富含 Fe、In、Se 和 Sn,与毒砂、磁黄铁矿、黄铜矿等矿物共生;在中低温热液矿床中则含 Cd、Ga、Ge 和 Tl,往往与方铅矿共生。

此外,闪锌矿还有表生沉积成因的。

闪锌矿在氧化带中形成菱锌矿 $Zn[CO_3]$、异极矿 $Zn_4[Si_2O_7](OH)_2$ 等次生矿物。

【标型】[①]　闪锌矿中 Fe 类质同象取代 Zn 的含量可以反映形成温度和压力。Scott 和 Barnes(1971)实验研究认为,在温度为 200~290 ℃ 和 550~800 ℃ 范围内,闪锌矿中 FeS 含量与形成温度成正比,也与硫逸度有关。但在 290~550 ℃ 范围内,闪锌矿中 FeS 含量与形成压力成反比,也与 FeS 活度有关。因为 Fe 含量变化导致颜色变化,所以闪锌矿的颜色也可以反映形成温度,即一般认为颜色越深形成温度越高。

【鉴定特征】　以其具多组完全解理、粒状晶形、硬度中、金刚光泽,以及常与方铅矿密切共生为特征。

【主要用途】　最重要的锌矿石矿物原料。其成分中所含 Cd、In、Ge、Ga、Tl 等一系列稀有元素可综合利用。良好的闪锌矿的单晶可用作紫外半导体激光材料、红外窗口材料,以及显像管涂料等。

# 黄 铜 矿 族

CuFeS$_2$ 有 3 种同质多象变体:550 ℃ 以上时为等轴晶系变体,550~213 ℃ 时为四方晶系变体,低于 213 ℃ 时为斜方晶系变体(但也可以保留四方晶系为准稳态)。高温变体的阳离子在结构中呈无序分布,具闪锌矿型结构。低温四方晶系变体,阳离子在结构中呈有序分布,因而与高温变体比较,其对称性降低。以下描述最常见的四方晶系变体。

**黄铜矿(chalcopyrite)**

CuFeS$_2$

【化学组成】　Cu 34.56%,Fe 30.52%,S 34.92%。其成分中可有 Mn、As、Sb、Ag、Au、Zn、In、Bi、Se、Te 等元素混入。

【晶体结构】　四方晶系; $D_{2d}^{12}-I\bar{4}2d$; $a_0 = 0.524$ nm, $c_0 = 1.032$ nm; $Z = 4$。晶体结构为闪锌矿型结构的衍生结构(图 19-5),即其单位晶胞类似于将两个闪锌矿晶胞叠置而成。每一金属离子(Cu$^{2+}$ 和 Fe$^{2+}$)的位置均相当于闪锌矿中 Zn$^{2+}$ 的位置,但由于 Zn$^{2+}$ 位置被 Cu$^{2+}$ 和 Fe$^{2+}$ 两种离子代替并有序分布,使其对称由原闪锌矿结构的等轴晶系下降为四方晶系。高温无序黄铜矿 Cu$^{2+}$ 和 Fe$^{2+}$ 无序分布,仍保留闪锌矿结构的等轴晶系。

---

①　本书中【标型】条目包括:矿物的标型特征,标型矿物,找矿标志等。

【形态】 通常为致密块状或分散粒状集合体。偶尔出现隐晶质肾状形态。晶体常见单形有四方四面体、四方双锥,但单晶较少见。

【物理性质】 颜色为铜黄色,表面往往带有暗黄或褐色锖色;条痕绿黑色;金属光泽;不透明。解理不发育。硬度为3~4。相对密度为4.1~4.3。性脆。能导电。

【成因及产状】 黄铜矿成因类型较多。

（1）在与基性岩有关的铜镍硫化物岩浆矿床中,与磁黄铁矿、镍黄铁矿共生。

（2）在接触交代矿床中,黄铜矿充填于石榴子石或透辉石等夕卡岩矿物间。

（3）在中温热液矿床中,黄铜矿往往与黄铁矿、方铅矿、辉钼矿及方解石、石英共生。在地表氧化环境中,黄铜矿易被氧化、分解,可形成孔雀石、蓝铜矿。

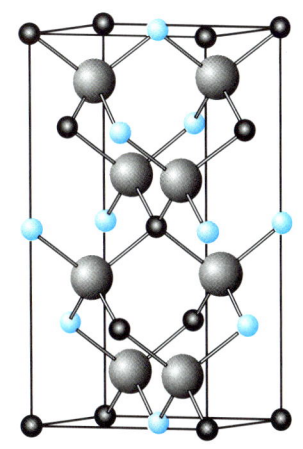

大球为S 黑色小球为Cu 蓝色小球为Fe

图 19-5 黄铜矿晶体结构

在含铜硫化物矿床的次生富集带中,黄铜矿被次生斑铜矿、辉铜矿和铜蓝所交代。

我国黄铜矿的主要产地集中在长江中下游地区、川滇地区、山西南部的中条山地区、甘肃的河西走廊以及青海、西藏等地。

【标型】 黄铜矿中$S^{2-}$的缺位可以反映形成温度,温度高于200 ℃时,其成分与理想化学式比较,$S^{2-}$不足,即$N_{Cu+Fe}:N_S>1$。若形成温度越高,则缺$S^{2-}$额越多。形成温度低于200 ℃时,其成分与理想化学式一致,即$N_{Cu+Fe}:N_S=1$。

【鉴定特征】 黄铜矿与黄铁矿相似,但可以其更黄的颜色和较低的硬度加以区别。

与自然金的区别在于绿黑色的条痕,性脆及溶于硝酸。

【主要用途】 炼铜的主要矿石矿物。

## 磁黄铁矿族

本族矿物主要有磁黄铁矿和红砷镍矿。晶体结构为红砷镍矿型。磁黄铁矿的成分近似于FeS,由于$Fe^{3+}$取代$Fe^{2+}$而导致Fe缺席,表示为$Fe_{1-x}S$。它有两个同质多象变体:在320 ℃以上为六方晶系变体,具简单的红砷镍矿型结构,其成分相当于$FeS—Fe_7S_8$之间的固溶体;在320 ℃以下稳定的为低温单斜晶系变体,此时,出现各种畸变和一系列的超结构(即Fe缺位在晶体结构中有序排列,使晶胞扩大几倍),常见的单斜磁黄铁矿成分为$Fe_7S_8$。在陨石中也有产出,叫陨硫铁,成分基本为FeS。

### 磁黄铁矿（pyrrhotite）

$Fe_{1-x}^{2+}S$

【化学组成】 FeS元素组成的理论值为Fe 63.53%,S 36.47%。但自然界产出的磁黄铁矿往往含有更多的S,可达39%~40%。这是因为部分$Fe^{2+}$被$Fe^{3+}$代替,为保持电价平衡,结构中$Fe^{2+}$出现部分空位,相对地S就增多了。故其成分为非化学计量,通常以$Fe_{1-x}S$表示(其中$x=0～0.223$)。成分中常见Ni、Co类质同象置换Fe,此外,还有Cu、Pb、

Ag 等。

【晶体结构】　六方晶系；$D_{6h}^4-P6_3/mmc$；$a_0=0.344$ nm，$c_0=0.569$ nm；$Z=2$。具红砷镍矿型结构。

【形态】　通常呈致密块状、粒状集合体或呈浸染状。单晶体常呈平行{0001}的板状，少数为柱状或桶状。也可见双晶或三连晶。

【物理性质】　暗古铜黄色，表面常具褐色的锖色；条痕灰黑色；金属光泽；不透明。解理不发育；{0001}裂开发育。硬度为4。相对密度为4.6~4.7。性脆。具导电性和弱—强磁性。

【成因及产状】　磁黄铁矿的主要产状有：

（1）产于基性岩体内的铜镍硫化物岩浆矿床中，与镍黄铁矿、黄铜矿紧密共生。

（2）产于接触交代矿床中，与黄铜矿、黄铁矿、磁铁矿、铁闪锌矿、毒砂等矿物共生，主要形成于夕卡岩过程的后期阶段。

（3）产于一系列热液矿床中，如锡石硫化物矿床，与锡石、方铅矿、闪锌矿、黄铜矿等共生。

在氧化带，它极易分解而最后转变为褐铁矿。

【鉴定特征】　暗古铜黄色，硬度中，具弱—强磁性。

【主要用途】　为制作硫酸的矿石矿物原料，但经济价值远不如黄铁矿。含Ni较高时可作为镍矿石综合利用。

**红砷镍矿（nickeline）**

NiAs

【化学组成】　Ni 43.92%，As 56.08%。可有Fe、Co、S等呈类质同象混入。此外，还有Sb、Bi、Cu，其赋存状态未明。

【晶体结构】　六方晶系；$D_{6h}^4-P6_3/mmc$；$a_0=0.361$ nm，$c_0=0.502$ nm；$Z=2$。

红砷镍矿为一典型结构：As按六方最紧密堆积，Ni充填所有八面体空隙（图19-6）。[NiAs$_6$]八面体共面平行$c$轴方向连成直线型链，在水平方向上[NiAs$_6$]八面体共棱。Ni除被6个As所包围外（配位数为6），往往与上下2个Ni距离较近，成为它最近的相邻者，这使红砷镍矿中的键性明显地向金属键过渡。

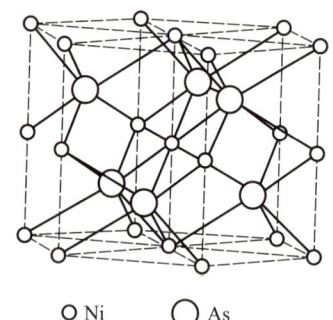

○ Ni　　○ As

**图19-6　红砷镍矿的晶体结构**
（引自潘兆橹等，1993）

【形态】　通常呈致密块状、粒状集合体，有时呈肾状等胶体形态。单晶呈六方柱状或板状，但极少见。

【物理性质】　呈淡铜红色，表面具灰或黑色的锖色；条痕褐黑，金属光泽。解理平行{1010}不完全；断口不平坦。硬度为5。相对密度为7.6~7.8。性脆。具强导电性。

【成因及产状】　常见于热液矿床中，有时见于基性、超基性岩有关的铜镍硫化物岩浆矿床后期热液过程。

【鉴定特征】　浅铜红色和金属光泽。易熔，在木炭上以氧化焰烧之形成As$_2$O$_3$白色被膜，并有生蒜臭味。

【主要用途】　镍的矿石矿物原料。

## 铜　蓝　族

**铜蓝（covellite）**

$CuS$ 或 $Cu_2^+S \cdot Cu^{2+}[S_2]$

【化学组成】　Cu 66.48%，S 33.25%。可有少量的 Fe、Ag、Se 和 Pb 等混入物。它是成分简单、结构复杂的矿物。阴阳离子均有两种不同价态，阴离子除 $S^{2-}$ 外，还有复硫 $[S_2]^{2-}$，因此，它是单硫化物与复硫化物之间的过渡类型。

【晶体结构】　六方晶系；$D_{6h}^4-P6_3/mmc$，$a_0=0.380$ nm，$c_0=1.636$ nm；$Z=2$。晶体结构具复杂层状（图 19-7）：$Cu^{2+}$ 位于由 3 个 $S^{2-}$ 所组成的等边三角形之中，各个三角形的角顶彼此相连成层，由 $S^{2-}$ 所占据的三角形的角顶却又是上下相对应的四面体的一个共用角顶，而四面体的其余角顶则由 $[S_2]^{2-}$ 占据。$Cu^+$ 位于四面体的中心。这样由 $[CuS_3]$ 三角形所连接的层及位于其上下的 $[CuS_4]$ 四面体就构成铜蓝复杂层状的结构。在此结构中，同时存在 $S^{2-}$ 和 $[S_2]^{2-}$ 两种离子及 $Cu^+$ 和 $Cu^{2+}$ 两种离子。因此，铜蓝是介于简单硫化物与复硫化物之间的结构。

【形态】　单晶为板状，片状，通常以粉末状、被膜状或煤灰状集合体附于其他硫化物之上。

【物理性质】　靛青蓝色；条痕灰黑；金属光泽；不透明，极薄的薄片透绿光。解理平行 {0001} 完全。硬度为 1.5～2。相对密度为 4.67。性脆。

【成因及产状】　主要形成于外生作用，为含铜硫化物矿床次生富集带中一种最为常见的矿物。

【鉴定特征】　靛青蓝色，低硬度。块体在呵气后变为紫色。

【主要用途】　为铜的矿石矿物，常与其他铜矿物一起作为铜矿石利用。

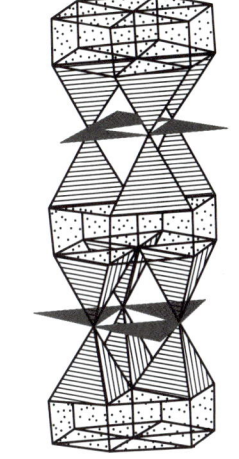

**图 19-7　铜蓝的晶体结构**

（引自潘兆橹等，1993）

## 辰　砂　族

$HgS$ 有 3 个同质多象变体——三方晶系的辰砂、等轴晶系的黑辰砂、六方晶系的六方辰砂，其中六方辰砂在自然界中分布稀少，等轴晶系的黑辰砂亦罕见。以下仅描述三方晶系的辰砂。

**辰砂（cinnabar）**

$HgS$

【化学组成】　Hg 86.21%，S 13.74%。成分固定，有时含少量的 Se、Te、Sb、Cu 混入物等。

【晶体结构】　三方晶系；$D_3^4-P3_121$ 或 $D_3^6-P3_221$；$a_0=0.414$ nm，$c_0=0.949$ nm；$Z=3$。晶体结构为变形的 NaCl 型，即将 NaCl 型结构沿 $L^3$ 变形后得到辰砂结构。

【形态】 单晶常呈菱面体{10$\bar{1}$1}，或平行{0001}厚板状，或平行 $c$ 轴方向延伸的六方柱状。双晶常见，常成以 $c$ 轴为双晶轴的贯穿双晶。集合体多呈粒状，有时为致密块状，以及被膜状。

【物理性质】 鲜红色，有时表面呈铅灰的锖色；条痕红色；金刚光泽；半透明。解理平行{10$\bar{1}$0}完全。硬度为 2~2.5。相对密度为 8.05~8.2。成分纯净者，导电性极差，当含 0.1% 的 Se 或 Te 时，其导电性就显著增加。

【成因及产状】 产于低温热液矿床。常与辉锑矿、雄黄、雌黄、黄铁矿、隐晶质石英、方解石等矿物共生。

我国是辰砂的主要生产国之一。湖南怀化、江西婺源和贵州铜仁等地是辰砂的著名产地。

【标型】 辰砂是低温热液的标型矿物。

【鉴定特征】 鲜红的颜色和条痕，相对密度大，硬度低。黑辰砂与辰砂的不同是：灰黑色，条痕黑色，金属光泽，无解理，相对密度为 7.7，导电性良好。

【主要用途】 提炼汞最重要的矿石矿物。辰砂的单晶可作激光调制晶体，为目前激光技术的关键材料。此外，因颜色鲜红，大而完好的晶体还具有极高的观赏及收藏价值。在宝石界称鸡血石。

# 辉 锑 矿 族

## 辉锑矿（stibnite 或 antimonite）

$Sb_2S_3$

【化学组成】 Sb 71.38%，S 28.62%。成分较固定，可含少量的 As、Pb、Ag、Cu 和 Fe，其中绝大部分元素为机械混入物。

【晶体结构】 斜方晶系；$D_{2h}^{16}-Pbnm$；$a_0 = 1.120$ nm，$b_0 = 1.128$ nm，$c_0 = 0.383$ nm；$Z = 4$。晶体具链状结构，链是由 S 和 Sb 以较强的离子-金属键紧密连接而成，这些链平行于 $c$ 轴。而链间以较弱的分子键联系，因而沿着这一方向{010}表现出解理性，同时晶体的形态亦是沿结构中链体的方向延伸而呈平行 $c$ 轴的柱状。

【形态】 单晶呈柱状或针状（图 19-8），柱面具有明显的纵纹（聚形纹），较大的晶体往往出现弯曲。集合体常呈放射状或致密粒状。

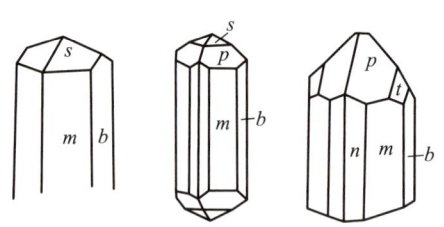

**图 19-8 辉锑矿晶体**

（引自潘兆橹等，1993）

斜方柱 $m${110}，$n${210}；平行双面 $b${010}；

斜方双锥 $s${111}，$p${331}，$t${341}

【物理性质】 铅灰色或钢灰色，表面常有蓝色的锖色；条痕黑色，研磨后呈褐色；金属光泽；不透明。解理平行{010}完全；解理面上常有横的聚片双晶纹。硬度为 2。相对密度为 4.6。性脆。

【成因及产状】 主要产于低温热液矿床中，与辰砂、石英、萤石、重晶石、方解石等共生。

我国湖南新化锡矿山是世界最著名、最大的辉锑矿产地。

【标型】 辉锑矿是低温热液的标型矿物。

【鉴定特征】 铅灰色,柱状晶形,柱面上有纵纹(聚形纹),解理面上有横纹(聚片双晶纹)。对于细粒的块体,滴 KOH 溶液于其上,立刻呈现黄色,随后变为橘红色,以此区别于与其类似的辉铋矿。

【主要用途】 为锑的重要矿石矿物。晶体大或呈美观的晶簇状,具很高的观赏和收藏价值。

### 辉铋矿(bismuthinite)

$Bi_2S_3$

【化学组成】 Bi 81.30%,S 18.70%。类质同象混入物主要有 Pb、Cu、Sb 和 Se。

【晶体结构】 斜方晶系;$D_{2h}^{16}-Pbnm$;$a_0 = 1.113$ nm,$b_0 = 1.127$ nm,$c_0 = 0.397$ nm;$Z = 4$。辉铋矿与辉锑矿等结构。

【形态】 单晶常呈长柱状至针状,晶面大多具纵纹,集合体以致密块状较常见。

【物理性质】 微带铅灰的锡白色;表面常现黄色锖色;条痕铅灰色;金属光泽;不透明。解理平行{010}完全。硬度为 2~2.5。相对密度为 6.8。

【成因及产状】 主要见于钨锡高温热液矿床和接触交代矿床中。

【鉴定特征】 与辉锑矿相似,但颜色较辉锑矿浅,光泽较强,相对密度较大,解理面上无横纹,与 KOH 溶液不起反应。

【主要用途】 为铋的重要矿石矿物。

# 雌 黄 族

### 雌黄(orpiment)

$As_2S_3$

【化学组成】 As 60.91%,S 39.09%。Sb 呈类质同象混入物,含量可达 3%。此外,存在微量的 Hg、Ge、Se 和 V 等。

【晶体结构】 单斜晶系;$C_{2h}^5-P2_1/c$;$a_0 = 1.149$ nm,$b_0 = 0.959$ nm,$c_0 = 0.425$ nm,$\beta = 90°27'$;$Z = 4$。雌黄具有层状结构:As、S 连接成层,层中每一个 As 被 3 个 S 所包围,而每个 S 与两个 As 相连接(图 19-9)。层平行于(010),各层间以微弱分子键相维系;因而平行{010}产生极完全解理。

【形态】 常见板状或短柱状(图 19-10)。集合体呈片状、梳状、土状等。

【物理性质】 柠檬黄色;条痕鲜黄色;油脂光泽至金刚光泽,解理面为珍珠光泽。解理平行{010}极完全,薄片具挠性。硬度为 1.5~2。相对密度为 3.5。

【成因及产状】 见于低温热液矿床中,常与雄黄共生。

我国湖南、云南、贵州、四川、甘肃等省均有产出,尤以湖南和云南著名。

【标型】 雌黄是低温热液的标型矿物。

【鉴定特征】 柠檬黄色,硬度低,一组极完全解理。与自然硫相似,但自然硫不具极完全解理。

【主要用途】 为砷及制造各种砷化物的主要矿石矿物,还可用于中药。

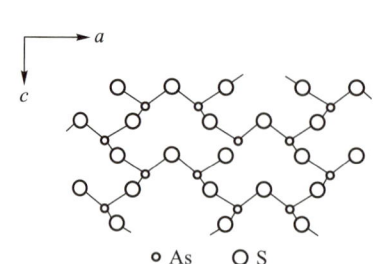

**图 19-9 雌黄的晶体结构(沿 b 轴投影)**
(引自潘兆橹等,1993)

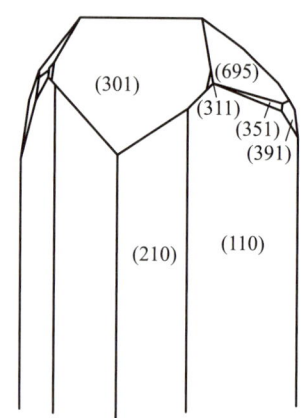

**图 19-10 雌黄的晶体**
(据王文魁,牛新喜,1994,产于湖南石门)

# 雄 黄 族

**雄黄(realgar)**

$As_4S_4$ 或 $AsS$

【化学组成】 As 70.10%,S 29.90%。成分固定,含杂质较少。含少量以类质同象或吸附状态存在的 Tl 和 Pb。

【晶体结构】 单斜晶系;$C_{2h}^5 - P2_1/n$;$a_0 = 0.929$ nm,$b_0 = 1.353$ nm,$c_0 = 0.657$ nm;$\beta = 106°33'$;$Z = 4$。具分子型结构(图 19-11):由 $As_4S_4$ 分子所构成,分子中的 4 个 S 与 4 个 As 之间以共价键相维系,而分子与分子间则以分子键相连接。对于 $As_4S_4$ 分子,其中 S 形成正方形,As 形成四面体,而正方形和四面体的中心相吻合。每个 S 与两个 As 相邻,而每个 As 则与 2 个 S 及另一个 As 相邻。

【形态】 通常以致密块状或土状块体或皮壳状集合体产出。单晶体通常细小,呈柱状、短柱状或针状(图 19-12),柱面上有细的纵纹。

【物理性质】 橘红色,条痕淡橘红色;晶面上具金刚光泽,断面上出现树脂光泽,透明至半透明。解理平行|010|完全。硬度为 1.5~2。相对密度为 3.6。性脆。长期受光作用,可转变为淡橘红色粉末。

【成因及产状】 形成条件与雌黄相似,并常与雌黄共生。

【标型】 雄黄也是低温热液的标型矿物。

【鉴定特征】 橘红色,条痕淡橘红色,硬度与辰砂相似,但辰砂条痕色鲜红,相对密度大。

【主要用途】 为砷及制造各种砷化物的主要矿石矿物。

# 辉 钼 矿 族

**辉钼矿(molybdenite)**

$MoS_2$

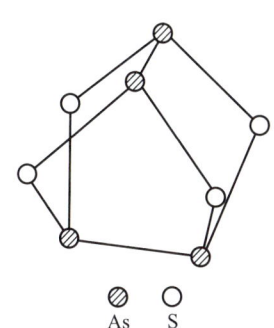

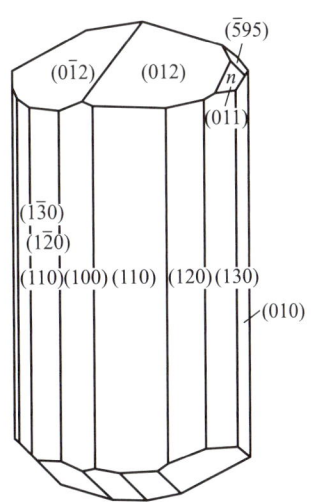

**图 19-11　雄黄晶体结构中的 $As_4S_4$ 分子**

（引自潘兆橹等，1993）

**图 19-12　雄黄晶体**

（据王文魁，牛新喜，1994。产于湖南石门）

【化学组成】　Mo 59.94%，S 40.06%。自然界的辉钼矿成分几乎都接近理论值。Re 为其重要的类质同象混入物，含量可达 2%。S 被 Se、Te 替代可达 25%。

辉钼矿在自然界有 $2H$ 和 $3R$ 两种多型，彼此的物理性质极为相似。据统计，稀有元素 Re 主要赋存在 $3R$ 型或 $3R+2H$ 混合型的辉钼矿中。

【晶体结构】　六方晶系（$2H$）；$D_{6h}^4 - P6_3/mmc$；$a_0 = 0.315$ nm，$c_0 = 1.230$ nm；$Z = 2$。

辉钼矿的晶体具层状结构（图 19-13）。结构中，$Mo^{4+}$ 组成的面网夹在上下由 $S^{2-}$ 组成的面网之间，共同构成一个三方柱配位结构层，$[MoS_6]$ 构成三方柱形配位多面体，而此结构层由 $S^{2-}$ 组成空八面体层相连。层内离子连接紧密，层与层之间的引力却很微弱，因而平行 {0001} 发育极完全解理，且晶体呈片状、板状。

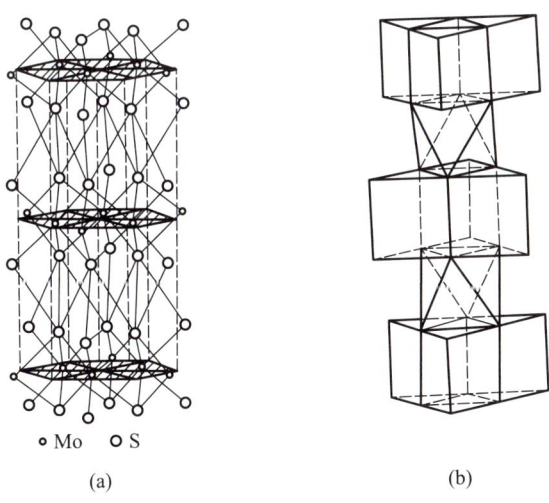

（a）　　　　　　　　　　　　　　　（b）

**图 19-13　辉钼矿的晶体结构**

（引自潘兆橹等，1993）

（a）离子排列形式；（b）配位多面体形式

【形态】　单晶呈六方板状、片状,通常以片状、鳞片状集合体产出。

【物理性质】　铅灰色;条痕为亮铅灰色,在上釉瓷板上为微绿的灰黑色;金属光泽,不透明。解理平行{0001}极完全,解理薄片具挠性。硬度为1。相对密度为5.0。有滑腻感。

【成因及产状】　主要产于高、中温热液矿床中。

我国钼矿储量居世界首位,最著名的产地有辽宁、河南、山西、陕西等。

【鉴定特征】　铅灰色,金属光泽,硬度低,一组极完全解理。以其相对密度大,光泽较强,颜色及条痕较淡,且在涂釉瓷板上有特征的黄绿色条痕可与相似的石墨相区别。

【主要用途】　为钼最重要的矿石矿物,亦为提取 Re 的主要矿石,当含 Pt 族元素(Os、Pd、Rn、Pl)较多时,可综合利用。

## 斑 铜 矿 族

### 斑铜矿(bornite)

$Cu_5FeS_4$

【化学组成】　Cu 63.33%,Fe 11.12%,S 25.55%。由于斑铜矿中常含有黄铜矿、辉铜矿等固溶体出溶体,因此成分变化较大。

【晶体结构】　高温度体为等轴晶系,低温度体为四方晶系。等轴晶系;$O_h^7-Fd3m$;$a_0 = 1.093$ nm;$Z = 8$。四方晶系;$D_{2d}^4-P\overline{4}2_1c$;$a_0 = 1.094$ nm,$c_0 = 2.188$ nm;$Z = 16$。其晶体结构相当复杂。

【形态】　单晶极为少见,通常呈致密块状或粒状不规则集合体。

【物理性质】　呈古铜红色,表面常呈蓝紫斑状锖色,因此得名;条痕灰黑色;金属光泽;不透明。无解理。硬度为3。相对密度为4.9~5。性脆。具导电性。

【成因及产状】　斑铜矿可形成于 Cu-Ni 硫化物矿床、夕卡岩矿床及铜硫化物矿床的次生硫化物富集带中。

斑铜矿在地表氧化环境中易分解而形成孔雀石、蓝铜矿、赤铜矿、褐铁矿等矿物。

【鉴定特征】　特有的古铜红色和不新鲜表面的蓝紫斑杂的锖色;硬度较低。

【主要用途】　为铜的主要矿石矿物。

## 辉 铜 矿 族

### 辉铜矿(chalcocite)

$Cu_2S$

$Cu_2S$ 有 3 个同质多象变体。在 103 ℃ 以下稳定的为斜方晶系变体;在此温度之上至 420 ℃ 范围内稳定的为六方晶系变体;在 420 ℃ 以上稳定的为等轴晶系变体。

高温等轴晶系辉铜矿具反萤石型结构;高温六方晶系辉铜矿的结构表现为 S 呈六方最紧密堆积。低温斜方晶系辉铜矿的结构相当复杂,这里仅描述分布最广的 $Cu_2S$ 低温变体。

【化学组成】　Cu 79.86%,S 20.14%。常含 Ag,有时含 Fe、Co、Ni、As、Au 等,其中有些是机械混入物。

【晶体结构】　斜方晶系；$C_{2v}^{15}-Abm2$；$a_0 = 1.192$ nm，$b_0 = 2.733$ nm，$c_0 = 1.344$ nm；$Z = 96$。

【形态】　单晶极少见，晶形呈假六方形的短柱状或厚板状。通常呈致密块状、粉末状（烟灰状）集合体。

【物理性质】　铅灰色，风化表面黑色；条痕暗灰色；金属光泽；不透明。无解理。硬度为 2~3。相对密度为 5.5~5.8。略具延展性。电的良导体。

【成因及产状】　有内生和外生两种成因。内生者见于富 Cu 贫 S 的晚期热液铜矿床中，常与斑铜矿共生。外生辉铜矿见于某些含铜硫化物矿床氧化带的下部，为氧化带渗滤下去的硫酸铜溶液与原生硫化物（黄铜矿、斑铜矿、黄铁矿等）进行交代作用的产物。

辉铜矿在地表环境下很不稳定，易被分解而转变为铜的氧化物和铜的碳酸盐。在不完全的氧化下，可转变为自然铜。

【鉴定特征】　暗铅灰色，低硬度，弱延展性，小刀刻之出现光亮沟痕。常与其他铜矿物共生或伴生。

【主要用途】　为含铜最富的硫化物，是铜的重要矿石矿物。

# 二、复硫化物类

复硫化物，又称双硫化物或对硫化物。在化学组成上，它们以哑铃状的 $[S_2]^{2-}$、$[Se_2]^{2-}$、$[Te_2]^{2-}$、$[As_2]^{2-}$、$[AsS]^{3-}$、$[SbS]^{3-}$ 等阴离子团出现。阳离子主要是 $Fe^{2+}$、$Co^{2+}$、$Ni^{2+}$、$Pt^{2+}$ 等过渡型离子，而 $Cu^{2+}$、$Pb^{2+}$、$Zn^{2+}$ 等在简单硫化物中常见的铜型离子则基本上不出现。在化学键上，阳离子与阴离子团之间为离子键及金属键，阴离子团内为共价键。在晶体结构上，复硫化物矿物往往是由哑铃状对阴离子近似呈立方最紧密堆积而成。但由于对阴离子的存在，与简单硫化物中类似结构的矿物相比较，降低了对称性，例如黄铁矿与方铅矿均与 NaCl 型结构相似，但方铅矿具 NaCl 型结构，而黄铁矿是 NaCl 型衍生结构，因此方铅矿的对称性（$m3m$；$Fm3m$）高于黄铁矿（$m3$；$Pa3$）。

在物理性质上，由于哑铃状对阴离子内部具有强的共价键，而使其间的距离大为缩短，导致复硫化物矿物硬度显著增大，一般在 5~6.5 之间。由于对阴离子的哑铃状伸长方向在结构中交错配置，使各方向键力比较相近，所以复硫化物矿物解理不完全。此外，复硫化物类矿物常见完好的晶形，相对密度较大（大于 4.2），不透明，强金属光泽，性脆，导电性能差，加热局部分解。

## 黄铁矿–白铁矿族

### 黄铁矿（pyrite）

$Fe[S_2]$

【化学组成】　Fe 46.55%，S 53.45%。成分中常见 Co、Ni 呈类质同象替代 Fe；As、Se、Te 替代 S。此外，常见 Au、Ag 呈机械混入物。

【晶体结构】　等轴晶系；$T_h^6-Pa3$；$a_0 = 0.542$ nm；$Z = 4$。黄铁矿是 NaCl 型结构的衍生结构（图 19-14），晶体结构与方铅矿相似，即哑铃状对硫离子 $[S_2]^{2-}$ 代替了方铅矿结构中简单硫离子的位置，$Fe^{2+}$ 代替了 $Pb^{2+}$ 的位置。但由于哑铃状对硫离子的伸长方向在结构中交错配置，使各方向键力相近，因而黄铁矿解理极不完全，而且硬度显著增大。

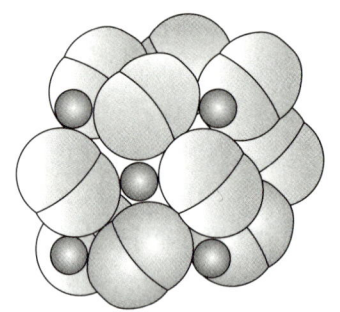

图 19-14　黄铁矿的晶体结构

【形态】　常见完好晶形，呈立方体{100}、五角十二面体{210}或八面体{111}。在立方体晶面上常能见到 3 组相互垂直的晶面条纹，这种条纹的方向在两相邻晶面上相互垂直，与所属对称型相符合[图 19-15（a）]。此外，还可形成穿插双晶，称铁十字[见图 19-15（e）]。集合体常呈致密块状、分散粒状及结核状等。

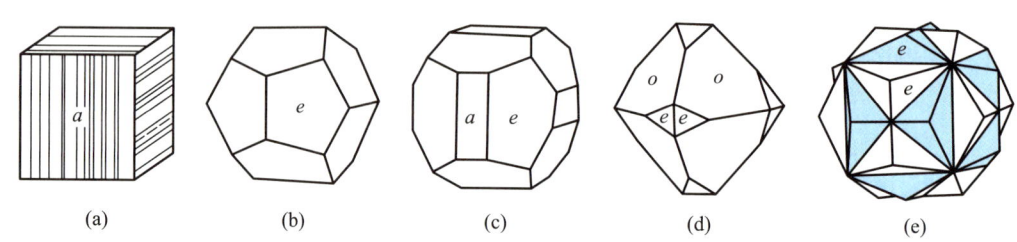

|     |     |     |     |     |
| :-: | :-: | :-: | :-: | :-: |
| (a) | (b) | (c) | (d) | (e) |

图 19-15　黄铁矿晶体

（引自潘兆橹等，1993）

立方体 a{100}；五角十二面体 e{210}；八面体 o{111}

【物理性质】　浅铜黄色，表面带有黄褐的锈色；条痕绿黑色；强金属光泽，不透明。无解理；断口参差状。硬度为 6~6.5。相对密度为 4.9~5.2。性脆。

【成因及产状】　黄铁矿是地壳中分布最广的硫化物，形成于多种不同地质条件下。

（1）产于铜镍硫化物岩浆矿床中，以富含 Ni 为特征。

（2）产于接触交代矿床中，常含有 Co。

（3）产于多金属热液矿床中，黄铁矿成分中 Cu、Zn、Pb、Ag 等含量有所增高。

（4）与火山作用有关的矿床中，黄铁矿成分中 As、Se 含量有所增多。

（5）外生成因的黄铁矿见于沉积岩、沉积矿床和煤层中，往往呈结核状和团块状。

在地表氧化条件下，黄铁矿易于分解而形成各种铁的硫酸盐和氢氧化物。铁的硫酸盐中以黄钾铁矾最为常见；铁的氢氧化物中以针铁矿最为常见，它是构成褐铁矿的主要矿物成分。褐铁矿有时呈黄铁矿假象。

【标型】　黄铁矿的 Co/Ni 可以指示成因类型，Co/Ni<1 为沉积型，Co/Ni>1 为岩浆和热液型。黄铁矿在热液矿床中为重要的载金矿物，若 Au/As 值偏高，则指示 Au 为纳米级微粒金，若 Au/As 值偏低，则指示 Au 为固溶体方式存在的晶格金。

黄铁矿的晶体形态具有标型性，在热液体系中，随着温度由低变高，黄铁矿的晶形从立方体→立方体与五角十二面体聚形→八面体与五角十二面体聚形→八面体。黄铁矿晶形在金矿床的水平及垂直分布上具有一定规律性，据此可以估计矿体剥蚀程度及评价矿床深部远景。

【鉴定特征】 据其晶形、晶面条纹、颜色、硬度等特征,可与相似的黄铜矿、磁黄铁矿相区别。

【主要用途】 为制造硫酸的主要矿物原料,也可用于提炼硫黄。当含 Au、Ag 或 Co、Ni 较高时可综合利用。

**白铁矿( marcasite )**

Fe[S₂]

【化学组成】 Fe 46.55%,S 53.45%。成分同黄铁矿,与黄铁矿互为同质多象变体。含微量 As、Sb、Bi、Co、Cu 等混入物。

【晶体结构】 斜方晶系;$D_{2h}^{12}-Pmnn$;$a_0 = 0.338$ nm,$b_0 = 0.444$ nm,$c_0 = 0.539$ nm;$Z = 2$。晶体结构表现为 $Fe^{2+}$ 位于斜方晶胞的角顶和中心,哑铃状$[S_2]^{2-}$ 的轴向与 $c$ 轴斜交,而它的两端位于 $Fe^{2+}$ 围成的两个三角形的中心。虽然白铁矿和黄铁矿具有完全相同的配位关系,但是晶体结构的对称程度却完全不同,这是因为哑铃状$[S_2]^{2-}$ 的轴向取向分布不同所致(图 19-16)。

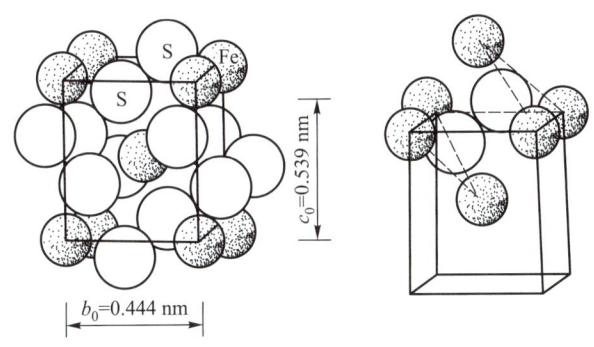

**图 19-16　白铁矿的晶体结构**

(引自潘兆橹等,1993)

【形态】 单晶呈板状,有时呈矛头状晶形。通常多以结核状、皮壳状产出。

【物理性质】 淡铜黄色而稍带浅灰或浅绿的色调,近乎锡白色(较黄铁矿色浅);条痕暗绿色;不透明,金属光泽。无解理。硬度为 5~6.5。相对密度为 4.05~4.9。性脆。弱导电性。

【成因及产状】 白铁矿在自然界的分布远较黄铁矿为少,并且不形成大量的聚积。它是 Fe[S₂]的不稳定变体,高于 350 ℃ 即转变为黄铁矿。

外生成因的白铁矿主要见于含碳质砂页岩中,呈结核状出现。

在氧化条件下,白铁矿很易分解而形成铁的硫酸盐和氢氧化物。

【鉴定特征】 白铁矿与黄铁矿相似,晶形完好时,可据晶形、颜色相区别。颗粒细小时需经 X 射线粉晶法才能区分。

【主要用途】 与黄铁矿相同。

## 辉砷钴矿-毒砂族

本族矿物成分中的阴离子为$[AsS]^{3-}$、$[SbS]^{3-}$或$[As_2]^{4-}$和$[S_2]^{2-}$共同存在的对阴离

子,阳离子主要是 Fe、Co、Ni 的离子。根据其结构类型的不同,可分为辉砷钴矿亚族和毒砂亚族。

辉砷钴矿亚族主要包括辉砷钴矿 Co[AsS]、辉砷镍矿 Ni[AsS]、锑硫镍矿 Ni[SbS]等,其结构类型近似于黄铁矿型。

毒砂亚族包括毒砂 Fe[AsS]、铁硫砷钴矿(Co,Fe)[AsS]、硫锑铁矿 Fe[SbS],其结构类型近似于白铁矿型。由于结构中存在[AsS]$^{3-}$、[SbS]$^{3-}$对阴离子,哑铃状的两个球大小不一致使对称程度降低至单斜晶系($2/m$;$P2/c$)或三斜晶系($1$;$P1$)。

以下仅描述毒砂。

**毒砂(arsenopyrite)**

Fe[AsS]

【化学组成】　Fe 34.30%,As 46.01%,S 19.69%。成分变化范围为 FeAs$_{0.9}$S$_{1.1}$ 至 FeAs$_{1.1}$S$_{0.9}$。常有 Co 类质同象置换 Fe,此外可含微量 Bi、Sb、Zn、Se 等,其中大部分系机械混入物。

【晶体结构】　单斜晶系;$C_{2h}^5$-$P2_1/c$;$a_0 = 0.953$ nm,$b_0 = 0.566$ nm,$c_0 = 0.643$ nm,$\beta = 90°$;$Z = 8$。其晶体结构为白铁矿型结构的衍生结构,将白铁矿结构中的[S$_2$]$^{2-}$换成[AsS]$^{3-}$即变成毒砂型结构。注意,毒砂结构为 $\beta = 90°$ 的单斜结构。

【形态】　单晶常呈柱状,发育{120}或{110}斜方柱[图 19-17(a)、(b)、(c)],且柱面上有晶面条纹。另还发育{101}假斜方柱(请思考,为什么称假斜方柱)。有时依(101)形成接触双晶;依(012)形成穿插双晶或三连晶。在图 19-17(d)中,是以(101)和(201)为双晶面形成的穿插双晶;在图 19-17(e)中,是以(312)为接合面,以[021]为双晶轴形成的穿插双晶。集合体往往为粒状或致密块状。

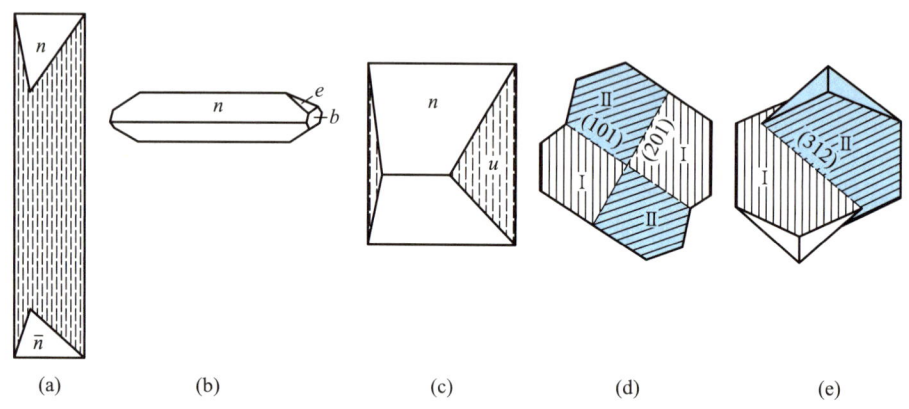

(a)　　　　　　(b)　　　　　　(c)　　　　　　(d)　　　　　　(e)

**图 19-17　毒砂的晶体及双晶**

(a)、(b)、(c)单晶体(引自潘兆橹,1993);

(d)、(e)双晶(据赵珊茸等,1997,产于陕西镇安双庙金矿床)

斜方柱 $u${120},$e${011};平行双面 $n${101};平行双面 $\bar{n}${10$\bar{1}$};平行双面 $b${010}

【物理性质】　锡白色至钢灰色;表面常带浅黄的锖色;条痕灰黑;金属光泽;不透明。解理不完全。硬度为 5.5~6。相对密度为 5.9~6.29。锤击之后,发出砷的蒜臭气味,灼烧后具磁性。性脆。

【成因及产状】　毒砂形成的温度范围很大,广泛出现于金属矿床中,但以高温和中温热液矿床中更为常见。

毒砂在氧化环境中易分解而形成浅黄色或浅绿色的臭蒜石 $Fe[AsO_4] \cdot 2H_2O$。

【标型】 利用 As 和 S 的含量比可估计其形成的条件:高温形成的毒砂富 As;低温者富S。但同时还受压力的影响,若压力增加,则含 S 量也增加。

【鉴定特征】 锡白色,硬度高,锤击发出蒜臭气味。与白铁矿相似,但毒砂条痕加 $HNO_3$ 研磨分解后,再加入钼酸铵,可产生鲜黄绿色砷钼酸铵沉淀。

【主要用途】 为制造砷及砷化物的矿石矿物。成分中含 Co 较高时可综合利用。

# 三、硫 盐 类

半金属元素 As、Sb、Bi 等阳离子与阴离子 S 结合组成复杂的络阴离子,如 $[AsS_3]^{3-}$、$[SbS_3]^{3-}$、$[BiS_3]^{3-}$ 等。其络阴离子包括 $[XS_3]^{3-}$(X = As、Sb、Bi)锥状络阴离子及它们相互连接而成的复杂形式的络阴离子,以及 $[AsS_4]^{3-}$ 和 $[SbS_4]^{3-}$ 四面体状络阴离子,结构较为复杂。具有这些络阴离子的硫化物矿物统称为硫盐(sulfosalt)矿物。与硫盐中络阴离子相结合的金属阳离子元素主要是 Cu、Ag、Pb,偶尔有 Tl、Hg、Fe 等。

硫盐矿物主要为中、低温热液成因。部分铋的硫盐矿物可形成于高温热液脉中。硫盐矿物有约 130 余种,但绝大多数稀少罕见,仅少数几种可在热液矿床中聚集成矿。

## 黝 铜 矿 族

本族矿物主要是黝铜矿和砷黝铜矿,两者可形成完全类质同象系列 $Cu_{12}[SbS_3]_4S \sim Cu_{12}[AsS_3]_4S$。一般所说的"黝铜矿",是指其类质同象组分的中间亚种 $Cu_{12}[(Sb,As)S_3]_4S$。其阴离子除孤立的络阴离子 $[SbS_3]^{3-}$ 或 $[AsS_3]^{3-}$ 外,还有附加阴离子 $S^{2-}$。

**黝铜矿(tetrahedrite)**

$Cu_{10}^+ Cu_2^{2+}[SbS_3]_4S$

**砷黝铜矿(tennantite)**

$Cu_{10}^+ Cu_2^{2+}[AsS_3]_4S$

【化学组成】 黝铜矿:Cu 45.77%,Sb 29.22%,S 25.01%;砷黝铜矿:Cu 51.57%,As 20.26%,S 28.17%。除 Sb 和 As 的类质同象外,Bi 亦可替代 Sb 和 As;Ag、Zn、Fe、Ni、Hg、Sn等替代 Cu;Se 和 Te 替代 S 的现象也很常见,相应形成黝铜矿的各个变种。

【晶体结构】 等轴晶系;$T_d^3 - I\overline{4}3m$;$a_0 = 1.034$ nm(黝铜矿)~1.021 nm(砷黝铜矿);$Z = 2$。结构复杂。

【形态】 晶体上可见四面体{111}、三角三四面体{211}、菱形十二面体{110}等。常见以双晶轴[111]形成穿插双晶。集合体常呈粒状或致密块状。

【物理性质】 钢灰—铁黑色;条痕色与颜色相同,砷黝铜矿的条痕微带樱红色,断口黝黑色;金属—半金属光泽;不透明。无解理。硬度为 3~4.5(砷黝铜矿比黝铜矿大)。性脆。相对密度为 4.6(砷黝铜矿)~5.1(黝铜矿),含 Ag 或 Hg 的变种相对密度更大。具弱导电性。

【成因及产状】　黝铜矿分布相对广泛,但很少聚集。产于各种热液矿床及夕卡岩型矿床中,以中低温者居多。在氧化带易分解而成孔雀石、蓝铜矿和铜蓝等。

【鉴定特征】　颜色、条痕、脆性和铜的焰色反应。

【主要用途】　次要铜矿石矿物。

## 硫锑银矿族

本族矿物包括硫锑银矿 $Ag_3[SbS_3]$ 和硫砷银矿 $Ag_3[AsS_3]$。两者又分别称为浓红银矿和淡红银矿。成分中的 Sb 和 As 两者在 300 ℃ 以上可实现完全类质同象替代,300 ℃ 以下只能形成有限的类质同象。

本族矿物为三方晶系,晶体结构可视为 NaCl 型结构沿三次轴畸变,以 $Ag^+$ 代替 $Na^+$ 的位置,$[SbS_3]^{3-}$ 或 $[AsS_3]^{3-}$ 取代 $Cl^-$ 的位置而成。锥状 $[SbS_3]^{3-}$ 或 $[AsS_3]^{3-}$ 络阴离子以相同取向平行于 $c$ 轴排列。

**硫锑银矿(浓红银矿)(pyrargyrite)**

$Ag_3[SbS_3]$

**硫砷银矿(淡红银矿)(proustite)**

$Ag_3[AsS_3]$

【化学组成】　硫锑银矿:Ag 59.76%,Sb 22.48%,S 17.76%;硫砷银矿:Ag 65.42%,As 15.14%,S 19.44%。Sb 和 As 两者可互呈类质同象替代关系。

【晶体结构】　三方晶系;复杂配位型结构;$C_{3v}^6-R3c$;$a_0=1.106$ nm,$c_0=0.873$ nm(硫锑银矿),或 $a_0=1.076$ nm,$c_0=0.866$(硫砷银矿);$Z=6$。

【形态】单晶呈短柱状;集合体常呈粒状或致密块状。

【物理性质】　硫锑银矿(浓红银矿)呈深红—黑红色,条痕暗红色;硫砷银矿(淡红银矿)呈深红—朱红色,条痕鲜红色;金刚光泽;半透明。硬度为 2~2.5。性脆。解理平行于 $\{10\bar{1}1\}$ 中等,断口呈参差状。相对密度为 5.77~5.86(浓红银矿),5.57~5.64(淡红银矿)。

【成因及产状】　二者均为热液成因,主要产于中低温热液的铅-锌矿床、银-钴矿床和锡-银矿床。通常形成于热液矿床的晚期;也见于各种热液矿床和多种硫化物共生组合中。与方铅矿、自然银、黝铜矿、方解石、石英等共生。

【鉴定特征】　特征的颜色、条痕、硬度和解理等。

【主要用途】　银矿石矿物;淡红银矿单晶可用做激光调制晶体。

## ❓ 习题与思考题

基础题:

1. 硫化物大类矿物再分几个类? 划分依据是什么? 归纳本大类矿物的物性与化学健的关系。

2. 简单硫化物和复硫化物类的物理性质有什么不同? 原因何在? 哪些硫化物矿物的硬

度大于5.5? 哪些硫化物硬度小于2.5?

3. 对比金刚石、闪锌矿和黄铜矿晶体结构的异同。

4. 用阴离子等大球最紧密堆积、阳离子充填空隙的方式,描述方铅矿、闪锌矿、黄铜矿的结构。

5. 硫化物大类矿物的光泽强(金属光泽或金刚光泽)、大多数硬度低、相对密度大、溶解度较小,容易被氧化,为什么? 试从成分和化学键特点加以解释。

6. 哪些硫化物矿物具有完全解理? 请逐一列出其矿物名称、化学成分、解理符号和组数,并说明它们产生解理的原因。

7. 辉锑矿晶体上见到的柱面纵纹和解理面上的横纹有何不同?

8. 对比方铅矿和黄铁矿的结构特征,比较它们在对称、形态、解理和硬度方面的异同,并说明原因。

9. 硫化物大类矿物中,哪些是标型矿物? 哪些矿物具有标型特征(列出具体的标型特征)?

10. 如何区分下列三组外观相似的矿物? (1) 自然金、黄铁矿、黄铜矿和磁黄铁矿;(2) 辉铜矿、方铅矿、辉锑矿和毒砂;(3) 自然硫、雄黄、雌黄和辰砂。

11. 硫化物矿床氧化带中可能出现哪些矿物?

### 综合分析与讨论题:

12. 为什么高温无序黄铜矿($CuFeS_2$)是等轴晶系的? 从有序→无序,晶胞大小和形状发生了怎样的变化?

13. 磁黄铁矿($Fe_{1-x}S$)的超结构(或超晶胞)是怎么形成的? 结合第12题,讨论结构的有序、无序与晶胞的扩大、缩小有什么关系。

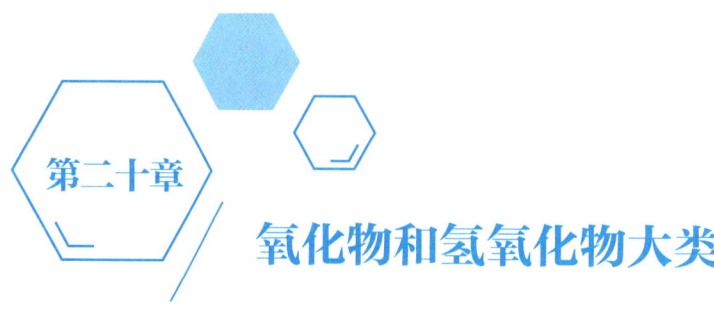

# 氧化物和氢氧化物大类

氧化物矿物是指由一系列金属和非金属元素的阳离子与 $O^{2-}$ 结合而成的化合物。氢氧化物矿物则是指金属阳离子与 $OH^-$ 相结合而成的化合物。目前已发现本大类矿物超过 300 种，其中氧化物 200 种以上，氢氧化物 80 种左右。它们约占地壳总质量的 17%，仅次于硅酸盐类矿物。其中石英族矿物占 12.6%，铁的氧化物和氢氧化物占 3.9%。本大类矿物中有的是重要的造岩矿物（如石英），有些是工业意义重大的矿石矿物，如磁铁矿、铬铁矿、赤铁矿、钛铁矿、软锰矿、金红石、锡石和晶质铀矿等。一些矿物本身就是可直接利用的工业、工艺原料和宝石材料，如用作仪表轴承和磨料的刚玉（高硬度），用于无线电工业的石英（压电性），以及高、中档宝石材料刚玉、尖晶石和水晶等。

## 1. 化学组成

电子教案 20
氧化物和氢氧
化物大类

阴离子为 $O^{2-}$ 和 $OH^-$。阳离子主要是惰性气体型离子（如 $Si^{4+}$、$Al^{3+}$ 等）和过渡型离子（如 $Fe^{3+}$、$Mn^{2+}$、$Ti^{4+}$、$Cr^{3+}$ 等），铜型离子则少见。此外，少数氧化物还含有 $F^-$、$Cl^-$ 等附加阴离子和水分子。

## 2. 晶体化学特征

氧化物类矿物晶体结构中的化学键以离子键为主，其结构一般可用最紧密堆积原理来阐述，并服从鲍林法则。当阳离子的配位数为 4 和 6 时，可看成是 $O^{2-}$ 做紧密堆积，阳离子充填在其八面体和四面体空隙中而构成。随着阳离子电价的增加，共价键的成分趋于增多，如刚玉 $Al_2O_3$ 已具有较多的共价键成分，石英 $SiO_2$ 则共价键占优势，氧难以实现最紧密堆积，而呈空隙很大的架状结构。另一方面，阳离子类型不同，键性亦发生改变，即从惰性气体型离子、过渡型离子向铜型离子转变时，共价键趋于增强，同时阳离子配位数趋于减少，如赤铜矿 $Cu_2O$，如果按阴、阳离子半径比值（$r_{Cu}/r_O = 0.46/1.38 = 0.333$）计算，$Cu^+$ 的配位数为 4，但实际上 $Cu^+$ 的配位数为 2。这种阳离子配位数（即成键数）的减少是由于共价键增强的结果。部分过渡型离子的氧化物，如磁铁矿（$[Fe^{3+}]^{IV}[Fe^{2+}Fe^{3+}]^{VI}O_4$），还具有一些金属键的特征。

在氢氧化物类矿物的结构中，由 $OH^-$ 或 $OH^-$ 和 $O^{2-}$ 共同形成紧密堆积，在后一种情况下 $OH^-$ 和 $O^{2-}$ 通常呈互层分布。氢氧化物的晶体结构主要是层状或链状，与相应的氧化物比较,其对称程度降低。例如方镁石 MgO 结晶成等轴晶系,而水镁石 Mg(OH)$_2$ 结晶成三方晶系。在氢氧化物中除离子键外,还往往存在氢键。由于氢键的存在,以及 OH$^-$ 的电价较 O$^{2-}$ 为低,导致阳离子与阴离子间键力的减弱,因此与相应的氧化物比较,其相对密度和硬度都趋于减小。

### 3. 形态及物理性质

在形态上,氧化物常可形成完好的晶形;氢氧化物则常见为细分散胶态混合物,结晶好时,晶体呈板状、细小鳞片状或针状。氧化物类矿物的显著特征是具有高的硬度,一般均在 5.5 以上,其中石英、尖晶石、刚玉依次为 7、8、9;氢氧化物的硬度与相应的氧化物比较,则显著降低,例如方镁石的硬度为 6,而水镁石仅为 2.5。氧化物类矿物解理不太发育;而氢氧化物类因键力较弱,往往发育一组完全至极完全解理。

氧化物的相对密度变化较大,如 W、Sn、U 等的氧化物的相对密度很大,一般大于 6.5,这主要受其阳离子种类和结构紧密程度影响。例如重金属元素的氧化物相对密度很大;而石英的相对密度小,则主要受其键性和空隙架状结构影响。而氢氧化物的相对密度与其相应的氧化物比较,则趋于减小,例如方镁石的相对密度为 3.6,而水镁石仅为 2.35,这是由于氢氧化物结构要松散得多的缘故。

本大类矿物的光学性质随阳离子类型的不同而变化,惰性气体型离子 Mg、Al、Si 等的氧化物和氢氧化物通常呈浅色或无色,半透明至透明,以玻璃光泽为主。而阳离子为过渡型离子(如 Fe、Mn、Cr 等元素)时,则呈深色或暗色,不透明至微透明,表现出半金属光泽,且磁性增强。

### 4. 成因

绝大部分的氧化物矿物可形成于包括内生、外生和变质作用的过程中。但有少数矿物是单成因的,例如铬铁矿是典型岩浆成因的矿物,只产于超基性、基性岩中;而 Cu、Sb、Bi 等的氧化物(赤铜矿 Cu$_2$O、锑华 Sb$_2$O$_3$、铋华 Bi$_2$O$_3$ 等),则是硫化物矿床氧化带的次生矿物,它们是这些元素的硫化物在表生条件下氧化后的产物。氧化物矿物由于物理化学性质较稳定,常能保存于砂矿中。

氢氧化物往往是外生成因的,其中尤以 Fe、Mn、Al 的氢氧化物最为典型,它们是由风化作用过程和沉积作用过程中的胶体溶液凝聚而成的。

在区域变质作用中,氢氧化物和含水分子的氧化物往往转变为无水氧化物。

某些变价元素如 Fe,在不同的氧化-还原条件下,易于相互转变为不同价态的氧化物。当氧气的浓度增大时,成分中有 Fe$^{2+}$ 和 Fe$^{3+}$ 的磁铁矿可转变为成分中完全是 Fe$^{3+}$ 的赤铁矿,但有时它仍然保持磁铁矿的晶形,则称假象赤铁矿。若情况相反,当氧气的浓度减小时,则赤铁矿可以还原为磁铁矿。若仍然保持赤铁矿晶形,则这种磁铁矿特称为穆磁铁矿,从而可作为判断氧化或还原条件的依据。

### 5. 分类

本大类的矿物划分为氧化物和氢氧化物两类。前者主要矿物有:赤铜矿、刚玉、赤铁矿、金红石、板钛矿、锐钛矿、锡石、软锰矿、石英、鳞石英、方石英、蛋白石、钛铁矿、钙钛矿、尖晶石、磁铁矿、铬铁矿、黑钨矿、褐钇铌矿。后者主要矿物有:水镁石、三水铝石、一水硬铝石、一水软铝石、针铁矿、纤铁矿、水锰矿、硬锰矿。

# 一、氧化物类

## 赤铜矿族

### 赤铜矿(cuprite)

$Cu_2O$

【化学组成】　Cu 88.80%, O 11.20%。常含 $Fe_2O_3$、$SiO_2$、$Al_2O_3$ 和自然铜等机械混入物。

【晶体结构】　等轴晶系;$O_h^4-Pn3m$;$a_0 = 0.426$ nm;$Z = 2$。赤铜矿的晶体结构为一典型结构。在其晶体结构中,$O^{2-}$ 位于单位晶胞的角顶和中心,$Cu^+$ 则位于单位晶胞分成的 8 个小立方体相间分布的相互错开的 4 个小立方体中心(图 20-1)。$Cu^+$ 和 $O^{2-}$ 的配位数分别为 2 和 4。虽然氧离子分布于晶胞的角顶和中心,但不是体心格子,而是原始格子(请读者思考为什么。)。

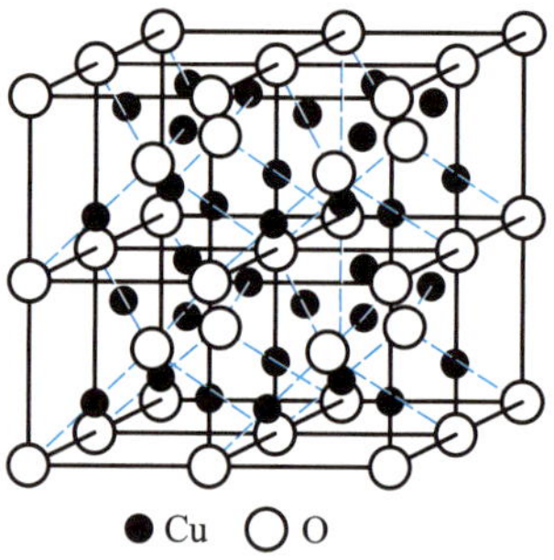

【形态】　通常为致密粒状或土状集合体,有时呈针状或毛发状。单晶为等轴粒状,主要单形有八面体{111}或立方体{100}与菱形十二面体{110}的聚形,但后者少见。

【物理性质】　暗红至近乎黑色;条痕褐红;金刚光泽至半金属光泽;薄片微透明。解理不完全。硬度为 3.5～4.0。相对密度为 5.85～6.15。性脆。

●Cu ○O

图 20-1　赤铜矿的晶体结构
(引自潘兆橹等,1993)

【成因及产状】　主要见于铜矿床的氧化带,为含铜硫化物氧化的产物。常与自然铜、孔雀石等伴生。

【鉴定特征】　金刚光泽,暗红色和褐红条痕色。有铜的焰色反应,易溶于硝酸,溶液呈绿色,加氨水变蓝色。在条痕上加 1 滴 HCl 溶液后,会产生白色 $CuCl_2$ 沉淀。

【主要用途】　产出量大时可作为炼铜的矿物原料。

## 刚玉族

### 刚玉(corundum)

$Al_2O_3$

【化学组成】　Al 53.20%,O 46.80%。有时含微量的 Fe、Ti、Cr、Mn、V、Si 等类质同象混入物。常见金红石、赤铁矿、钛铁矿包裹体或出溶体。

【晶体结构】　三方晶系;$D_{3d}^6-R\bar{3}c$;$a_0 = 0.477$ nm,$c_0 = 1.304$ nm;$Z = 6$。晶体结构见图 20-2。在垂直三次轴方向上 $O^{2-}$ 呈六方最紧密堆积,而 $Al^{3+}$ 则在两层 $O^{2-}$ 之间,充填 2/3 的八面体空隙。八面体在平行{0001}方向上共棱成层[图 20-2(a)],在平行 c 轴方向上,共面连接构成两个实心的[$AlO_6$]八面体和一空心由 $O^{2-}$ 围成的八面体相间排列[图 20-2(b)]。由于 Al—O 键具离子键向共价键过渡的性质(共价键约占 40%),从而使刚玉具共价键化合物的特征。两个共面的八面体内的 $Al^{3+}$ 较为靠近,产生了斥力,因而两层 $O^{2-}$ 之间的 $Al^{3+}$ 并不处于同一水平面内。

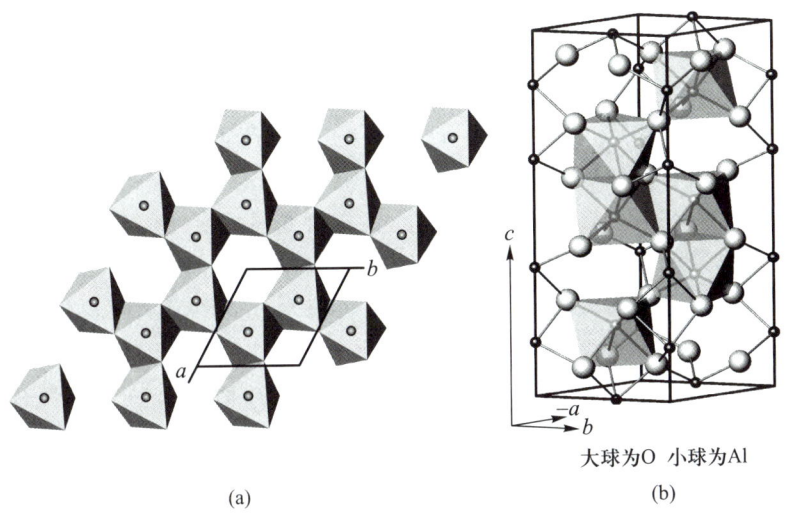

大球为O 小球为Al

(a)　　　　　　　　　　　　　(b)

图 20-2　刚玉的晶体结构

(引自何涌,雷新荣,2008)

【形态】　晶体通常呈腰鼓状、柱状,少数呈板状或片状(图 20-3)。常依菱面体 $\{10\bar{1}1\}$ 成简单接触双晶(图 20-4)、较少依 $\{0001\}$ 成聚片双晶,以致在晶面上常常出现相交的几组条纹。集合体呈粒状或致密块状。

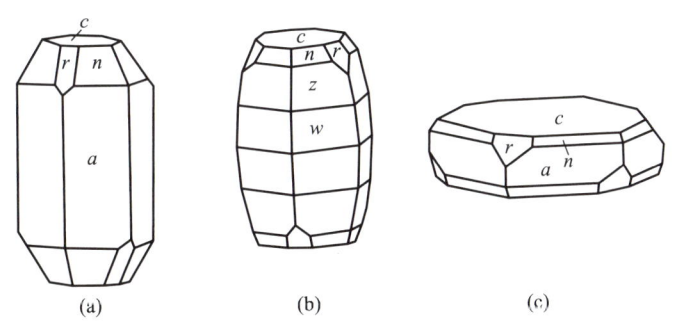

(a)　　　　　　　　　(b)　　　　　　　　(c)

图 20-3　刚玉的晶体

(引自潘兆橹等,1993)

六方柱 $a\{11\bar{2}0\}$;平行双面 $c\{0001\}$;六方双锥 $n\{11\bar{2}1\}$,

$z\{22\bar{4}3\}$,$w\{14.14.\overline{28}.3\}$;菱面体 $r\{10\bar{1}1\}$

【物理性质】　一般为灰、黄灰色,含 $Cr^{3+}$ 者呈红色者,称为红宝石(ruby);含 $Fe^{2+}$ 和 $Ti^{4+}$ 而呈蓝色者称为蓝宝石(sapphire);在有些红宝石和蓝宝石的 $\{0001\}$ 面上可以看到六方定向分布的针状金红石包体而呈星彩状,称为星彩红宝石(star-ruby)或星彩蓝宝石

（star-sapphire）；玻璃光泽。无解理；常因聚片双晶或细微包体产生 $\{0001\}$ 或 $\{10\bar{1}1\}$ 的裂开。硬度为 9。相对密度为 3.95~4.10。熔点为 2 000~2 030 ℃，化学性质稳定，不易腐蚀。

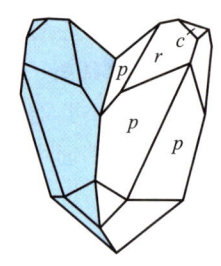

**图 20-4　刚玉的双晶**
（引自潘兆橹等，1993）
双晶面（$10\bar{1}1$）

【成因及产状】　Al 的克拉克值仅次于 Si，是在地壳中含量多的元素。但是 Al 的亲氧性远比 Si 的亲氧性低，所以在有 Si 的地方往往容易形成 $SiO_2$ 和硅酸盐，而不容易形成 $Al_2O_3$（如刚玉）。所以刚玉在地壳中含量较低，Al 在地壳中多以铝的硅酸盐和铝的氢氧化物形式存在。因此，刚玉产于富 Al 贫 Si 的环境。在岩浆岩中刚玉产于富 Al 贫 Si 的正长岩和斜长岩中；在变质岩中刚玉产于去硅作用（石灰岩中的 CaO 吸收了岩浆中的 $SiO_2$，形成含钙的硅酸盐）的接触变质岩中，也产于黏土岩（富 Al）在高温高压变质形成的区域变质岩中。

因为刚玉化学稳定性较高、硬度大、相对密度也较大，在外生条件下可聚集成砂矿。

【标型】　刚玉的晶体形态与其形成时的介质成分有关：产于 $SiO_2$ 含量低的岩石（如正长岩、斜长岩等）中的刚玉，呈长柱状和近三向等长的晶形；而产于 $SiO_2$ 含量有所增高的岩石中的刚玉，其晶体形态则以板状为特征。

【鉴定特征】　以其晶形、双晶条纹和高硬度作为鉴定特征。

【主要用途】　主要利用其高硬度作为研磨材料和精密仪器的轴承。晶形好、粗大，色泽美丽且无瑕者，为高档宝石，如红宝石、蓝宝石、星彩红宝石、星彩蓝宝石等。人工合成的红宝石可作为激光材料。刚玉粉可用于制作高温高压实验用的坩埚。

**赤铁矿（hematite）**

$\alpha\text{-}Fe_2O_3$

$Fe_2O_3$ 有两种同质多象变体：$\alpha\text{-}Fe_2O_3$ 和 $\gamma\text{-}Fe_2O_3$。前者属三方晶系，具刚玉型结构，在自然界中稳定，称为赤铁矿。后者属等轴晶系，具尖晶石型结构，在自然界中处于亚稳定状态，称为磁赤铁矿。以下描述三方晶系的赤铁矿。

【化学组成】　Fe 69.94%，O 30.06%。常含 Ti、Al、Mn、$Fe^{2+}$、Mg、Cu 及少量 Ca、Co 等类质同象混入物。

【晶体结构】　三方晶系；$D_{3d}^6-R\bar{3}c$；$a_0=0.503$ nm，$c_0=1.376$ nm；$Z=6$。晶体结构属刚玉型。

【形态】　单晶常呈板状，主要由平行双面与菱面体等所成之聚形。集合体形态多样：显晶质的有片状、鳞片状；隐晶质的有鲕状、肾状、粉末状和土状等。赤铁矿根据形态等特征，又有如下的一些名称：具金属光泽的片状集合体者，称为镜铁矿（specularite）；具金属光泽的细鳞片状集合体者，称为云母赤铁矿（micahematite）；呈鲕状或肾状的称为鲕状或肾状赤铁矿；粉末状的赤铁矿称为铁赭石（red ocher）。

赤铁矿的形态特征与其形成条件的关系是：一般由热液作用形成的赤铁矿可呈板状、片状或菱面体的晶体形态；云母赤铁矿是沉积变质作用的产物；鲕状和肾状赤铁矿是沉积作用的产物。

【物理性质】　显晶质的赤铁矿呈铁黑至钢灰色，隐晶质的鲕状、肾状和粉末状者呈暗红色；条痕樱桃红色；金属光泽（镜铁矿、云母赤铁矿）至半金属光泽，或土状光泽；不透明。无解理。硬度为 5.5~6,呈土状者硬度显著降低。相对密度为 5.0~5.3。性脆。镜铁矿常因含磁铁矿细微包裹体而具较强的磁性。

【成因及产状】 赤铁矿是自然界分布很广的铁矿物之一。它可以形成于各种地质作用之中,但以热液作用、沉积作用和沉积变质作用为主。

【鉴定特征】 樱桃红色条痕是鉴定赤铁矿的最主要特征。此外,形态和无磁性(镜铁矿例外)可与磁铁矿相区别。

【主要用途】 为提炼铁的最重要矿石矿物,当成分中 Ti、Co 等含量较高时,可综合利用。

### 钛铁矿(ilmenite)

$FeTiO_3$

【化学组成】 FeO 47.34%,$TiO_2$ 52.66%。常含 Mg、Nb、Ta、Mn 等类质同象混入物。

在 960 ℃ 以上,钛铁矿与赤铁矿形成完全类质同象,当温度降低时即发生出溶,故钛铁矿中常含有细鳞片状赤铁矿出溶体。在常温下二者只形成有限的类质同象($Fe_2O_3$ 含量<6%)。

【晶体结构】 三方晶系;$C_{3i}^2 - R\bar{3}$;$a_0 = 0.509$ nm,$c_0 = 1.407$ nm;$Z = 6$。

晶体结构为刚玉型的衍生结构。与刚玉不同之处在于 $Al^{3+}$ 的位置相间地被 $Fe^{2+}$ 和 $Ti^{4+}$ 所代替,导致 $c$ 滑移面消失而使钛铁矿晶格的对称程度降低。在高温条件下钛铁矿中的 Fe、Ti 呈无序状态而具刚玉型结构。

【形态】 单晶呈厚板状;通常呈不规则细粒状、鳞片状。可见依(0001)和($10\bar{1}1$)成双晶,但很少见;与榍石、磁铁矿、刚玉连生的现象较为常见。

【物理性质】 钢灰至铁黑色;条痕黑色,含赤铁矿者带褐色;金属至半金属光泽;不透明。无解理。硬度为 5~6。相对密度为 4.72。具弱磁性。

【成因及产状】 主要形成于岩浆作用和伟晶作用过程中。常作为各类岩浆岩的副矿物出现。与基性岩有关的钒钛磁铁矿矿床中,钛铁矿呈显微粒状或片状分布于磁铁矿颗粒之间,或沿磁铁矿{111}面网方向呈定向分布,造成磁铁矿的{111}裂开,这是由于在 550 ℃ 以上所形成的磁铁矿-钛铁矿固溶体在温度降低时发生出溶,分离出的钛铁矿以{0001}面交生于磁铁矿的{111}面上而导致磁铁矿产生{111}裂开。我国四川攀枝花钒钛磁铁矿矿床,是世界上钛铁矿著名产地之一。在变质作用过程中,钛铁矿可分解成赤铁矿(或磁铁矿)和金红石。

【鉴定特征】 据其条痕和弱磁性与其相似的赤铁矿、磁铁矿相区别。但颗粒细小时不易识别,需要用化学方法或在显微镜下鉴定。

【主要用途】 为钛的重要矿石矿物。

## 钙 钛 矿 族

### 钙钛矿(perovskite)

$CaTiO_3$

钙钛矿型结构在地幔矿物学和材料学领域有着极其广泛的应用。因为其结构紧密度大,许多造岩矿物(长石、辉石等)到地幔深处就会转变成钙钛矿型结构。又由于新发现的超导体、铁电体、离子导体和磁阻等功能材料大多属于典型的钙钛矿型,如压电材料 $Pb(Zr,Ti)O_3$,电致伸缩材料 $Pb(Mg,Nb)O_3$ 和磁阻材料 $(La,Ca)MnO_3$。因此,人们对揭示钙钛矿结构和它的家族秘密有着浓厚的兴趣。下面简单介绍钙钛矿的特征。

【化学组成】　CaO 41.24%,$TiO_2$ 58.76%。可有 Na、K、Ce、Fe、Nb、Ta、Nd、La 等类质同象混入物。

【晶体结构】　900 ℃以上为等轴晶系;$O_h^1-Pm3m$;$a_0 = 0.385$ nm;$Z = 1$。在 600 ℃以下转变为斜方晶系;$D_{2h}^{16}-Pcmm$;$a_0 = 0.537$ nm,$b_0 = 0.764$ nm,$c_0 = 0.544$ nm;$Z = 4$。

在高温变体结构中,$Ca^{2+}$ 位于立方晶胞的中心,为 12 个 $O^{2-}$ 包围成配位立方-八面体,配位数为 12;$Ti^{4+}$ 位于立方晶胞的角顶,为 6 个 $O^{2-}$ 包围成配位八面体,配位数为 6。[$TiO_6$] 八面体以共角顶的方式相连。整个结构也可以视为 $O^{2-}$ 和 $Ca^{2+}$ 共同组成六方最紧密堆积,$Ti^{4+}$ 则充填于 $\frac{1}{4}$ 的八面体空隙中(图 20-5)。(请读者思考:为什么可以视为 $O^{2-}$ 和 $Ca^{2+}$ 共同组成最紧密堆积?)

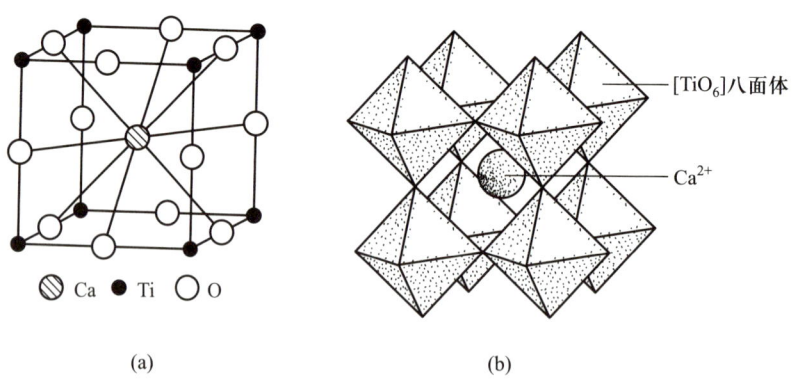

(a)　　　　　　　　　　(b)

图 20-5　立方钙钛矿的晶体结构

(引自潘兆橹等,1993)

【形态】　单晶呈立方体晶形。在立方体晶面上常具平行晶棱的条纹,系高温变体转变为低温变体时产生聚片双晶的结果。

【物理性质】　褐至灰黑色;条痕白至灰黄色;金刚光泽。解理不完全;参差状断口。硬度为 5.5~6。相对密度为 3.97~4.04(含 Ce 和 Nb 者较大)。

【成因及产状】　主要以副矿物产于碱性岩和超基性岩中。有时在蚀变的辉石岩中富集,主要与钛磁铁矿共生。

【鉴定特征】　立方晶形及其晶面上的聚片双晶纹。

【主要用途】　富集时可作为提炼钛、稀土和铌的矿物原料。

# 方　镁　石　族

本族矿物具氯化钠型结构。包括方镁石 MgO、方铁矿 FeO、方锰矿 MnO、方镉矿 CdO、石灰 CaO、绿镍矿 NiO 等,它们都是自然界比较少见的矿物。以下主要介绍方镁石。

**方镁石（periclase）**

MgO

【化学组成】　Mg 60.32%，O 39.68%。Mg 常被 Fe（达6%）、Mn（达9%）、Zn（达2.5%）所替代，从而有铁-方镁石、锰-方镁石、锌-方镁石等变种。人工合成实验表明，在 MgO-FeO 及 MgO-MnO 系列中，加热到 1 050 ℃后，能形成完全类质同象固溶体。

【晶体结构】　等轴晶系；$O_h^5-Fm3m$；$a_0=0.421\ 1$ nm；$Z=4$。氯化钠型结构。

【形态】　完好晶形少见，常呈不规则粒状或浑圆粒状。常见单形：立方体｛100｝、八面体｛111｝、菱形十二面体｛110｝。合成的 MgO 晶体，｛100｝发育，｛111｝不发育。依（111）形成双晶。晶体中可见方锰矿和磁铁矿的定向固溶体出溶。

【物理性质】　纯者无色，通常为灰白色、黄色、棕黄色、绿色，甚至黑色；条痕白色；玻璃光泽；透明—半透明；随成分中 FeO 含量的增加，颜色变深（由黄色至褐色、黑色），不透明。解理｛100｝完全，裂开平行｛110｝。硬度为5.5~6。相对密度为3.50~3.90（实测），3.58（计算）。不导电。熔点约为 2 800~2 940 ℃；1 100 ℃时发生塑性变形。

【成因及产状】　产于变质白云岩或镁质石灰岩中，与镁橄榄石、菱镁矿、水镁石等共生。方镁石易转变为纤维状或鳞片状的水镁石、水菱镁矿和蛇纹石。这些矿物可依方镁石形成假象，或在水镁石晶体核部形成残余晶。

【鉴定特征】　等轴粒状晶形、颜色、｛100｝解理、高硬度等。

【主要用途】　富集产出时可作制镁原料。合成方镁石是一种耐火材料。

# 金 红 石 族

　　本族矿物主要有金红石、锡石、软锰矿、斯石英。它们的晶体结构均属金红石型。另外还包括 $TiO_2$ 的其余两个同质多象变体：锐钛矿和板钛矿。

　　在自然界 $TiO_2$ 的3个同质多象变体中以金红石分布最广，锐钛矿和板钛矿较少见。根据实验资料，板钛矿只在 $Na_2O$ 含量较高的碱性介质中才处于稳定状态；而锐钛矿只在弱碱性介质中才能形成。

**金红石（rutile）**

$TiO_2$

【化学组成】　Ti 60.0%，O 40.0%。常含 $Fe^{2+}$、$Fe^{3+}$、Cr、Nb、Ta、Sn 等类质同象混入物。当其中富含 Fe 时称为铁金红石，$Fe^{2+}$ 和 $Nb^{5+}$（$Ta^{5+}$）可与 $Ti^{4+}$ 成异价类质同象置换。当 Nb 含量大于 Ta 时，称铌铁金红石；当 Ta 含量大于 Nb 时，称钽铁金红石。

【晶体结构】　四方晶系；$D_{4h}^{14}-P4_2/mnm$；$a_0=0.459$ nm，$c_0=0.296$ nm；$Z=2$。金红石的晶体结构表现为 $O^{2-}$ 近似呈六方紧密堆积，而 $Ti^{4+}$ 位于变形八面体空隙中，构成 $[TiO_6]$ 八面体配位。$Ti^{4+}$ 配位数为6，$O^{2-}$ 配位数为3[在第十章有详细介绍，请参见图10-10]。在金红石的晶体结构中 Ti—$O_6$ 配位八面体沿 $c$ 轴共棱呈链状排列。链间由配位八面体共角顶相连。金红石沿 $c$ 轴延伸的柱状晶形和平行延伸方向的解理，反映链状结构的特征。

【形态】　常见完好的四方短柱状、长柱状或针状，主要单形有四方柱｛110｝和｛100｝、四方双锥｛111｝和｛101｝。双晶依（011）成膝状双晶和三连晶，以及环状六连晶；依（301）成心状双晶者少见。集合体呈致密块状。

【物理性质】 常见褐红、暗红色,含 Fe 者呈黑色;条痕浅褐色;金刚光泽;微透明。解理平行{110}中等。硬度为 6~6.5。相对密度为 4.2~4.3。性脆。铁金红石和铌铁金红石均为黑色,不透明。铁金红石相对密度为 4.4,而铌铁金红石可达 5.6。

【成因及产状】 金红石形成于高温条件,主要产于变质岩系的含金红石石英脉中和伟晶岩脉中。此外,在火成岩中作为副矿物出现,亦常呈粒状见于片麻岩中。有时呈毛发状包裹于水晶中,形成"发晶"。金红石由于其化学稳定性大,在岩石风化后常转入砂矿。

【标型】 金红石中 Zr 含量可以反映形成温度,具体的温度计公式见第 15 章。此外,金红石的形态也有标型性,当有 Nb、Ta、Fe、Sn 等时,常呈双锥状、短柱状晶形,如伟晶岩中所见;而当结晶速度较快,则出现长柱状、针状晶形,如含金红石石英脉中所见。

【鉴定特征】 以四方柱形、膝状双晶、带红的褐色、柱面解理完全为特征。在磷酸中溶解,并冷却稀释后,加入 $Na_2O$ 可使溶液变成黄褐色(钛的反应)。与相似矿物锡石和锆石的区别是:锡石具较大相对密度(6.8~7.0),而锆石具较大的硬度(7.5)。

【主要用途】 为炼钛的矿物原料。钛合金广泛应用于化工、军工和空间技术,如用于喷气发动机、飞机机体和导弹火箭等。人造金红石可制造优质电焊条;钛白粉可制高级白色油漆、涂料、人造丝的减光剂、白色橡胶和高级纸张的填料。

**锡石(cassiterite)**

$SnO_2$

【化学组成】 Sn 78.80%,O 21.20%。常含 Fe、Ti、Nb、Ta 等类质同象混入物。

【晶体结构】 四方晶系;$D_{4h}^{14}-P4_2/mnm$;$a_0 = 0.474$ nm,$c_0 = 0.319$ nm;$Z = 2$。金红石型结构。

【形态】 常呈由四方双锥{111}和{101}、四方柱{110}和{100}所组成的双锥柱状聚形,柱面上有细的纵纹;以(011)为双晶面形成的膝状双晶为常见(图 20-6)。集合体常呈不规则粒状,也有致密块状。

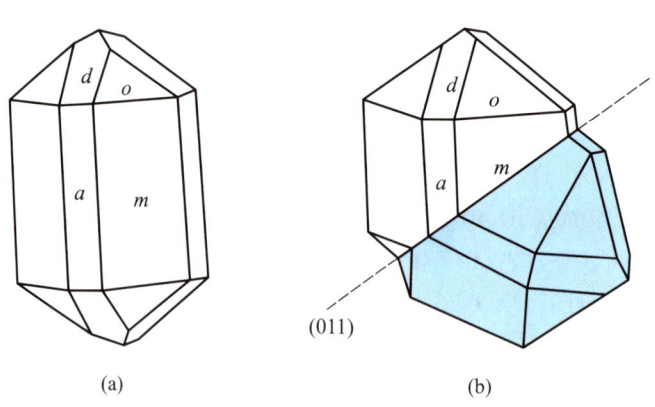

(a)                    (b)

**图 20-6 锡石的晶体和双晶**

(引自潘兆橹等,1993)

(a)单晶体;(b)双晶

四方柱 m{110},a{100};四方双锥 d{101},o{111}

【物理性质】 常见黄棕色至深褐色,富含 Nb 和 Ta 者为沥青黑色;条痕白色至淡黄

色;金刚光泽。解理不完全;贝壳状断口,断口呈油脂光泽。硬度为6~7。相对密度为
6.8~7.0。

【成因及产状】 锡石矿床在成因上与酸性火成岩,尤其与花岗岩有密切的关系,其中以
气化-高温热液成因的锡石石英脉和热液锡石硫化物矿床最有价值。当原生锡矿床经风化
破坏后,锡石便转入砂矿中。

我国盛产锡石,主要产地在云南及南岭一带。如云南个旧锡矿,素有"锡都"之称。

【标型】 锡石中微量元素含量具标型意义:伟晶岩中的锡石,富含 Nb 和 Ta,且在较多
的情况下是 Ta 含量大于 Nb;气化-高温热液矿床中的锡石,Nb 和 Ta 含量减少,不超过1%,
并且是 Nb 含量大于 Ta;锡石硫化物矿床中的锡石,其成分中 Nb 和 Ta 含量很低,但富含稀
有元素 In。

锡石的形态随形成温度、结晶速度、所含杂质的不同而异(图20-7)。伟晶岩中产出的
锡石呈双锥状;气化-高温热液矿床中产出的锡石呈双锥柱状;锡石硫化物矿床中产出的锡
石往往呈长柱状或针状。

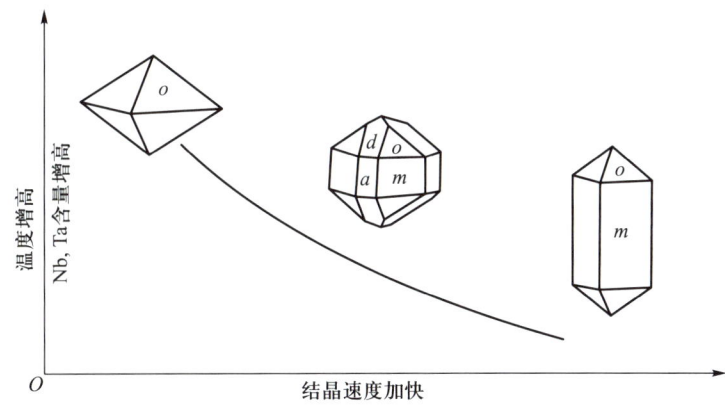

**图 20-7 锡石晶形与形成条件的关系**

(据 Костов,1971;引自陈武、季寿元,1985)

【鉴定特征】 锡石的晶形和颜色与金红石很相似,但可据其解理、相对密度和化学反应
区别开:可将矿物细小颗粒放置于锌片上,加1滴 HCl 溶液,经数分钟后,若是锡石,则会在
表面形成一层淡灰色金属锡膜,而金红石和锆石均无此反应。

【主要用途】 为锡的最重要矿物原料。

**软锰矿(pyolusite)**

$MnO_2$

【化学组成】 Mn 63.19%,O 36.81%。细粒集合体或隐晶块体中常含 $Fe_2O_3$ 和 $SiO_2$ 等
机械混入物和水。

【晶体结构】 四方晶系;$D_{4h}^{14}-P4_2/mnm$;$a_0 = 0.439$ nm,$c_0 = 0.286$ nm;$Z = 2$。金红石型
结构。

【形态】 完整晶体少见,有时呈针状、放射状集合体。常呈肾状、结核状、块状或粉末状
集合体。结晶完好的长柱状晶体称黝锰矿(polianite)。

【物理性质】 黑色,表面常带浅蓝的锖色;条痕黑色;半金属—金属光泽。解理平行

{110}完全。硬度视结晶粗细程度而异,显晶质者可达6,而隐晶质的块体则降至2。晶体的相对密度为4.7~5。性脆。

【成因及产状】 在强氧化条件下形成,主要形成于风化作用和沉积作用中。在热液作用中也可形成。锰矿床或含锰岩石的风化壳中可含多量的软锰矿和硬锰矿,形成所谓的"锰帽"。我国湖南、广西、辽宁、四川等地沉积锰矿床中均有大量软锰矿产出。

【鉴定特征】 以其黑色,条痕黑色,性脆,成晶体者有完全的柱面解理,成隐晶质者硬度低而易污手为特征。此外,滴 $H_2O_2$ 剧烈起泡。

【主要用途】 为锰的主要矿石矿物。

**斯石英(stishovite)**

$SiO_2$

【化学组成】 又名超石英。Si 46.70%,O 53.30%。$SiO_2$ 的同质多象变体(见图20-8),属于超高压稳定矿物。

【晶体结构】 四方晶系;$D_{4h}^{14}-P4_2/mnm$;$a_0=0.4180$ nm,$c_0=0.2666$ nm;$Z=4$。金红石型结构。Si 不具四次配位而呈六次配位。

【形态】 天然产出者呈极其细小的长柱状(长20~25 μm)。人工合成的小晶体(长约0.5mm)呈长柱状、针状、双锥状。集合体呈纤维状。

【物理性质】 纯者无色、透明。硬度具有异向性:维氏硬度1 700(垂直延长方向)~2 080(平行延长方向)$kg/mm^2$。相对密度为4.28。

【成因及产状】 在超高压条件下形成和稳定存在。1961年由苏联科学家首次人工合成斯石英(温度为1 200~1 400 ℃,压力为16~18 GPa);天然斯石英,于1962年首次在美国亚利桑那陨石坑的砂岩中发现,与柯石英共生。

【标型】 超高压或陨击变质的标型矿物。

【鉴定特征】 晶形、硬度、产状等特征。

## 斜锆石-方钍石族

本族矿物为萤石型结构或萤石型衍生结构,包括斜锆石 $ZrO_2$、方钍石 $ThO_2$、方铈石 $CeO_2$。以下主要介绍斜锆石。

**斜锆石(baddeleyite)**

$ZrO_2$

【化学组成】 Zr 74.10%,O 25.90%。Zr 常被 Hf 替代。除 HfO(达3%)、$Fe_2O_3$(达2%)、$Sc_2O_3$(达1%)外,还可混入少量的 $Na_2O$、$K_2O$、MgO、MnO、$Al_2O_3$、$SiO_2$、$TiO_2$ 等。与锆石(在第21章中介绍)一样,斜锆石中还可有 Nb、Ta、稀土替代 Zr(Hf),可能存在置换关系:$Nb^{5+}(Ta^{5+})+TR^{3+}(Fe^{3+})\rightarrow 2Zr^{4+}(2Hf^{4+})$。此外,斜锆石中 U 的含量变化大,介于 $200\times10^{-6}$ 和 $1\ 000\times10^{-6}$ 之间。由于 $Th^{4+}$ 离子半径大,不能像 $U^{4+}$ 一样替代 $Zr^{4+}$,斜锆石的 Th 含量一般低于 $20\times10^{-6}$,因而,Th/U 比值一般远小于0.2。

【晶体结构】 单斜晶系;$C_{2h}^5-P2_1/c$;$a_0=0.5196$ nm;$b_0=0.5232$ nm;$c_0=0.5341$ nm;$\beta=99°15'$。呈假立方晶胞;$Z=4$。合成 $ZrO_2$ 加热至1 000 ℃为四方晶系($a_0=0.5074$ nm,

$c_0 = 0.5169$ nm);在 1 900 ℃ 以上长时间加热,则形成六方变体($a_0 = 0.3590$ nm,$c_0 = 0.5870$ nm)。$ZrO_2$ 变体虽多,但在常温下为稳定的变体属单斜晶系。斜锆石的晶体结构最初被认为是由 $ZrO_2$ 高温变体稍微变形而成(四方 $ZrO_2$ 的结构,相当于萤石型结构沿 $c$ 轴拉长畸变所致)。实际情况比较复杂,其原子排列与萤石型完全不同。Zr 的配位数为 7,每个 Zr 原子位于 7 个氧原子之间,Zr—O 之间呈对三角形和对四面体配位。等轴 $ZrO_2$ 属于萤石型结构,具有规律的四面体配位。人工合成的立方氧化锆(宝石级者称苏联钻)也是斜锆石的一种同质多象。迄今在自然界尚未发现宝石级斜锆石。

【形态】 晶体通常呈沿 $c$ 轴延伸的短柱状或长柱状。有时沿 $b$ 轴延伸呈柱状,或沿 {100}、{010} 发育呈板状、片状晶体。主要单形:{100}、{001}、{102}、{110}、{111} 等。晶面花纹发育,在 {100} 和柱面上常有垂直条纹;在 (001) 晶面上的条纹平行 $b$ 轴。通常依 (100) 形成聚片双晶;依 (110) 和 (101) 结合的双晶比较少见。集合体呈放射纤维状、块状、结核状、钟乳状或肾状等。斜锆石与烧绿石 $NaCaNb_2O_6(OH,F)$ 的定向连生,表现为两矿物的 (100) 和 (110) 相互平行(这是由于两矿物的结构相似,烧绿石的 $a_0 = 1.034$ nm,为斜锆石假立方晶胞 $a_0$ 的两倍。)

【物理性质】 纯者无色、透明,含杂质元素时可呈黄、棕、红、褐、绿、暗绿、褐黑或黑色;条痕白色或棕色;油脂或玻璃光泽,黑色斜锆石呈半金属光泽;透明至半透明。解理 {001} 完全;{010} 不完全;时有 {110} 裂开;不平坦状或贝壳状断口。硬度为 5.4~6.0。相对密度为 5.2。熔点为 2 950 ℃,加热至 1 000 ℃ 左右转变为四方晶系。

【成因及产状】 斜锆石是一种硅不饱和岩石中的高温矿物,主要以含 Zr 副矿物相产于镁铁质-超镁铁质岩和碱性岩中。见于辉长岩、斜长岩、辉绿岩墙、碳酸岩、金伯利岩、碱性正长岩、层状镁铁质岩石,以及陨石、月球和火星岩石中等(Haman 和 Lecheminant,1993)。产于磁铁辉石岩中的斜锆石,与钙钛矿等共生;产于碳酸岩中的斜锆石,与烧绿石、磷灰石共生。在意大利维苏威透长石熔岩的孔洞里,曾发现有少量斜锆石与萤石、霞石、烧绿石和褐帘石等共生。此外,斜锆石可由锆石、异性石 $(Na,Ca)_6Zr[Si_6O_{18}](OH,Cl)$ 等经热液蚀变而成;还可与金刚石、自然金、钛铁矿和石榴子石等伴生于砂矿中。

【标型】 斜锆石与锆石($Zr[SiO_4]$)虽然是两种完全不同的矿物,但是它们皆可有较高的 U 含量、较低的普通 Pb,并具备较高的 U-Pb 封闭温度,其 U-Pb 同位素体系经过低中级变质作用(绿片岩相到角闪岩相)仍能保持封闭状态。因而,斜锆石也可用于 U-Pb 同位素定年,并已成为替代锆石来测定基性-超基性岩石原岩形成年龄的最好方法之一。即使经过麻粒岩相高级变质作用,斜锆石的 U-Pb 同位素系统也只是局部开放,经过校正仍能获得精确的原岩形成年龄。一些采自南非火成碳酸岩的 Phalaborwa 斜锆石,更是目前斜锆石 U-Pb 同位素地质年代学研究中重要的定年标样。

【鉴定特征】 与锆石的区别在于斜锆石晶体常平行 (100) 呈板状或板片状,晶体细小且易碎,具 {001} 完全解理,阴极发光极弱。斜锆石的形态与金红石亦相似,有时与金红石形成连晶或被金红石包裹,常被误认为金红石。但金红石为一轴晶,显微镜下各切面均为平行消光,而斜锆石多为斜消光,二轴晶。

【主要用途】 重要的锆的矿物原料之一。

# 晶质铀矿族

**晶质铀矿(uraninite)**

$UO_2$

【化学组成】 U 88.15%,O 11.85%。实际上因放射性衰变和氧化作用,U 的数量通常不足,且经常有 $U^{6+}$ 代替 $U^{4+}$。因此,其成分变化于 $UO_2$-$U_3O_8$ 之间。U 也常被 Th 取代,含 Th 量较高的变种称为钍铀矿。此外,因放射性衰变而含 Pb。

【晶体结构】 等轴晶系;$O_h^5$-$Fm3m$;$a_0 = 0.546$ nm;$Z = 4$。晶体结构属萤石型($CaF_2$)(参见卤化物大类中描述)。

【形态】 常出现立方体{100}、八面体{111}、菱形十二面体{110}等单形。集合体通常呈分散细粒状。外形呈肾状、钟乳状、葡萄状或致密块状者称沥青铀矿,而非晶质的土状和粉末状者则称为铀黑。

【物理性质】 黑色;条痕褐黑色;晶质铀矿呈半金属光泽至树脂光泽,沥青铀矿主要呈沥青光泽,而铀黑则光泽暗淡。无解理;贝壳状断口或参差状断口。晶质铀矿的硬度为 5~6,沥青铀矿 3~5,而铀黑为 1~4。晶质铀矿的相对密度一般为 10 左右,当 U 被 Th、稀土等元素置换量增加或放射性蜕变程度增大时,相对密度趋于降低。沥青铀矿的相对密度为6.5~8.5。具强放射性。

【成因及产状】 晶质铀矿少量产于花岗伟晶岩中,与含稀土及 Th、Nb、Ta 的矿物共生。沥青铀矿往往见于中低温热液成因的钴、镍砷化物及铋银硫化物的脉中。铀黑则系原生铀矿床中的铀矿物经部分氧化而成,或由氧化带渗滤下来的 $UO_3$ 再经部分还原而成。前者产于氧化带中,称为残余铀黑;后者见于氧化带下的胶结带中,称为再生铀黑。三者在地表都容易分解为颜色鲜艳的铜铀云母、钙铀云母等次生矿物,这些次生矿物可作为找矿标志。

【鉴定特征】 以其黑色、沥青光泽、相对密度大、强放射性为鉴定特征。

【主要用途】 是核工业的原料,并可提取镭和稀土元素。

# 石 英 族

本族矿物包括具 $SiO_2$ 成分和架状结构的一系列同质多象变体和隐晶或胶态的 $SiO_2$(蛋白石等),但不包括链状的斯石英和合成的凯石英。因斯石英属金红石族,凯石英仅见于人工合成。这些同质多象变体有:$\alpha$-石英、$\beta$-石英、$\alpha$-鳞石英、$\beta_1$-鳞石英、$\beta_2$-鳞石英、$\alpha$-方石英、$\beta$-方石英、柯石英等。其中 $\beta$ 表示高温变体,$\alpha$ 表示低温变体。这些 $SiO_2$ 的同质多象变体稳定的热力学范围见图 20-8。

在 $SiO_2$ 的各种同质多象变体中,除斯石英(属金红石型结构)中 $Si^{4+}$ 为八面体配位外,在其余各变体中 $Si^{4+}$ 均为四面体配位,即[$SiO_4$]四面体。各[$SiO_4$]四面体彼此均以角顶相连而成三维的架状结构。由于不同的变体中[$SiO_4$]四面体联结方式不同,从而反映在对称性和某些物理性质上(如相对密度等)有所不同。

在石英、鳞石英及方石英各自的高、低温变体之间,同质多象转变均不涉及晶体结构中化学键的破裂和重建,转变过程迅速且可逆。但石英与鳞石英之间,鳞石英与方石英之间的转变,都涉及键的破坏和重建,其过程相当缓慢,且当降温时,往往过冷却而并不发生转变,继续以准稳定状态存在,直至最后转变为本身的低温变体。

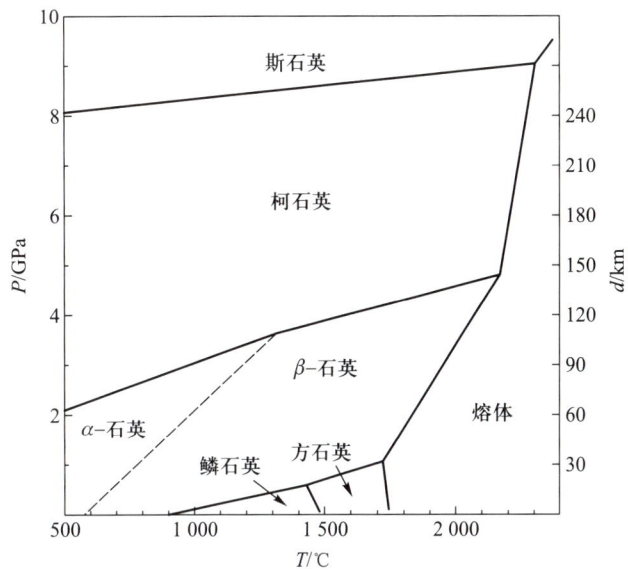

**图 20-8　$SiO_2$ 一元系相图中同质多象变体稳定的热力学范围**

(据 Swamy et al,1994,稍做修改)

图 20-9 表达了 $SiO_2$ 各种随温度变化的同质多象变体之间的转变关系。

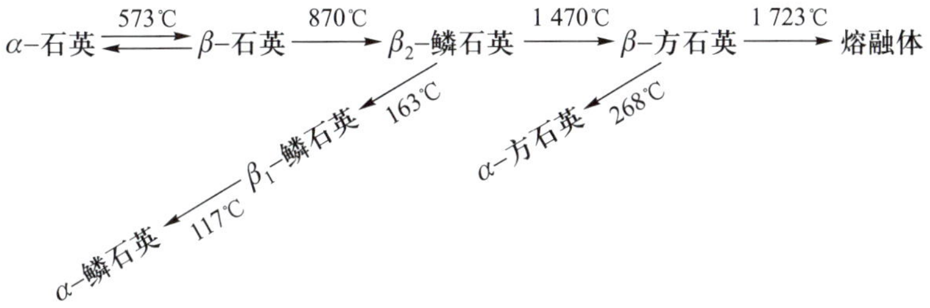

$$\alpha\text{-石英} \xrightleftharpoons{573℃} \beta\text{-石英} \xrightarrow{870℃} \beta_2\text{-鳞石英} \xrightarrow{1470℃} \beta\text{-方石英} \xrightarrow{1723℃} 熔融体$$

（图中下行支线：$\alpha$-鳞石英 $\xrightarrow{117℃}$ $\beta_1$-鳞石英 $\xrightarrow{163℃}$；$\alpha$-方石英 $\xrightarrow{268℃}$）

**图 20-9　$SiO_2$ 各种随温度变化的同质多象变体的转变关系**

低温变体 $\alpha$-石英在各种地质作用中都可以形成,高温变体都产于火山岩中,由高温变体转变而来的低温变体(如 $\alpha$-鳞石英、$\beta_1$-鳞石英、$\alpha$-方石英)也在火山岩中以保留其高温变体的副象存在。高压变体斯石英和柯石英只能形成于超高压岩石中或陨石撞击事件中。

自然界中,$SiO_2$ 各变体最常见的是 $\alpha$-石英,其次是 $\beta$-石英;非晶质的蛋白石(属准矿物)也较为常见。

**石英(quartz)**

$\alpha$-$SiO_2$

在 $SiO_2$ 常见的两种同质多象变体中,$\beta$-石英(高温石英)在 573~870 ℃ 范围内稳定,低于 573 ℃ 将转变为 $\alpha$-石英(低温石英),二者之间的转变是可逆的。因此,自然界所见的石

英往往是 $\alpha$-石英,通常未加特别说明的"石英",即指 $\alpha$-石英。

【化学组成】　Si 46.70%,O 53.30%。Si 可被少量 Al、Ti、Fe、Mg 等代替。常含各种气态、液态和固体包裹体。

【晶体结构】　三方晶系,$D_3^4$-$P3_121$ 或 $D_3^6$-$P3_221$;$a_0 = 0.491$ nm,$c_0 = 0.541$ nm;$Z = 3$。

$\alpha$-石英与 $\beta$-石英的晶体结构很相似,因此对比描述如下。

$\alpha$-石英和 $\beta$-石英的晶体结构(图 20-10)中都存在着平行于 $c$ 轴的螺旋轴,且螺旋轴都有左旋与右旋之分。硅氧四面体绕螺旋轴呈螺线状分布。高低温变体之间的区别在于,$\beta$-石英中螺旋轴为 $6_2$ 或 $6_4$,[SiO$_4$] 四面体 (0001) 面上的投影连接成正六边形[图 20-10(b)];$\alpha$-石英的结构则相当于由 $\beta$-石英结构中的质点有规律地发生位移,使 Si—O—Si 键角由 150° 变为 137°,结果使六次螺旋轴蜕变为 $3_2$ 或 $3_1$,并使[SiO$_4$]四面体在(0001)面上投影连接成三方对称的六边形[图 20-10(a)]而不再是正六边形。

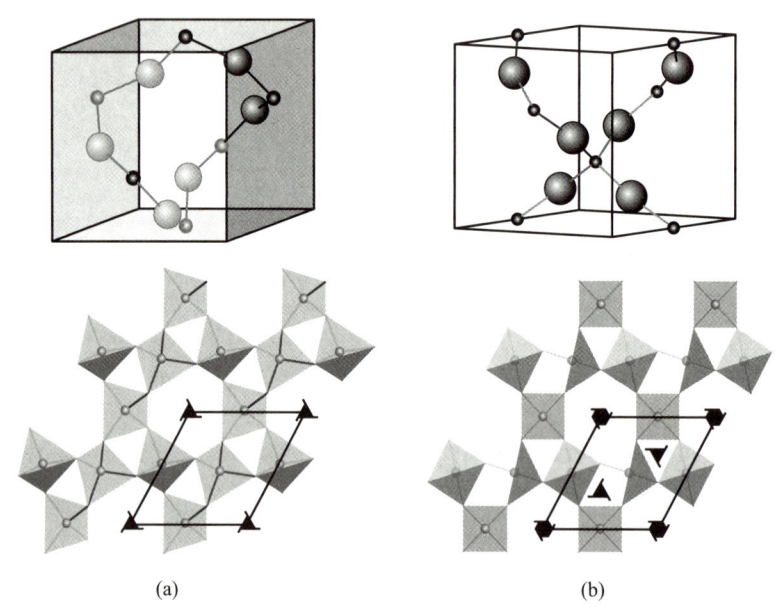

(a)　　　　　　　　(b)

**图 20-10**　$\alpha$-石英(a)和 $\beta$-石英(b)的晶体结构

(引自何涌,雷新荣,2008)

上图为单位晶胞,下图为[SiO$_4$]四面体架状结构沿 $c$ 轴投影

【形态】　常见完好晶形,呈六方柱 $\{10\bar{1}0\}$ 和菱面体 $\{10\bar{1}1\}$、$\{0\bar{1}\bar{1}1\}$ 等单形所成之聚形。柱面上常具横纹。有时还出现三方双锥 $\{11\bar{2}1\}$ 和三方偏方面体 $\{5\bar{1}61\}$(右形)、$\{6\bar{1}\bar{5}1\}$(左形)。

$\alpha$-石英(以下简称石英)的左形晶和右形晶的识别是根据三方偏方面体所在的位置来决定,三方偏方面体位于柱面 $\{10\bar{1}0\}$ 的右上角,单形符号为 $\{5\bar{1}61\}$ 者,视为右形晶,位于柱面的左上角,单形符号为 $\{6\bar{1}\bar{5}1\}$ 者,视为左形晶(图 20-11)。

石英晶体形态的左-右形的规定习惯恰好与晶体结构中的螺旋轴的左-右旋相反,即:左形对应于右旋,右形对应于左旋。这是因为前人在规定左-右形时并没有考虑内部结构的左-右旋,弄反了。

石英常出现双晶,正确鉴别它具有实用意义,因为双晶的存在直接影响石英的用途。最常见的双晶有道芬双晶和巴西双晶。这两种双晶,从外形上看,与单晶体极为类似。道芬双晶是以 $c$ 轴为双晶轴,由两个右形晶或两个左形晶组成的贯穿双晶;巴西双晶是以 $(11\bar{2}0)$ 为双晶面,由一个左形晶和一个右形晶组成的贯穿双晶,这些双晶可依据 $x$ 面(三方偏方面体)的分布来确定。因为单晶上的 $x$ 面是绕 $c$ 轴每隔 120° 出现一次的(即为 $L^3 3L^2$ 对称),如果每隔 60° 就出现一次(即形成 $L^6 6L^2$ 假对称),则一定是道芬双晶。此时构成双晶的两个单晶若均为左形晶,则为左旋道芬双晶[见图 20-12(a)];若均为右形晶,则为右旋道芬双晶。在理想情况下若两个 $x$ 面成左右反映关系对称分布(即形成 $L^3 3L^2 3PC$ 假对称),则说明它是由一个左形晶与一个右形晶贯穿而成,应为巴西双晶[见图 20-12(b)]。另外,双晶缝合线的形态也不同,在道芬双晶上一般是曲线,而在巴西双晶上一般是折线。如果将石英晶体垂直它的 $c$ 轴切开,把断面磨光,并用氢氟酸腐蚀,擦干后观察断面上反光,若有双晶存在,则可看到蚀像的双晶花纹。道芬双晶的蚀像花纹一般呈弯曲的岛屿状,而巴西双晶则为复杂的折线图案(见上篇"结晶学"部分的图 9-9)。另外,也可直接用晶面蚀像花纹来区别:在缝合线两边的同一柱面上的蚀像坑方位不一样,若两边蚀像坑之间存在二次轴,则为道芬双晶(见上篇"结晶学"部分的图 9-17),若两边蚀坑之间存在对称面,则为巴西双晶。

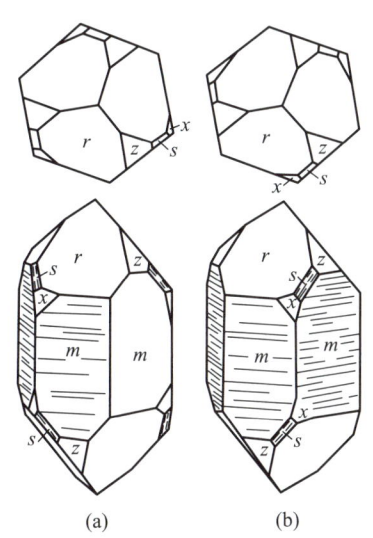

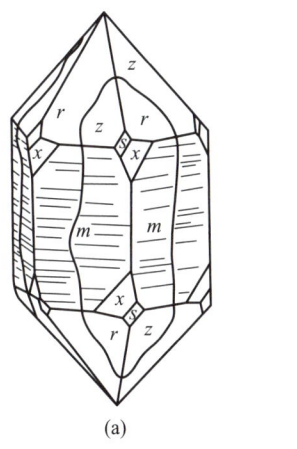

**图 20-11　石英晶体**

(据罗谷风,引自南京大学地质系岩矿教研室,1978)

(a) 左形;(b) 右形

六方柱 $m\{10\bar{1}0\}$;菱面体 $r\{10\bar{1}1\}$,

$z\{01\bar{1}1\}$;三方双锥 $s\{11\bar{2}1\}$;三方偏面体

$x\{51\bar{6}1\}$(右形),$\{6\bar{1}\bar{5}1\}$(左形)

**图 20-12　石英的双晶**

(据罗谷风,1985)

(a) 道芬双晶;(b) 巴西双晶

道芬双晶两个个体的偏光面旋转方向是相同的,或左旋或右旋,因此仍可用作光学材料,但在压电材料上是无用的,又称为电双晶;巴西双晶既不能作压电材料,又不能用作光学材料,又称为光双晶。

此外,偶尔还见以($11\bar{2}2$)为双晶面(或以垂直($11\bar{2}2$)面的轴为双晶轴),二单体沿 c 轴成 84°33′彼此斜交的日本双晶(图 20-13)。

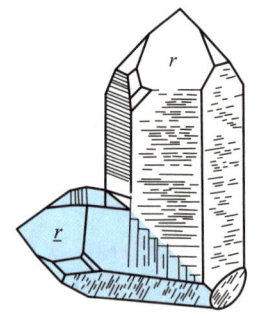

图 20-13　日本双晶

(引自潘兆橹等,1993)

【物理性质】　颜色多种多样,常为无色、乳白色、灰色,因含各种杂质,颜色各异;玻璃光泽,断口油脂光泽。硬度为 7。无解理;贝壳状断口。相对密度为 2.65。单晶体具有压电性。石英的主要变种按显晶质和隐晶质分述如下:

(1) 显晶质石英可分为各种颜色变种:纯净的石英无色透明且晶体粗大者,称水晶(rock crystal)。因含微量色素离子或细分散包裹体,或因存在色心而呈各种颜色,并使透明度降低,如紫色者称紫水晶(amethyst);烟黄色者称烟水晶(smoky quartz);黄色者称黄水晶(citrine);暗棕色者称茶晶(tea-coloured citrine);黑色者称墨晶(black quartz);粉红色者称蔷薇石英或芙蓉石(rose quartz);乳白色、半透明者称乳石英(milky quartz);含针状金红石、电气石或辉锑矿等包裹体者称发晶(silk);交代青石棉而具丝绢光泽并呈石棉假象者称木变石或虎睛石(黄褐色)、鹰眼石(蓝色)。

(2) 隐晶质变种:一般隐晶质的石英集合体称石髓(玉髓,chalcedony);具不同颜色条带或花纹相间分布的石髓称玛瑙(agate);含杂质较多的块状或结核状隐晶质石英集合体称燧石(chert);具红、黄、绿、褐等色的块状隐晶质石英集合体称碧玉(jasper)。

【成因及产状】　石英在自然界分布极广,是许多火成岩、沉积岩和变质岩的主要造岩矿物。石英是花岗伟晶岩脉和大多数热液脉的主要矿物成分。有些石英的变种往往有着一定的形成条件或特定的产状。如烟水晶只能在较高的温度下形成;紫水晶形成于相当低的温度和压力条件下;蔷薇石英总是呈块状产于伟晶岩脉的核心部位;玛瑙为低温热液的胶体成因产物,主要产于喷出岩的孔洞中。

【标型】　石英中 Ti 类质同象代替 Si 的含量随温度升高而升高。Wark 和 Watson (2006)提出了石英含 Ti 温度计:$T(K) = -3\ 765/(\lg W - 5.69)$,W 为 Ti 含量,单位 ppm。此公式适合于 $T = 600 \sim 1\ 000\ ℃$、$P = 1.0\ GPa$ 的情况,且石英与金红石共生(即体系 $TiO_2$ 饱和)。若不与金红石共生,则要考虑体系中 $TiO_2$ 活度,若压力不为 $P = 1.0\ GPa$,则还要考虑压力修正相,压力升高会导致 Ti 含量降低。

【鉴定特征】　石英以其晶形、无解理、贝壳状断口、断口油脂光泽硬度为特征。

【主要用途】　用途很广。晶体中没有任何包裹体、无双晶或裂缝的部分(不小于 6 mm×6 mm×6 mm)用作压电材料,用于制作石英谐振器(如石英手表)。此外,水晶还是重要的光学材料,它对光谱的红外和紫外部分也有良好的透明性,用以制作光谱棱镜、透镜及其他光学材料装置。玛瑙、紫水晶、蔷薇石英等可作宝玉石材料。色泽差的玛瑙和石髓用于制作研磨器具。较纯净的一般石英则大量用作玻璃原料、研磨材料、硅质耐火材料及瓷器配料。

### β-石英

β-SiO₂

β-石英在常压下 573~870 ℃ 稳定,温度再高时变为鳞石英,温度小于 573 ℃ 时将转变为 α-石英。现在看到的 β-石英大多已转变成 α-石英,但仍保留着 β-石英的六方双锥形态(称副象)。

【化学组成】　Si 46.70%,O 53.30%。

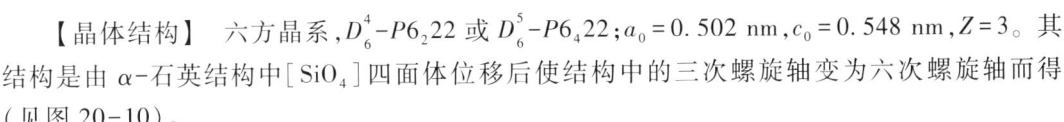

【晶体结构】 六方晶系，$D_6^4$-$P6_2 22$ 或 $D_6^5$-$P6_4 22$；$a_0 = 0.502$ nm，$c_0 = 0.548$ nm，$Z = 3$。其结构是由 $\alpha$-石英结构中 $[SiO_4]$ 四面体位移后使结构中的三次螺旋轴变为六次螺旋轴而得（见图 20-10）。

【形态】 发育六方双锥 $\{10\bar{1}1\}$，有时可见很小的六方柱 $\{10\bar{1}0\}$。

【物理性质】 $\beta$-石英通常呈灰白色、乳白色；玻璃光泽，断口油脂光泽。无解理。硬度为 6.5~7。相对密度为 2.53。在常温常压下均转变为 $\alpha$-石英，此时相对密度增大至 2.65。

【成因及产状】 酸性喷出岩中呈斑晶产出，多已转变为 $\alpha$-石英，但依 $\beta$-石英成副象。

**柯石英（coesite）**

$SiO_2$

【化学组成】 Si 46.70%，O 53.30%。Si 可部分被 $Al^{3+}$ 替代。高温时 $Fe^{3+}$ 可替代 Si。

【晶体结构】 单斜晶系；$C_{2h}^6$-$P2/c$；$a_0 = 0.7600$ nm，$b_0 = 1.2390$ nm，$c_0 = 0.7160$ nm；$\beta = 120°$；$Z = 16$。柯石英的晶体结构也是由 $[SiO_4]$ 四面体组成，它们在三维空间的连接方式类似于长石成架状，即由四个 $[SiO_4]$ 四面体组成四元环，环与环之间以共角顶相连。

【形态】 自然界产出的柯石英呈浑圆状或不规则的细粒状，大小为 5~50 μm。有时呈柱状或假六方板状，板条平行（100）。人工晶体的形态与简单的石膏晶体相似，沿（010）呈扁平状，沿 $c$ 轴延长。双晶有（100）律和（021）律两种。

【物理性质】 纯者无色；玻璃光泽。无解理。硬度约为 8。相对密度为 2.93。偏光显微镜下，无色透明；正低突起，但较石英为高，近中突起；一级灰干涉色，正延性；斜消光，消光角小；二轴晶正光性。在 5% 的冷氢氟酸中近乎不溶，但易溶于热浓氢氟酸中。

【成因及产状】 柯石英为超高压稳定矿物，自然界极为罕见。1953 年由科学家 L. J. Coes 在 3.5 GPa 和 500~800 ℃ 的条件下首次人工合成柯石英。而天然柯石英，是 1960 年由美籍华裔科学家赵景德在美国亚利桑那州 Meteor 陨石坑内的石英砂岩中首次发现。柯石英在高压高温下的合成条件是解释自然界中柯石英形成机制的根本依据，引起地质学家的高度关注。1984 年 Chopin 和 Smith 分别在西阿尔卑斯的变质沉积岩和挪威西部的高压榴辉岩中也发现了柯石英。随后，人们又相继发现了多个含有柯石英或其假象的超高压变质带，并依据实验结果，提出了板块俯冲-折返假说。在构造抬升、板块折返及压力降低时，柯石英会变得不稳定，可部分或全部转变为石英或石英集合体。柯石英可寄主于榴辉岩的石榴子石和辉石晶体中，常见石榴子石或辉石产生胀裂结构现象（因其转变为石英时体积膨胀所致）（图 20-14）。此外，在一些金伯利岩的包体中也曾发现柯石英。

【标型】 柯石英的出现，可作为寄主岩石曾处于超高压力（> 2.5 GPa，相当于地下 90 km 深度）条件下的可靠标志；特别是在陨坑中出现时，可作为陨石撞击成因的有力证据。

【鉴定特征】 完好晶体罕见，薄片中可见寄主矿物周边的胀裂结构。必要时可结合拉曼光谱鉴定（敏感谱线为 521.0 $cm^{-1}$）。

**蛋白石（opal）**

$SiO_2 \cdot nH_2O$

【化学组成】 $SiO_2$ 65%~90%，$H_2O$ 通常为 4%~9%，最高可达 20%。有时，$Al_2O_3$ 含量可达 9%，$Fe_2O_3$ 达 3%，Mn 含量可达 10%，有机质含量达 3.9%。

【晶体结构】 蛋白石为胶体矿物（准矿物），是由 $SiO_2$ 胶粒堆积形成，胶粒空隙中有 $H_2O$。普通蛋白石中 $SiO_2$ 胶粒是不等大球体做无序堆积，而贵蛋白石中 $SiO_2$ 胶粒是等大球

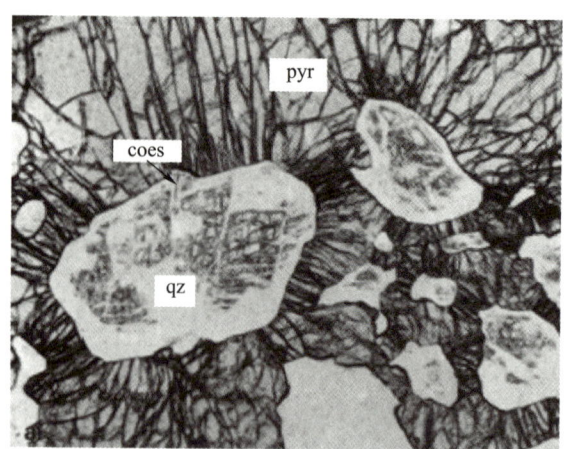

**图 20-14　天然石榴子石中的柯石英-石英包裹体及胀裂结构**
**（周围的寄主矿物出现放射状微裂纹）**

（引自 Chopin，1984）

图中代号：coes—柯石英；qz—石英；pyr—镁铝榴石

体（直径在 150~400 nm 范围）做紧密堆积而形成有序结构（图 20-15）。在这种结构中，虽然是最紧密堆积结构，但它不是原子、离子做最紧密堆积形成的晶体结构，因为胶粒要比原子、离子大得多。这种有序结构不是晶体结构。但是这种有序结构能对可见光产生衍射（类似于晶体结构能对 X-射线产生衍射一样），导致贵蛋白石有变彩效应。

**图 20-15　蛋白石中 $SiO_2$ 小球的最紧密堆积（SEM）**

（据 Darragh，Gaskin 和 Sanders，1976；引自潘兆橹等，1993）

因为胶粒有很大的比表面积，使蛋白石有很强的吸附能力。成分中的各种杂质就与蛋白石的吸附能力有关。

【形态】　无一定外形，通常呈肉冻状体、葡萄状、钟乳状、皮壳状等。

【物理性质】　颜色不定，通常呈蛋白色，因含各种杂质而呈不同颜色；一般为微透明；玻璃光泽或蛋白光泽。无色透明者称玻璃蛋白石（hyalite）；半透明而具强烈的橙、红等反射色者称火蛋白石（fire opal）；半透明带乳光变彩的蛋白石称贵蛋白石（precious opal），由于其内部存在着上述的结构特征,导致对可见光的衍射而呈红、橙、绿、蓝等瑰丽的变彩。硬度为5~5.5。相对密度视含水量和吸附物质的多少介于1.9~2.3之间。

【成因及产状】 蛋白石可以从温泉、浅层热液或地面水的硅质溶液中生成,其中从火山温泉中沉淀而成的称硅华(geyserite)。

【鉴定特征】 以蛋白光泽和变彩为鉴定特征,有时类似于石髓,但硬度较低。

【主要用途】 优质者俗称"欧泊",可作为宝玉石材料,如贵蛋白石、火蛋白石等可作名贵雕刻品材料。生物沉积作用形成的硅藻土(diatomite)(成分类似于蛋白石)则用于制作过滤剂,又是重要的建筑和隔声材料。

## 尖 晶 石 族

本族矿物的化学通式:$AB_2O_4$,A 为 +2 价的 $Mg^{2+}$、$Fe^{2+}$、$Zn^{2+}$、$Mn^{2+}$ 等;B 为 +3 价的 $Fe^{3+}$、$Al^{3+}$、$Cr^{3+}$ 等。

尖晶石族矿物具尖晶石型结构:$O^{2-}$ 呈立方紧密堆积,单位晶胞中有 64 个四面体空隙(A 的可能位置)和 32 个八面体空隙(B 的可能位置)。然而,只有 8 个四面体空隙和 16 个八面体空隙被占据。整个结构可视为 $[AO_4]$ 四面体和 $[BO_6]$ 八面体连接而成,即沿三次轴方向上 $[AO_4]$ 四面体和 $[BO_6]$ 八面体共同组成的层与单纯的 $[BO_6]$ 八面体层交替排列;$[AO_4]$ 四面体与上、下八面体层中 $[BO_6]$ 八面体以共角顶的方式相联结,见图 20-16。

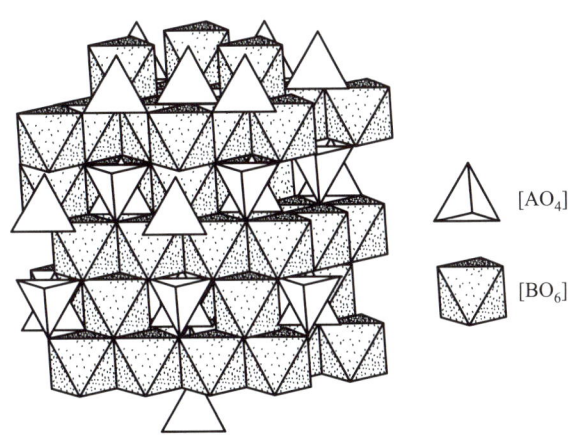

$[AO_4]$

$[BO_6]$

**图 20-16 以配位多面体形式表示的尖晶石族矿物的晶体结构($[111]$方向直立)**

(引自潘兆橹等,1993)

据结构中 A、B 组阳离子分布的不同,尖晶石型结构可进一步划分为 3 种类型:一是正尖晶石型,用通式 $A[B_2]X_4$ 表示,即单位晶胞中 8 个 A 组 2 价阳离子占据四面体位置,16 个 B 组 3 价阳离子占据八面体位置($[BO_6]$ 内为八面体配位,下同),如铬铁矿 $Fe[Cr_2]O_4$;二是反尖晶石型,用通式 $B[AB]X_4$ 表示,即单位晶胞中 1/2 的 B 组 3 价阳离子(8 个)占据四面体空隙,剩余的 1/2B 组 3 价阳离子(亦为 8 个)和全部的 A 组 2 价阳离子(8 个)共同占据八面体位置,如磁铁矿 $Fe^{3+}[Fe^{3+}Fe^{2+}]O_4$;三为混合型,可用通式 $A_{1-x}B_x[A_xB_{2-x}]X_4$ 表示,当 $x = 0$ 时为正尖晶石型,$x = 1$ 时为反尖晶石型。

关于 A 组和 B 组阳离子在八面体和四面体位置择位不同而形成正、反尖晶石型结构,可从晶体场理论获得较好的解释:在铬铁矿中,由于 $Cr^{3+}$ 的八面体择位能(OSPE)[①]远大于 $Fe^{2+}$ 的 OSPE,因而 3 价阳离子($Cr^{3+}$)便优先占据八面体配位位置,2 价阳离子($Fe^{2+}$)则只好进入四面体配位位置;但在磁铁矿中,$Fe^{2+}$ 的 OSPE 却要比 $Fe^{3+}$ 的 OSPE 大,因而此时 $Fe^{2+}$ 离子便优先占据八面体,而 $Fe^{3+}$ 则进入四面体和剩下的一半八面体。总之,形成何种尖晶石结构,将取决于成分中 $A^{2+}$ 和 $B^{3+}$ 两种阳离子的八面体择位能 OSPE 的相对大小。

上述晶体结构特征,较好地解释了为什么尖晶石族矿物在形态上通常呈八面体、菱形十二面体等三向等长晶形,而在物理性质上则为硬度高、无解理等特征。

尖晶石族矿物通常根据 B 组阳离子(3 价)的不同,划分出 3 个亚族(或系列):一为尖晶石亚族(B 组阳离子以 $Al^{3+}$ 为主),主要矿物有尖晶石、铁尖晶石、锰尖晶石、锌尖晶石;二为磁铁矿亚族(B 组阳离子以 $Fe^{3+}$ 为主),主要矿物有磁铁矿、镁铁矿、锰铁矿、锗磁铁矿、镍磁铁矿等;三为铬铁矿亚族(B 组阳离子以 $Cr^{3+}$ 为主),主要矿物有铬铁矿、镁铬铁矿、镍铬铁矿、锰铬铁矿、钴铬铁矿等。其中尖晶石亚族和铬铁矿亚族为正尖晶石型结构,磁铁矿亚族为反尖晶石型或二者混合型结构。

以下仅对 3 个亚族中常见和重要的矿物种代表进行描述。

**尖晶石(spinel)**

$MgAl_2O_4$

【化学组成】　MgO 28.20%,$Al_2O_3$ 71.80%。常含 Fe、Mn、Zn、Cr 等类质同象混入物。尖晶石与铁尖晶石($FeAl_2O_4$)和镁铬铁矿($MgCr_2O_4$)之间存在着完全类质同象关系。

【晶体结构】　等轴晶系;$O_h^7$-$Fd3m$;$a_0 = 0.808$ nm;$Z = 8$。晶体结构大多数为正尖晶石型(即 $Mg^{IV}[Al_2^{3+}]^{VI}O_4$,罗马数字代表配位数,下同),少数属于混合型。

【形态】　单晶常呈八面体形 {111},有时八面体 {111} 与菱形十二面体 {110} 组成聚形。双晶依尖晶石律[即以(111)为双晶面]成接触双晶。

【物理性质】　通常呈红色(含 Cr)、绿色(含 $Fe^{3+}$)或褐黑色(含 $Fe^{2+}$ 和 $Fe^{3+}$);玻璃光泽。无解理;偶有平行(111)裂开。硬度为 8。相对密度为 3.55。

【成因及产状】　尖晶石常产于侵入岩与白云岩或镁质灰岩的接触交代带中,与镁橄榄石、透辉石等共生。在富铝贫硅的泥质岩的热变质带亦可产生尖晶石。作为副矿物,见于基性、超基性火成岩中。此外,亦常见于砂矿中。

【鉴定特征】　八面体晶形,尖晶石律双晶和高硬度。

【主要用途】　透明色美者作为宝石。

**磁铁矿(magnetite)**

$FeFe_2O_4$ 或 $[Fe^{3+}]^{IV}[Fe^{2+}Fe^{3+}]^{VI}O_4$

【化学组成】　FeO 31.03%,$Fe_2O_3$ 68.97%。常含 Mg、Mn、Ti、V、Cr 等类质同象混入物。Ti 含量高时形成钛磁铁矿,其成分中 $TiO_2$ 可达 12%~16%。$V^{3+}$ 含量高时形成钒磁铁矿,其成分中 $V_2O_3$ 含量可达 8.8%。在磁铁矿—铬铁矿类质同象系列中,铬铁矿成分中的 $Cr_2O_3$ 可达 12%。

---

① 八面体择位能(OSPE)是指:某过渡金属离子进入八面体配位的晶体场中所获得的晶体场稳定能与进入四面体配位的晶体场中所获得的晶体场稳定能之差值。

【晶体结构】 等轴晶系;$O_h^7-Fd3m$;$a_0=0.840$ nm;$Z=8$。晶体结构为反尖晶石型(即 $Fe^{IV}[Fe^{2+}Fe^{3+}]^{VI}O_4$)。

【形态】 单晶呈八面体{111},较少呈菱形十二面体{110}。在菱形十二面体面上长对角线方向常现条纹。双晶依尖晶石律成接触双晶。集合体常呈致密块状和粒状。

【物理性质】 铁黑色;条痕黑色;金属—半金属光泽;不透明。无解理;有时具{111}裂开。硬度为6。相对密度为5.20。性脆。具强磁性。

【成因及产状】 主要形成于内生作用和变质作用中。常作为岩浆岩的副矿物出现,此外,它是岩浆成因铁矿床、接触交代铁矿床、气化-高温含稀土铁矿床、沉积变质铁矿床以及一系列与火山作用有关的铁矿床中的主要铁矿物。因其稳定性好,亦常见于砂矿中。

我国磁铁矿的著名产地有:四川攀枝花(岩浆成因铁矿床)、辽宁鞍山(沉积变质铁矿床)、湖北大冶(接触交代铁矿床)等。

【标型】 磁铁矿的 Ti 含量可以反映成因类型,岩浆成因的磁铁矿 Ti 含量最高,接触交代变质成因和热液成因的磁铁矿 Ti 含量明显下降,沉积变质成因的磁铁矿 Ti 含量最低。最近又有研究表明,磁铁矿的 Ga—Sn 含量作图,(Ti+V)—(Al+Mn)含量作图,Ti/Al—Ge 含量作图,可以区分各种各样的成因(李胜荣等,2021)。

【鉴定特征】 以其晶形、黑色条痕和强磁性可与其相似的矿物如赤铁矿、铬铁矿等相区别。

【主要用途】 为最重要的炼铁矿物原料之一。所含的 V、Ti、Cr 等元素常可综合利用。

**铬铁矿(chromite)**

$FeCr_2O_4$

【化学组成】 $Cr_2O_3$ 50%~65%。铬铁矿的成分比较复杂,广泛存在 Cr、Al、Fe、Mg 等类质同象混入物。

【晶体结构】 等轴晶系;$O_h^7-Fd3m$;$a_0=0.839$ nm。$Z=8$。晶体结构为正尖晶石型(即 $Fe^{IV}[Cr_2^{3+}]^{VI}O_4$)。

【形态】 单晶呈八面体{111},但极少见。通常呈粒状或块状集合体。

【物理性质】 暗褐色至铁黑色;条痕褐色;半金属光泽;不透明。无解理。硬度为5.5~6.5;相对密度为4.3~4.8。性脆。具弱磁性,含铁量高者磁性较强。

【成因及产状】 为岩浆作用的产物,常产于超基性岩中,与橄榄石共生。也见于砂矿中。我国铬铁矿的主要产地分布在西藏和新疆。

【标型】 是指示超基性环境的标型矿物。

【鉴定特征】 以其暗棕色或黑色、条痕褐色、弱磁性、硬度大和产于超基性岩中为鉴定特征。

【主要用途】 提炼铬的唯一矿物原料。富含铁的劣质矿石可供制高级耐火材料。

# 金绿宝石族

**金绿宝石(chrysoberyl)**

$BeAl_2O_4$

【化学组成】 BeO 19.71%,$Al_2O_3$ 80.29%。常含 Cr、Fe、Ti 等类质同象混入物。

【晶体结构】 斜方晶系；$D_{2h}^{16}-Pmcn$；$a_0 = 0.548$ nm，$b_0 = 0.443$ nm，$c_0 = 0.941$ nm；$Z = 4$。橄榄石型结构。$O^{2-}$呈六方最紧密堆积，$Be^{2+}$充填四面体空隙，$Al^{3+}$充填八面体空隙。

【形态】 假六方板状或短柱状。(010)晶面有平行$a$轴的条纹。常依(130)成接触双晶或贯穿双晶。也可呈细粒状集合体。

【物理性质】 无色者少见，多为黄绿色；玻璃光泽；半透明。{101}解理中等；贝壳状断口。硬度为8.5。性脆。相对密度为3.75。含微量Cr而呈绿色者称"变石"（在灯光下呈紫红色）；见蛋白光或星彩者称"金绿猫眼石"。

【成因及产状】 产出甚少。可产于花岗伟晶岩中，与绿柱石、独居石、电气石、铌钽铁矿和白云母等共生；亦见产于花岗岩与镁质碳酸盐围岩的接触带，与萤石、磁铁矿、尖晶石等共生。

【鉴定特征】 晶形、双晶、高硬度等特征。

【主要用途】 色泽鲜艳者为贵重宝石。亦可替代钻石用于钟表制作，或作科学仪器的轴承。细粒集合体可提炼铍。

# 假蓝宝石族

**假蓝宝石（sapphirine）**

$Mg_2Al_4SiO_{10}$

【化学组成】 $Al_2O_3$ 55%~65%，$MgO$ 15%~19%，$SiO_2$ 12%~16%。常有$Fe^{2+}$替代$Mg^{2+}$和$Fe^{3+}$替代$Al^{3+}$。当$Fe^{2+}$替代$Mg^{2+}$的数量达1/3时，称为铁假蓝宝石。此外，成分中还可含少量的Mn、Ca、Na、K和B等。

【晶体结构】 单斜晶系；$C_{2h}^5-P2_1/c$；$a_0 = 0.972$ nm，$b_0 = 1.456$ nm，$c_0 = 1.007$ nm，$\beta = 100°30'$；$Z = 8$。近似于尖晶石型结构。$O^2$呈立方最紧密堆积，$Si^4$和$Al^{3+}$充填四面体空隙，$Mg^{2+}$和部分$Al^{3+}$充填八面体空隙。正常状态的假蓝宝石为无序结构。有$2M$和$1Tc$两种多型。这里的多型是以氧离子最紧密堆积层及其中充填阳离子的变化规律形成的层的叠置周期性来标定的。上面给出的单斜晶系结构是$2M$型的，$1Tc$型是三斜晶系的。

虽然假蓝宝石结构中有Si—O组成的四面体，但Si—O四面体在结构中不形成一个相对紧密的结构基团，所以假蓝宝石是氧化物而不是硅酸盐。

【形态】 晶体平行(010)呈板状或短柱状。完好晶形少见。经常呈粒状集合体，有时发育沿(010)的聚片双晶。

【物理性质】 蓝绿色、蓝灰色、绿灰色和绿色；透明；玻璃光泽。解理{010}中等，{100}和{001}不完全；不平坦状断口。硬度为7.5。相对密度为3.58。

【成因及产状】 主要产于富铝贫硅的高级变质岩，如富铝片麻岩和麻粒岩中，与夕线石、紫苏辉石、条纹长石、尖晶石、石榴子石和顽火辉石等共生。在假蓝宝石的周围，有时可见堇青石、夕线石的反应边。假蓝宝石也产于刚玉矿床中。

【标型】 高温-超高温变质的标型矿物。

【鉴定特征】 特征的蓝绿色、高硬度、解理和产状等。与蓝色刚玉区别在于后者无解理；与硬绿泥石区别在于后者有一组完全解理。又以不完全解理和较高硬度与蓝色碱性角闪石相区别。

# 黑 钨 矿 族

**黑钨矿（wolframite）**

$(Mn, Fe)WO_4$

又称钨锰铁矿。

**【化学组成】** 黑钨矿实际上是钨锰矿和钨铁矿的完全类质同象系列的中间成员。其端员组分的化学组成分别为钨锰矿（$MnWO_4$）：$MnO$ 23.42%，$WO_3$ 76.58%；钨铁矿（$FeWO_4$）：$FeO$ 23.65%，$WO_3$ 76.35%。黑钨矿中常含有 Mg、Ca、Nb、Ta、Sc、Y 和 Sn 等类质同象混入物。

**【晶体结构】** 单斜晶系；$C_{2h}^4 - P2/c$；$a_0 = 0.479$ nm，$b_0 = 0.574$ nm，$c_0 = 0.499$ nm，$\beta = 90°26'$；$Z = 2$。晶体结构中，由 $[Mn(Fe)O_6]$ 八面体共棱联结成平行 $c$ 轴方向的折线状链；$[WO_6]$ 八面体亦平行 $c$ 轴成链状，并位于 $[Mn(Fe)O_6]$ 八面体所成的链体之间，以其 4 个角顶与上下链体的八面体共角顶相连接。因而晶体结构可视为链状结构，亦可看成平行 $\{100\}$ 呈似层状结构（图 20-17）。

**【形态】** 单晶常呈沿 $c$ 轴延伸的 $\{100\}$ 板状或短柱状，$[001]$ 晶带中的晶面上常具平行于 $c$ 轴的条纹。双晶常依（100）或（023）成接触双晶。集合体为刃片状或粗粒状。图 20-18 为黑钨矿平行连晶。

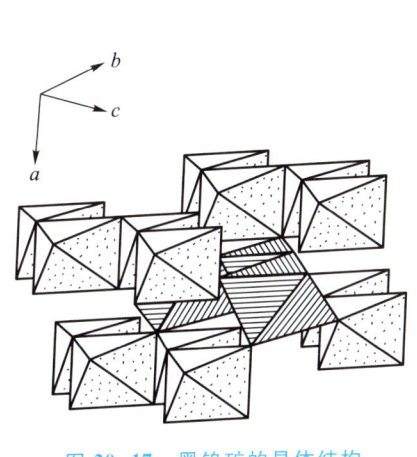

**图 20-17 黑钨矿的晶体结构**

（引自潘兆橹等，1993）

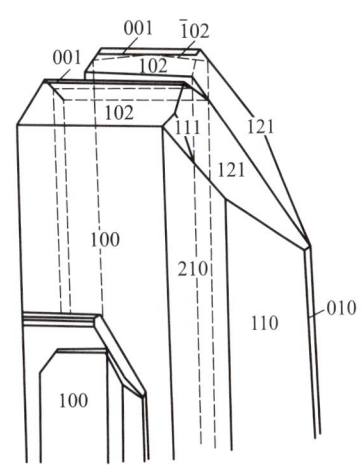

**图 20-18 黑钨矿晶体（平行连晶）**

（据王文魁等，1992）

产于广东怀集多罗山

**【物理性质】** 红褐色（钨锰矿）至黑色（钨铁矿）；条痕黄褐色（钨锰矿）至褐黑色（钨铁矿）；光泽由金刚光泽（钨锰矿）至半金属光泽（黑钨矿、钨铁矿）。解理平行 $\{010\}$ 完全。硬度为 4~4.5。相对密度为 7.12（钨锰矿）~7.51（钨铁矿）。性脆。钨铁矿具弱磁性。

**【成因及产状】** 主要产于高温热液石英脉旁云英岩化花岗岩中。它常与锡石、辉钼矿、毒砂、萤石、电气石、绿柱石等共生。黑钨矿也能形成砂矿。我国是世界上最大的产钨国，矿床类型之丰富，规模之大为世界钨矿床所罕见。仅在南岭地区就已发现大型、超大型矿床 20 多处。最具代表性的钨矿产地如广东（锯板坑石英脉型矿床）、湖南（柿竹园层控夕卡岩型矿床)、福建(洛坑花岗岩细脉浸型钨矿床)、广西(大明山似层状钨矿床)等。

【鉴定特征】　黑钨矿以其板状形态、褐黑色、{010}完全解理和相对密度大为鉴定特征。

【主要用途】　为钨最主要的矿石矿物。钨的特种合金钢被用于制造高速切削工具、炮膛、枪管、火箭发动机、火箭喷嘴、坦克装甲等。钨还用于制造灯丝及 X 射线发生器的阴极材料。合成材料碳化钨硬度很高,仅次于金刚石,可用作钻头、车刀等。

# 二、氢氧化物类

## 镁的氢氧化物

**水镁石(氢氧镁石)(brucite)**

$Mg(OH)_2$

【化学组成】　MgO 69.12%,$H_2O$ 30.88%。成分中可有 Fe、Mn、Zn 类质同象替换 Mg,有时含 FeO 可达 10%,MnO 可达 20%,ZnO 可达 4%。

【晶体结构】　三方晶系;$D_{3d}^3-P\bar{3}m1$;$a_0 = 0.313$ nm,$c_0 = 0.474$ nm;$Z = 1$。水镁石型结构为典型的层状结构:两层 $OH^-$ 呈六方最紧密堆积,$Mg^{2+}$ 充填于全部八面体空隙,构成配位八面体的结构层[图 20-19(a)];结构层与结构层之间相接触的两层 $OH^-$ 也呈近似六方最紧密堆积,但所形成的八面体空隙未充填阳离子[图 20-19(b)]。结构层内为离子键,结构层间以氢键相连。水镁石的层状结构决定了它主要以板片状形态出现并发育极完全的{0001}解理。

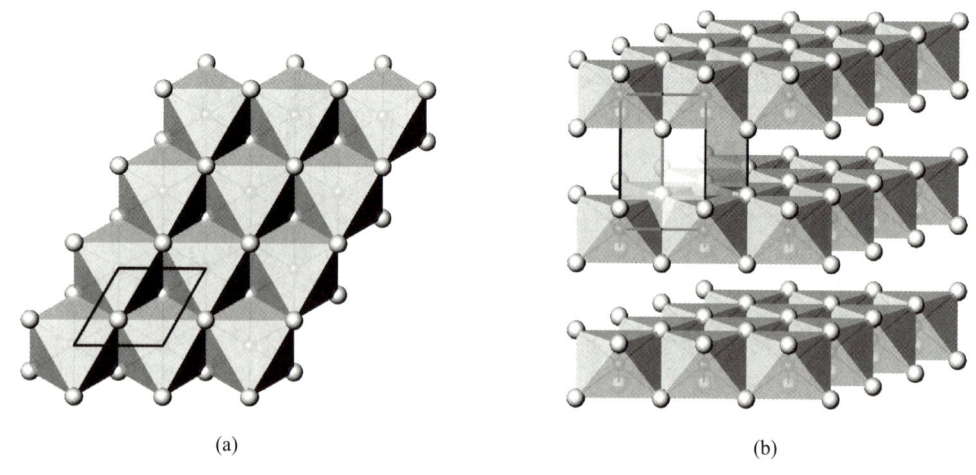

(a)　　　　　　　　　　　　(b)

图 20-19　水镁石的结构

(引自何涌,雷新荣,2008)

【形态】　晶体常呈板状、鳞片状、叶片状、不规则粒状集合体,有时呈纤维状集合体,称纤水镁石。

【物理性质】 白色、灰白色,含有锰或铁者呈红褐色;断口呈玻璃光泽,透明。解理平行{0001}极完全,解理面为珍珠光泽,解理薄片具挠性。硬度为 2.5。相对密度为 2.3~2.6。

【成因及产状】 水镁石是蛇纹岩或白云岩中的典型低温热液蚀变矿物。

【鉴定特征】 以其形态、低硬度和{0001}极完全解理为鉴定特征。根据易溶于酸与滑石、叶蜡石相区别。

【主要用途】 大量产出时可作炼镁的矿物原料。纤维水镁矿是重要的非金属矿物材料,是温石棉的理想代用品。

## 铝的氢氧化物

铝的氢氧化物包括:三斜晶系的一水硬铝石$[\alpha\text{-}AlO(OH)]$、单斜晶系的一水软铝石$[\gamma\text{-}AlO(OH)]$和单斜晶系的三水铝石$[Al(OH)_3]$。其中以三水铝石分布最广。

通常所谓的**铝土矿(bauxite)**,并不是一个矿物种,而是以极细的三水铝石、一水硬铝石或一水软铝石为主要组分,并包括数量不等的高岭石、蛋白石、赤铁矿、针铁矿等而成的混合物。当铝土矿中 $Al_2O_3$ 含量>40%,$Al_2O_3:SiO_2>2:1$时才具有工业价值而作为铝矿石利用。常呈豆状、块状、多孔状或土状产出。颜色随氧化铁含量的增加而可从灰白直至棕红色,有时呈斑点状分布。在新鲜面上,用口呵气后有强烈的土臭味,或将小块碾成粉末,用水湿润不具可塑性、硬度、相对密度较页岩为大,以此可与页岩及黏土相区别。用小块铝土矿在氧化焰中灼烧,加 1 滴 $Co(NO_3)_2$ 溶液再烧,冷却后有蓝色的 Al 反应;此外,加 HCl 溶液不起泡,据此可与石灰岩相区别。

由于铝土矿呈细分散机械混合物,用一般方法难以区分一水硬铝石、一水软铝石和三水铝石,须用光学显微镜、化学分析、差热分析和 X 射线粉晶衍射分析进行综合研究才能准确鉴定。以下仅介绍三水铝石。

**三水铝石(gibbsite)**

$Al(OH)_3$

【化学组成】 $Al_2O_3$ 65.40%,$H_2O$ 34.60%。常有少量的 $Fe^{2+}$ 和 $Ga^{3+}$ 呈类质同象替换 $Al^{3+}$。

【晶体结构】 单斜晶系,$C_{2h}^5\text{-}P2_1/n$;$a_0=0.864$ nm,$b_0=0.507$ nm,$c_0=0.972$ nm,$\beta=94°34'$;$Z=8$。具水镁石型结构,但 $Al^{3+}$ 只充填于每两层相邻的 $OH^-$ 之间的 2/3 八面体空隙,组成配位八面体的结构层。

【形态】 单晶呈假六方形极细片状。通常呈结核状、豆状集合体或隐晶质块状集合体。

【物理性质】 白色,常带灰、绿和褐色;玻璃光泽,解理面呈珍珠光泽,集合体和隐晶质者暗淡。解理平行{001}极完全。硬度为 2.5~3.5。相对密度为 2.30~2.43。

【成因及产状】 主要是长石等铝硅酸盐经风化作用而形成。部分三水铝石为低温热液成因。在区域变质作用中,三水铝石经脱水作用变为一水硬铝石;而在更深的区域变质条件下,可变为刚玉;如有 $SiO_2$ 存在时则变为含铝硅酸盐矿物。

【主要用途】 为铝的主要矿石矿物。也可用于制造耐火材料和高铝水泥原料。

## 铁的氢氧化物

包括 $FeO(OH)$ 的 4 个同质多象变体：针铁矿（$\alpha$-FeOOH）、水针铁矿（$\alpha$-FeOOH · $nH_2O$）、纤铁矿（$\gamma$-FeOOH）和水纤铁矿（$\gamma$-FeOOH · $nH_2O$）。

通常人们所说的**褐铁矿（limonite）**，是以针铁矿或水针铁矿为主要组分，并包含数量不等的纤铁矿、水纤铁矿，含水氧化硅、黏土等细分散机械混合物。褐铁矿呈各种色调的褐色，条痕黄褐色。硬度变化较大（1~4），相对密度为 3.3~4.0。通常呈钟乳状、葡萄状、致密和疏松块状等产出，亦常呈黄铁矿晶形的假象出现。褐铁矿在地表几乎到处可见。以下仅介绍针铁矿。

**针铁矿（goethite）**

$\alpha$-FeOOH

【化学组成】　$Fe_2O_3$ 89.90%，$H_2O$ 10.10%。不同成因的针铁矿其混入组分不同：热液成因者，其成分较纯；外生成因者常含 $Al_2O_3$、$SiO_2$、$MnO_2$、$CaO$ 等，其中除部分 Al 为类质同象置换外，其他组分往往为机械混入物或吸附物质；金属矿床氧化带中的针铁矿还常含 Cu、Pb、Zn、Cd 等；而超基性岩风化壳中的针铁矿则含 Co、Ni。含吸附水者称水针铁矿 [$\alpha$-FeO(OH) · $nH_2O$]。

【晶体结构】　斜方晶系；$D_{2h}^{17}$-$Pbnm$；$a_0 = 0.465$ nm，$b_0 = 1.002$ nm，$c_0 = 0.304$ nm；$Z = 4$。晶体结构同硬水铝石，即晶体结构中 $O^{2-}$ 和 $OH^-$ 共同呈六方最紧密堆积（堆积层垂直 $a$ 轴），$Fe^{3+}$ 充填 1/2 的八面体空隙。[$FeO_3(OH)_3$] 八面体以共棱的方式联结成平行于 $c$ 轴的八面体链；双链间以共用八面体角顶（此角顶为 $O^{2-}$ 占据）的方式相连。

【形态】　单晶极少见，常见呈针状或鳞片状、肾状、钟乳状、结核状或土状集合体。

【物理性质】　褐黄至褐红色；条痕褐黄色；半金属光泽；结核状、土状者光泽暗淡。解理平行 {010} 完全；参差状断口。硬度为 5~5.5。相对密度为 4.28，但呈土状者可低至 3.3。性脆。

【成因及产状】　针铁矿是分布很广的矿物之一，是褐铁矿中的最主要组成成分，并常与纤铁矿共生。它主要是含铁矿物风化作用的产物，常分布在铜铁硫化物矿床的露头部分构成"铁帽"。沉积成因的针铁矿见于湖沼和泉水中。此外，偶见有低温热液成因的产于某些热液脉的空隙中。在区域变质作用中可脱水而转变成赤铁矿或磁铁矿。

【标型】　"铁帽"是寻找原生铜铁硫化物矿床的标志。

【鉴定特征】　以其胶体形态和褐黄色条痕为特征。

【主要用途】　为炼铁的矿物原料。

## 锰的氢氧化物

**水锰矿（manganite）**

MnO(OH)

【化学组成】　MnO 40.3%，$MnO_2$ 49.4%，$H_2O$ 10.2%。常含 $SiO_2$、$Fe_2O_3$、$Al_2O_3$、CaO 等

混入物。

【晶体结构】 单斜晶系;$C_{2h}^5 - B2_1/d$;$a_0 = 0.888$ nm,$b_0 = 0.525$ nm,$c_0 = 0.571$ nm,$\beta = 90°$;$Z = 8$。(注意:水锰矿也是$\beta = 90°$的单斜晶系。)

【形态】 单晶常呈柱状,沿$c$轴伸长,柱面具清晰纵纹。集合体呈束状。双晶以(011)为接合面。沉积成因者多呈隐晶质块体,也有呈鲕状或钟乳状者。

【物理性质】 暗钢灰至黑色;半金属光泽。解理平行{010}完全,平行{110}和{001}中等。硬度为3.5~4。相对密度为4.2~4.33。性脆。

【成因及产状】 形成于较还原环境中,在低温热液矿脉中常呈晶簇状与重晶石、方解石共生。沉积作用形成的水锰矿则常呈块状或鲕状,此时为4价锰矿物(软锰矿)和2价锰矿物(菱锰矿)之间的过渡产物。在氧化条件下水锰矿不稳定,易氧化成软锰矿。

【鉴定特征】 以其晶形、柱面条纹和褐色条痕初步鉴定。与其类似矿物的可靠区别需用差热曲线和X射线粉晶数据进行鉴定。

【主要用途】 锰的重要矿石矿物。

### 硬锰矿(psilomelane)

硬锰矿一词有两种含义:一是指一个矿物种,即狭义硬锰矿(psilomelane),是一种钡和锰的氢氧化物,它虽有自己独特的成分、结构和物理性质,但在自然界分布不广泛,其晶体罕见,因此这里不赘述;二是作为一般术语,广泛指一种细分散的含锰的多矿物集合体,即所谓的广义硬锰矿,不是一个矿物种,成分上主要为含多种元素的锰的氧化物和氢氧化物,化学式可用$m\text{MnO} \cdot \text{MnO}_2 \cdot n\text{H}_2\text{O}$近似表示,形态上往往具有胶态集合体的葡萄状、钟乳状、肾状等特点,其硬度较低的土状集合体称为锰土(wad)。硬锰矿与软锰矿一起在锰矿床的风化壳中形成"锰帽"。

【标型】 "锰帽"是寻找原生锰矿床的标志。

【鉴定特征】 据其胶体形态、黑色条痕和硬度较高初步鉴定,加$\text{H}_2\text{O}_2$溶液剧烈起泡。进一步的鉴定需用差热曲线和X射线数据与其他锰的氧化物相区别。

【主要用途】 锰的重要矿石矿物。

## ❓ 习题与思考题

基础题:

1. 对比氧化物与硫化物矿物的成分(阴离子和阳离子类型、电负性差值)、化学键、物性和成因特点。

2. 赤铜矿晶体结构中,阴离子是否为最紧密堆积?虽然$\text{O}^{2-}$分布于晶胞角顶和中心,但不是体心格子,为什么?

3. 简述刚玉的结构,并说明同属于刚玉型结构的赤铁矿和钛铁矿,与刚玉在对称程度和物理性质上有明显差异的原因。

4. 说明赤铁矿的各种形态与其成因之间的关系。

5. $\text{TiO}_2$的三个同质多象变体的矿物名称是什么?它们在形态特征上有何不同?

6. 简述金红石结构,并说明同属于金红石型结构的金红石、锡石、软锰矿的异同。

7. 简述斜锆石的成分、结构、成因产状及研究意义。

8. 石英常发育的单形有哪些？

9. $SiO_2$ 的同质多象变体有哪些？同质多象转变的条件是什么？

10. 斯石英和柯石英的产出有何指示意义？

11. 石英族包括哪些矿物种？为何 $\alpha$-石英在自然界分布最广，柯石英却罕见？

12. 如何识别石英中的道芬双晶和巴西双晶？

13. 玉髓和玛瑙都是 $SiO_2$ 的隐晶质变种，为什么名称有别？

14. 钙钛矿的晶体结构特征及其在地幔矿物学中的意义？

15. 尖晶石族矿物有哪些？举例说明"尖晶石型结构"和"反尖晶石型结构"。

16. 以（钒）钛磁铁矿为例，说明类质同象固溶体的出溶与矿物的裂开两个概念。

17. 氢氧化物类矿物主要有几种结构类型？它们在物理性质方面各有何特点？

18. 何谓细分散多矿物集合体？为什么说铝土矿、褐铁矿不是矿物种的名称？

19. 褐铁矿即是一种混合物，为何有时呈立方体外形？这叫什么现象？

20. 镁的氧化物和氢氧化物矿物在结构、形态、物性和成因方面有何差异？

21. 黑钨矿是什么类质同象的中间成分，其两个端员组分的矿物名称是什么？

22. 假蓝宝石晶体结构中有 $Si-O_4$ 四面体，为什么它属于氧化物而不属于硅酸盐矿物？

23. 请说明铬铁矿、磁铁矿、赤铁矿、钛铁矿及褐铁矿的主要鉴别特征、各自的产状及形成环境。

24. 如何区分下列三组外观相似的矿物：（1）金红石与锡石；（2）铬铁矿与磁铁矿、钛铁矿；（3）黑钨矿与铁闪锌矿、磁铁矿、镜铁矿？

25. 氧化物矿物中。哪些是标型矿物（列出具体指示环境）？哪些矿物具有标型特征（列出具体的标型特征）？

26. 氧化物矿物中哪些可以作宝石？

## 综合分析与讨论题：

27. 从磁铁矿为反尖晶石型结构 $Fe^{3+}[Fe^{2+}Fe^{3+}]O_4$、铬铁矿为正尖晶石型结构 $Fe^{2+}[Cr^{3+}]_2O_4$ 的事实，说明 $Fe^{3+}$、$Fe^{2+}$、$Cr^{3+}$ 的八面体择位能大小。

28. 含钛磁铁矿的裂开是 $\{111\}$ 方向，是由出溶钛铁矿定向排列导致。请从结构上解释，为什么含钛磁铁矿（尖晶石型结构）出溶钛铁矿（刚玉型结构）会形成沿 $\{111\}$ 方向排列的钛铁矿？

29. 给你一个石英标本，晶体形态上发育有六方柱和菱面体，也发育许多小晶面，你怎么判断它是单晶还是双晶？如果是双晶，它是道芬双晶还是巴西双晶？如果只发育六方柱和菱面体，没有小晶面，你怎么判断它是单晶还是双晶？如果是一块石英碎块，没有晶面，你可以判断吗？怎么判断？

# 第二十一章

# 含氧盐大类（一）——硅酸盐类

含氧盐是各种含氧酸根的络阴离子与金属阳离子所组成的盐类化合物。自然界含氧盐矿物中最主要的络阴离子见表21-1，它们呈四面体、平面三角形等各种形状，并具有比一般简单化合物的阴离子（$O^{2-}$、$S^{2-}$、$Cl^-$等）大得多的离子半径。络阴离子内部的中心阳离子一般具有较小的半径和较高的电荷，与其周围的$O^{2-}$结合的键强（指中心阳离子电价/周围氧离子数）$\geqslant 1$，远大于$O^{2-}$与络阴离子外部阳离子结合的键强。因此，在晶体结构中它们是独立的构造单位。络阴离子与外部阳离子的结合以离子键为主，因而含氧盐矿物具有离子晶格的性质，如通常为玻璃光泽，少数为金刚光泽、半金属光泽，不导电，导热性差。无水的含氧盐一般具有较高的硬度和熔点，大多不溶于水。

表 21-1　含氧盐矿物的最主要络阴离子

| 络阴离子 | 离子半径近似值/nm | 键强 | 络阴离子形状 |
|---|---|---|---|
| $[SiO_4]^{4-}$ | 0.290 | 1 | 四面体 |
| $[AsO_4]^{3-}$ | 0.295 | 1.25 | 四面体 |
| $[SO_4]^{2-}$ | 0.295 | 1.5 | 四面体 |
| $[CrO_4]^{2-}$ | 0.300 | 1.5 | 四面体 |
| $[PO_4]^{3-}$ | 0.300 | 1.25 | 四面体 |
| $[WO_4]^{2-}$ | | 1.5 | 四方四面体 |
| $[MoO_4]^{2-}$ | | 1.5 | 四方四面体 |
| $[NO_3]^-$ | 0.257 | 1.67 | 三角形 |
| $[CO_3]^{2-}$ | 0.257 | 1.33 | 三角形 |
| $[BO_3]^{3-}$ | 0.268 | 1 | 三角形 |

资料来源：引自潘兆橹等，1993。

电子教案 21-1
硅酸盐 01：
概述

课堂录像 21-1
硅酸盐 01：
概述（上）（下）

根据络阴离子种类的不同，本书对含氧盐大类矿物做进一步分类如下：

第一类　硅酸盐

第二类　碳酸盐

第三类　硫酸盐

第四类　磷酸盐

第五类　钨酸盐

第六类　硼酸盐

Si 和 O 是地壳中分布最广、含量最高的元素，其克拉克值分别为 27.72% 和 46.6%。在自然界中 Si 和 O 的亲和力最大，因此，往往形成 $SiO_2$ 矿物和具 Si—O 络阴离子的硅酸盐。

硅酸盐矿物在自然界分布极为广泛，已知硅酸盐矿物有 600 余种，约占已知矿物种的 1/4，就其质量而言，约占地壳岩石圈总质量的 85%。

硅酸盐矿物是 3 大类岩石（岩浆岩、变质岩、沉积岩）的主要造岩矿物，同时也是工业所需要的多种金属和非金属的矿产资源，如 Li、Be、Zr、B、Rb、Cs 等元素大部分从硅酸盐矿物中提取；而石棉、滑石、云母、高岭石、沸石等多种硅酸盐矿物又直接被广泛地应用于国民经济的各有关部门。此外，还有不少硅酸盐矿物是珍贵的宝石矿物，如祖母绿和海蓝宝石（绿柱石）、翡翠（翠绿色硬玉）、碧玺（电气石）等。

# 一、晶体化学特点

## 1. 化学成分

组成硅酸盐矿物的元素主要是惰性气体型离子和部分过渡型离子，铜型离子很少且只有在某些特殊情况下才能形成硅酸盐。

除主要由 Si 和 O 组成的络阴离子外，还可以出现附加阴离子 $O^{2-}$、$OH^-$、$F^-$、$Cl^-$，以及 $S^{2-}$、$[CO_3]^{2-}$、$[SO_4]^{2-}$ 等。此外，还可以有 $H_2O$ 分子参加。

## 2. 硅氧骨干

在硅酸盐结构中，每个 Si 为 4 个 O 所包围，构成 $[SiO_4]$ 四面体（图 21-1），它是硅酸盐的基本构造单位，不同硅酸盐中，$[SiO_4]$ 四面体基本保持不变。

由于 $Si^{4+}$ 的化合价为 +4，配位数为 4，它赋予每一个 $O^{2-}$ 的电价为 1，即等于 $O^{2-}$ 电价的一半，$O^{2-}$ 另一半电价可以用来联系其他阳离子，也可以与另一个 $Si^{4+}$ 相连。因此，在硅酸盐结构中 $[SiO_4]$ 四面体既可以孤立地被其他阳离子包围起来，也可以彼此以共用角顶的方式联结起来形成各种形式的硅氧骨干。但是，$[SiO_4]$ 四面体只能共角顶相联结，不能共棱、共面，这是因为 $[SiO_4]$ 四面体体积小，且 $Si^{4+}$ 电价高，如果共棱、共面，会引起 Si—Si 强烈的排斥而不稳定，这一点是符合鲍林法则的。在 $[SiO_4]$ 四面体共角顶处，$O^{2-}$ 同时与两个 $Si^{4+}$ 成键，无剩余电荷，称为惰性氧或桥氧，非共用角顶处的 $O^{2-}$ 只与一个 $Si^{4+}$ 成键，有一剩余电荷，称活性氧或端氧。

目前所发现的硅氧骨干形式已有数十种，现将几种主要类型叙述如下。

（1）岛状硅氧骨干：包括孤立的 $[SiO_4]$ 单四面体（图 21-1）及 $[Si_2O_7]$ 双四面体（图 21-2）。前者无惰性氧，如橄榄石 $(Mg,Fe)_2[SiO_4]$，后者有一个惰性氧，如异极矿 $Zn_4[Si_2O_7](OH)_2$。

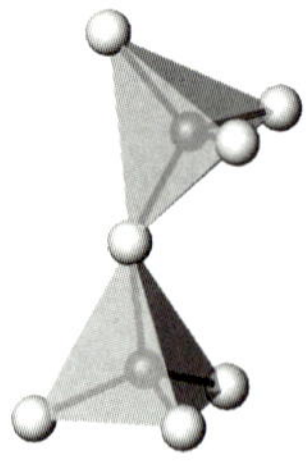

图 21-1　$[SiO_4]$ 四面体

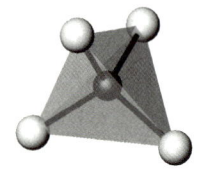

图 21-2　$[Si_2O_7]$ 双四面体

（2）环状硅氧骨干：$[SiO_4]$四面体以角顶联结形成封闭的环，根据$[SiO_4]$四面体环节的数目可以有三环$[Si_3O_9]$（如硅酸钡钛矿 $BaTi[Si_3O_9]$）、四环$[Si_4O_{12}]$（如包头矿 $Ba_4(Ti, Nb, Fe)_8O_{16}[Si_4O_{12}]Cl$）、六环$[Si_6O_{18}]$（如绿柱石 $Be_3Al_2[Si_6O_{18}]$）等多种，环还可以重叠起来形成双环，如六方双环$[Si_{12}O_{30}]\left(\text{如整柱石 } KCa_2AlBe_2[Si_{12}O_{30}] \cdot \dfrac{1}{2}H_2O\right)$等（图 21-3）。

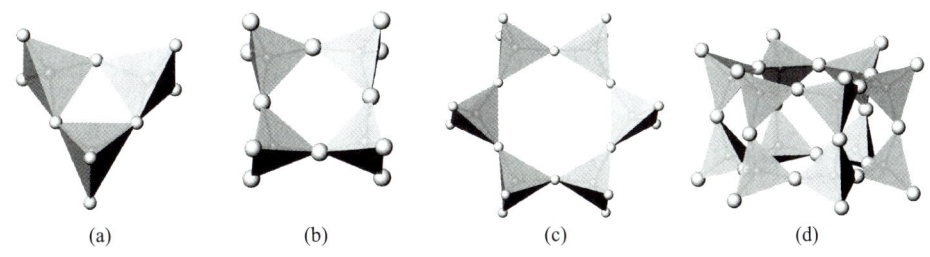

**图 21-3　环状硅氧骨干**

（a）三环$[Si_3O_9]$；（b）四环$[Si_4O_{12}]$；（c）六环$[Si_6O_{18}]$；（d）六方双环$[Si_{12}O_{30}]$

（3）链状硅氧骨干：$[SiO_4]$四面体以角顶联结成沿一个方向无限延伸的链，其中常见者有单链和双链。单链：在单链中每个$[SiO_4]$四面体有两个角顶与相邻的$[SiO_4]$四面体共用，根据重复周期和联结方式可分为多种形式，如辉石单链$[Si_2O_6]$、硅灰石单链$[Si_3O_9]$、蔷薇辉石单链$[Si_5O_{15}]$等，见图 21-4。

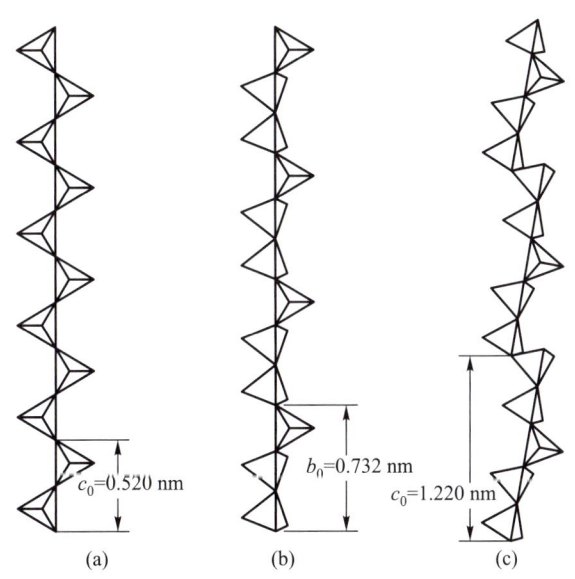

**图 21-4　单链硅氧骨干**

（引自潘兆橹等，1993）

（a）辉石单链$[Si_2O_6]$；（b）硅灰石单链$[Si_3O_9]$；（c）蔷薇辉石单链$[Si_5O_{15}]$

双链：双链犹如两个单链相互联结而成，如两个辉石单链$[Si_2O_6]$相连形成角闪石双链$[Si_4O_{11}]$、两个硅灰石单链$[Si_3O_9]$相连形成硬硅钙石双链$[Si_6O_{17}]$，此外，还有夕线石双链$[AlSiO_5]$和星叶石双链$[Si_4O_{12}]$等，见图 21-5。

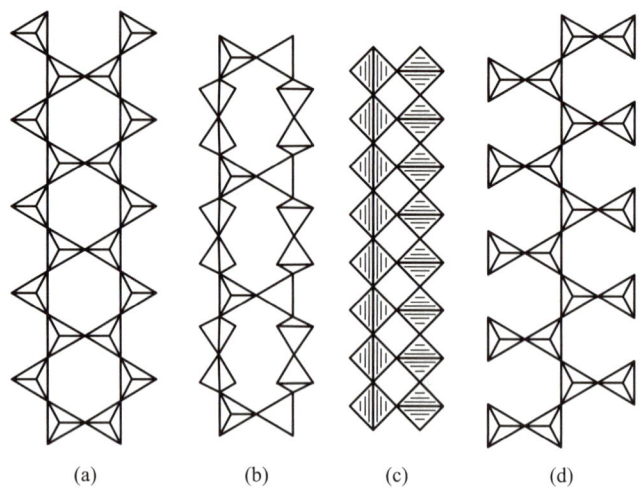

图 21-5 双链硅氧骨干

（引自潘兆橹等, 1993）

（a）角闪石双链 $[Si_4O_{11}]$；（b）硬硅钙石双链 $[Si_6O_{17}]$；

（c）夕线石双链 $[AlSiO_5]$；（d）星叶石双链 $[Si_4O_{12}]$

（4）层状硅氧骨干：$[SiO_4]$ 四面体以角顶相联结，形成在二维空间上无限延伸的层。在层中每一个 $[SiO_4]$ 四面体以 3 个角顶与相邻的 $[SiO_4]$ 四面体相联结。一般通式为 $[Si_2O_5]_n^{2n-}$。活性氧可指向一方，也可以指向相反的方向，$[SiO_4]$ 四面体也可有不同的联结方式，因此层状骨干有多种形式，如滑石（$Mg_3[Si_4O_{10}](OH)_2$）的层状硅氧骨干 $[Si_4O_{10}]$（图 21-6）中，$[SiO_4]$ 四面体彼此以 3 个角顶相联结形成六角形的网，活性氧指向一方；在鱼眼石（$KCa_4[Si_4O_{10}]_2F\cdot 8H_2O$）的层状硅氧骨干 $[Si_4O_{10}]$（图 21-7）中，$[SiO_4]$ 四面体彼此以 3 个角顶相联结形成四方形的网，活性氧分别指向网的上、下两方。

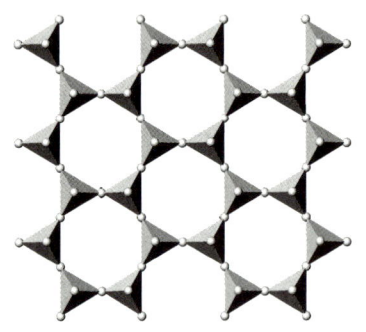

图 21-6 滑石的层状硅氧骨干

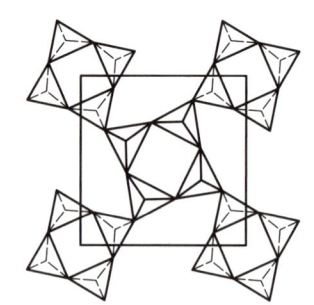

图 21-7 鱼眼石的层状硅氧骨干

（引自潘兆橹等, 1993）

（5）架状硅氧骨干：在骨干中每个 $[SiO_4]$ 四面体 4 个角顶全部与其相邻的 4 个 $[SiO_4]$ 四面体共用，每个 O 与两个 Si 相联系，这样，所有的 O 都将是惰性的，石英（$SiO_2$）族矿物即具此种结构。但在硅酸盐的架状骨干中，必须有部分的 $Si^{4+}$ 为 $Al^{3+}$ 所代替，从而使 $O^{2-}$ 带有部分剩余电荷，得以与骨干外的其他阳离子结合，形成铝硅酸盐。这种架状络阴离子的化学式一般可以写作$[Si_{n-x}Al_xO_{2n}]^{x-}$。如钠长石$Na[AlSi_3O_8]$、钙长石$Ca[Al_2Si_2O_8]$、方柱石$(Na, Ca)_4[Al_2Si_2O_8]_3(SO_4, CO_3)_2$等,图21-8绘出了方柱石的架状硅氧骨干。

由于在架状硅氧骨干中$O^{2-}$剩余电荷低,而且架状硅氧骨干中存在着较大的空隙,因此,架状硅酸盐中的阳离子都是低电价、大半径、高配位数的离子。有时亦有附加阴离子和水分子存在。

以上列举了硅氧骨干的一些主要类型。这里还应做两点说明:① 在某些硅酸盐结构中可以存在两种不同的络阴离子,如绿帘石$Ca_2(Al, Fe)_3O(OH)[SiO_4][Si_2O_7]$结构中,同时存在孤立的$[SiO_4]$四面体和$[Si_2O_7]$双四面体;

**图 21-8　方柱石架状硅氧骨干**
(引自潘兆橹等,1993)

② 我国学者在葡萄石$Ca_2Al[AlSi_3O_{10}](OH)_2$晶体结构中[1],发现了"架状层"硅氧骨干,这种骨干由 3 层$[SiO_4]$四面体组成,中间的一层$[SiO_4]$四面体与 4 个$[SiO_4]$四面体相连,因此,这种层状骨干带有架状骨干的特点,可视为层状骨干与架状骨干的过渡形式。

### 3. 铝的双重作用

铝在硅酸盐结构中起着双重作用,一方面它可以呈四配位,代替部分的$Si^{4+}$而进入络阴离子,从而形成所谓的铝硅酸盐,如钠长石$Na[AlSi_3O_8]$;另一方面它也可以呈六配位,存在于硅氧骨干之外,起着像$Mg^{2+}$、$Fe^{2+}$等一般阳离子的作用,形成所谓铝的硅酸盐,如高岭石$Al_4[Si_4O_{10}](OH)_8$;有时 Al 可以在同一结构中以上述两种形式存在而形成铝的铝硅酸盐,如白云母$KAl_2[AlSi_3O_{10}](OH)_2$。

铝的这种双重作用与$Al^{3+}$与$O^{2-}$的半径比值有关。从鲍林法则可知,阴阳离子半径比决定阳离子的配位数。$r_{Al^{3+}} = 0.039 \sim 0.0535$ nm,$r_{O^{2-}} = 0.135 \sim 0.140$ nm,当$r_{Al^{3+}}$和$r_{O^{2-}}$取最大值时,$r_{Al^{3+}}/r_{O^{2-}} = 0.382$,接近四配位与六配位分界处的阴阳离子半径比值 0.414,所以,Al 既可以四配位,也可以六配位。具体形成什么配位形式就与外因有关。一般来说,在高压低温条件下,易形成六配位,在低压高温条件下,易形成四配位。例如,蓝晶石$Al_2[SiO_4]O$(其中的$Al^{3+}$为六配位)与夕线石$Al[AlSiO_5]$(其中一半$Al^{3+}$为四配位)的转变式为

$$Al_2[SiO_4]O \underset{\text{高压}}{\overset{\text{高温}}{\rightleftharpoons}} Al[AlSiO_5]$$

蓝晶石　　　　　　夕线石

在$[AlO_4]$四面体中,Al—O 键强(阳离子电荷/配位数)为 3/4,小于 Si—O 键键强(为 4/4),因此,$[AlO_4]$四面体不如$[SiO_4]$四面体稳定,且体积也大于$[SiO_4]$四面体,所以$[AlO_4]$四面体要靠$[SiO_4]$四面体联结起来才稳定。假定在晶体结构中$N_{Al}/N_{Si} > 1$(意指$[AlO_4]$四面体数目大于$[SiO_4]$四面体数目),势必要出现$[AlO_4]$四面体彼此联结的情况,此时,连接两个$Al^{3+}$的桥氧键强和为 3/4 + 3/4 = 1.5。根据鲍林第二法则,某离子的键强和等于其电价才是稳定的,1.5 偏离氧离子电价(-2)已达25%,超过了稳定化合物键强和偏差容忍极限16%,因此,

---

① 葡萄石的晶体结构由我国著名结晶学与矿物学家彭志忠教授等于 1959 年测试出来,它是我国测试出的第一个矿物晶体结构,且在其中发现了"架状层"这种新的硅氧骨干类型。葡萄石晶体结构的测试在当时开创了我国矿物晶体结构研究的新领域。

两个［AlO$_4$］四面体联结的情况是不稳定的，在结构中是不允许存在的，这也称铝回避原理。因此，在硅氧骨干中 $N_{Al}/N_{Si} \leqslant 1$，且在不同的硅氧骨干中［AlO$_4$］四面体存在情况变化如表 21-2 所示。

表 21-2　不同硅氧骨干中［AlO$_4$］四面体存在情况

| 硅氧骨干 | 岛状 | 环状 | 链状 | 层状 | 架状 |
|---|---|---|---|---|---|
| ［AlO$_4$］存在情况 | 难以存在 | 可以存在，但 $N_{Al}/N_{Si}$ 一般小于 1 | | | 必须存在，且 $N_{Al}/N_{Si}$ 能达到最大值 1 |

Al 的配位与温度压力的关系，是由美国著名矿物学家汤普生（Thompson）于 1947 年提出，被称之为汤普生定律。Al 在地壳中的含量是仅次于 O 和 Si 的处于丰度值第三的元素，因此，Al 的配位与温度压力的关系在地球科学中有重要意义。在地幔和下地壳以及高压变质带，Al 主要在石榴子石、尖晶石、硬玉、刚玉、蓝晶石等矿物中，为六配位；在上地壳的岩浆岩及高温低压的变质带中，Al 主要在长石、角闪石、黑云母、夕线石等矿物中，为四配位；在近地表及风化壳中，Al 主要在高岭石等黏土矿物和铝土矿中，为六配位。这个分布规律说明，地下高压处 Al 为六配位，压力下降温度升高后 Al 为四配位，到近地表的低压低温条件下 Al 又为六配位。即 Al 在地球中的分布也是符合汤普生定律的（叶大年，1983）。

### 4. 硅酸盐中的化学键

硅酸盐中含有 Si—O—M（骨干外阳离子）键，一般来说，金属离子 M 比 Si 离子大，化合价比 Si 低，因此，M—O 键比 Si—O 键弱。那么，这两个键的性质怎样呢？

一般认为，Si—O 键是共价键，符合共价键模型。在共价模型中，Si—O 键是用价键概念描述的。处于基态的硅原子的外层电子构型为 $3s^2 3p^2$，因此，1 个 3s 和 3 个 3p 轨道强烈杂化形成 sp$^3$ 杂化轨道，这 4 个等价的杂化轨道指向四面体的 4 个顶角，其中每个 sp$^3$ 杂化轨道与 1 个氧原子的 2p 轨道重叠"靠头"形成 $\sigma$ 键，即重叠电子密度的极大部分处于 Si—O 线上的键。除 sp$^3$ 杂化的 4 个 $\sigma$ 键之外，氧原子余留的 p 轨道与硅原子的 d 轨道也有一些重叠，形成 $\pi$ 键，$\pi$ 键的重叠电子密度绝大部分不在两原子相连的直线上。共价模型与实际情况符合良好，如绝大多数 Si 是四面体配位的，另外，键角 $\angle$O—Si—O 比四面体内角理论值 109.47° 明显要大，大多数 O—Si—O 键角在 140° 左右，这被认为是 Si—O 键的 $\pi$ 键特征的反映。

但是，Si—O 键也符合离子键模型。在离子键模型中，主要是从鲍林法则来考虑离子半径与配位数的关系，即阴阳离子半径比决定阳离子的配位数。Si$^{4+}$ 的半径 $r_{Si^{4+}} = 0.026 \sim 0.040$ nm，O$^{2-}$ 的半径 $r_{O^{2-}} = 0.135 \sim 0.140$ nm，其比值 $r_{Si^{4+}}/r_{O^{2-}} = 0.192 \sim 0.286$，部分处于四面体配位范围。所以硅酸盐中 Si 是四面体配位就与离子键模型符合。但是，如果是离子键，还需要考虑硅酸盐晶体结构中 O$^{2-}$ 离子是否为等大球最紧密堆积。在很多硅酸盐晶体结构中，O$^{2-}$ 离子的空间占有率低于理想的等大球最紧密堆积的空间占有率，即 O$^{2-}$ 离子不是最紧密堆积。这就反映了 Si—O 键不是纯的离子键，还有共价键的成分。

综合考虑各种情况，可以认为，大多数硅酸盐中，Si—O 键主要是共价键，含少部分离子键。不同硅酸盐中，Si—O 键的共价键成分与离子键成分占比不同。

对于 M—O 键，主要是离子性的，因为在形成［SiO$_4$］四面体时，一个硅原子实际上至多能提供 4 个电子,而与之键合的 4 个氧需要 8 个电子,氧需要再得到 1 个电子,所以,$[SiO_4]$ 四面体是一个带电荷的离子团,其中每个氧还可以再和一个硅(Si$^{4+}$)形成 Si—O 键(以共价性为主),也可以和其他易于失去电子的金属离子 M 形成离子键。

### 5. Si—O 键长、键角及 Si—O 配位形式

结构分析表明,Si—O 键键长为 0.157~0.172 nm,平均值约为 0.162 nm。在 Si—O—M 键中,M(硅氧骨干以外的阳离子)也吸引氧原子并与硅争夺氧原子,结果使 Si—O 键减弱,Si—O 键变长;在 Si—O—Si 键中,由于 Si$^{4+}$ 电价高,对另一 Si$^{4+}$ 与 O$^{2-}$ 的键削弱更明显,因此键长变得更长,在 Si—O$_桥$—Si$_端$ 中,Si—O$_桥$ 键长比 Si—O$_端$ 键长平均约长 0.002 5 nm。

在 $[SiO_4]$ 四面体相互共角顶的联结中,Si—O—Si 键角的变化很大。对于具有架状结构的 SiO$_2$ 来说,在其等轴晶系的变体方石英中,Si—O—Si 键角为 180°。而在硅酸盐矿物中,目前已发现的最小 Si—O—Si 键角为 114°,存在于羟硅铍石 Be$_4$[Si$_2$O$_7$](OH)$_2$ 的硅氧双四面体之中。

Si—O 键长与键角也是相互影响的,一般规律是,较短的键长联系着较大的键角。

Si—O 键长与键角也直接影响着 Si—O 配位。绝大多数的 Si—O 配位都是四面体 $[SiO_4]$,但如果某些金属离子 M 的 M—O 键强接近或大于 Si—O 键强,就会消耗 Si—O 键上的电子,使 Si—O 键减弱并拉长,这时就易形成六配位的 $[SiO_6]$ 八面体,如 SiP$_2$O$_7$ 中和硅的有机化合物中,Si 就是六配位形式存在的,这是因为碳和磷比硅具有更大的电负性,与氧成键时键强更大所致。此外,高压条件下也易于形成 $[SiO_6]$ 八面体,因为在 $[SiO_6]$ 八面体中的 O—O 距离为 0.25 nm,短于 $[SiO_4]$ 四面体中的 0.264 nm,导致 $[SiO_6]$ 中 O—O 斥力大,在低压下是不易稳定存在的,但在高压下能稳定存在。

综上所述,在 Si—O 键变弱并拉长时,O—O 间距变小,有利于形成 $[SiO_6]$ 八面体,满足这些条件形成 $[SiO_6]$ 八面体就要求特殊的环境。在一般条件下,Si—O 配位形式都是 $[SiO_4]$ 四面体。从鲍林键强(在四面体中 Si—O 键强为 4/4,在八面体中 Si—O 键强为 4/6)也可以预测 $[SiO_4]$ 比 $[SiO_6]$ 稳定。

### 6. 离子堆积

在硅酸盐中,由于受硅氧骨干的影响,较难实现氧离子最紧密堆积。具体情况与硅氧骨干形式密切相关。

在岛状骨干中,离子一般能按最紧密方式排列,这是因为孤立的 $[SiO_4]$ 四面体活动度大,能够在结构中自由调动直至氧离子达到或近于达到最紧密堆积,但要求阳离子大小尺寸比较适合于充填到 O$^{2-}$ 堆积所形成的四面体、八面体空隙中,如橄榄石、黄玉等,如果阳离子大小不适合且差得太远,就会破坏 O$^{2-}$ 的最紧密堆积,但整个结构还是趋于最紧密的,如石榴子石。

在环状、链状、层状骨干中,环与环之间、链与链之间、层与层之间作平行排列,且尽可能排列得最紧,且活性氧尽量做最紧密堆积,但整个结构不是最紧密堆积。

在架状骨干中,$[SiO_4]$ 四面体彼此共 4 个角顶相连,不能自由调动,离子或整个结构都不做最紧密堆积。

### 7. 阳离子大小和配位与硅氧骨干的相互关系

一般来说,$[SiO_4]$ 四面体的体积很稳定,不随外界环境变化而变化,但骨干外阳离子配位多面体的体积随阳离子大小和温压环境变化较大。为了适应这种变化,硅氧骨干往往发生

扭转变形,以与骨干外阳离子配位多面体相匹配。

例如,在顽火辉石 $Mg_2[Si_2O_6]$ 中,阳离子是 $Mg^{2+}$,则八面体链内的两个 $[MgO_6]$ 八面体的长度与两个以角顶相连的 $[SiO_4]$ 四面体的长度相适应,所以硅氧骨干为 $[SiO_4]$ 四面体重复周期为 2 的 $[Si_2O_6]$ 单链[图 21-9(a)];如果阳离子为 $Ca^{2+}$,由于 $Ca^{2+}$ 比 $Mg^{2+}$ 大,两个 $[CaO_6]$ 八面体的长度与 3 个以角顶相连的 $[SiO_4]$ 四面体的长度相当,所以硅氧骨干为 $[SiO_4]$ 四面体重复周期为 3 的 $[Si_3O_9]$ 单链,形成硅灰石 $Ca_3[Si_3O_9]$[图 21-9(b)];而在蔷薇辉石 $(Mn,Ca)_5[Si_5O_{15}]$ 中,较小的 $[MnO_6]$ 八面体与较大的 $[CaO_6]$ 八面体结合起来要求 $[SiO_4]$ 四面体重复周期为 5 的 $[Si_5O_{15}]$ 单链与之相适应。

再以具层状硅氧骨干的蛇纹石 $Mg_6[Si_4O_{10}](OH)_8$ 为例,其结构体现为 $[MgO_2(OH)_4]$ 八面体层与 $[SiO_4]$ 四面体层的结合。由于 $[MgO_2(OH)_4]$ 八面体层中 O(OH)—O(OH) 间距较 $[SiO_4]$ 四面体层中 O—O 间距略小,因此,在叶蛇纹石结构中,为了使 $[SiO_4]$ 四面体骨干层与阳离子八面体层相适应,结构层产生弯曲,八面体层在外圈,四面体层在内圈,并使方向相反的结构层联结起来,形成波浪状(图 21-10)。

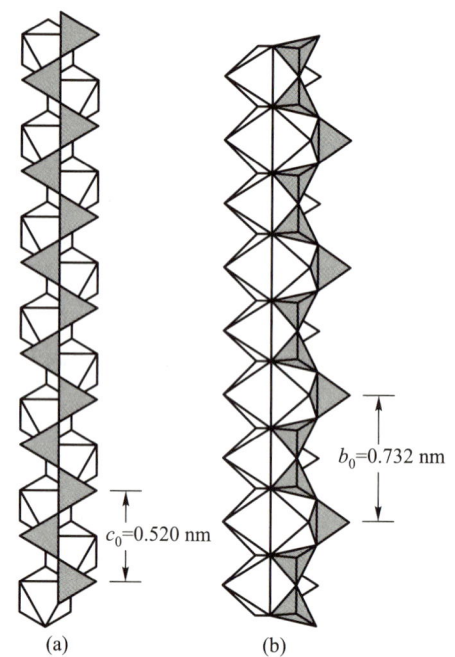

图 21-9 八面体链与四面体链相匹配
（引自潘兆橹等,1993;编者修订）
（a）在顽火辉石中 $[MgO_6]$ 八面体链与 $[Si_2O_6]$ 链型硅氧骨干;（b）在硅灰石中 $[CaO_6]$ 八面体链与 $[Si_3O_9]$ 链型硅氧骨干

如果波浪状层状结构中每个波长是相等的,就相当于在晶体结构本身的周期结构上叠加了一个更大的周期,形成了所谓的"调制结构"（详见第十章）。

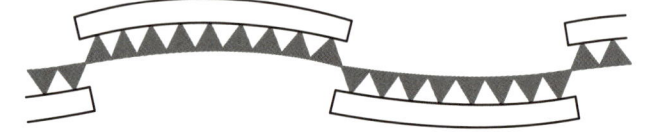

图 21-10 叶蛇纹石中 $[MgO_2(OH)_4]$ 八面体层与 $[SiO_4]$ 四面体层示意图
（引自潘兆橹等,1993）

在具有架状硅氧骨干的硅酸盐中,由于硅氧骨干比较牢固,参加其中的阳离子种类也较少,一般阳离子配位对硅氧骨干不起控制作用。在具有岛状硅氧骨干的硅酸盐中,$[SiO_4]$ 四面体孤立分布,其结构主要取决于阳离子配位的情况。

### 8. 类质同象

硅酸盐矿物中类质同象替代发生的难易程度及相互代替的范围与硅氧骨干的形式有关:具岛状硅氧骨干的橄榄石 $A_2[SiO_4]$,$A = Ni^{2+}$、$Mg^{2+}$、$Co^{2+}$、$Fe^{2+}$、$Mn^{2+}$、$Cd^{2+}$、$Ca^{2+}$、$Sr^{2+}$、$Ba^{2+}$,相互代替的离子半径[①]变化范围在 0.069($Ni^{2+}$)~0.135 nm($Ba^{2+}$),最大差值达 0.066 nm。

具链状硅氧骨干的普通角闪石 $A_2B_5[Si_4O_{11}]_2(OH)_2$,$A = Ca^{2+}$、$Na^+$、$K^+$,$B = Mg^{2+}$、$Fe^{2+}$、

---

① 这里的离子半径是配位数为 6 时的离子半径。

$Fe^{3+}$、$Al^{3+}$。A 组分中离子大小变化范围为 0.100（$Ca^{2+}$）~ 0.138 nm（$K^+$），相差 0.038 nm；B 组分中离子大小变化范围为 0.053 5（$Al^{3+}$）~ 0.072 nm（$Mg^{2+}$），相差 0.018 5 nm。

具层状硅氧骨干的云母 $AB_2[AlSi_3O_{10}](OH)_2$，A = $K^+$、$Na^+$，B = $Mg^{2+}$、$Fe^{2+}$、$Mn^{2+}$（或为 $Li^+$、$Al^{3+}$），B 组离子大小变化范围为 0.053 5（$Al^{3+}$）~ 0.072 nm（$Mg^{2+}$），相差 0.018 5 nm。

具架状硅氧骨干的斜长石系列成分为 $Na[AlSi_3O_8]$-$Ca[Al_2Si_2O_8]$，相互代替的 $Na^+$ 与 $Ca^{2+}$ 离子半径差值仅为 0.002 nm。

由以上例子可以看出，不同大小的离子的代替范围在具有岛状硅氧骨干的硅酸盐中最广泛，而在具链、层到架型硅氧骨干的硅酸盐中，离子代替范围逐渐缩小。这说明在不破坏原来晶体结构的前提下，岛状硅氧骨干与阳离子配位多面体之间的调整是最易实现的。

### 9. 附加阴离子及"水"

在硅酸盐结构中，除硅氧骨干之外，还常存在一些附加的阴离子，最常见的有 $OH^-$、$O^{2-}$、$F^-$，有时还可以有 $Cl^-$、$[CO_3]^{2-}$、$[SO_4]^{2-}$、$[PO_4]^{3-}$。这些附加阴离子可以用来平衡电价、充填空隙（如方钠石）或与 $O^{2-}$ 共同形成最紧密堆积（如黄玉）。

这些附加阴离子加入硅酸盐晶体结构中，除了与一定的阳离子的存在有关之外，还与硅酸盐的硅氧骨干的形式有关。一般来说，具双链及层型骨干的硅酸盐最容易接纳 $OH^-$，而在架状骨干的硅酸盐结构的大空隙中也可接纳一些 $OH^-$、$F^-$ 及一些较大的附加阴离子 $Cl^-$、$[CO_3]^{2-}$、$[SO_4]^{2-}$ 等，但岛状和单链骨干的硅酸盐则很难接纳。

各种附加阴离子之间的类质同象也是很常见的，特别是 $OH^-$ 与 $F^-$ 之间，几乎没有什么限制。但 $OH^-$ 和 $F^-$ 一般不能取代 $[SiO_4]$ 四面体中的 $O^{2-}$。

硅酸盐中除有结构水 $OH^-$（即附加阴离子）的形式外，还可以有 $H_2O$ 及 $H_3O^+$ 的形式，$H_3O^+$ 只在某些具层状硅氧骨干的硅酸盐中少量存在，且易于转变为 $H^+$ 和 $H_2O$。$H_2O$ 在硅酸盐中大多数呈沸石水或层间水，只有在少数硅酸盐中才以结晶水的形式存在，起着充填空隙或水化阳离子的作用。

## 二、形态与物理性质

硅酸盐矿物的晶体形态，取决于硅氧骨干的形式和其他阳离子配位多面体，特别是 $[AlO_6]$ 八面体的连接方式。

具孤立的 $[SiO_4]$ 四面体骨干的硅酸盐在形态上常表现为三向等长，如石榴子石、橄榄石等，但也可表现为柱状，这与骨干外的 $[AlO_6]$ 共棱形成链有关，如红柱石。

具有环状硅氧骨干的硅酸盐晶体常呈柱状习性，柱状晶体往往属六方或三方晶系，柱的延长方向垂直于环状硅氧骨干的平面，如绿柱石、电气石。

具有链状硅氧骨干的硅酸盐晶体常呈柱状或针状晶体，晶体延长的方向平行于链状硅氧骨干延长的方向，如辉石、角闪石、硅灰石。

具层状硅氧骨干的硅酸盐晶体呈板状、片状甚至鳞片状，延展方向平行于硅氧骨干层，如云母、葡萄石。

对于具有架状硅氧骨干的硅酸盐，其形态取决于架内化学键的分布情况，如在钠沸石的架状硅氧骨干中存在比较坚强的链,从而形成平行此链的柱状晶体。在长石的架状结构中平行 $a$ 轴和 $c$ 轴有比较强的链,因此形成平行 $a$ 轴或 $c$ 轴的短柱状晶体。

$[AlO_6]$ 八面体的分布对晶体形态有很大的影响,如蓝晶石的板状晶体与结构中 $[AlO_6]$ 八面体联结成层有关;红柱石、绿帘石的柱状晶体与结构中 $[AlO_6]$ 八面体链有关。

硅酸盐矿物具共价键及离子键,一般具有共价及离子晶格的特性。矿物一般为透明,玻璃、金刚光泽,浅色或无色。

硅酸盐矿物的解理亦与其硅氧骨干的形式有关。具层状骨干者常平行层面有极完全解理,如云母、滑石等;具链状骨干者常平行链延长的方向产生解理,如辉石、角闪石等;具架状骨干者,解理取决于架中化学键的分布,如长石有平行 $a$ 轴的两组解理,是因为长石架状硅氧骨干中有平行 $a$ 轴的比较坚强的链;具环状骨干的硅酸盐一般解理不好。和晶体形态一样,硅酸盐的解理也取决于阳离子的分布,特别是 $[AlO_6]$ 八面体的联结与解理有明显的关系,如蓝晶石的 $\{100\}$ 完全解理就与结构中 $[AlO_6]$ 八面体层有关。

一般说来硅酸盐矿物的硬度是比较高的,与其他类矿物比较,仅次于无水氧化物。但具有层状骨干的硅酸盐硬度却很小,这是由于层间以分子键(如滑石,硬度为 1)或以半径极大的低价阳离子(如云母,硬度为 2.5)联系着。

硅酸盐矿物的相对密度与结构和化学成分有关。一般具孤立 $[SiO_4]$ 四面体骨干的硅酸盐由于结构紧密度大而有较大的相对密度,而具有层状、架状结构的硅酸盐相对密度较小。含水的硅酸盐相对密度较小。

# 三、成因及产状

内生、外生和变质作用都可能生成硅酸盐矿物。

在岩浆作用中,随着岩浆分异的发展,硅酸盐矿物结晶有依岛、链、层、架的顺序逐渐由贫硅富铁镁的硅酸盐矿物向富硅贫铁镁的硅酸盐矿物发展的趋势。

在伟晶作用中,除生成长石、石英、云母等一般硅酸盐矿物外,还有半径过小(如 Li、Be 等)或过大(如 Rb、Cs)的离子的硅酸盐和含挥发组分(B、F)的硅酸盐矿物形成。

在热液作用中热液和围岩蚀变都可能有硅酸盐矿物生成。

接触变质和区域变质作用中有大量的硅酸盐矿物形成。

外生作用所形成的硅酸盐也很广泛,它们多为具层状结构的硅酸盐。

# 四、亚类的划分

硅酸盐类矿物按硅氧骨干的形式分为 4 个亚类,即:岛状、环状结构硅酸盐(包括具单四面体,双四面体及环状硅氧骨干的矿物)、链状结构的硅酸盐(包括具单链及双链硅氧骨干的矿物)、层状结构的硅酸盐和架状结构的硅酸盐。

# 五、第一亚类　岛状、环状结构硅酸盐

　　本亚类既包括孤立四面体、双四面体、环状硅氧骨干的矿物,亦包括一些在空间上有限延伸的类似于"链""层""架"状硅氧骨干的矿物。阳离子远比其他各亚类硅酸盐复杂,晶体结构也比其他各亚类硅酸盐复杂。硅氧骨干中的[SiO_4]四面体一般不被[AlO_4]四面体替代。结构比较紧密,结构类型多样,因此,矿物族最多,其中重点结构类型有:橄榄石型,石榴子石型,红柱石-蓝晶石-夕线石3种同质多象结构型,绿柱石型。详见各族矿物描述。

　　本亚类矿物一般具有完好的晶形。物理性质上多呈无色或浅色,透明至半透明,具玻璃光泽或金刚光泽;高的硬度(一般均大于5.5);相对密度和折射率也都较大。

　　本亚类矿物主要形成于岩浆作用、伟晶作用和热液作用中;在接触变质和区域变质作用中亦可大量产出;但一般不形成于外生作用中。

## 锆　石　族

电子教案21-2
硅酸盐02:
岛状类、环状类

### 锆石(锆英石)(zircon)

$Zr[SiO_4]$

【化学组成】　$ZrO$ 67.22%,$SiO_2$ 32.78%。常含有 Hf、Th、U、TR(过渡元素,包括稀土元素 REE)等类质同象混入物,当其中一些混入物达一定含量时可形成许多变种。如山口石($TR_2O_3$ 10.93%;$P_2O_5$ 17.7%)、水锆石(含水量一般为3%~10%)、曲晶石(含较高的 TR 及 U,放射性使晶面弯曲而得名)、富铪锆石($HfO_2$ 可达24%)等。

【晶体结构】　四方晶系;$D_{4h}^{19}$-$I4_1/amd$;$a_0$ = 0.662 nm,$c_0$ = 0.602 nm;$Z$ = 4。在结构中,[SiO_4]四面体呈孤立状,彼此借助 $Zr^{4+}$ 相联结;且二者在 $c$ 轴方向相间排列。$Zr^{4+}$ 的配位数为8,呈由立方体畸变而成的[ZrO_8]配位多面体。整个结构也可视为由[SiO_4]四面体和[ZrO_8]多面体联结而成。

【形态】　单晶呈四方双锥状、柱状(图21-11),可依(011)成膝状双晶。

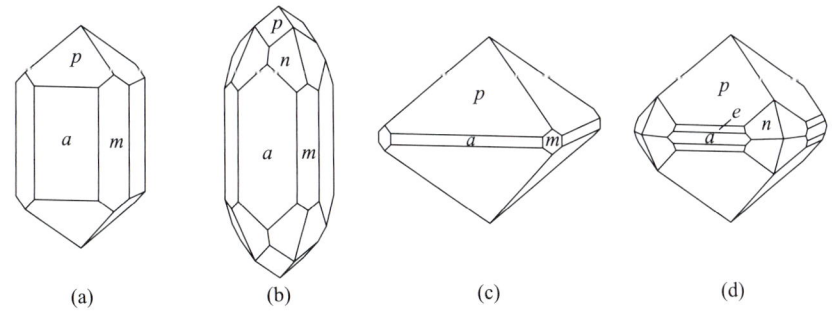

(a)　　　　　(b)　　　　　(c)　　　　　(d)

**图21-11　锆石的晶体**

[(d)据赵珊茸,1988,产于福建魁歧岩体晶洞中]

四方柱 m{110},a{100};四方双锥 p{101},e{301};复四方双锥 n{211}

课堂录像21-2
硅酸盐02:
岛状类(上)

【物理性质】 颜色多变,与其成分多变有关;玻璃至金刚光泽,断口油脂光泽;透明至半透明。解理不完全,这也与其结构中键强均匀分布有关;断口不平坦或呈贝壳状。硬度为 7.5~8。相对密度为 4.4~4.8。性脆。当锆石含有较高量的 Th、U 等放射性元素时,具放射性,常引起非晶质化,与普通锆石相比,透明度下降,可呈不透明;光泽较暗淡;相对密度和硬度降低($H=5$);折射率下降且呈均质体状态。

【成因及产状】 锆石可形成于岩浆、热液和变质作用,为中酸性和碱性岩浆岩中常见的副矿物,在一些基性岩和伟晶岩中也可出现;锆石的物理化学性质较稳定,因而为碎屑岩中的常见重砂矿物。锆石在碱性岩中可富集成矿,如挪威南部霞石正长岩中产出的巨型锆石矿床。此外,锆石也可在沉积岩中富集成砂矿。

【标型】 锆石富含 U、Th,成为 U-Pb 定年最理想的矿物,也是热年代学研究(裂变径迹和 U-Th/He 定年)的重要对象。由于锆石富含 Hf,被广泛用于 Hf 和 O 同位素地球化学研究,以示踪岩浆和流体的来源、区域地壳的生长、地球早期的演化历史等。此外,根据锆石中 Ti 的含量可估算结晶温度。对具有多成因、多世代的晶域或环带结构的锆石颗粒进行年代学、化学成分、同位素组成、包裹体等方面的系统研究,可获得岩石成因和演化方面的详细信息。

锆石的形态具有标型性,如在碱性岩中,锆石的四方双锥很发育,但柱面不发育,外形呈粒状;在酸性花岗岩中,锆石的四方双锥和四方柱均较发育,外形呈柱状;在基性岩、中性岩中,锆石的柱面发育而锥面相对不发育,有时甚至不出现,但有时可出现{211}的复四方双锥。此外利用锆石晶体长宽比、磨圆度也可判断形成条件。

【鉴定特征】 以其晶形、大的硬度、金刚光泽为特征。与金红石的区别是硬度较大,无{110}完全解理,无 Ti 的反应;与锡石的区别是锆石相对密度较小,锡石有 Sn 之反应。

【主要用途】 锆石是提取锆和铪的主要矿物原料,色泽绚丽且透明无瑕者,可作宝石原料。金属锆由于具有耐高温、抗腐蚀、高的机械强度,吸收气体及吸收中子的能力,故金属锆、锆合金和锆的化合物在工业和国防尖端技术中广泛应用。锆石在陶瓷工业中可作乳浊剂,不仅起到乳浊效果,还能提高釉面硬度、白度、抗磨强度及防止釉面龟裂;此外,借助锆石所含的稀土元素,可生成氧化铍、氧化铈等,可提高制品的热稳定度、介电性、机械强度等。

# 橄 榄 石 族

橄榄石族矿物的化学式可表示为 $R_2[SiO_4]$。其中 $R^{2+}$ 主要为 $Mg^{2+}$、$Fe^{2+}$、$Mn^{2+}$,$R^{2+}$ 中也可有较多的 $Ca^{2+}$,形成复盐形式。自然界中较常见的橄榄石主要为 $Mg_2[SiO_4]$-$Fe_2[SiO_4]$ 及 $CaMg[SiO_4]$-$CaFe[SiO_4]$ 完全类质同象系列,但两系列之间无类质同象,见图 21-12,其中 $Mg_2[SiO_4]$-$Fe_2[SiO_4]$ 系列中 $Mg^{2+}$、$Fe^{2+}$ 在 $M_1$、$M_2$ 位(见后叙)中发生取代,而在 $CaMg[SiO_4]$-$CaFe[SiO_4]$ 中,$Ca^{2+}$ 占据 $M_2$ 位,所以只在 $M_1$ 位发生 Mg-Fe 取代。Ca 含量大于 50% 时,$Ca^{2+}$ 进入 $M_1$ 位,这时会发生结构变形,不再是橄榄石型结构。通常所说的橄榄石是指 $Mg_2[SiO_4]$-$Fe_2[SiO_4]$ 完全类质同象系列。

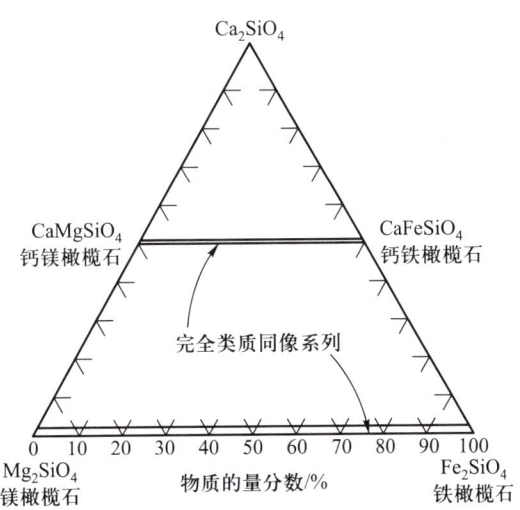

**图 21-12　橄榄石族矿物的成分**

（据 Cornelius S 等,1977;引自潘兆橹等,1993）

**橄榄石（olivine）**

$(Mg,Fe)_2[SiO_4]$

**【化学组成】**　成分中除 Mg、Fe 呈完全类质同象外,还有 $Fe^{3+}$、Mn、Ca、Al、Ti、Ni 等次要的类质同象代替。

**【晶体结构】**　斜方晶系;$D_{2h}^{16}-Pbnm$,其中镁橄榄石 $Mg_2[SiO_4]$:$a_0=0.475$ nm,$b_0=1.020$ nm,$c_0=0.598$ nm;铁橄榄石 $Fe_2[SiO_4]$:$a_0=0.482$ nm,$b_0=1.048$ nm,$c_0=0.609$ nm;$Z=4$。

橄榄石为单岛状硅酸盐,因此,$O^{2-}$ 能实现近似的最紧密堆积。从堆积的角度看,其结构可视为 $O^{2-}$ 平行于(100)做近似的六方最紧密堆积,$Si^{4+}$ 充填其中 1/8 的四面体空隙,形成[$SiO_4$]四面体,骨干外阳离子 M 充填其中 1/2 的八面体空隙,形成[$MO_6$]八面体。从配位多面体联结方式上看,在平行(100)的每一层配位八面体中,一半为实心的八面体(被 M 充填),另一半为空心的八面体(未被 M 充填),二者均呈锯齿状的链,而在位置上相差 $b/2$;层与层之间实心八面体与空心八面体相对,其邻近层以共用八面体角顶相连,而交替层则以共用[$SiO_4$]四面体的角顶和棱(每一[$SiO_4$]四面体中的 6 条棱有 3 条与八面体共用)相连(图 21-13)。

橄榄石结构中的 M 位还可分两类,一半为 $M_1$ 位,处于对称中心,另一半为 $M_2$ 位,处于对称面上。对于橄榄石 $Mg_2[SiO_4]-Fe_2[SiO_4]$ 系列,Mg、Fe 进入 $M_1$、$M_2$ 位的有序-无序可作为标型特征。

橄榄石与尖晶石从成分上来看,均属 $AB_2X_4$ 型化合物。两者的阳离子也均占据结构中 1/8 的四面体空隙和 1/2 的八面体空隙,但两者结构不同,最明显的差异是前者的 $O^{2-}$ 呈六方最紧密堆积,属斜方晶系;而后者中的 $O^{2-}$ 呈立方最紧密堆积,属等轴晶系。其次,两者结构中的四面体与八面体的联结方式也有明显差别。著名的晶体化学家贝纳尔(Bernal,1936)首先提出在地幔内足够大的压力条件下,橄榄石型结构可转变成更为紧密的尖晶石型结构,其密度比橄榄石高 9% 以上。实验也表明,随着压力逐渐增大,橄榄石型

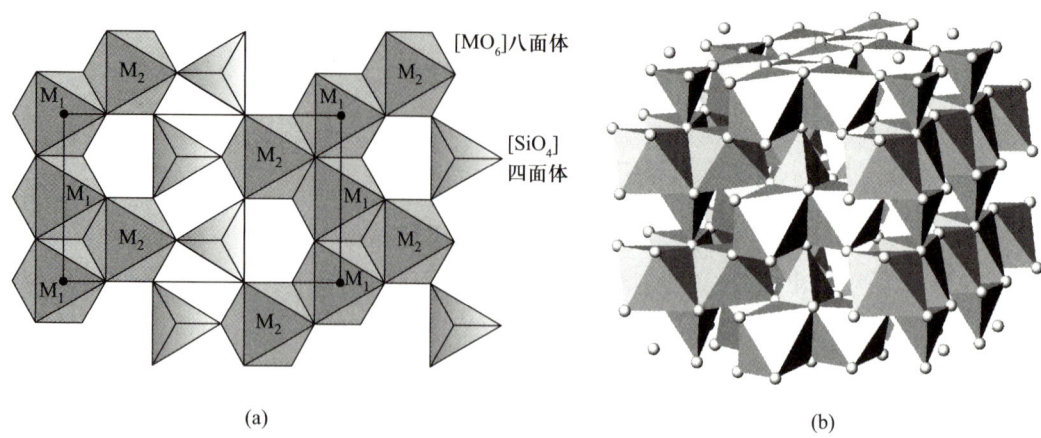

**图 21-13　以配位多面体形式表示的橄榄石的晶体结构**

（a）平行（100）的一层配位多面体（$M_1M_2$ 代表不同等效位）；（b）立体图案

结构可转变为似尖晶石型结构，进而转变成尖晶石型结构（式中的负数表示结构转变后体积减小的比例）：

$$\underset{\text{镁橄榄石\ -7\%±}}{\alpha-Mg_2[SiO_4]} \xrightarrow{\sim 14\ \text{GPa}} \underset{\text{似尖晶石型\ \ -2\%±}}{\beta-Mg_2[SiO_4]} \xrightarrow{\sim 20\ \text{GPa}} \underset{\text{尖晶石型}}{\gamma-Mg_2[SiO_4]} \xrightarrow{\sim 23\ \text{GPa}} \underset{\text{方镁石\ 钙钛矿型}}{MgO+MgSiO_3}$$

上述的 $\beta-Mg_2[SiO_4]$（似尖晶石型）称为瓦兹利石（Wadsleyite），斜方晶系，$D_{2h}^{28}-Imma$；$a_0 = 0.569\,2$ nm，$b_0 = 1.146\,0$ nm，$c_0 = 0.825\,3$ nm；$Z=8$。$\gamma-Mg_2[SiO_4]$（尖晶石型）称林伍德石（Ringwoodite），等轴晶系，$O_h^7-Fd3m$；$a_0 = 0.807\,1$ nm，$Z=8$。钙钛矿型的 $MgSiO_3$ 称为布里奇曼石（Bridgmanite），斜方晶系，$D_{2h}^{16}-Pbnm$；$a_0 = 0.477\,5$ nm，$b_0 = 0.492\,9$ nm，$c_0 = 0.689\,7$ nm，$Z=4$。由橄榄石转化为瓦兹利石（410 km），再转化为林伍德石（520 km），最终分解为布里奇曼石+方镁石（660 km）的深度，与地幔过渡带顶、中、底的三个波速不连续面相吻合。在 410 km 以上为上地幔，660 km 以下为下地幔。

【形态】　晶体呈柱状或厚板状（见图 21-14）。但完好晶形者少见，一般呈不规则他形晶粒状集合体。

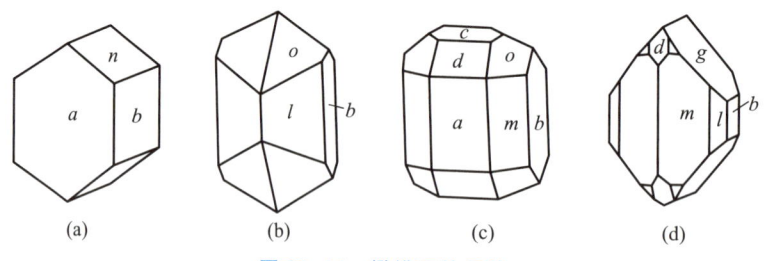

（a）　　　　　（b）　　　　　（c）　　　　　（d）

**图 21-14　橄榄石的晶体**

（引自潘兆橹等，1993）

平行双面 $a\{100\}$，$b\{010\}$，$c\{001\}$；斜方柱 $m\{110\}$，

$l\{120\}$，$d\{101\}$，$n\{011\}$，$g\{021\}$；斜方双锥 $o\{111\}$

【物理性质】　镁橄榄石为白色、淡黄色或淡绿色，随成分中 $Fe^{2+}$ 含量的增高，颜色加深

而成深黄色至墨绿色或黑色,一般的橄榄石为橄榄绿色;玻璃光泽。常见贝壳状断口。硬度为 $6.5\sim7$。相对密度随 $Fe^{2+}$ 含量的增加而增高(为 $3.27\sim4.37$)。

【成因及产状】　镁橄榄石主要产于富 Mg 贫 Si 的基性、超基性岩及变质岩中,它是地幔岩、陨石、镁夕卡岩的重要矿物。镁橄榄石不与石英共生,在 $SiO_2$ 较多的环境下会转变为顽火辉石:

$$Mg_2[SiO_4]+SiO_2\longrightarrow Mg_2[Si_2O_6](顽火辉石)$$

铁橄榄石比较少见,主要产于黑曜岩、流纹岩等酸性和碱性火山岩中,也可产于富铁夕卡岩中。

橄榄石受热液作用和风化作用容易蚀变,常见产物是蛇纹石。野外所见橄榄石多已蛇纹石化,成为残晶或假象。

【标型】　研究一些橄榄石的化学成分可以估算矿物形成的温度、压力,如与低 Ca 斜方辉石和单斜辉石共生的橄榄石中的 Ca 含量是温度的函数,据此可估算矿物平衡的温度(Shejwalkar A 和 Coogan,2013)。在与 Cr 尖晶石平衡的橄榄石中的 Al 含量可作为地质压力计(Coogan 等,2014)。

【鉴定特征】　以其特有的橄榄绿色、粒状、解理性差、具贝壳状断口为特征,也可根据产状鉴定。

【主要用途】　富镁的橄榄石可作镁质耐火材料;透明、晶粒粗大(8 mm 以上)者可作宝石原料,如在我国张家口碱性玄武岩的深源包体中就有达宝石原料级的橄榄石产出。

# 石榴子石族

**石榴子石(garnet)**

是石榴子石族矿物的统称;因形似石榴籽而得名。

【化学组成】　石榴子石族矿物的化学成分通式为 $A_3B_2[SiO_4]_3$。其中 A 代表 +2 价阳离子 $Mg^{2+}$、$Fe^{2+}$、$Mn^{2+}$、$Ca^{2+}$ 等及 +1 价阳离子 $Y^+$、$K^+$、$Na^+$ 等,B 代表 +3 价阳离子 $Al^{3+}$、$Fe^{3+}$、$Cr^{3+}$、$V^{3+}$ 及 +4 价阳离子 $Ti^{4+}$、$Zr^{4+}$ 等。A 类和 B 类阳离子分别配对可形成一系列石榴子石矿物种,但较常见的主要为以下两个系列,即 A 类阳离子为较大半径的 $Ca^{2+}$(称钙系石榴子石系列)和 A 类阳离子为较小半径的 $Mg^{2+}$、$Fe^{2+}$、$Mn^{2+}$(称铝系石榴子石系列):

铝系石榴子石系列(即 A 主要为 Mg,Fe,Mn):$(Mg,Fe,Mn)_3Al_2[SiO_4]_3$

| | |
|---|---|
| **镁铝石榴子石(pyrope)** | $Mg_3Al_2[SiO_4]_3$ |
| **铁铝石榴子石(almandite)** | $Fe_3Al_2[SiO_4]_3$ |
| **锰铝石榴子石(spessartite)** | $Mn_3Al_2[SiO_4]_3$ |

钙系石榴子石系列(即 A 主要为 Ca):$Ca_3(Al,Fe,Cr,V,Zr)_2[SiO_4]_3$

| | |
|---|---|
| **钙铝石榴子石(grossularite)** | $Ca_3Al_2[SiO_4]_3$ |
| **钙铁石榴子石(andradite)** | $Ca_3Fe_2[SiO_4]_3$ |
| **钙铬石榴子石(uvarovite)** | $Ca_3Cr_2[SiO_4]_3$ |

钙钒石榴子石（goldmanite）　　　　$Ca_3V_2[SiO_4]_3$

钙锆石榴子石（kimzeyite）　　　　　$Ca_3Zr_2[SiO_4]_3$

A类、B类中及相互间类质同象广泛发育,故自然界中纯端员组分的石榴子石很少见,一般都是若干端员的"混合物"。

【晶体结构】　等轴晶系;$O_h^{10}-Ia3d$;$a_0=1.146\sim1.248$ nm;$Z=8$。在晶体结构中,孤立的[$SiO_4$]四面体由B类阳离子（$Al^{3+}$、$Fe^{3+}$、$Cr^{3+}$、$V^{3+}$等）所组成的配位八面体[$BO_6$]联结;其间一些较大的可视为畸变立方体的空隙由A类阳离子占据,成畸变的立方体配位多面体[$AO_8$]。图21-15显示了钙铝石榴子石 $Ca_3Al_2[SiO_4]_3$ 的晶体结构:[$AlO_6$]八面体与周围6个[$SiO_4$]四面体共角顶相连,而与一个[$CaO_8$]畸变立方体共棱相连。每个 $O^{2-}$ 与一个 $Al^{3+}$ 和一个 $Si^{4+}$ 及两个较远的 $Ca^{2+}$ 相连。

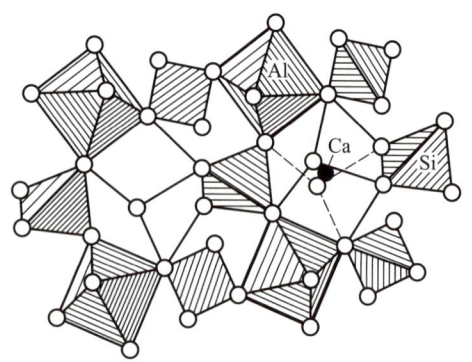

**图 21-15　钙铝石榴子石晶体结构**
**（示出 3 种配位形式）**

（引自潘兆橹等,1993）

石榴子石的晶体结构较紧密,其中以沿三次轴方向最为紧密,也是化学键最强的方向。但是,在石榴子石晶体中,$O^{2-}$ 不是做最紧密堆积。因为 $Ca^{2+}$ 较大,不适于充填到 $O^{2-}$ 最紧密堆积所形成的四面体、八面体空隙中,而是呈[$CaO_8$]立方配位多面体。

石榴子石晶体结构在高压下可转变,即：

$$\xrightarrow{\quad\text{压力增加}\quad}$$

富 Mg 石榴子石 ———→ 尖晶石型+斯石英 ———→ 钙钛矿型

富 Fe 石榴子石 ———→ 钛铁矿型 ———→ 钙钛矿型

【形态】　常呈完好晶形（图21-16）,在菱形十二面体晶面上常有平行四边形长对角线的聚形纹。有时可见到感应纹（某晶体的生长条纹印在另一晶体上形成的凹形条纹）。集合体常为致密粒状或致密块状。

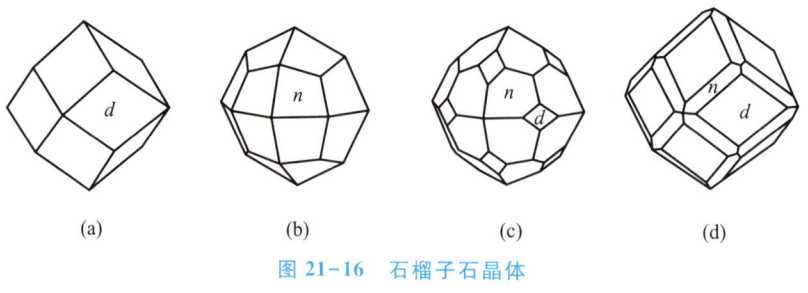

(a)　　　　　　(b)　　　　　　(c)　　　　　　(d)

**图 21-16　石榴子石晶体**

（引自潘兆橹等,1993）

菱形十二面体 $d\{110\}$;四角三八面体 $n\{211\}$

【物理性质】　颜色各种各样（表21-3）,受成分影响（如钙铬石榴子石因含铬而呈鲜绿色）,但没有严格的规律性;玻璃光泽,断口油脂光泽。无解理。硬度为6.5~7.5。相对密度为3.5~4.2,一般 Fe、Mn、Ti 含量增加,相对密度增大。有脆性（如薄片中常见石榴子石裂纹

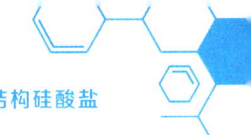

发育,是脆性引起)。

表 21-3 石榴子石的晶体常数及主要物理性质

| 矿物 | 晶体常数/nm | 颜色 | 相对密度 |
|------|------------|------|----------|
| 镁铝石榴子石 | 1.145 9 | 紫红、血红、橙红、玫瑰红 | 3.582 |
| 铁铝石榴子石 | 1.152 6 | 褐红、棕红、橙红、粉红 | 4.318 |
| 锰铝石榴子石 | 1.162 1 | 深红、橘红、玫瑰红、褐 | 4.190 |
| 钙铝石榴子石 | 1.185 1 | 红褐、黄褐、蜜黄、黄绿 | 3.594 |
| 钙铁石榴子石 | 1.204 8 | 黄绿、褐黑 | 3.859 |
| 钙铬石榴子石 | 1.200 0 | 鲜绿 | 3.90 |
| 钙钒石榴子石 | 1.203 5 | 翠绿、暗绿、棕绿 | 3.68 |
| 钙锆石榴子石 | 1.246 0 | 暗棕绿 | 4.0 |

资料来源:引自潘兆橹等,1993。

【成因及产状】 石榴子石可由岩浆、热液、伟晶、变质等多种地质作用形成,为夕卡岩和变质岩中的常见矿物。镁铝榴石是上地幔岩石的主要组成矿物之一。此外,由于石榴子石物理化学性质稳定,可作为碎屑矿物出现在砂岩中。各类石榴子石的主要成因产状列于表 21-4。

表 21-4 石榴子石的主要成因产状

| 系列 | 名称 | 主要成因产状 |
|------|------|-------------|
| 铁铝石榴子石系列 | 镁铝石榴子石 | 角砾云母橄榄岩(金伯利岩),蛇纹岩,橄榄岩,榴辉岩 |
| | 铁铝石榴子石 | 区域变质岩为主,其次花岗岩,火山岩 |
| | 锰铝石榴子石 | 伟晶岩,锰矿床,花岗岩 |
| 钙铁石榴子石系列 | 钙铝石榴子石 | 夕卡岩,热液 |
| | 钙铁石榴子石 | 超基性岩,夕卡岩 |
| | 钙铬石榴子石 | |
| | 钙钛石榴子石 | 碱性岩(碱性伟晶岩和碱性火山岩) |
| | 钙钒石榴子石 | 碱性岩,角岩 |
| | 钙锆石榴子石 | 碱性岩,伟晶岩 |

资料来源:引自潘兆橹等,1993。

石榴子石当受后期热液蚀变和遭受强烈的风化作用后,可转变成绿泥石、绢云母、褐铁矿等。

【标型】 在石榴子石族矿物中不同矿物种具有不同成因的特征,除与地质环境中不同化学成分有关外,还与 A 类阳离子大小及所处的八配位的立方体的稳定性有关。从鲍林法则可知,当阴离子大小不变时(在石榴子石中为 $O^{2-}$),阳离子越大,其配位数(即与之配位的 $O^{2-}$ 数)越多;当阳离子较小时,为实现高配位数,就必须增加压力。石榴子石中 A 类阳离子 $Ca^{2+}$、$Mn^{2+}$、$Fe^{2+}$、$Mg^{2+}$ 等的配位数都为 8。这些离子的半径①由 $Ca^{2+}$(0.112 nm)、

---

① 这里的半径值是配位数为 8 的半径值。

$Mn^{2+}$（0.096 nm）、$Fe^{2+}$（0.092 nm）、$Mg^{2+}$（0.089 nm）依次递减。$Ca^{2+}$呈八配位，需要压力较低，因此钙铝石榴子石、钙铁石榴子石一般于接触变质条件下生成；$Mn^{2+}$、$Fe^{2+}$、$Mg^{2+}$在一般情况下趋向于六配位，当呈八配位时需在压力增高的条件下生成，故锰铝石榴子石在压力稍大的低级区域变质条件下生成，铁铝石榴子石在压力更高的中级区域变质条件下生成，而镁铝石榴子石只能在压力极高的条件下生成，如榴辉岩、金伯利岩中，目前已广泛以它作为标志寻找金刚石。

石榴子石的物理性质亦具标型意义。例如，在我国山东，含金刚石的金伯利岩中紫色系列镁铝石榴子石，其相对密度大多大于 3.75。

石榴子石的化学成分可以形成很多温压计，如：石榴子石与橄榄石共生、与辉石共生、与黑云母共生、与角闪石共生时，其中的 $Fe^{2+}$-Mg 在共生矿物之间的交换及其分配系数可以反映温度和压力，其理论基础是：在共生矿物之间化学平衡中，某元素的分配系数与温度压力有关。

【鉴定特征】　据其等轴状的特征晶形、油脂光泽、缺乏解理及硬度高而很易认出。但准确鉴定矿物种需进行 X 射线衍射分析及测定成分、相对密度和折射率等。

【主要用途】　石榴子石因具有高硬度的特点，可作研磨材料。晶粒粗大（>8mm，绿色者可小至 3mm）且色泽美丽、透明无瑕者，可作宝石原料。

# 红 柱 石 族

本族矿物的化学成分为 $Al_2SiO_5$。$Al_2SiO_5$ 有 3 种同质多象变体，即蓝晶石 $Al^{VI}Al^{VI}$[$SiO_4$]O、红柱石 $Al^{VI}Al^{V}$[$SiO_4$]O 和夕线石 $Al^{VI}$[$Al^{IV}SiO_5$]（化学式中的罗马数字Ⅳ、Ⅴ、Ⅵ表示 Al 的配位数）。前两者属本族矿物，而夕线石从晶体结构特征来看，应列入链状结构硅酸盐中。

在 $Al_2SiO_5$ 的 3 个同质多象变体的晶体结构中，$Si^{4+}$ 全部为四面体配位，并呈孤立的[$SiO_4$]四面体。两个 $Al^{3+}$ 中的一个在 3 种矿物中均与氧呈八面体配位，并以共棱的方式联结成平行 $c$ 轴方向延伸的[$AlO_6$]八面体链；剩余的另一个 $Al^{3+}$ 在 3 种矿物中的配位数各不相同。在红柱石中为五配位，形成[$AlO_5$]三方双锥多面体，在蓝晶石中为六配位，形成[$AlO_6$]八面体，在夕线石中为四配位，形成[$AlO_4$]四面体。这就导致了红柱石晶体结构中只有一个[$AlO_6$]链，链由[$SiO_4$]四面体和[$AlO_5$]多面体连接；蓝晶石晶体结构中有两个[$AlO_6$]八面体链，彼此共角顶及共棱相连形成平行(100)的八面体复杂层，层间以[$SiO_4$]四面体相连；夕线石晶体结构中有一个[$AlO_6$]八面体链，并且[$SiO_4$]四面体与[$AlO_4$]四面体相间排列形成四面体双链。这 3 种矿物中 1/2 的 Al 在配位数上的变化，反映其形成的温压条件。即在一般情况下，蓝晶石产于高压变质带或中压变质带的较低温（或中温）部分，因高压低温易形成六配位形式的 Al，红柱石产于低压变质带的较低温部分，因较低温低压易于形成罕见的五配位形式的 Al，夕线石产于中压或低压变质带的较高温部分，因低压高温易于形成四配位形式的 Al。3 种矿物稳定温压范围见图 21-17。这 3 种矿物属于富铝泥质片岩中的重要矿物，它们起着变质岩中相对温度和压力的指示作用。

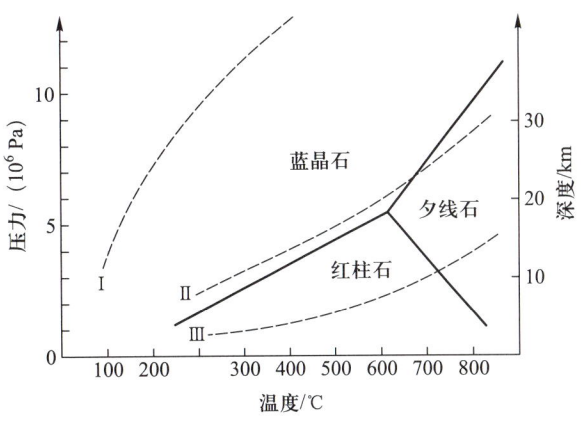

**图 21-17　$Al_2SiO_5$ 矿物的稳定范围**

（引自潘兆橹等，1993）

Ⅰ. 典型高压变质；Ⅱ. 中压变质；Ⅲ. 低压变质

另外，3 种矿物结构上的差异导致了它们形态和物理性质的差异，红柱石为柱状晶体，{110}解理发育，其柱体及解理都平行于[$AlO_6$]八面体链；蓝晶石为板状晶体，最发育的解理是{100}，其板状晶形及解理都平行于[$AlO_6$]八面体链相连所形成的层；夕线石为针状、纤维状晶体，解理{010}发育，其针状晶形及解理也都平行[$AlO_6$]八面体链及[$AlO_4$]、[$SiO_4$]四面体双链，之所以发育成针状、纤维状晶形，是因为结构中存在一个[$AlO_6$]八面体链和一个[$AlO_4$]、[$SiO_4$]四面体双链而导致结构异向性十分强烈所致。这 3 种矿物的相对密度差异也能很好地说明它们之间结构紧密度的差异及形成压力条件的差异，红柱石相对密度小（3.13~3.16），结构最松，出现罕见的五配位 Al，形成于低压条件；夕线石相对密度较大（3.23~3.27），结构较红柱石紧密，可稳定于比红柱石较高的压力范围内；蓝晶石相对密度最大（3.53~3.65），结构最紧密，其 $O^{2-}$ 做近似的立方最紧密堆积，形成于高压环境。

以下叙述本族矿物红柱石及蓝晶石，而夕线石将在链状结构硅酸盐中进行叙述。

**红柱石（andalusite）**

$Al_2[SiO_4]O$

**【化学组成】**　$Al_2O_3$ 63.20%，$SiO_2$ 36.80%。$Al^{3+}$ 可被 $Fe^{3+}$（≤9.6%）和 $Mn^{2+}$（≤7.7%）类质同象代替。

**【晶体结构】**　斜方晶系；$D_{2h}^{12}-Pnnm$；$a_0 = 0.778$ nm，$b_0 = 0.792$ nm，$c_0 = 0.557$ nm；$Z = 2$。晶体结构见前述。

**【形态】**　单晶呈柱状，横断面近正四边形（图 21-18）。双晶少见，双晶面（101）。当红柱石在泥岩或碳质泥岩中生长时，俘获部分碳质和黏土物质呈定向排列，使其横断面上呈黑十字形构造（图 21-19），而纵断面上呈与晶体延长方向一致的黑色条纹。当俘获的碳质和黏土矿物在后期被溶解后，在红柱石晶体中央会留下空洞，这种红柱石称为空晶石。有些红柱石呈放射状排列，形似菊花，叫作菊花石（图 21-20）。

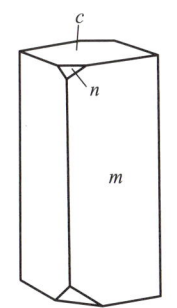

**图 21-18　红柱石的晶体**

（引自潘兆橹等，1993）

斜方柱 $m\{110\}$，$n\{101\}$；平行双面 $c\{001\}$

**【物理性质】**　常为灰色、黄色、褐色、玫瑰色、肉红色或深绿色（含锰的变种），无色者少见；玻璃光泽。解理平行{110}中等。硬度为 6.5~7.5。相对密度为 3.13~3.16。

图 21-19　红柱石晶体中的十字形构造
（据周晶等，2022）

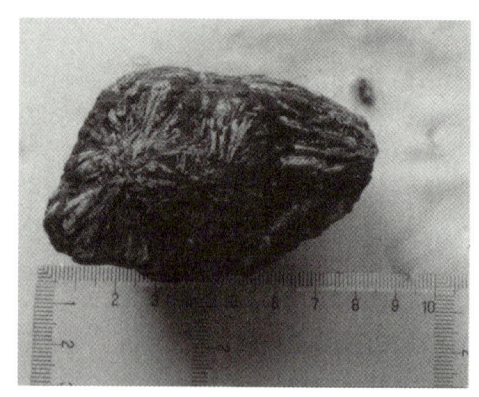

图 21-20　菊花石照片（产于北京西山）

【成因及产状】　红柱石主要为变质成因的矿物。在区域变质作用中产于变质温度和压力较低的条件下，一般见于富铝的泥质片岩中；常与堇青石、石英、白云母、石榴子石、十字石、黑云母及其他一些铝的矿物共生。红柱石亦见于泥质岩石和侵入岩体的接触带，为典型的接触热变质矿物。北京西山菊花沟产的放射状集合体的红柱石（又称菊花石）颇为著名（图 21-20）；北京周口店太平山北房山岩体与泥质围岩的接触带上亦见接触变质的红柱石大量产出。

【鉴定特征】　常呈灰白色、肉红色，柱状晶形，近于正方形的横截面，平行｛110｝的两组中等解理。空晶石具独特的碳质包裹物。硝酸钴试验呈 Al 的反应。

【主要用途】　可制造高级耐火材料。还可作雷达天线罩的原料。可应用于陶瓷工业，增加制品的机械强度和耐急冷急热性能。产菊花石的岩石可作装饰石材。色泽好且透明、晶粒粗大者可作宝石原料。具有很好的十字形构造的红柱石可作观赏石。

### 蓝晶石（kyanite 或 disthene）

$Al_2[SiO_4]O$

【化学组成】　组分与红柱石相同。但蓝晶石可含 $Cr^{3+}$。

【晶体结构】　三斜晶系；$C_i^1-P\bar{1}$；$a_0=0.710$ nm，$b_0=0.774$ nm，$c_0=0.557$ nm；$\alpha=90°06'$，$\beta=101°02'$，$\gamma=105°45'$；$Z=4$。晶体结构见前述。

课堂录像 21-3
硅酸盐 03：
岛状类（下）

【形态】　常沿 $c$ 轴呈扁平的柱状或板状晶形［图 21-21（a）、（b）］。双晶常见，双晶面（100）或（121）［图 21-21（c）、（d）］。有时呈放射状集合体。

【物理性质】　蓝色、青色或白色，亦有灰色、绿色、黄色、粉红色和黑色者；玻璃光泽，解理面上有珍珠光泽。解理｛100｝完全，｛010｝中等；｛001｝有裂开。硬度随方向不同而异：在（100）面上，平行 $c$ 轴方向为 4.5，垂直 $c$ 轴方向为 6，而在（010）和（110）面上垂直 $c$ 轴方向则为 7，因此也叫二硬石。相对密度为 3.53~3.65。性脆。

【成因及产状】　蓝晶石为区域变质作用产物，多由泥质岩变质而成，是结晶片岩中典型的变质矿物。在富铝岩石中，在中压区域变质作用下，蓝晶石产于低温部分，而夕线石则在高温部分。此外，蓝晶石还产于某些高压变质带。

【鉴定特征】　根据其颜色、明显的硬度异向性和主要产于结晶云母片岩中等易于认出。

【主要用途】　可制造高级耐火材料及高强度轻质硅铝合金材料。也可以从中提取铝。

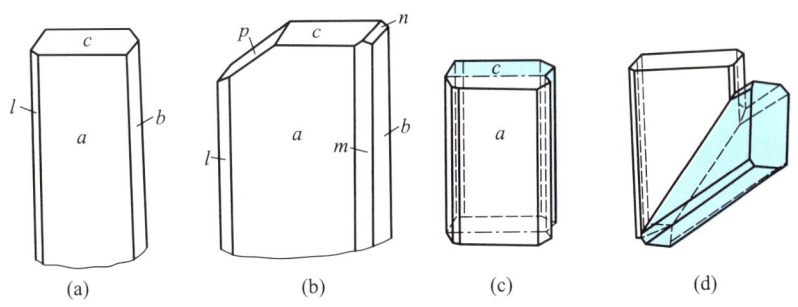

**图 21-21　蓝晶石的晶体和双晶**

(引自潘兆橹等,1993)

(a)、(b) 单晶体;(c)、(d) 双晶:(c) 双晶面∥(100),(d) 双晶面∥(121)

平行双面:$a\{100\}$,$b\{010\}$,$c\{001\}$,$m\{110\}$,$l\{1\bar{1}0\}$,$n\{011\}$,$p\{0\bar{1}1\}$

# 黄　玉　族

## 黄玉( topaz )

又名黄晶

$Al_2[SiO_4](F,OH)_2$

【化学组成】　$Al_2O_3$ 55.40%,$SiO_2$ 32.60%,F 20.70%。成分变化大的是 $F^-$ 与 $OH^-$ 的比值,该比值随黄玉的生成条件(产出的温度)从 3:1 到 1:1 而异。从伟晶岩→云英岩→热液,黄玉的 $F^-$ 与 $OH^-$ 的比值从大→小。

【晶体结构】　斜方晶系;$D_{2h}^{16}-Pbnm$;$a_0 = 0.465$ nm,$b_0 = 0.880$ nm,$c_0 = 0.840$ nm;$Z = 4$。晶体的结构是由 $O^{2-}$、$F^-$、$OH^-$ 共同做 ABCB 的四层最紧密堆积(也称"双六方"堆积),堆积层平行于(010)面。$Al^{3+}$ 占据八面体空隙,组成 $[AlO_4(F,OH)_2]$ 八面体;$Si^{4+}$ 占据四面体空隙,组成的 $[SiO_4]$ 四面体呈孤立状,借助 $[AlO_4(F,OH)_2]$ 八面体相联系。

【形态】　柱状晶形,常见单形为斜方柱 $\{110\}$、$\{120\}$、$\{021\}$;斜方双锥 $\{111\}$、$\{221\}$;平行双面 $\{001\}$、$\{010\}$。柱面常有纵纹。也经常呈不规则粒状、块状集合体。

【物理性质】　无色或微带蓝绿色、黄色、乳白色、黄褐色或红黄色等;透明;玻璃光泽。解理平行 $\{001\}$ 完全。硬度为 8。相对密度为 3.52～3.57。

【成因及产状】　黄玉形成于高温并有挥发组分作用的条件下,是典型的气成热液矿物。主要产于花岗伟晶岩、云英岩、高温气成热液矿脉中。

【鉴定特征】　柱状晶形,横断面为菱形,柱面有纵纹,解理 $\{001\}$ 完全,高硬度,以此可与类似的石英区分。

【主要用途】　透明色美者可作宝石原料。其他可作研磨材料、精细仪表的轴承等。

# 十　字　石　族

## 十字石( staurolite )

$FeAl_4[SiO_4]_2O_2(OH)_2$,或写成 $Fe(OH)_2 + 2Al_2[SiO_4]O$,即相当于两个蓝晶石加上氢氧

化铁组成。

【化学组成】　FeO 15.80%，$Al_2O_3$ 55.90%，$SiO_2$ 26.30%，$H_2O$ 2.00%。$Fe^{2+}$ 可被 $Mg^{2+}$（≤4%）代替，偶尔亦可被 $Co^{2+}$（≤8.5%）、$Zn^{2+}$（≤7.4%）代替；$Al^{3+}$ 可被 $Fe^{3+}$（≤5%）代替。

【晶体结构】　斜方晶系；$D_{2h}^{17}-Ccmm$；$a_0 = 0.781$ nm，$b_0 = 1.662$ nm，$c_0 = 0.565$ nm；$Z = 2$。晶体结构可看成平行（010）面蓝晶石结构层（即蓝晶石结构中［$AlO_6$］八面体链相连形成的平行（100）面的层）与氢氧化铁层交互叠置而成，这就使得蓝晶石的（100）面可依十字石的（010）面形成规则连生（参见第九章的图 9-20）。

【形态】　单晶呈短柱状［图 21-22（a）、（b）］。双晶极为特征，常呈穿插双晶［图 21-22（c）、（d）、（e）］；双晶面或沿（031），两个单体近于直交成十字形（c）；或依（231），两个单体斜交近 60°成斜十字（d）、（e）。也有的呈不规则粒状。

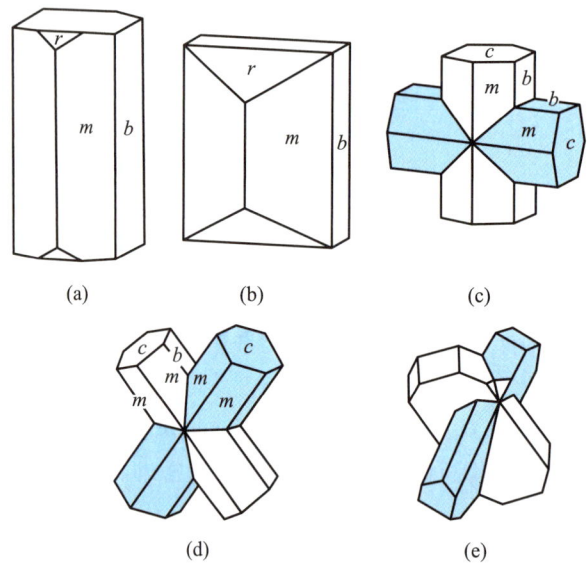

图 21-22　十字石的晶体与双晶

（引自潘兆橹等，1993）

（a）、（b）单晶体；（c）、（d）、（e）双晶

斜方柱 $m\{110\}$，$r\{101\}$；平行双面 $c\{001\}$，$b\{010\}$

【物理性质】　深褐、红褐、黄褐色；玻璃光泽，但变化后（或不纯净）常显暗淡无光或如土状。解理｛010｝中等。硬度为 7.5。相对密度为 3.74～3.83。

【成因及产状】　主要是区域变质及少数接触变质作用的产物。

【鉴定特征】　短柱状，横断面为菱形，特别是双晶形状；深褐、红褐色，硬度大，以此可与红柱石区别。

# 榍　石　族

**榍石（sphene 或 titanite）**

$CaTi[SiO_4]O$

【化学组成】 CaO 28.60%，TiO$_2$ 40.80%，SiO$_2$ 30.60%。Ca 可被 Na、REE、U、Th、Pb、Sr、Ba 代替；Ti 可被 Al、Fe$^{3+}$、Nb、Ta、Sb、Sn、Cr 代替；O$^{2-}$ 可被 OH$^-$、F$^-$、Cl$^-$ 代替。

【晶体结构】 单斜晶系；$C_{2h}^6 - C2/c$；$a_0 = 0.655$ nm，$b_0 = 0.870$ nm，$c_0 = 0.743$ nm；$\beta = 119°43'$；$Z = 4$。结构中 Ca$^{2+}$ 的配位数为 7，是其他矿物中很少见到的。孤立的 [SiO$_4$] 四面体和 [TiO$_6$] 八面体和 [CaO$_7$] 多面体联结。结构中有一种不与 Si$^{4+}$ 联结的 O$^{2-}$，作为附加阴离子可被 OH$^-$、F$^-$ 或 Cl$^-$ 代替。

【形态】 晶体形态多种多样，常见晶形为具有楔形横截面的扁平信封状晶体（图 21-23）。

【物理性质】 蜜黄色、褐色、绿色、灰色、黑色，成分中含有较多量的 MnO 时，可呈红色或玫瑰色；条痕无色或白色；透明；金刚光泽、断口油脂光泽或树脂光泽。解理 {110} 中等；具 {221} 裂开。硬度为 5~6。相对密度为 3.29~3.60。

【成因及产状】 榍石可形成于岩浆、变质和热液作用，是中-基性火成岩、伟晶岩和变质岩（片岩、片麻岩、角闪岩、麻粒岩、榴辉岩等、夕卡岩）中常见的原生副矿物。也可以以碎屑矿物的形式出现于沉积岩中。

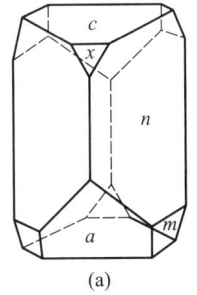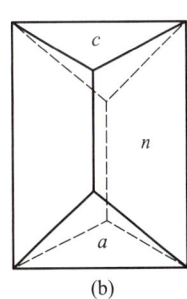

图 21-23 榍石的晶体

（引自潘兆橹等，1993）

斜方柱：$n\{110\}$，$m\{11\bar{1}\}$；平行双面 $c\{001\}$，$x\{102\}$，$a\{10\bar{1}\}$

【标型】 榍石是一种在地学研究中非常有用的副矿物。由于榍石的结构中含有少量的 U、Th，因而可作为单颗粒 U-Pb 定年和热年代学研究的对象。榍石中的 Zr 含量与其形成的温度、压力之间存在系统变化，可以作为地质温度和压力计（赵振华，2010）。

【鉴定特征】 以其特有的扁平信封状晶形和楔形的横截面与其他蜜黄色矿物相区别。

【主要用途】 大量产出时可作钛矿石，色泽美丽透明者也用作宝石原料。

# 绿 帘 石 族

本族矿物化学式可用 A$_2$B$_3$[SiO$_4$][Si$_2$O$_7$]O(OH) 表示。其中 A 主要为 Ca$^{2+}$，也可有 K$^+$、Na$^+$、Mg$^{2+}$、Mn$^{2+}$、Sr$^{2+}$ 和 TR$^{3+}$；B 主要为 Al$^{3+}$、Fe$^{3+}$、Mn$^{3+}$，也可有 Ti$^{3+}$、Cr$^{3+}$ 和 V$^{3+}$ 等。A 和 B 之间可相互置换。本族矿物的晶体结构基本相同，主要矿物种有：绿帘石 Ca$_2$Fe$^{3+}$Al$_2$[Si$_2$O$_7$][SiO$_4$]O(OH)、黝帘石 Ca$_2$Al$_3$[Si$_2$O$_7$][SiO$_4$]O(OH)、斜黝帘石 Ca$_2$AlAl$_2$[Si$_2$O$_7$][SiO$_4$]O(OH)、褐帘石（Ca，Ce）$_2$(Fe$^{3+}$，Fe$^{2+}$)(Al，Fe$^{3+}$)$_2$[Si$_2$O$_7$][SiO$_4$]O(OH) 等。以下仅叙述绿帘石。

### 绿帘石（epidote）

Ca$_2$Fe$^{3+}$Al$_2$[Si$_2$O$_7$][SiO$_4$]O(OH)

【化学组成】 Fe$^{3+}$ 在绿帘石晶体化学式中的数目可大于 1，称富铁绿帘石。绿帘石与斜黝帘石 Ca$_2$AlAl$_2$[Si$_2$O$_7$][SiO$_4$]O(OH) 可形成一完全类质同象系列。

【晶体结构】 单斜晶系；$C_{2h}^2 - P2_1/m$；$a_0 = 0.888 \sim 0.898$ nm，$b_0 = 0.561 \sim 0.566$ nm，$c_0 = 1.015 \sim 1.030$ nm；$\beta = 115°25'$；$Z = 2$。绿帘石的晶体结构为：结构中 [AlO$_5$(OH)] 八面体以共

棱方式联结成沿 $b$ 轴方向延伸的链,此链又与［$FeO_6$］八面体共棱相连而成折状链;链间通过孤立四面体［$SiO_4$］及双四面体［$Si_2O_7$］联结起来,链之间的大空隙由 $Ca^{2+}$ 充填,呈不规则的八配位的多面体。斜黝帘石与绿帘石的晶体结构的区别是 $Fe^{3+}$ 所占据的八面体空隙全部由 $Al^{3+}$ 所取代。

【形态】 单晶常呈柱状,延长方向平行 $b$ 轴(图 21-24)。平行 $b$ 轴晶带上的晶面具有明显的条纹。可依(100)成聚片双晶。绿帘石之所以经常出现延长方向平行 $b$ 轴、{100} 较发育的板状晶体,与结构中平行 $b$ 轴延伸的八面体链及其所构成的平行 {100} 的链层有关。另外常呈柱状、放射状、晶簇状集合体。

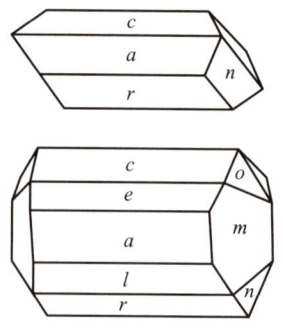

**图 21-24　绿帘石的晶体**

(引自潘兆橹等,1993)

平行双面 $a\{100\}$,$c\{001\}$,

$l\{10\overline{1}\}$,$r\{102\}$,$e\{101\}$;

斜方柱 $m\{110\}$,$o\{111\}$,

$n\{11\overline{1}\}$

【物理性质】 灰色、黄色、黄绿色、绿褐色,或近乎黑色,颜色随 $Fe^{3+}$ 含量增加而变深,很少量 $Mn^{2+}$ 的类质同象替代使颜色显不同程度的粉红色;玻璃光泽;透明。解理 {001} 完全。硬度为6。相对密度为 3.38~3.49(随 Fe 含量增加而变大)。

【成因及产状】 绿帘石的形成通常与热液作用有关,可形成于热液作用和接触交代作用、区域变质作用,在夕卡岩、变质岩中广泛分布,可由长石、黑云母、辉石、角闪石、石榴子石经热液蚀变形成。近几年来研究表明,一些中酸性钙碱性岩浆也可结晶出绿帘石(张华锋等,2005)。由于其物理化学性质稳定,绿帘石是沉积岩中常见的碎屑矿物之一。

【标型】 中酸性钙碱性岩浆岩中岩浆成因的绿帘石可以作为有效的地质压力计,反映岩体固结侵位的深度,还可用于估算岩浆上升侵位速率。

【鉴定特征】 柱状晶形、明显的晶面条纹、平行 {001} 的一组完全解理、特征的黄绿色,可以与相似的橄榄石、角闪石、绿色石榴子石相区别。

# 绿 柱 石 族

## 绿柱石(beryl)

$Be_3Al_2[Si_6O_{18}]$

【化学组成】 BeO 13.96%,$Al_2O_3$ 18.97%,$SiO_2$ 67.07%。有些绿柱石可含 Na、K、Li、Cs、Rb 等碱金属元素。碱金属含量与交代作用有关。

【晶体结构】 六方晶系;$D_{6h}^2-P6/mcc$,$a_0=0.921\ nm$,$c_0=0.917\ nm$;$Z=2$。

绿柱石晶体结构为［$SiO_4$］四面体组成的六方环垂直 $c$ 轴平行排列,上下两个环错动 25°,由 $Al^{3+}$ 及 $Be^{2+}$ 连接;$Al^{3+}$ 配位数为 6,$Be^{2+}$ 配位数为 4,均分布在环的外侧,所以在环中心平行 $c$ 轴有宽阔的孔道,以容纳大半径的离子 $K^+$、$Na^+$、$Cs^+$、$Rb^+$,以及水分子(图 21-25)。

【形态】 晶体多呈长柱状,富含碱的晶体则呈短柱状,或沿 {0001} 发育成板状(图 21-26)。柱面上常有平行 $c$ 轴的条纹,不含碱的绿柱石柱面上条纹比含碱的明显。

【物理性质】 纯的绿柱石为无色透明,常见的颜色有绿色、黄绿色、粉红色、深的鲜绿色等。天蓝至海蓝色或带绿的蓝色的称海蓝宝石,其蓝色由 $Fe^{2+}$ 引起。碧绿苍翠的称祖母绿,

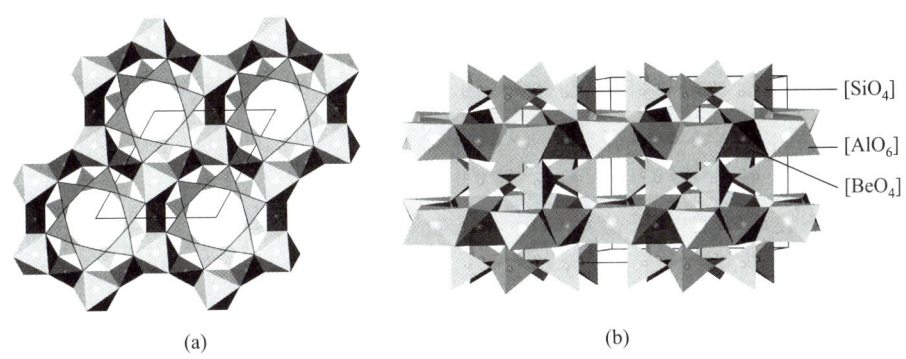

(a)                                    (b)

**图 21-25    绿柱石的晶体结构**

（引自何涌、雷新荣，2008）

（a）绿柱石在（0001）面上的投影；（b）绿柱石配位多面体结构立体图

浅色四面体为[SiO$_4$]，深色四面体为[BeO$_4$]，浅色八面体为[AlO$_6$]，黑色直线为晶胞范围

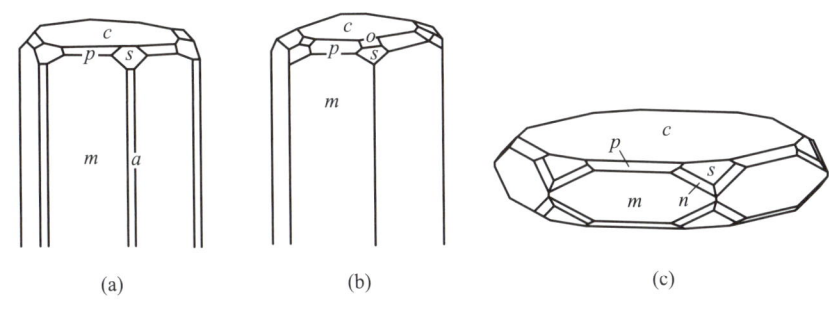

(a)                        (b)                        (c)

**图 21-26    绿柱石的晶体**

（a）、（b）引自潘兆橹等，1993，（c）据赵珊茸，产于四川平武

六方柱 $m\{10\bar{1}0\}$，$a\{11\bar{2}0\}$；平行双面 $c\{0001\}$；六方双锥 $s\{11\bar{2}2\}$，$p\{10\bar{1}2\}$，$o\{11\bar{2}4\}$；复六方双锥 $n\{2\bar{3}54\}$

是一种极珍贵的宝石，其颜色由 Cr 引起。此外，含 Cs 则呈粉红色，含少量 Fe 及 Cl 则呈黄绿色。玻璃光泽；透明。解理不完全。硬度为 7.5~8。相对密度为 2.6~2.9。

【成因及产状】    绿柱石主要产于花岗伟晶岩、云英岩及高温热液矿脉中。我国内蒙古、新疆、东北等地花岗伟晶岩中均产出绿柱石。在未受交代的伟晶岩中，绿柱石成分基本不含碱，常与石英、钾长石、微斜长石、白云母共生。受晚期钠质交代作用形成的绿柱石，成分中含碱，最高可达 7.23%，这种绿柱石常与钠长石、锂辉石、石英、白云母等矿物共生。

【鉴定特征】    易于根据晶形和硬度及解理不发育等特征识别。

【主要用途】    为铍的重要矿石矿物。色泽美丽且透明无瑕者可作高档宝石原料，如祖母绿、海蓝宝石，其中以祖母绿最佳，其加工后的价值不亚于钻石。

**董青石（cordierite）**

$(Mg,Fe)_2Al_3[AlSi_5O_{18}]$

【化学组成】    成分中 Mg 和 Fe 为完全类质同象代替，但大多数董青石是富镁的，因为在董青石晶体结构中，Mg、Fe 是四配位的，$Mg^{2+}$ 比 $Fe^{2+}$ 的半径小，进入四面体中更稳定。骨干外的 $Al^{3+}$ 可被 $Fe^{3+}$ 代替。另外，成分中常含 $H_2O$、K、Na 等，它们处在结构中的大孔道中。

从堇青石的成分可以看出，它是铝的铝硅酸盐。

【晶体结构】　斜方晶系；$D_{2h}^{20}-Cccm$；$a_0 = 1.713 \sim 1.707$ nm，$b_0 = 0.980 \sim 0.973$ nm，$c_0 = 0.935 \sim 0.929$ nm；$Z = 4$。与绿柱石同结构，但在六方环中存在 $Al \rightarrow Si$，因而对称程度下降。值得指出的是，$Mg^{2+}$、$Fe^{2+}$ 一般为六配位，但在堇青石中为四配位。

【形态】　完好晶体不常出现，有时呈假六方柱晶体。

【物理性质】　无色或浅蓝色、浅黄色；玻璃光泽；透明。解理{010}中等；贝壳状断口。硬度为 $7 \sim 7.5$。相对密度为 $2.53 \sim 2.78$。

【成因及产状】　是一种典型变质矿物，是高级变质泥质岩石中的特有矿物，产于片麻岩、结晶片岩及蚀变火成岩。

【标型】　与石榴子石共生的堇青石中，$Fe^{2+}-Mg$ 的交换及其分配系数可以反映温压条件。

【主要用途】　堇青石最大的特性是热膨胀系数小，因此广泛应用于陶瓷、玻璃业，提高其抗热冲击的能力。

# 电 气 石 族

**电气石（tourmaline）**
$Na(Mg,Fe,Mn,Li,Al)_3Al_6[Si_6O_{18}][BO_3]_3(OH,F)_4$
或写成通式：$NaR_3Al_6[Si_6O_{18}][BO_3]_3(OH,F)_4$

【化学组成】　电气石是一种硼硅酸盐矿物，即除硅氧骨干外，还有 $[BO_3]^{3-}$ 络阴离子。其中 $Na^+$ 可局部被 $K^+$ 和 $Ca^{2+}$ 代替，$OH^-$ 可被 $F^-$ 代替，但没有 $Al^{3+}$ 代替 $Si^{4+}$ 现象。R 位置类质同象广泛，主要有 4 个端员成分，即：

**镁电气石（dravite）**：R = Mg；

**黑电气石（schorl）**：R = $Fe^{2+}$；

**锂电气石（elbaite）**：R = Li+Al；

**钠锰电气石（tsilaisit）**：R = Mn。

镁电气石-黑电气石之间以及黑电气石-锂电气石之间形成两个完全类质同象系列，镁电气石和锂电气石之间为不完全的类质同象。$Fe^{3+}$ 或 $Cr^{3+}$ 也可以进入 R 的位置，铬电气石中 $Cr_2O_3$ 可达 $10.86\%$。

【晶体结构】　三方晶系；$C_{3v}^5-R3m$；$a_0 = 1.584 \sim 1.603$ nm，$c_0 = 0.709 \sim 0.722$ nm；$Z = 3$。

电气石晶体结构基本特点为 $[SiO_4]$ 四面体组成六方环；B 配位数为 3，组成平面三角形；Al 配位数为 6（其中有两个是 $OH^-$），组成八面体，与 $[BO_3]$ 共氧相连；R 配位数也是 6（其中有一个是 $OH^-$），组成八面体。在 $[SiO_4]$ 四面体的六方环上方的空隙中有配位数为 9 的 +1 价阳离子 $Na^+$ 分布，之间以 $[RO_5(OH)]$ 八面体相联结（图 21-27）。

【形态】　晶体呈柱状，晶体两端晶面不同，因为晶体无对称中心。柱面上常出现纵纹，横断面呈球面三角形（图 21-28），这是因为发育一系列高指数晶面引起的，至于为什么发育一系列高指数晶面，可能与表面能有关，因为从几何的角度来看，三方柱的表面能比较大，发育为球面三方柱会降低表面能，但球面三方柱必导致部分高指数晶面的发育。双晶依

（10$\bar{1}$1）或（40$\bar{4}$1）发育,但较少见。集合体呈棒状、放射状、束针状,亦呈致密块状或隐晶质块状。

Na$^+$

[SiO$_4$]

[AlO$_4$(OH)$_2$]

[BO$_3$]

[RO$_5$(OH)]

**图 21-27　电气石晶体结构沿 $c$ 轴投影**

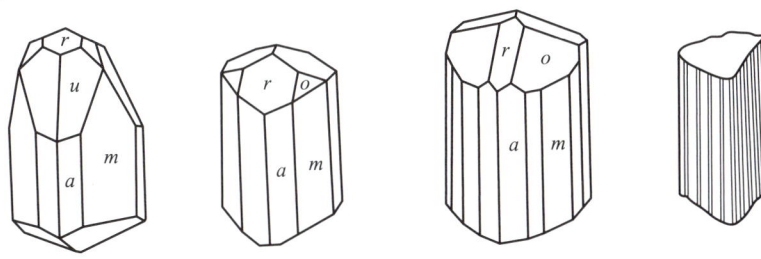

**图 21-28　电气石的晶体**

（引自潘兆橹等,1993）

三方柱 $m\{01\bar{1}0\}$;六方柱 $a\{11\bar{2}0\}$;三方单锥 $r\{10\bar{1}1\}$,$o\{02\bar{2}1\}$;复三方单锥 $u\{3\bar{2}\bar{5}1\}$

【物理性质】　颜色随成分不同而异:富含 Fe 的电气石呈黑色,富含 Li、Mn 和 Cs 的电气石呈玫瑰色,亦呈淡蓝色,富含 Mg 的电气石常呈褐色和黄色,富含 Cr 的电气石呈深绿色。此外,电气石常具有色带现象,垂直 $c$ 轴由中心往外形成水平色带,或 $c$ 轴两端颜色不同。玻璃光泽。无解理;有时可有垂直 $L^3$ 的裂开。硬度为 7~7.5。相对密度为 3.03~3.25,随着成分中 Fe、Mn 含量的增加,相对密度亦随之增大。不仅具有压电性,并且还具有热释电性(因为其单向轴 $L^3$ 是唯一的极轴)。

【成因及产状】　电气石成分中富含挥发组分 B 及 H$_2$O,所以多与气成作用有关,多产于花岗伟晶岩及气成热液矿床中。此外,变质矿床中亦有电气石产出。

【标型】　一般黑色电气石形成于较高温度,绿色、粉红色者一般形成于较低温度。早期形成的电气石为长柱状,晚期者为短柱状。

【鉴定特征】　以柱状晶形、柱面有纵纹、横断面呈球面三角形、无解理、高硬度为特征。

【主要用途】　其压电性可用于无线电工业;其热释电性可用于红外探测、制冷业。色泽鲜艳、清澈透明者可作宝石原料(俗称碧玺)。

# 六、第二亚类  链状结构硅酸盐

电子教案 21-3
硅酸盐 03：
链状类

链状结构硅酸盐中,络阴离子[SiO₄]四面体共角顶相连形成沿一维方向无限延伸的链状硅氧骨干。与岛状结构硅酸盐不同的是:硅氧骨干中的 Si 常被少量的 Al 所替代,一般 Al 代替 Si 的量小于 1/3,但最多可达 $N_{Al}:N_{Si}=1:1$(如夕线石中)。一般均为平行链状骨干的柱状、板状、针状晶形;发育平行链方向的解理;玻璃光泽,含 Ca、Mg 的颜色浅,含 Fe、Mn 的颜色深。

链状硅氧骨干的种类及形式相当复杂、多种多样。以下只叙述具单链硅氧骨干的辉石族、硅灰石族和具双链硅氧骨干的角闪石族、夕线石族矿物。它们多为岩浆岩和变质岩的主要造岩矿物,尤其是辉石族和角闪石族矿物的分布更为广泛。

## 辉　石　族

### 1. 化学成分和分类

课堂录像 21-4
硅酸盐 04：
链状类

辉石族矿物的晶体化学通式可表示成 $XY[T_2O_6]$。其中：$X = Na^+$、$Ca^{2+}$、$Mn^{2+}$、$Fe^{2+}$、$Mg^{2+}$、$Li^+$ 等,在晶体结构中占据 $M_2$ 位置,$Y = Mn^{2+}$、$Fe^{2+}$、$Mg^{2+}$、$Fe^{3+}$、$Cr^{3+}$、$Al^{3+}$、$Ti^{4+}$ 等,在晶体结构中占据 $M_1$ 位置,$T = Si^{4+}$、$Al^{3+}$,少数情况下有 $Fe^{3+}$、$Cr^{3+}$、$Ti^{4+}$ 等,占据硅氧骨干中的四面体位置。在天然矿物中,T 位置上 $Al^{3+}$ 替代 $Si^{4+}$ 之比 $N_{Al}:N_{Si} \leq 1:3$,在人工合成的辉石中,$N_{Al}:N_{Si}$ 值可达 1:1。各类阳离子类质同象广泛。

对于自然界产出的大部分辉石族矿物而言,可将其看成是 $Mg_2[Si_2O_6]-Fe_2[Si_2O_6]-CaMg[Si_2O_6]-CaFe[Si_2O_6]$ 体系和 $NaAl[Si_2O_6]-NaFe[Si_2O_6]-CaAl[AlSiO_6]-Ca(Mg,Fe)[Si_2O_6]$ 体系的成员(图 21-29 和图 21-30)。

图 21-29 是从以 Ca-Mg-Fe 为端元的成分三角形上截取 Ca 小于 50% 的一个成分梯形,梯形的不同成分区域对应不同矿物种的命名。Ca 大于 50% 意味着 $M_1$ 位(即通式 $XY[Z_2O_6]$ 中的 Y,只能是小半径的阳离子)上也是 Ca,而 Ca 是半径较大的阳离子,不能占据到 $M_1$ 位,如果 Ca 占据到 $M_1$ 位就破坏了辉石的晶体结构,就不是辉石族矿物了。梯形的顶边为 $CaMg[Si_2O_6]-CaFe[Si_2O_6]$ 完全类质同象系列,底边为 $Mg_2[Si_2O_6]-Fe_2[Si_2O_6]$ 完全类质同象系列,以系列的中点为界划分为两个矿物种。纯 Ca 的端员是硅灰石(不属是辉石族)。

图 21-30 是由 4 个成分三角形组成的四面体,成分变化复杂。主要是在图 21-29 的基础上增加了 Na 和 Al 的成分。其中 $M_2$ 位是 Na 的称碱性辉石,如硬玉和霓石。在透辉石-钙铁辉石(即图 21-29 的顶边)的基础上添加 Al 的成分,就是深绿辉石;再添加 Na 的成分,就是绿辉石。深绿辉石和绿辉石一般在变质岩中产出。Ca-契尔马克分子是一个理想分子式,在自然界不存在这个矿物种。

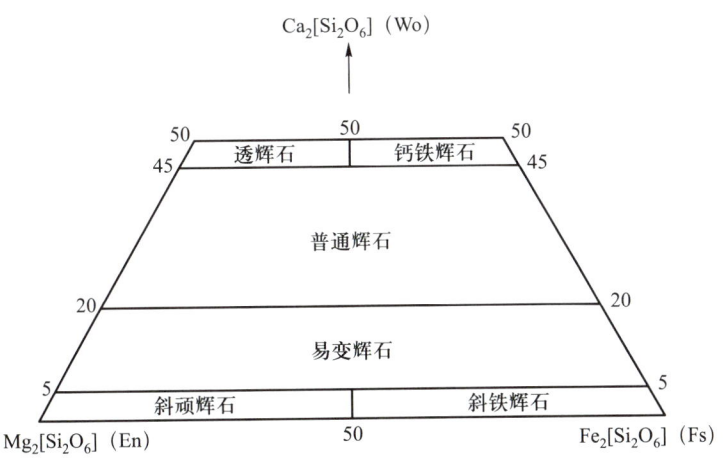

图 21-29　$Mg_2[Si_2O_6]-Fe_2[Si_2O_6]-CaMg[Si_2O_6]-CaFe[Si_2O_6]$ 体系
（单斜）辉石的命名图示

（据 Morimoto N, 郭宗山, 1988）

其中靠近梯形底边的富 Mg-Fe 辉石可以形成单斜辉石, 也可以形成斜方辉石。

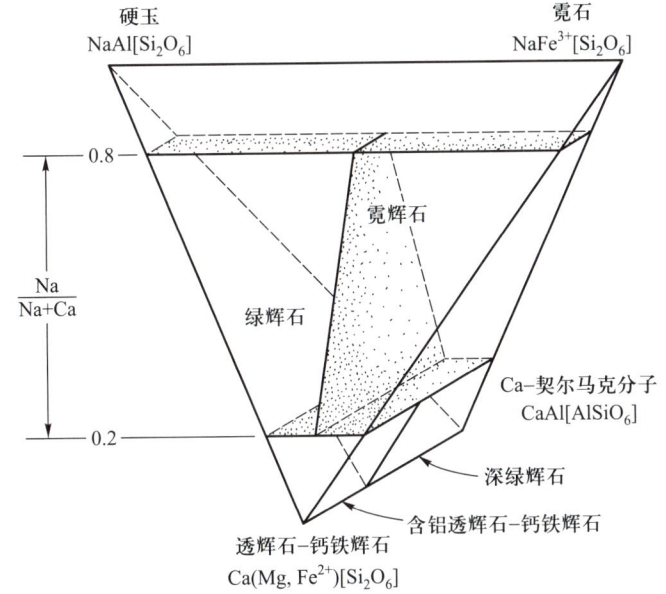

图 21-30　$NaAl[Si_2O_6]-NaFe^{3+}[Si_2O_6]-CaAl[AlSiO_6]-Ca(Mg,Fe^{2+})[Si_2O_6]$
体系辉石的命名图示

（据 Clark 和 Papike, 1968; 引自潘兆橹等, 1993）

结构中 $M_2$ 位置上的阳离子种类对晶体结构会产生显著的影响, 当 $M_2$ 位置上主要为 $Fe^{3+}$、$Mg^{2+}$ 等小半径阳离子时, 一般为斜方晶系（亦可为单斜晶系）; 当 $M_2$ 位置上为 $Ca^{2+}$、$Na^+$、$Li^+$ 等大半径阳离子时, 则往往为单斜晶系。相应地, 可将辉石族矿物划分成斜方辉石（正辉石）亚族和单斜辉石（斜辉石）亚族。

在图 21-29 中, 梯形的底边是富 Mg 和 Fe 的, 意味着 $M_2$ 位置是 $Mg^{2+}$ 和 $Fe^{2+}$ 小半径阳离子, 所以可以形成斜方辉石（也可形成单斜辉石）; 图 21-29 中其他区域是单斜辉石。在

图 21-30 中，$M_2$ 位置是 $Na^+$ 和 $Ca^{2+}$ 大半径阳离子，所以全部是单斜辉石。

### 2. 晶体结构

在辉石族矿物的晶体结构中，$[SiO_4]$ 四面体各以两个角顶与相邻的 $[SiO_4]$ 四面体共用形成沿 $c$ 轴方向无限延伸的单链。每两个 $[SiO_4]$ 四面体为一重复周期（约为 0.52 nm，与晶胞参数 $c_0$ 大致相当），记为 $[Si_2O_6]$。图 21-31 为理想化了的辉石族矿物晶体结构沿 $c$ 轴的投影，其中蓝色虚线的梯形代表一个 $[Si_2O_6]$ 单链的投影，梯形短边是活性氧，长边中央是惰性氧。在 $a$ 轴和 $b$ 轴方向上 $[Si_2O_6]$ 链以相反取向交替排列，由此形成平行 $\{100\}$ 的似层状，以及在 $a$ 轴方向上活性氧与活性氧相对形成 $M_1$ 位，惰性氧与惰性氧相对形成 $M_2$ 的形式。$M_1$ 为较小的阳离子 $Mg^{2+}$、$Fe^{2+}$ 等占据，呈六配位的八面体，并以共棱的方式联结成平行 $c$ 轴延伸的与 $[Si_2O_6]$ 链相匹配的八面体折状链；在 $M_2$ 中，在斜方辉石亚族中为 $Fe^{2+}$、$Mg^{2+}$ 等占据，为畸变的八面体配位，在单斜辉石中为大半径阳离子 $Ca^{2+}$、$Na^+$、$Li^+$ 等占据，为八配位。

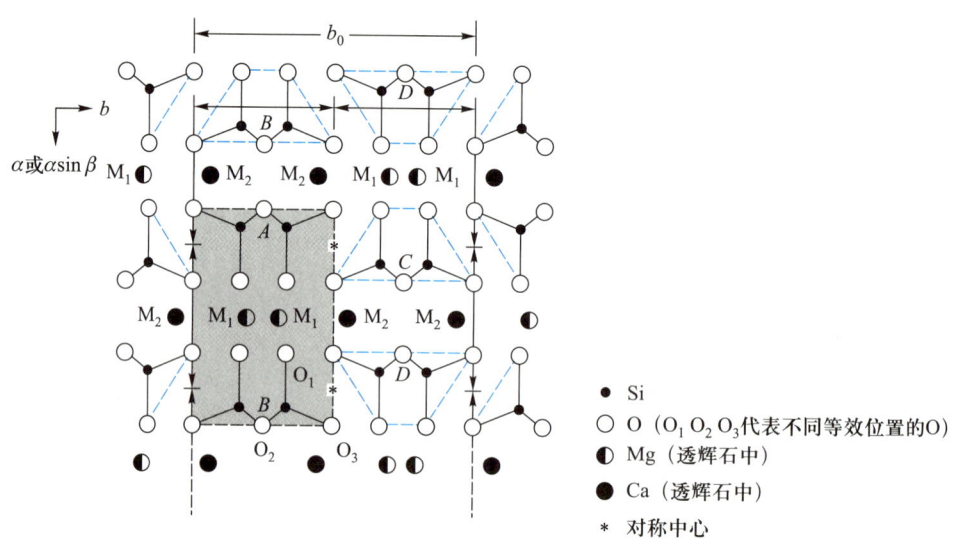

**图 21-31　理想化了的辉石晶体结构沿 $c$ 轴的投影**

（引自潘兆橹等，1993）

可将图 21-31 中阴影范围内的结构单元（即由两个 $[SiO_4]$ 四面体单链的活性氧相对，再形成一条 $M_1$ 位八面体链，3 条链紧密相连组成的更大一级链）称为 I-束（I-beam），I-束沿 $c$ 轴方向延伸，沿 $a$ 轴方向堆垛，而沿 $b$ 轴方向是位移 $(1/2)a$ 堆垛［见图 21-34(a)］。

然而，这种结构形式还因两个因素而导致不同的结构特点、对称特点和晶胞参数。

其一，$[SiO_4]$ 四面体单链发生扭转。在典型的直链中，$O_桥$—$O_桥$—$O_桥$ 链角等于 180°，这种情况是少见的，大多数情况下，为使 $[SiO_4]$ 四面体与 $M_1$ 配位八面体链协调，直链变为扭折链。这种转动导致不同的结构特点。

其二，阳离子在 $M_1$ 位的充填有两种可能，并导致产生两种方位的 O 层：$M_1$ 配位八面体的下方三角形尖端指向 $c$ 轴的正向，该 O 层称为"+"倾方位；若指向 $c$ 轴的负向，则称为"-"倾方位，它们所构成的 O 层分别以"+"和"-"表示。"+"和"-"O 层在 (100) 面上的方位恰好相

差 $180°$。"+"、"-"O 层堆垛方式不同,可造成辉石族矿物的不同结构变体,其中"++--"或"+-+-"堆垛形成斜方辉石($Pbcn$、$Pbca$),"++++"或"----"堆垛形成单斜辉石($C2/c$, $P2_1/c$)。

这种结构变化导致辉石有许多同质多象转变。表 21-5 列出了辉石的各种同质多象变体及其空间群、对称型、稳定温压范围。

表 21-5　辉石的各种同质多象变体

| 成分 | 同质多象变体名称 | 空间群(对称型) | 温压范围 |
|---|---|---|---|
| $Mg_2[Si_2O_6]$ | 原顽火辉石 | $Pbcn$($2/m2/m2/m$) | 1 000—1 300 ℃ |
| | 低温单斜顽火辉石 | $P2_1/c$($2/m$) | 566 ℃—室温 |
| | 高温单斜顽火辉石 | $C2/c$($2/m$) | 大于 980 ℃ |
| | 高压单斜顽火辉石 | $C2/c$($2/m$) | 高压 |
| | (斜方)顽火辉石 | $Pbca$($2/m2/m2/m$) | 1 000—566 ℃ 或室温 |
| $Fe_2[Si_2O_6]$ | 单斜铁辉石 | $P2_1/c$($2/m$) | 低温 |
| | 斜方铁辉石 | $Pbca$($2/m2/m2/m$) | 高温 |
| | 铁辉石 III | 三斜 | 高温 |
| $(Mg,Fe,Ca)_2[Si_2O_6]$ | 低温易变辉石 | $P2_1/c$($2/m$) | 温度范围与成分有关 |
| | 高温易变辉石 | $C2/c$($2/m$) | 温度范围与成分有关 |

辉石结构型在高压下可发生一系列结构转变,如:

$$\longrightarrow 随着压力增加$$

$$Mg_2Si_2O_6 \longrightarrow Mg_2SiO_4 + SiO_2 \longrightarrow 2MgSiO_3 \longrightarrow 2MgSiO_3$$

斜顽辉石　尖晶石型　斯石英　钛铁矿型　钙钛矿型

$$Fe_2Si_2O_6 \longrightarrow Fe_2SiO_4 + SiO_2 \longrightarrow FeO + SiO_2$$

斜铁辉石　尖晶石型　斯石英　方铁矿型　斯石英

$$CaMgSi_2O_6 \longrightarrow CaSiO_3 + MgSiO_3 \longrightarrow (Ca,Mg)SiO_3 + (少量)MgSiO_3$$

透辉石　钙钛矿型 钙钛矿型　钙钛矿型　钙钛矿型

由此可见,辉石的链状结构型在高压下可变为更紧密的、$O^{2-}$ 做最紧密堆积的结构型(如尖晶石型、斯石英、钙钛矿型等)。

辉石常发育出溶片晶结构,即:一种辉石主晶出溶另外一种辉石片晶。当斜方辉石主晶中出溶单斜辉石片晶,或者单斜辉石主晶中出溶斜方辉石片晶时,出溶片晶与主晶的 b 轴和 c 轴是重合的,只有 a 轴不重合,因为单斜晶系的 a 轴朝下,与 c 轴夹角($\beta$)大于 $90°$,而斜方晶系的 a 轴是水平的,与 c 轴夹角($\beta$)等于 $90°$。又因为(100)面是由 b 轴和 c 轴组成,导致(100)面也是重合的,所以出溶片晶与主晶是以(100)面连生接合[见图 21-32(a)]。也可以在单斜辉石主晶中出溶另外一种单斜辉石片晶,这时,出溶片晶与主晶的所有结晶学方向都是重合的,出溶片晶与主晶则可以找到一个完全共格的面网($h0l$)来进行连生接合[见图 21-32(b)]。($h0l$)的具体数值与两个晶体之间的晶胞参数差值有关,图 21-32(c)展示了主晶与出溶片晶在(010)面上的晶格匹配情况,主晶与出溶片晶总可以找到某个界面($h0l$)使得两相的晶格在界面上完全匹配,即:通过调整界面的斜度使得图 21-32（c）中的 $Y$ 所代表的蓝色箭头那一段在主晶与出溶片晶中完全相等。

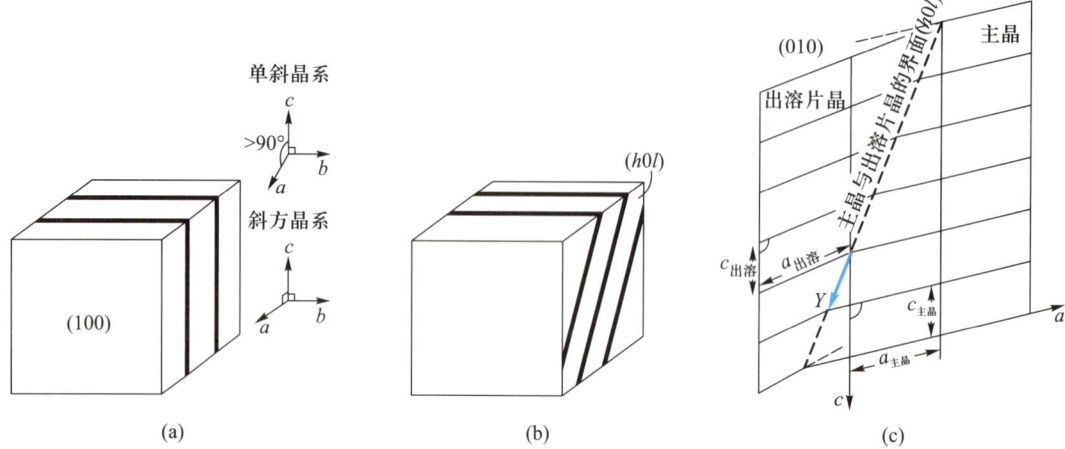

**图 21-32　两种不同辉石之间形成出溶片晶结构的结晶学取向示意图**

（a）斜方辉石中出溶单斜辉石片晶（或者单斜辉石中出溶斜方辉石片晶）时,出溶片晶的方向为（100）;

（b）单斜辉石中出溶另外一种单斜辉石片晶时,出溶片晶的方向为（h0l）;

（c）出溶片晶的方向为（h0l）时晶格匹配图

图 21-33 是透辉石主晶（单斜）中出溶普通辉石（单斜）和顽火辉石（斜方）片晶的电子显微镜图片。根据电子衍射测试及结晶学计算得出,普通辉石片晶的方向为（401）,顽火辉石片晶的方向为（100）（Zhao S R 等,2017）。

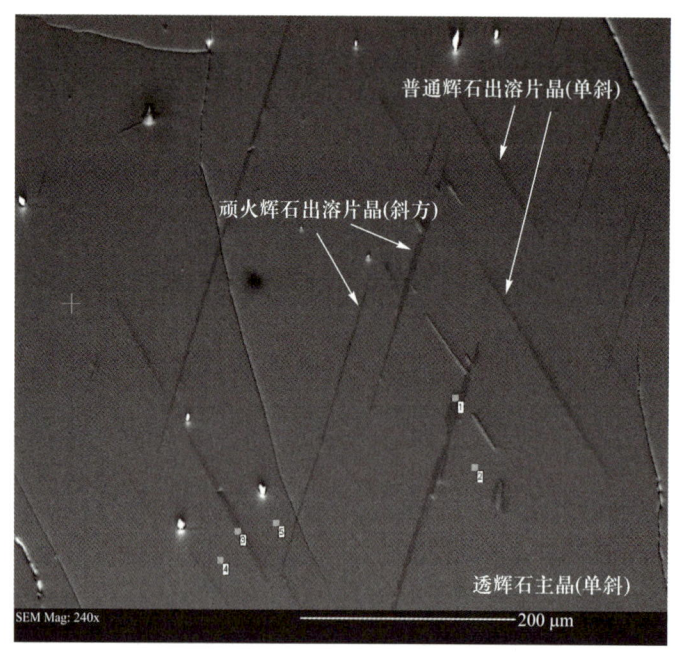

**图 21-33　透辉石主晶中的两组出溶片晶（片晶在样品切面上为线状体）**

（透辉石产于福建明溪玄武岩的二辉橄榄岩包体中,据 Zhao S R 等,2017）

### 3. 形态、物理性质

辉石的晶体结构特征使辉石晶体均呈平行于$[Si_2O_6]$链延伸方向（$c$轴）的柱状晶形，其横截面呈假正方或八边形；并发育平行于链延伸方向的$\{210\}$（对于斜方辉石）或$\{110\}$（对于单斜辉石）解理，其解理夹角为87°和93°，近于90°，这与链的排列方式有关，解理沿着链的间隙处产生，见图21-34。

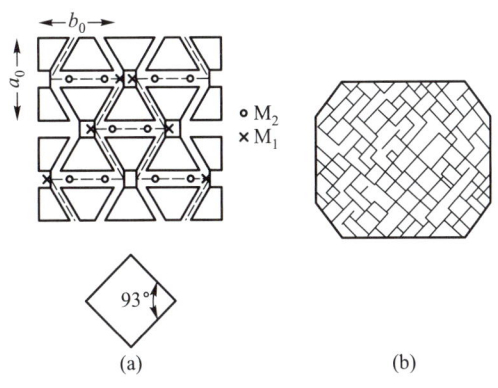

图 21-34　辉石解理产生方向的示意图

（引自潘兆橹等，1993）

（a）辉石晶体结构沿 $c$ 轴的投影图（结构图中一个梯形代表一个单链投影）；（b）横截面及解理纹

本族矿物的颜色随成分而异，含 Fe、Ti、Mn 者，颜色变深；具玻璃光泽。硬度为5~6；相对密度中等（为3.1~3.6），且亦随成分的变化而变化。

### 4. 成因产状

辉石族矿物是基性、超基性火成岩、地幔岩中的主要造岩矿物之一，也是一些钙质、镁质中高级变质岩（如角闪岩、片麻岩、麻粒岩、基性-超基性变粒岩等）的主要造岩矿物，透辉石-钙铁辉石是构成接触交代夕卡岩的特征矿物，其中靠近富镁端员的产于镁夕卡岩中，靠近富铁端员的产于钙夕卡岩中。

以下按照斜方辉石、单斜辉石亚族的分类体系，对辉石族中的重点矿物进行叙述。

## 斜方辉石亚族

本业族矿物特点是 $M_1$、$M_2$ 位都出小阳离子 $Fe^{2+}$、$Mg^{2+}$ 等占据，主要为顽火辉石（En）$Mg_2[Si_2O_6]$—斜方铁辉石（Fs）$Fe_2[Si_2O_6]$ 类质同象系列，这一系列主要为斜方辉石，但也可形成单斜辉石，即单斜顽火辉石—单斜铁辉石，与形成条件有关。这一成分体系的斜方（单斜）辉石见图21-29的梯形下底。

下面以顽火辉石为代表详述如下。

**顽火辉石（enstatite）**

$Mg_2[Si_2O_6]$

【化学组成】　$(Mg_{1.00~0.90}Fe_{0.00~0.10})_2[Si_2O_6]$，成分中含 Al、Ca、Ti、Mn 等。

【晶体结构】　斜方晶系；$D_{2h}^{15}-Pbca$；$a_0 = 1.822 ~ 1.824$ nm，$b_0 = 0.882 ~ 0.884$ nm，$c_0 =$

$0.517\sim0.519$ nm；$Z=16$。晶体结构见辉石族概述。

$Mg_2[Si_2O_6]$有 5 个同质多象变体，见表 21-5。

【形态】　晶体常呈粒状。有时具(100)简单双晶或聚片双晶，常具出溶片晶构造。

【物理性质】　无色、黄色至灰褐色；条痕无色；玻璃光泽。解理$\{210\}$完全，夹角 $87°$；具$\{100\}$、$\{001\}$裂开。硬度为 $5\sim6$，相对密度为 $3.209\sim3.3$。

【成因及产状】　为橄榄岩中常见矿物。在玄武岩中富橄榄石包体中及金伯利岩的超基性岩包体中也较常见。此外，在变质岩中为超基性变粒岩的典型矿物。

【标型】斜方辉石中 $Mg-Fe^{2+}$ 在 $M_1$ 和 $M_2$ 位的占位率可以反应形成温度，大概的规律是 $Fe^{2+}$ 优先占据 $M_2$，$Mg$ 优先占据 $M_1$ 位；$Fe$ 在 $M_2$ 位越多，反应形成温度越低。斜方辉石与石榴子石之间 $Mg-Fe^{2+}$ 交换及其分配系数可以反应形成温度。斜方辉石与石榴子石之间 $Al_2O_3$ 和 $Cr_2O_3$ 交换及其分配系数可以反应形成压力。

【鉴定特征】　根据颜色、解理及产状鉴定。进一步需做 X 射线等测试。

## 单斜辉石亚族

本亚族的特点是 $M_2$ 位置上由大半径阳离子 $Ca^{2+}$、$Na^+$、$Li^+$ 等占据，从而使晶体对称程度降为单斜晶系。以下仅介绍本亚族矿物中的几个重点矿物。

**透辉石(diopside)—钙铁辉石(hedenbergite)**

$CaMg[Si_2O_6]-CaFe[Si_2O_6]$

透辉石(Di)—钙铁辉石(Hed)为一完全类质同象系列。根据成分中点划分为两个矿物种，见图 21-29。

【化学组成】　成分中有 Na、Al、Cr、Ti、Ni、Mn、Zn、$Fe^{3+}$ 等类质同象替代物和磁铁矿、钛铁矿等机械混入物，成分复杂，可形成许多变种，其中主要的有含 Cr 较多的铬透辉石或铬次透辉石，为金伯利岩的特征矿物之一。

【晶体结构】　单斜晶系；$C_{2h}^6-C2/c$；$a_0=0.975\sim0.985$ nm，$b_0=0.890\sim0.902$ nm，$c_0=0.525\sim0.526$ nm；$\beta=104°44'\sim105°38'$；$Z=4$。晶胞参数变化与成分相对富 Fe、Mg 等有关。晶体结构特点见辉石族概述。

【形态】　常呈柱状晶体。主要单形有平行双面$\{100\}$、$\{010\}$及斜方柱$\{110\}$、$\{111\}$。晶体横断面呈正方形或正八边形。常见依(100)和(001)成简单双晶和聚片双晶。

【物理性质】　白色，灰绿、绿至褐绿、暗绿色，黑色；条痕无色至绿色。解理$\{110\}$完全，解理夹角为 $87°$；具$\{100\}$$\{010\}$裂开。硬度为 $5.5\sim6$。相对密度为 $3.22\sim3.56$。

该系列矿物的物性变化与成分具有明显的依赖关系。颜色随着 $Mg^{2+}$ 被 $Fe^{2+}$ 代替量的增大，由无色逐渐变为暗绿；相对密度亦随 $Fe^{2+}$ 量的增大而增大。

【成因及产状】　在基性和超基性岩中透辉石和次透辉石是主要矿物，其中铬透辉石是金伯利岩中的特征矿物。透辉石-钙铁辉石也是构成接触交代夕卡岩的特征矿物，其中靠近富镁端员的产于镁夕卡岩中，靠近富铁端员的产于钙夕卡岩中。在区域变质的 Ca 质和 Mg 质的片岩、辉石角岩相以及高级角闪岩相中也广泛出现。

透辉石亦是硅质白云岩热变质的产物，其反应式为

$$CaMg[CO_3]_2 + 2SiO_2 \longrightarrow CaMg[Si_2O_6] + 2CO_2$$

【鉴定特征】　透辉石以浅的颜色、晶形,钙铁辉石以暗绿至黑绿的颜色、柱状集合体形态以及成因产状为特征。

【主要用途】　可应用于陶瓷工业。

**普通辉石（augite）**

$Ca(Mg, Fe^{2+}, Fe^{3+}, Ti, Al)[(Si, Al)_2O_6]$

【化学组成】　在普通辉石中 $Al^{3+}$ 代替 $Si^{4+}$ 数量稍大,多数超过 5%,有人认为 Al 代替 Si 可达 $1/8 \sim 1/2$。此外,还存在 $Ti^{4+}$ 和 $Fe^{3+}$ 代替 $Si^{4+}$。

普通辉石次要成分有 Ti、Na、Cr、Ni、Mn 等。Ti 一般含量不高,钛辉石通常含 $TiO_2$ 在 $3\% \sim 5\%$,有的高达 $8.97\%$。

【晶体结构】　单斜晶系;$C_{2h}^6 - C2/c$;$Z = 4$。合成无 Al 的普通辉石的晶胞参数大约为 $a_0 = 0.970 \sim 0.982$ nm,$b_0 = 0.889 \sim 0.903$ nm,$c_0 = 0.524 \sim 0.525$ nm;$\beta = 105° \sim 107°$。由于 Al 代替 Si 以及六配位 Al 的存在,明显影响晶胞参数的变化,一般 $a_0$、$b_0$ 随着 Al 含量的增高而减少,$c_0$、$\beta$ 随着 Al 含量的增大而增大。结构特点见辉石族概述。

【形态】　短柱状晶体(图 21–35)。横断面呈正八边形。依(001)和(100)所成的简单双晶和聚片双晶较常见,有时还依(101)和(122)成简单双晶。

【物理性质】　灰褐、褐、绿黑色;条痕无色至浅褐色。解理 $\{110\}$ 完全,夹角为 87°;具 $\{100\}$、$\{010\}$ 裂开。硬度为 $5.5 \sim 6$。相对密度为 $3.23 \sim 3.52$。

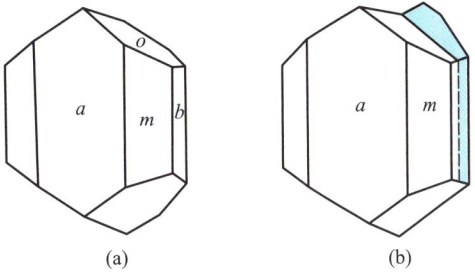

图 21–35　普通辉石晶体及双晶

(引自潘兆橹等,1993)

(a)单晶体;(b)双晶,以(100)为双晶面和接合面平行双面 $a\{100\}$,$b\{010\}$;斜方柱 $m\{110\}$,$o\{\bar{1}11\}$

【成因及产状】　常见于各种基性侵入岩、喷出岩及其凝灰岩中,并且可见到很好的晶体。张家口北部汉诺坝玄武岩中有幔源巨晶普通辉石。在变质岩和接触交代岩中亦常见到。

普通辉石常被蚀变为韭闪石、绿帘石、绿泥石等矿物。

【标型】　单斜辉石中 $Mg-Fe^{2+}$ 在 $M_1$ 和 $M_2$ 位的占位率可以反应形成温度。单斜辉石与斜方辉石之间 $Mg-Fe^{2+}$、$Al^{VI}-Cr$ 交换及其分配系数可以反应形成温度。单斜辉石-石榴子石之间 $Ca-Mg$ 交换及其分配系数、$Cr_2O_3$ 交换及其分配系数可以反应形成压力。与石榴子石共生的单斜辉石中 Ca 契尔马克分子含量可以反应形成压力。

【鉴定特征】　绿黑色、短柱状晶形及其解理等为特征。

**硬玉（jadeite）**

$NaAl[Si_2O_6]$

【化学组成】　$Na_2O$ 15.20%,$Al_2O_3$ 25.20%,$SiO_2$ 59.40%。一般较纯。

【晶体结构】　单斜晶系;$C_{2h}^6 - C2/c$;$a_0 = 0.942$ nm,$b_0 = 0.856$ nm,$c_0 = 0.522$ nm;$\beta = 107°57'$;$Z = 4$。晶体结构见辉石族概述。

【形态】　自形晶体较少见,具两种不同习性的晶体,一种呈柱状平行 $c$ 轴延长;另一种平行(100)延长呈板状。主要单形有平行双面 $a\{100\}$、$b\{010\}$,斜方柱 $m\{110\}$,$o\{111\}$。

具平行(001)和(100)的简单双晶和聚片双晶。最常出现的是粒状或纤维状集合体。

【物理性质】　无色、白色、浅绿或苹果绿色；玻璃光泽。解理{110}完全，解理夹角为87°；断口不平坦，呈刺状。硬度为6.5。相对密度为3.24~3.43。坚韧。

【成因及产状】　主要产于碱性的变质岩中，是一种典型的变质矿物。

【鉴定特征】　致密块状、高硬度和极坚韧，见于碱性变质岩中。

【主要用途】　硬玉的细粒状或显微交织状集合体并掺有一些长石类、辉石类矿物，组成一种品质极佳的玉石，叫作翡翠(jadeite)。翡翠的颜色是决定其价值的关键，若为祖母绿和苹果绿，其价值高得惊人，但若为浅绿、黄绿等，价值大幅度下降。此外，翡翠中矿物晶体颗粒越细微，玉石就会越细腻、柔和、温润。

### 锂辉石( spodumene )

$LiAl[Si_2O_6]$

【化学组成】　$Li_2O$ 8.07%，$Al_2O$ 27.44%，$SiO_2$ 64.49%。锂辉石化学组成较稳定，可含有稀有元素、稀土元素混入物。

【晶体结构】　单斜晶系；$C_2^3-C2$，也有资料认为空间群为 $C2/c$；$a_0=0.946$ nm，$b_0=0.839$ nm，$c_0=0.522$ nm；$\beta=110°11'$；$Z=4$。晶体结构见辉石族概述。

锂辉石(即 $\alpha$-锂辉石)还有另外两个同质多象变体；$\beta$-锂辉石为四方晶系，与凯石英(也称重石英)同结构；$\gamma$-锂辉石为六方晶系，与 $\beta$-石英同结构。

【形态】　常呈柱状晶体，柱面常具纵纹。有时可见巨大晶体(长达 16 m)。双晶依(100)生成。集合体呈(100)发育的板柱状、棒状，也可呈致密隐晶块状。

【物理性质】　灰白色，烟灰色，灰绿色。翠绿色的锂辉石称为翠绿锂辉石，是成分中含Cr 所致，成分中含 Mn 呈紫色，称紫色锂辉石；玻璃光泽，解理面微显珍珠光泽。{110}解理完全，夹角为87°；具{100}、{010}裂开。硬度为6.5~7。相对密度为3.03~3.23。

【成因及产状】　是富 Li 花岗伟晶岩中的特征矿物。

【鉴定特征】　颜色，晶形及其产状。被吹管火焰灼烧时膨胀，并染火焰成浅红色(Li)，与 $CaF_2+KHSO_4$ 合熔后，染火焰成鲜红色(Li)。

【主要用途】　锂辉石可作提取 Li 的原料。Li 用于原子工业、医药、焰火、照相、玻璃、X射线照相术等。透明而色泽美丽者可作宝石。此外，锂辉石与锂云母、锂霞石一样，具有一般原料所没有的负膨胀性，故可与其他正膨胀性的矿物一起制成高温下热膨胀系数接近零的特殊陶瓷、微晶玻璃等，提高制品的抗热震性能和机械强度。

### 霓石( aegirine )

$NaFe^{3+}[Si_2O_6]$

【化学组成】　$Na_2O$ 13.40%，$Fe_2O_3$ 34.60%，$SiO_2$ 52.00%。通常有 $NaFe^{3+}$-$Ca(Mg,Fe^{2+})$代替，从而形成霓辉石，可将霓辉石看成是霓石与普通辉石的中间产物。

【晶体结构】　单斜晶系，$C_{2h}^6-C2/c$；$a_0=0.966$ nm，$b_0=0.878$ nm，$c_0=0.529$ nm；$\beta=107°42'$；$Z=4$。

【形态】　晶体常呈针状、柱状，单形较多样(见图 21-36)。

【物理性质】　暗绿色；条痕无色；玻璃光泽。解理{110}完全，夹角为87°。硬度为6，相对密度为3.55~3.60。

【成因及产状】　是碱性岩浆岩的主要造岩矿物。

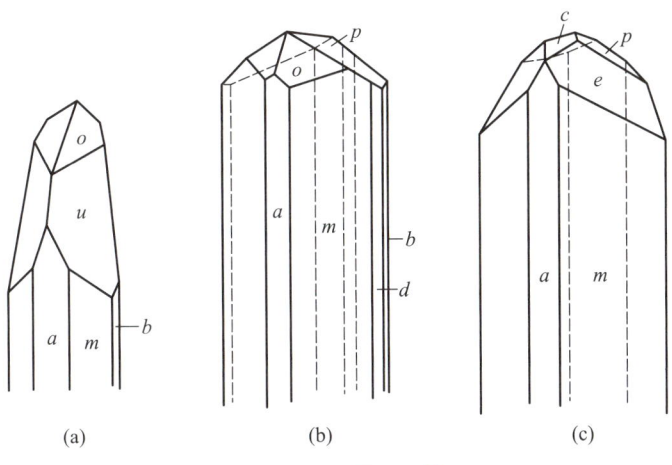

**图 21-36 霓石晶体**

[(a) 引自潘兆橹等,1993;(b)、(c) 据赵珊茸、王文魁,1990,产于福建魁歧岩体晶洞中]

斜方柱 $m\{110\}$,$o\{111\}$,$u\{461\}$,$p\{\overline{1}11\}$,$d\{130\}$,$e\{131\}$;平行双面 $a\{100\}$,$b\{010\}$,$c\{001\}$

【鉴定特征】 以绿色、长柱状晶形、解理及碱性岩产状等为特征。

# 硅 灰 石 族

单链硅酸盐矿物除辉石族外,还有硅灰石族。硅灰石族晶体结构中的[$SiO_4$]四面体单链为与骨干外大阳离子 $Ca^{2+}$ 相协调,已发生了较大的变形。

**硅灰石(wollastonite)**

$Ca_3[Si_3O_9]$

【化学组成】 CaO 48.30%,$SiO_2$ 51.70%。常含类质同象混入物 Fe、Mn、Mg 等;当达一定量时,可形成铁硅灰石、锰硅灰石等变种。

【晶体结构】 三斜晶系;$C_i^1 - P\overline{1}$;$a_0 = 0.794$ nm,$b_0 = 0.732$ nm,$c_0 = 0.707$ nm;$\alpha = 90°18'$,$\beta = 95°24'$,$\gamma = 103°24'$;$Z = 2$。硅灰石的晶体结构(图 21-37)特点为:以 3 个[$SiO_4$]四面体为一重复单位(可视为一孤立四面体和一双四面体组成)的[$Si_3O_9$]单链平行 $b$ 轴延伸(其中一个四面体的棱平行于链的延伸方向),链与链平行排列;链间的空隙仅由 Ca 所充填,形成[$CaO_6$]八面体。[$CaO_6$]八面体共棱联结成平行 $b$ 轴的链,其中两个共棱相连的[$CaO_6$]八面体的长度刚好等于四面体链的重复单位(约 0.72 nm),亦与晶胞参数 $b_0$ 值大致相当。

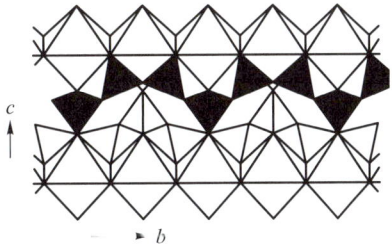

**图 21-37 硅灰石的晶体结构**

(引自潘兆橹等,1993)

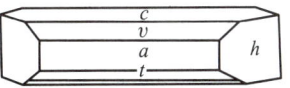

**图 21-38 硅灰石的晶体形态**

(引自潘兆橹等,1993)

平行双面:$a\{100\}$,$c\{001\}$,$h\{110\}$,$v\{101\}$,$t\{10\overline{1}\}$

【形态】 晶体常呈沿 $b$ 轴延长的板状晶体(故以前称为板石)(图 21-38)。双晶依(100)或(001)形成。呈片状、放射状或纤维状集合体。

**【物理性质】**　白色或带灰和浅红的白色，有少数呈肉红色；玻璃光泽，解理面有时呈现珍珠光泽。解理 $\{100\}$ 完全，$\{001\}$、$\{102\}$ 中等。硬度为 $4.5 \sim 5.5$。相对密度为 $2.75 \sim 3.10$。已知含 Mn 为 $0.02\% \sim 0.1\%$ 的硅灰石能发出强的黄色阴极浅荧光。熔点为 $1\ 540\ ℃$。

**【成因及产状】**　是典型的变质矿物，常出现在酸性岩浆岩与碳酸盐岩的接触带，系高温反应的产物。反应式为：

$$3CaCO_3 + 3SiO_2 \longrightarrow Ca_3[Si_3O_9] + 3CO_2$$

合成实验表明，在定压升温或定温降压的条件下，反应由左向右进行；在定温升压条件下反应从右向左进行。

此外，硅灰石还见于深变质的钙质结晶片岩、碱性岩、火山喷出岩。

**【鉴定特征】**　形态、颜色、共生矿物。与透闪石区别是硅灰石质较软，不似透闪石性脆易折；与夕线石的区别是产状不同，易溶于酸。

**【主要用途】**　硅灰石的许多可贵的、独一无二的性能主要来源于其针状、纤维状形态，如制成"石绒"；加到陶瓷炉料中，在部分熔融后，未熔的硅灰石针状体形成致密格架，使其原有体积不易发生改变，冷凝过程中，炉料的结晶又会使硅灰石针状体彼此紧紧固结在一起，这样就保持了坯体规格且不易碎裂。此外，制成的半熔瓷具有低瓷化温度、强度增加、收缩减小和吸水膨胀等优点。随着国防工业对磷光体的需要，已开始运用 $CaSiO_3 \cdot Mn$ 磷光体代替 $ZnBe[SiO_4]$ 磷光体。

# 角 闪 石 族

## 1. 化学成分和分类

角闪石族矿物的化学成分通式可表示为：$A_{0 \sim 1}X_2Y_5[T_4O_{11}]_2(OH,F,Cl)_2$，其中：

$A = Na^+$、$Ca^{2+}$、$K^+$、$H_3O^+$，占据结构中的 A 位；

$X = Na^+$、$Li^+$、$K^+$、$Ca^{2+}$、$Mg^{2+}$、$Fe^{2+}$、$Mn^{2+}$，占据结构中的 $M_4$ 位；

$Y = Mg^{2+}$、$Fe^{2+}$、$Mn^{2+}$、$Al^{3+}$、$Fe^{3+}$、$Ti^{4+}$、$Cr^{3+}$，占据结构中的 $M_1$、$M_2$、$M_3$ 位；

$T = Si^{4+}$、$Al^{3+}$、$Ti^{4+}$，占据硅氧骨干中四面体中心，$N_{Al}/N_{Si} \leqslant 1/3$。

A、X、Y 类阳离子中及其间的类质同象替代十分普遍和复杂，并可形成许多类质同象系列。现已发现和确定的角闪石矿物种和亚种（或变种）超过 100 种，分属于 $Pnma$、$Pnmn$、$P2_1/m$、$P2/m$、$P2/a$ 5 个空间群，其中除 $Pnmn$ 目前只见于人工合成的锂镁闪石（原角闪石）外，其他自然界均有产出。对于如此众多的矿物种，各国的许多学者对其分类和命名方法较多且不统一。在此，我们还是按照类似辉石族矿物分类方案，就其成分、结构特点，分为斜方角闪石亚族、单斜角闪石亚族。另外，也可以按照类似辉石族矿物分类方案，用一梯形图将常见的镁铁钙闪石列入其中，见图 21-39。

## 2. 晶体结构

理想化的角闪石的晶体结构示意图见图 21-40[图中示出了硅氧骨干的投影方式及晶体结构沿 $c$ 轴的投影]。结构中的硅氧骨干可看成是由两条辉石单链联结而成的双链，以 4 个 $[SiO_4]$ 四面体为一重复单位，记为 $[Si_4O_{11}]^{6-}$。$[Si_4O_{11}]$ 双链均平行 $c$ 轴排列并无限延伸。双链中的 Si 等有两种四面体位置，记为 $T_1$ 和 $T_2$。$T_1$ 位置与之配位的氧中 3 个为桥氧，1 个

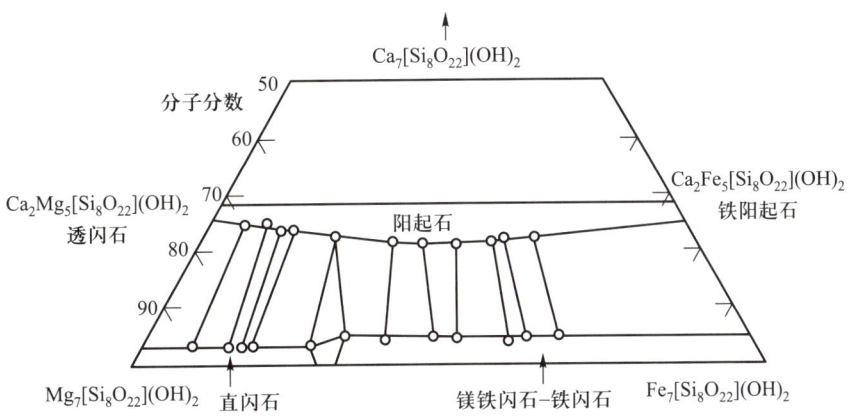

Ca7[Si8O22](OH)2
50
分子分数
60
70
80
90
Ca2Mg5[Si8O22](OH)2
透闪石
Ca2Fe5[Si8O22](OH)2
铁阳起石
阳起石
Mg7[Si8O22](OH)2
直闪石
镁铁闪石–铁闪石
Fe7[Si8O22](OH)2

图 21-39　角闪石命名图

（引自 Malovsky，1982）

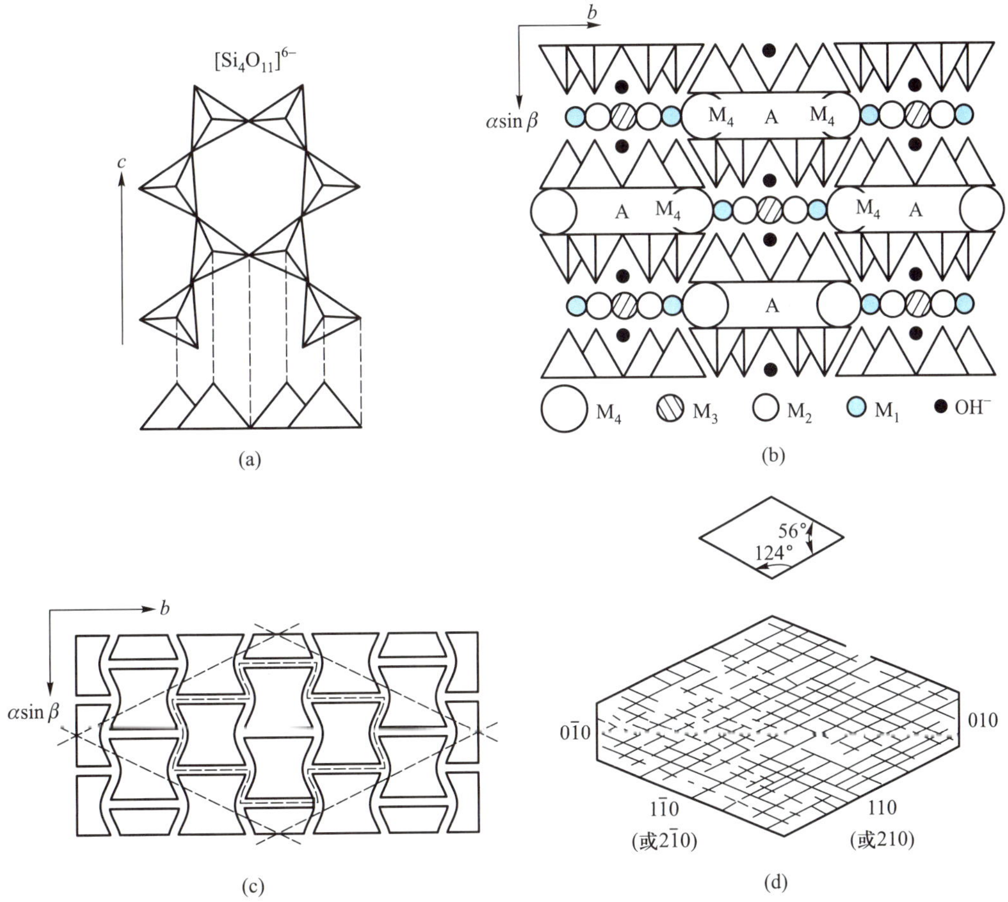

[Si4O11]6−
c
(a)
b
αsin β
M4
A
M4
M3
M2
M1
OH−
(b)
b
αsin β
(c)
56°
124°
01̄0
010
11̄0
(或21̄0)
110
(或210)
(d)

图 21-40　角闪石晶体结构及解理产生方向的示意图

（引自潘兆橹等，1993）

（a）双链沿 $c$ 轴投影；（b）角闪石晶体结构沿 $c$ 轴的投影图；

（c）角闪石晶体结构中“I-束”排列及其间产生解理示意图；（d）横截面及解理纹

为活性氧（端氧）；$T_2$ 位置周围的 4 个氧中 2 个为桥氧，另 2 个则为端氧。双链在结构中的排布方式与辉石的单链在结构中排布方式相似，即在 $a$、$b$ 轴方向上，在活性氧与活性氧相对处形成八面体空隙（这种空隙有 3 种，分别以 $M_1$、$M_2$、$M_3$ 表示），主要由 Y 类小半径阳离子 $Mg^{2+}$、$Fe^{2+}$ 等充填形成配位八面体，并共棱相连组成亦平行于 $c$ 轴延伸的链带；惰性氧与惰性氧相对形成 $M_4$ 位，为 X 类阳离子占据，当为小半径阳离子 $Mg^{2+}$、$Fe^{2+}$ 占据时，为歪曲的八面体，形成斜方角闪石，当为大半径阳离子 $Ca^{2+}$、$Na^+$ 等占据时，为八配位多面体，形成单斜角闪石。与辉石结构最主要的区别是，$OH^-$ 位于双链的活性氧组成的"六方环"中央，并与活性氧一起组成一层最紧密堆积层，两层相对的活性氧实际上为两层活性氧及 $OH^-$ 一起组成的两层最紧密堆积层，由此形成 $M_1M_2M_3$ 八面体链带；A 类阳离子位于惰性氧相对的双链之间，它主要用来平衡 $Al^{3+}{\rightarrow}Si^{4+}$ 所产生的剩余电荷，故它可为 $Na^+$、$K^+$、$H_3O^+$ 充填，亦可全部空着。

同样，可将两个双链相对所形成的 $M_1M_2M_3$ 八面体链带一起看成一个"I-束"，整个结构是由"I-束"沿 $a$ 轴排列而成，但角闪石的"I-束"比辉石的要宽。

如同辉石的晶体结构，角闪石晶体结构中同样会产生类似于辉石晶体中的 $[SiO_4]$ 四面体的畸变、旋转和阳离子配位多面体的变形等情况，堆积顺序和结构的变体也与辉石一样遵循相同的原理，在此不再详述。

### 3. 形态、物理性质

角闪石的晶体结构特征决定了角闪石族矿物具有平行 $c$ 轴方向延长的柱状、针状甚至纤维状晶形；均发育平行于 $\{110\}$（对于单斜角闪石）或 $\{210\}$（对于斜方角闪石）的完全解理，解理也是沿着双链间或"I-束"的间隙处产生，如图 21-40（c）所示。因为角闪石的双链比辉石的单链要宽，所以其解理面夹角相应地变为 $56°$ 和 $124°$［图 21-40（d）］；这是肉眼区分辉石族与角闪石族矿物的非常重要的依据之一。

角闪石族矿物的一些物理性质，如颜色、相对密度、折射率等随化学成分的变化而变化。如当成分中 Fe 含量增加时，其颜色加深，相对密度和折射率均增大。

### 4. 成因产状

岩浆成因的角闪石为中基性岩浆岩中的主要造岩矿物之一，也可以是一些花岗岩中的主要及次要矿物。火成岩中的部分角闪石可由先结晶的辉石与熔体反应形成。变质成因的角闪石族矿物广泛出现于低级基性变质岩和中高级区域变质岩（如角闪岩相、片麻岩、麻粒岩），以及接触变质岩中。

以下仅对角闪石族矿物的几种最常见矿物进行叙述。

# 斜方角闪石亚族

**直闪石（anthophylite）**

$(Mg,Fe)_7[Si_4O_{11}]_2(OH)_2$

【化学组成】 自然界纯镁端员未见报道。

【晶体结构】 斜方晶系；$D_{2h}^{16}$-$Pnma$；$a_0 = 1.850 \sim 1.860$ nm，$b_0 = 1.717 \sim 1.810$ nm，$c_0 = 0.523 \sim 0.527$ nm；$Z = 4$。

【形态】 晶体常呈柱状和板状，常见单形为斜方柱 $\{210\}$、平行双面 $\{100\}$、$\{001\}$。纤维状直闪石称直闪石石棉。

【物理性质】 白色、灰色或带绿色;玻璃光泽。解理 $\{210\}$ 完全,夹角为 $125°30'$。硬度为 $5.6\sim6$,相对密度为 $2.85\sim3.57$。

【成因及产状】 为某些结晶片岩的造岩矿物。

【鉴定特征】 形态、解理、颜色,产于结晶片岩中。

## 单斜角闪石亚族

### 镁铁闪石(anthophyllite)

$(Mg,Fe^{2+})_7[Si_4O_{11}]_2(OH)_2$

【化学组成】 Mg-Fe 间呈完全类质同象,有部分 Mn 的代替。在富 Mg 的端员中常见 Al 代替 Si,亦可有极少量 Ca 的代替。

【晶体结构】 单斜晶系;$C_{2h}^3-C2/m$;$a_0=0.950\sim0.956$ nm,$b_0=1.796\sim1.845$ nm,$c_0=0.530\sim0.534$ nm;$\beta=109°34'$;$Z=2$。

【形态】 晶体呈针状、纤维状,或呈纤维状集合体。常见单形有斜方柱 $\{011\}$、$\{110\}$ 及平行双面 $\{010\}$。依 $(100)$ 有聚片双晶。纤维状的变种称为铁石棉。

【物理性质】 深绿色到棕色,随着成分中 $Fe^{2+}$ 含量增加,则颜色变深;玻璃光泽,半透明到透明。解理 $\{110\}$ 完全,夹角为 $125°$ 及 $55°$。硬度为 $5\sim6$,相对密度为 $3.10\sim3.60$。

【成因及产状】 镁铁闪石主要产于区域变质形成的角闪岩中。在片岩及变粒岩中常与普通角闪石及斜长石共生。在变质岩中镁铁闪石是较早形成的矿物,其中常可包有斜方辉石。镁铁闪石的边缘则可见到绿色普通角闪石。

【鉴定特征】 形态、解理、颜色,产于区域变质岩及结晶片岩中。

### 透闪石(tremolite)—阳起石(actinolite)

$Ca_2Mg_5[Si_4O_{11}]_2(OH)_2-Ca_2(Mg,Fe^{2+})_5[Si_4O_{11}]_2(OH)_2$

【化学组成】 在透闪石-阳起石中 Mg、Fe 是完全类质同象替代系列,按照成分中端员组分的含量把这系列分成几个矿物亚种:$Ca_2Fe_5[Si_4O_{11}]_2(OH)_2$ 含量在 $0\sim20\%$ 者定为透闪石;其含量在 $80\%$ 以上者定为铁阳起石;其含量在 $20\%\sim80\%$ 者定为阳起石。成分中可有少量的 Na、K、Mn 代替 Ca,$F^-$、$Cl^-$ 代替 $OH^-$。

【晶体结构】 单斜晶系,$C_{2h}^3-C2/m$;晶胞参数随成分中含 Fe 量增加而增大:透闪石晶胞参数为:$a_0=0.984$ nm,$b_0-1.805$ mm,$c_0=0.528$ nm,$\beta=104°22'$;$Z=2$。阳起石晶胞参数稍大:$a_0=0.989$ nm,$b_0=1.814$ nm,$c_0=0.531$ nm;$\beta=105°48'$;$Z=2$。晶体结构特点见角闪石族概述。

【形态】 晶体细柱状,常见单形为斜方柱 $\{110\}$、$\{011\}$,平行双面 $\{010\}$。集合体常呈柱状、放射状、纤维状。有时可见致密隐晶的浅色块体。有时可以见到 $(100)$ 聚片双晶。阳起石形态上以放射状集合体为特征。

【物理性质】 透闪石为白色或灰色,阳起石为深浅不同的绿色。解理 $\{110\}$ 完全,解理夹角为 $56°$;有时可见 $(100)$ 裂开。硬度为 $5\sim6$。相对密度为 $3.02\sim3.44$,随铁含量而增加。

【成因及产状】 接触变质矿物,经常发育于石灰岩、白云岩与火成岩的接触带中。也产于结晶片岩及区域变质的泥质大理岩中。

【鉴定特征】　颜色、形态及解理。

【主要用途】　透闪石或阳起石的致密坚韧并具刺状断口的隐晶质块体称为软玉（nephrite），可作为玉石材料，用于雕刻工艺品。

### 普通角闪石（hornblende）

$Ca_2Na(Mg,Fe^{2+})_4(Al,Fe^{3+})[(Si,Al)_4O_{11}]_2(OH)_2$

【化学组成】　成分较其他角闪石族矿物复杂，类质同象种类多，在 A、X、Y 类阳离子均出现广泛的类质同象替代。

普通角闪石的成分也可看成是透闪石-阳起石系列引申出来的，即部分 Si 被 Al 替换的同时，相应地部分 Mg 为 Al 和 $Fe^{3+}$ 替换，并有 Na 的加入。

在普通角闪石中 Al 是以两种方式存在的，有时 K 的含量可以超过 Na。此外，常含 $TiO_2$。

【晶体结构】　单斜晶系；$C_{2h}^3$-C2/m；$a_0 = 0.979$ nm，$b_0 = 1.790$ nm，$c_0 = 0.528$ nm；$\beta = 105°31'$；$Z = 2$。晶体结构特点见角闪石族概述。

【形态】　常呈柱状晶体（图 21-41），横断面呈假六边形。双晶依｛100｝成聚片双晶。常呈细柱状、纤维状集合体。

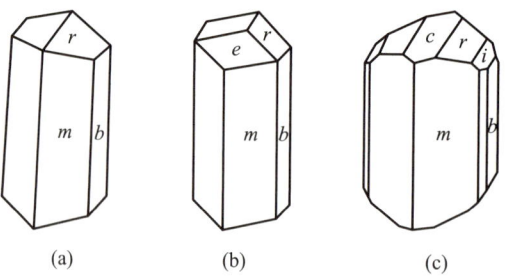

(a)　　　　　(b)　　　　　(c)

**图 21-41　普通角闪石晶体**

斜方柱：$m\{110\}$，$r\{011\}$，$i\{031\}$；平行双面：$b\{010\}$，$c\{001\}$，$e\{101\}$

【物理性质】　深绿色到黑绿色；条痕浅灰绿色；玻璃光泽。解理｛110｝完全，两组解理夹角为 124°或 56°；有时可见｛100｝裂开，是由聚片双晶影响所造成。硬度为 5~6。相对密度为 3.1~3.3。

【成因及产状】　与岩浆作用密切相关，是各种中、酸性侵入岩的主要组成矿物。在基性喷出岩中所见到的富含 $Fe_2O_3$ 和 $TiO_2$ 的普通角闪石变种，称为玄武角闪石。普通角闪石有时按辉石形成假象，称为假象纤闪石。

在区域变质作用产物中，是角闪岩、角闪片岩、角闪片麻岩的主要组成部分。

【标型】　普通角闪石中 $Mg$-$Fe^{2+}$ 在 $M_1$、$M_2$、$M_3$ 和 $M_4$ 位的占位率可以反应形成温度，大概的规律是 $Fe^{2+}$ 优先占据 $M_4$，$Mg$ 优先占据 $M_2$ 位，$M_1$ 和 $M_3$ 位的占位率相当；$Fe$ 在 $M_4$ 位越多，反应形成温度越低。角闪石与黑云母之间 $Mg$-$Fe^{2+}$ 交换及其分配系数 可以反应形成温度。

【鉴定特征】　颜色，柱状晶形，两组完全柱状解理。与普通辉石的区别主要是角闪石解理夹角为 124°或 56°，断面为菱形或近菱形。

### 蓝闪石（glaucophane）

$Na_2Mg_3Al_2[Si_4O_{11}]_2(OH)_2$

【化学组成】　是碱性角闪石的一种，其特点是 X 类（$M_4$）阳离子为 $Na^+$，Y 类阳离子中有 $Al^{3+}$。

该矿物组成成分不定，在其成分中还常含有 $Fe_2O_3$ 以及 $CaO$。

【晶体结构】　单斜晶系；$C_{2h}^3 - C2/m$；$a_0 = 0.954$ nm，$b_0 = 1.774$ nm，$c_0 = 0.529$ nm；$\beta = 103°40' \pm 1'$；$Z = 2$。

【形态】　晶体少见。常见单形为斜方柱$\{110\}$、$\{011\}$，平行双面$\{010\}$。可以见到依（100）成的聚片双晶。集合体常呈放射状、纤维状。

【物理性质】　灰蓝、深蓝至蓝黑色；条痕蓝灰色；玻璃光泽。解理$\{110\}$完全。硬度为 6~6.5。相对密度为 3.1~3.2。

【成因及产状】　变质成因矿物。是蓝闪石片岩、云母片岩等的特征矿物。

【标型】　蓝闪石是低温高压变质带的特征矿物，也是"板块构造"俯冲带靠大洋一侧低温高压变质带的特征矿物。

【鉴定特征】　放射柱状形态，灰蓝至暗蓝色，产于结晶片岩中。

## 角闪石族石棉

自然界的石棉主要有两类：一类叫蛇纹石石棉，也叫作温石棉（将在下面章节中介绍）；一类叫作角闪石石棉。呈纤维状的角闪石族矿物，统称为角闪石石棉。也有人将富 Na 的称为碱性角闪石石棉，将透闪石、阳起石石棉称为狭义的角闪石石棉。自然界中质量好的石棉多为碱性角闪石石棉，尤其是高铁钠闪石石棉（也称青石棉或蓝石棉）$NaMg_2Fe_4^{2+}Fe^{3+}[Si_4O_{11}]_2(OH)_2$，$Na^+$ 含量最高，因为双链间以低电价大半径的阳离子 $Na^+$、$K^+$ 联结时，联系力弱，易于劈分（即可分的单根或纤维很细），形成纤维长、劈分性好、质地柔软、抗拉强度大、耐碱、耐高温的高质量石棉。角闪石石棉与普通角闪石的晶体结构无明显区别，但却包含更多的结构缺陷，这些缺陷可能是因纤维的快速生长所造成，但不能解释石棉的强度和柔软性。研究表明：角闪石石棉的表面结构比角闪石晶体的正常结构更强。因此，表面结构也许是决定角闪石石棉的高强度及柔软性的重要原因。

石棉一般沿裂隙生长或交代充填而成，形成时的地质、物理化学条件越稳定、成分越纯、结晶度越高，则石棉质量越好。纵向纤维（即平行裂隙生长的纤维）虽然纤维长，但形成条件不如横向纤维（垂直于裂隙生长的纤维）稳定，易受外部环境影响，因而没有横向纤维质量好。

角闪石石棉是仅次于绿蛇纹石石棉的最重要的石棉工业来源，其主要工业应用有：纺织工业、水泥工业、石棉纸、过滤剂、电木和绝缘体材料等。

## 夕 线 石 族

双链硅酸盐矿物除角闪石族外，常见的还有夕线石族。

**夕线石（sillimanite）**

$Al[AlSiO_5]$

是红柱石、蓝晶石的同质多象变体。

【化学组成】　成分比较稳定,常有少量的类质同象混入物 $Fe^{3+}$ 代替 Al,有时有微量的 Ti、Ca、Mg 和碱等混入物。

【晶体结构】　斜方晶系;$D_{2h}^{16}-Pbnm$;$a_0 = 0.743$ nm,$b_0 = 0.758$ nm,$c_0 = 0.574$ nm;$Z = 4$。晶体结构中存在着 $[SiO_4]$ 和 $[AlO_4]$ 两四面体沿 c 轴交替排列的双链 $[AlSiO_5]^{3-}$。具体的晶体结构描述见岛状结构硅酸盐的红柱石族部分。

【形态】　晶体呈长柱状或针状。在 [001] 晶带的柱面上具有条纹。集合体呈放射状或纤维状。有时呈毛发状在石英、长石晶体中作为包裹体存在。夕线石的这种针状晶形与其结构中存在 $[SiO_4]$ 和 $[AlO_4]$ 双链和 $[AlO_6]$ 八面体链有关。

【物理性质】　白色、灰色或浅绿、浅褐色等;玻璃光泽。{010} 解理完全,此解理面平行结构中的双链。硬度为 6.5~7.5。相对密度为 3.23~3.27。

热分析:加热到 1 545 ℃,夕线石转变为莫来石和石英。莫来石是一种重要的陶瓷材料,它的结构与夕线石一样,但有多余的 Al→Si 进入四面体双链中,为使电价平衡,产生一些 $O^{2-}$ 缺席,即莫来石的化学式为 $Al_{4+2x}Si_{2-2x}O_{10-x}$,x 为 $O^{2-}$ 缺席数。

电子教案 21-4
硅酸盐 04:
层状类

【成因及产状】　变质矿物,在高温接触变质带中的铝质岩中产出。如北京周口店之西北,二叠纪红庙岭砂岩之泥质胶结物经与花岗岩接触热变质后形成夕线石。

在区域变质作用中,作为早期形成矿物,夕线石也见于结晶片岩、片麻岩中。

【鉴定特征】　棒状、针状晶形,在接触变质带和变质岩中产出。

【主要用途】　主要为制造高铝耐火材料和耐酸材料,用于技术陶瓷、内燃机火花塞的绝缘体及飞机、汽车、船舰部件用的硅铝合金。

# 七、第三亚类　层状结构硅酸盐

## （一）晶体结构特征

### 1. 四面体片与八面体片

在本亚类矿物的晶体结构中,$[SiO_4]$ 四面体分布在一个平面内,彼此以 3 个角顶相连,从而形成二维延展的网层(最常见的为六方形网),称四面体片,以字母 T 表示。在四面体片中,每一个四面体只有一个活性氧(或端氧)。活性氧通常指向同一方向,从而形成一个也按六方网格排列的活性氧平面,羟基($OH^-$) 位于六方网格中心,与活性氧处于同一平面上,见图 21-42(a)。

上下两层四面体片以活性氧(及羟基)相对,并相互以最紧密堆积的位置错开叠置[错开位移为 $(1/3)a_0$],在其间形成了八面体空隙,其中为六配位的 Mg、Al 等充填,配位八面体共棱联结形成了八面体片,以字母 O 表示[见图 21-42(b)]。有时八面体片系由一个四面体片的活性氧(及羟基)与另一层羟基组成[见图 21-42(d)]。

### 2. 三八面体型结构和二八面体型结构

在四面体片与八面体片相匹配中,$[SiO_4]$ 四面体所组成的六方环范围内有 3 个八面体与之相适应。当这 3 个八面体均为 +2 价离子(如 $Mg^{2+}$)占据时,所形成的结构为三八面体型

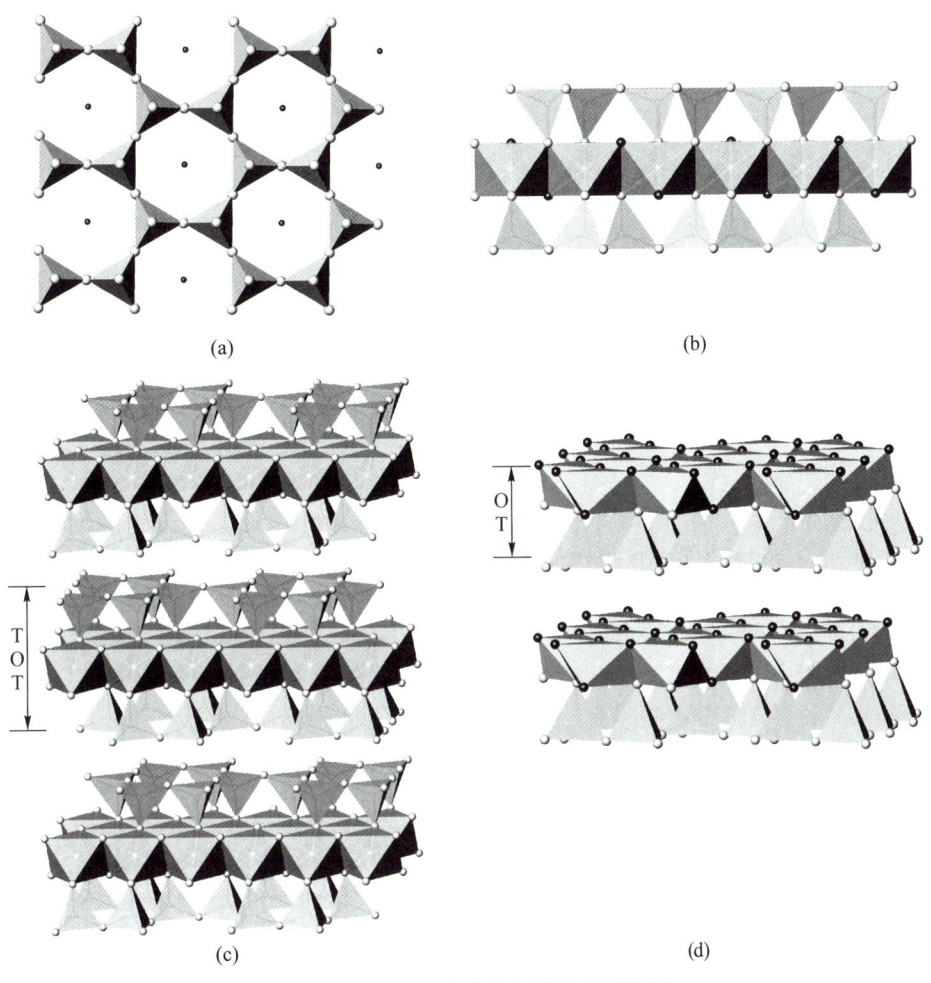

图 21-42 层状硅酸盐结构的各种结构层

（引自何涌、雷新荣，2008）

（a）四面体片（T）；（b）两层四面体的活性氧组成的八面体片（O）；（c）结构单元层 TOT 型；（d）结构单元层 TO 型

结构［图 21-43（a）］，意指 3 个八面体全部充满；若其中充填的为+3 价阳离子（如 $Al^{3+}$），为使电价平衡，这 3 个八面体将只有两个为离子充填，有一个空着，这种结构称为二八面体型结构［图 21-43（b）］，意指只充满了 2/3 的八面体。若 2 价离子和 3 价离子同时存在，则可形成过渡型结构。

### 3. 结构单元层的基本类型

四面体片（T）与八面体片（O）组合，形成更大一级的单位层，并以此单位层周期性叠堆起来形成整个层状结构，这一单位层叫作结构单元层。它有两种基本类型：

（1）1：1 型（TO 型）：由一个四面体片（T）和一个八面体片（O）组成。如高岭石结构［见图 21-42（d）］。

（2）2：1 型（TOT 型）：由两个四面体片（T）夹一个八面体片（O）组成。如滑石结构［见图 21-42（c）］。

### 4. 层间域

结构单元层在垂直网片方向周期性地重复叠置构成层状结构的空间格架，而在结构单元

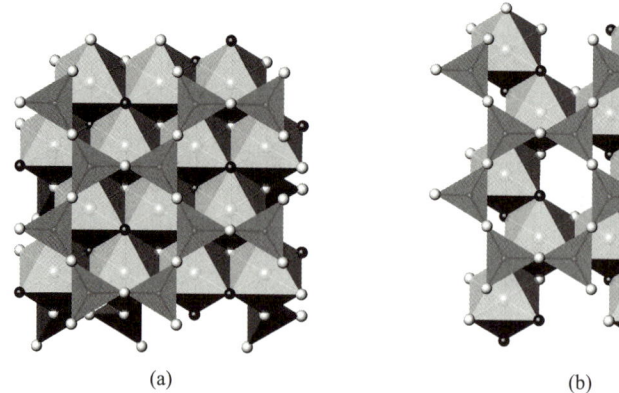

**图 21-43 三八面体型与二八面体型结构**

（引自何涌、雷新荣，2008）

（a）三八面体型；（b）二八面体型

层之间存在的空隙称层间域。若结构单元层内部电荷已达平衡，则在层间域中无须其他阳离子存在，也很少吸附水分子或有机分子，如高岭石、叶蜡石等矿物的结构；若结构单元层内部电荷未达平衡，即尚具有一定的层电荷，则导致在层间域中有一定量的阳离子，如 $Na^+$、$K^+$、$Ca^{2+}$ 等充填，还可以吸附一定量的水分子或有机分子，如云母、蒙脱石等矿物的结构。层间域中有无离子、不同离子的存在或分子吸附，将大大地影响矿物的物理性质（如硬度、解理、弹性、离子交换性等）及晶胞参数，因此，层间域是层状硅酸盐矿物中一个重要的研究方面。

综上所述，我们可以将层状硅酸盐矿物的结构表示为如图 21-44 的简化形式。从图 21-44 可见，层状硅酸盐的结构形式，特别是 TOT 型结构形式，与辉石和闪石中的"I-束"很相似，但层状结构中"I-束"已变成无穷宽而形成层状。尽管如此，它们在结构特性上还是有许多相似之处的，而且，还存在三链、四链状结构矿物，因此，我们可以将单链、双链、多链、层状结构看成"I-束"结构从窄到无穷宽的演化系列。

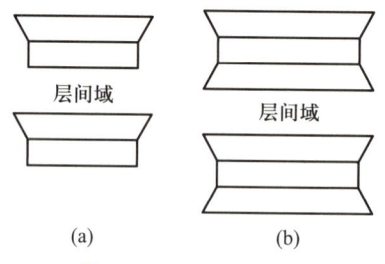

**图 21-44 层状硅酸盐结构的简化图**

（a）TO 型；（b）TOT 型

与辉石、闪石一样，层状硅酸盐结构中也存在四面体片与八面体片相互匹配时发生旋转、翘曲、变形等，例如叶蛇纹石的交替反向波状弯曲结构（见图 21-10）。

### 5. 多型性、间层（混层）矿物

本亚类矿物由于结构单元层叠置方式不同，常可构成多型，以云母矿物多型为例说明如下。云母结构单元层为 TOT 型，在这一结构单元层内两 T 层的活性氧要位移 $a_0/3$ 矢量才成最紧密堆积层，即形成 O 层，这一矢量的方向在不同的单元层中可以相对旋转 0° 或 60° 的整数倍（60°、120°、180°、240°、300°），从而形成云母的不同多型变体[①]。云母常见多型有 6 种，见图 21-45，图中的小箭头代表结构单元层内两 T 层的位移矢量方向。同一多型中不同方向的小箭

---

[①] 云母多型中，层堆积时的位移矢量可以是单元层内两 T 层活性氧之间位移矢量，也可以是单元层的底面（惰性氧）之间的位移矢量。如果是两种矢量同时出现，就导致云母多型复杂化。本教材只考虑单元层内两 T 层活性氧之间位移。

头分别代表了晶体结构中沿 $c$ 轴堆叠的结构单元层中这一位移矢量方向的变化规律。例如：$1M$ 多型中，相互堆积的结构单元层中这一位移矢量方向不变，只沿 $a$ 轴位移，重复层数为 1，具单斜对称；$2O$ 多型中堆积的结构单元层中这一位移矢量方向为反向交替变化，重复层数为 2，具斜方对称；$3T$ 多型中，位移矢量方向相继为 $0°$、$120°$、$240°$，重复层数为 3，具三方对称。其他各多型依此类推。需指出的是，各多型间 $a_0$、$b_0$ 基本不变，但 $c_0$ 呈整数倍变化，这与重复层数有关。

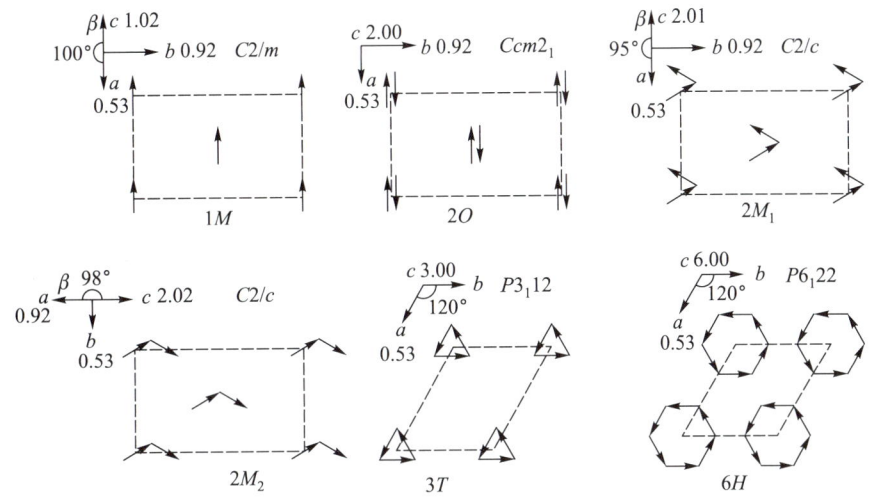

**图 21-45 云母的 6 种简单多型 ( 虚线代表单位晶胞 )**

( 据 Smith 和 Yoder，1956；引自潘兆橹，1993 )

此外，由于结构单元层底面的相似性，还可导致不同层状矿物间的结构单元层（或晶层）相互连生、堆叠，形成混层矿物或间层矿物（mixed-layer mineral）。混层矿物分为规则混层和不规则混层两种类型。对规则混层矿物，可作为另一矿物种重新命名。到目前为止，被国际黏土研究协会（AIPEA）确认的规则混层矿物只有 6 种，即滑皂石（滑石–三八面体蒙皂石 1:1 混层）、柯绿泥石（三八面体绿泥石–三八面体蒙皂石，或三八面体绿泥石–三八面体蛭石的 1:1 混层）、滑绿石（滑石–三八面体绿泥石 1:1 混层）、累托石（二八面体云母–二八面体蒙皂石 1:1 混层），云蒙石（云母–蒙皂石 3:1 混层）、羟硅铝石（二八面体绿泥石–蒙皂石 1:1 混层）。除规则混层外，还有不规则混层，即两矿物晶层无规律地堆叠在一起。这种不规则混层矿物不作另一种矿物种命名。

同种矿物不同多型之间也可混层连生，但不称为混层矿物。

## （二）形态及物理性质

本亚类矿物的形态和许多物理性质常与其层状结构密切相关。

形态上，多呈单斜晶系，假六方板、片状或短柱状。

物理性质上，一般具一组极完全的底面解理；低的硬度；薄片具弹性或挠性，少数具脆性；相对密度较小。玻璃光泽，珍珠光泽。

此外，还有一些特殊的物理性质，如吸附性、离子交换性、吸水膨胀性、加热膨胀性、可塑性、烧结性等，这些性质赋予层状硅酸盐矿物特殊的工业应用价值，特别是当它们以黏土粒级产出时，称黏土矿物（clay mineral），工业应用广泛。

黏土矿物的概念并不固定，一般是指在地表稳定的、由原生矿物风化等地质作用形成的粒度小于 $2~\mu m$ 的次生层状硅酸盐矿物。由于它们颗粒细微、比表面积巨大和存在特征的结构层间域等，具有吸附性、膨胀性、可塑性和离子交换等特殊性能。另外，结构越无序、缺陷越多、颗粒越细，其活性越好，所以，采取各种方法"破坏"结构，制造晶格缺陷，增加矿物的细度和比表面积，已成为黏土矿物深加工的重要课题。黏土矿物在地表广泛存在，所以，黏土矿物的研究在与地表有关的各类学科（如环境地质、工程地质、农业及土壤学、古气候研究等）中发挥着越来越重要的作用。

## （三）成因及产状

层状结构硅酸盐矿物可以在各种地质作用中形成，但以表生条件最为有利并具有较大的稳定性，它们是黏土、页岩和土壤的主要组成部分。内生作用中也可有层状硅酸盐矿物形成，如云母、蛇纹石等。

## （四）分类

图 21-46 是层状硅酸盐矿物按照结构特点和层间域内容进行的分类图示。

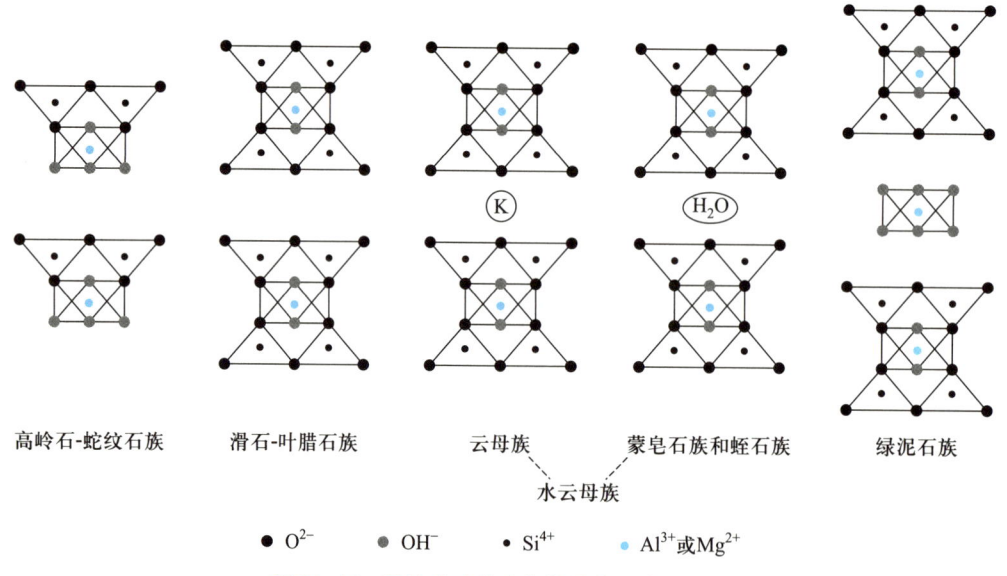

图 21-46　层状硅酸盐矿物的结构和成分分类

## 高岭石—蛇纹石族

本族为 TO 型，层间无阳离子。分为高岭石亚族和蛇纹石亚族。

高岭石亚族矿物根据层堆垛特点、层间物的不同，可分为高岭石、迪开石、珍珠石、埃洛石等。前 3 者结构层为平面延伸，无层间物，由于不同的层堆垛造成不同的变种或种，按常规观点，它们是同一矿物的不同多型，并不需单独命名，但由于历史原因，这 3 个矿物名同时并存且沿用至今(表 21-6);埃洛石(或称多水高岭石、叙永石)层间含有或多或少的水分子,具有卷曲的球状或管状结构,即八面体片在内、四面体片在外的单元层卷曲结构(类似于蛇纹石)。高岭土指的是一种以高岭石亚族矿物为主要成分、质地纯净的细粒黏土。

以下仅叙述高岭石。

**高岭石(kaolinite)**

$Al_4[Si_4O_{10}](OH)_8$

高岭石名称来自我国江西景德镇的高岭(山名),因该地所产的高岭石质地优良,在国内外久享盛名。

【化学组成】 $Al_2O_3$ 41.20%,$SiO_2$ 48.00%,$H_2O$ 10.80%。常有少量的 Mg、Fe、Cr、Cu 等代替八面体配位中的 Al。Al、$Fe^{3+}$ 代 Si 的数量通常很低。碱及碱土金属元素多为机械混入物。

【晶体结构】 常见多型为 $1Tc$ 型,三斜晶系;$C_i^1$-$P1$;$a_0$ = 0.154 nm,$b_0$ = 0.893 nm,$c_0$ = 0.737 nm;$\alpha$ = 91°48′,$\beta$ = 104°42′,$\gamma$ = 90°;$Z$ = 1。结构属 TO 型,二八面体型。层间域没有阳离子或水分子存在,氢键(O—OH)键长为 0.289 nm 加强了结构层之间的联结[见图 21-42(d)]。

在实际的高岭石结构中,由于八面体片($a_0$ = 0.506 nm,$b_0$ = 0.862 nm)与[$SiO_4$]四面体片($a_0$ = 0.514 nm,$b_0$ = 0.893 nm)的大小不完全相同,因此,四面体片中的四面体必须经过轻度的相对转动和翘曲才能与八面体片相适应。

表 21-6 高岭石的多型

| 多型名称 | 空间群 | $a_0$/nm | $b_0$/nm | $c_0$/nm | $\beta$/(°) |
|---|---|---|---|---|---|
| 高岭石 $1Tc$ | $P1$ | 0.514 | 0.893 | 0.737 | 104.8 |
| 高岭石 $1M$ | $Cm$ | 0.514 | 0.893 | 0.72 | |
| 高岭石 $2M_1$(迪开石) | $Cc$ | 0.515 | 0.894 | 1.474 | 103.58 |
| 高岭石 $2M_2$(珍珠石) | $Cc$ | 0.891 | 0.515 | 1.570 | 113.70 |

资料来源:引自潘兆橹,1993。

【形态】 多为隐晶质致密块状或土状集合体。在电镜下呈平行于(001)的假六方板状、半自形或他形片状晶体,集合体为鳞片状,通常鳞片大小为 0.2~5 μm,厚度为 0.05~2 μm。结晶有序度高的 $2M_1$ 型高岭石鳞片可达 0.1~0.5 μm,结晶有序度高的 $2M_2$ 型鳞片可达 5 mm。

【物理性质】 纯者白色,因含杂质可染成深浅不同的黄、褐、红、绿、蓝等各种颜色;致密块体呈土状光泽或蜡状光泽。{001}极完全解理。硬度为 2.0~3.5。相对密度为 2.60~2.63。土状块体具粗糙感,干燥时具吸水性(黏舌),湿态具可塑性,但不膨胀。阳离子交换性能差,只能由颗粒边缘的破键而引起微量交换。

【成因及产状】 高岭石是黏土矿物中分布最广、最主要的组成之一。主要是富含铝硅酸盐的火成岩和变质岩,在酸性介质的环境里,经受风化作用或低温热液交代变化的产物。如钾长石风化而生成高岭石的作用可用反应式表示如下:

$$4K[AlSi_3O_8]+4H_2O+2CO_2 \longrightarrow Al_4[Si_4O_{10}](OH)_8+8SiO_2+2K_2CO_3$$

【鉴定特征】 致密土状块体易于以手捏碎成粉末,黏舌,加水具可塑性。灼烧后与硝酸钴作用呈 Al 反应(蓝色)。也可根据差热曲线和热失重曲线精确鉴定。

【主要用途】 高岭石自古以来就被应用于陶瓷工业,它是陶瓷制品的最基本原料,主要利用的是它的可塑性(在陶瓷坯体中易成型)、烧结性(在加热过程中易熔物产生液相充填于未熔颗粒空隙中，使气孔率下降而致密、坚硬）、耐高温性、呈洁白色等性能。此外，在电器、建材、日用品及橡胶、造纸业等工业也有广泛应用。高岭石的粒度对其工艺性能有很大影响，粒度越细，可塑性越好，越易烧结。如纸张涂布、高光洁油漆、油墨、特种陶瓷和橡胶用的一级涂布高岭石黏土，其粒度小于 2 μm 的部分不应低于80%。高岭石还是我国四大印章石中昌化石和巴林石的主要矿物成分。

蛇纹石亚族矿物与高岭石亚族矿物的区别为，其八面体片为三八面体型。

蛇纹石亚族包括5个主要的同质多象变体，分别称为正-、斜-、副-纤蛇纹石，利蛇纹石和叶蛇纹石，它们的结构差异主要在于为协调四面体片与八面体片而实现的不同结构变形，它们的区别是很难的。以下仅叙述统称蛇纹石的特性。

### 蛇纹石（serpentine）

$Mg_6[Si_4O_{10}](OH)_8$

【化学组成】 MgO 43.60%，$SiO_2$ 43.40%，$H_2O$ 13.00%。代替 Mg 的有 Fe、Mn、Cr、Ni、Al 等，从而可以形成相应的成分变种。

【晶体结构】 主要为单斜晶系；$Cm$ 或 $C2/m$；$a_0 = 0.53$ nm，$b_0 = 0.92$ nm，$c_0 = n \times 0.73$ nm（$n$ 为不同多型中的重复层数）；$\beta = 90° \sim 93°$；$Z = 2$。为 TO 型的三八面体型结构。具体的结构及晶胞参数是依不同的同质多象（或多型）变体而异的。

在蛇纹石结构中，理想的四面体片在 $b$ 轴方向单位长度 $b_{四面体} = 0.915$ nm，理想的八面体片在 $b$ 轴方向单位长度 $b_{八面体} = 0.945$ nm，即 $b_{八面体} > b_{四面体}$；而 $b = \sqrt{3}a$，即 $a$ 轴方向也有差异。克服八面体片与四面体片的这种不协调性，有 3 种基本方式：

（1）在八面体片中以半径较小的 $Al^{3+}$、$Fe^{3+}$ 等代替半径较大的 $Mg^{2+}$；在四面体片中以半径较大的 $Al^{3+}$、$Fe^{3+}$ 代替半径较小的 $Si^{4+}$，从而形成利蛇纹石，其结构层呈平坦的板状。

（2）使八面体片和四面体片交替反向波状弯曲，从而形成叶蛇纹石（图 21-10）。

（3）采取四面体片在内、八面体片在外的结构单元层卷曲，从而形成纤蛇纹石（图 21-52）。

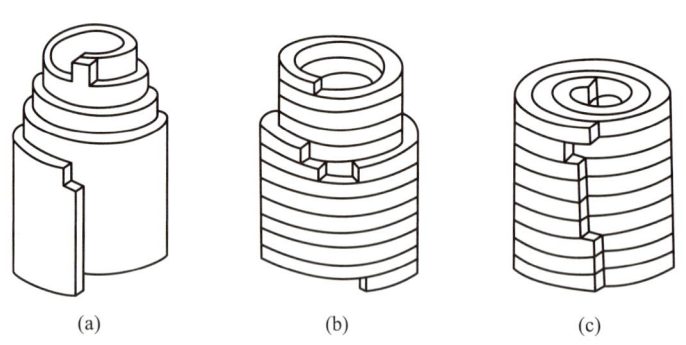

(a)　　　　　　(b)　　　　　　(c)

**图 21-47　纤蛇纹石的卷曲结构**

（引自潘兆橹，1993）

上述 3 种方式也可以混合出现。

【形态】 叶片状、鳞片状，通常呈致密块状。在致密块状中因干燥龟裂形成裂缝而在裂缝中形成纤维状蛇纹石。这种纤维状者称蛇纹石石棉，亦称温石棉。为什么蛇纹石是层状结构却能形成纤维状呢？这归因于蛇纹石的结构单元层的卷曲结构，每一根纤维就是一根卷曲管道（图 21-47）。

【物理性质】　深绿、黑绿、黄绿等各种色调的绿色,并常呈青、绿斑驳如蛇皮。铁的代入使颜色加深、密度增大。油脂或蜡状光泽,纤维状者呈丝绢光泽。硬度为 2.5~3.5。相对密度为 2.2~3.6。除纤维状者外,解理{001}完全。

【成因及产状】　蛇纹石的生成与热液交代(约相当于中温热液)有关,富含 Mg 的岩石如超基性岩(橄榄岩、辉石岩)或白云岩经热液交代作用可以形成蛇纹石。在夕卡岩化作用的后期往往有蛇纹石生成。反应式为:

$$3Mg_2[SiO_4]+4H_2O+SiO_2 \longrightarrow Mg_6[Si_4O_{10}](OH)_8$$

$$6CaMg[CO_3]_2+4H_2O+4SiO_2 \longrightarrow Mg_6[Si_4O_{10}](OH)_8+6CaCO_3+6CO_2$$

纤维蛇纹石(石棉),是由于蛇纹石胶凝体干缩而产生裂隙时逐渐生成的,纤维常与脉壁垂直(称横纤维),但也有少数与裂隙平行(称纵纤维)。我国四川石棉县所产的纵纤维,因纤维最长可达 2 m 以上而闻名于世界。

【鉴定特征】　根据其颜色、光泽、较小的硬度、纤维状或块状形态及产状加以识别。蛇纹石矿物之间的区别较困难,只有通过扫描电镜、X 射线法、热分析、光性鉴定来进一步精确确定。

【主要用途】　石棉状蛇纹石(叫作温石棉)的抗拉强度比角闪石石棉高,很多有机纤维和无机纤维的抗拉强度都不及蛇纹石石棉,尤其在高温下,蛇纹石石棉仍能保持其相当好的强度,是其突出的优点。一般来说,横棉比纵棉好,成分越纯性能越好。因而蛇纹石石棉可广泛地用于建筑、化工、医药、冶金等部门。

对于非石棉状蛇纹石,也可利用其耐热、隔声、质轻等特点,制成不吸收水分、不燃烧、热绝缘性好、热容量大的高强特种材料。还可用于建筑石料及玉雕,如岫玉(成分主要是蛇纹石)为我国著名的玉石品种。

# 云　母　族

所有云母族矿物晶体结构都为 TOT 型,由于 T 层中有 Al→Si,结构单元层内电荷未平衡,因此,层间域中有大阳离子 $K^+$、$Na^+$ 等,八面体片中根据占位的阳离子种类不同可分为三八面体型、二八面体型。

由此可分如下亚族:

白云母亚族(二八面体型)

白云母 $K\{Al_2[AlSi_3O_{10}](OH)_2\}$

海绿石 $(K,Na)(Al,Fe^{3+},Mg)_2[(Al,Si)_4O_{10}](OH)_2$

黑云母亚族(三八面体型)

黑云母 $K\{(Mg,Fe)_3[AlSi_3O_{10}](OH)_2\}$

金云母 $K\{Mg_3[AlSi_3O_{10}](OH)_2\}$

锂云母亚族(三八面体型)

锂云母 $K\{Li_{2-x}Al_{1+x}[Al_{2x}Si_{4-2x}O_{10}](F,OH)_2\}$,其中 $x=0\sim0.5$

铁锂云母 $K\{LiFeAl[AlSi_3O_{10}](F,OH)_2\}$

晶体化学通式:$X\{Y_{2-3}[Z_4O_{10}](OH)_2\}$,中括号内为硅氧骨干,大括号内为结构单元层。

Z 组阳离子为四面体配位,以 $Si^{4+}$、$Al^{3+}$ 为主,一般 $N_{Si}:N_{Al}=3:1$。少数情况下有 $Fe^{3+}$ 存在。Y 组阳离子为八面体配位,主要是 $Al^{3+}$、$Fe^{2+}$、$Mg^{2+}$,还有 $Li^+$ 以及少量的 $V^{3+}$、$Cr^{3+}$、$Zn^{2+}$、$Mn^{2+}$、$Ti^{4+}$ 等。X 组阳离子位于结构单元层之间,以平衡层电荷,主要是大阳离子 $K^+$,为 12 配位,有时有 $Na^+$、$Ca^{2+}$、$Rb^+$、$Cs^+$ 等。附加阴离子 $OH^-$ 可被 $F^-$、$Cl^-$ 代替。

在云母结构中,不同的阳离子充填八面体会引起对称性变化,不同多型变体也会引起对称性变化。阳离子八面体层与 $[SiO_4]$ 四面体层也有相互调整以相互适应的现象。

所有云母形态上都为假六方板、片状,细者为鳞片状,大者面积可达几平方米,也可呈柱状。双晶常见,有 3 种双晶律,见表 21-7。

表 21-7　云母常见双晶律

| 双晶律名称 | 双晶面和双晶轴(相互垂直)[a] | | 双晶接合面 |
|---|---|---|---|
| 云母律 | 双晶面{110} | 双晶轴[130] | {001} |
| 暂无名 | 双晶面{130} | 双晶轴[110] | {130}或{001} |
| 绿泥石律 | 双晶面{001} | 双晶轴垂直{001} | {001} |

[a] 为了保证严格垂直,有些双晶面和双晶轴是高指数面和轴,但这些高指数面和轴接近于{130}、{110}、{130}和[110]。

因为云母的晶胞参数中,$b_0 \approx \sqrt{3} a_0$,所以(110)与($1\bar{1}0$)夹角近于 120°,(130)与($1\bar{3}0$)夹角近于 60°,(110)与(010)之间夹角近于 120°。这样就导致:云母的单晶体近似于一个正六边形,云母的双晶可以形成三-六方对称的三联晶。图 21-48 展示了云母单晶体形态、{110}为双晶面和双晶接合面的三联晶、{130}为双晶面和双晶接合面的三联晶。并且,{110}为双晶面的三联晶中相当于各单体之间旋转 120°,{130}为双晶面的三联晶中相当于各单体之间旋转 60°。如果双晶是以(001)为接合面,就相当于将云母单晶体片各旋转 60°或 120°后再沿着 $c$ 轴方向堆叠起来。这样的堆叠方式与云母的多型类似,只不过多型堆叠的是结构单元层,而双晶堆叠的是云母单晶体片。

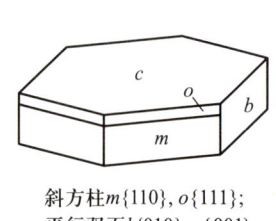

斜方柱 $m${110}, $o${111};
平行双面 $b${010}, $c${001}

(a)

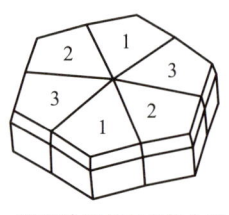

{110}为双晶面和接合面　　{130}为双晶面和接合面

(b)

图 21-48　云母单晶(a)与双晶(b)

(据 Zhao SR 等,2019)

表 21-7 中的 3 种双晶律的双晶轴是互相垂直的,所以这 3 种双晶律可以相互复合形成复合双晶(类似于卡-钠复合双晶)。当两个三联晶再以另外一种双晶律接合时,就会产生六联晶,其中包含上述 3 种双晶律(Zhao S R 等,2019)。

物理性质:硬度为 2~3;相对密度为 2.7~3.1;解理{001}极完全,{110}、{010}不完全;玻璃光泽、珍珠光泽,颜色依成分各异;解理片有弹性,硬度稍大(比滑石大)及解理片的弹性都与层间域中有大阳离子 $K^+$、$Na^+$ 有关。此外,云母解理片上还可有打像和压像现象,以钝

针置云母 {001} 解理面上,以锤猛击之,则可得打像裂纹 3 组,呈六方放射状,间角约为 60°,打像裂纹有 2 组与 {001} 和 {110} 的交棱接近平行,另一组与 {010} 平行而且最长(为 $a$ 轴方向)。云母打像裂纹是沿着云母两个不完全解理方向产生的。在同样情况下如用圆头棒压之可获得压像,压像的六射裂纹与打像裂纹相互垂直(图 21-49)。打像和压像可反映出云母的单斜对称特点。

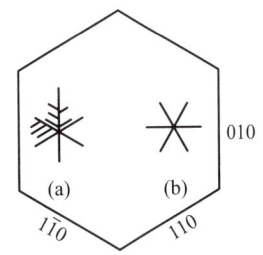

图 21-49　云母的打像与压像
(引自潘兆橹,1993)
(a) 打像; (b) 压像

云母族矿物在地壳中分布很广泛,约占地壳总质量的 3.8%,能在岩浆作用、沉积作用和变质作用条件下形成。

值得指出的是,天然云母由于其含杂质等因素而往往不能满足工业要求,人工合成云母在许多方面都优于天然云母。合成云母研制已有一百多年的历史,其中只有氟金云母 $KMg_3[AlSi_3O_{10}]F_2$ 较易生长成大晶体,因此对它的研究也最多。合成云母因质地纯而且电性能稳定,且不含 $OH^-$,因而它的高温热稳定性比天然云母好,等等。

在以上共同特点的基础上,云母族中几个重要矿物种特点如下:

**白云母(muscovite)**

$K\{Al_2[AlSi_3O_{10}](OH)_2\}$

【化学组成】　$K_2O$ 11.80%,$Al_2O_3$ 38.40%,$SiO_2$ 45.30%,$H_2O$ 4.50%。类质同象代替较广泛,常见混入物有 Ba、Na、Rb、$Fe^{3+}$、Cr 等,形成多种成分变种。如钡云母、铬云母;当 $N_{Si}:N_{Al}>3:1$,称多硅白云母。

绢云母(sericite)为极细鳞片状的白云母变种,是在一定温度条件下形成的非水化和弱水化的双折射率高的细鳞片状云母,强水化的低双折射率的矿物则归属于水云母族。绢云母的特征是 K 和 $H_2O$,以及 Al、Si、Mg 和 Fe 的含量变化相当大,光学性质和其他性质也有明显改变。由于这些情况,在文献中,绢云母常常有"细鳞片状钾云母""细分散状浅色云母"和"细鳞片状白云母"这样的名称。

【晶体结构】　单斜晶系;$C_{2h}^6 - C2/c$;$a_0 = 0.519$ nm,$b_0 = 0.900$ nm,$c_0 = 2.010$ nm;$\beta = 95°11'$;$Z = 4$。TOT 型,二八面体型,常见多型为 $2M_1$ 型。

【形态、物理性质】　见云母族共性描述。但颜色从无色到浅彩色多变,是由类质同象混入物引起。

【成因及产状】　主要出现于酸性岩浆岩——白云母花岗岩、二云母花岗岩及其伟晶岩中;在中性的正长岩和闪长岩中比较少见。产于花岗伟晶岩中的白云母,常形成工业价值较大的晶体。此外,还常出现在云英岩、变质片岩及片麻岩中。

绢云母多分布于浅变质岩中,如云母结晶片岩、云母石英片岩,还有少量产于沉积岩中。钾长石和斜长石受动力或热液作用时,K 和 Al 即可以析出,并在适宜的物理化学条件下形成绢云母,这一过程称为绢云母化(sericitization)。

在变质岩中白云母(绢云母)分布广泛,如白云母结晶片岩、含绢云母千枚岩及含白云母的石英岩等。它是黏土质岩石在较高温度和 $K^+$ 参与作用下形成的,如高岭石转变为白云母的化学反应:

$$3Al_4[Si_4O_{10}](OH)_8 + 2K_2O \longrightarrow 4K\{Al_2[AlSi_3O_{10}](OH)_2\} + 8H_2O$$

在强烈的风化条件下,白云母可转变为水白云母和高岭石。

【标型】　白云母中的 Si 含量与形成压力成正相关；多硅白云母是高压变质的特征矿物；多硅白云母与石榴子石之间 $Mg-Fe^{2+}$ 交换及其分配系数可以反应形成温度。

白云母中 $^{40}K$ 是放射性同位素，可衰变形成 $^{40}Ar$，因此是 K-Ar 法地质年龄测定的理想矿物。另外，白云母中 $K^+$ 和 $Rb^+$ 的离子半径相似，$Rb^+$ 可以替代 $K^+$ 进入白云母的晶格，而 $Sr^{2+}$ 则由于自身化合价及离子半径原因很难进入白云母晶格，因此白云母具有较高的 Rb/Sr 比值，从而也成为 Rb-Sr 同位素定年的理想矿物。

【鉴定特征】　白色、片状、极完全解理、解理片为珍珠光泽且具弹性。

【主要用途】　白云母绝缘性能极好（但其绝缘强度明显地受到包体杂质的影响，铁质斑点的存在会使绝缘强度大大降低），耐热性良好（在 100~600 ℃时，能保持其一系列优良物理性能），化学性能稳定（难溶于酸，碱对白云母几乎不起作用），有抗各种射线辐射的性能，并有良好的防水防潮性。因此，白云母主要用于电器工业、电子工业和航空航天等尖端科技领域。

云母在开采、选矿和加工过程中的碎片下脚料及天然小片云母的开发应用，目前已取得很大进展。各种粒级的云母粉在砖料、油漆、织品颜料等各方面作填料、混合料，可大大改变制品的抗冻、密实度等性能。云母粉和玻璃粉混合可制成云母陶瓷。还可制成云母纸，在电气、电子工业上已得到广泛运用。

### 黑云母（biotite）—金云母（phlogopite）

$K\{(Mg,Fe)_3[AlSi_3O_{10}](OH)_2\}-K\{Mg_3[AlSi_3O_{10}](OH)_2\}$

【化学组成】　黑云母和金云母构成一个 Mg-Fe 间的完全类质同象系列，当 $N_{Mg}:N_{Fe}<2:1$ 时为黑云母，当 $N_{Mg}:N_{Fe}>2:1$ 时为金云母。代替 $K^+$ 的有 $Na^+$、$Ca^{2+}$、$Rb^+$、$Cs^+$、$Ba^{2+}$，代替 $Mg^{2+}$、$Fe^{2+}$ 的有 $Al^{3+}$、$Fe^{3+}$、$Ti^{4+}$、$Mn^{2+}$、$Li^+$，$F^-$、$Cl^-$ 可以代替 $OH^-$。

【晶体结构】　单斜晶系；$C_s^3-Cm$；$a_0=0.53\ nm$，$b_0=0.92\ nm$，$c_0=1.02\ nm$；$\beta=100°$；$Z=2$。TOT 型。最常见的多型为 $1M$ 型。

八面体片主要属三八面体型结构，但由于八面体片中的 $Mg^{2+}$、$Fe^{2+}$ 可以被 +3 价阳离子所置换，从而可混有二八面体型结构，即为过渡型结构。

【形态、物理性质】　见云母族共性描述。但黑云母在颜色上以黑、深褐色为主，富 $Ti^{4+}$ 者浅红褐色，富 $Fe^{3+}$ 者绿色；金云母以棕色、浅黄色为主。

【成因及产状】　黑云母的产状比其他云母矿物更为多样，如接触变质，区域变质，基、中、酸、碱性侵入岩及伟晶岩等均有产出，是中、酸性火成岩的主要造岩矿物之一。黑云母的巨大晶体产于花岗伟晶岩中，与白云母等共生。

黑云母受热水溶液的作用可蚀变为绿泥石、白云母和绢云母等其他矿物。

在风化作用下，黑云母较其他云母易于分解，风化的第一阶段变为水黑云母，第二阶段即分解成为蛭石到高岭石。黑云母风化后将引起相对密度降低及颜色改变。

金云母以接触交代成因为主，是酸性侵入体与富镁贫硅的碳酸盐围岩发生接触交代反应的产物，与透辉石、镁橄榄石、尖晶石等共生。在某些伟晶岩、超基性岩中亦有产出。

【标型】　黑云母与石榴子石之间 $Mg-Fe^{2+}$ 交换及其分配系数可以反应形成温度。黑云母是 K-Ar、Ru-Sr 同位素定年的理想矿物。

【鉴定特征】　褐黑色（黑云母）和金黄色（金云母），片状、极完全解理、解理片为珍珠光泽且具弹性。

【主要用途】　黑云母因含铁，绝缘性能远不如白云母，不利于电气工业利用。但黑云母细片常用作建筑材料充填物,如云母沥青毡。

金云母的很多物性与白云母相似。但热稳定性优于白云母。一般说来,结构相同的层状硅酸盐中三八面体型矿物比二八面体型矿物的热稳定性要高。金云母也具有耐酸、耐碱、耐化学腐蚀、耐各种射线辐射的性能。但金云母的化学稳定性不如白云母,金云母的抗拉、抗压、抗剪强度都较白云母为低。因此,金云母的用途与白云母相当,但质量低于白云母。

**锂云母(lepidolite)**

$K\{Li_{2-x}Al_{1+x}[Al_{2x}Si_{4-2x}O_{10}](F,OH)_2\}(x=0\sim0.5)$

又称鳞云母。

**【化学组成】**　置换 $K^+$ 的有 $Na^+$、$Rb^+$、$Cs^+$。置换 $Li^+$ 和 $Al^{3+}$ 的有 $Fe^{2+}$、$Mn^{2+}$、$Ca^{2+}$、$Mg^{2+}$ 和 $Ti^{3+}$。资料表明,$Li^+$ 含量与 $F^-$ 含量成正比。

白云母和锂云母之间是否为连续的类质同象系列还有争议。但曾发现白云母中能进入3.3%的 $Li_2O$ 而不使结构发生本质的改变,所以,一般将 $Li_2O$ 含量高于3.5%的才列入锂云母范围,低于这一含量的称为锂白云母。另外,富铁的称铁锂云母,可视为锂云母-黑云母的过渡产物。TOT 型,三八面体型。

**【晶体结构】**　晶系、空间群、晶胞参数依多型而不同,见表21-8。

表 21-8　锂云母不同多型的晶体结构

| 多型 | 对称 | $a_0$/nm | $b_0$/nm | $c_0$/nm | $\beta/(°)$ | 空间群 |
|---|---|---|---|---|---|---|
| $1M$ | 单斜 | 0.53 | 0.92 | 1.02 | 100 | $Cm$ 或 $C2/m$ |
| $2M_2$ | 单斜 | 0.92 | 0.53 | 2.00 | 98 | $C2/c$ |
| $3T$ | 三方 | 0.53 | — | 3.00 | — | $P3_112$ 或 $P3_212$ |

资料来源:引自潘兆橹,1993。

由表21-6可见,$a_0$、$b_0$ 基本不变,只是定向可变,但 $c_0$ 是以1的整数倍增加的,即与重复层数相关。

锂云母的多型主要是 $1M$ 和 $2M_2$,其次是 $3T$,而不具有白云母中常见的 $2M_1$ 结构,锂云母的 $2M_2$ 型结构是过渡型或混合型结构。

**【形态、物理性质】**　见云母族共性描述。常呈细小鳞片状集合体,故又名鳞云母。颜色为玫瑰色、浅紫色。

**【成因及产状】**　主要产于花岗伟晶岩中,与长石、石英、锂辉石、白云母、电气石等共生。

**【鉴定特征】**　与白云母相似,但颜色为浅紫色。

**【主要用途】**　是提取稀有金属锂的主要原料之一。锂云母中常含 Rb 和 Cs,所以也是提取 Rb、Cs 的主要原料。细粒集合体可作玉石材料(工艺名为丁香紫),由于其有较低的硬度,易于琢磨和抛光,加工后的成品光洁照人,具独特的丁香紫色,色泽十分柔和,可用于玉石工艺品和戒面等首饰镶嵌品,深受国内外欢迎。

此外,锂云母与锂辉石一样,可用于陶瓷工业,见锂辉石描述。

**海绿石(glauconite)**

$(K,Na)(Al,Fe^{3+},Mg)_2[(Al,Si)_4O_{10}](OH)_2$

海绿石是含水的钾、铁、铝二八面体层状硅酸盐矿物,从晶体结构上来说属于白云母亚族。在沉积学领域一度被认为是重要的指相矿物,成因比较复杂。

**【化学组成】**　化学成分与云母相似,与云母比较,海绿石的 Al/Si 值较小,K 的数量少,

Na 替代量可达 0.5%。Y 组阳离子主要为 $Fe^{3+}$，Al 次之，此外，常含有 Mg（可达 6.5%）和 $Fe^{2+}$（可达 5%）。海绿石化学组成中常含有 $H_2O$，可能是占据晶体结构中大阳离子的位置，或以 $H_3O^+$ 的形式代替 K。海绿石中 K 和 Fe 离子含量随着产出的地质时代和岩性的不同而变，一般早古生代产出的海绿石的 $K_2O$ 含量较高（成熟度较高），现代海洋沉积物产出的海绿石的 $Fe_2O_3$ 含量较高。

【晶体结构】　单斜晶系；$C_{2h}^3 - C2/m$；$a_0 = 0.525$ nm，$b_0 = 0.909$ nm，$c_0 = 1.003$ nm；$\beta = 100°$；$Z = 2$。二八面体型结构，常见多型为 $1M$ 型。

【形态、物理性质】　自形晶少见，常呈细粒状或土状集合体。通常为数毫米的圆粒状、肾状，也见呈黑云母或动物硅质骨骼的假象。颜色为不同色调的绿色，如孔雀绿、鲜绿、褐绿等。解理{001}完全，但少见。硬度为 2~3，相对密度为 2.2~2.9。

【成因及产状】　关于海绿石的成因至今尚无定论，一般认为它是由无机矿物或有机物质在较还原的环境中转化而来。多集中在深度 100~500 m 的大陆架和大陆坡上部，广泛地分布在现代沉积物和古代海相沉积岩之中，在古代沉积岩中有多种多样的产状。海绿石被认为是典型的海洋环境的指相矿物，为海侵相产物。

【主要用途】　海绿石是沉积学中的一种重要矿物，不仅在地质学研究中发挥巨大作用，在工业和农业领域也有广泛的用途。海绿石成分中含钾，可做肥料和土壤改良剂，还可用于处理水质、作颜料和玻璃的抛光剂等。

## 滑石—叶蜡石族

本族矿物也是 TOT 型结构，与云母族的不同之处在于：无层电荷，层间域中无任何大阳离子。分为两个亚族：

滑石亚族（三八面体型）

滑石　$Mg_3[Si_4O_{10}](OH)_2$

叶蜡石亚族（二八面体型）

叶蜡石　$Al_2[Si_4O_{10}](OH)_2$

下面分述这两种矿物。

### 滑石（talc）

$Mg_3[Si_4O_{10}](OH)_2$

【化学组成】　MgO 31.72%，$SiO_2$ 63.12%，$H_2O$ 4.76%。化学成分比较稳定，$Si^{4+}$ 有时被 $Al^{3+}$ 代替，$Mg^{2+}$ 可被 $Fe^{2+}$、$Mn^{2+}$、$Ni^{3+}$、$Al^{3+}$ 代替。

【晶体结构】　TOT 型，三八面体型。多型现象尚待研究，以 $2M_1$ 型较为可能，$C_{2h}^6 - C2/c$ 或 $C_s^4 - Cc$；$a_0 = 0.527$ nm，$b_0 = 0.912$ nm，$c_0 = 1.855$ nm；$\beta = 100°$；$Z = 4$。

【形态】　微细晶体为假六方或菱形板状片状，但很少见，常呈致密块状。

【物理性质】　纯者为白色，含杂质时可呈其他浅色；玻璃光泽，解理面显珍珠光泽晕彩。解理{001}极完全；致密块状者呈贝壳状断口。硬度为 1。相对密度为 2.58~2.83。富有滑腻感，有良好的润滑性能。解理薄片具挠性。

【成因及产状】　滑石是典型的热液型矿物，是富镁质超基性岩、白云岩、白云质灰岩经

水热变质交代的产物。如

$$4Mg_2[SiO_4]+2CO_2+4H_2O \longrightarrow Mg_6[Si_4O_{10}](OH)_8+2MgCO_3$$

　　橄榄石　　　　　　　　　　　蛇纹石

$$Mg_6[Si_4O_{10}](OH)_8+3CO_2 \longrightarrow Mg_3[Si_4O_{10}](OH)_2+3MgCO_3+3H_2O$$

　　蛇纹石　　　　　　　　　　滑石　　　　　　　菱镁矿

$$3CaMg[CO_3]_2+4SiO_2+H_2O \longrightarrow Mg_3[Si_4O_{10}](OH)_2+3Ca[CO_3]+3CO_2$$

　　白云石　　　　　　　　　　　滑石

我国辽宁、山东等地蕴藏有丰富的滑石资源,尤其辽宁产的滑石,以其规模和质量的优异闻名于世界。

【鉴定特征】　以低硬度、滑感、片状具极完全解理为其特征。与叶蜡石相似,区别在于用硝酸钴法,滑石灼烧后与硝酸钴作用变为玫瑰色,而叶蜡石则变蓝色。酸度法试验是更为简便的办法,在素瓷板上滴上一滴水,以矿物碎块轻磨约半分钟获得乳浊状的水溶液,用石蕊试纸定性地检验其酸碱性,滑石呈碱性($pH$约为9),叶蜡石呈酸性($pH$约为6)。

【主要用途】　滑石的电绝缘和耐热(耐火度达1 490~1 510 ℃)性能较高。耐强酸、强碱。其超细粉有良好的吸附性(滑石粉吸油量可达49%~51%)和覆盖性(滑石粉配制的涂料可严密均匀地覆盖物体)。因此,广泛用于陶瓷、造纸、涂料、塑料、橡胶、化妆品等行业,块滑石瓷具有良好的介电性能和机械强度,是一种高频电瓷绝缘材料;滑石还用于滑润剂、镁质化肥等。

### 叶蜡石(pyrophyllite)

$$Al_2[Si_4O_{10}](OH)_2$$

【化学组成】　$Al_2O_3$ 28.30%,$SiO_2$ 66.70%,$H_2O$ 5.00%。$Al^{3+}$可以被少量的$Fe^{2+}$、$Fe^{3+}$、$Mg^{2+}$代替,可有少量的$Al^{3+}$代$Si^{4+}$。有时含少量的$K^+$、$Na^+$、$Ca^{2+}$,它们在叶蜡石中的位置还不很清楚,可能存在于结构单元层间,以补偿$Al^{3+}$代$Si^{4+}$所产生的正电荷的不足。也有人认为它们为表面吸附离子,或含有少量的白云母包裹体所致。

【晶体结构】　叶蜡石有单斜和三斜两种多型。单斜多型(2M)较常见:$C_{2h}^6-C2/c$;$a_0=0.515$ nm,$b_0=0.892$ nm,$c_0=1.895$ nm;$\beta=99°55'$;$Z=2$。三斜多型(1Tc):$C_i^1-P\bar{1}$;$a_0=0.517$ nm,$b_0=0.896$ nm,$c_0=0.936$ nm;$\alpha=91°12'$,$\beta=100°24'$,$\gamma=90°$;$Z=2$。TOT型,八面体片为$[AlO_4(OH)_2]$八面体构成,为二八面体型。

【形态】　常呈叶片状、鳞片状或隐晶质致密块体,有时呈放射叶片状集合体。

【物理性质】　白色、浅绿、浅黄或淡灰色;玻璃光泽,致密块状者呈油脂光泽,解理面呈珍珠光泽。解理{001}极完全;隐晶质致密块体具贝壳状断口。硬度为1~1.5。相对密度为2.65~2.90。有滑感,解理片具挠性。

【成因及产状】　叶蜡石常是富铝的酸性喷出岩、凝灰岩或酸性结晶片岩经热液作用变质而成,在低温热液含金石英脉中也出现。我国福建寿山、浙江青田等地的叶蜡石,系白垩纪流纹岩和流纹凝灰岩经热液蚀变形成的。

【鉴定特征】　与滑石相似,区别方法见滑石一节。

【主要用途】　基本上与滑石相同。此外,在雕刻工艺和印章制作中,叶蜡石更有悠久的历史。

## 蒙脱石—皂石族（蒙皂石族）

本族矿物也是 TOT 型，但与云母族、滑石-叶蜡石族不同之处在于：① 本族矿物层间域有层间水和可交换阳离子；② 四面体片中 $Si^{4+}$ 常被 $Al^{3+}$ 取代，八面体片中 $Al^{3+}$ 常被 $Mg^{2+}$、$Fe^{2+}$、$Fe^{3+}$、$Ni^{2+}$、$Zn^{2+}$、$Li^+$ 替代，产生 $0.2 \sim 0.6$ 的层负电荷，从而表现出成分复杂和矿物种繁多；③ 结构单元层除沿 $c$ 轴堆垛外，还沿 $a$、$b$ 轴方向产生不规则位移，导致结构的复杂性。本族矿物也可分为二八面体型的蒙脱石亚族（蒙脱石、贝得石、绿脱石）和三八面体型的皂石亚族（皂石、锂皂石、斯皂石等）。以下仅叙述蒙脱石。

**蒙脱石（montmorillonite 或 smectite）**

$$E_x(H_2O)_4\{(Al_{2-x}, Mg_x)_2[(Si, Al)_4O_{10}](OH)_2\}$$

又称微晶高岭石或胶岭石。

【化学组成】 上式中 E 为层间可交换阳离子，主要为 $Na^+$、$Ca^{2+}$，其次有 $K^+$、$Li^+$ 等。$x$ 为 E 作为一价阳离子时单位化学式的层电荷数，一般为 $0.2 \sim 0.6$。根据层间主要阳离子的种类，分为钠基蒙脱石、钙基蒙脱石等成分变种。在晶体化学式中，$H_2O$（结晶水或层间水等）一般都写在式子的最后面，但在蒙脱石中，$H_2O$ 写在前面，表示 $H_2O$ 与可交换阳离子一起充填在层间域里。E 与 $H_2O$ 以微弱的氢键相连形成水化状态，若 E 为 $+1$ 价阳离子，离子势小，形成 1 层连续的水分子层；若 E 为 $+2$ 价阳离子，形成 2 层连续水分子。这表明水分子进入层间与层格架（单元层）没有直接关系。水的含量与环境的湿度和温度有关，可多达 4 层。

【晶体结构】 单斜晶系；$C_{2h}^3 - C2/m$；$a_0 = 0.523$ nm，$b_0 = 0.906$ nm，$c_0$ 在 $0.96 \sim 2.05$ nm 之间变化。如钙蒙脱石层间为 1 个、2 个、3 个、4 个水分子层时其 $c_0$ 值分别为 0.96 nm、1.25 nm、1.55 nm、1.85 nm；$\beta$ 近于 $90°$。TOT 型，二八面体型结构。

【形态】 常呈土状隐晶质块状，电镜下为细小鳞片状。

【物理性质】 白色，有时为浅灰、粉红、浅绿色。鳞片状者{001}解理完全。硬度 $2 \sim 2.5$。相对密度 $2 \sim 2.7$。甚柔软。有滑感。加水膨胀，体积能增加几倍，并变成糊状物。具有很强的吸附力及阳离子交换性能。

热分析：在 $80 \sim 250$ ℃ 出现第一个吸热谷，脱去层间水和吸附水。一般钠蒙脱石脱水温度较低，且为单吸热谷，钙蒙脱石脱水温度较高，并出现复合谷。第二个吸热谷出现于 $600 \sim 700$ ℃，脱结构水。第三个吸热谷在 $800 \sim 935$ ℃，晶格完全破坏。其后紧接着一放热峰，有新相尖晶石和石英生成。

【成因及产状】 蒙脱石主要由基性火成岩在碱性环境中风化而成，也有的是海底沉积的火山灰分解后的产物。蒙脱石为膨润土的主要成分。膨润土在我国产地很多，如辽宁、黑龙江、吉林、河北、河南、浙江等地都有产出。我国具工业价值的蒙脱石矿床多产于中生代火山岩系中。

【鉴定特征】 加水膨胀为其特征。确切鉴定需结合 X 射线分析、热分析和化学分析等。

【主要用途】 利用其阳离子交换性能制成蒙脱石有机复合体，广泛用于高温润脂、橡胶、塑料、油漆；利用其吸附性能，用于食油精制脱色除毒、净化石油、核废料处理、污水处理；

利用其黏结性可作铸造型砂黏结剂等;利用其分散悬浮性用于钻井泥浆。

由于钠蒙脱石的许多性能优于钙蒙脱石,因此常利用蒙脱石的阳离子交换性能,进行改型处理,将钙蒙脱石改造成钠蒙脱石。

# 蛭 石 族

本族矿物也是 TOT 型,且层间域中也有水分子和可交换阳离子,与蒙皂石族矿物很相似,不同之处在于,层电荷主要由四面体片中 $Al^{3+}$ 代替 $Si^{4+}$ 引起,层电荷为 $0.6\sim0.9$,比蒙皂石($0.2\sim0.6$)要高,但比云母($1.0$)要低。

**蛭石(vermiculite)**

$(Mg,Ca)_{0.3\sim0.45}(H_2O)_n\{(Mg,Fe^{3+},Al)_3[(Si,Al)_4O_{10}](OH)_2\}$

【化学组成】 化学成分复杂多变。四面体片中 $Al^{3+}$、$Fe^{3+}$ 代 $Si^{4+}$ 是层电荷产生的主要原因。电荷的补偿一方面靠八面体片中 $Al^{3+}$、$Fe^{3+}$ 代 $Mg^{2+}$,另一方面靠层间阳离子,层间阳离子以 $Mg^{2+}$ 为主,也可以有 $Ca^{2+}$、$Na^+$、$K^+$、$H_3O^+$,还可以有 $Rb^+$、$Cs^+$、$Li^+$、$Ba^{2+}$ 等。

层间水的含量取决于层间阳离子水合能力,以及环境中的温度和湿度。水合能力高的 $Mg^{2+}$,在正常的温度和湿度下,单位化学式可含水分子 $4\sim5$ 个。但阳离子为水合能力弱的 $Cs^+$ 时,几乎可以不含水分子。层间水含量最大时约相当于双分子层。

【晶体结构】 单斜晶系;$C_s^4-Cc$;$a_0=0.53$ nm,$b_0=0.92$ nm,$c_0=2.89$ nm;$\beta=97°$;$Z=4$。晶体结构为 TOT 型,可为三八面体型,也可为二八面体型。层间水分子可分为两部分:一部分围绕阳离子形成配位八面体,为水合络离子 $[Mg(H_2O)_6]^{2+}$ 的形式;另一部分呈游离状态。水分子层与单元层底面以氢键相维系。

$c_0$ 的大小与水分子的含量及水分子层结构有关,将样品缓慢加热脱水,层间水分子层结构分别由饱和双层水分子→不饱和双层水分子→变异的双层水分子→单层水分子→完全脱水,$c_0$ 将依次逐渐减小,直至达到云母型结构中的 $c_0$ 值。部分脱水后的蛭石可重新吸水,但完全脱水的蛭石很难再吸水。

【形态】 粗粒蛭石多由黑云母、金云母等转变而来,保留云母的片状晶形,且主要为三八面体型;细粒者成土状与其他黏土矿物混在一起,极难区分,黏粒级蛭石多为二八面体型,在土壤中广泛分布。

【物理性质】 褐、黄褐、金黄、青铜黄色,有时带绿色;光泽较黑云母弱,常呈油脂光泽或珍珠光泽。解理|001|完全,解理片微具或不具弹性。硬度为 $1\sim1.5$。相对密度为 $2.4\sim2.7$。

灼热时体积膨胀并弯曲如水蛭,显浅金黄或银白色,金属光泽。膨胀是由于层间水分子变为蒸汽时所产生的压力使结构层被迅速撑开所致。膨胀后,体积增大 $15\sim25$ 倍,甚至可达 40 倍。相对密度由 $2.4\sim2.7$ 减小到 $0.6\sim0.9$。

【成因及产状】 主要由黑云母或金云母经热液蚀变或风化而成。也可由基性岩受酸性岩浆的变质作用而形成。

【鉴定特征】 粗粒者与云母相似,但以其无弹性、加热膨胀性区分;细粒者要用 X 射线、差热分析等方法鉴别。

【主要用途】 膨胀蛭石有良好的隔声、隔热、绝缘、化学性质稳定等性能,因此可作为轻质、保温、隔热、隔声、防火等材料，广泛地应用于建筑行业及多种工业部门。

蛭石有良好的阳离子交换性和吸附性。在农业上被用于土壤改良、作肥料、杀虫剂等，在环境保护方面可作为废料、污染的吸附剂。

## 水 云 母 族

本族矿物也是 TOT 型结构，是在云母族矿物的基础上演变而来，即：将云母族矿物的层间域中部分 $K^+$ 用水分子代替，并且，为了适应层间域中阳离子减少，层内 $Al^{3+}$ 代替 $Si^{4+}$ 的数量也相应变少。一般认为水云母族矿物是云母族矿物在风化过程中向着黏土矿物（如蒙脱石）转变时的过渡产物。所以也可认为水云母族是介于云母族与蒙皂石族之间的一个族。本族矿物有水白云母、水黑云母、水钠云母等。以下只介绍水白云母（也称伊利石）。

### 水白云母（hydromuscovite）或伊利石（illite）

$$K_{1-x}(H_2O)_x Al_2\{[Al_{1+x}Si_{3+x}O_{10}]_2(OH)_2$$

【化学成分】　与白云母相比，$K_2O$ 含量减少（<6%），$H_2O$ 可增至 8%～9%，$Al_2O_3$ 可减少至 25%，$SiO_2$ 可增至 55%。可以有 $Ca^{2+}$、$Na^+$、$H_3O^+$ 代替 $K^+$。

【晶体结构】　单斜晶系，其中 $1M$ 多型为：$a_0 = 0.52$ nm，$b_0 = 0.90$ nm，$c_0 = 1.00$ nm，$\beta = 96°$，$Z = 2$。TOT 型，二八面体型。

【形态、物理性质】　见云母族共性描述。白色和浅绿色，可呈致密块状或胶体分散状集合体，致密块状者呈油脂光泽、贝壳状断口、有滑感。片状水白云母的弹性比白云母低。

【成因及产状】　水白云母是白云母遭受风化作用而转变为黏土矿物的中间过渡产物。常见于云母片岩、片麻岩、中酸性火成岩等风化后形成的黏土中。

虽然水白云母与伊利石可视为同种矿物，但也有人认为它们是有区别的：① 白云母被风化时向着黏土矿物转化的中间产物是水白云母，而黏土矿物向着白云母转化时的中间产物是伊利石；② 呈胶体分散状的水白云母是伊利石。

## 绿 泥 石 族

本族矿物也为 TOT 型的含水层状铝硅酸盐，与其他 TOT 型矿物不同的是，层间域被带有正电荷的 $[Mg-OH_6]$ 八面体片所充填，从而形成 TOTO′型的结构，其中 O′为层间域中的八面体片，其与 TOT 结构单元层的底面氧之间有较强的氢键，所以层间八面体片（或称氢氧化物片）具有高的热稳定性。但是，在低温条件下形成的绿泥石具有不完整的层间八面体片。

本族矿物的物理性质极相似，肉眼难以区分，只有经过 X 射线衍射、热分析等才能区别。

通常将本族矿物统称绿泥石，故以下只对本族矿物进行综合描述。

### 绿泥石（chlorite）

【化学组成】　化学通式可用 $Y_3[Z_4O_{10}](OH)_2 + Y_3(OH)_6$ 表示，Y 为 Mg、Al、Fe，Z 为 Si、Al。通式前半部分相当于一个滑石层，后半部分相当于一个水镁石层，两者相间排列。但是，滑石和水镁石中的 Al 与 Mg 之间极少替换，但在绿泥石中 Al 与 Mg 的替换却是它的基本特征之一。因此，可用"似滑石层"和"似水镁石层"或"氢氧化物层"的术语来描述。

　　绿泥石的化学成分非常复杂,结构中存在大量的类质同象,所以种属繁多,许多学者提出各种分类方案,但争议甚多,1991 年 Martin 和 Bailey 建议根据结构中 TOT 层中 O 层及层间域中的 O′层[$Y_3(OH)_6$层]为三八面体型或二八面体型来进行分类:两者都为三八面体型,称三八面体绿泥石;两者都为二八面体型,称二八面体绿泥石;两者中一为二八面体型,一为三八面体型,称二八-三八面体绿泥石。自然界中大多数绿泥石都属于三八面体绿泥石。

　　【晶体结构】　多型非常复杂,比云母多型种类还多,最稳定、最常见的多型属单斜晶系;$C_{2h}^3$-$C2/m$;$a_0 = 0.52$ nm,$b_0 = 0.921$ nm,$c_0 = 1.43$ nm;$\beta = 97°$;$Z = 4$。其结构相当于一个 TOT 层与一个[$Y(OH)_6$]八面体层(即 O′)相间排列,可为三八面体型,也可为二八面体型。

　　【形态】　晶体呈假六方片状或板状,少数呈桶状,但晶体少见。常呈鳞片状集合体、土状集合体。双晶依云母律或绿泥石律形成(见表 21-7)。

　　【物理性质】　大多带绿色调,但随成分而变化,富 Mg 为浅蓝绿色,富 Fe 颜色加深,为深绿到黑绿,含 Mn 呈浅褐、橘红色,含 Cr 呈浅紫到玫瑰色;条痕无色;玻璃光泽,解理面呈珍珠光泽。解理{001}完全。硬度为 2~2.5,随着含铁量增加,硬度随之增大可达 3。相对密度随成分中含铁量增加而增大,变化在 2.68~3.40。解理片具挠性。

　　【成因及产状】　本族矿物分布很广。常见于低级变质带中绿片岩相中及低温热液蚀变中(绿泥石化);但在某些中、高温变质或蚀变岩中也可出现。在火成岩中绿泥石多为富铁镁矿物(角闪石、辉石、黑云母等)的次生矿物;在沉积岩、黏土中都含有一定的绿泥石。

　　【鉴定特征】　灰绿色、片状或土状、完全解理、解理片具挠性。

　　【主要用途】　鳞片状绿泥石粉可作填料。

# 八、第四亚类　架状结构硅酸盐

　　架状结构硅酸盐矿物的结构特征是,每个[$SiO_4$]四面体的所有 4 个角顶都与毗邻的四面体共顶。这时形成的是类似于石英的架状结构,但石英($SiO_2$)的架状结构内电性已中和,不需架状外阳离子。若要形成架状的硅酸盐,则必须有一部分 $Si^{4+}$ 被 $Al^{3+}$ 代替,产生多余的负电荷,从而引进架状骨干外的阳离子来进行中和。最常见的骨干外阳离子都是一些电价低、半径大、配位数高的阳离子,如 $K^+$、$Na^+$、$Ca^{2+}$、$Ba^{2+}$ 等,偶尔还有 $Rb^+$、$Cs^+$ 等,常见的具六配位的 $Mg^{2+}$、$Fe^{2+}$、$Mn^{2+}$、$Fe^{3+}$、$Al^{3+}$ 等则很少出现。这是因为架状中空隙较大,要求大半径阳离子允填;同时 $Al^{3+}$ 代替 $Si^{4+}$ 的数目有限,产生的负电荷不多,要求低电价阳离子来中和。所以架状硅酸盐的阳离子种类很有限且类质同象很少,导致其成分较简单。

　　[$SiO_4$]四面体沿三维空间作架状联结,有时在结构中可以形成巨大的空隙,它们甚至连通成孔道。矿物成分中的 $F^-$、$Cl^-$、$OH^-$、$S^{2-}$、[$SO_4$]$^{2-}$、[$CO_3$]$^{2-}$ 等附加阴离子即存在这些空隙中,它们与 $K^+$、$Na^+$、$Ca^{2+}$ 等阳离子相连,以补偿结构中过剩的正电荷。沸石矿物中的"沸石水"也占据在这些空隙或孔道中,它们逸出(或重新进入)时不改变矿物的晶体结构。矿物化学成分中出现的大阳离子之间的不等价替代(如 $2Na^+ \rightleftharpoons Ca^{2+}$)也与这种巨大的空隙有关,这是其他矿物中所少有的。

　　四面体在三维空间不同方向上排列的紧密程度可以不同,从而形成了多种结构类型。

电子教案 21-5
硅酸盐 05:
架状类

这些架状结构的演变规律为

石英族 ⟶ 长石族 ⟶ 白榴石族／霞石族 ⟶ 沸石族

结构紧密度下降

$SiO_2$ 相对含量减少

架状结构硅酸盐的形态，取决于各自的结构特点，当架状结构中键力各方向无明显差异时，呈粒状，解理也差，如白榴石；当某方向键力强于或弱于其他方向时，则呈片状、板状或柱状、针状，相应也会出现解理，如长石、沸石等。架状结构中键力较强，所以硬度较大（仅次于岛状硅酸盐矿物）。由于很少含 $Fe^{2+}$、$Mn^{2+}$ 等色素离子，所以它们一般呈浅色。因结构中存在较大的空隙，故相对密度较小，折射率也较低。

# 长 石 族

## 1. 化学成分和分类

本族矿物主要有 4 种：

**钾长石（Or）**：$K[AlSi_3O_8]$

**钠长石（Ab）**：$Na[AlSi_3O_8]$

**钙长石（An）**：$Ca[Al_2Si_2O_8]$

**钡长石（Cn）**：$Ba[Al_2Si_2O_8]$

自然界产出的长石大多是前 3 者的固溶体，即相当于由钾长石（Or）、钠长石（Ab）和钙长石（An）3 种长石端员分子组合而成，可以用端员分子的含量来表示。3 种长石分子彼此的混溶性存在一定的范围，见图 21-50。在 100 MPa 压力下，温度低于 650 ℃ 时，Or-Ab 系列是不连续的，且成分中几乎不含 An 分子，在高温下形成完全的类质同象系列，该系列称为碱性长石，温度较低时混溶性减小，导致出溶条纹形成，称条纹长石；Ab-An 系列虽然是连续

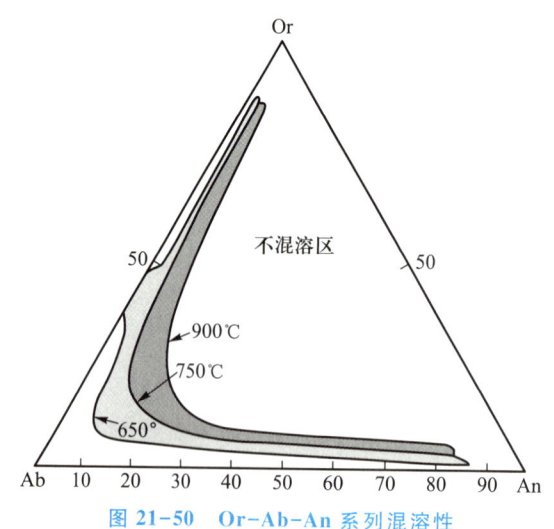

**图 21-50 Or-Ab-An 系列混溶性**

（据 Klein 和 Hutlbut，1993，$p_{H_2O} = 100$ MPa）

三角形边上的数值代表端员分子含量，单位为%。左边腰上的刻度代表 Or 的含量，底边的刻度代表 An 的含量。

的，但 Or 分子也不高，形成斜长石系列。在 650 ℃ 以上，第三组分的含量会逐步上升，但温度高达 900 ℃ 时，第三组分的含量也不超过 10%。一般认为 Ab-An 能在任何温度条件下形成类质同象系列，但近来研究表明，温度降低后在某些区间内两端员组分并不能相互混溶，而是形成两相晶胞尺寸的规则连生体，不同成分范围所形成的规则连生体不同，其中在 $An_2 \sim An_{26}$ 范围内形成晕长石（peristerite）连生，是两种长石相的超显微体连生，一部分为具低钠长石结构的纯钠长石，另一部分为富钙的斜长石，晕长石即因此种连生表现出浅蓝至乳白色的晕彩而得名，但并非所有此范围的斜长石都能见到晕彩；在 $An_{68} \sim An_{88}$ 范围内形成休顿洛契（Huttenlocher）连生；在 $An_{45} \sim An_{62}$ 范围内形成博吉尔德（Boggild）连生。由于出溶时肉眼不能辨别，以前误认为任何温度下它们都混溶。钾长石和钙长石几乎在任何温度下都是不混溶的。理论上碱性长石和斜长石都是二成分系列的，但天然产出的一般长石中都常含有第三种组分，一般不超过 5% ~ 10%。

3 端员之间的不同程度类质同象现象是与 $K^+$、$Na^+$、$Ca^{2+}$ 离子半径[1]有关的，$Na^+$（$r = 0.118$ nm）与 $Ca^{2+}$（$r = 0.112$ nm）的半径差最小，所以最易发生类质同象置换，即使出溶也形成晶胞尺寸的规则连生体；$K^+$（$r = 0.151$ nm）与 $Na^+$ 半径差较大，因此高温下它们易发生置换，低温下不易置换，出溶时形成肉眼可见的条纹连生体（即条纹长石）；$K^+$ 与 $Ca^{2+}$ 半径差较大且不等价，它们最不易发生类质同象置换。由此也可看出，相对于其他硅酸盐而言，架状硅酸盐发生类质同象是最难的。

钡长石（Cn）在自然界中产出很少，在碱性长石或斜长石中可含少量 Cn 分子，如果 BaO 含量>2%，可将它命名为某一长石的成分变种。

### 2. 晶体结构

长石族矿物具有类似的晶体结构，以透长石为例说明如下。

结构中最重要的结构单元为 $[TO_4]$（T = Si, Al 等）四面体组成的四元环，四元环有两种，一种是近于垂直 $a$ 轴的 $(\bar{2}01)$ 四元环，另一种为垂直 $b$ 轴的 (010) 四元环，它们均由两对不等效的 $[TO_4]$ 四面体（$T_1$ 和 $T_2$）组成（图 21-51）。沿 $a$ 轴由 (010) 四元环与 $(\bar{2}01)$ 四元环共角顶连接成折线状的链，此链是结构中最强的链，见图 21-52。沿 $c$ 轴则由 (010) 四元环共角顶连接成链（图 21-53）。链与链之间再以桥氧相连，形成整个架状结构。

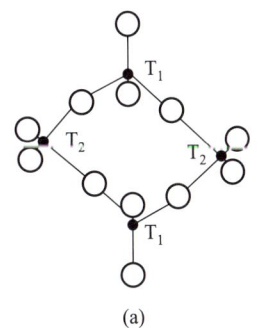
(a)

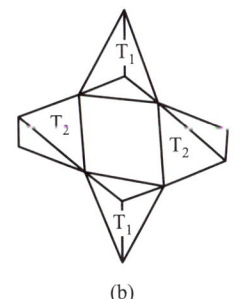
(b)

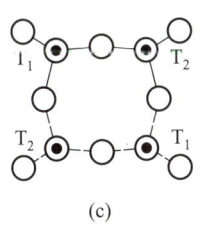
(c)

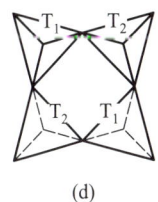
(d)

图 21-51 长石结构中的四元环

（引自潘兆橹，1993）

（a）、（b）为 (010) 四元环；（c）、（d）为 $(\bar{2}01)$ 四元环

[1] 这里的半径值是配位数为 8 时的半径值。

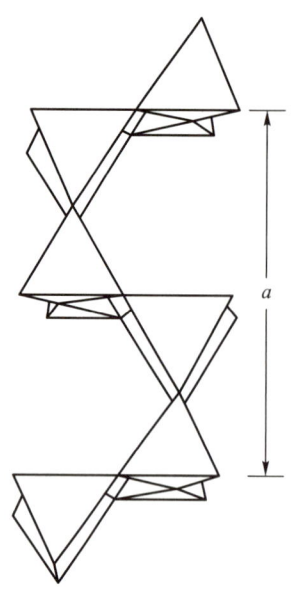

图 21-52 长石沿 $a$ 轴的链

（据 Papike 和 Cameron，1976；

引自 Hurlbut C S，1977）

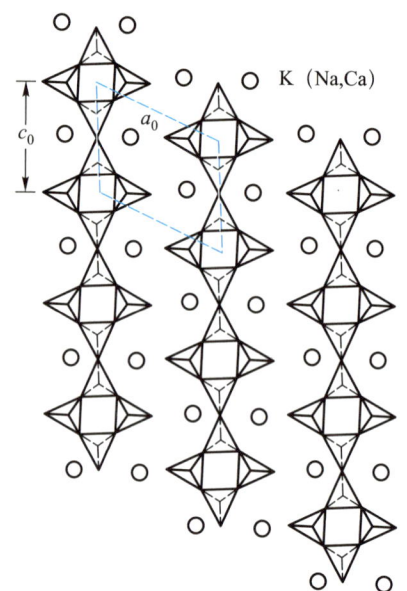

图 21-53 长石沿 $c$ 轴的链

（引自潘兆橹，1993）

图 21-54 是透长石结构在 $(\overline{2}01)$ 面上的投影，其中 $a$ 轴近乎垂直纸面，图中有四元环及其相连形成的八元环，大阳离子 $K^+$、$Na^+$、$Ca^{2+}$ 等充填于八元环所围成的空隙中（如图中 K 所在位）。$T_1$，$T_2$ 仍代表两种不等效四面体。如果将此图看成一个结构层，在该层上下分别再

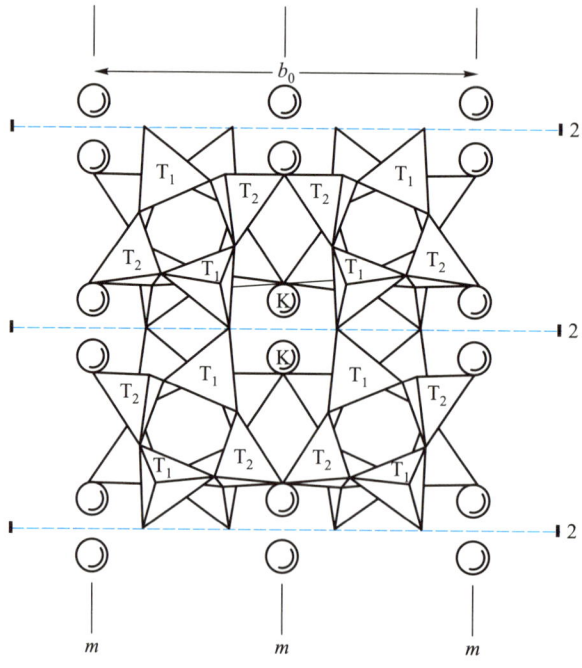

图 21-54 透长石结构在 $(\overline{2}01)$ 面投影

（据 Taylor，1933；引自潘兆橹，1993）

叠置相同的结构层,使其间的四面体共顶并形成曲折状链,就构成整个透长石结构。在这个投影图中,大阳离子呈带状分布,而大阳离子分布的地方即是架状骨干中大空隙的地方,相对也是结构较薄弱的地方,由此产生$\{010\}$、$\{001\}$两组解理。

其他长石与透长石结构相似,但也存在不少差异,引起这些差异的因素主要有两个:

(1)骨干外阳离子大小:阳离子越大,越能撑开整个架状结构,对称性越高,如$K[AlSi_3O_8]$,为单斜对称;阳离子越小,越不能撑开整个架状结构,结构发生收缩变形,对称性变低,如$Na[AlSi_3O_8]$、$Ca[Al_2Si_2O_8]$,都为三斜晶系。

(2)骨干内$Si^{4+}$、$Al^{3+}$有序、无序:指在$[TO_4]$四面体中,$Al^{3+}$代替$Si^{4+}$占位是有序还是无序,有序-无序程度直接影响着晶体的对称和轴长。以下着重介绍长石的有序化过程及有序度、三斜度。

a. 钾长石的有序化过程

在钾长石($K[AlSi_3O_8]$)中,$N_{Al}:N_{Si}=1:3$,意味着在1个四元环内,只有1个四面体的Si被Al占据。4个四面体位分别以$t_1(o)$、$t_1(m)$、$t_2(o)$、$t_2(m)$表示,并将晶体结构在(001)面上投影,所得图案的最小重复单元就是如图21-55所示的情况,以此图为基础讨论钾长石的有序化过程。

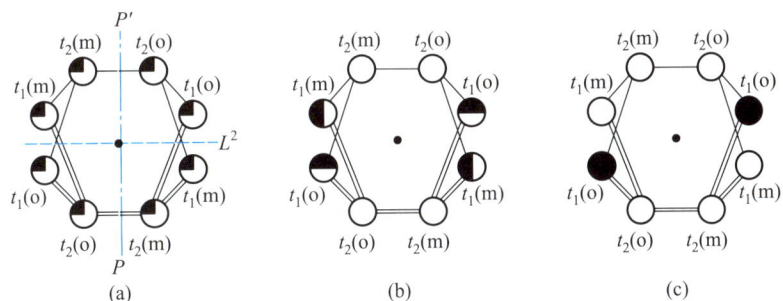

**图21-55　Al在不同结构四面体位置上的分布在(001)面投影**

(引自潘兆橹,1993)

(a)透长石;(b)正长石;(c)微斜长石

图中圆圈的黑度相当于每个位置中Al的集中程度;$P-P'$为对称面。

四面体位置的命名据Taylor(1962)

第一,$Al^{3+}$在所有的四面体位置上有同样的分布概率,用占位率表示为

$$t_1(o)=t_1(m)=t_2(o)=t_2(m)=0.25$$

第二,当温度下降、长石有序化时,$Al^{3+}$逐渐由$t_2$向$t_1$转移,这时$Al^{3+}$的占位率为:

$$t_1(o)=t_1(m)>t_2(o)=t_2(m)$$

直至

$$t_1(o)=t_1(m)=0.5,\quad t_2(o)=t_2(m)=0$$

此时,晶体结构中的对称面及二次轴仍保留,晶体为单斜对称,如低透长石、正长石。

第三,当进一步有序化时,$Al^{3+}$逐渐由$t_1(m)$位向$t_1(o)$位转移,这时$Al^{3+}$的占位率为:

$$t_1(o)>t_1(m),\quad t_2(o)=t_2(m)=0$$

此时,晶体结构中的对称面及二次轴已被破坏,晶体由单斜对称变为三斜对称,如微斜长石。

第四，再进一步有序化时，$Al^{3+}$完全集中在$t_1(o)$位，其占位率为：

$$t_1(o) = 1, \quad t_1(m) = t_2(o) = t_2(m) = 0$$

此时为完全有序结构，三斜对称，如最大微斜长石。

如果用有序度$(\delta)$表示$Al^{3+}$在四面体中的分布有序的程度，用三斜度$(\Delta)$表示晶体结构因有序化由单斜偏向三斜的程度，那么，上述4种情况的有序度和三斜度分别为：

第一种情况，$\delta = 0, \Delta = 0$；

第二种情况，$\delta > 0, \Delta = 0$；

第三种情况，$\delta > 0, \Delta > 0$；

第四种情况，$\delta = 1, \Delta = 1$。

从第一种情况到第二种情况，由于有序度增加而三斜度仍为零，称单斜有序化；从第二种情况到第三种情况直至第四种情况，有序度逐渐增大，三斜度也逐渐增大，称三斜有序化，到第四种情况时，有序度和三斜度都达到最大值。

图21-56表示了钾长石各种有序态的转变规律。如：冷却速度快时形成的是透长石，从高透长石$(San_h)$到低透长石$(San_l)$，有序度$= 0 \sim 0.5$；冷却速度较慢时形成的是正长石$(Or)$，有序度$= 0.5 \sim 0.7$；冷却速度更慢时形成的是中等微斜长石$(Mi_{inter})$，有序度$= 0.7 \sim 0.9$；冷却速度最慢时形成的是最大微斜长石$(Mi_{max})$，有序度$= 0.9 \sim 1$。

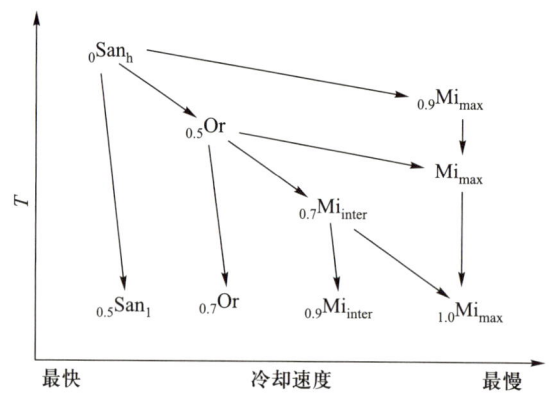

**图21-56　钾长石的相变趋势图**

矿物代号之左下角数字为其有序度值，如$_{0.5}Or$表示有序度为0.5的正长石

b. 钠长石有序化过程

在钠长石$(Na[AlSi_3O_8])$中，$N_{Al} : N_{Si} = 1 : 3$，所以钠长石有序化与钾长石有序化是类似的，但钠长石的有序化主要在三斜对称中发生，因为即使是无序的钠长石，晶体结构也呈三斜对称，这是$Na^+$半径较小的缘故。但是在大于980 ℃时，也可以有单斜钠长石，这是高温使结构开阔的缘故。单斜钠长石也叫蒙钠长石（monalbite）。单斜钠长石在自然界中很少产出。我国大别山超高压带的硬玉石英岩中发现了蒙钠长石（Wu X L 等，2004）。

c. 钙长石有序化过程

在钙长石$(Ca[Al_2Si_2O_8])$中，$N_{Al} : N_{Si} = 2 : 2$，根据铝回避原理，$[AlO_4]$四面体与$[SiO_4]$四面体必须相间排列形成有序结构，如果要使结构无序而产生$[AlO_4]$-$[AlO_4]$相连，那么要大于2 000 ℃，远高于熔点，因此纯钙长石必定是有序的，并且钙长石之$c$轴长度是钾、钠长石的两倍(图 21-57)。钙长石本身就是三斜的,无单斜的,钙长石的高温、低温结构表现在 $I$-$P$ 格子的转变,高温形成体心格子($I\overline{1}$),低温形成原始格子($P\overline{1}$)。

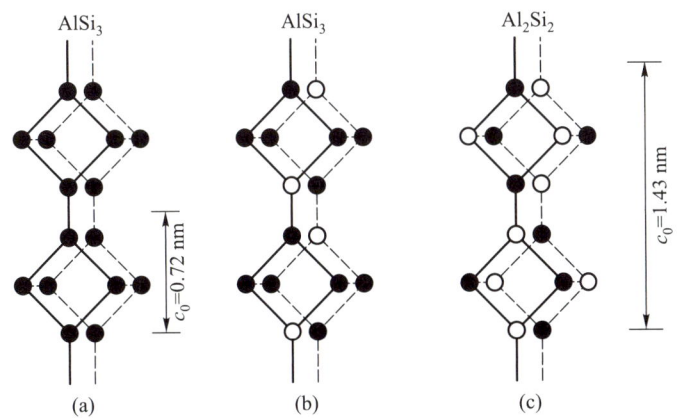

**图 21-57 无序与完全有序的 AlSi$_3$ 型与 Al$_2$Si$_2$ 型长石中 Si、Al 排列示意图**

(引自潘兆橹,1993)

(a) AlSi$_3$ 完全无序的透长石;(b) AlSi$_3$ 完全有序的钾、钠长石;(c) Al$_2$Si$_2$ 完全有序的钙长石

纯钙长石是有序的,但斜长石(即 Na[AlSi$_3$O$_8$]-Ca[Al$_2$Si$_2$O$_8$]系列)可以是无序或部分无序的。由于 Si$^{4+}$、Al$^{3+}$ 有序模式在 Na[AlSi$_3$O$_8$]和 Ca[Al$_2$Si$_2$O$_8$]中完全不同,对于其中间成分($N_{Al}:N_{Si}=1:3\sim2:2$)没有一个简单的有序化模式。当发生 CaAl-NaSi 代替时总会在有序结构中增加一些无序成分。

长石的晶体结构在高压下可发生相变(负数为体积减小比例):

$$Na[AlSi_3O_8]\ (-16.5\%体积)\longrightarrow NaAl[Si_2O_6]+SiO_2$$

钠长石　　　　　　　　　　　硬玉　　石英

$$(-2.5\%体积)\longrightarrow NaAl[Si_2O_6]+SiO_2$$

硬玉　　柯石英

$$(-8.1\%体积)\longrightarrow NaAl[Si_2O_6]+SiO_2$$

硬玉　斯石英

$$(-5.3\%体积)\longrightarrow NaAlSi_3O_8$$

锰钡矿型

$$(-8.6\%体积)\longrightarrow NaAlSiO_4+2SiO_2$$

CaFe$_2$O$_4$ 型　斯石英

锰钡矿型的 NaAlSi$_3$O$_8$ 与 CaFe$_2$O$_4$ 型的 NaAlSiO$_4$ 是新发现的钠铝硅氧化物,其中锰钡矿型的 NaAlSi$_3$O$_8$ 为四方晶系,$a_0=0.930$ nm,$c_0=0.273$ nm。NaAlSi$_3$O$_8$ 还可以是六方晶系,类似于鳞石英结构,$C_6^6$-P6$_3$;$a_0=0.516$ nm,$c_0=0.869$ nm。或 $D_6^6$-P6$_3$22;$a_0=0.518$ nm,$c_0=0.852$ nm。理论上,长石的结构可以是石英各种同质多象体的结构。类似地,钾长石(K[AlSi$_3$O$_8$])也可在高压下转变成锰钡矿型,而且它是迄今所知道的在下地幔压力条件下唯一稳定的含钾硅酸盐(陈丰等,1995)。

### 3. 形态、物理性质

图 21-58 绘出了几种长石常见形态。一般来说,长石晶体多呈平行(010)板状,或沿 $a$

轴延伸的柱状。

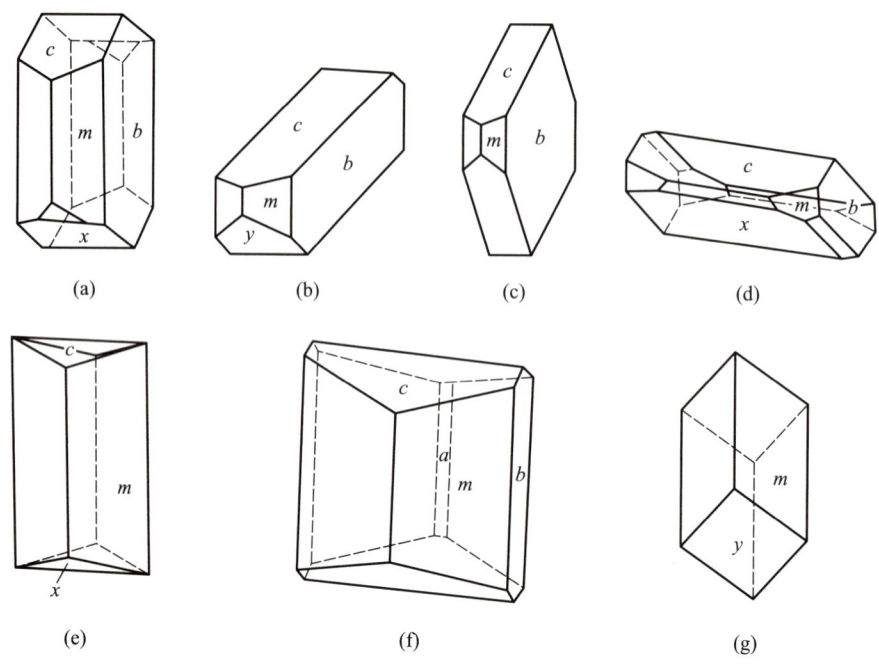

**图 21-58　几种长石常见形态**

（引自潘兆橹，1993；其中(f)据赵珊茸，王文魁，1992，产于福建魁歧岩体晶洞中）

（a）正长石；（b）正长石（沿 $a$ 轴延长）；（c）透长石；（d）肖钠长石；（e）、（f）冰长石；（g）歪长石

斜方柱 $m\{110\}$；平行双面 $c\{001\}$，$b\{010\}$，$x\{10\bar{1}\}$，$y\{20\bar{1}\}$，$a\{100\}$

图 21-58 中，（d）是肖钠长石形态，（e）、（f）是冰长石形态，（g）是歪长石形态。这些长石名称见后述。

长石双晶复杂多样（图 21-59），表 21-9 列出了常见的一些双晶律。长石双晶也非常普遍，特别是聚片双晶。一些双晶律还出现共存或复合的现象，如钠长石律与肖钠长石律共存，两者接合面接近 90° 相交，形成格子双晶（参见第九章图 9-12）；钠长石律与卡斯巴律共存时会发生复合而产生一新的双晶律，即钠长石-卡斯巴复合律，形成复合双晶。在复合双晶中，钠长石律、卡斯巴律、钠长石-卡斯巴律 3 种双晶律共存，并且，3 种双晶律中任意两种的复合必等于第三种双晶律（参见第九章图 9-10）。

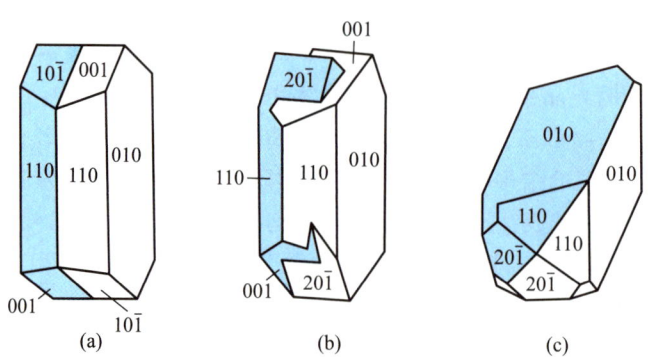

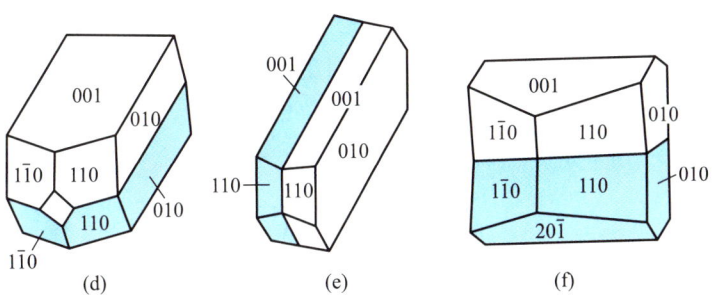

**图 21-59　常见的长石双晶**

(引自潘兆橹,1993)

(a) 卡斯巴律接触双晶;(b) 卡斯巴律穿插双晶;(c) 巴温诺律双晶;

(d) 曼尼巴律双晶;(e) 钠长石律双晶;(f) 肖钠长石律双晶

**表 21-9　长石常见双晶律**

| 双晶律名称 | 双晶要素 | 双晶接合面 | 双晶特点 | 出现情况 |
|---|---|---|---|---|
| 钠长石律 | 双晶面(010) | (010) | 聚片双晶 | 最常见,仅在三斜晶系中出现 |
| 曼尼巴律 | 双晶面(001) | (001) | 简单双晶 | 较少见,在变质岩中较常见 |
| 巴温诺律 | 双晶面(021) | (021) | 简单双晶 | 罕见,多见于火山岩中,在斜长石系列中少见 |
| 卡斯巴律 | 双晶轴[001] | 通常为(010) | 简单双晶 | 常见 |
| 肖钠长石律 | 双晶轴[010] | $(h0l)$,平行于[010]的菱形切面 | 简单或聚片双晶 | 较常见,仅在三斜晶系中出现 |
| 钠长石-卡斯巴复合律 | ⊥[001]并包含在(010)面内 | (010) | 复合双晶,很少单独出现,常由钠长石律和卡斯巴律复合而成 | 较常见 |

资料来源:引自潘兆橹,1993。编者修订。

　　对于钠长石-卡斯巴复合律, 一般都是由钠长石律和卡斯巴律复合而成,很少单独出现,但在自然界中也偶见其单独形成简单双晶的。

　　大部分的长石聚片双晶是在有序化过程中形成的,在有序化时,结构由单斜变为三斜,三斜结构的晶胞相对于单斜结构有 4 种不同取向变形,不同变形体发生连生就形成钠长石律、肖钠长石律聚片双晶(图 21-60)。

　　长石族矿物的物理性质非常近似:颜色呈浅色,较常见的为灰白色和肉红色。{001}和{010}解理完全,且{001}解理比{010}解理更完全,解理交角等于或接近于 90°(两组解理交角在单斜晶系等于 90°,在三斜晶系中则接近于 90°)。硬度为 6~6.5。相对密度较小(为 2.5~2.7)。

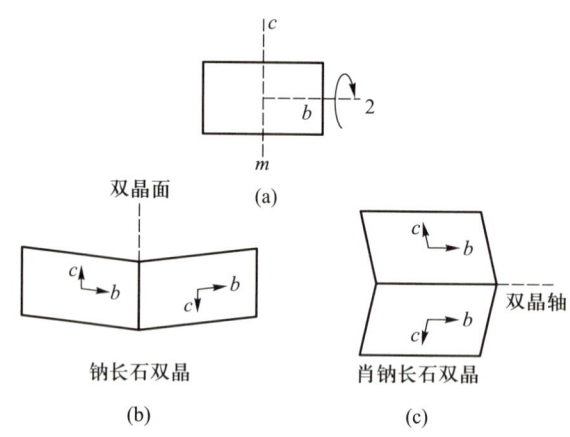

**图 21-60　长石单斜与三斜晶胞相对取向**

（引自郑辙,1992）

（a）单斜长石晶胞示意图；（b）、（c）结构有序化后晶胞变三斜,连生形成双晶

### 4. 成因、产状

长石族矿物广泛产出于各种成因类型的岩石中,约占地壳总质量的50%。主要为岩浆作用和变质作用的产物,是岩浆岩及变质岩中重要的造岩矿物。在伟晶岩中可成巨大晶体。长石经风化作用或热液蚀变易转变为高岭石、绢云母、伊利石、蒙皂石、沸石、方柱石、黝帘石、葡萄石、方解石等。

### 5. 工业应用

长石主要用于玻璃和陶瓷工业,长石在玻璃工业的用量占总用量的50%~60%,在陶瓷工业中用量占30%。色泽美丽者可作宝石或玉石,亦可作工艺美术细工石料,含这种长石的岩石可用作装饰石料。

长石在玻璃和陶瓷工业的重要作用之一,是作为降低烧成温度的熔剂,因为长石中存在碱、碱土金属离子,可使硅酸盐混熔体系的液相温度大大降低。钾长石熔融温度范围宽,黏度高,工艺性能最好,故自然界中只有经良好分异作用形成的钾长石脉符合工艺要求。

## 碱性长石亚族

碱性长石(alkli-feldspar)亚族是由钾长石和钠长石两个端员组成的类质同象系列。但习惯上将富钠端员的长石归为斜长石亚族,因此,碱性长石主要是指富钾端员的长石。所以,可将碱性长石简称为钾长石。即通常所说的钾长石并不是指钾长石矿物种。此外,还有一种高温形成的富钠端员的长石,称为歪长石,也归入碱性长石亚族。

透长石( sanidine )
正长石( orthoclase )　　$K[AlSi_3O_8]$ ( Or )
微斜长石( microcline )

**【化学组成】**　$K_2O$ 16.90%,$Al_2O$ 18.40%,$SiO_2$ 64.70%。3种钾长石的组成成分中均含有一定数量的Ab分子和低于5%~10%的An分子,偶尔也可含有极少量的Cn分子。正长石和微斜长石中可以有少量的 $Fe^{3+}$ 置换其中的 $Al^{3+}$。此外还可有微量的 $Mg^{2+}$、$Fe^{2+}$、$Sr^{2+}$、$Pb^{2+}$ 及 $Mn^{2+}$ 等存在,置换所含 An 或 Cn 分子中的 $Ca^{2+}$ 或 $Ba^{2+}$。

【晶体结构】　它们的空间群及晶胞参数见表 21-10,它们的晶体结构是相同的(见长石族概述),区别仅在于有序度、三斜度不同。透长石为高温无序态,有序度接近于零,三斜度为零。正长石为部分有序态,有序度大于零,三斜度为零。不过,也有人认为正长石具有超显微连生构造,是由具三斜对称的超显微双晶或晶胞级的晶域所组成,而在光性上表现为单斜晶体,从这个意义上说,它的三斜度应该大于零。微斜长石为低温有序态,有序度及三斜度都大于零。

表 21-10　透长石、正长石、微斜长石的晶胞参数及空间群

| 项目 | 晶胞参数 | 晶系 | 空间群 |
|---|---|---|---|
| 透长石 | $a_0 = 0.860$ nm<br>$b_0 = 1.303$ nm<br>$c_0 = 0.718$ nm<br>$\beta = 116°$<br>$Z = 4$ | 单斜 | $C_{2h}^3 - C2/m$ |
| 正长石 | $a_0 = 0.856$ nm<br>$b_0 = 1.300$ nm<br>$c_0 = 0.719$ nm<br>$\beta = 116°$<br>$Z = 4$ | 单斜 | $C_{2h}^3 - C2/m$ |
| 微斜长石 | $a_0 = 0.854$ nm<br>$b_0 = 1.297$ nm<br>$c_0 = 0.722$ nm<br>$\alpha = 90°39'$<br>$\beta = 115°56'$<br>$\gamma = 87°39'$<br>$Z = 4$ | 三斜 | $C_i^1 - P\bar{1}$ |

【形态】　钾长石随结晶温度从高到低所形成的透长石→正长石→微斜长石系列中,形态也有相应地从平行{010}板状→平行 c 轴的柱状→平行 a 轴的柱状的演变规律。另外,透长石和正长石常见卡斯巴双晶,微斜长石的双晶则较复杂,除常见卡斯巴律外,还可见曼尼巴律、巴温诺律。并且,微斜长石通常都有按钠长石律和肖钠长石律共同组成的格子双晶。在微斜长石格子双晶中,肖钠长石律双晶接合面 [(h0l),且 h≫l] 平行 b 轴而几乎垂直(001),而钠长石律双晶接合面为(010),因而也近乎垂直于(001),因此在(001)上可以看到由这两组聚片双晶相交成格子状,其交角接近于90°。在歪长石和斜长石中也有类似的格子双晶,但其肖钠长石律双晶接合面 [(h0l),且 h≪l] 平行 b 轴而近乎垂直(100),所以只有在(100)面上才能见到聚片双晶的格子(图 21-61)。

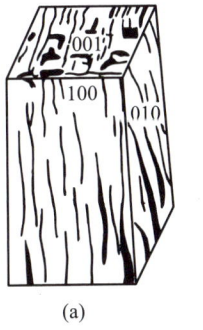
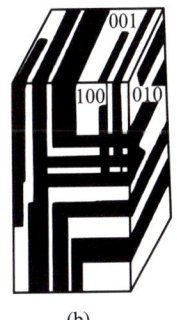

(a)　　　　　　　(b)

图 21-61　肖钠长石律与钠长石律共存而成的格子双晶

(引自潘兆橹等,1993)

(a) 在微斜长石中;(b) 在歪长石和斜长石中

透长石、正长石、微斜长石的不同双晶种类也是与它们的有序化程度不同有关的，在长石族概述时已提及，有序化使晶体结构由单斜变为三斜过程中，晶胞不同取向变形的连生就会形成钠长石律、肖钠长石律双晶，因此，有序化程度最高的微斜长石最易出现上述两种双晶律共存的格子双晶，而有序程度最低的透长石不易出现，正长石中的超显微双晶很可能是有序化程度较低的产物。

【物理性质】　透长石无色透明，正长石、微斜长石常呈肉红色、浅黄色或灰白色；玻璃光泽，透明。｛001｝和｛010｝解理完全。硬度为 6～6.5。相对密度为 2.55～2.63。

另外，在伟晶岩中可以见到富有特征的一种结构，称为"文象结构"（graphic structure），它是由石英和微斜长石（或正长石）所组成的规则连生体［图 21-62（a）］。从断面上可见到石英宛如古代的象形文字相嵌于微斜长石之中，故称为"文象结构"［图 21-62（b）］。它是由残余熔体中长石与石英同时结晶形成的。"文象结构"实际上就是长石与石英以相似的面网形成的交生现象。

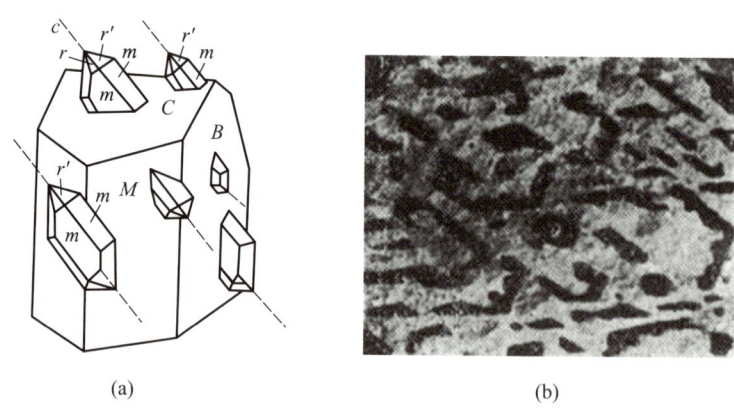

(a)　　　　　　　　　　　　　　(b)

**图 21-62　文象结构**

（引自潘兆橹等，1993）

（a）正长石和石英的定向规则连生（正长石的［001］晶棱与石英菱面体晶面与柱面之间的［11$\bar{2}$3］晶棱一致）；

（b）文象结构图片（浅色的是微斜长石，深色的是石英）

正长石各晶面：$C(001)$，$B(010)$，$M(110)$；石英各晶面：$m(10\bar{1}0)$，$r(10\bar{1}1)$，$r'(01\bar{1}1)$

【成因及产状】　透长石是中酸性火山岩的主要造岩矿物之一，粗面岩中尤为常见。

正长石和微斜长石是中酸性和碱性火成岩中的主要浅色造岩矿物。与之相对应的火山岩中以正长石较多，伟晶岩和长英岩中则以微斜长石为主。

在变质岩中，深变质岩里以正长石为主；浅变质带中，以微斜长石居多。在接触变质带中原先形成温度较低的钾长石，有时可以转变成透长石。

沉积岩里所含的长石碎屑，取决于原岩的长石种别。自生作用过程中可以形成微斜长石和冰长石（见后述）。

热液蚀变过程中的钾长石化，常见于高温石英脉的两侧，如我国南岭地区许多黑钨矿石英脉旁所见，多为微斜长石。

【鉴定特征】　在手标本上通常以透明无色或肉红色、具有完好的两组正交或近乎正交的解理加以识别。至于钾长石中各个种的识别,可利用双晶和产状加以区别,但比较可靠的鉴定要利用 X 射线、光学性质资料、测有序度等区别。

钾长石与斜长石的区别见后述。

【主要用途】 见长石族概述。

**歪长石(anorthoclase)**

(Na,K)[AlSi$_3$O$_8$]

【化学组成】 歪长石是一种特殊的高温的富钠长石端员的长石,成分中含 Ab 分子在 63% 以上。而其 CaO 含量随 Na 含量的增大而增高,当接近纯 Ab 时,可含 CaO 达 3%~4%。

【晶体结构】 三斜晶系;$C_i^1-C\overline{1}$;$a_0 = 0.82$ nm,$b_0 = 1.28$ nm,$c_0 = 0.71$ nm;$\beta = 116°$;$Z = 4$。晶体结构同透长石,有序度极低,高温下稳定。含 Or 在 25%~60% 的歪长石或透长石,可以出溶成歪长石隐纹长石或透长石隐纹长石。

【形态】 歪长石的形态如透长石;但有的歪长石{110}、{20$\overline{1}$}等单形特别发育[见图 21-58(g)]。在镜下可见到极细致的格子双晶,由钠长石律和肖钠长石律两组聚片双晶共同组成[见图 21-61(b)]。

【物理性质】 歪长石的颜色、光泽和解理、硬度等均类同于透长石。相对密度在 2.56~2.62。

【成因和产状】 与透长石相似,仅见于中酸性和碱性火山岩中,作为斑晶或基质产出。

【鉴定特征】 歪长石以其具格子双晶而不同于正长石和透长石。它和微斜长石的不同之处在于其格子双晶的特点不同[图 21-61(b)]。

【主要用途】 见长石族概述。

## 斜长石亚族

**斜长石(plagioclase)**亚族是由钠长石和钙长石两个端员组分组成的类质同象系列,常温下在某些区间内并不能相互混溶,形成两相长石的显微连生体。本亚族按 An 的含量人为地划分成 6 种:

| | |
|---|---|
| 钠长石(albite) | Ab 100%~90%,An 0~10% } 酸性斜长石 |
| 奥(更)长石(oligoclase) | Ab 90%~70%, An 10%~30% |
| 中长石(andesine) | Ab 70%~50%,An 30%~50% 中性斜长石 |
| 拉长石(labradorite) | Ab 50%~30%,An 50%~70% } |
| 培长石(bytownite) | Ab 30%~10%,An 70%~90% } 基性斜长石 |
| 钙长石(anorthite) | Ab 10%~0,An 90%~100% |

由于它们的化学组成、结构特征、物理性质等方面均做规律性变化,故合并叙述之。

【化学组成】 斜长石的组成中经常有 Or 存在,并可含有极少量的 Cn 分子。一般来说含 An 越多的斜长石,含 Or 分子越少,常不超过 5%,但含 An 少者则含 Or 稍多。经分析,还发现斜长石中含有少量的 Ti$^{4+}$、Fe$^{3+}$、Fe$^{2+}$、Mn$^{2+}$、Mg$^{2+}$、Sr$^{2+}$ 等。Ti$^{4+}$ 及 Fe$^{3+}$ 应置换结构中的 Al$^{3+}$,而其他离子,若不是混入物的话,则应置换结构中的 Ca。

【晶体结构】 三斜晶系;钠长石:$C_i^1-C\overline{1}$;$a_0 = 0.814$ nm,$b_0 = 1.279$ nm,$c_0 = 0.715$ nm;$\alpha =$

$94°13'$，$\beta = 116°31'$，$\gamma = 87°42'$；$Z = 4$。钙长石：$C_i^1 - P\bar{1}$ 及 $I\bar{1}$；$a_0 = 0.818$ nm，$b_0 = 1.288$ nm，$c_0 = 1.417$ nm；$\alpha = 93°10'$，$\beta = 115°51'$，$\gamma = 91°13'$；$Z = 8$。

由上可见，钙长石和钠长石的空间群分别为 $P\bar{1}$ 和 $C\bar{1}$，且钙长石的 $c_0$ 值 2 倍于钠长石，说明两端员结构的差异较大，由此导致在某些区间的不混溶性。

**【形态】**　单晶体平行 {010} 延展，呈板状，有时沿 $a$ 轴延伸，但很少沿 $c$ 轴延伸。

斜长石的双晶多种多样，最常见的是钠长石律和肖钠长石律。除少数自生作用下形成的钠长石外，不出现钠长石律聚片双晶的斜长石是极其罕见的。这种聚片双晶，每个单体都很薄，一般以微米计，可以在 {001} 解理面上看其双晶纹（参见第九章图 9-7）。卡斯巴律也颇普遍，巴温诺律和曼尼巴律比较少见。此外，斜长石常出现钠长石-卡斯巴复合双晶和钠长石律-肖钠长石律共存的格子双晶（见图 21-61）。

**【物理性质】**　白色或灰白色，如出现其他色调时，往往是由杂质引起的；玻璃光泽。{001} 及 {010} 解理完全。硬度为 6~6.5。相对密度为 2.61~2.76。斜长石的许多物理性质如相对密度、折射率等都是随着成分的有规律变化而变化的，如含 Ab 高者相对密度小，含 An 分子越多，则相对密度越大。

**【成因及产状】**　斜长石是分布很广的造岩矿物。高温斜长石产于某些火山岩及浅成岩中，低温斜长石则产于深成岩及区域变质岩中。随着火成岩类型的不同，斜长石也不同。酸性斜长石产于酸性、碱性岩中，中性斜长石产于中性岩中，基性斜长石产于基性、超基性岩中。

伟晶岩中仅见有钠长石或奥长石。只有少数基性伟晶岩中才见到有粒径粗大的中基性斜长石。

区域变质作用过程中所形成的斜长石，其 An 含量将随变质作用的加深而增高。接触变质条件下所形成者，情况与此相似。

热液蚀变过程中所谓的钠长石化作用，便是形成钠长石或奥长石的过程。

沉积岩中可以有钠长石作为自生矿物。碎屑岩中也可以有斜长石存在，但是远不及钾长石普遍，因为斜长石比钾长石易风化。

**【标型】**斜长石与角闪石之间 Al-Si 交换及其分配系数可以反应形成压力（该压力计适合于较低压的条件）。碱性长石与斜长石中 Ab 组分的分配系数可以反应形成温度。

**【鉴定特征】**　斜长石可以根据所属岩石类型及产状大致区分出酸性、中性和基性斜长石，但精确可靠的鉴定，一般要靠光学性质、X 射线测试的资料。

斜长石与钾长石的肉眼区别见表 21-11。

表 21-11　钾长石和斜长石肉眼鉴定特征

| | 钾长石 | 斜长石 |
|---|---|---|
| 肉眼观察 | 1. 晶面或解理面上无密集的聚片双晶纹，但可见反光程度不同的两部分（卡斯巴双晶的两单体）<br>2. 颜色为肉红色或白色、无色<br>3. 产于浅色岩（花岗岩、正长岩等），常与石英、黑云母等共生 | 1. 晶面或解理面上常见密集的聚片双晶纹<br>2. 颜色为白色、灰色<br>3. 产于深色岩（辉长岩、橄榄岩等），常与普通辉石、橄榄岩等共生 |

**【主要用途】**　见长石族概述。

## 长石族矿物的命名补充说明

长石族矿物还因成分、结构、物理性质等差异形成了许多变种,列举如下。

碱性长石亚族的变种有:

**冰长石(adularia)**:低温形成的钾长石,是在低温热液、低级变质中产出,也可以在沉积岩中以自生矿物的形式产出。它的结构特点为:宏观上表现为单斜对称,微观上具有显微晶畴结构,有单斜晶畴也有三斜晶畴;也有人认为它的晶畴结构是显微双晶结构。其形态特点为:沿着 $a$ 轴压扁的板状,{110}很发育但{010}不发育,有时发育{100},而{100}是长石罕见的单形[见图 21-62(e)和(f)]。

**天河石(amazonite)**:绿色钾长石。关于天河石的颜色问题,有人认为是含 Rb 引起的,有人归之于含 Fe,也有人认为是含 Pb,更有人以晶格缺陷致色作解释。苏联学者奥斯特劳莫夫(М. Н. Остроумов,1982)的研究认为,绿色是 Pb 和 Fe 共同引起的。

**条纹长石(perthite)**:因温度下降使固溶体出溶而成的钾长石与钠长石条片状嵌晶,即形成"条纹长石"。这些条片在(010)切面上可以见到,它们沿($\overline{6}$01)的方向分布,并且与(001)面的夹角大致等于 73°。

**月光石(moonstone)**:若条纹长石中的钾、钠长石两相形成显微层片状结构,则会产生漂亮的"浮光"效应,叫月光石。

斜长石亚族的变种有:

**肖钠长石(pericline)**:低温形成的钠长石。它的形态特点为:沿着 $b$ 轴延长的柱状[见图 21-62(d)]。

**叶钠长石(cleavelandite)**:高温形成的钠长石。它的形态特点为:平行(010)发育成片状集合体,表现为叶片状,因此得名。也有人认为,平行(010)的片状集合体就是接合面不太规则的钠长石律聚片双晶。

**拉长石(labradorite)**:由于聚片双晶结构使光发生干涉而产生彩虹效应。

**日光石(sunstone)**:由于含有分布均匀、定向排列的微细包裹体(赤铁矿、针铁矿、绿云母等)而产生闪光。

长石族矿物的名称很多,为了避免混淆,特做如下说明。

1. 从成分来命名:钾长石、钠长石、钙长石。

2. 从结构的对称性来命名:正长石(单斜)、斜长石(二斜)、歪长石(三斜)。有序化使得单斜变为三斜的,命名为微斜长石。

3. 上述成分命名与结构命名的对应关系:钾长石为单斜晶系,所以钾长石对应正长石;钠长石和钙长石为三斜晶系,所以钠长石和钙长石对应斜长石和歪长石。钾长石有序化可以变为三斜的,所以钾长石还可以对应微斜长石。

4. 长石名称中的"正""斜""歪""微斜"是根据英文名称中的前缀"ortho""plagio""anortho""micro"翻译过来的。最初认为钾长石都是单斜的,所以认为钾长石与正长石为同名词,以"Or"作为钾长石和正长石的代号。实际上"Or"是正长石英文名的简称,只能代表正长石不能代表钾长石。但这个习惯已经被广泛接受了。本教材也是以"Or"作为钾长石的代号。

5. 高温与低温长石的几个特殊名称:高温钾长石称为透长石,低温钾长石称为冰长石,它们的共同特点是无色透明。高温钠长石称为歪长石,低温钠长石称为肖钠长石。其中"歪长石"已经被国际矿物学会建议取消。

6. 高温形成的单斜钠长石被称为蒙钠长石,在地球上很罕见。它与歪长石不同,虽然都是高温钠长石,但蒙钠长石形成的温度比歪长石高很多,而且是单斜晶系的。

7. 长石的宝石学名称有:月光石(由碱性长石变来)、日光石(由斜长石变来)、拉长石(由斜长石变来),具体含义见前述。

## 似长石（feldspathoids）

具架状骨干硅盐矿物还有霞石族、白榴石族、方钠石族、日光榴石族和方柱石族等,它们一般统称为似长石矿物,因为它们与长石矿物相似,同为不含水的架状结构硅酸盐。但具有下列特点:① K 或 Na 与 Si+Al 含量比,霞石中为 1:2,白榴石中约为 1:3,而长石中为 1:4。故似长石矿物多是在富碱贫硅的介质中形成的,一般不与石英共生。② 结构开阔并较松弛,具有较大的空洞,易于容纳半径大的 $K^+$、$Na^+$、$Ca^{2+}$、$Li^+$、$Cs^+$ 等阳离子,以及 $F^-$、$Cl^-$、$OH^-$、$[CO_3]^{2-}$ 等较大的附加阴离子或络阴离子。③ 与长石族矿物比较,似长石矿物的相对密度较低,一般在 2.3~2.6;硬度较小,在 5~6.5;折射率低,一般在 1.480~1.541。

## 白 榴 石 族

本族矿物晶体化学通式为 $R[AlSi_2O_6]$,R 代表 K、Cs 和 Li。

### 白榴石（leucite）

$K[AlSi_2O_6]$,相当于 $K[AlSi_3O_8]$(钾长石)$-SiO_2$

【化学组成】 $K_2O$ 21.58%,$Al_2O_3$ 23.40%,$SiO_2$ 55.02%。含有微量的 Na、Ca 和 $H_2O$。

【晶体结构】 四方晶系,常呈假等轴晶系;$C_{4h}^6 - I4_1/a$;$a_0 = 1.304$ nm,$c_0 = 1.385$ nm;$Z = 16$。温度在 605 ℃以上时,转变为等轴晶系变体($\beta-$白榴石),$a_0 = 1.343$ nm。

【形态】 通常所见的白榴石晶体仍保持着等轴晶系的外形(为副象),呈完整的四角三八面体{211},有时呈{100}和{110}的聚形。聚片双晶的接合面为(110)。常呈粒状集合体。

【物理性质】 常呈白色、灰色或炉灰色,有时带有浅黄色调;条痕无色或白色;透明;玻璃光泽。无解理,断口呈油脂光泽。硬度为 5.5~6。相对密度为 2.4~2.50。

【成因及产状】 产于某些富钾贫硅的喷出岩及浅成岩中,通常呈斑晶出现。白榴石常与碱性辉石、霞石共生,而在正常情况下不与石英共生,这是因为当它形成时,如果有多余的 $SiO_2$ 存在,就将形成钾长石。

【鉴定特征】 以其完整的四角三八面体晶形、炉灰似的颜色,以及成因产状作为鉴定特征。

【主要用途】 可作为提取钾和铝的原料。

## 霞 石 族

本族矿物晶体化学通式为 $R[AlSiO_4]$,其中 R 为 Li、K、Na 等,在高温时 $Na[AlSiO_4]-$

$K[AlSiO_4]$可形成连续类质同象。

**霞石(nepheline)**

$KNa_3[AlSiO_4]_4$ 或简写为 $Na[AlSiO_4]$，相当于 $Na[AlSi_3O_8]$（钠长石）$-2SiO_2$

【化学组成】 是 $Na[AlSiO_4]-K[AlSiO_4]$ 系列的中间产物，其中含 $K[AlSiO_4]$ 分子为 5%~20%。$Fe^{3+}$ 则认为是置换四面体的 $Al^{3+}$。

【晶体结构】 六方晶系；$C_6^6-P6_3$；$a_0=1.00$ nm，$c_0=0.841$ nm；$Z=2$。霞石的结构类似 $\beta-$鳞石英，它们的 $c_0$ 值相近，霞石的 $a_0$ 值为 $\beta-$鳞石英 $a_0$ 值的两倍。$\beta-$鳞石英半数 Si 被 Al 取代后，便形成霞石的结构。碱金属的出现是用以平衡电荷。置换的结果，必然会导致结构的变形，从而在结构中出现两种不同形态的六连环。

【形态】 晶体常呈六方柱或厚板状。常呈貌似单晶的双晶。也可有粒状或致密块状集合体。

【物理性质】 常呈无色、白色、灰色或微带各种色调；条痕无色或白色；透明，混浊者似乎不透明；玻璃光泽，断口呈明显的油脂光泽，故称之为"脂光石"。解理不发育；具贝壳状断口。性脆。硬度为 5~6。相对密度为 2.55~2.66。

【成因及产状】 产于富 $Na_2O$ 而贫 $SiO_2$ 的碱性岩中，主要见于与正长石有关的侵入岩、火山岩及伟晶岩中。它在 $SiO_2$ 不饱和的条件下形成，因此在同一岩石中，霞石和石英不能同时出现。其共生矿物是碱性长石（微斜长石、钠长石）、碱性辉石、碱性角闪石等。

【鉴定特征】 产于岩石中的新鲜霞石不易用肉眼识别，有时像碱性长石，有时像石英，极易混淆。但霞石往往具有油脂光泽，无完好的解理，可借此与长石相区别。霞石时常含某些染色的斑点，较易风化，如发现颗粒的周围或裂缝中有杂色蚀变物存在时，往往为霞石而非石英。此外，如将霞石粉末置于试管中，加浓 HCl 溶液煮沸几分钟后，残渣中将有胶状物出现，据此亦可与石英相区别。

【主要用途】 用作玻璃、陶瓷的工业原料，代替铝矿。

# 沸 石 族

与前述长石、似长石相比，沸石族矿物为含水的架状铝硅酸盐，一般化学式为 $A_mX_pO_{2p}\cdot nH_2O$，其中 A = $Na^+$、$Ca^{2+}$、$K^+$ 和少量的 $Ba^{2+}$、$Sr^{2+}$、$Mg^{2+}$ 等；X = $Si^{4+}$、$Al^{3+}$，四面体位置上的 $N_{Al}$：$N_{Si}\leq1$（约为 1:5 到 1:1）。沸石族矿物的化学组成可以在相当大范围内变化，使得许多沸石只能给出近似的化学式。

沸石的晶体结构与其他架状硅酸盐差别很大，沸石结构中具有宽阔的空洞和较宽的通道，并被 $Na^+$、$Ca^{2+}$、$K^+$ 等离子和水分子——沸石水所占据。

在沸石结构中具有次级结构单位 SBU(secondary building units)，是由原始结构单位 $[SiO_4]$、$[AlO_4]$ 四面体演化而来。不考虑结构中四面体的形状，只将每个四面体中 Si 或 Al 的位置互相连接起来，便构成次级结构单位，形成各种简单的环或双环或更为复杂的结构单位，它们的形状和符号如图 21-63 所示。

这些次级结构单位在晶体结构中组成一定形状的多面体空间，构成所谓的笼。相邻的笼可以通过次级结构彼此联结，形成各种不同形式的通道。这种通道体系有 3 类：

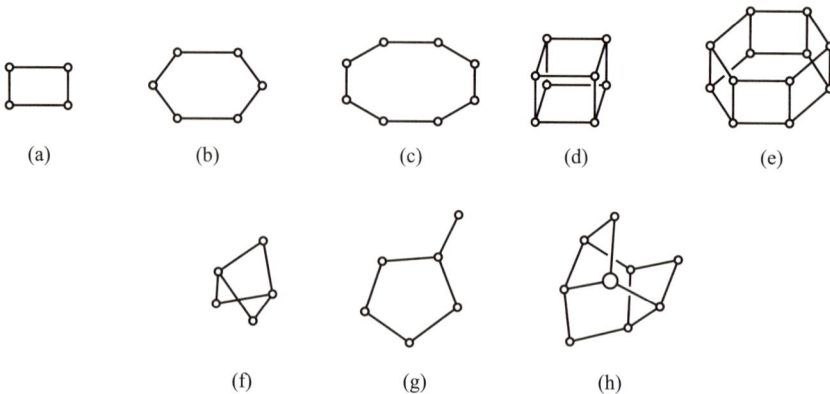

图 21-63　沸石中的次级结构单位

（据 Breck，1974；引自潘兆橹等，1993）

（a）简单四元环 S4R；（b）简单六元环 S6R；（c）简单八元环 S8R；

（d）双四元环 D4R；（e）双六元环 D6R；（f）复杂 4-1（$T_5O_{10}$ 单位）；

（g）复杂 5-1（$T_8O_{16}$ 单位）；（h）复杂 4-4-1（$T_{10}O_{20}$ 单位）

（1）一维通道：各方向的通道彼此不相通。如方沸石的通道，平行｛111｝。

（2）二维通道：如丝光沸石中的通道体系，由平行 $c$ 轴、$b$ 轴的两种通道互相联通而成。

（3）三维通道：3 个方向互相联通的通道。分为等径的与不等径的两种。如菱沸石中的通道为三维等径通道体系，钙十字沸石中为三维不等径通道体系。

各种沸石结构之间的差别在于它们持有笼的形状大小和通道体系不同。

沸石的晶体结构特点决定了它具有广泛的工业应用价值：

（1）沸石作为离子交换材料：位于笼和通道内的阳离子（$Na^+$、$K^+$、$Ca^{2+}$ 等），由于与硅铝氧骨干联系力弱，可被其他阳离子（如 $Mg^{2+}$、$Sr^{2+}$、$Ba^{2+}$、$Cu^{2+}$、$Zn^{2+}$、$Ni^{2+}$、$Ag^+$ 等）置换而不破坏晶格。并且由于阳离子并未将空洞完全填满，因而像 $Ca^{2+} \rightleftharpoons 2(Na^+, K^+)$ 那样不等数目的离子交换也可发生。因此，通过沸石提供的 $2Na^+$ 来交换 $Ca^{2+}$，使得原来含 $Ca^{2+}$ 较高的硬水软化，也可以淡化海水或从海水中提取 K，可用于废水处理，除去废水中的放射性元素、重金属离子和氨态氮（$NH_3$-N）及磷酸根等有害离子。据研究，通过熔化沸石可将 $^{137}Cs$、$^{90}Sr$ 长久固定在沸石晶格内（流失 1% 需要 500 年时间），以防止扩散污染，甚至可以回收使用。

（2）沸石作为分子筛：当加热时，笼和通道中的水分子逐渐逸出，并不破坏晶体结构，在适当条件下还可以重新吸水，这种形式的水叫作沸石水。当水分子被排除后，笼和通道内的剩余电荷可以吸附外来液、气体分子（如 $NH_3$、$CO_2$、$H_2S$、$SO_2$ 等），直径比通道小的分子可以进入通道而被吸附，直径比通道大的则被拒之门外，从而对分子起着筛选的作用。利用沸石的分子筛性可分离混合气体、液体，清除废气，处理天然气等，还可用于土壤的改良，即将营养料吸附于沸石晶格中不易于流失而只被作物缓慢吸收。

此外，也可以用于水泥、建材工业上，制成坚固轻巧的制品。由于沸石矿的广泛应用，天然产出的沸石已经不能满足需要，目前采用火山岩（珍珠岩、流纹岩、白榴石）及黏土岩合成沸石，也可用矿物如高岭石、叶蜡石等合成沸石，这已形成很有经验的生产流水线了。

另外，还可用离子交换法对沸石进行改型，使之改型为 Ca 型、K 型、Na 型等，以适用于不同的工业应用目的。

各种沸石形态、物理性质相差不大,都为纤维状、束状、柱状、板状,也有一部分为粒状;多为无色或白色,因含杂质而染成其他颜色,或因阳离子交换后,有色素离子的进入而染色。有的沸石有发光性。与无水架状硅酸盐相比,具有相对密度小(一般为 1.9~2.3)、硬度低(一般为 3.5~5.5)、折射率低及易分解的特点。一般都有一组完全解理。

天然沸石最早是在玄武岩中发现的,常作为热液结晶的产物,充填于火山岩的气孔中,成为杏仁体的主要成分之一。现已知主要产于未变质的沉积岩层中,尤其是火山碎屑的沉积岩层中。在土壤中也有产出。此外也可作为某些硅酸盐矿物的次生矿物产出。

已知天然沸石大约有 60 种,人造沸石已经超过 100 种。这些沸石矿物种分布数量上极不均衡,且不易鉴别,需借助 X 射线、光学显微镜、差热分析、红外光谱等方法确定。以下仅介绍几个代表性的矿物种,且着重于成分和结构,形态、物理性质、成因、应用等见上述,不再叙及。

### 丝光沸石(mordenite)

$(Na_2,K_2,Ca)_2[AlSi_5O_{12}]_4 \cdot 12H_2O$

又称发光沸石。

【化学组成】　大多数情况下,碱金属元素多于 Ca,而且 Na 多于 K。$N_{Si}/N_{Al}$ 在 4~6。

【晶体结构】　斜方晶系;$D_{2h}^{17}-Cmcm$ 或 $C_{2h}^{12}-Cmc2_1$;$a_0 = 1.813$ nm,$b_0 = 2.049$ nm,$c_0 = 0.752$ nm;$Z = 4$。沿 $c$ 轴有由五元环组成的链状结构,其中具有平行于 $c$ 轴和 $b$ 轴的二维通道,前者孔径为 0.72 nm,后者孔径约为 0.28 nm,干燥脱水后即形成有离子交换能力的二维分子筛。

### 方沸石(analcite)

$Na_2[AlSi_2O_6]_2 \cdot 2H_2O$

【化学组成】　有时含 K、Ca 或少量的 Mg。

【晶体结构】　等轴晶系;$O_h^{10}-Ia3d$;$a_0 = 1.371$ nm;$Z = 8$。架状结构,其中每一晶胞中 1/8 小立方体的 $L^3$ 方向,由六元环围成一维通道,孔径约 0.7 nm。

### 片沸石(heulandite)

$(Ca,Na_2)[Al_2Si_7O_{18}] \cdot 6H_2O$

【化学组成】　常含 $K_2O$、SrO,有时含 BaO。其中 $N_{Ca} > N_{Na+K}$,故一般为 Ca 型,$N_{Si}/N_{Al} = 2.78~3.35$。

【晶体结构】　单斜晶系;$C_s^2-Cm$;$a_0 = 1.773$ nm,$b_0 = 1.782$ nm,$c_0 = 0.743$ nm;$\beta = 116°20'$;$Z = 4$。结构中由 4 个五连环和 2 个四连环以角顶相连形成特殊结构单位,由它排列成层,平行{010},结构层相互连接便构成了片沸石的结构。因此片沸石沿{010}呈片状及具{010}一组完全解理。

### 钙十字沸石(phillipsite)

$(K_2,Na_2,Ca)[AlSi_3O_8]_2 \cdot 6H_2O$

【化学组成】　可能发生 $[K,Na,(1/2)Ca]Al \Longleftrightarrow Si$ 的代替,从而使 Al、Si 比值和[K,Na,(1/2)Ca]含量一起变化。有时有微量的 Ba 和更少量的 Sr 进入组分中。

【晶体结构】　单斜晶系;$C_{2h}^2-P2_1/m$;$a_0 = 1.002$ nm,$b_0 = 1.428$ nm,$c_0 = 0.864$ nm;$\beta = 125°40'$;$Z = 2$。硅铝氧骨架中存在着[(Si,Al)O_4]四面体组成的四元环和八元环,平行[100]的一组通道孔径为 0.42~0.44 nm,另一组平行[010]的通道孔径为 0.28~0.48 nm。

在两者相交处形成较大的空洞。在各种空洞中存在着可交换的阳离子和沸石水。在富硅的成员中，阳离子相对地减少，使八元环组成的通道不被阻塞，而可以吸收较多的分子（如 $NH_3$、$CO_2$），显示出分子筛性能。

**菱沸石（chabazite）**

$(Ca,Na_2)[AlSi_2O_6]_2 \cdot 6H_2O$

【化学组成】 类质同象代替式有 $(Na,K)Si \Longrightarrow CaAl$ 和 $Ca \Longrightarrow 2Na \Longrightarrow 2K$。此外还有少量 $Sr \Longrightarrow Ca$，$Ba \Longrightarrow Ca$ 等。

【晶体结构】 三方晶系；$D_{3d}^5$-$R\overline{3}m$；$a_0 \approx 1.38\ nm$，$c_0 = 1.503\ nm$；$Z = 6$。晶体结构可以看成是由 D6R 即双层六连环构成的柱体，与歪斜的四连环 S4R 连接而成。结构中形成的笼形似椭圆，空隙很大，且有 6 个八连环形成 6 个出口。Ca 与 4 个水分子相结合，位于笼内。脱水后晶格稍有变形。菱沸石结构中，空隙的体积约占一半，由此可见其疏松程度。

## 附：香花石——最美矿物、中国特色矿物

香花石是我国发现的第一个新矿物，于 1958 年在湖南临武香花岭发现，以产地命名。发现者为黄蕴慧等。香花石为浑圆粒状，晶体形态非常复杂，发育的晶面很多，且出现了一些单形的正形、负形、左形、右形，这样的现象在矿物晶体形态上很罕见，也使得香花石的晶体形态具有结晶学理论意义。我国著名结晶学与矿物学家彭志忠于 1964 年测量并绘制出香花石的晶体形态（见图 21-65），这个近 100 个晶面的形态可以说是所有矿物晶体形态中最复杂也是最美的晶体形态。因此，香花石被誉为最美矿物；由于它是中国发现的第一个新矿物，且迄今为止仅在中国产出，所以又被誉为中国特色矿物。

下面介绍这一在中国新矿物研究中具有里程碑意义且具有典型结晶学意义的矿物——香花石。

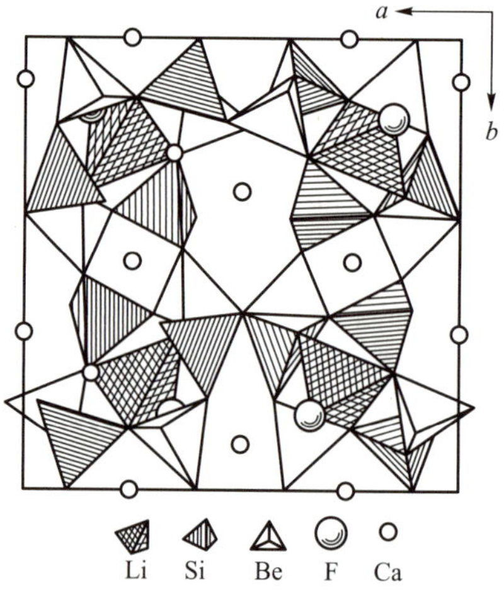

**香花石（hsianghualite）**

$Ca_3Li_2[BeSiO_4]_3F_2$

香花石于 1958 年发现于湖南香花山接触变质岩中，发现者是黄蕴慧，以产地命名。

【化学组成】 组成中 $Ca^{2+}$ 可为少量的 $Na^+$、$K^+$ 所代替，$Al^{3+}$、$Mg^{2+}$ 和 $Fe^{2+}$ 离子在碱性热液环境下呈四配位代替 $Si^{4+}$ 和 $Be^{2+}$。

【晶体结构】 等轴晶系；$T^5$-$I2_13$；$a_0 = 1.288\ nm$；$Z = 8$。属架状硅酸盐矿物。

香花石晶体结构的特点如图 21-64 所示。结构中 $[SiO_4]$ 四面体和 $[BeO_4]$ 四面体共角顶呈三维空间骨架，每两个 $[SiO_4]$ 四面体和两个 $[BeO_4]$ 四面体交替以角顶连接组成 4-四面体环；每 3 个 $[SiO_4]$ 四面体和 3 个 $[BeO_4]$ 四面体交替连接组成 6-四面体环。4-四面体环垂直于立方晶胞的二次螺旋轴，居于单位立方体 $\{100\}$ 面上；6-四面体环垂直于立方晶胞的三

**图 21-64 香花石的晶体结构**

（据地质科学研究院和中国科学院晶体结构研究组，1973）

次轴,环绕单位立方体诸角顶。6-四面体环形成的中心空洞,延长方向平行于三次轴,为 F 原子所充填。紧靠 F 原子一侧的四面体空隙中充填着 Li 原子,其配位数为 4(3O+1F)。4-四面体环中心空洞为 Ca 原子所充填,其配位数为 8(6O+2F)。

【形态】 晶体呈粒状,晶体较小者(直径 0.2~2 mm)为无色,透明度高,主要的单形有:立方体 $a\{100\}$,四面体 $o\{111\}$,菱形十二面体 $d\{110\}$,三角三四面体正形 $n\{211\}$、负形 $-n\{21\bar{1}\}$,四角三四面体正形 $r\{332\}$、负形 $-r\{33\bar{2}\}$,五角十二面体右形 $f'\{310\}$、左形 $'f\{301\}$,五角三四面体正-右形 $s'\{231\}$、负-右形 $-s'\{32\bar{1}\}$、正-左形 $'s\{321\}$、负-左形 $-'s\{23\bar{1}\}$ 等;$f'$ 和 $'f$ 面上有斜条纹(图 21-65)。晶粒大者(直径 5~7 mm)为乳白色,透明度较差,出现单形较少。

图 21-66 是香花石晶体的扫描电子显微镜图片。由于晶体发育晶面太多且晶棱不够清楚,因此用线条将晶棱画出来,见图 21-66(b)。

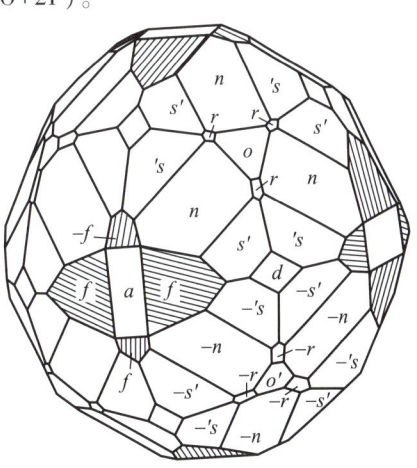

图 21-65 香花石的理想晶体形态
(据彭志忠等,1964)

(a)

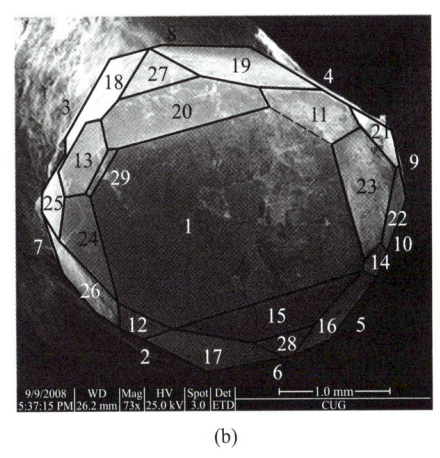

(b)

图 21-66 香花石晶体形态(SEM 图)
(据 Zhao SR 等.,2012)

各编号晶面的单形符号为:1、2、3、4、5:立方体 {100};6、7、8、9、11、12、13、14:菱形十二面体 {110};
15、16、17、18、19、20:三角三四面体正形 {211};21、22、23、24、25、26:三角三四面体负形 {21$\bar{1}$};
27、28:四面体正形 {111};29、10:五角十二面体负形 {130}

香花石的形态非常复杂,并且具有结晶学理论意义,其中出现了各种单形的正形与负形、左形与右形的组合,而且还出现了同一单形的正-右形、负-右形、正-左形、负-左形的四个变体,这在其他矿物形态中是非常罕见的。这种复杂的单形组合现象里面蕴含的许多结晶学意义我们一直没有认真研究。赵珊茸通过详细分析香花石形态上这些复杂的单形组合现象,发现图 21-65 中的香花石形态上左形与右形共存的现象可以揭示这个形态不应该是单晶体形态,而应该是一个双晶,并提出了一个双晶理想模型,见图 21-67。

香花石的双晶律是：双晶面 {110}（一共有 6 个），双晶接合面 {110} + {100}（一共有 9 个）。

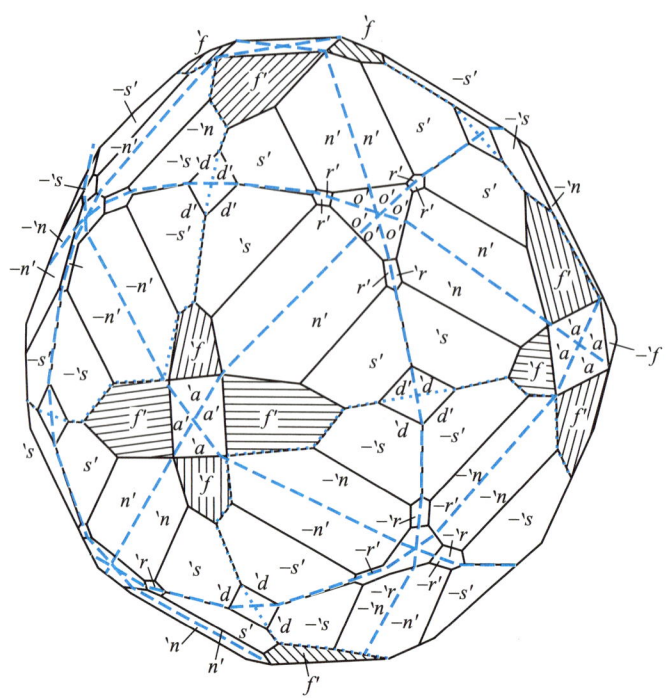

——————— 双晶面与双晶接合面 {110}

············ 双晶接合面 {100}

**图 21-67 香花石双晶理想模型**

（据 Zhao SR，等，2007）

## ? 习题与思考题

### 基础题：

**硅酸盐晶体化学：**

1. 什么是硅氧骨干？有些什么形式的硅氧骨干？

2. 什么是活性氧（端氧）？什么是惰性氧（桥氧）？在各种不同的硅氧骨干中，惰性氧的数目是多少？

3. 用鲍林法则说明：① 在硅酸盐中，[$SiO_4$]-[$SiO_4$]四面体之间只能共角顶联结，不能共棱、共面联结。② [$AlO_4$]-[$AlO_4$]四面体之间可以相联吗？为什么？

4. 在硅酸盐结构中，铝的双重性是指什么？说明这种双重性的内因与外因。

5. [$AlO_4$]与[$SiO_4$]哪个更稳定？

6. 在不同的硅氧骨干中，[$AlO_4$]四面体的数量怎样？

7. 哪种形式的硅氧骨干形成的结构最紧密？哪种硅氧骨干形成的结构最不紧密？

8. 在硅酸盐晶体结构中，为使硅氧骨干与骨干外阳离子配位多面体协调，常需互相变形。请举出两个具体矿物晶体结构的例子来说明这个问题。

9. 判断下列矿物的硅氧骨干形式是什么？

长石、石英、云母、辉石、角闪石、石榴子石、橄榄石、锆石、红柱石、蓝晶石、夕线石、高岭石、蛇纹石

10. 举例说明矿物的形态与硅氧骨干的关系。

**岛状、环状结构硅酸盐：**

11. 锆石的形态主要由哪些单形组成？在酸性岩与碱性岩中，锆石的形态有什么区别？

12. 锆石在地质学中的主要应用是什么？

13. 橄榄石的晶体结构中，氧离子是最紧密堆积吗？橄榄石结构与尖晶石结构有什么异同？

14. 如果某矿区发现紫红、玫瑰红色的石榴子石，那么该矿区可能有什么矿？

15. 石榴子石形态最常见的单形是哪两个？

16. 红柱石、蓝晶石、夕线石的结构中 Al 的配位形式有什么区别？Al 的配位与形成条件有什么关系？

17. 从绿柱石的晶体结构特点解释：为什么绿柱石的硬度很大但相对密度不大。

18. 空晶石、祖母绿、碧玺的矿物学名称是什么？

19. 电气石为什么会有压电性和热释电性？

**链状结构硅酸盐：**

20. 描述辉石族矿物的晶体结构形式，并画出垂直 $c$ 轴的结构示意图（每一单链用一梯形表示），指出 $M_1$ 和 $M_2$ 位各在什么地方？它们各自被什么阳离子占据？

21. 辉石族矿物还分为斜方辉石亚族和单斜辉石亚族，与 $M_2$ 位的阳离子类型是什么关系？

22. 斜方辉石有哪些？单斜辉石有哪些？

23. 辉石中规则的出溶片晶应属于什么类型的规则连生？

24. 从硅灰石的成分特点分析，硅灰石的单链结构与辉石的单链结构为什么完全不同？

25. 描述闪石族矿物的晶体结构形式，并画出垂直 $c$ 轴的结构示意图（每一双链用一梯形表示），指出 $M_1$、$M_2$、$M_3$ 和 $M_4$ 位各在什么地方？它们各自被什么阳离子占据？

26. 闪石族矿物还分为斜方角闪石亚族和单斜角闪石亚族，与 $M_4$ 位的阳离子类型是什么关系？

27. 斜方角闪石有哪些？单斜角闪石有哪些？

28. 对比辉石族结构与闪石族结构的异同。

29. 对比辉石族矿物的形态物性与闪石族矿物的形态物性的异同。

**层状结构硅酸盐：**

30. 层状结构硅酸盐中，TO 型（1:1型）、TOT 型（2:1型）的含义是什么？其中 O 层还可分哪两种类型？画出 TO 型（1:1型）、TOT 型（2:1型）的结构示意图。

31. 哪些层状硅酸盐矿物具有 TO 型结构？哪些具有 TOT 型结构？

32. 层间域是什么？云母、滑石、绿泥石、蒙脱石、蛭石的层间域里各有什么？说明云母、滑石、绿泥石、蒙脱石、蛭石的层间域内容对其特性(弹性、挠性、吸附性、膨胀性、阳离子交换性)的影响。

33. 1M 白云母和 3T 白云母是什么关系？它们是否属于同一矿物种？

34. 什么叫作混层矿物？为什么层状结构易出现混层矿物？混层矿物是一种什么规则连生？

35. 高岭石主要有什么特性？这些特性的工业应用价值是什么？

36. 什么叫作黏土矿物？有什么特性？

37. 层状硅酸盐矿物的成因特点如何？

**架状结构硅酸盐：**

38. 具有 $[SiO_4]$ 四面体共角形成架状结构的矿物有哪些族？

39. 长石族矿物还分为哪两个亚族？分亚族的依据是什么？

40. 长石族矿物包含哪两个类质同象系列？这两个类质同象系列的混溶性怎样？条纹长石是怎么形成的？

41. 碱性长石(或简称钾长石)根据什么划分透长石、正长石、微斜长石？斜长石根据什么分为酸性、中性、基性三种类型？

42. 长石族矿物具相同的结构型，但不同长石矿物种(如透长石、微斜长石、斜长石等)具有不同的对称特点，影响长石结构对称性的两个主要因素是什么？

43. 什么叫作长石的有序度？什么叫作长石的三斜度？

44. 试述钾长石的有序化过程。钠长石、钙长石有序化与钾长石有序化有什么不同？

45. 长石常见的双晶有哪些？为什么单斜长石(透长石、正长石)不能出现钠长石律双晶而只有三斜长石(斜长石)才能出现钠长石律双晶？

46. 聚片双晶与出溶片晶的区别是什么？

47. 文象结构属于什么类型的规则连生？

48. 沸石族的晶体结构特点是什么？由此导致它们有什么特性及工业应用价值？

## 综合分析与讨论题：

49. 在硅酸盐中，Si—O 键的性质既符合共价键模型又符合离子键模型，分别说明之。

50. 大多数 Si—O 配位为 $[SiO_4]$ 四面体，在什么条件下可形成 $[SiO_6]$ 八面体配位？并解释 $[SiO_4]$ 四面体比 $[SiO_6]$ 八面体稳定的原因。

51. 从离子半径与结构的关系解释：为什么镁铝榴石比钙铝榴石形成压力要大？

52. 辉石族矿物中，各矿物的晶体结构型是一样的，为什么不同矿物种还会出现不同的对称性、不同的空间群及不同的晶胞参数？

53. 斜方辉石与单斜辉石矿物的解理面符号不同，解理夹角是否一样？为什么？

54. 斜方角闪石与单斜角闪石的解理符号、解理夹角的区别是什么？为什么？

55. 斜长石的卡-钠复合双晶中，3 种双晶律(卡斯巴双晶律、钠长石双晶律、卡-钠复合双晶律)的关系符合什么对称要素组合定理？

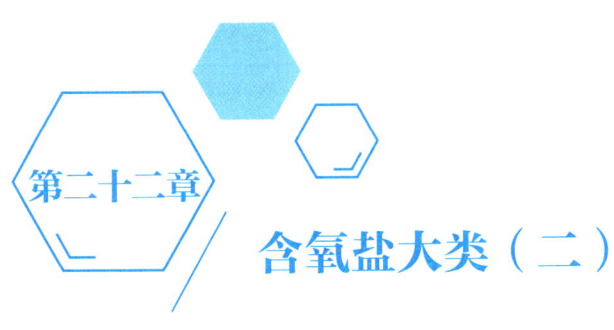

# 第二十二章　含氧盐大类（二）

硅酸盐是分布最广、含量最多、也是在地学领域研究最多的一类含氧盐。除硅酸盐外，还有许多其他含氧盐。本教材只介绍在地壳上较常见的其他含氧盐，并对其作如下分类：

碳酸盐类：含 $[CO_3]^{2-}$，硫酸盐类：含 $[SO_4]^{2-}$，磷酸盐类：含 $[PO_4]^{3-}$，钨酸盐类：含 $[WO_4]^{2-}$，硼酸盐类：含 $[BO_3]^{3-}$ 等。

其中磷酸盐、钨酸盐、硼酸盐的一些矿物或人工晶体都是非常好的激光材料。

下面我们介绍这些矿物中的重点矿物族和矿物种。

## 一、碳 酸 盐 类

### 方解石族—文石族

电子教案 22
含氧盐大类
（二）

碳酸盐类矿物主要为方解石族和文石族矿物。由于这两族矿物之间存在一个型变现象，所以本书将其放在一起讨论。

所谓型变，在上篇"结晶学"部分的第十章已介绍，是指矿物成分发生系列变化引起结构相应地系列变化的一种现象。在方解石族和文石族的一系列矿物种中，这种型变现象表现得十分明显。

从表22-1可见，随着阳离子从 $Co^{2+}$，$Zn^{2+}$，$Mg^{2+}$，…，$Ba^{2+}$，半径依次增大，结构也发生相应变化。这种变化分两个阶段，第一阶段是在方解石型结构内部的变化，即菱面体面角逐增（由晶胞参数变化引起），第二阶段是在文石型结构内部变化，即斜方柱面角逐减。两个阶段的接合点（即阳离子为 $Ca^{2+}$ 处）发生一个突变，即从方解石型变为文石型。这种成分变化引起结构从渐变到突变的全过程就称为一个完整的型变系列。

型变也可视为类质同象与同质多象的统一，上述结构变化的第一、第二阶段内部属于类质同象，而两个阶段的接合点处为同质多象。

方解石型和文石型结构分别为：

表 22-1　方解石型结构与文石型结构的型变现象

| 结构型 | 矿物名称及化学式 | 阳离子及其半径[a] /nm | | 菱面体 $\{10\overline{1}4\}$ 之面角 | 斜方柱 $\{110\}$ 之面角 |
|---|---|---|---|---|---|
| 方解石型结构 | 菱钴矿 $Co[CO_3]$ | $Co^{2+}$ | 0.075 | 72°19′ | — |
| | 菱锌矿 $Zn[CO_3]$ | $Zn^{2+}$ | 0.074 | 72°19′ | — |
| | 菱镁矿 $Mg[CO_3]$ | $Mg^{2+}$ | 0.072 | 72°31′ | — |
| | 菱铁矿 $Fe[CO_3]$ | $Fe^{2+}$ | 0.078 | 73°0′ | — |
| | 菱锰矿 $Mn[CO_3]$ | $Mn^{2+}$ | 0.083 | 73°24′ | — |
| | 白云石 $CaMg[CO_3]_2$ | $\begin{cases} Mg^{2+} & 0.072 \\ Ca^{2+} & 0.100 \end{cases}$ | | 73°45′ | — |
| | 菱镉矿 $Cd[CO_3]$ | $Cd^{2+}$ | 0.095 | 73°58′ | |
| | 方解石 $Ca[CO_3]$ | $Ca^{2+}$ | 0.100 | 74°55′ | |
| 文石型结构 | 文石 $Ca[CO_3]$ | $Ca^{2+}$ | 0.100 | — | 63°45′ |
| | 碳酸锶矿 $Sr[CO_3]$ | $Sr^{2+}$ | 0.118 | — | 62°46′ |
| | 白铅矿 $Pb[CO_3]$ | $Pb^{2+}$ | 0.119 | | 62°41′ |
| | 碳酸钡矿 $Ba[CO_3]$ | $Ba^{2+}$ | 0.135 | | 62°12′ |
| | 碳酸钙钡矿 $CaBa[CO_3]_2$ | $\begin{cases} Ca^{2+} & 0.100 \\ Ba & 0.135 \end{cases}$ | | — | 60°27′ |
| 钡解石型结构（可视为介于方解石型、文石型结构之间的过渡型） | 钡解石 $CaBa[CO_3]_2$ | | | — | — |

a 这里的离子半径是配位数为 6 时的离子半径。文石型结构中阳离子配位数为 9，这时离子半径会增大。
资料来源：引自潘兆橹，1993。

方解石型结构：可以视为 NaCl 型结构的衍生结构。即将 NaCl 结构中的 $Na^+$ 和 $Cl^-$ 分别用 $Ca^{2+}$ 和 $[CO_3]^{2-}$ 取代之，并将 $[CO_3]^{2-}$ 平面三角形垂直某三次轴成层排列，导致其原立方面心晶胞沿三次轴方向压扁而呈钝角菱面体状，就变成了方解石的结构［图 22-1（a）中的钝角菱面体］。每一 $[CO_3]^{2-}$ 层均与其相邻层中的 $[CO_3]^{2-}$ 三角形的方向相反。$Ca^{2+}$ 被 6 个 $[CO_3]^{2-}$ 包围，且与 $Ca^{2+}$ 成键配位的 O 也为 6 个，即配位数为 6。由于 NaCl 结构中的 $\{100\}$ 方向为电性中和面，从而产生该方向的完全解理。与此相似，也就决定了方解石具有 $\{10\overline{1}4\}$ 的完全解理；其解理块的形状正好与由 NaCl 晶胞衍生而来的呈钝角菱面体状的方解石的"晶胞"一致。但这样选取的"晶胞"（钝角菱面体状）并非为真正的方解石的单位晶胞，因为这种菱面体高度并不是结构中的重复周期，方解石真正的单位晶胞应是一锐角菱面体状［图 22-1（a）中的锐角菱面体］。在结晶学中，三方菱面体格子（三轴定向）和六方格子（四轴定向）常进行转换，方解石的锐角菱面体单位晶胞也可转换成具双重体心的六方晶胞，见图 22-1（a）。

文石型结构：与方解石晶体结构不同在于结构中的 $Ca^{2+}$ 和 $[CO_3]^{2-}$ 按六方最紧密堆积的重复规律排列，每个 $Ca^{2+}$ 周围虽然围绕着 6 个 $[CO_3]^{2-}$，但与其相接触的 O 不是 6 个，而是 9 个；即 $Ca^{2+}$ 的配位数为 9。每个 O 与 3 个 Ca、1 个 C 联结［图 22-1（b）］。

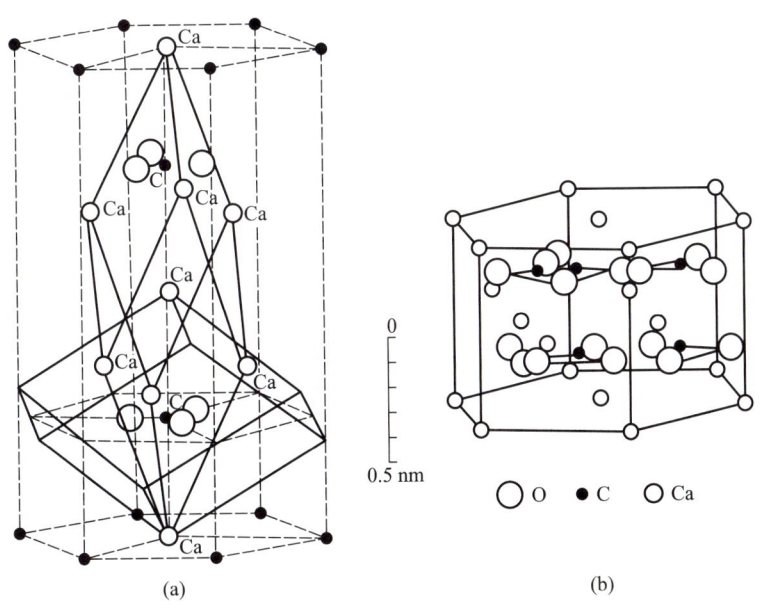

**图 22-1　方解石与文石的晶体结构**

（引自潘兆橹等,1993;吕孟凯,1996;编者修订）

（a）方解石的晶体结构（示真晶胞菱面体、解理形状菱面体与双重体心六方格子之间的关系）；

（b）文石的晶体结构

这两种结构型的共同特点是:$Ca^{2+}$ 和 $[CO_3]^{2-}$ 都按最紧密堆积的规律排列,且 $[CO_3]^{2-}$ 三角形都平行地成层排列。

由于在 $[CO_3]^{2-}$ 平面内的振动光的折射率远大于垂直此平面振动光的折射率,所以这些碳酸盐矿物的光学异向性非常强,表现为高双折射率。

下面分别叙述这两族的重点矿物。

**方解石（calcite）**

$Ca[CO_3]$

【化学组成】　CaO 56.03%,$CO_2$ 43.97%。常含 Mn、Fe、Zn、Mg、Pb、Sr、Ba、Co、TR 等类质同象替代物;当它们达一定的量时,可形成锰方解石、铁方解石、锌方解石、镁方解石等变种。此外,晶体中还常见水镁石、白云石、铁的氢氧化物及氧化物、硫化物、石英等机械混入物。

【晶体结构】　三方晶系;$D_{3d}^6-R\bar{3}c$;菱面体晶胞:$a_{rh}=0.637$ nm,$\alpha=46°07'$;$Z=2$;如果转换成六方（双重体心）格子,则:$a_h=0.499$ nm,$c_h=1.706$ nm;$Z=6$。方解石型结构见前叙。

【形态】　常见完好晶体,形态多种多样。主要呈平行[0001]发育的柱状及平行{0001}发育的板状和各种状态的菱面体或复三方偏三角面体（图 22-2）。方解石常依（0001）形成接触双晶,更常依（01$\bar{1}$8）形成聚片双晶,这一聚片双晶纹在解理面上的方位与白云石不同（图 22-3）。在自然界,这种聚片双晶的出现,可用以说明方解石形成后,曾遭受地质应力的作用。近年来的研究表明,在一些低温低压构造变质带中,方解石聚片双晶的聚片宽度可反映温度:较细窄的反映低温（低于 170 ℃）,较粗宽的反映高温（Ferrill 等,2004）。

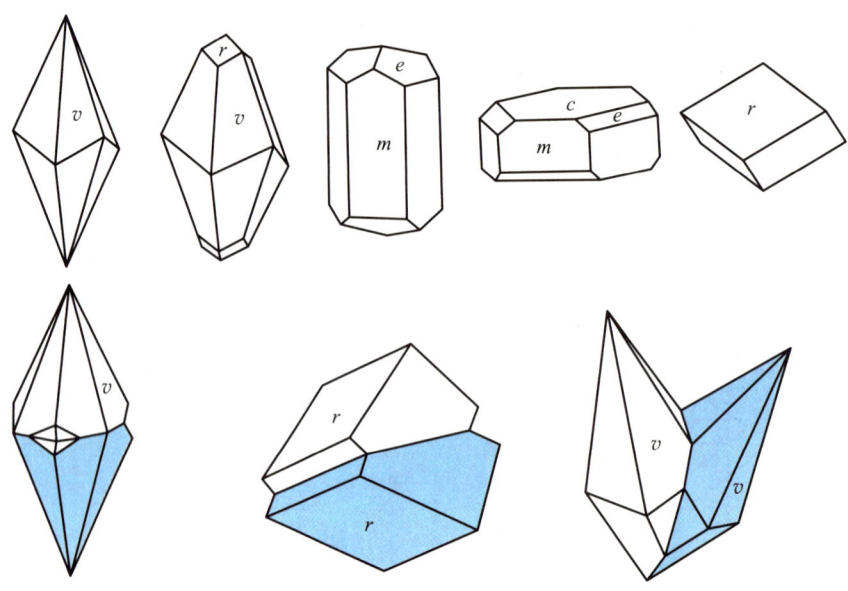

**图 22-2　方解石的晶体和双晶**

（引自潘兆橹，1993）

平行双面 $c\{0001\}$；六方柱 $m\{10\bar{1}0\}$；菱面体 $r\{10\bar{1}4\}$，$e\{01\bar{1}8\}$；复三方偏三角面体 $v\{21\bar{3}4\}$

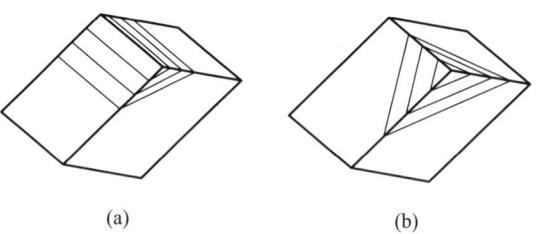

(a)　　　　　　　　　　(b)

**图 22-3　方解石和白云石的聚片双晶在菱面体解理面上的表现对比**

（引自潘兆橹，1993）

（a）方解石平行（$01\bar{1}8$）的聚片双晶；（b）白云石平行（$01\bar{1}2$）的聚片双晶

　　方解石的集合体形态也是多种多样的。由片状（板状）或纤维状的方解石，形成呈平行或近似平行的连生体，分别称为层解石和纤维方解石。还有致密块状（石灰岩）、粒状（大理岩）、土状（白垩）、多孔状（石灰华）、钟乳状（石钟乳）和鲕状、豆状、结核状、葡萄状、被膜状及晶簇状等。

　　方解石的晶体形态与形成条件有关。随着形成时温度的降低，其晶形有从板状、钝角菱面体为主的晶形向复三方偏三角面体、六方柱为主及锐角菱面体晶形演化的趋势（图 22-4）。

　　**【物理性质】**　无色或白色，有时被 Fe、Mn、Cu 等元素染成浅黄、浅红、紫、褐黑色。无色透明的方解石称为**冰洲石（icespar）**。解理 $\{10\bar{1}4\}$ 完全（以前的教材都将方解石的解理符号定为 $\{10\bar{1}1\}$，是误将图 22-1（a）中钝角菱面体定为晶胞导致的错误）；在应力影响下，沿 $\{01\bar{1}8\}$ 聚片双晶方向滑移成裂开。硬度为 3。相对密度为 2.6~2.9。某些方解石具发光性。

　　**【成因及产状】**　方解石是分布最广的矿物之一，具有各种不同的成因类型。主要为：

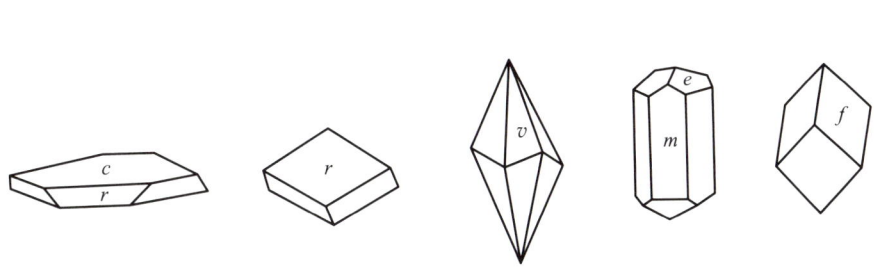

**图 22-4　方解石形态随温度的变化**

(引自潘兆橹,1993)

① 沉积型,海水中的 $CaCO_3$ 达到过饱和时,可沉积形成大量的石灰岩、鲕状灰岩等;② 热液型,常见于中、低温热液矿床中,呈脉状或见于空洞里,具良好的晶形;③ 岩浆型,方解石为岩浆成因的碳酸岩和碳酸盐熔岩中的主要造岩矿物,常与白云岩、金云母等共生;④ 风化型,石灰岩、大理岩在风化过程中地下水溶解易形成重碳酸钙 $Ca(HCO_3)_2$ 进入溶液,当压力减小或蒸发时,使大量的 $CO_2$ 逸出,碳酸钙可再沉淀下来,形成钟乳石、石笋、石柱等。其反应式:

$$Ca(HCO_3)_2 === CaCO_3 + H_2O + CO_2$$

【鉴定特征】　晶形,$\{01\bar{1}8\}$ 聚片双晶,$\{10\bar{1}4\}$ 3 组完全解理,硬度中等,相对密度较小。加 HCl 溶液急剧起泡。灼热后的方解石碎块置于石蕊试纸上呈碱性反应。有钙的焰色反应(橘黄色)。

【主要用途】　由方解石组成的石灰岩、大理岩、白垩等岩石,广泛地应用于化工、冶金、建筑等工业部门,例如用于烧石灰、制水泥等。美丽的大理岩可作建筑装饰材料。纯度高的石灰岩是生产塑料、尼龙的重要原料。

由于冰洲石具有极强的双折射率和偏光性能,被广泛地应用于光学领域里,如偏光显微镜的棱镜、偏光仪、光度计等。

**菱镁矿(magnesite)—菱铁矿(siderite)**

$Mg[CO_3]-Fe[CO_3]$

【化学组成】　$Mg[CO_3]$：MgO 47.81%,$CO_2$ 52.19%,$Fe[CO_3]$：FeO 62.01%,$CO_2$ 37.99%。$Mg[CO_3]$ 与 $Fe[CO_3]$ 之间可形成完全类质同象,有时具有 Mn、Ca、Ni、Si 等混入物。

【晶体结构】　三方晶系；$D_{3d}^6-R\bar{3}c$。菱镁矿的菱面体晶胞 $a_{rh}=0.566$ nm,$\alpha=48°10'$,$Z=2$；六方晶胞 $a_h=0.462$ nm,$c_h=1.499$ nm；$Z=6$。菱铁矿的菱面体晶胞 $a_{rh}=0.576$ nm,$\alpha=47°54'$,$Z=2$；六方晶胞 $a_h=0.468$ nm,$c_h=1.526$ nm,$Z=6$。与方解石同结构。

【形态】　晶体呈菱面体状、短柱状或复三方偏三角面体状。通常呈粒状、土状、致密块状集合体。

【物理性质】　富 Mg 端员白色或浅黄白色、灰白色,有时带淡红色调,富 Fe 者呈黄至褐色、棕色；玻璃光泽。解理 $\{10\bar{1}4\}$ 完全。硬度为 3.5~4.5。相对密度为 2.9~4.0,富 Fe 者相对密度和折射率均增大。

【成因及产状】　菱镁矿主要由含 Mg 热液交代白云石及超基性岩而成,此外也有沉积型。菱铁矿也具有沉积型和热液型两种。

【鉴定特征】 与方解石相似，区别在于粉末加冷 HCl 不起泡或作用极慢，加热 HCl 则剧烈起泡。

【主要用途】 菱镁矿可用于制耐火砖（可耐 3 000 ℃ 高温）、含镁水泥，并可提取金属镁；菱铁矿可作为铁矿石开采。

### 白云石（dolomite）

$CaMg[CO_3]_2$

【化学组成】 CaO 30.41%，MgO 21.86%，$CO_2$ 47.33%。成分中的 $Mg^{2+}$ 可被 $Fe^{2+}$、$Mn^{2+}$、$Co^{2+}$、$Zn^{2+}$ 替代。其中 $CaMg[CO_3]_2$-$CaFe[CO_3]_2$ 可呈完全类质同象系列；当 $Fe^{2+}$ 多于 $Mg^{2+}$ 时称铁白云石。$Fe^{2+}$ 与 $Mn^{2+}$ 的替代则有限，其 $Mn^{2+}$ 的端员 $CaMn[CO_3]_2$ 称为锰白云石。还可形成铅白云石、钴白云石、锌白云石等变种。

【晶体结构】 三方晶系；$C_{3i}^2$-$R\overline{3}$；菱面体晶胞 $a_{rh} = 0.601$ nm，$\alpha = 47°36'$，$Z = 1$；六方晶胞 $a_h = 0.481$ nm，$c_h = 1.601$ nm，$Z = 3$。晶体结构与方解石相似。不同之处在于方解石晶体结构中 $Ca^{2+}$ 所占据的结构位置，其中 1/2 在白云石中被 $Mg^{2+}$ 所占据；$Ca^{2+}$ 和 $Mg^{2+}$ 在垂直三次轴的方向上分别呈层做有规律的交替排列，因此导致白云石的晶体结构的对称程度低于方解石。白云石中的 $Fe^{2+}$、$Mn^{2+}$ 代替 $Mg^{2+}$ 后，可导致晶胞增大。

【形态】 晶体常呈菱面体状[图 22-5(a)]，不如方解石形态多样，晶面常弯曲成马鞍状[图 22-5(b)]，经切薄片在显微镜下观察可见这种马鞍状形态具有晶畴镶嵌状结构和波状消光现象[图 22-5(c)]。经常依(0001)、$(10\overline{1}0)$、$(10\overline{1}4)$、$(11\overline{2}0)$ 及 $(01\overline{1}2)$ 形成双晶，后者双晶纹在解理面上的方向与方解石不同(图 22-3)。有些白云石出现 $\{01\overline{1}2\}$ 裂开，为双晶造成。集合体常呈粒状、致密块状，有时呈多孔状、肾状。

【物理性质】 纯者多为白色，含铁者灰色-暗褐色，含铁白云石风化后，表面变为褐色；玻璃光泽。解理 $\{10\overline{1}4\}$ 完全，解理面常弯曲。硬度为 3.5～4。相对密度为 2.85，随成分中 Fe、Mn、Pb、Zn 含量的增多而增大。有些白云石在阴极射线作用下发鲜明的橘红光。

【成因及产状】 白云石是自然界中广泛分布的一种矿物，主要有沉积和热液两种成因。它是组成白云岩、白云质灰岩的主要矿物。

白云石也是岩浆成因的碳酸岩的主要组成矿物之一。

含镁质或白云质的灰岩在区域变质或接触变质作用中可形成白云石大理岩。在变质作用的较高阶段，白云石可被分解成方镁石和水镁石。

【鉴定特征】 晶面常呈弯曲的马鞍状。与方解石的区别是遇冷盐酸不剧烈起泡，加热后方剧烈起泡，另外双晶纹的方向亦与方解石不同(图 22-3)。此外，可用染色法区分二者：用 0.2 mol·$L^{-1}$ 的 HCl 加茜素红硫溶液，白云石不染色，方解石则被染成红紫色。

【主要用途】 用作耐火材料及高炉炼铁生产中的熔剂；部分白云石可作提取镁的原料。白云石大理岩加工后可作较好的建筑石材。

### 文石（aragonite）

$Ca[CO_3]$

又称霰石，与方解石呈同质多象。此外，还有一种与方解石和文石为同质多象的变体，称球文石，六方晶系，也称六方碳钙石，一般呈亚稳定态，存在于极端气候（如北极和冰冷湖底)下的生物体内。

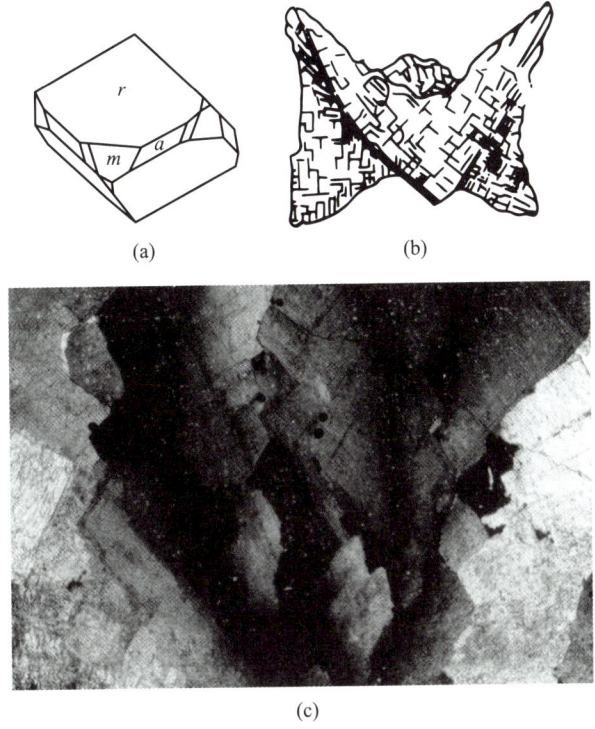

(a)　　　　　　　　(b)

(c)

图 22-5　白云石的晶体

[(a)、(b)引自潘兆橹,1993;(b)据 Sadebeck,1876]

(a)晶体形态;(b)马鞍状形态;(c)马鞍状白云石切片在正交偏光显微镜下的照片(×40)

菱面体 $r\{10\bar{1}4\}$,$m\{10\bar{1}1\}$;六方柱 $a\{11\bar{2}0\}$

【化学组成】　Ca 常被 Sr、Pb、Zn、TR 所替代。此外还有 Mg、Fe、Al 等,但含量一般均较低。已知的变种有铅文石、锌文石、锶文石、稀土文石等。

【晶体结构】　斜方晶系;$D_{2h}^{16}-Pmcn$;$a_0 = 0.495$ nm,$b_0 = 0.796$ nm,$c_0 = 0.573$ nm;$Z = 4$。文石型结构见前述。

【形态】　晶体常为柱状、矛状(图 22-6),但较少见。常依(110)成双晶或三连晶,三连晶常出现假六方对称。集合体常呈纤维状、柱状、晶簇状、皮壳状、钟乳状、鲕状、豆状等。多数软体动物的贝壳内壁珍珠质部分是由极细的片状文石沿着贝壳面平行排列而成。

【物理性质】　通常为白色、黄白色,有时呈浅绿色、灰色等;透明;玻璃光泽,断口为油脂光泽。无解理,或有时见{010}不完全至中等解理;贝壳状断口。硬度为 3.5~4.5。相对密度为 2.9~3.3,成分中含 Sr、Ba 者相对密度增大。

【成因及产状】　文石通常在低温热液和外生作用条件下形成,它是低温矿物之一。在热液矿床、现代温泉、间歇喷泉里晶出。溶液中存在 Sr 和 Mg 盐类杂质,有利于文石的形成。文石不稳定,常转变为方解石(呈文石副象)。根据合成矿物资料,文石的形成压力高于方解石(图 22-7)。

【鉴定特征】　文石与方解石相似,加 HCl 溶液剧烈起泡。但文石不具菱面体解理,晶

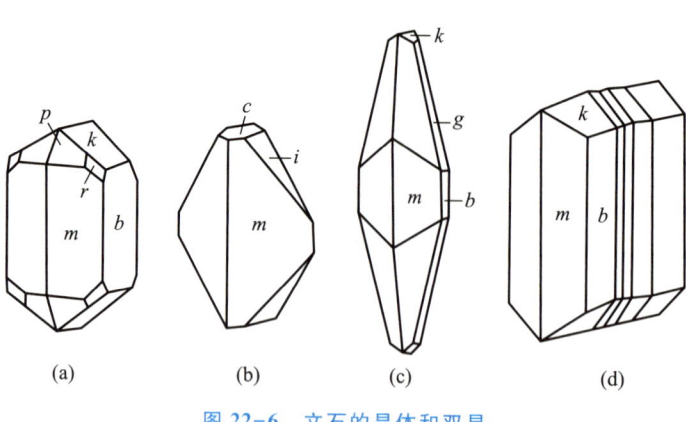

**图 22-6 文石的晶体和双晶**

（引自潘兆橹,1993）

（a）、（b）、（c）单晶体；（d）双晶

斜方柱 $m\{110\}$,$k\{011\}$,$i\{021\}$,$g\{061\}$;平行双面 $b\{010\}$,$c\{001\}$;

斜方双锥 $p\{111\}$,$r\{121\}$

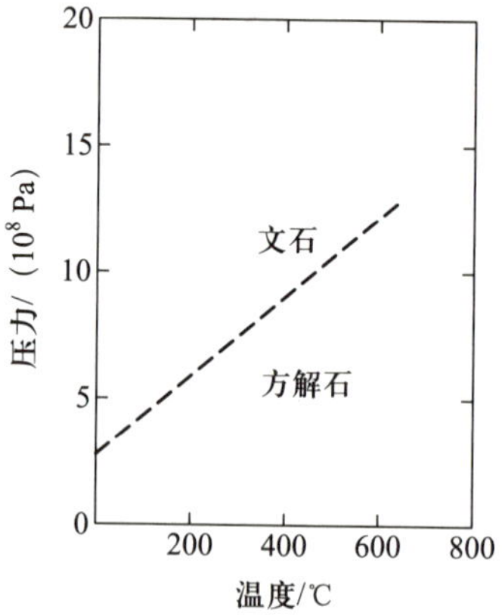

**图 22-7 方解石和文石的大致稳定范围**

（引自潘兆橹,1993）

形呈柱状、矛状;相对密度和硬度稍大于方解石。在硝酸钴溶液中煮沸,方解石粉末只微带青色,文石则呈浓红色、紫色。

【主要用途】 珍珠、珊瑚、贝壳内壁都是由纳米或微米级的文石定向排列组成。所以文石的这种显微结构可以形成光泽好、硬度高的材料。

# 孔 雀 石 族

**孔雀石(malachite)**

$Cu_2[CO_3](OH)_2$

又称石绿。

【化学组成】 $CuO$ 71.95%,$CO_2$ 19.90%,$H_2O$ 8.15%。$Zn$ 可能以类质同象形式代替 $Cu$（可达 12%）,吸附或机械混入的杂质有 $Ca$、$Fe$、$Si$、$Ti$、$Na$、$Pb$、$Ba$、$Mn$、$V$ 等。孔雀石的含 $Zn$ 变种称为锌孔雀石。

【晶体结构】 单斜晶系;$C_{2h}^5-P2_1/c$;$a_0=0.948$ nm,$b_0=1.203$ nm,$c_0=0.321$ nm;$\beta=98°$;$Z=4$。晶体结构特点为:$[Cu(O,OH)_6]$八面体共棱连接,平行 $c$ 轴延伸为双链,链间以$[CO_3]$相连。

【形态】 晶体少见,通常沿 $c$ 轴呈柱状、针状或纤维状。容易依（100）成燕尾双晶（图22-8）,并且双晶比单晶更常见。集合体呈晶簇状、肾状、葡萄状、皮壳状、充填脉状、粉末状、土状等。在肾状集合体内部具有同心层状,由深浅不同的绿色至白色组成环带,形似孔雀羽毛花纹,因此得名。

【物理性质】 一般为绿色,但色调变化较大,从暗绿、鲜绿到白色;浅绿色条痕;玻璃至金刚光泽,纤维状者呈丝绢光泽。解理$\{201\}$、$\{010\}$完全。硬度为 3.5~4。相对密度为 4.0~4.5。

【成因及产状】 孔雀石产于铜矿床氧化带,其反应式:

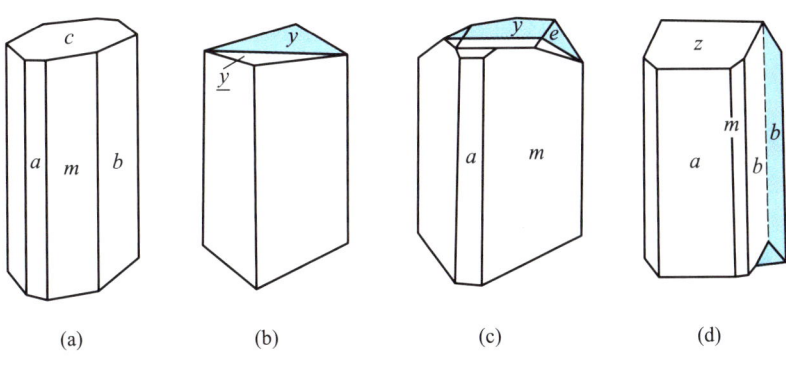

图 22-8　孔雀石晶体与双晶

（引自潘兆橹，1993）

（a）单晶体；（b）、（c）、（d）双晶

平行双面 $a\{100\}$，$b\{010\}$，$c\{001\}$，$y\{10\bar{3}\}$，$z\{\bar{2}01\}$；

斜方柱 $m\{110\}$，$e\{12\bar{5}\}$

$$CuFeS_2+4O_2 \rightleftharpoons CuSO_4+FeSO_4$$

$$2CuSO_4+2CaCO_3+H_2O \rightleftharpoons Cu_2(CO_3)(OH)_2+2CaSO_4+CO_2$$

孔雀石常依蓝铜矿、赤铜矿、自然铜、方解石、黄铜矿等成假象。我国广东阳春石绿铜矿是一大型的孔雀石、蓝铜矿铜矿床。

【鉴定特征】　特征的孔雀绿色，形态常呈肾状、葡萄状，其内部具放射纤维状及同心层状。

【主要用途】　大量产出时可炼铜。质纯形美的孔雀石可作装饰品及艺术品。粉末可作绿色颜料。孔雀石可作为铜矿的找矿标志。

**蓝铜矿（azruite）**

$Cu_3[CO_3]_2(OH)_2$

又称石青。

【化学组成】　CuO 69.24%，$CO_2$ 25.54%，$H_2O$ 5.22%。成分相当稳定。

【晶体结构】　单斜晶系；$C_{2h}^5-P2_1/c$；$a_0=0.500$ nm，$b_0=0.585$ nm，$c_0=1.035$ nm；$\beta=92°20'$；$Z=2$。

【形态】　晶体常呈短柱状、柱状或厚板状，集合体为致密块状、晶簇状、放射状、土状或皮壳状、薄膜状等。

【物理性质】　深蓝色，土状块体呈浅蓝色；浅蓝色条痕；晶体呈玻璃光泽，土状块体呈土状光泽；透明至半透明。解理｛011｝、｛100｝完全或中等；贝壳状断口。硬度为 3.5～4。相对密度为 3.7～3.9。性脆。

【成因及产状】　产于铜矿床氧化带、铁帽及近矿围岩的裂隙中，是一种次生矿物，常与孔雀石共生或伴生，其形成一般稍晚于孔雀石，但有时也被孔雀石所交代。

蓝铜矿因风化作用，使 $CO_2$ 减少，含水量增加易转变为孔雀石，以至孔雀石依蓝铜矿呈假象，故蓝铜矿的分布没有孔雀石广泛。

【鉴定特征】　蓝色。常与孔雀石等铜的氧化物共生。遇 HCl 溶液起泡。有 $Cu^{2+}$ 的焰色反应。

【主要用途】　同孔雀石。

# 二、硫 酸 盐 类

## 重 晶 石 族

**重晶石（barite）—天青石（celestite）**

Ba[SO$_4$]—Sr[SO$_4$]

【化学组成】　Ba[SO$_4$]：BaO 65.70%，SO$_3$ 34.30%；Sr[SO$_4$]：SrO 56.41%，SO$_3$ 43.59%。其中 Ba[SO$_4$]—Sr[SO$_4$] 为完全类质同象，成分中还可以有 Pb、Ca、Ra 等。

由于络阴离子 [SO$_4$]$^{2-}$ 四面体半径很大，为 0.295 nm，因此只有与大半径的 +2 价阳离子 Ba$^{2+}$、Sr$^{2+}$、Pb$^{2+}$ 结合才能形成稳定矿物。

【晶体结构】　斜方晶系；$D_{2h}^{16}$-Pnma；重晶石晶胞参数：$a_0 = 0.888$ nm，$b_0 = 0.545$ nm，$c_0 = 0.715$ nm；$Z = 4$。1 149 ℃ 以上转变为高温六方变体。天青石晶胞参数：$a_0 = 0.836$ nm，$b_0 = 0.535$ nm，$c_0 = 0.687$ nm；$Z = 4$。1 152 ℃ 以上转变为高温六方变体。在硫酸盐矿物的晶体结构中，阳离子的配位数一般都较高，Ba、Sr 和 Pb 的配位数为 12。

【形态】　晶体常沿 {001} 发育成板块，有时呈柱状，少数为三向等长（图 22-9）。

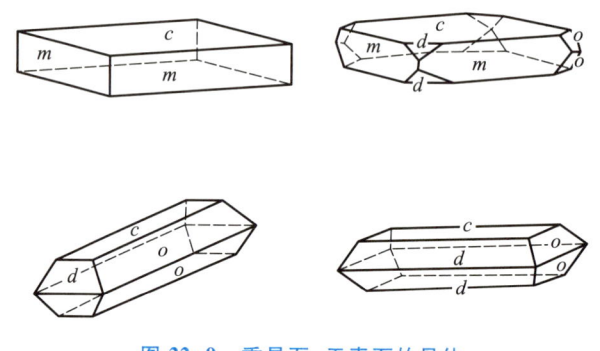

**图 22-9　重晶石-天青石的晶体**

（引自潘兆橹，1993）

平行双面 c{001}；斜方柱 m{210}，o{011}，d{101}

【物理性质】　重晶石特点为：纯净的晶体无色透明，一般呈白色，灰白色，浅黄色，淡褐色；玻璃光泽；解理面呈珍珠光泽。解理 {001} 完全，{210} 中等（近乎完全）。解理夹角 {001} ∧ {210} = 90°，(210) ∧ ($\overline{2}$10) > 90°。硬度为 3 ~ 3.5。相对密度为 4.3 ~ 4.5。

天青石特点为：天蓝色，故名天青石，相对密度为 3.9 ~ 4。其他特征同重晶石。

【成因及产状】　重晶石主要产于低温热液矿脉中，也可产于沉积岩中，呈结核状出现。天青石以沉积型为主。在华南栖霞组中的泥灰岩中，天青石以放射状产出，俗称菊花石（图 22-10），作为工艺品开采已有上百年历史，图 22-11 为加工好的菊花石艺术品。重晶石和天青石都以沉积成因为主,这是因为 $[SO_4]^{2-}$ 中的硫为 +6 价,是硫的最高价,要求地表氧化态。

**图 22-10　天青石菊花石**
(据颜佳新、赵珊茸,1998)
产于湖南浏阳

**图 22-11　天青石菊花石的工艺品**
(据颜佳新)

【鉴定特征】　板状晶形,3 组中等至完全解理,解理块体在 (100) 面上呈菱形,而 $\{001\} \wedge \{210\} = 90°$。与 HCl 不起作用,可与碳酸盐矿物相区别,以 HCl 浸湿后,重晶石染火焰成黄绿色 ($Ba^{2+}$ 的焰色)可与天青石的深紫红色 ($Sr^{2+}$ 的焰色)区别。硬度小,相对密度大,可与长石相区别。

【主要用途】　重晶石为提取 Ba 的原料。磨成细粉可作钻探泥浆的加重剂。亦可用于化学试剂和医药中。可作白色颜料,可作为 X 射线实验室墙壁喷漆的主要原料。另外可作充填剂用于橡胶、造纸业以增加其质量及光滑程度。天青石为提取 Sr 的原料。

## 石膏—硬石膏族

### 石膏(gypsum)

$Ca[SO_4] \cdot 2H_2O$

又称二水石膏或生石膏。

【化学组成】　CaO 32.50%,$SO_3$ 46.60%,$H_2O$ 20.90%。常有黏土、有机质等机械混入物。

【晶体结构】　单斜晶系;$C_{2h}^6 - A2/a$;$a_0 = 0.568$ nm,$b_0 = 1.518$ nm,$c_0 = 0.629$ nm;$\beta = 113°50'$;$Z = 4$。由于 $Ca^{2+}$ 较小,与 $[SO_4]^{2-}$ 结合时要引进 $H_2O$。石膏的晶体结构特点是:由 $[SO_4]^{2-}$ 四面体与 $Ca^{2+}$ 联结成平行于 (010) 的双层,双层间通过 $H_2O$ 分子联结,石膏的极完全解理即沿此方向发生。$Ca^{2+}$ 的配位数为 8,与相邻的 4 个 $[SO_4]^{2-}$ 中的 6 个 $O^{2-}$ 和 2 个 $H_2O$

分子联结。

【形态】　晶体常依|010|发育成板状，也有一些呈粒状(图22-12)；晶面|110|及|010|常具纵纹。双晶常见，一种是依(100)为双晶面的加里双晶或称燕尾双晶[图22-12(d)、(e)]，另一种是以(101)为双晶面的巴黎双晶或称箭头双晶[见图22-12(f)]。集合体多呈致密块状或纤维状。细晶粒状块体称之为雪花石膏；纤维状的集合体称为纤维石膏。有时可见由扁豆状晶体所形成似玫瑰花状集合体。此外，还有土状、片状集合体。

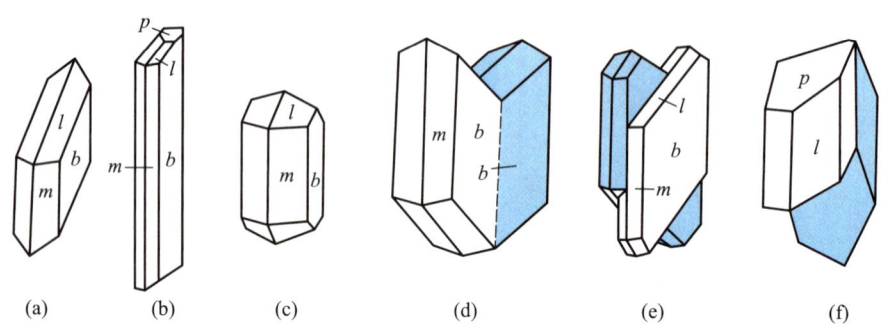

(a)　　　(b)　　　(c)　　　　(d)　　　　(e)　　　　(f)

**图 22-12　石膏的晶体和双晶**

(引自潘兆橹等,1993)

(a)、(b)、(c)单晶体；(d)、(e)、(f)双晶

平行双面 $b$|010|,$p$|001|；斜方柱 $m$|110|,$l$|111|

【物理性质】　通常为白色及无色，无色透明晶体称为透石膏，有时因含其他杂质而染成灰、浅黄、浅褐等色；条痕白色；透明；玻璃光泽，解理面呈珍珠光泽，纤维状集合体呈丝绢光泽。解理|010|极完全，|100|和|011|中等，解理片裂成面夹角为66°和114°的菱形体，解理薄片具挠性。硬度为1.5～2，不同方向稍有变化。相对密度为2.3。性脆。

【成因及产状】　主要是化学沉积作用的产物，常形成巨大的矿层或透镜体存在于石灰岩、红色页岩和砂岩、泥灰岩及黏土岩层之间，与硬石膏、石盐等共生。

在硫化矿床氧化带中，原生硫化物被氧化后生成硫酸，再与石灰岩的围岩作用可以生成石膏。

热液成因的石膏较少见，通常存在于低温热液硫化物矿床中。

【鉴定特征】　低硬度，具有一组极完全解理及各种特征之形态可以鉴别。呈致密块状的石膏，以其低硬度和遇酸不起泡的特征与碳酸盐矿物相区别。

【主要用途】　用途很广，大部分用于生产水泥、熟石膏及其制品，如雕塑、建筑装饰及防火材料。

**硬石膏 ( anhydrite )**

$Ca[SO_4]$

【化学组成】　$CaO$ 41.19%,$SO_3$ 58.81%。成分变化不大，有时有少量的 $Sr^{2+}$ 和 $Ba^{2+}$ 代替 $Ca^{2+}$。

【晶体结构】　斜方晶系；$D_{2h}^{17}-Cmcm$；$a_0 = 0.699$ nm,$b_0 = 0.700$ nm,$c_0 = 0.624$ nm；$Z = 4$。

【形态】　晶体少见。通常沿 $a$ 轴或 $c$ 轴延长呈厚板状晶体，有时亦呈柱状。依(011)成接触双晶或聚片双晶。集合体呈纤维状、细粒状或致密块状。

【物理性质】　白色,常微带浅蓝、浅灰或浅红色,被铁的氧化物或黏土等染成红色、褐色或灰色;条痕白或浅灰白色;晶体无色透明;玻璃光泽,解理面呈珍珠光泽。解理$\{010\}$完全,$\{100\}$、$\{001\}$中等(近乎完全)($\{100\}$比$\{001\}$好)。硬度为$3\sim3.5$。相对密度为$2.8\sim3.0$。

【成因及产状】　硬石膏主要为化学沉积的产物,大量形成于盐湖中,常与石膏共生。硬石膏在地表条件下不稳定,转变为石膏。

在热液脉和火山熔岩孔洞内偶有硬石膏出现。在某些硫化矿床的氧化带亦可有少量产出(如我国西北)。

【鉴定特征】　与重晶石族矿物以其相对密度小、解理方向(3 组解理互相垂直)和光学常数的特征相区别;与粒状钙镁碳酸盐的区别是滴 HCl 溶液不起泡;与石膏的区别是硬度较大,指甲刻不动。

【主要用途】　与石膏大致相同。

# 三、磷 酸 盐 类

## 磷 灰 石 族

在磷酸盐中,$[PO_4]^{3-}$的半径较大,因而与阳离子结合有以下几种类型:

(1) 与半径较大的$+3$价阳离子(如稀土元素)结合,形成稳定的无水化合物,如独居石$(Ce,La 等)[PO_4]$。

(2) 与半径较大的$+2$价阳离子($Ca^{2+}$、$Sr^{2+}$和$Pb^{2+}$)化合时,常有附加离子$OH^-$、$F^-$、$Cl^-$、$O^{2-}$的参加,形成含有附加阴离子的化合物。如磷灰石$Ca_5[PO_4]_3F$。

(3) 与半径较小的$+2$价阳离子($Mg^{2+}$、$Fe^{2+}$、$Co^{2+}$、$Ni^{2+}$、$Cu^{2+}$、$Zn^{2+}$等)化合时,阳离子必须包裹一层水分子,形成水化阳离子,才能与$[PO_4]^{3-}$形成稳定化合物。如绿松石$Cu(Al,Fe)_6(H_2O)_4[PO_4]_4(OH)_8$,俗称土耳其玉。

以下仅介绍磷灰石。

**磷灰石(apatite)**

$Ca_5[PO_4]_3(F,OH)$

【化学组成】　附加阴离子为 F 时:$P_2O_5$ 42.22%,$CaO$ 50.04%,$CaF_2$ 7.74%。成分中的 Ca 可被稀土元素(主要是 Ce)和微量元素 Sr 作不完全类质同象替代。稀土含量一般不超过 5%。按照附加阴离子的不同,磷灰石可分以下变种:

| | |
|---|---|
| **氟磷灰石(fluorapatite)** | $Ca_5[PO_4]_3F$ |
| **氯磷灰石(chlorapatite)** | $Ca_5[PO_4]_3Cl$ |
| **羟磷灰石(hydroxylapatite)** | $Ca_5[PO_4]_3(OH)$ |
| **碳磷灰石(carbonate-apatite)** | $Ca_5[PO_4,CO_3(OH)]_3(F,OH)$ |

其中氟磷灰石最常见,它就是一般所指的磷灰石。碳磷灰石由于有$[CO_3]^{2-}$代替$[PO_4]^{3-}$,出现了剩余的负电荷,为此,$[CO_3]^{2-}$与$OH^-$或$F^-$结合在一起,以离子团形式进入

晶格,然而当 1 个[$CO_3$]$^{2-}$代替 1 个[$PO_4$]$^{3-}$时,只有 0.4 个[$CO_3$]$^{2-}$与 $OH^-$ 或 $F^-$ 结合,故 $Ca^{2+}$ 可被 $K^+$、$Na^+$ 等代替,以达到电价平衡。

【晶体结构】 六方晶系;$C_{6h}^2$-$R6_3/m$,$a_0 = 0.938 \sim 0.943$ nm,$c_0 = 0.686 \sim 0.688$ nm;$Z = 2$。

【形态】 常呈柱状、短柱状、厚板状或板状晶形。集合体呈粒状、致密块状。

【物理性质】 无杂质者为无色透明,但常呈浅绿色、黄绿色、褐红色、浅紫色,沉积岩中形成的磷灰石因含有机质染成深灰至黑色;玻璃光泽,断口呈油脂光泽。解理不发育;断口不平坦。硬度为 5。相对密度为 3.18 ~ 3.21。加热后常可出现磷光。性脆。

【成因及产状】 在沉积岩、沉积变质岩及碱性岩中可形成巨大的有工业价值的矿床。在各种岩浆岩及花岗伟晶岩中呈副矿物。

生物化学作用形成的磷矿,主要由鸟粪或动物骨骼堆积形成,它主要由羟磷灰石组成,如我国西沙群岛,鸟粪堆积形成的磷矿可厚达 2 m。

此外,人体胆结石和尿路结石可含有少量的碳磷灰石和羟磷灰石。

【标型】 磷灰石的裂变径迹分析可以揭示岩石所经历的低温热演化史。其原理是:通过观察 $^{238}U$ 自发裂变辐射损伤特征,利用数学地质模型来进行模拟。

【鉴定特征】 当晶体较大时,晶形、颜色、光泽、硬度均可作为鉴定特征。若为细分散状态则需依靠化学鉴定:以钼酸铵粉末置于矿物上,加一滴硝酸溶液,则生成黄色磷钼酸铵沉淀,此为试磷的有效方法(注意:当有碳酸盐和有机质在时,常出现蓝色沉淀)。

【主要用途】 提取磷的原料。含稀土元素时可综合利用。

# 四、钨酸盐类

## 白钨矿族

钨在成矿地质作用中,对氧具有显著的亲和性,几乎只形成氧化物黑钨矿和钨酸盐白钨矿。辉钨矿($WS_2$)是一种极为少见的钨的硫化物。

### 白钨矿(scheelite)

Ca[$WO_4$]

又称钨酸钙矿。

【化学组成】 CaO 19.40%,$WO_3$ 80.60%。由于 $W^{6+}$ 和 $Mo^{6+}$ 的离子半径几乎相等,因此,白钨矿中 W 与 Mo 为完全类质同象,成为白钨矿—钼钨矿系列。高温时,Mo 含量高;与辉钼矿共生的白钨矿中,Mo 含量也高。部分的 Ca 可被 Cu 和 TR 代替。

【晶体结构】 四方晶系;$C_{4h}^6$-$I4_1/a$,$a_0 = 0.525$ nm,$c_0 = 1.140$ nm;$Z = 4$。白钨矿晶体结构简单,是由稍扁平的[$WO_4$]四面体和 $Ca^{2+}$ 沿 c 轴相间排列而成。

【形态】 晶体常呈四方双锥,也有的沿{001}呈板状。依(110)成双晶普遍。集合体多呈不规则粒状,较少呈致密块状。

【物理性质】 白色、黄白、浅紫等,油脂光泽或金刚光泽;透明至半透明。解理{111}中等;断口参差状。硬度为 4.5~5。相对密度为 5.8~6.2(相对密度随 Mo 的增加而降低)。性脆。具发光性,在紫外光照射下发浅蓝色至黄色(依 Mo 的含量而定,Mo 增加,荧光变浅黄至白)的荧光。

【成因及产状】 主要产于接触交代矿床。也可见于高–中温热液矿床。

【主要用途】 重要钨矿石矿物。

# 五、硼 酸 盐 类

在硼酸盐的晶体结构中,其络阴离子与硅酸盐中的络阴离子的情况可以类比,即能呈岛状(环状)、链状、层状和架状;相应地,可将硼酸盐分成岛状(环状)、链状、层状、架状结构硼酸盐。但是,硼酸盐的络阴离子与硅酸盐的络阴离子相比较,存在着以下明显的差别:① 硼酸盐络阴离子中的 B 既可呈三配位的三角形,又可呈四配位的四面体,且两者可同时出现于络阴离子中;② B 既可与 $O^{2-}$ 配位,也可与 $OH^-$ 配位。$O^{2-}$、$OH^-$ 既可分别单独与 B 配位,也可二者同时与 B 配位而呈 $[B(O,OH)_3]$ 三角形和 $[B(O,OH)_4]$ 四面体,从而形成硼酸盐络阴离子中最基本的组成单位。由于上述差别而导致硼酸盐的络阴离子形式比硅酸盐的更为复杂,以致硼酸盐的分类也不能按结构进行。许多硼酸盐人工晶体是非线性光学晶体,如 $BaB_2O_4$(简称 BBO)和 $Nd_xY_{1-x}Al_3(BO_3)_4$(简称 NYAB)。在材料科学领域内,人们试图从理论上预测和设计一些新的硼酸盐络阴离子类型,从而研制一些新的功能性材料。

以下仅叙述无水硼酸盐硼镁铁矿。

### 硼镁铁矿(ludwigite)

$(Mg,Fe)_2Fe^{3+}[BO_3]O_2$

【化学成分】 硼镁铁矿中 $Mg^{2+}$ 和 $Fe^{2+}$ 间为完全类质同象,据 $Mg^{2+}$ 含量可分为两个亚种:镁硼镁铁矿和铁硼镁铁矿。$Fe^{3+}$ 可为 $Al^{3+}$ 所代替($\leqslant 11\%$)。

【晶体结构】 斜方晶系;$D_{2h}^9-Pcma$;$a_0 = 0.923~0.944$ nm,$b_0 = 0.302~0.307$ nm,$c_0 = 1.216~1.228$ nm;$Z = 4$。

【形态】 晶体呈长柱状、针状、纤维状、毛发状。并呈放射状、纤维状、粒状、致密块状集合体。

【物理性质】 暗绿色至黑色(随含铁量增大颜色变深);条痕灰绿色灰黑色;光泽暗淡,纤维状体的新鲜面上有丝绢光泽;不透明(含镁高者稍透明)。无解理。硬度为 5.5~6。相对密度为 3.6~4.7(含铁量高,相对密度增大)。粉末具弱磁性。

【成因及产状】 我国东北的硼镁铁矿均为内生硼矿,产于不同程度的蛇纹石化白云质大理岩或镁夕卡岩中,常与磁铁矿、硅镁石族矿物及金云母、镁橄榄石、硼镁石等共生。在热液影响下,硼镁铁矿在不同程度上发生变化,其产物一般为纤维状硼镁石和磁铁矿。

【鉴定特征】 颜色、条痕深,相对密度、硬度均较大。在空气中烧之变成红色。溶于浓 $H_2SO_4$,加几滴酒精稍加热,用火点燃,火焰呈鲜艳的绿色(B 的焰色反应)。

【主要用途】 提炼硼的矿物原料。

### 习题与思考题

1. 什么叫型变？型变与类质同象、同质多象的区别和联系是什么？从离子大小与配位数的关系解释碳酸盐系列矿物之间的型变现象。

2. 从方解石结构解释方解石{$10\overline{1}4$}解理产生的原因及方解石具有很高双折射率的原因。

3. 文石结构与方解石结构最主要的区别是什么？并从阳离子配位数解释为什么文石形成温度低、压力高，而方解石形成温度高、压力低。

4. 鉴定碳酸盐矿物最简易的方法是什么？并说明各矿物种的具体鉴别特点。

5. 某矿物无色透明，硬度小于小刀，3组解理发育且解理之间有互相垂直的，该矿物可能是什么？

6. 孔雀石、蓝铜矿有何地质意义？

7. 为什么白钨矿是钨酸盐而黑钨矿是氧化物？

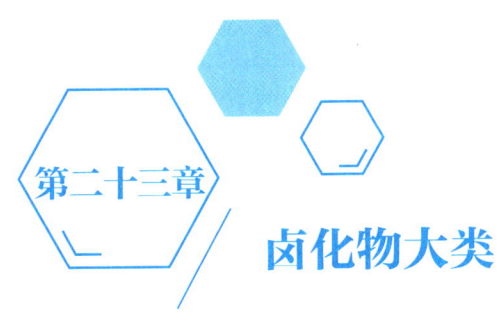

# 第二十三章
# 卤化物大类

本类矿物为氟(F)、氯(Cl)、溴(Br)、碘(I)的化合物,约有100余种,其中以 F 和 Cl 的化合物为主。阳离子主要为碱金属和碱土金属阳离子 $Na^+$、$K^+$、$Ca^{2+}$、$Mg^{2+}$ 等,其次有 $Rb^+$、$Cs^+$、$Sr^{2+}$、$Y^{3+}$、TR 等。其中较小的 $F^-$ 要求与半径相对较小的阳离子($Ca^{2+}$、$Mg^{2+}$、$Al^{3+}$ 等)结合形成稳定的化合物,这些化合物熔点和沸点高、溶解度低、硬度较大;而较大的 $Cl^-$、$Br^-$、$I^-$ 往往与离子半径较大的阳离子 $Na^+$、$K^+$、$Rb^+$、$Cs^+$ 等化合,这些化合物溶点和沸点低,易溶于水,硬度小。

卤化物所形成的化合物类型为 AX 和 $AX_2$ 型,结构也比较简单,有氯化钠型、氯化铯型、萤石型、闪锌矿型。形成什么结构型与阴阳离子半径比及键性有关。下面我们分析一下这些结构型及其转化规律。

电子教案 23
卤化物大类

氯化钠型稳定区在阴阳离子半径之比 $r_+/r_- = 0.414 \sim 0.73$ 的范围内。这种结构非常典型,许多其他矿物如方铅矿、黄铁矿、方解石都具有这种结构型或其衍生结构,其特点为:$Cl^-$ 做立方最紧密堆积,$Na^+$ 充填所有八面体空隙,阴阳离子配位数均为6[见图 23-1(a)]。许多其他碱金属离子(除 $Cs^+$ 以外)的卤化物都具有这种结构型。

氯化铯型结构稳定区在阴阳离子半径比 $r_+/r_- = 0.73 \sim 1$ 的范围内。这种结构也非常典型和简单,其特点为:$Cl^-$ 和 $Cs^+$ 各占据一套立方原始格子,其中一套格子的点恰好位于另一套格子中立方晶胞的中心。$Cl^-$ 和 $Cs^+$ 的配位数都为8[见图 23-1(b)]。在氯化铯结构中,由于阳离子较大,阴离子不做最紧密堆积了。具有这种结构型的有:$Cs^+$、$NH_4^+$ 的卤化物等。

氯化钠型与氯化铯型结构不仅与阴阳离子半径比有关,还与外因有关,高温易形成氯化钠型,高压易形成氯化铯型。

闪锌矿型结构在学习硫化物时我们已经熟悉了,其阴阳离子配位数都为4。具有这种结构型的矿物往往是以共价键为主的,共价键的方向性和饱和性使得配位数降低。当然,当 $r_+/r_- < 0.414$ 时,离子键化合物也易形成这种结构。其特点为:$S^{2-}$ 做立方最紧密堆积,$Zn^{2+}$ 充填一半四面体空隙[见图 23-1(c)]。具有这种结构的卤化物有 $Cu^+$ 的卤化物等。

以上 3 种结构型都是 AX 型,若是 $AX_2$ 型,则会形成萤石型结构。萤石型结构稳定在 $r_+/r_- > 0.73$ 的范围内,其特点为:$Ca^{2+}$ 分布在立方晶胞的角顶与面中心,如果将晶胞分为 8 个小立方体,每一小立方体的中心为 $F^-$ 所占据,$Ca^{2+}$ 的配位数为 8,$F^-$ 的配位数为 4[见图 23-1(d)]。也可看成 $Ca^{2+}$ 呈形式上的立方最紧密堆积、$F^-$ 占据所有四面体空隙。注意,这里是把阳离子看成最紧密堆积了,实际上只能是阴离子做最紧密堆积。但萤石型结构中,阴离子不做最紧密堆积。{111}面网方向具相邻的同号离子层(见图 23-1d),导致其八面体完全解理。较大半径+2 价阳离子的卤化物具有萤石型结构。

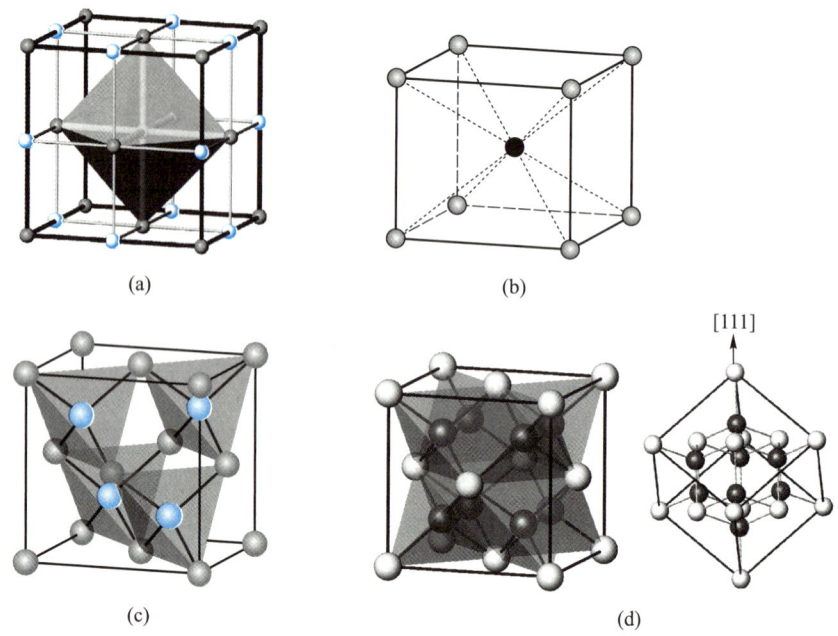

(a)

(b)

(c)

(d)

[111]

**图 23-1　几种典型结构**

(a) 氯化钠型;(b) 氯化铯型;(c) 闪锌矿型;(d) 萤石型

卤化物主要在热液作用和外生作用中形成,如在热液作用中大量挥发分富含 $F^-$,与金属元素化合形成萤石;在外生作用中,$Cl^-$ 具有很强的迁移能力,与 $K^+$、$Na^+$、$Mg^{2+}$ 等形成易溶于水的化合物,在干旱的内陆盆地、潟湖海湾中沉淀形成石盐。萤石和石盐是地壳上最主要的卤化物,以下具体论述。

# 萤　石　族

**萤石(fluorite)**

$CaF_2$

又称氟石。

【化学组成】　Ca 51.33%,F 48.67%。稀土元素(主要是 Th、Ce、U)和 Y 可以类质同象代替 Ca,也可以吸附形式赋存在萤石的裂隙中,或成独立的矿物以固体包裹体形式存在于萤石中。此外,也常含有 $Fe_2O_3$、$Al_2O_3$、$SiO_2$ 和沥青物质(乌黑色,加热有臭味)等混入物。

【晶体结构】　等轴晶系;$O_h^5-Fm3m$;$a_0 = 0.545$ nm;$Z = 4$。萤石型结构见前文。

【形态】　晶体常呈立方体{100},其次为八面体{111},少数有菱形十二面体{110},有时有四六面体{210}和六八面体{421}等。立方体晶面常出现与棱平行的嵌木地板式条纹。常依[111]成穿插双晶,称萤石律双晶(图 23-2)。集合体呈晶粒状、块状、球粒状,偶尔见土状块体。

【物理性质】　颜色多样，有无色、白色、黄色、绿色、蓝色、紫色、紫黑色及黑色，其呈色机理也很复杂，主要为色心呈色，即放射性元素的辐射损伤造成晶格缺陷及 $Na^+$、$K^+$ 代替 $Ca^{2+}$ 引起 $F^-$ 缺席而形成色心。加热时，可褪色；玻璃光泽。解理 $\{111\}$ 完全。硬度为 4。相对密度为 3.18（含 Y、Ce 者相对密度增大，钇萤石相对密度为 3.3）。性脆。熔点为 1 270~1 350 ℃。萤石具有发光性，且热发光强度与稀土含量、Na 的含量有关。

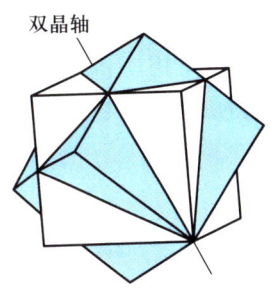

双晶轴

**图 23-2　萤石的双晶**

（引自潘兆橹等，1993）

【成因及产状】　主要为热液型，也可以有沉积型。

【标型】　萤石晶体形态具有标型特征，它随着介质的 pH 和离子浓度的变化而变化。在碱性溶液中结晶时，$F^-$ 起主导作用，而发育 $F^-$ 面网密度大的晶面 $\{100\}$ 成立方体；在中性溶液中结晶时，$Ca^{2+}$ 和 $F^-$ 作用相当，而发育 $Ca^{2+}$、$F^-$ 组成的面网密度最大的晶面 $\{110\}$ 成菱形十二面体；在酸性介质中，$Ca^{2+}$ 起主导作用而发育 $Ca^{2+}$ 面网密度最大的晶面 $\{111\}$ 而形成八面体。

【鉴定特征】　根据其晶形、$\{111\}$ 完全解理、硬度 4 及各种浅色等特征易识别之，此外进行荧光、热光试验也可辅助鉴别。

【主要用途】　在冶金工业上作熔剂，在化工上用于制氟化物（如氢氟酸），在玻璃和陶瓷业中制乳白不透明玻璃和珐琅。还可用于光学仪器和雕刻工艺。

# 石　盐　族

本族主要矿物为石盐 NaCl 和钾盐 KCl。晶体结构同属 NaCl 型，性质相似，但因 $K^+$ 与 $Na^+$ 离子半径相差较大，而不存在类质同象替代，这就决定了石盐、钾盐成分上的相对纯净性。

**石盐（halite）**

NaCl

【化学组成】　Na 39.40%，Cl 60.60%。常含有 Br、Rb、Cs、Sr 等，以及气泡、卤水、泥质、有机质等包裹体，还有 Ca、Mg 氯化物的机械混入物。

【晶体结构】　等轴晶系；$O_h^5 - Fm3m$；$a_0 = 0.563$ nm；$Z = 4$。晶体结构为 NaCl 型。$Cl^-$ 呈立方最紧密堆积，$Na^+$ 充填其八面体空隙，典型离子键。

【形态】　常见晶形为立方体 $\{100\}$，其次为八面体 $\{111\}$ 与立方体 $\{100\}$ 的聚形，偶见有完好的八面体。有时可看到漏斗状的立方体骸晶。集合体呈粒状、致密块状或疏松盐华状。

【物理性质】　无色透明者少，因含杂质而呈各种颜色，呈蓝色者与钠离子获得自由电子后变为中性原子有关（常因钾放射性同位素引起）；玻璃光泽，受风化后呈油脂光泽。解理 $\{100\}$ 完全（平行电性中和面）。硬度为 2~2.5。相对密度为 2.1~2.2。性脆。易溶于水，有咸味。烧之呈黄色火焰。熔点为 804 ℃。

【成因及产状】　主要产于气候干旱的内陆盆地盐湖中，也可以为火山喷发凝华的产物。

我国石盐资源丰富，除沿海各省区盛产海盐外，在西北和西南、中南、华东各地区岩盐和湖盐均有大面积存在。

【鉴定特征】 立方体晶形,硬度低,易溶于水,咸味等为其主要特征。

【主要用途】 为不可缺少的食料和食物防腐剂;用于化工及纺织工业;也可作为提炼金属钠的原料;在电气工业上石盐用于制作发光的充钠蒸气灯泡等;带蓝色的石盐可作为寻找 KCl 的标志。

## ❓ 习题与思考题

1. 在 NaCl 型结构中,如果阳离子半径变大,该结构会发生什么变化? 如果阳离子变小,该结构又会发生什么变化?

2. 萤石的成分比较纯净,但颜色多变,为什么?

3. 试解释萤石、石盐的形态、物理性质与结构之间的关系。

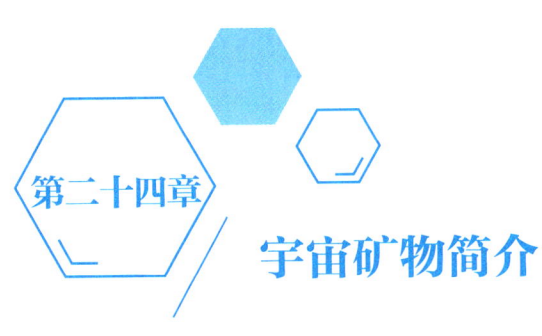

# 第二十四章

# 宇宙矿物简介

　　矿物是天然形成的结晶产物，它们不仅仅形成于地球环境，同时也形成于月球、火星及其他天体演化系统中。为了强调来源，人们将那些来自地球之外其他天体中的结晶产物称为宇宙矿物（cosmic minerals），亦称为地外矿物（extra-terrestrial minerals）。人类所获得的地外物质样品主要来自月岩（月壤）、天然陨石和宇宙尘（包括太阳风粒子、彗星尘粒及恒星际尘粒等），从中发现的宇宙矿物因此分为三大类，即月岩矿物、陨石矿物和宇宙尘矿物。

　　目前已知的宇宙矿物已超过300种，它们主要源自月球、火星和小行星带，其中月岩原生矿物约有60余种（薛君治等，1990），陨石矿物约有294种（Rubin，1997；侯渭等，2000），宇宙尘矿物约有9种（Messenger等，2003；王道德等，2005）。在这些宇宙矿物中，约有1/3是地球上少见或至今没有发现的，其余皆可在地球上找到。如月球上的静海石（一种含稀土的钛铁硅酸盐），在地球上极为罕见；而月岩的主要造岩矿物如辉石、斜长石、橄榄石等，类似于地球上超基性–基性岩中的硅酸盐矿物。一些具有独特地外成因的宇宙矿物列于表24-1。总体来说，宇宙矿物具有以下4个特征：① 宇宙矿物的种属和数量有局限性，且不同天体的矿物组成比例不同。如地球上常见的石英，在陨石和月岩中都十分罕见；与地球玄武岩相比，月岩的玄武岩含钛铁矿较多。② 即使是同种矿物，在化学成分上也有一定差异。如在地球上可找到从铁橄榄石（$Fe_2SiO_4$）到镁橄榄石（$Mg_2SiO_4$）的完全类质同象系列组分，而在陨石中却只有富镁橄榄石。月岩中的橄榄石族矿物也大多是镁橄榄石，少见铁橄榄石。有时虽然可含有较多的铁橄榄石，却以含有较高的钙（0.2%～0.4%）、铬（0.1%）和镍、锰、钛、铝为特征。③ 一些宇宙矿物是成因独特的典型矿物。如三斜铁辉石、亚铁板钛矿和静海石是首次在月岩中发现的特殊矿物，它们都极少在地壳和陨石中出现。另有一些矿物是陨石特有的，比如陨磷铁矿、陨硫铬铁矿和硫钛铁矿等，在地球上几乎未见到。④ 在宇宙矿物中可见有一些特殊形态的晶体。如某些球粒陨石中存在雨滴状橄榄石单晶，在宇宙尘中见有特殊的棒状、胡须状或片晶状顽火辉石晶体。这些特殊的晶体形态都是地球上从未见过的，显然它们应源自地外独特的形成与演化环境。例如，宇宙尘中的顽火辉石是由气相直接凝聚而成，而地球上的则由岩浆冷凝结晶而成。另外，有些宇宙矿物，可长期保存早期星云物质最原始的信息；有些则经历过熔融、变质、分异、再结晶的演化历史。因此，宇宙矿物是研究地外星球物质组成、揭示地球和其他行星早期演化历史最直接而可靠的证据。

# 一、月 岩 矿 物

月球与地球虽然形成时代大体上相同,但是它们的演化过程与发展阶段却不同。地球是一个圈层结构明显而复杂的星球,它的形成演化包括了地核、地幔和地壳等圈层结构的分化,还包括岩石圈、水圈、大气圈与生物圈的演化;而月球则似一个"惰性"星球,从其形成至今基本上处于停滞状态,为原始型行星体。因此,月球上矿物的形成作用有许多不同于地球,月岩矿物的种属和数量也比地球上已知的矿物少很多,且多数月岩矿物在宇宙矿物演化中的位置更接近于地球的早期矿物。从 1969—1972 年美国阿波罗计划登月采回的样品来看,月岩的主要矿物组成非常接近于地球上的超基性-基性岩,其特征与地球的大洋玄武岩或地壳硅镁层相似。自 2013 年 12 月中国嫦娥 3 号宇宙飞船搭载玉兔(月球车)在月球表面成功软着陆以来,一系列新的月岩研究成果不断问世。Xiao 等(2015)报道,玉兔月球车在月球表面挖掘的岩石类型与地球的粗玄岩极为相似,主要矿物组成为斜长石和镁铁质硅酸盐。最近,Bhanoo, Sindya N.(2015)报道了一种新的月球岩石——富含钛铁矿的玄武岩。这些研究成果进一步表明,与地球玄武岩相比,月海玄武岩的 $K_2O$、$Na_2O$ 和 $Al_2O_3$ 含量较低,$FeO$、$TiO_2$ 和 $Cr_2O_3$ 含量较高。此外,月岩不含水,也无三价铁,但含自然铁和陨硫铁($FeS$)。

在已知的 60 余种月球矿物中,有 3 种是首次在月岩中发现且在地球和陨石中都极为罕见的特征矿物:静海石、三斜铁辉石和亚铁板钛矿(LSPET, 1969;Chao E, 1970;Lovering J F 等,1971;Frondel J, 1975;Rasmussen B 等,2012)(表 24-1)。以下简要介绍这 3 种月球成因的典型矿物。

表 24-1　特征的宇宙矿物表

| 宇宙矿物 | 矿物名称 | 化学式 | 备注 |
|---|---|---|---|
| 月岩特征矿物 | 三斜铁辉石 | $Ca_4Fe_3^{2+}[SiO_3]_7$ | 月岩次要造岩矿物 |
| | 亚铁板钛矿 | $(Fe, Mg)Ti_2O_5$ | 月岩中的副矿物 |
| | 静海石 | $Fe_8(Zr, Y)_2Ti_3Si_3O_{24}$ | 月岩中的副矿物 |
| 陨石原生矿物 | 铁纹石 | $\alpha-(Fe, Ni)$ | 铁陨石中的主要矿物 |
| | 镍纹石 | $\gamma-(Ni, Fe)$ | 铁陨石中的主要矿物 |
| | 陨硫铁 | $FeS$ | 呈包体产于铁陨石中 |
| | 陨磷铁镍矿 | $(Fe, Ni)_3P$ | 铁陨石特征矿物 |
| | 陨磷铁矿 | $Fe_3P$ | 陨石独有矿物 |
| | 陨硫铬铁矿 | $FeCr_2S_4$ | 陨石独有矿物 |
| | 硫钛铁矿 | $(Fe, Cr^{2+})_{1+x}(Ti, Fe^{3+})_2S_4$ | 陨石独有矿物 |
| | 六方金刚石 | $C$ | 陨石成因 |

续表

| 宇宙矿物 | 矿物名称 | | 化学式 | 备注 |
|---|---|---|---|---|
| 宇宙尘矿物 | 消融型宇宙尘矿物 | 方铁矿 | $FeO$ | 熔壳 |
| | | 磁铁矿 | $FeFe_2O_4$ | 熔壳 |
| | | 磁赤铁矿 | $\gamma-Fe_2O_3$ | 熔壳 |
| | | 陨石原生矿物 | | 核心 |
| | 行星际尘粒(含前太阳颗粒)矿物 | | 纳米金刚石、碳化硅、石墨、氮化硅、刚玉、尖晶石和黑复铝石、硅酸盐类矿物 | |

**静海石(tranquillityite)**

$Fe_8(Zr, Y)_2Ti_3Si_3O_{24}$

静海石又称宁静石,是一种由铁、钛、锆、钇等金属元素组成的硅酸盐矿物。该矿物在1969年美国阿波罗11号飞船采获的月球玄武岩中发现,并以阿波罗11号飞船在月球着陆的地点"宁静海"而命名。

【化学组成】 $SiO_2$ 13.00%~15.60%,$TiO_2$ 17.50%~21.00%,$FeO$ 41.80%~43.20%,$ZrO_2$ 16.20%~17.80%,$Y_2O_3$ 1.28%~5.40%,$CaO$ 1.00%~1.56%,$Al_2O_3$ 0.70%~1.71%,$Cr_2O_3$ 0.06%~0.19%,$MnO$ 0.16%~0.36%,$HfO_2$ 0.04%~0.60%,$Nd_2O_3$ 0.12%~0.29%。

【晶体结构】 六方晶系;$a_0=0.1169$ nm,$c_0=0.2225$ nm;$Z=3$。

【形态、物理性质】 月岩中的静海石晶体极为细小,呈薄板条状,大小约为几 μm×几 μm 至 65 μm×15 μm。晶体呈褐红色—红褐色,不透明。相对密度为4.7。光性呈均质性至弱非均质性,无多色性。个别矿物颗粒为二轴晶,$2V=40°$;$N=2.11~2.13$。

【成因及产状】 月岩副矿物。在月岩玄武岩中,可与三斜铁辉石、陨硫铁、方石英和碱性长石等共生或伴生。

科学家通过对1969年阿波罗11号飞船宇航员所采集的月岩样本分析,发现了3种之前未知的矿物:静海石、三斜铁辉石、亚铁板钛矿。后2种在1969年之后的大约10年内陆续在地球上被发现,而静海石直至2012年以前,一直被认为是一种月球独有的矿物,仅存在于月球岩石或因受巨大撞击而从月球表面激溅出的陨石中。最新研究指出,静海石也可能存在于地球深处(Rasmussen B 等,2012),晶体呈束状集合体被保存于后期的长英质交生体中。该矿物不易长期稳定存在于地球表面环境,在遇水、氧气和生物作用下,极易转变成其他矿物。

**三斜铁辉石(pyroxferroite)**

$Ca_4Fe_3^{2+}[SiO_3]_7$

亦称含钙三斜铁辉石(calcian pyroxferroite)

【化学组成】 成分中可有少量的 Mg(0.6%)和 Al(1.1%)等类质同象混入物。

【晶体结构】 三斜晶系;$C_1^1-P1$(或 $P\bar{1}$);$a_0=0.7550$ nm,$b_0=1.7381$ nm,$c_0=0.6620$ nm,$\alpha=82°42'$,$\beta=94°30'$,$\gamma=114°30'$;$Z=2$。

【形态、物理性质】 晶体呈细粒粒状、板片状。浅黄褐色;透明;油脂光泽。硬度为6。

相对密度 3.68~3.76。二轴晶(+),$2V=35°$;$N_g=1.766$,$N_m=1.755$。

【成因及产状】　月岩的次要造岩矿物。首次发现于1969年美国阿波罗11号采集的月岩(微晶辉长岩和辉绿岩)标本中,与单斜辉石、斜长石、钛铁矿和方石英等共生,属于月岩特征的次要矿物。该矿物后来也在地球上找到。

### 亚铁板钛矿(armalcolite)

$(Fe,Mg)Ti_2O_5$

亦称镁铁钛矿,或称低铁假板钛矿(ferropseudobrookite)。该矿物的英文名称(armalcolite)源自当年执行阿波罗计划登月采样返回的3名宇航员(Armstrong、Aldrin、Collins)的姓氏首字母拼写。

【化学组成】　化学成分上富含钛,为 $MgTi_2O_5$ 与 $FeTi_2O_5$ 之间的固溶体。主要组分变化范围:$TiO_2$ 71.10%~75.60%,$FeO$ 11.90%~18.01%,$MgO$ 5.52%~11.06%,$Cr_2O_3$ 1.30%~2.15%,$Al_2O_3$ 1.48%~2.18%,$MnO$ 0.01%~0.08%,$CaO$ 0.01%~0.32%。熔融实验表明,1 150 ℃条件下形成的亚铁板钛矿,比天然的富含铬和镁;随着温度下降,铬和镁减少,而 $Fe^{2+}$ 含量增加。在氧分压为 $(1.0~1.1)×10^6 Pa$、温度为 1 200~1 600 ℃ 时开始结晶。约在 1 125 ℃ 时与熔体反应生成钛铁矿。

【晶体结构】　斜方晶系;$D_{2h}-Fmmm$;$a_0=0.974\ 3$ nm,$b_0=1.002\ 4$ nm,$c_0=0.373\ 8$ nm;$Z=4$。属铁板钛矿型结构。

【形态、物理性质】　晶体细小,呈一向延长的锥状,横切面呈假六边形。颜色呈灰色至灰蓝色;不透明。相对密度为4.64。硬度为6。在显微镜下具浅灰到暗蓝色的多色性,呈非均质性。

【成因及产状】　月岩中的特征副矿物,主要产于月球静海基地的细粒和玻基玄武岩。该矿物含量很少,推测为月球岩浆结晶作用的早期高温产物。常具钛铁矿的反应边,或在钛铁矿中呈残核,抑或完全为钛铁矿所交代,可能是在冷却过程中亚铁板钛矿与熔体反应的结果。亚铁板钛矿样本主要采自阿波罗11号和阿波罗17号登月任务。此后,该矿物也曾在地球岩石标本中被发现。另外,在苏丹发现的 Dhofar 925、960 号月球陨石中也发现了亚铁板钛矿。这种矿物常以极细长(0.1~0.3 μm)的柱状晶形存在于玄武岩的基质中,是一种典型的形成于低压高温环境的矿物。

# 二、陨石矿物

陨石(meteorite)是宇宙的星际物质从外层空间坠落到地球上的固体物质或碎块。陨石质量从几克到几吨,是一种天然的多相矿物系,可保留宇宙成因矿物的原始面貌。从陨石的化学成分看,地球岩石中已知的化学元素在陨石中均有发现,说明陨石矿物与地球物质具有同源性。因此,化学元素的宇宙丰度表在很大程度上是基于对陨石的分析结果,它们为元素起源、矿物形成及太阳系起源、年龄、演化历史都提供了重要信息。目前人类已收集到4万多块陨石,其中包括一些珍贵的月球和火星的陨石样品。按陨石的矿物组成,可分为石陨石、铁陨石和石-铁陨石三大类。其中以石陨石最多,约占陨石总量的90%,铁陨石和石-铁陨石分别约占6%和2%。铁陨石外貌类似铁矿,主要由铁-镍合金组成,还有微量的碳、硫和磷;石陨石外貌则类似于地球岩石,主要成分是硅酸盐矿物(橄榄石、辉石等),次要成分有铁、镍等金属物质,还存在六方金刚石。石陨石可进一步划分为球粒陨石和无球粒陨石两类。石-铁陨石是铁陨石和石陨石的中间类型,其中的铁-镍合金与硅酸盐类含量大致相等。无球粒陨石、石-铁陨石和铁陨石统称为分异陨石,它们是由球粒陨石经高温熔融分异和结晶的产物,代表了小行星内部不同层次的样品。这些小行星的内部结构与地球相似,一般认为,铁陨石类似于地球的内核物质成分,石-铁陨石类似于地幔物质成分,石陨石则接近于地壳物质成分。

Rubin(1997)综合前人研究资料,统计得出已知的陨石矿物接近300种。其中大多数与地球矿物相似,仅少数矿物才是陨石特有的。比如在太阳星云的强还原条件下形成的一些陨石矿物:铁纹石、镍纹石、陨硫铁、陨碳铁、硅磷镍矿等在地球上十分罕见,而陨磷铁矿、陨硫铬铁矿和硫钛铁矿在地球上几乎没有见到。还有些陨石矿物虽然在地球也有,但它们的形成条件是不相同的,如产于碳质球粒陨石难熔包体中的许多难熔矿物如黑复铝钛石、钙钛矿、PGE合金(以铂为主的合金)是高温下气相凝聚的产物。这类矿物在地球上只产于变质石灰岩、霞石正长岩、碳酸盐(钙钛矿)和超镁铁质(PGE)岩石中。还有一些陨石矿物,如ringwoodite(林伍德石,结构上属γ-橄榄石)和majorite(陨镁榴石),在陨石中是冲击变质的产物,这些矿物在地球表面缺失,但高压实验证明它们可能存在于地幔深部。陨石中由气相凝聚形成的纳米金刚石、碳化硅等含有异常同位素比值,认为是前太阳系物质;而在地球上发现的金刚石被认为是来自地球深部的高压产物。

总体上,陨石矿物在许多方面具有不同于地球矿物的特点。一方面大多数陨石矿物是在缺水、缺氧、缺硫的极端还原条件下形成的,它们中的 Fe 和 Ni 多呈二价,并出现多种 C、P、N、Si 化物,以及呈金属单质状态的矿物,各种固溶体矿物的成分变化范围也要比地球矿物宽广得多。例如,金属镍-铁合金在陨石中是很普遍的,而在地球上则很少天然产出;地球上大量出现的石英在陨石中却很少见到。仅产出于陨石而在地球上尚未发现的矿物种及亚种有30多种。限于篇幅,以下仅介绍几种在陨石中出现的特征矿物(表24-1):铁纹石、镍纹石、陨硫铁、陨磷铁镍矿、陨硫铬铁矿和硫钛铁矿。

### 铁纹石(kamacite)

$\alpha-(Fe, Ni)$

又称自然铁($\alpha-Fe$)。

【化学组成】 Fe 86%~96%,Ni 4%~14%。Ni 呈类质同象混入物。此外,常含有 Co(<0.3%)、Cu(<0.4%)、Pt(<0.1%)等。铁纹石是铁陨石中的主要矿物组分。陨石中 Fe-Ni 类质同象系列的两个相为铁纹石和镍纹石,皆为高温铁-镍合金相矿物。

【晶体结构】 等轴晶系;$O_h^5-Fm3m$;$a_0 = 0.860\ 3$ nm;$Z = 4$。铜型结构,铁原子 CN=12。

【形态】 立方体或八面体晶形极为少见,常呈不规则细粒状。由于铁纹石与镍纹石组分不能混溶,在铁陨石的磨光面腐蚀后常出现格子状蚀像,称为魏德曼花纹(图24-1)。图中的深色暗区为铁纹石,白色亮区为镍纹石。

【物理性质】 颜色呈钢灰—铁黑色,条痕钢灰色,在铁陨石磨光面上呈深色暗区;新鲜断口呈金属光泽;不透明。解理{100}中等,裂开面平行于{112}。硬度为4。相对密度为7.9。具延展性和强磁性。能溶于盐酸和硝酸,空气中易被氧化。

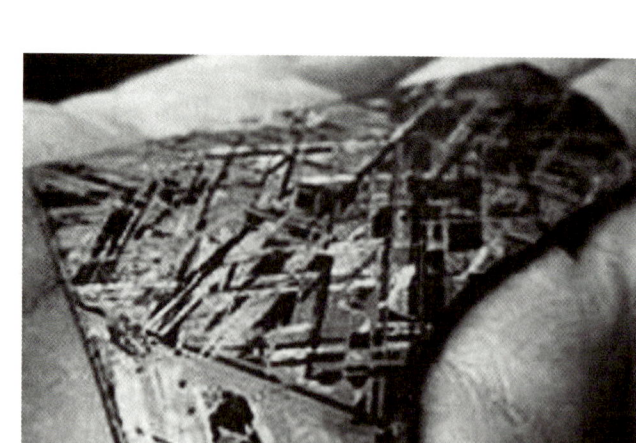

**图 24-1　铁纹石与镍纹石构成的魏德曼花纹**

（引自维基百科全书-Wikipedia,the free encyclopedia）

【成因及产状】　在地球上极少见。主要形成于缺水、缺氧和缺硫的极端条件,因而在陨石中很常见。常与镍纹石、陨硫铁和陨碳铁$(Fe,Ni,Co)_3C$ 等陨石矿物共生。

### 镍纹石（taenite）

$\gamma-(Ni,Fe)$

【化学组成】　Ni 27%~65%,Fe ≤40%。此外,还含有 Co 和 Cu（≤1%）。镍纹石和铁纹石同是陨石中 Fe-Ni 类质同象系列的两个相,皆为高温合金相矿物。

【晶体结构】　等轴晶系;$O_h^5-Fm3m$;$a_0=0.714\,6$ nm;$Z=4$。铜型结构,CN=12。

【形态】　同铁纹石,常呈不规则细粒状。与铁纹石共生,且同是铁陨石中的主要矿物组分。有时,也将陨石中的铁-镍混晶区域称为合纹石（plessite）,其磨光面经腐蚀后常出现格子状蚀像（图 24-1）。

【物理性质】　主要呈黑色、黑褐色,在铁陨石磨光面上呈白色亮区;不透明;金属光泽。硬度为 5.0~5.5。相对密度为 8.91。

【成因及产状】　同于铁纹石。在铁陨石中主要呈熔球状产出。

### 陨硫铁（troilite）

FeS

【化学组成】　Fe 63.53%,S 36.47%。成分中常有 Ni 的混入。

【晶体结构】　六方晶系;$D_{6h}^4-P6_3/mmc$;$a_0=0.596\,0$ nm, $c_0=0.117\,6$ nm;$Z=12$。红砷镍矿型结构。

【形态】　晶体少见,集合体呈块状。

【物理性质】　新鲜面呈浅灰褐色,易氧化为古铜色;条痕黑色;不透明;金属光泽。无解理。硬度为 3.5~4.5。相对密度为 4.67~4.82。

【成因及产状】　陨硫铁主要呈包裹体产于铁陨石中,与铁纹石和镍纹石等陨石原生矿物共生。亦见于美国科罗拉多州一蛇纹岩铜矿床中,陨硫铁在黄铜矿中呈浑圆状分泌体。

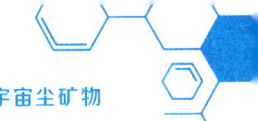

### 陨磷铁镍矿（rhabdite）

$(Fe, Ni)_3P$

为陨磷铁矿（schreibersite）$Fe_3P$ 的富镍变种。

【化学组成】 成分中含镍达 11%～43%。

【晶体结构】 四方晶系；$S_4^2-I\bar{4}$；$a_0 = 0.903\,0$ nm，$c_0 = 0.433\,0$ nm；$Z = 8$。

【形态】 晶体极少见到，呈圆粒状、板状或针状。

【物理性质】 新鲜面呈银白色至锡白色，易氧化为青铜色或褐色；条痕黑色；不透明；强金属光泽。解理 {001} 完全，{010} 或 {110} 不完全。硬度为 6.5～7。性脆。相对密度为 7.0～7.8。具强磁性。

【成因及产状】 主要产于铁陨石中，常呈定向包裹体状赋存于铁纹石和陨硫铁之中。亦见于法国科姆缅特里（Commentry）和克兰札斯（Cranzac）煤矿区，产于煤的火灾产物中。

### 陨硫铬铁矿（daubreelite）

$FeCr_2S_4$

【化学组成】 Cr 36.10%，Fe 19.38%，S 44.52%。实测产自墨西哥陨石中的三个样品平均值为 Cr 35.91%，Fe 20.10%，S 42.69%。

【晶体结构】 等轴晶系；$O_h^7-Fd3m$；$a_0 = 0.996\,6$ nm。

【形态】 晶体极少见到，常呈块状集合体。

【物理性质】 颜色和条痕皆为黑色；不透明；金属光泽。可见解理。断口不平坦。相对密度为 3.81～3.84。性脆。无磁性。

【成因及产状】 最初发现于墨西哥的陨石中，与陨硫铁连生且生长在陨硫铁结核的界面上。之后在许多其他陨石中相继发现，以墨西哥、美国田纳西州、澳大利亚等地的含量较多。亦见于芬兰发现的陨石中。

### 硫钛铁矿（heideite）

$(Fe, Cr^{2+})_{1+x}(Ti, Fe^{3+})_2S_4$

【化学组成】 电子探针实测五个颗粒的平均值：Ti 28.50%，Fe 25.10%，Cr 2.90%，S 44.90%，总计 101.40%。人工合成物的分析值：Ti 29.50%，Fe 25.10%，S 45.20%，总计 99.80%。

此外，其富铬的变种有 7.9% 的 Cr 替代 Fe。

【晶体结构】 单斜晶系；$C_{2h}^3-I2/m$；$a_0 = 0.597\,0$ nm，$b_0 = 0.342\,0$ nm，$c_0 = 1.140\,0$ nm；$\beta = 90°02'$；$Z = 2$。属于畸变的红砷镍矿型结构。

【形态】 不规则粒状，所见颗粒直径约 100 μm。

【物理性质】 矿相显微镜下呈乳白色。硬度与陨硫铁相似。相对密度为 4.1。

【成因及产状】 产于顽火无球粒陨石中。

# 三、宇宙尘矿物

宇宙尘（cosmic dusts）是除陨石、月球样品以外的第三种固体宇宙物质，是指一些降落到地球上的宇宙物质微粒(粒径一般小于 0.3 mm)或由航天器收集的宇宙尘埃、太阳风粒子、彗星尘粒及恒星际尘粒等。一般来说,宇宙尘有两类:行星际尘粒(interplanetary dust particles,简称 IDPs)和消融型宇宙尘(ablation dust particles,简称 ADPs)(欧阳自远,1989)。前者为各类小行星体相互碰撞破碎或星云凝聚残留在行星际空间的尘埃,矿物组成与陨石相似,元素丰度具有典型的地外物质特征,它们是由极微细矿物颗粒组成的集合体,在地质体中极难发现。后者则为陨石、流星、彗星等天体在降落过程中因表面温、压急剧增加,使得表面物质不断汽化、熔融而形成尾随陨落体的烟尘。烟尘中的粒子粒度多在 0.1~0.3 mm,经高温熔融并迅速在大气中冷凝、再沉降到地表。消融型宇宙尘以黑色磁性球粒为主,少量硅酸盐和玻璃球粒。其矿物成分、化学组成和结构构造都反映出高温熔融与迅速冷凝的特征,矿物组成主要是方铁矿、磁铁矿和磁赤铁矿,并含有少量陨石的原生矿物——铁纹石、镍纹石、陨硫铁、橄榄石和辉石等。

### 1. 消融型宇宙尘矿物

依据矿物组成与物理性质将消融型宇宙尘(ADPs)分为三种类型:铁质、铁-石质和玻璃质。铁质宇宙尘主要组成矿物为自然铁、磁铁矿和方铁矿($FeO$),具强磁性;铁-石质宇宙尘由铁-镍和硅酸盐矿物组成,亦具强磁性,但较铁质者弱;玻璃质宇宙尘是一种玻璃球体,没有磁性。铁质宇宙尘结构比较复杂,特别是呈球粒壳层状结构的铁质宇宙尘,往往具有双层或三层构造。其外壳矿物为方铁矿和磁铁矿,核心往往由未熔融的原生陨石矿物组成(表24-1)。其形成可能是地外物质在高温熔融冷凝时,铁-镍首先熔离出来组成其核心,富含铁的组分经熔融、骤冷并在缺氧条件下形成熔壳。

消融型宇宙尘在地球上各个地质时代的沉积岩和沉积变质岩中均有分布,表明自远古以来宇宙尘的沉降是持续的。在 2.5Ga 前古老的沉积变质岩中所发现的宇宙尘与现代海洋沉积物中的宇宙尘相比较,其形态、结构、化学成分与矿物组成几乎毫无差异,表明地球历史上陨落的宇宙尘粒与现今陨落的地外物质是一致的。

### 2. 行星际尘粒矿物

与地球岩石和陨石样品相比,宇宙尘粒极为稀少。不仅如此,大部分行星际尘粒(IDPs)样品类似于太空"沉积岩",由形成区域和条件完全不同的各种矿物颗粒聚集而成。新近的研究表明,大多数 IDPs 比最原始的球粒陨石更久远,来自小行星带或是彗星,含有大量(有机的)分子云物质和硅酸盐类矿物尘粒(Messenger 等,2003)。值得关注的是,尘粒中的太阳系外物质尤其细小而珍贵,直径仅几个纳米至几微米,可能是太阳系形成之前由超新星、新星、红巨星,以及渐近线巨星等各种恒星的喷出物凝聚形成的产物,即太阳星云残留的原始尘埃,称为前太阳颗粒(presolar grains)。它们具有与太阳系物质完全不同的(难熔的)矿物相和同位素组成。自 1987 年在陨石中发现了太阳系外成因的纳米金刚石以来,不同类型的太阳系外颗粒陆续被发现(Zinner,2006;王道德等,2012;林杨挺,2012),包括碳化硅、石墨、刚玉、氮化硅、尖晶石和黑复铝石、硅酸盐类矿物等(表24-1)。这些太阳系外物质具有一种或多种元素的同位素异常,反映了不同恒星或恒星内部不同圈层的核合成过程。

## ❓ 习题与思考题

1. 宇宙矿物具有哪些基本特征?

2. 月球成因的原生特征矿物有哪些?

3. 什么是陨石?请举出几种你所了解的陨石原生矿物。

4. 宇宙尘中前太阳系颗粒的特征矿物有哪些?

5. 简述研究宇宙矿物的科学意义。

# 附录 I 矿物种名录

（按晶体化学分类体系列出）

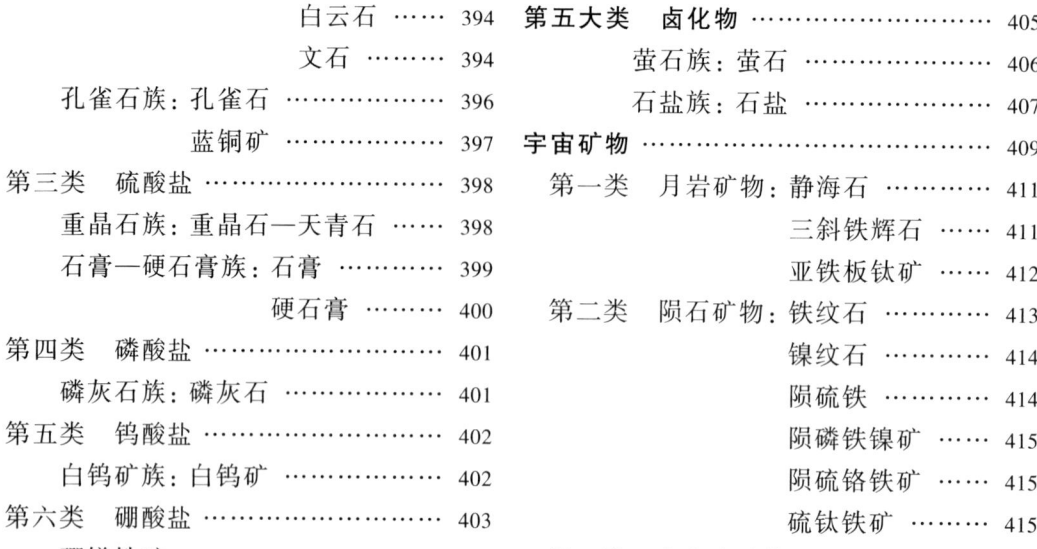

# 附录Ⅱ 相似晶体结构对比表

| 矿物名 | 晶体化学式 | 结构特征 | | |
|--------|-----------|---------|---|---|
| | | 堆积形式 | 配位多面体及<br>其联结形式 | 对比 |
| 闪锌矿 | ZnS | S做立方最紧密堆积，Zn充填半数的四面体空隙 | [ZnS₄]四面体共角顶 | 同为闪锌矿型结构。在闪锌矿结构中Zn的位置被Cu、Fe取代，就形成黄铜矿结构。因此黄铜矿结构也称闪锌矿型结构的衍生结构 |
| 黄铜矿 | CuFeS₂ | S做立方最紧密堆积，Cu和Fe充填半数的四面体空隙 | [CuS₄]和[FeS₄]四面体共角顶 | |
| 金刚石 | C | 具典型的共价键，C不做最紧密堆积。但可看成是：一半的C做形式上的立方最紧密堆积ᵃ，另一半的C充填在半数的四面体空隙 | [CC₄]四面体共角顶 | 金刚石型结构。从形式上的最紧密堆积结构来看，可与闪锌矿型结构类比 |
| 石盐 | NaCl | Cl做立方最紧密堆积，Na充填所有八面体空隙 | [NaCl₆]八面体共角顶、共棱 | 同为NaCl型或其衍生结构。黄铁矿、方解石因为阴离子变为非球形的[S₂]和[CO₃]，因而称为NaCl型结构的衍生结构。白铁矿、毒砂与黄铁矿结构类似；菱铁矿、菱镁矿、白云石与方解石结构类似 |
| 方铅矿 | PbS | S做立方最紧密堆积，Pb充填所有八面体空隙 | [PbS₆]八面体共角顶、共棱 | |
| 方镁石 | MgO | O做立方最紧密堆积，Mg充填所有八面体空隙 | [MgO₆]八面体共角顶、共棱 | |

| 矿物名 | 晶体化学式 | 结构特征 | | |
|---|---|---|---|---|
| | | 堆积形式 | 配位多面体及其联结形式 | 对比 |
| 黄铁矿 | $Fe[S_2]$ | $[S_2]$ 做形式上的立方最紧密堆积，Fe 充填所有八面体空隙 | $[Fe[S_2]_6]$ 八面体共角顶、共棱 | 同为 NaCl 型或其衍生结构。黄铁矿、方解石因为阴离子变为非球形的 $[S_2]$ 和 $[CO_3]$，因而称为 NaCl 型结构的衍生结构。白铁矿、毒砂与黄铁矿结构类似；菱铁矿、菱镁矿、白云石与方解石结构类似 |
| 方解石 | $Ca[CO_3]$ | $[CO_3]$ 做形式上的立方最紧密堆积，Ca 充填所有八面体空隙 | 形式上为 $[Ca[CO_3]_6]$ 八面体共角顶、共棱。但实际上 Ca 与 6 个 O 成键，形成 $[CaO_6]$ 不规则多面体 | |
| 文石 | $Ca[CO_3]$ | $[CO_3]$ 做形式上的六方最紧密堆积，Ca 充填所有八面体空隙 | 形式上为 $[Ca[CO_3]_6]$ 八面体。但实际上 Ca 与 9 个 O 成键，形成 $[CaO_9]$ 不规则多面体 | 与方解石结构的区别是：方解石中 $[CO_3]$ 做立方最紧密堆积，而在文石结构中，$[CO_3]$ 做六方最紧密堆积 |
| 磁黄铁矿 | $Fe_{1-x}S$ | S 做六方最紧密堆积，Fe 充填所有八面体空隙 | $[FeS_6]$ 八面体共面、共棱 | 同为红砷镍矿型结构。与文石结构类似 |
| 红砷镍矿 | NiAs | As 做六方最紧密堆积，Ni 充填所有八面体空隙 | $[FeS_6]$ 八面体共面、共棱 | |
| 尖晶石 | $Mg^{IV}Al_2^{VI}O_4^b$ | O 做立方最紧密堆积，Mg 充填 1/8 的四面体空隙，Al 充填 1/2 的八面体空隙 | $[MgO_4]$ 四面体孤立；$[AlO_6]$ 八面体共棱；$[MgO_4]$ 四面体与 $[AlO_6]$ 八面体共棱、共角顶 | 同为尖晶石型结构。但根据三价和二价阳离子充填到四面体与八面体空隙中的不同情况分为正尖晶石型与反尖晶石型。尖晶石和铬铁矿是正尖晶石型（四面体里面充填的是二价阳离子），磁铁矿是反尖晶石型（四面体里面充填的是三价阳离子） |
| 铬铁矿 | $Fe^{IV}Cr_2^{VI}O_4$ | O 做立方最紧密堆积，Fe 充填 1/8 的四面体空隙，Cr 充填 1/2 的八面体空隙 | $[FeO_4]$ 四面体孤立；$[CrO_6]$ 八面体共棱；$[FeO_4]$ 四面体与 $[CrO_6]$ 八面体共棱、共角顶 | |

续表

| 矿物名 | 晶体化学式 | 结构特征 | | |
| --- | --- | --- | --- | --- |
| | | 堆积形式 | 配位多面体及其联结形式 | 对比 |
| 磁铁矿 | $[Fe^{3+}]^{IV}$ $[Fe^{3+}Fe^{2+}]^{VI}O_4$ | O 做立方最紧密堆积，一半 $Fe^{3+}$ 充填 1/8 的四面体空隙，另一半 $Fe^{3+}$ 和 $Fe^{2+}$ 充填 1/2 的八面体空隙 | $[Fe^{3+}O_4]$四面体孤立；$[Fe^{3+}O_6]$ 和 $[Fe^{2+}O_6]$八面体共棱；$[Fe^{3+}O_4]$四面体与 $[Fe^{3+}O_6]$ 和 $[Fe^{2+}O_6]$八面体共棱、共角顶 | 同为尖晶石型结构。但根据三价和二价阳离子充填到四面体与八面体空隙中的不同情况分为正尖晶石型与反尖晶石型。尖晶石和铬铁矿是正尖晶石型（四面体里面充填的是二价阳离子），磁铁矿是反尖晶石型（四面体里面充填的是三价阳离子） |
| 橄榄石 | $(Mg,Fe)_2[SiO_4]$ | O 做六方最紧密堆积，Si 充填 1/8 的四面体空隙，Mg 和 Fe 充填 1/2 的八面体空隙 | $[SiO_4]$四面体孤立；$[MgO_6]$ 和 $[FeO_6]$ 八面体共棱；$[SiO_4]$四面体与 $[MgO_6]$ 和 $[FeO_6]$ 八面体共棱、共角顶 | 与尖晶石型结构相似，区别是：尖晶石中 O 做立方最紧密堆积，而橄榄石中 O 做六方最紧密堆积；阳离子种类不同，但充填的空隙数目是相同的 |
| 红柱石 | $Al^{VI}Al^{V}[SiO_4]O$ | O 不做最紧密堆积 | $[SiO_4]$四面体孤立；$[AlO_6]$八面体共棱成链；$[AlO_5]$三方双锥 | 结构的相同点：都有 $[SiO_4]$四面体，且一半的 Al 都成 $[AlO_6]$八面体链；不同点：另一半的 Al 在红柱石中成 $[AlO_5]$三方双锥，在蓝晶石中成 $[AlO_6]$八面体链，在夕线石中成 $[AlO_4]$四面体，且与 $[SiO_4]$四面体一起形成双链 |
| 蓝晶石 | $Al^{VI}Al^{VI}[SiO_4]O$ | O 做近似立方最紧密堆积 | $[SiO_4]$四面体孤立；$[AlO_6]$八面体共棱成链 | |
| 夕线石 | $Al^{VI}[Al^{IV}SiO_4]O$ | O 不做最紧密堆积 | $[SiO_4]$四面体孤立；$[AlO_6]$八面体共棱成链；$[AlO_4]$四面体与 $[SiO_4]$四面体共角顶成链 | |
| 辉石族 | 通式：$XY[T_2O_6]^c$ | 活性 O 与 OH 一起做最紧密堆积 | $[TO_4]$四面体共角顶成单链；$[YO_6]$八面体共棱成链；$[XO_6]$ 或 $[XO_8]$不规则多面体 | 从辉石族-角闪石族-云母族，结构中硅氧骨干的 $[TO_4]$四面体从单链到双链到层，即从窄到宽，相应地，$[YO_6]$八面体链也从窄链到宽链到层。其中的链、层排列形式是相似的 |
| 角闪石族 | 通式：$A_{0\sim1}X_2Y_5[T_4O_{11}]_2(OH)_2$ | 活性 O 与 OH 一起做最紧密堆积 | $[TO_4]$四面体共角顶成双链；$[YO_6]$八面体共棱成宽链；$[XO_6]$ 或 $[XO_8]$不规则多面体 | |

续表

| 矿物名 | 晶体化学式 | 结构特征 | | |
|---|---|---|---|---|
| | | 堆积形式 | 配位多面体及其联结形式 | 对比 |
| 云母族 | 通式:<br>$A\{Y_{2\text{-}3}[T_4O_{10}]_2(OH)_2\}$ | 活性 O 与 OH 一起做最紧密堆积 | $[TO_4]$ 四面体共角顶成层;$[YO_6]$ 八面体共棱成层 | 云母族的结构可描述为 TOT 型(T 为四面体层,O 为八面体层) |
| 滑石族 | $Mg_3[Si_4O_{10}]_2(OH)_2$ | 活性 O 与 OH 一起做最紧密堆积 | $[SiO_4]$ 四面体共角顶成层;$[MgO_6]$ 八面体共棱成层 | 与云母结构相似,区别是:层间没有阳离子 A。叶蜡石与滑石结构相同 |
| 高岭石族 | $Al_4[Si_4O_{10}](OH)_8$ | 活性 O 与 OH 一起做最紧密堆积 | $[SiO_4]$ 四面体共角顶成层;$[AlO_6]$ 八面体共棱成层 | 与云母结构相似,区别是:层间没有阳离子 A;且云母为 TOT,高岭石为 TO。蛇纹石与高岭石结构相同 |
| 萤石 | $CaF_2$ | F 做立方体非紧密堆积,Ca 充填 1/2 的立方体空隙。但也可以看成是:Ca 做形式上的立方最紧密堆积,F 充填所有四面体空隙 | $[CaF_8]$ 立方体共棱。从形式上的最紧密堆积结构来看,$[FCa_4]$ 四面体共角顶 | 萤石型结构中,阳离子做形式上的立方最紧密堆积,阴离子充填所有四面体空隙;而反萤石型结构则是阴离子做立方最紧密堆积,阳离子充填所有四面体空隙。等轴辉铜矿为反萤石型结构 |
| 高温等轴辉铜矿 | $Cu_2S$ | S 做立方最紧密堆积,Cu 充填所有四面体空隙 | $[CuS_4]$ 四面体共角顶 | |
| 晶质铀矿 | $UO_2$ | O 做立方非紧密堆积,U 充填 1/2 的立方体空隙。但也可以看成是:U 做形式上的立方最紧密堆积,O 充填所有四面体空隙 | $[UO_8]$ 立方体共棱。从形式上的最紧密堆积结构来看,$[OU_4]$ 四面体共角顶 | |

a 本表中所说的"形式上的最紧密堆积",是指:原子或离子或离子团的位置符合最紧密堆积的球体所在位置,但实际上原子或离子或离子团并未紧密接触。

b 晶体化学式中的罗马数字"Ⅳ、Ⅴ、Ⅵ"上标表示阳离子的配位数。

c 晶体化学式的通式中,T 为 Si、Al;X 为 Na、Ca、Li、Fe、Mg 等;Y 为 Fe、Mg、Al 等;A 为 K 等。

# 主要参考文献

[1] 白吉文,施倪承,李国武,等.新矿物:罗布莎矿[J].地质学报,2006,80(10):1487-1490.

[2] 陈丰,林传易,张蕙芬,等.矿物物理学概论[M].北京:科学出版社,1995.

[3] 陈敬中.现代晶体化学——理论与方法[M].北京:高等教育出版社,2001.

[4] 陈鸣.超高压矿物研究进展[J].矿物岩石地球化学通报,2012,31(5):428-432.

[5] 陈文明,钱汉东,盛继福.钾长石三个同质多象变体(透长石、正长石、微斜长石)之间相转变及其地质意义[J].矿物学报,2010,增刊:18-19.

[6] 陈武,季寿元.矿物学导论[M].北京:地质出版社,1985.

[7] 成都地质学院矿物教研室.结晶学及矿物学教学参考文集(二)[M].北京:地质出版社,1991.

[8] 戈定夷,田慧新,曾若谷.矿物学简明教程[M].北京:地质出版社,1998.

[9] 方奇,于文涛.晶体学原理[M].北京:国防工业出版社,2002.

[10] 何涌,雷新荣.结晶化学[M].北京:化学工业出版社,2008.

[11] 侯渭,谢鸿森.陨石矿物种类的研究进展和矿物表[J].地球科学进展,2000,15(2):228-236.

[12] 柯作楷.陨石的形成、鉴定与分类——陨石的形成[J].中国宝玉石,2014(2):152-159.

[13] 李国武,施倪承,白文吉,等.西藏罗布莎铬铁矿中发现的七种金属互化物新矿物[J].矿物学报,2015,35(1):13-18.

[14] 李惠民,李怀坤,陈志宏,等.基性岩斜锆石U-Pb同位素定年3种方法之比较[J].地质通报,2007,26(2):128-135.

[15] 李胜荣.结晶学与矿物学[M].北京:地质出版社,2008.

[16] 李胜荣,申俊峰,董国臣,等.成因矿物学:原理-方法-应用[M].北京:科学出版社,2021.

[17] 李艳广,汪双双,刘民武,等.斜锆石LA-ICP-MSU-Pb定年方法及应用[J].地质学报,2015,89(12):2400-2418.

[18] 李英堂,田淑艳,汪美凤.应用矿物学[M].北京:科学出版社,1995.

[19] 连晨光,赵珊茸,徐畅,等.石英晶体碱(KOH)腐蚀像及其与酸(HF)腐蚀像对比研究[J].2011,40(2):419-423.

[20] 林杨挺,缪秉魁,徐琳,等.陨石学与天体化学(2001—2010)研究进展[J].矿物岩石

地球化学通报,2013,32(1):40-55.

[21] 刘良,杨家喜,章军锋,等.超高压岩石矿物显微出溶结构研究进展、面临问题与挑战[J].科学通报,2009,54(10):1387-1400.

[22] 刘显凡,孙传敏.矿物学简明教程[M].2版.北京:地质出版社,2010.

[23] 罗谷风.结晶学导论[M].北京:地质出版社,1985.

[24] 罗谷风,等.基础结晶学与矿物学[M].南京:南京大学出版社,1993.

[25] 罗谷风.结晶学导论[M].3版.北京:地质出版社,2014.

[26] 孟杰,赵珊茸,张泽,等.α-石英晶体腐蚀形貌三维空间变化规律与晶体对称研究[J].矿物岩石,2008,28(4):1-6.

[27] 欧阳自远.陨石、宇宙尘研究对认识地球演化的几点启示[J].地球科学进展,1989(5):1-4.

[28] 潘兆橹.结晶学及矿物学[M].3版.北京:地质出版社,1993.

[29] 彭志忠.五次对称轴和准晶态的发现及其在结晶学、矿物学和地质学中的意义[J].地质科技情报,1985,3:1-19.

[30] 彭志忠.准晶体的构筑原理及微粒分数维结构模型[J].地球科学,1985,4:159-171.

[31] 彭志忠,张荣英,张光荣.香花石的晶体形态[J].地质学报,1964,44(1):81-85.

[32] 钱逸泰.结晶化学导论[M].2版.合肥:中国科技大学出版社,1999.

[33] 秦善.结构矿物学[M].北京:北京大学出版社,2011.

[34] 施倪承,白吉文,李国武,等.雅鲁矿:一种金属碳化物新矿物[J].地质学报,2009,83(1):25-30.

[35] 孙丰强,张洪飞,宁维坤.绢云母的特性及其应用[J].世界地质,2000,19(2):192-198.

[36] 王道德,缪秉魁,林杨挺.陨石的矿物——岩石学特征及其分类[J].极地研究,2005,17(1):45-74.

[37] 王道德,王桂琴.陨石学及天体化学研究某些新进展[J].矿物学报,2012,32(3):321-340.

[38] 王根元,刘昭民,王昶.中国古代矿物知识[M].北京:化学工业出版社,2011.

[39] 王濮,潘兆橹,翁玲宝,等.系统矿物学(上、中、下册)[M].北京:地质出版社,1982,1984,1987.

[40] 王文魁,牛新喜.一些硫化物矿物的晶体形貌学研究[J].地球科学,1994,19(2):157-168.

[41] 王文魁,王根元,甘正梅.多罗山钨矿床晶体形貌学研究[J].地球科学,1992,17(6):638-645.

[42] 吴秀玲,孟大为.钙-铈氟碳酸盐矿物的透射电子研究[M].武汉:中国地质大学出版社,2000.

[43] 夏群科,郝艳涛.大陆岩石圈地幔中水的分布和大陆稳定性[J].科学通报,2013,58(34):3489-3500.

[44] 肖龙.行星地质学[M].北京:地质出版社,2013.

[45] 谢兰芳,缪秉魁,陈宏毅,等.一块新发现月球陨石 MIL090036 的岩相学和矿物学

［J］.极地研究,2013,25(4):342-351.

［46］ 徐登科.矿物化学式计算方法［M］.北京:地质出版社,1979.

［47］ 徐洪武,薛纪越,张庶元,等.斜方辉石空间群类型的重新确认［J］.矿物学报,1990,10
(4): 306-312.

［48］ 徐惠芳,罗谷风,胡梅生.$P2_1ca$ 斜方辉石相变的研究［J］.岩石矿物学杂志,1989,8:
188-192.

［49］ 薛君治,白学让,陈武.成因矿物学［M］.武汉:中国地质大学出版社,1990:1-170.

［50］ 叶大年.Thompson 定律在地质学及硅酸盐工学中的重大意义［J］.硅酸盐学报,1983,
11(2):159-164.

［51］ 叶大年,赫伟,徐文东,等.中国城市的对称分布［J］.中国科学 D 辑:地球科学,2001,
31(7):608-616.

［52］ 章效锋,张效彬,张泽.纳米碳管及其电子显微结构研究［J］.物理,1995,24(2):84-
88.

［53］ 张华锋,叶青培,翟明国.岩浆绿帘石特征及其地质意义研究进展［J］.地球科学进
展,2005,20(4):442-448.

［54］ 张克从.近代晶体学基础(上册)［M］.2 版.北京:科学出版社,1997.

［55］ 张阳,陈光华,严辉,等.$C_{60}$ 单晶的生长形态观测［J］.人工晶体学报,1997,26(2):
148-150.

［56］ 张志三.簇离子物理［J］.物理,1991,20(4):198-202.

［57］ 赵令湖,边秋娟,张汉凯,等.乌拉山脉金矿田成因矿物学［M］.武汉:中国地质大学出
版社,2000.

［58］ 赵珊茸,刘嵘,杨明玲,等.晶体形貌一些基本概念的实际意义分析［J］.人工晶体学
报,2007,36(6):1319-1323.

［59］ 赵珊茸,王继扬,于光伟,等.数学在晶体形貌研究中的应用［J］.人工晶体学报,2005,
34(5):817-822.

［60］ 赵珊茸,王勤燕,肖平.关于晶体学教学内容中的几个问题［J］.人工晶体学报,2007,
36(1):238-241.

［61］ 赵珊茸,王文魁.福建魁岐岩体晶洞矿物——霓石和钠铁闪石的形貌学研究［J］.地
球科学,1990,15(4):367-378.

［62］ 赵珊茸,王文魁.福建魁岐晶洞花岗岩中碱性长石形貌学初步研究［J］.矿物学岩石
学论丛,1992,7:15-22.

［63］ 赵珊茸.晶体测量——一种古老科学方法的传承与发展［M］.武汉:中国地质大学出
版社,2022.

［64］ 赵珊茸,谭劲,陈升平.毒砂双晶中晶界特点与双晶成因［J］.矿物岩石,1997,17(1):
1-6.

［65］ 赵振华.副矿物微量元素地球化学特征在成岩成矿作用研究中的应用［J］.地学前
缘,2010,17(1):267-286.

［66］ 郑辙.结构矿物学导论［M］.北京:北京大学出版社,1992.

［67］ 中华人民共和国地质部地质博物馆［J］.中国矿物.北京:科学出版社,1980.

［68］ 周晶,庞军刚,徐畅 等.河南省西峡县桑坪红柱石巨晶的显微结构特征及成因探讨
［J］.矿物岩石,2022,42(4):30-43.

［69］ 佐尔泰 T,斯托特 J H.矿物学原理［M］.施倪承,马喆生,等译.北京:地质出版社,
1992.

［70］ Banfield J F,Barker W W. Direct observation of reactant product interfaces formed in natu-
ral weathering of exsolved ,defective amphibole to smectite:evidence for episodic ,isovolu-
metric reactions involving structural inheritance ［J］. Geochimica Cosmochimica Acta,
1994,58:1419-1429.

［71］ Bhanoo,Sindya N. New type of rocks is discovered on moon ［N］. New York Times,2015-12-
29(R).

［72］ Bindi L L,Steinhardt P J,Yao N,et al. Natural quasicrystals［J］. Science,2009,324:
1306-1308.

［73］ Bozhilov K N,Green II H W,Dobrzhinetskaya L. Clinoenstatite in Alpe Arami peirdotite:
additional evidence of very high pressure［J］. Science,1999,284:128-132.

［74］ Chao E C,Minkin T,Jean A,et al. Pyroxferrite,a new calcium-bearing iron silicate from
Tranquillity Base［J］. Geochimica et Cosmochimica Acta,Supplement ( Proceeding of the
Apollo 11 Lunar Science Conference ),1970,1:65-79.

［75］ Chen T ,Jin Z M,Zhang J F,et al. Calcium amphibole exsolution lamellae in chromite from
the Semail ophiolite:Evidence for a high-pressure origin［J］. Lithos,2019,134-135:273-
280.

［76］ Chopin C. Coesite and pure pyrope in high grade bluechists of the Western Alps—A first
record and some consequences［J］. Contribution to Mineralogy and Petrology,1984,86:
107-118.

［77］ Coogan L A,Saunders A D,Wilson R N. Aluminum-in-olivine thermometry of primitive ba-
salts:Evidence of an anomalously hot mantle source for large igneous provinces［J］. Chem-
ical Geology,2014,368:1-10.

［78］ Ferrill D A,Morris A P,Evans M A,et al. Calcite twin morphology:a low-temprature de-
formation geothermometer［J］. Journal of Structural Geology,2004,6:1521-1529.

［79］ Ferry J M. Patterns of mineral occurrence in metamorphic rocks［J］. American Mineralo-
gist. 2000,85:1573-1588.

［80］ Frondel J W. Lunar Mineralogy［M］. NewYork:Wiley-Interscience,1975:323.

［81］ Grimmer H,Kunze K. Twinning by reticular pseudo-merohedry in trigonal tetragonal and
hexagonal crystals［J］. Acta Crystallography Section A. 2004,A60:220-232.

［82］ Hahn T,Klapper H. Twinning of crystals［M］//Authier A. Physical properties of crystals.
Dordrecht:Kluwer Academic Publishers,2003:393-448.

［83］ Hiraga K,Kirabayashi M. Icosahedral quasicrystals of a melt-quenched Al-Mn alloy ob-
served by high-resolution electron microscopy［R］. The sciences reports of the research in-
stitutes,Tohoko University,1985,32( Seris A):309-408.

［84］ Deer W A,Howie R A,Zussman J. The rock-forming minerals［M］. 2nd ed. London:Longman Scientific & Technical, 1992.

[85] Hurlbut C S, Klein C. Manual of mineralogy (after James D. Dana) [M]. 19th ed. New York: John Wiley & Sons, Inc., 1977.

[86] Klein C. Minerals and rocks, exercise in crystallography, mineralogy and hand specimen petrology[M]. New York, Chichester: John Wiley & Sons, Inc., 1989.

[87] Klein C. Manual of mineral science (after J. D. Dana) [M]. 23rd ed. New York: John Wiley & Sons, Inc, 2008.

[88] Klein C, Hurlbut C S. Manual of mineralogy (after J. D. Dana) [M]. 21st ed. New York: John Wiley & Sons, Inc, 1993.

[89] Lin F L, Xu Z Q, Xue H M. Tracing the protolith, UHP metamorphism and exhumation ages of orthogneiss from the SW Sulu terrane (eastern China): SHRIMP U-Pb dating of mineral inclusion-bearing zircons[J]. Lithos, 2004, 78:411-429.

[90] Lovering J F, Wark D A, Reid A F, et al. Tranquillityite: a new silicate mineral from Apollo 11 and Apollo 12 basaltic rocks[J]. Proc. Second Lunar Sci. Conf., 1, Geochim. Cosmochim. Acta, 1971, 35(suppl.):39-45.

[91] LSPET(Lunar Sample Preliminary Examination Team). Preliminary Examination of lunar samples from Apollo 11[J]. Science, 1969, 165:1211-1227.

[92] Messenger S, Keller L P, Stademann F J, et al. Samples of stars beyond the solar system: silicate grans in interplanetary dust[J]. Science, 2003, 300:105-108.

[93] Mukherjee S. Applied Mineralogy: Applications in industry and environment [M]. New Delhi: Capital Publishing Company, 2011.

[94] Nespolo M, Ferrais G. The derivation of twin laws in non-merohedric twins[J]. Acta Crystallography Section A, 2006, A62:336-349.

[95] Page L Y. Mallard's law recast as a Diophantine system: fast and complete enumeration of possible twin laws by [reticular][pseudo]merohedry[J]. Journal of Applied Crystallography, 2003, 35:175-181.

[96] Parkinson C. Coesite inclusions and prograde compositional zonation of garnet in whiteschist of the HP-UHPM Kokchetav massif, Kazakhstan: a record of progressive UHP metamorphism[J]. Lithos, 2000, 52:215-233.

[97] Putnis A. Introduction to mineral sciences[M]. Cambridge: Cambridge University Press, 1992.

[98] Rasmussen B, Fletcher I R, Gregory C J, et al. Tranquillityite: The last lunar mineral comes down to Earth[J]. Geology, 2012, 40(1):83-86.

[99] Ribbe P H. Reviews in mineralogy—Feldspar mineralogy, Vol. 2[M]. 2nd edition. Washington D. C. : Mineralogical Society of America, 1983.

[100] Rosler H J. Lehrbuch der mineralogie, 5, allfl[M]. Leiping: Dectscher verlag fur Grund stoff industrie, 1991.

[101] Rubin A F. Mineralogy of meteorite groups: an updated[J]. Meteoritics and Planetary, 1997, 32:231-247, 733-734.

[102] Shejwalkar A, Coogan L A. Experimental calibration of the roles of temperature and composition in the Ca-in-olivine geothermometer at 0.1 MPa[J]. Lithos, 2013, 177:54–60.

[103] Senechal M. Crystalline symmetries—An inform mathmatical introduction[M]. Bristol, Philadelpha: Adam Hilger, 1990.

[104] Swamy V, Saxena S K, Sundman B, et al. A thermodynamic assessment of silica phase diagram[J]. Journal of Geophysics Research, 1994, 99:11787–11794.

[105] Watson E B, Wark D A, Thomas J B. Crystallization thermometers for zircon and rutile[J]. Contrib Mineral Petrol, 2006, 151:413–433.

[106] Wu X L, Meng D W, Han Y Q. Occurrence of Manalbite in nature—A TEM study[J]. Earth and Planetary Science Letter, 2004, 222:235–241.

[107] Xiao L, Zhu P M, Fang G Y, et al. A young multilayered terrane of the northern Mare Imbrium revealed by Chang'E-3 mission[J]. Science, 2015, 347(6227):1226–1229.

[108] Yacoot A, Moore M. X-ray topography of natural tetrahedral diamonds[J]. Mineralogical Magazine, 1993, 57:223–230.

[109] Zhao S R, Meng J, Wang R, et al. Morphology and etch figure of a Yb:YAl$_3$(BO$_3$)$_4$ crystal[J]. Journal of Applied Crystallography, 2009, 42:411–415.

[110] Zhao S R, Yang M L, Wang W K. A possible twin structure in hsianghualite morphology[J]. Journal of Synthetic Crystal, 2007, 36(5)(人工晶体学报英文专期):1096–1099.

[111] Zhao S R, Zhang G G, Sun H, et al. Orientation of exsolution lamellae in mantle xenolith pyroxenes and implications for calculating exsolution pressures[J]. American Mineralogist, 2017(102):2096–2105.

[112] Zhao S R, Xu C, Li C. Identification of twins in muscovite: an electronbackscattered diffraction study[J]. Z. Kristallogr. 2019, 234(5):329–340.

[113] Zinner E K. Presolar grains in Treatise on Geochemistry[J]// Holland H D, Turekian K K. Elsevier Pergamon, ed. Meteorites, Comets and Planets, 2004, 1:17–40.

[114] Zinner E K. Feature article: Laboratory studies of stardust[J]. Nuclear Physics News, 2006, 16:12–19.

## 郑重声明

高等教育出版社依法对本书享有专有出版权。任何未经许可的复制、销售行为均违反《中华人民共和国著作权法》，其行为人将承担相应的民事责任和行政责任；构成犯罪的，将被依法追究刑事责任。为了维护市场秩序，保护读者的合法权益，避免读者误用盗版书造成不良后果，我社将配合行政执法部门和司法机关对违法犯罪的单位和个人进行严厉打击。社会各界人士如发现上述侵权行为，希望及时举报，我社将奖励举报有功人员。

反盗版举报电话　(010)58581999　58582371
反盗版举报邮箱　dd@hep.com.cn
通信地址　北京市西城区德外大街4号
　　　　　高等教育出版社知识产权与法律事务部
邮政编码　100120

读者意见反馈

为收集对教材的意见建议，进一步完善教材编写并做好服务工作，读者可将对本教材的意见建议通过如下渠道反馈至我社。

咨询电话　400-810-0598
反馈邮箱　hepsci@pub.hep.cn
通信地址　北京市朝阳区惠新东街4号富盛大厦1座
　　　　　高等教育出版社理科事业部
邮政编码　100029

防伪查询说明

用户购书后刮开封底防伪涂层，使用手机微信等软件扫描二维码，会跳转至防伪查询网页，获得所购图书详细信息。

防伪客服电话　(010)58582300